U0801322

专用于国家职业技能鉴定

国家职业技能鉴定考核指导

核反应堆控制保护检修工

（高 级）

中核核电运行管理有限公司 组织编写

中国原子能出版社

图书在版编目（CIP）数据

核反应堆控制保护检修工:高级 / 中核核电运行管理有限公司组织编写. 一北京：中国原子能出版社，2020.10

国家职业技能鉴定考核指导

ISBN 978-7-5221-0883-4

Ⅰ. ①核… Ⅱ. ①中… Ⅲ. ①反应堆-控制系统-检修-职业技能-鉴定-教材 Ⅳ. ①TL36

中国版本图书馆 CIP 数据核字（2020）第 177001 号

核反应堆控制保护检修工（高级）

出版发行 中国原子能出版社（北京市海淀区阜成路 43 号　100048）
责任编辑 白皎玮
装帧设计 赵　杰
责任校对 冯莲凤
责任印制 潘玉玲
印　　刷 北京九州迅驰传媒文化有限公司
经　　销 全国新华书店
开　　本 787 mm×1092 mm　1/16
印　　张 10.25
字　　数 256 千字
版　　次 2020 年 10 月第 1 版　2020 年 10 月第 1 次印刷
书　　号 ISBN 978-7-5221-0883-4　　**定　价　351.00 元（全套四册）**

网址：http://www.aep.com.cn　　**E-mail：atomep123@126.com**
发行电话：010-68452845

国家职业技能鉴定考核指导

核反应堆控制保护检修工
（高　级）

编审委员会

（以姓氏笔画排名）

主　任	邹正宇			
副主任	朱晓斌	刘崇都	吴炳泉	董军成
委　员	王孔钊	王晓波	方幼君	卢才华
	叶丹萌	朱　磊	孙国忠	李厚文
	吴小海	吴明亮	邹俊磊	张世敏
	周瑞东	郑建华	费志松	徐宏明
	盛建华	韩光辉	蒲晓彬	樊鹏飞
主　编	胡　劲			
编　者	马一鸣	田　野	冯　薇	刘义初
	汪兆强	周　星	秘双虎	彭　伟
	楼贤根	廖明军	滕喜峰	
主　审	王浩钧			
审　者	于　龙	王中敬	方金土	朱　磊
	金　涛			

前　　言

为推动核反应堆控制保护检修工职业培训和职业技能鉴定工作的开展，在核反应堆控制保护检修工从业人员中推行国家职业资格证书制度，在国家人力资源和社会保障部的指导下，中国核工业集团有限公司职业技能鉴定指导中心在完成《国家职业标准——核反应堆控制保护检修工》和《职业培训计划　职业培训大纲——核反应堆控制保护检修工》编制工作的基础上，完成了《国家职业资格培训教程——核反应堆控制保护检修工》的编制工作，并完成了核反应堆控制保护检修工国家题库的开发。

为了规范指导和提高核反应堆控制保护检修工对岗位理论和操作技能要求的认识和理解，中国核工业集团有限公司职业技能鉴定指导中心组织实施《核反应堆控制保护检修工国家职业技能鉴定考核指导》（以下简称《考核指导》）的编写工作。《考核指导》依据核反应堆控制保护检修工国家职业标准和国家题库，主要介绍国家题库的命题思路，展现国家职业技能鉴定的考核形式和题型题量，帮助考生熟悉鉴定命题基本内容和考核要求，提高培训辅导、学员学习复习的针对性。

《考核指导》是针对核反应堆控制保护检修工职业活动的领域，内容涉及压水堆 30 万千瓦机组、M310 机组、重水堆机组核电站相关知识和技能。《考核指导》分为四册：《考核指导》（中级工）、《考核指导》（高级工）、《考核指导》（技师）、《考核指导》（高级技师）。每份《考核指导》分为两个部分编写：第一部分理论知识，按职业统一编写；第二部分操作技能，分四个模块（核反应堆保护系统维修、核反应堆控制系统维修、核反应堆中子测量系统维修、重水堆燃料操作系统仪控维修）进行编写。其中中级工由汪兆强统编、高级工由胡劲统编、技师由廖明军统编、高级技师由楼贤根统编。每份《考核指导》的第二部分操作技能分为四个模块编写，其中核反应堆保护系统维修由楼贤根负责编写，核反应堆控制系统维修由汪兆强负责编写，核反应堆中子测量系统维修由胡劲负责编写，重水堆燃料操作系统仪控维修由滕喜峰负责编写。

本书当中涉及规章制度、管理流程等内容的知识点，以最新生效的规章制度为准，本书内容仅作参考。

目　　录

第一部分　理论知识

第二部分　操作技能

第一部分　理论知识

第一章　考情观察

一、考核思路

根据《国家职业标准——核反应堆控制保护检修工》的要求，高级核反应堆控制保护检修工理论知识考核范围包括：职业道德的基本知识；专业基础知识，安全文明生产与环境保护，质量管理知识，相关法律、法规知识；维修操作票编写要求，临时变更管理制度，维修大纲，核反应堆停堆保护系统设计说明，核反应堆控制系统设计说明，重水堆燃料操作仪控系统运行流程图，基本控制理论，重水堆燃料操作仪控系统相关的工艺系统知识、过程仪表，核反应堆保护系统原理，核反应堆保护系统功能图，核反应堆停堆保护系统部件维修规程，核反应堆保护系统试验规程，核反应堆控制系统调节原理，核反应堆控制系统功能图，核反应堆控制系统部件维修规程，核反应堆控制系统试验规程，中间量程的工作原理及组成，高压电源的技术指标，过程测量传感器的工作原理，轴编码器和电位计的工作原理，专用检测工具的使用和操作手册，重水堆燃料操作系统部件维修规程，直流稳压电源原理及技术指标，核反应堆保护系统控制联锁逻辑原理，核反应堆控制系统图册，高压电源工作原理，重水堆燃料操作仪控系统图。

考核深度要求掌握核反应堆保护系统维修模块相关知识和技能，掌握核反应堆控制系统维修的相关知识和技能，掌握核反应堆中子测量系统维修模块的相关知识与技能，掌握重水堆燃料操作系统仪控维修模块的相关知识与技能。

二、组卷方式

核反应堆控制保护检修工（高级）理论知识国家题库采用计算机自动生成试卷，即计算机按照本职业高级《理论知识鉴定要素细目表》的结构特征，使用统一的组卷模型，从题库中随机抽取相应试题，组成试卷。有的地方还有地方特色题库，可以按规定比例和国家题库一起组卷。试卷组成后，应经专家审核，更换不适用的试题。

三、试卷结构

核反应堆控制保护检修工（高级）理论考试实行百分制，采用闭卷笔试方式，成绩达到 60 分及以上为合格。试卷结构以《国家职业标准——核反应堆控制保护检修工》和《中华人民共和国职业技能鉴定规范》为依据。

基本结构:理论知识考试满分为100分;题型有单选题、判断题和多项选择题、简答题、计算/绘图题;具体的题型、题量与分配方案见表1-1;内容包括“职业道德”“基础知识”“维修准备”等多个部分,各部分所占鉴定比重和鉴定点配置情况见表1-2。

表1-1 理论知识试卷题型、题量与分配方案

题型	题量(分值)	分数
单项选择题	30题(1分/题)	30
判断题	10题(1分/题)	10
多项选择题	15题(2分/题)	30
简答题	4题(5分/题)	20
计算/绘图	1题(10分/题)	10
总分	100分(50题)	

表1-2 理论知识各部分所占鉴定比重和鉴定点配置情况

鉴定范围(一级)	鉴定范围(二级)	鉴定范围(三级)	鉴定比重	鉴定点数量
基本要求	职业道德	职业道德的基本知识	5%	5
	基础知识	专业基础知识	10%	36
		安全文明生产与环境保护	5%	16
		质量管理知识	3%	5
		相关法律、法规知识	2%	15
相关知识	维修准备	维修操作票编写要求	3%	4
		临时变更管理制度	3%	4
		维修大纲	3%	4
		核反应堆停堆保护系统设计说明	2%	5
		核反应堆控制系统设计说明	3%	2
		重水堆燃料操作仪控系统运行流程图	2%	1
		基本控制理论	2%	4
		重水堆燃料操作仪控系统相关的工艺系统知识、过程仪表	2%	2
	设备维修	核反应堆保护系统原理	3%	1
		核反应堆保护系统功能图	3%	1

续表

鉴定范围（一级）	鉴定范围（二级）	鉴定范围（三级）	鉴定比重	鉴定点数量
		核反应堆停堆保护系统部件维修规程	3%	1
		核反应堆保护系统试验规程	3%	1
		核反应堆控制系统调节原理	3%	2
		核反应堆控制系统功能图	3%	2
		核反应堆控制系统部件维修规程	3%	2
		核反应堆控制系统试验规程	3%	2
		中间量程的工作原理及组成	3%	2
		高压电源的技术指标	2%	1
		过程测量传感器的工作原理	3%	1
		轴编码器和电位计的工作原理	3%	2
		专用检测工具的使用和操作手册	2%	1
		重水堆燃料操作系统部件维修规程	3%	1
	判断和排除故障	直流稳压电源原理及技术指标	3%	4
		核反应堆保护系统控制联锁逻辑原理	3%	2
		核反应堆控制系统图册	3%	2
		高压电源工作原理	3%	1
		重水堆燃料操作仪控系统图	3%	1
合计			100%	133

四、考核时间与要求

1. 考核时间。按照《国家职业标准——核反应堆控制保护检修工》的要求，本职业高级理论知识考试时间为 120 分钟。

2. 考核要求。核反应堆控制保护检修工（高级）理论知识考试采用标准化试卷，考生应根据试卷要求具体作答，考试实行百分制，采用闭卷笔试方式，成绩达到60分及以上为合格。

五、应试技巧及复习方法

考生要想取得理想的成绩，通过认真的学习和复习来掌握考试要求的知识是必要条件，但是掌握适当的应试技巧和复习方法也是必不可少的。下面介绍的应试技巧，如命题视角、答题要求和答题技巧等，考生在复习、考试时应高度重视。

1. 命题视角。在答题时首先要审题，判断该题所属的知识单元，判断题目考核哪一个知识点,回忆知识点,然后做出判断。

2. 答题要求。理论考试采取的是标准化、客观考题,即答案唯一,在回答时要按照试卷题型后的答题说明,把正确的答案填写在规定的地方,做到书写工整、清晰,切忌反复涂改,造成无法判断答案正确与否的情形。

3. 答题技巧。答题时应先易后难,对没有复习到的知识点、模棱两可的题目可以暂时放一放,在回答把握不准的题目时,可采取排除法、对比法、访问法等思考方式判断和确定正确的答案。

考生在考前要认真复习。系统掌握职业标准和本书所列出的鉴定范围,掌握鉴定点和考试内容。要注重理解,加强记忆,提高效率,按照命题的视角与答题要求,有针对性地掌握考试内容,安排好全面复习、重点复习和模拟训练三个阶段,进一步掌握好考核内容。

第二章　知识架构

根据《国家职业标准——核反应堆控制保护检修工》和核反应堆控制保护检修工(高级)《理论知识鉴定要素细目表》,从便于学习和掌握的角度出发,特将高级核反应堆控制保护检修工所应掌握的理论知识点划分为5个单元,根据各模块中各单元理论知识点搭建的知识架构如表 2-1 所示。

表 2-1　理论知识点搭建的知识架构

核反应堆控制保护检修工(高级)	职业道德	职业道德的基本知识
	基础知识	专业基础知识
		安全文明生产与环境保护
		质量管理知识
		相关法律、法规知识
	维修准备	维修操作票编写要求
		临时变更管理制度
		维修大纲
		核反应堆停堆保护系统设计说明
		核反应堆控制系统设计说明
		重水堆燃料操作仪控系统运行流程图
		基本控制理论
		重水堆燃料操作仪控系统相关的工艺系统知识、过程仪表
	设备维修	核反应堆保护系统原理
		核反应堆保护系统功能图
		核反应堆停堆保护系统部件维修规程
		核反应堆保护系统试验规程
		核反应堆控制系统调节原理
		核反应堆控制系统功能图
		核反应堆控制系统部件维修规程
		核反应堆控制系统试验规程
		中间量程的工作原理及组成

续表

核反应堆控制保护检修工(高级)	设备维修	高压电源的技术指标
		过程测量传感器的工作原理
		轴编码器和电位计的工作原理
		专用检测工具的使用和操作手册
		重水堆燃料操作系统部件维修规程
	判断和排除故障	直流稳压电源原理及技术指标
		核反应堆保护系统控制联锁逻辑原理
		核反应堆控制系统图册
		高压电源工作原理
		重水堆燃料操作仪控系统图

第三章　考核解析

第一单元　职业道德

一、学习目标

1. 掌握职业道德基础知识；
2. 掌握职业道德基本规范；
3. 掌握核反应堆控制保护检修工之职业守则；
4. 树立良好的职业道德观念。

二、考核要点

考核要点见表 3-1。

表 3-1　考核要点

考核类别	考核范围	考核点	重要程度
职业道德	职业道德的基本知识	职业道德基本概念	X
		职业道德的意义	Z
		职业道德的特点	X
		职业道德基本规范	X
		反应堆控制保护检修工职业守则	Y

注:X 表示核心要素、Y 表示一般要素、Z 表示辅助要素。后续同类表格也适用。

三、考点导航

职业道德的基本知识如下。

(1) 职业道德基本概念

职业道德是社会道德要求在职业行为和职业关系中的具体表现,是整个社会道德生活的重要组成部分。职业道德就是从事一定职业的人们在工作或劳动过程中所应该遵守的、与其职业活动紧密联系的道德规范和原则的总和。

(2) 职业道德的意义

有利于推动社会主义物质文明和精神文明建设;有利于行业、企业建设和发展;有利于个人的提高和发展。

(3) 职业道德的特点

职业道德是社会主义道德体系的重要组成部分;职业道德的重要内容是树立全新的社会主义劳动态度。

(4) 职业道德基本规范

爱岗敬业,忠于职守;诚实守信,办事公道;服务群众,奉献社会;遵纪守法,廉洁奉公。

(5) 反应堆控制保护检修工职业守则

遵守国家法律、法规与政策和企业的有关规章制度;爱岗敬业,忠于职守,认真、自觉地履行各项职责;工作认真负责,严于律己,吃苦耐劳;刻苦钻研业务,重视岗位技能训练,认真学习专业知识,努力提高劳动者素质;谦虚谨慎,团结合作,主动配合工作;严格执行核设施清洁维护人员岗位规程,重视安全生产,保证产品质量;坚持文明生产,创造一个清洁、文明、适宜的工作环境,塑造良好的企业形象。

四、仿真训练

(一) 单项选择题(请将正确选项的代号填入题内的括号中)

1. 职业道德就是从事一定职业的人们在工作或劳动过程中所应该遵守的、与其职业活动紧密联系的(　　)和原则的总和。

(A) 行为规范　(B) 道德规范　(C) 职业规范　(D) 意识规范

2. 反应堆控制保护检修工职业道德是指从事反应堆控制保护检修职业的人员在完成与反应堆控制保护检修及有关的各项劳动过程中,从思想到工作行为所必须遵守的(　　)。

(A) 道德规范和行为准则　(B) 制度

(C) 法规　(D) 纪律

3. 良好的职业道德创造良好的社会秩序,提高人们的思想境界,为树立社会良好的道德风尚奠定了坚实的基础,促进了(　　)。

(A) 经济建设　(B) 社会主义精神文明建设

(C) 基础建设　(D) 城市建设

4. 从业人员应该树立良好的职业道德,遵守职业守则,安心本职工作,勤奋钻研本职业务,才能提高自身的(　　)。

(A) 收入　(B) 职业能力和素质

(C) 地位　(D) 职务

5. 职业道德的本质就是在社会主义市场经济条件下,鼓励每个劳动者通过(　　),在改善自己生活的同时,为增进社会主义共同利益而劳动,为建设国家而劳动。

(A) 欺骗他人　(B) 诚实的劳动　(C) 剥削劳动者　(D) 压榨剩余价值

6. 劳动既是为个人谋生,也是为社会服务,劳动的双重含义产生了全新的劳动态度,具有崇高的(　　)。

(A) 职业道德观念　(B) 重要意义　(C) 历史价值　(D) 社会意义

7. (　　)是企业在市场经济中赖以生存的重要依据。

(A) 发展　(B) 信誉　(C) 利益　(D) 效益

8. (　　)强调的是要求从业人员公私分明,不损害国家和集体的利益,不在自己的工作岗位上谋取私利。

(A) 廉洁奉公　(B) 遵纪守法　(C) 办事公道　(D) 爱岗敬业

9. 公司的规章制度是职工必须遵守的(　　)。

(A) 行为准则　(B) 重要要求　(C) 法律　(D) 条件

10. 工作中强化保守决策、经验反馈的应用，坚持(　　)的工作态度，谨慎的工作方法，清晰的交流沟通。

(A) 质疑　(B) 积极　(C) 革新　(D) 认真

(二) 判断题(对的画"√"，错的画"×")

1. (　　)职业道德就是从事一定职业的人们在工作或劳动过程中所应该遵守的、与其职业活动紧密联系的道德规范和原则的总和。

2. (　　)良好的职业道德创造良好的社会秩序，提高人们的思想境界，为树立社会良好的道德风尚奠定了坚实的基础，促进了城市建设。

3. (　　)职业道德是社会主义道德体系的重要组成部分。

4. (　　)任何一种道德都从一定的社会责任出发。

5. (　　)效益是企业在市场经济中赖以生存的重要依据。

6. (　　)公司的规章制度是职工必须遵守的行为准则。

7. (　　)所有的决策和行动都要考虑核技术的特殊性。

(三) 多项选择题(请将正确选项的代号填入题内的括号中)

1. 职业道德的内容包括(　　)。

(A) 职业道德意识　(B) 职业道德守则

(C) 职业道德行为规范　(D) 职业道德培养

(E) 职业道德品质

2. 职业道德的意义(　　)。

(A) 有利于推动物质文明建设　(B) 有利于推动社会主义精神文明建设

(C) 有利于行业、企业建设和发展　(D) 有利于推动城市建设

(E) 有利于个人的提高和发展

3. 每个工作岗位、每一次职业行为，都包含着如何处理(　　)关系的问题，因此，职业道德是社会主义道德体系的重要组成部分。

(A) 个人与国家　(B) 个人与集体

(C) 国家与国家　(D) 集团与集体

(E) 其他

4. 职业道德的基本规范(　　)。

(A) 爱岗敬业，忠于职守　(B) 诚实守信，办事公道

(C) 服务群众，奉献社会　(D) 遵纪守法，廉洁奉公

(E) 安全第一，质量第一

5. 强化核安全文化学习，提升核职业素养包含(　　)。

(A) 充分认识核安全重要性　(B) 坚持核安全人人有责

(C) 遵守核安全标准　(D) 提升核职业素养和核专业能力

(E) 只要自己做好了就可以

(四) 简答题

1. 为什么职业道德有利于社会主义物质文明和精神文明建设?
2. 为什么职业道德是社会主义道德系统的重要组成部分?
3. 职业道德的基本规范有哪些?
4. 怎样强化核安全文化学习,提升核职业素养?

五、参考答案

(一) 单项选择题

1. B;2. A;3. B;4. B;5. B;6. A;7. B;8. A;9. A;10. A。

(二) 判断题

1. √;2. ×;3. √;4. √;5. ×;6. √;7. √。

(三) 多项选择题

1. ABCDE;2. ABCE;3. AB;4. ABCD;5. ABCD。

(四) 简答题

1. 答:从事职业活动的人们自觉遵守职业道德,将规范人们的职业活动和行为,可以极大程度地推动整个社会的物质创造活动。同时,良好的职业道德创造良好的社会秩序,提高人们的思想境界,为树立社会良好的道德风尚奠定了坚实的基础,促进了社会主义精神文明建设。

2. 答:由于每个人的职业与人民、国家、社会的利益密切相关;每个工作岗位、每一次职业行为,都包含着如何处理个人与国家、个人与集体关系的问题,因此,职业道德是社会主义道德体系的重要组成部分。

3. 答:(1) 爱岗敬业,忠于职守;
(2) 诚实守信,办事公道;
(3) 服务群众,奉献社会;
(4) 遵纪守法,廉洁奉公。

4. 答:充分认识核安全重要性,坚持核安全人人有责,遵守核安全标准,提升核职业素养和核专业能力。工作中强化保守决策、经验反馈的应用,坚持质疑的工作态度,谨慎的工作方法,清晰的交流沟通。

第二单元　基础知识

一、学习目标

1. 掌握电子技术相关的基础知识,以便具备分析电子线路相关参数的基本能力;

2. 掌握控制系统逻辑功能图的基本读图能力;

3. 掌握辐射防护基本知识、辐射防护的目的、要求和剂量限值,了解辐射危害及其防护、辐射工作场所的管理、放射性废物与放射源的管理;

4. 掌握电工基础知识;

5. 掌握国家安全生产相关法律、法规的基本知识,掌握安全劳保用品的穿戴方法,了解高处作业、电气作业、起重作业、安全标志等工业安全方面相关管理要求,掌握基本的事故紧急救护、处理方法;

6. 了解原子核物理基础知识,核反应堆物理的原理知识,了解核反应堆运行的物理知识;

7. 了解机械电气设备的基础知识;

8. 掌握控制设备常用电器的种类及用途;

9. 掌握核反应堆仪控设备的基础知识;

10. 掌握核反应堆仪控设备常用工具的使用和维护;

11. 了解核安全文化的内涵以及核安全文化建设对核反应堆安全运行的重要意义;

12. 了解现场文明生产的重要性,培养良好的维修操作习惯;

13. 掌握安全技术相关知识,能够正确使用安全劳动保护用品;

14. 了解环境保护的重要意义,核电与环境保护的相关知识,"三废"排放管理制度;

15. 了解火灾的基本知识,相关的消防管理规定,掌握正确的防火、灭火方法;

16. 了解质量保证的重要性、质量保证制度等基础知识;

17. 了解质量控制的重要性、质量控制的规定等基础知识;

18. 了解《中华人民共和国劳动法》适用范围、立法的目的,以及具体包括的基本内容;

19. 了解《中华人民共和国安全生产法》适用范围、立法的目的,以及具体包括的基本内容;

20. 了解《中华人民共和国核安全法》适用范围、立法的目的,以及具体包括的基本内容;

21. 了解《中华人民共和国环境保护法》适用范围、立法的目的,以及具体包括的基本内容;

22. 了解《中华人民共和国放射性污染防治法》适用范围、立法的目的,以及相关内容。

二、考核要点

考核要点见表 3-2。

表 3-2　考核要点

考核类别	考核范围	考核点	重要程度
基础知识	专业基础知识	模拟电路基础知识	X
		数字电路基础知识	X
		稳压电源基础知识	X
		控制系统逻辑功能图的读图方法	X
		辐射防护基础知识	X
		辐射防护的目的	X
		辐射防护的要求	X
		辐射防护的剂量限值	X
		辐射危害及防护	X
		辐射工作场所的管理	X
		放射性废物与放射源的管理	X
		高辐射风险作业的辐射防护	X
		电的基础知识	X
		电磁理论基础知识	X
		直流电路	X
		交流电路	X
		电气作业注意事项	X
		安全管理的法规和标准	X
		工业安全知识	X
		职业健康安全管理知识	X
		现场急救	Y
		原子核物理基础	Y
		核反应堆物理基础	Y
		核反应堆运行的物理知识	X
		机械设备基础知识	Y
		电气设备基础知识	X
		控制设备常用电器的种类	X
		控制设备常用电器的用途	X
		核反应堆仪控系统设备的作用	X

续表

考核类别	考核范围	考核点	重要程度
基础知识	专业基础知识	核测量仪表简介	X
		辐射测量仪表简介	Y
		化学分析仪表简介	Z
		主要控制系统简介	X
		电厂计算机系统简介	X
		万用表的使用和维护	X
		兆欧表的使用和维护	X
	安全文明生产与环境保护	核安全文化的定义	X
		核安全文化的特征	X
		核设施相关核安全文化的管理	X
		核安全文化的理解和应用	X
		良好职业素养要求	X
		物料放置管理要求	X
		安全意识培养	X
		现场清洁要求	Y
		安全管理简介	X
		使用安全知识和劳动保护用品	X
		环境保护的重要意义	Z
		“三废”排放管理制度	X
		火灾的基本知识	Y
		火灾的危害	X
		防火知识	X
		灭火知识	X
	质量管理知识	质量管理八项原则	Y
		质量保证的重要性	X
		质量保证要求	X
		质量控制的重要性	X
		质量控制的规定	X

续表

考核类别	考核范围	考核点	重要程度
基础知识	相关法律、法规知识	《中华人民共和国劳动法》适用范围	Y
		《中华人民共和国劳动法》立法目的	X
		《中华人民共和国劳动法》基本内容	X
		《中华人民共和国安全生产法》适用范围	Y
		《中华人民共和国安全生产法》立法目的	X
		《中华人民共和国安全生产法》基本内容	X
		《中华人民共和国核安全法》适用范围	Y
		《中华人民共和国核安全法》立法目的	X
		《中华人民共和国核安全法》基本内容	X
		《中华人民共和国环境保护法》适用范围	Y
		《中华人民共和国环境保护法》立法目的	X
		《中华人民共和国环境保护法》基本内容	X
		《中华人民共和国放射性污染防治法》适用范围	X
		《中华人民共和国放射性污染防治法》立法目的	Y
		《中华人民共和国放射性污染防治法》基本内容	Z

三、考点导航

1. 专业基础知识

(1) 模拟电路基础知识

模拟电路基础知识主要包含半导体器件基础、基本放大电路、负反馈放大电路基础知识。其中半导体器件基础主要介绍了半导体的导电特性、晶体二极管、晶体三极管;基本放大电路主要介绍了基本放大电路的组成、直流通路与静态工作点、交流通路与放大原理;负反馈放大电路基础知识主要介绍了反馈的基本概念、反馈的极性、反馈放大电路的方框图及一般表达式。

(2) 数字电路基础知识

数字信号是时间上和数值上均离散的一种信号,对该种信号进行传递、处理、运算和存储的电路称为数字电路。这里的运算不仅有普通的算术运算而且有逻辑运算。数字电路的基础知识主要包括:数制、编码以及逻辑代数。

数制是人们对数量计算的一种统计规律。在日常生活中,我们最熟悉的是十进制,而在数字系统中广泛使用的是二进制、八进制和十六进制;用二进制数码表示十进制数或其他特殊信息如字母、符号等的过程称为编码;逻辑代数是研究因果关系的一种代数,逻辑函数只有三种基本运算,它们是与运算、或运算和非运算。能实现逻辑运算的电路称为门电路,用基本的门电路可以构成复杂的逻辑电路，完成任何逻辑运算功能，这些逻辑电路是构成计算机及其他数字系统的重要基础。

(3) 稳压电源基础知识

稳压电源基础知识主要包含：串联型稳压电源、集成稳压电源、串联开关式稳压电源。分别对一些常用的稳压电源进行了工作原理介绍。

(4) 控制系统逻辑功能图的读图方法

控制系统逻辑功能图是表示理论的或者理想的逻辑功能电路而不涉及实现方法的一种图，其用途是提供绘制逻辑功能电路图或其他有关图纸的依据。控制系统逻辑功能图有很多种形式，主要有系统方框图、逻辑图等。

(5) 辐射防护基础知识

辐射防护基础知识主要内容包含：原子、原子核和放射性，辐射的种类与特性，电离辐射的生物效应，辐射量和单位。

(6) 辐射防护的目的

辐射防护的目的在于使人类受其照射的必要活动建立和维持适当的安全条件，避免发生非随机效应，并使随机效应的发生率减至实际可能的最低水平。

(7) 辐射防护的要求

核电厂在生产营运过程中涉及辐射防护问题，必须遵循以下要求：实践的正当性、剂量限制、防护与安全的最优化。

(8) 辐射防护的剂量限值

辐射防护剂量限值是受控实践使个人所受到的有效剂量或当量剂量不得超过的值。辐射防护剂量限值体系一般分为基本限值、次级限值、导出限值、管理限值和参考水平五个级别。

(9) 辐射危害及防护

辐射危害及防护主要分为内照射危害及防护、外照射危害及防护、表面污染的概念及其防护。

(10) 辐射工作场所的管理

辐射工作场所的管理主要包括厂区分区管理、人员出入控制管理、辐射控制区物品进出管理。

(11) 放射性废物与放射源的管理

放射性废物的管理主要包括废物的收集、转移、减容、贮存等活动。放射性废物管理的目标：采取一切可行的措施管理放射性废物，确保人类健康及环境不论现在或将来都得到足够的保护，并不给后代增加不适当的负担。放射性废物管理的要求：采取有效的控制措施，确保放射性废物及其管理活动所应引起的对工作人员和公众的辐射照射不超过国家有关法规和标准的规定，并保持在可合理达到的尽量低的水平。

核电站的放射源是指用于测量、仪表标定等人工制造的具有放射性的物质。它的来源不是本电站的反应堆，而是外部带入或购买的。对放射源的订购、入库、保管、使用、报废等全过程必须进行严格的管理，避免发生意外照射和放射源丢失事故。

(12) 高辐射风险作业的辐射防护

高辐射风险作业的辐射防护主要分为外照射的防护和内照射的防护。

(13) 电的基础知识

电的构成元素:电被定义为“在某个力的作用下,通过某个导体的电子流”。同性电荷相斥,异性电荷相吸。一个电子以能够保持其轨道的速度围绕原子核做旋转运动。如果有一个良好的通路或导体,电子就能够从一个原子流到另一个原子,这样就产生了电流。根据物质的导电性能的差异分成导体、绝缘体及半导体。

(14) 电磁理论基础知识

电磁理论就是研究电场与磁场相互关系的。电磁学中,右手定则判断的主要是与力无关的方向。如果是和力有关的则全依靠左手定则。即:关于力的用左手定则,其他的(一般用于判断感应电流方向)用右手定则。

(15) 直流电路

直流电路主要介绍了电路的基本物理量、电路的连接、电路的几种状态、欧姆定律。

(16) 交流电路

交流电路主要介绍了交流电概述、描述简谐交流电的特征量、交流电路中的元件。

(17) 电气作业注意事项

倒闸操作是电气运行人员的重要工作。为了确保操作过程的安全,在倒闸操作过程中必须严格遵守运行规程和安全规程,特别是一些易被忽视的细节更要注意。

(18) 安全管理的法规和标准

安全生产是我国的一项重要政策,也是企业管理的一项基本原则。安全生产法规包括两类法律关系:一类是公民和单位之间关于保护公民人身安全和生产安全的法律关系;一类是有关国家或社会团体与公民或单位之间因监督、检查安全生产的法规执行情况而发生的法律关系。安全生产立法除制定法律和行政法规、条例外,还必须制定与这些法律、法规、条例相适应的技术法规和标准。安全生产的国家法律、行政法规是技术法规和技术标准的依据,技术法规和标准是实现国家法律和行政法规的具体保证。

(19) 工业安全知识

工业安全知识主要内容包括电气安全、使用危险品、核设施的安全风险。其中电气安全主要介绍了电流对人体的作用、电气事故、安全用电基本要素、检修作业安全距离、操作安全距离、用电安全措施;使用危险品主要介绍了危险品的定义、危险品的分类、使用危险品的风险;核设施的安全风险主要介绍了核设施常用的危险品、核设施常见的作业安全。

(20) 职业健康安全管理知识

职业健康安全管理知识主要内容包括职业健康安全基本知识、职业健康安全管理要求、核设施职业健康安全管理主要方式。

(21) 现场急救

现场急救主要介绍了现场急救的定义、进行现场急救的必要性、事故现场的处理(包括事故现场的急救步骤和正确拨打应急电话)、常用急救术。

(22) 原子核物理基础

原子核物理基础主要内容包括原子结构、核素与同位素。

(23) 核反应堆物理基础

核反应堆物理基础主要内容包括核能的释放、核反应。

(24) 核反应堆运行的物理知识

核反应堆运行的物理知识主要内容包括反应堆周期与启动率、控制棒或硼浓度改变与计数率关系、临界前系统和设备的必要条件。

(25) 机械设备基础知识

核电站用机械设备较多,只对阀门、泵和风机做简单介绍。

(26) 电气设备基础知识

电厂用电气设备种类较多,只对电动机、自动断路器、不间断电源做简单的介绍。

(27) 控制设备常用电器的种类

电器是接通和断开电路或调节、控制和保护电路及电气设备用的电工器具。完成由控制电器组成的自动控制系统,称为继电器—接触器控制系统,简称电器控制系统。常用电器可按工作电压等级分类、按动作原理分类、按用途分类、按工作原理分类。

(28) 控制设备常用电器的用途

低压电器能够依据操作信号或外界现场信号的要求,自动或手动地改变电路的状态、参数,实现对电路或被控对象的控制、保护、测量、指示、调节。低压电器的作用有:控制作用、保护作用、测量作用、调节作用、指示作用、转换作用。

(29) 核反应堆仪控系统设备的作用

核反应堆仪控系统主要包括:一回路控制和仪表、二回路仪表和控制、辐射监测仪表和火灾报警系统、棒控棒位系统、反应堆功率调节系统、反应堆保护系统、堆内外核测系统、信号报警系统、电站计算机系统、DEH 及其他系统。核电站的所有热工相关的变量和相关的过程控制都是由一、二回路的过程仪表来完成相关的测量和控制,由堆内外核测系统和棒控棒位及功率调节系统完成对反应堆功率的测量和控制,由反应堆保护系统、专设安全设施系统、ATWS(Anticipated Transient without Scram,未能紧急停堆的预期瞬态)系统等维持反应堆的安全,电站计算机系统实现整个核电站的信息化显示和管理,汽轮机的转速和功率控制是由 DEH(Digital Electro-Hydraulic Control System)系统完成的。

(30) 核测量仪表简介

核测量系统分为堆芯核测系统和堆外核测系统。堆芯核测系统由堆芯核仪表系统和堆芯温度仪表系统组成;堆外核测仪表系统用于监测反应堆的中子注量率。

(31) 辐射测量仪表简介

辐射监测系统用于监测安全壳内空气、主回路压力边界的泄漏、辅助厂房通风空气中碘浓度、乏燃料池排气、一回路的高放无氧废气、辅助系统的低放有氧废气、烟囱排放气体、冷凝器排气、除氧器排气、燃料元件包壳破损、蒸汽发生器排污水、设备冷却水(简称设冷水)、蒸汽发生器取样水、凝结水、废树脂暂存间、一回路循环水硼浓度、主控室进风、T2 排放水、T3 排放水、区域 γ 辐射、化容和硼回系统树脂床、主蒸汽管道 ^{16}N、堆顶气溶胶等的放射性水平进行测量和相关的联锁控制。

(32) 化学分析仪表简介

在线分析仪表主要分布在水处理系统和水汽循环系统中。水处理系统中的仪表主要有 pH 表、Na 表、Si(硅)表、电导率表等。水汽循环系统主要有 pH 表、Si(硅)表、电导率表、溶氧表等。

(33) 主要控制系统简介

反应堆控制系统主要包括棒控棒位系统、功率调节系统等,通过对控制棒的提升或下插实现反应性及核功率控制,棒位系统能及时正确的指示控制棒在堆芯中的位置,功率调节系统接收汽机功率信号,并依此对反应堆的功率进行调节。

反应堆保护系统直接关系到核电厂的安全性和可用性,是确保核电厂安全运行的安全系统。反应堆保护系统的功用,是在大多数情况下,通过停堆和汽轮机停机(采用校正措施后使电厂恢复运行)来限制一般事故(例如给水流量丧失)的后果。

DEH 控制系统主要实现两大功能,汽轮机组的转速控制和负荷控制。

(34) 电厂计算机系统简介

电站计算机系统对电站一回路、二回路的主要参数、设备及阀门的状态进行采集,并对采集的数据进行处理和计算,然后通过 CRT 或打印机将处理和计算得到的结果进行显示和打印。

(35) 万用表的使用和维护

万用表可以用来测量交直流电压、交直流电流、电阻、电容、二极管、三极管等参数,有的万用表甚至可以测量温度和频率信号。万用表的维护主要包括定期清理万用表的外壳、更换电池、更换保险丝。

(36) 兆欧表的使用和维护

兆欧表是用来测量被测设备的绝缘电阻和高值电阻的仪表。兆欧表一般分为高压数字式兆欧表、电子兆欧表、绝缘电阻测试仪、大功率高压兆欧表、数显式绝缘电阻测试仪等。数字兆欧表的使用维护测量前要先切断被测设备的电源,并将设备的导电部分与大地接通,进行充分放电,以保证安全。测量前要先检查兆欧表是否完好。接线柱与被测设备间连接的导线不能用双股绝缘线或绞线,应该用单股线分开单独连接,避免因绞线绝缘不良而引起误差。

2. 安全文明生产与环境保护

(1) 核安全文化的定义

核安全文化是存在于单位和个人中的种种特性和态度的总和,它建立一种超出一切之上的观念,即核设施安全问题由于它的重要性要保证得到应有的重视。

(2) 核安全文化的特征

核安全文化是所有从事与核安全相关工作的人员参与的结果,它包括核设施员工,核设施管理人员及政府决策层。与核安全相比,核安全文化是一种意识形态。核安全文化作用于或表现在核设施领导阶层和国家政策方面、个体的行为两个领域。

(3) 核设施相关核安全文化的管理

决策层的责任首先是发布相应的核安全政策,从而阐明核安全文化所应包含的任务和目标。决策层的责任同样也通过实施质量政策而表现出来。质量控制与质量保证过程的目的是在核安全要求的遵守方面获得充分的信心。核设施管理层有着其相应的职责。

(4) 核安全文化的理解和应用

核设施的每个员工通过其本身的责任、对核安全的主动性、严谨的工作态度以及他本身的专业能力,对核设施运行安全起着非常重要的作用。每个员工均在其日常工作中对核安全发挥其影响。

纵深防御原理以及质量控制基本原则,均体现着核安全文化的直接作用。核设施采用了纵深防御的原理,这一防御原理不仅仅只适用于核设施的设计,同时也适用于核设施的运行、维修活动，尤其是某些非常规的机组状态以及突发性的维修活动等，工作的质量与质量控制都属纵深防御的范畴，所有运行和维修活动也属于纵深防御的范畴，员工对于这些活动的思考和实施都显现出核安全文化的具体影响。

(5) 良好职业素养要求

具备良好的职业素养要求工作人员有责任心，采用保守的工作方法，工作中实行自我检查，并依照文明行为标准规范自己的行为。

(6) 物料放置管理要求

现场物料应放置整齐、管理有序。做好物料出入管理，物品从非控制区搬入控制区前，事先办理登记和批准手续，同时要注意降低放射性废物产生量和避免污染扩散或转移，物品搬出控制区时必须在出口处进行检查，经检查符合搬出标准时方可搬出，防止放射性物质带出控制或监督管理区。现场物料还要做好防异物管理。

(7) 安全意识培养

工作人员应该知道安全是压倒一切的，每个人都有权利、责任和义务去维护安全。在所有的安全中，人员的安全是最重要的。工作人员对会影响到核安全的所有活动能够采取保守的态度和方法，维持核设施的纵深防御。工作人员通过运用辐射防护方法和遵守辐射防护程序，使辐射剂量维持在合理可行尽可能低的水平，同时尽量减少污染的扩散。无论任何时候，只要系统或设备一经打开，都应采取措施防止灰尘、溶剂、工具、焊渣、切屑等杂物进入到系统设备中，使用覆盖物和围栏等保护用具，对进出系统的工具、材料和人员要有程序来控制，防止异物进入系统设备。工作中可能会产生各种对环境有害的物质，应对这些废物进行控制，以减少对环境的危害。为了高效和有序地进行交接班，当班工作人员在交班前规定时间内开始准备整理交班内容，具体详细内容记录在相应文件内。工作人员应养成良好安全行为习惯。

(8) 现场清洁要求

随时整理清扫工位现场，作好自己所在工作区和所用工具、设备及其他用品的保洁工作。生产过程中保持洁净的工作环境，不随手随地乱丢工作垃圾。不随意乱摆放物品，严格要求自己养成良好习惯。工作区域应该保持干净、整洁、有序。工作完成后，要将工作场所打扫干净，产生的废物要放到指定的废物存放地点。

(9) 安全管理简介

核设施的安全管理是为实现生产过程中的人员和财产的安全而组织和使用人力、物力、财力等各种资源的过程。安全管理是在一定条件下，用科学的仪器和手段，通过经验的积累和分析，可以找出发生事故的近似的规律，即从外部和表面的联系，找到内部的决定性的主要关系。一个企业必须要贯彻、执行国家的安全生产的有关法律、法规，还必须根据本企业的性质、工艺、特点制定自己的安全管理制度，并认真执行。

由于危害及风险的客观存在以及事故的偶然性，要完全预防事故是不可能的，但大部分不安全现象和不安全行为是可以预防的。就预防方法而言，分为事后追查型预防方法和事前预测型预防方法。预防事故必须采取措施，从根本上解决安全工作中存在的问题。

(10) 使用安全知识和劳动保护用品

精神状态对安全有着重大的影响，采取措施保持良好精神状态很重要。

劳动保护用品是保护劳动者在劳动过程中的安全与健康的一种防御性装备。劳动防护用品又称劳动保护用品,一般指个人防护用品,国际上统称个人防护装备。个人防护用品是指能够保护个人,防止伤害,限制事故后果的个人穿戴的所有衣物或器具。个人劳动保护是在所有集体保护措施之后,防范措施的最后屏障,是保证个人安全的最后手段。个人防护设备包括头部的保护、听觉保护、眼部及面部保护、呼吸保护、手和脚的保护、身体的保护、高空作业的保护等。

安全规章制度来源于前人的经验总结,违章犯纪就是走发生事故的危险道路。遵守安全规章制度不能由个人的好恶而取舍,而必须人人遵守,强制执行。规章制度的执行是相对稳定的,但在企业的生产发展过程中,规章制度需要不断补充和完善。

(11) 环境保护的重要意义

核电生产和其他能源一样,也存在环境问题,除热污染、占用土地、普通污染物的排放等问题外,放射性流出物排放对环境可能造成的影响是公众最为关注的问题。具体来说,它包括核设施在正常运行和事故情况下放射性核素的排放以及放射性废物最终处置的潜在环境污染问题。核工业与其他工业最大的不同点在于它从创建开始就十分重视核安全和环境问题。核设施从设计、建造到运行每一环节都制订了严格的控制标准,力求将危害降低至可合理达到的尽可能低的水平,并由各级核安全及辐射环境管理审管机构实行监督。

(12) “三废”排放管理制度

核设施流出物排放相关的系统包括放射性废气排放系统、放射性废液排放系统、放射性固体废物处理系统、非放射性排放系统。不同形态的流出物有不同的辐射影响和对应的监测要求。《核动力厂环境辐射防护规定》(GB 6249—2011)中规定了在正常运行工况下的剂量限值和排放量控制值要求,为了落实国家环保部门批准排放值的实现,核设施必须建立环境保护管理目标和相应排放管理流程,通过性能指标管理核设施环境保护工作,确保了核设施环境保护及“三废”减排工作的有效性。

(13) 火灾的基本知识

燃烧的基本知识主要包括燃烧的定义、燃烧的种类、燃烧的形式、燃烧的必要条件。“火灾”是指在时间和空间上失去控制的燃烧所造成的灾害。防火的主要措施就是:控制可燃物、隔绝助燃物、消除着火源。火灾等级分为特别重大火灾、重大火灾、较大火灾和一般火灾四个等级。

(14) 火灾的危害

火灾的危害主要有以下几个方面:毁坏物质财富、残害人类生命、破坏生态平衡、造成的间接经济损失、造成不良的社会影响。

(15) 防火知识

核设施主要的火灾危害在于各厂房设施中,防火主要以厂房防火为主。防火屏障包括防火门、电缆贯穿口、穿墙管道、墙体孔洞、贯穿区,防火屏障保持完整有效是防止火势蔓延扩大的有效屏障和措施,若检修或施工改造工作需要打开防火屏障的,必须办理防火屏障打开许可证。为降低发生火灾时的影响,消防设施需要得到有效管理。

(16) 灭火知识

灭火的基本方法包括冷却灭火法、隔离灭火法、窒息灭火法、抑制灭火法。灭火的基本原则:先控制后灭火、救人重于灭火、先重点后一般。

根据核设施的消防设计,专设了消防水系统、固定式灭火系统和移动式灭火器等灭火手段，为在灭火时有效使用这些手段，必须先掌握和熟悉有关系统和设备、器材的结构和操作要点。

灭火器喷射的时间很短，适用扑救初起火灾。平时要把灭火器放在使用方便的地方。使用时把灭火器拿到离着火点尽可能近的地方再启动，防止迟缓动作和过早启动，影响灭火效果。

灭火剂主要有水、泡沫、二氧化碳、干粉、卤代烷。其中二氧化碳和干粉两种灭火剂较为常用。

3. 质量管理知识

(1) 质量管理八项原则

质量管理八项原则：以顾客为关注焦点；领导作用；全员参与；过程方法；管理的系统方法；持续改进；基于事实的决策方法；与供方互利的关系。

(2) 质量保证的重要性

主要内容包括质量的重要性、质量管理的重要性、质量保证的重要性。

(3) 质量保证要求

与核电厂大修质量保证/质量控制直接相关的法规是《核电厂质量保证安全规定》(HAF003)，由国务院有关部门——国家核安全局根据法律和国务院行政法规在本部门权限范围内制定并发布，是具有法律约束力的文件。该法规共分 13 章：引言、质量保证大纲、组织、文件控制、设计控制、采购控制、物项控制、工艺过程的控制、检查和试验控制、对不符合项的控制、纠正措施、记录、监查。

质量保证大纲必须对所有影响质量的活动提出要求及控制措施，包括验证需要验证的每一活动是否已正确地进行，是否采取了必要的纠正措施或预防措施，因而具有减少、消除、预防不符合机制，还具有持续改进质量的功能。

核电厂涉及的物项数量巨大，但并非所有物项对核电厂的安全和可靠运行具有同等的重要性。所以，应当根据各种物项对安全和运行所具有的不同重要性，将其分为不同的安全等级。然后按物项所属的安全等级来制订该物项设计、制造、检查等各种活动应遵守的各项规则。

(4) 质量控制的重要性

质量控制的工作内容包括了作业技术和活动，即包括专业技术和管理技术两方面。控制质量就是制订以及达到预定质量要求的过程。质量控制的重要性体现在对企业的意义就是质量控制是实现质量保证的基础和消除不满意结果的原因，取得经济效益，对员工的意义就是员工的技能是质量控制的重要内容和员工是实现质量控制的重要因素。

(5) 质量控制的规定

核电厂对所维修设备的系统状态和环境有严格的要求，其中包括：设备系统隔离要求、辐射防护和工业安全要求；每项维修活动都必须按相应的维修规程进行；采用“维修质量计划”来控制维修活动的方法；使用“缺陷报告”“设备(质量)缺陷报告”和“不符合项报告”记录、评审与处理设备的异常和缺陷；填写记录和编制维修报告。

质量计划的质量控制点为维修和变更改造活动中要求由独立的验证人员进行验证维修和施工工作质量的工序点，质量控制点分停工待检点(H 点)、见证点(W 点)和审查点(R 点)

三类,其中H点的级别最高,R点的级别最低。

维修质量控制是一个保证维修后的设备能按设计意图和假设保持其可靠性和有效性的过程。

4. 相关法律、法规知识

(1)《中华人民共和国劳动法》适用范围

在中华人民共和国境内的企业、个体经济组织和与之形成劳动关系的劳动者适用劳动法;国家机关、事业组织、社会团体实行劳动制度的以及按规定应实行劳动合同制度的工勤人员;其他通过劳动合同与国家机关、事业组织、社会团体建立劳动关系的劳动者,适用劳动法;实行企业化管理的事业组织的人员适用劳动法。

(2)《中华人民共和国劳动法》立法目的

为了保护劳动者的合法权益,调整劳动关系,建立和维护适应社会主义市场经济的劳动制度,促进经济发展和社会进步,制定《中华人民共和国劳动法》。

(3)《中华人民共和国劳动法》基本内容

《中华人民共和国劳动法》有以下基本内容:劳动法的适用范围;劳动者的基本权利和义务;促进劳动就业;劳动合同以及集体合同制度;工资;劳动安全卫生;对特殊劳动群体(女工和未成年工等)的特殊保护;职业培训;社会保险和福利;劳动争议、监督检查;违反劳动法应承担的法律责任。

(4)《中华人民共和国安全生产法》适用范围

《中华人民共和国安全生产法》是专门调整涉及安全生产的相关关系的法律,因此,其适用的范围只限定在生产经营领域。

适用的主体范围,包括一切从事生产经营活动的国有企业事业单位、集体所有制的企业事业单位、股份制企业、中外合资经营企业、中外合作经营企业、外资企业、合伙企业、个人独资企业等,不论其经济性质如何、规模大小,只要从事生产经营活动的,都应遵守本法的各项规定,违反本法规定的行为将受到法律的追究。

当然,按照依法治国、依法行政的要求,各级人民政府及政府有关部门对安全生产的监督管理,也必须遵守本法规定。

有关法律、行政法规对消防安全和道路交通安全、铁路交通安全、水上交通安全和民用航空安全另有规定的,分别适用有关法律、行政法规的规定。

(5)《中华人民共和国安全生产法》立法目的

为了加强安全生产监督管理,防止和减少生产安全事故,保障人民群众生命和财产安全,促进经济发展,制定《中华人民共和国安全生产法》。

(6)《中华人民共和国安全生产法》基本内容

政府的职权:各级政府应当加强对安全生产工作的领导;各级政府应当支持、督促各有关部门依法履行安全生产监督管理职责;县级以上政府对安全生产监督管理中存在的重大问题,应当及时予以协调、解决。

生产经营单位的义务:生产经营单位必须遵守安全生产法和其他有关安全生产的法律、法规;生产经营单位必须加强安全生产管理;生产经营单位必须建立、健全安全产生责任制度;生产经营单位必须完善安全生产条件。

生产经营单位的从业人员有依法获得安全生产保障的权利。从业人员享有的安全生产保障权利主要包括:有关安全生产的知情权;有获得符合国家标准的劳动防护用品的权利;有对安全生产问题提出批评、建议的权利;有对违章指挥的拒绝权;有采取紧急避险措施的权利;在发生生产安全事故后,有获得及时抢救和医疗救治并获得工伤保险赔付的权利等。

从业人员在享有获得安全生产保障权利的同时,也负有以自己的行为保证安全生产的义务,主要包括:在作业过程中必须遵守本单位的安全生产规章制度和操作规程,服从管理,不得违章作业;接受安全生产教育和培训,掌握本职工作所需要的安全生产知识;发现事故隐患应当及时向本单位安全生产管理人员或主要负责人报告;正确使用和佩戴劳动防护用品。

(7)《中华人民共和国核安全法》适用范围

《中华人民共和国核安全法》第二条指出了这一法律的适用范围:“在中华人民共和国领域及管辖的其他海域内,对核设施、核材料及相关放射性废物采取充分的预防、保护、缓解和监管等安全措施,防止由于技术原因、人为原因或者自然灾害造成核事故,最大限度减轻核事故情况下的放射性后果的活动,适用本法。”

(8)《中华人民共和国核安全法》立法目的

为了保障核安全,预防与应对核事故,安全利用核能,保护公众和从业人员的安全与健康,保护生态环境,促进经济社会可持续发展,制定《中华人民共和国核安全法》。

(9)《中华人民共和国核安全法》基本内容

《中华人民共和国核安全法》基本内容包括核设施安全,核材料和放射性废物安全,核事故应急,信息公开和公众参与,监督检查,法律责任以及附则等内容。

(10)《中华人民共和国环境保护法》适用范围

《中华人民共和国环境保护法》适用于中华人民共和国领域和中华人民共和国管辖的其他海域。“中华人民共和国领域”包括我国的领陆、领水及领空。“中华人民共和国管辖的其他海域”是指我国管辖的领海以外的,依国际法仍享有管辖权的海域,如大陆架、专属经济区、毗连区等。

(11)《中华人民共和国环境保护法》立法目的

为了保护和改善生活环境与生态环境,防治污染和其他公害,保障人体健康,促进社会主义现代化建设的发展,制定《中华人民共和国环境保护法》。

(12)《中华人民共和国环境保护法》基本内容

《中华人民共和国环境保护法》确立了“预防为主,防治结合,综合治理”的原则。《中华人民共和国环境保护法》规定,环境保护的任务主要有两个方面:一是“防”,即防止和减少新环境污染和环境破坏;二是“治”,即治理和控制已经产生的环境污染和环境破坏。环境保护的手段主要有经济手段、行政手段、法律手段、宣传教育手段、科学技术手段、行政管理手段、工程手段等。

(13)《中华人民共和国放射性污染防治法》适用范围

《中华人民共和国放射性污染防治法》适用于中华人民共和国领域和管辖的其他海域在核设施选址、建造、运行、退役和核技术、铀(钍)矿、伴生放射性矿开发利用过程中发生的放射性污染的防治活动。

(14)《中华人民共和国放射性污染防治法》立法目的

为了防治放射性污染,保护环境,保障人体健康,促进核能、核技术的开发与和平利用,制定《中华人民共和国放射性污染防治法》。

(15)《中华人民共和国放射性污染防治法》基本内容

《中华人民共和国放射性污染防治法》的基本内容包括放射性污染防治的监督管理,核设施的放射性污染防治,核技术利用的放射性污染防治,铀(钍)矿和伴生放射性矿开发利用的放射性污染防治,放射性废物管理,法律责任以及附则等内容。

四、仿真训练

(一) 单项选择题(请将正确选项的代号填入题内的括号中)

1. 二极管的主要特性是(　　)。

(A) 导电　(B) 单向导电　(C) 双向导电　(D) 不导电

2. 数字信号是时间上和数值上均离散的一种信号,对该信号进行传递、处理、运算和(　　)的电路称为数字电路。

(A) 导电　(B) 存储　(C) 改变　(D) 反馈

3. 控制系统逻辑功能图有很多种,主要有系统方框图、(　　)等。

(A) 逻辑图　(B) 流程图　(C) 平面图　(D) 梯形图

4. 世界上任何物质都是由(　　)组成的。

(A) 原子　(B) 质子　(C) 电子　(D) 中子

5. 辐射防护的目的在于使人类受其照射的必要活动建立和维持适当的安全条件,避免发生非随机效应,并使随机效应的发生率减至实际可能的(　　)水平。

(A) 正常　(B) 一般　(C) 大概　(D) 最低

6. 剂量限值是受控实践使个人所受到的有效剂量或当量剂量不得(　　)的值。

(A) 接近　(B) 超过　(C) 低于　(D) 少于

7. (　　)是指放射源在人体之外对人体产生的照射,包括体表放射性污染引起的照射。

(A) 外照射　(B) 内照射　(C) 电离辐射　(D) 中子辐射

8. 进入控制区前,所有人员必须办理(　　)。

(A) RP 证　(B) 出入证　(C) 工作证　(D) 身份证

9. 放射性废物的管理主要包括废物的收集、转移、(　　)、贮存等活动。

(A) 再加工　(B) 再利用　(C) 减容　(D) 改造

10. 电被定义为在某个力的作用下,通过某个(　　)的电子流。

(A) 通道　(B) 导体　(C) 半导体　(D) 容器

11. 电流是由电子的定向移动形成的,习惯上把(　　)定向移动的方向作为电流的方向。

(A) 左手定则　(B) 右手定则　(C) 正电荷　(D) 负电荷

12. 电磁学中,右手定则判断的主要是与(　　)无关的方向。

(A) 原子　(B) 力　(C) 电子　(D) 中子

13. (　　)是衡量单位电荷在静电场中由于电势不同所产生的能量差的物理量。

(A) 电压　(B) 电流　(C) 电阻　(D) 电感

14. 电流的大小方向均不变,称为(　　)。

(A) 交流电　(B) 脉冲电流　(C) 稳恒电流　(D) 直流

15. 安全是生产活动的(　　)。

(A) 基础　(B) 核心　(C) 方针　(D) 指导

16. 工作人员正常活动范围与 6 kV 以下带电设备的安全距离是(　　)米。

(A) 0.35　(B) 0.60　(C) 0.90　(D) 1.50

17. 事故是指造成死亡、疾病、伤害、损坏或其他损失的(　　)情况。

(A) 意外　(B) 必然　(C) 可能　(D) 其他

18. 为了揭开原子内部结构的奥秘,1911 年著名物理学家卢瑟福等人做了一个著名的“卢瑟福实验”:用一束带正电的质量比电子大得多的高速运动的 α 粒子轰击金箔,结果是大多数 α 粒子能穿过金箔且不改变原来的前进方向,但也有一小部分改变了原来的方向,甚至有极少数的 α 粒子被反弹了回来。通过这一实验现象不能够获得的结论是(　　)。

(A) 原子核质量较大　(B) 原子核体积很小

(C) 核外电子带有负电荷　(D) 原子核带有正电荷

19. 放射性衰变,自发裂变的核反应叫做(　　)核反应。

(A) 自发　(B) 诱发　(C) 他发　(D) 引发

20. 当反应堆为次临界时,反应堆周期是负值,这时中子能量将指数律减少,如果反应性增长的速度是常数,则周期的缩短与次临界度的减少成正比,换句话说,反应堆越接近临界,周期(　　)。

(A) 不变　(B) 越短　(C) 越长　(D) 无变化

21. 阀门是流体管路的(　　)装置。

(A) 一般　(B) 二级　(C) 控制　(D) 辅助

22. 弹簧的载荷与变形称为(　　)。

(A) 弹簧刚度　(B) 弹簧疲劳度　(C) 弹簧压缩量　(D) 弹簧系数

23. 直流电动机最大优点是具有很好的启动特性和(　　)特性。

(A) 控制　(B) 调速　(C) 开关　(D) 停止

24. 要使一台额定电压为 100 V,额定电流为 10 A 的用电设备接入 220 V 的电路中并能在额定工况下工作,可以(　　)。

(A) 串联一个 12 Ω 的电阻　(B) 串联一个 20 Ω 的电阻

(C) 串联一个 10 Ω 的电阻　(D) 并联一个 10 Ω 的电阻

25. 核电厂从反应堆启停到满功率运行都离不开(　　)系统。

(A) 蒸汽　(B) 仪控　(C) 回路　(D) 通道

26. 棒控棒位系统由(　　)和控制棒棒位指示系统组成。

(A) 控制棒控制系统　(B) 电源

(C) 稳压器　(D) 保护装置

27. 万用表的 COM 孔也称为公共端是专门插入(　　)表笔的插孔。

(A) 红色　(B) 黑色　(C) 蓝色　(D) 绿色

28. (　　)是用来测量被测设备的绝缘电阻和高值电阻的仪表。

(A) 记录仪　(B) 万用表　(C) 示波器　(D) 兆欧表

29. 核安全文化是存在于单位和(　　)中的种种特性和态度的总和。

(A) 国际 (B) 个人 (C) 他人 (D) 国家

30. 核安全就是核设施在其设计、制造、运行及停役期间为保护公众及环境受可能的放射性危害所采取的所有措施的(　　)。

(A) 分组 (B) 总和 (C) 三级 (D) 方法

31. 决策层的责任首先是发布相应的核安全政策,从而阐明核安全文化所应包含的任务和(　　)。

(A) 计划 (B) 目标 (C) 方案 (D) 指令

32. 质量控制与质量保证过程的目的是在核安全要求的遵守方面获得充分的(　　)。

(A) 信心 (B) 信息 (C) 肯定 (D) 可能

33. 纵深防御原理以及质量控制基本原则,均体现着核安全文化的(　　)作用。

(A) 积极 (B) 直接 (C) 间接 (D) 相关

34. 质量的组织管理,又称做(　　)。

(A) 组织系统 (B) 质量系统 (C) 管理系统 (D) 控制系统

35. 职业素养包括责任心、保守的工作方法、(　　)、文明行为标准。

(A) 技能学习 (B) 自我检查 (C) 自我能力 (D) 自我表扬

36. 现场文明生产要求,(　　)整理清扫工位现场,做好自己所在工作区和所用工具、设备及其他用品的保洁工作。

(A) 最后 (B) 随时 (C) 定时 (D) 定期

37. 安全规章制度来源于前人的(　　)总结。

(A) 历史 (B) 经验 (C) 事故 (D) 工作

38. 环境是指以(　　)为主体的外部世界。

(A) 人类 (B) 地球 (C) 宇宙 (D) 天空

39. "三废"处理遵循(　　)的原则。

(A) 低排 (B) 可合理达到尽量低

(C) 合理 (D) 不排

40. 组织依存于(　　)。

(A) 国家 (B) 社会 (C) 顾客 (D) 员工

41. 领导者应确立组织的目的与方向的(　　)。

(A) 一致 (B) 交错 (C) 正确 (D) 变化

42. 制定(　　)是核电厂工程不可分割的一部分。

(A) 质保大纲 (B) 企业规则 (C) 工作手册 (D) 学习手册

43. 质量控制的工作内容包括了专业技术和(　　)两方面。

(A) 管理技术 (B) 操作技术 (C) 材料技术 (D) 设计技术

44. 核电厂每项维修活动都必须按相应的(　　)进行。

(A) 维修规程 (B) 维修计划 (C) 技术要求 (D) 技术方案

45. 只要形成劳动关系,不论是否订立劳动合同都适用(　　)。

(A) 劳动法 (B) 基本法 (C) 宪法 (D) 工商法

46. 订立劳动合同是一种(　　)行为。

(A) 主动 (B) 被动 (C) 法律 (D) 纪律

47.（　　）是指在生产经营活动中发生的意外的突发事件的总称。

（A）安全生产事故　（B）交通事故　（C）突发事故　（D）意外事故

48. 各级（　　）应当加强对安全生产工作的领导。

（A）政府　（B）机关　（C）领导　（D）企业

49. 环境保护法确立了“（　　）为主、防治结合、综合治理”的原则。

（A）预防　（B）学习　（C）干预　（D）生产

（二）判断题（对的画“√”，错的画“×”）

1.（　　）当反向电压增加到一定数值 U_{BR} 时，反向电流剧减，这种现象称为二极管的击穿。

2.（　　）数字信号是时间上和数值上均离散的一种信号，对该信号进行传递、处理、运算和存储的电路称为数字电路。

3.（　　）稳压电源的质量指标是用来衡量输出直流电压的稳定程度等的。

4.（　　）世界上任何物质都是由原子组成的。

5.（　　）辐射防护的目的在于使人类受其照射的必要活动建立和维持适当的安全条件，避免发生非随机效应，并使随机效应的发生率减至实际可能的最低水平。

6.（　　）辐射防护的基本要求有：实践的正当性、剂量限制、防护与安全的最优化。

7.（　　）监督区是指未被确定为控制区、通常必须要采取专门防护手段和安全措施但要不断检查其职业照射条件的任何区域。

8.（　　）进入辐射控制区前，所有人员必须办理 RP 证。

9.（　　）电磁场是具有确定物理意义的矢量场，这些矢量场在一定的区域内具有一定的分布规律，除有限个点或面以外，它们都是空间坐标的连续函数。

10.（　　）电被定义为在某个力的作用下，通过某个导体的电子流。

11.（　　）壳层外拥有 4 个以上电子的任何物质都是绝缘体。

12.（　　）电流的大小方向均在变，称为交流电。

13.（　　）安全是生产活动的核心。

14.（　　）核电站的所有热工相关的变量和相关的过程控制都是由一、二回路的过程仪表来完成相关的测量和控制。

15.（　　）核测量系统分为堆芯核测系统和堆外核测系统。

16.（　　）二氧化硅的测量是根据光的吸收定律来进行的。

17.（　　）棒控棒位系统由控制棒控制系统和控制棒棒位指示系统组成。

18.（　　）汽轮机的转速和功率控制是由 DEH 系统完成的。

19.（　　）电厂计算机系统的工作方式为在线、开环、不参与系统控制。

20.（　　）兆欧表是用来测量被测设备的绝缘电阻和高值电阻的仪表。

21.（　　）核安全文化是存在于单位和单位中的种种特性和态度的总和。

22.（　　）核安全就是核设施在其设计、制造、运行及停役期间为保护公众及环境受可能的放射性危害所采取的所有措施的总和。

23.（　　）核安全文化是所有从事与核安全相关工作的人员参与的结果。

24.（　　）质量的组织管理，又称做质量系统。

25.（　　）纵深防御原理以及质量控制基本原则，均体现着核安全文化的间接作用。

26. (　　)发生效益与安全冲突时,工作人员可以忽略安全按照有利于效益的方式开展工作。

27. (　　)维修活动过程,仅需要在完成所有工作的最后整理清扫工位现场。

28. (　　)环境保护就是研究和防止由于人类生活、生产建设活动使自然环境恶化,进而寻求控制、治理和消除各类因素对环境的污染和破坏,并努力改善环境、美化环境、保护环境,使它更好地适应人类生活和工作需要。

29. (　　)防火门必须保持关闭状态,防止人为损坏。

30. (　　)组织依存于顾客。

31. (　　)领导者应确立组织的目的与方向的交错。

32. (　　)制定质保大纲是核电厂工程不可分割的一部分。

33. (　　)只要形成劳动关系,不论是否订立劳动合同都适用劳动法。

34. (　　)安全生产法的适用范围只限定在工作领域。

35. (　　)安全生产事故是指在生产经营活动中发生的意外的突发事件的总称。

36. (　　)保护和改善生活环境与生态环境,防治污染和其他公害是环境保护法的直接目的。

37. (　　)《中华人民共和国放射性污染防治法》适用于中华人民共和国领域和管辖的其他海域在核设施选址、建造、运行、退役和核技术、铀(钍)矿、伴生放射性矿开发利用过程中发生的放射性污染的防治活动。

38. (　　)《中华人民共和国放射性污染防治法》的立法目的是:防治放射性污染,保护环境,保障人体健康。

(三) 多项选择题(请将正确选项的代号填入题内的括号中)

1. 二极管按照用途分有(　　)。

(A) 普通二极管　(B) 整流二极管　(C) 开关二极管　(D) 稳压二极管
(E) 变容二极管

2. 三极管的分类有(　　)。

(A) NPN 型　(B) PNP 型　(C) 高频管　(D) 低频管
(E) 大功率管

3. 三极管的连接方式有(　　)。

(A) 共发射极接法　(B) 共集电极接法
(C) 共基极接法　(D) 串联接法
(E) 并联接法

4. 逻辑函数的运算方式有(　　)。

(A) 与运算　(B) 或运算　(C) 非运算　(D) 异或运算
(E) 与非运算

5. 常用逻辑门电路有(　　)。

(A) 与门电路　(B) 或门电路　(C) 非门电路　(D) 异或门电路
(E) 与非门电路

6. 辐射的种类有(　　)。

(A) α 辐射　(B) β 辐射　(C) γ 辐射　(D) 中子辐射

(E) 离子辐射

7. 外照射主要由(　　)造成。

(A) α 辐射　(B) β 辐射　(C) γ 辐射　(D) 中子辐射

(E) 离子辐射

8. 辐射防护的基本要求有(　　)。

(A) 实践的正当性　(B) 剂量限制

(C) 防护与安全的最优化　(D) 中子辐射

(E) 离子辐射

9. 在应用剂量限值时,必须满足(　　)附加限制。

(A) 育龄妇女应保证为均匀受照,月剂量不得超过年剂量限值的 1/12

(B) 从事职业性辐射工作的孕妇、授乳妇,应在 1 年的照射不超过 15 mSv 的环境下工作,并保证为均匀受照

(C) 年龄在 16～18 周岁的学生和学徒工,由于教学培训需要接受照射时,1 年内受到的有效剂量当量不得超过 15 mSv。年龄小于 16 周岁者按公众成员控制

(D) 只有辐射工作人员可以接受事先计划的特殊照射。且一次不得超过 100 mSv,一生不得超过 250 mSv

(E) 育龄妇女和未满 18 周岁者不得接受事先计划的特殊照射

10. 办理 RP 证必须符合(　　)。

(A) 从事放射性工作的人员应身体健康,适合从事辐射工作

(B) 所有从事辐射工作的人员,必须接受辐射防护培训,通过考核

(C) 中国公民

(D) 社会人员

(E) 其他人员

11. 核电厂的放射源按物体状态分类有(　　)。

(A) 固体源　(B) 液体源　(C) 气体源　(D) 中子源

(E) 其他

12. 电路在工作时的工作状态有(　　)。

(A) 通路　(B) 短路　(C) 断路　(D) 回路

(E) 环路

13. 核设施主要系统的风险是由系统或设备的(　　)系统内部的危险品产生的危害。

(A) 压力　(B) 温度　(C) 放射性　(D) 流体

(E) 用电

14. 核设施职业健康安全管理的基本方式(　　)。

(A) 定期监测　(B) 日常管理

(C) 健康体检　(D) 将职业危害及时告知员工

(E) 其他

15. 变压器的基本作用是在交流电路中进行(　　)。

(A) 变电压　(B) 变电流　(C) 变阻抗　(D) 变相位

(E) 电气隔离

16. 控制设备常用电器的用途有(　　)。
(A) 保护作用　(B) 调节作用　(C) 测量作用　(D) 指示作用
(E) 转换作用

17. 辐射监测系统用于监测(　　)、堆顶气溶胶等的放射性水平进行测量和相关的联锁控制。
(A) 安全壳内空气　(B) 主回路压力边界的泄漏
(C) 辅助厂房通风空气中碘浓度　(D) 乏燃料池排气
(E) 烟囱排放气体

18. 电厂计算机系统的工作方式为(　　)。
(A) 在线　(B) 开环
(C) 不参与系统控制　(D) 局域网
(E) 互联网

19. 核安全文化是所有从事与核安全相关工作的人员参与的结果,人员包括(　　)。
(A) 核设施员工　(B) 核设施管理人员
(C) 政府决策层　(D) 行人
(E) 其他人

20. 核设施管理层的职责(　　)。
(A) 跟踪与监督　(B) 营造良好的工作环境
(C) 建立质量系统　(D) 后勤
(E) 其他

21. 员工对核安全文化的应用(　　)。
(A) 工作前的考虑　(B) 工作期间的保证
(C) 工作后的纠正与检查　(D) 质量保证的理解和运用
(E) 义务加班

22. 职业素养包括(　　)。
(A) 责任心　(B) 自我检查
(C) 保守的工作方法　(D) 文明行为标准
(E) 其他

23. 物料管理包括(　　)。
(A) 现场物料管理　(B) 物料出入管理
(C) 防异物管理　(D) 文明行为标准
(E) 其他

24. 安全管理的含义:核设施的安全管理是为实现生产过程中的人员和财产的安全而组织和使用(　　)等各种资源的过程。
(A) 人力　(B) 物力　(C) 财力　(D) 法力
(E) 执行力

25. 安全评价是一个行为过程,该过程包括(　　)。
(A) 项目工程的可行性研究　(B) 评价危险程度
(C) 确定维修是否在可承受的范围　(D) 项目的设计施工图设计

(E) 编制安全评价报告

26. 火灾的危害主要有(　　)。

(A) 毁坏物质财富　　(B) 残害人类生命

(C) 破坏生态平衡　　(D) 造成的间接经济损失

(E) 造成不良的社会影响

27. 核设施的防火主要有(　　)。

(A) 厂房防火屏障　(B) 厂房防火门管理

(C) 消防设施管理　(D) 造成的间接经济损失

(E) 造成不良的社会影响

28. 质量管理的八项原则包括(　　)。

(A) 领导作用　(B) 全员参与　(C) 过程方法　(D) 持续改进

(E) 基于事实的决策方法

29. 质量对企业的意义(　　)。

(A) 质量是企业的生命　　(B) 质量是企业的信誉的标志

(C) 质量是企业开拓市场的武器　　(D) 质量是提高企业经济效益的最佳途径

(E) 只要过往的质量好,就可以大幅度减少企业在质量控制方面的投入

30. 企业包括(　　)等。

(A) 国有企业　(B) 集体所有制　(C) 中外合资企业　(D) 中外合作企业

(E) 乡镇企业

31. 劳动法的基本内容有(　　)等。

(A) 适用范围　　(B) 基本权利和义务

(C) 促进劳动就业　　(D) 工资

(E) 劳动安全卫生

32.《中华人民共和国放射性污染防治法》的基本内容(　　)等。

(A) 防治放射性污染,保护环境,保障人体健康

(B) 结合我国实际情况分析

(C) 国家对放射性污染的防治,实行预防为主、防治结合、严格管理、安全第一的方针

(D) 放射性污染防治的科学研究和技术开发利用,推广先进的放射性污染防治技术

(E) 放射性污染防治工作依法实施统一监督管理

(四) 简答题

1. 什么是反馈?
2. 什么是逻辑代数的特点?
3. 什么是基准电压源?
4. 控制系统逻辑功能图是什么?
5. 辐射防护应遵循的要求有哪些?
6. 在应用剂量限值时,必须满足哪些附加限制?
7. 降低外照射的方法有哪些?
8. 放射性废物是指什么?
9. 右手螺旋定则是什么?

10. 什么是电压?
11. 什么是交流电路?
12. 核设施主要系统的风险有哪些?
13. 热中子反应堆中为什么使用慢化剂,慢化剂的选取原则是什么?
14. 临界前系统和设备的必要条件有哪些?
15. 请简述接触器和控制继电器的定义。
16. 硅表的测量原理是怎样的?
17. 兆欧表是怎样分类的?
18. 核安全文化的定义是什么?
19. 核安全文化的特征是什么?
20. 质量管理的八项原则是什么?
21. 什么是质量保证大纲?
22.《中华人民共和国劳动法》的立法目的是什么?
23.《中华人民共和国环境保护法》的立法目的是什么?
24.《中华人民共和国放射性污染防治法》的适用范围是什么?

五、参考答案

(一) 单项选择题

1. B;2. B;3. A;4. A;5. D;6. B;7. A;8. A;9. C;10. B;11. C;12. B;13. A;14. C;15. A;16. A;17. A;18. C;19. A;20. B;21. C;22. A;23. B;24. A;25. B;26. A;27. B;28. D;29. B;30. B;31. B;32. A;33. B;34. B;35. B;36. B;37. B;38. A;39. B;40. C;41. A;42. A;43. A;44. A;45. A;46. C;47. A;48. A;49. A。

(二) 判断题

1. ×;2. √;3. √;4. √;5. √;6. √;7. √;8. √;9. √;10. √;11. √;12. √;13. ×;14. √;15. √;16. √;17. √;18. √;19. √;20. √;21. ×;22. √;23. √;24. √;25. ×;26. ×;27. ×;28. ×;29. √;30. √;31. ×;32. √33、√;34. ×;35. √;36. √;37. √;38. √。

(三) 多项选择题

1. ABCDE;2. ABCDE;3. ABC;4. ABC;5. ABCDE;6. ABCD;7. CD;8. ABC;9. ABCDE;10. AB;11. ABC;12. ABC;13. ABCDE;14. ABCD;15. ABCDE;16. ABCDE;17. ABCDE;18. ABC;19. ABC;20. ABC;21. ABCD;22. ABCD;23. ABC;24. ABC;25. BCE;26. ABCDE;27. ABC;28. ABCDE;29. ABCD;30. ABCDE;31. ABCDE;32. ABCDE。

(四) 简答题

1. 答:反馈是指把放大电路输出回路中某个电量(电压或电流)的一部分或全部,通过一定的电路形式(反馈网络)送回到放大电路的输入回路,并同输入信号一起参与控制作用,以使放大电路某些性能获得改善的过程。

2. 答:逻辑代数是研究因果关系的一种代数,和普通代数类似,可以写成下面的表达形式 $Y=F(A、B、C、D)$。

3. 答:基准电压源一般可以用稳压管组成的稳压源来承担,但目前有很多基准电压集成电路,这些电路稳压性能非常好,被广泛用作高性能稳压电源的基准电源,或 A/D 和 D/A 转换器的参考电源。常用型号 MC1403、MC1503 和 TL431。

4. 答:控制系统逻辑功能图是表示理论的或者理想的逻辑功能电路而不涉及实现方法的一种图,其用途是提供绘制逻辑功能电路图或其他有关图纸的依据。控制系统逻辑功能图有很多种形式,主要有系统方框图、逻辑图等。

5. 答:核电厂在生产营运过程中涉及辐射防护问题,必须遵循以下要求:

(1) 实践的正当性;

(2) 剂量限制;

(3) 防护与安全的最优化。

6. 答:

(1) 育龄妇女应保证为均匀受照,月剂量不得超过年剂量限值的 1/12。

(2) 从事职业性辐射工作的孕妇、授乳妇,应在 1 年的照射不超过 15 mSv 的环境下工作,并保证为均匀受照。

(3) 年龄在 16～18 周岁的学生和学徒工,由于教学培训需要接受照射时,1 年内受到的有效剂量当量不得超过 15 mSv。年龄小于 16 周岁者按公众成员控制。

(4) 只有辐射工作人员可以接受事先计划的特殊照射。且一次不得超过 100 mSv,一生不得超过 250 mSv。

(5) 育龄妇女和未满 18 周岁者不得接受事先计划的特殊照射。

7. 答:

(1) 减少在放射源附近工作的时间;

(2) 增大你自身和放射源之间的距离;

(3) 在你和放射源之间添置屏蔽,以减少辐射;

(4) 当放射源衰变到一定的程度后再接近它。

8. 答:放射性废物是指来自实践或干预的、预期不会再利用的废弃物(不管其物理形态如何),它含有放射性物质或被放射性物质污染,其活度或活度浓度大于审管部门规定的清洁解控水平,并且它所引起的照射未被排除。

9. 答:用右手握螺线管。让四指弯向螺线管的电流方向,大拇指所指的那一端就是通电螺线管的北极。场的话,大拇指指向电流方向,另外四指弯曲指的方向为磁感线的方向(磁场方向或是小磁针北极所指方向或是小磁针受力方向)。

10. 答:电压是电流流过一个导体的压力(电动势)。电压的力是由两个原子间的一个"势差"而引起的;也就是说正(+)电荷与负(-)电荷之间的数量差造成了这种不平衡的状态。以单位伏特来计量电压,通常缩写为 V。

11. 答:在一个电路里,如果电源的电动势 $e(t)$ 随时间作周期性变化,则各段电路中的电压 $u(t)$ 和电流 $i(t)$ 都将随时间作周期性变化,这种电路叫做交流电路。

12. 答:核设施主要系统的风险是由系统或设备的压力、温度、放射性、流体、用电、系统内部的危险品产生的危害。

13. 答:反应堆内裂变产生的中子具有相当高的能量,其平均值约为 2 MeV;而微观裂变截面在热能区较大,热中子反应堆内的裂变反应基本上都发生在这一能区,所以在热中子反应堆中要使用慢化剂。慢化剂的选取要求慢化能力越大越好,即平均对数能量缩减越大越好,同时还要求宏观散射截面越大越好,这样发生碰撞的概率较大;宏观吸收截面越小越好,这样热中子利用率高。

14. 答:反应堆在启动达临界之前,必须检查反应堆冷却剂系统(RCS)运行正常,核测仪表运行正常,核蒸汽转换系统的凝结水、除氧器、辅助给水等系统运行正常。完成估计临界棒位、临界硼浓度计算(ECC)之后,在得到运行值长指令"趋近反应堆临界"许可之后,方可进行反应堆临界启动操作。

15. 答:接触器是用于远距离频繁的接通和断开交直流主电路及大容量控制电路的一种自动切换电器;控制继电器是一种自动电器,在控制系统中用来控制其他电器动作或主电路中作为保护用电器。

16. 答:二氧化硅的测量是根据光的吸收定律来进行的。一束具有相应波长的单色光透过有色溶液时,由于一部分光被有色溶液吸收,光的辐射能力减弱。浓度越大,液层越厚,被吸收的光越多,透过的光越弱。

17. 答:兆欧表一般分为高压数字式兆欧表、电子兆欧表、绝缘电阻测试仪、大功率高压兆欧表、数显式绝缘电阻测试仪等。

18. 答:核安全文化是存在于单位和个人中的种种特性和态度的总和,它建立一种超出一切之上的观念,即核设施安全问题由于它的重要性要保证得到应有的重视。

19. 答:核安全文化是所有从事与核安全相关工作的人员参与的结果,它包括核设施员工,核设施管理人员及政府决策层。

20. 答:

(1) 以顾客为关注焦点;

(2) 领导作用;

(3) 全员参与;

(4) 过程方法;

(5) 管理的系统方法;

(6) 持续改进;

(7) 基于事实的决策方法;

(8) 与供方互利的关系。

21. 答:制定质保大纲是核电厂工程不可分割的一部分。该大纲须对各种工作的控制作出规定。每种工作的控制须符合本规定的要求。确定大纲所适用的物项、服务和工艺。对这些物项、服务和工艺规定控制和验证的方法或水平。对影响质量的活动规定控制条件,大纲须规定对从事影响质量活动的人员的培训。定期评定和修订大纲,规定文件的语种,文件的翻译本须由合格的人员审查。

22. 答:为了保护劳动者的合法权益,调整劳动关系,建立和维护适应社会主义市场经济的劳动制度,促进经济发展和社会进步。

23. 答:《中华人民共和国环境保护法》的立法目的是:为了保护和改善生活环境与生态环境,防治污染和其他公害,保障人体健康,促进社会主义现代化建设的发展。

24. 答:《中华人民共和国放射性污染防治法》适用于中华人民共和国领域和管辖的其他海域在核设施选址、建造、运行、退役和核技术、铀(钍)矿、伴生放射性矿开发利用过程中发生的放射性污染的防治活动。

第三单元　维修准备

一、学习目标

1. 掌握维修检修方案(操作票)编写要求;
2. 了解临时变更管理制度的相关规定;
3. 了解(预防性)维修大纲的相关规定;
4. 了解核反应堆停堆保护系统设计说明;
5. 了解核反应堆控制系统设计说明;
6. 了解核反应堆控制系统工作原理;
7. 掌握重水堆燃料操作仪控系统运行流程图;
8. 掌握基本控制理论;
9. 了解重水堆燃料操作仪控系统相关的工艺系统知识、过程仪表。

二、考核要点

考核要点见表 3-3。

表 3-3　考核要点

考核类别	考核范围	考核点	重要程度
维修准备	维修操作票编写要求	编写检修方案的原则	X
		检修方案的编写要求	X
		检修方案的分级	X
		检修方案的审批流程	X
	临时变更管理制度	制订临时变更管理制度的目的	Y
		临时变更相关定义	X
		临时变更管理流程	X
		临时变更管理规定	X
	维修大纲	预防性维修大纲编写依据	Y
		预防性维修活动的分类	X
		维修周期的规定	X
		维修时机的确定	X
	核反应堆停堆保护系统设计说明	核反应堆保护系统安全分析	X
		运行工况	X
		确定保护动作	X

续表

考核类别	考核范围	考核点	重要程度
维修准备	核反应堆停堆保护系统设计说明	确定保护参数	X
		保护系统的响应时间	X
	核反应堆控制系统设计说明	反应堆功率调节系统设计说明	X
		棒控棒位系统设计说明	X
	核反应堆控制系统工作原理	反应堆控制的定义	X
		棒控系统工作原理	X
		棒位测量系统工作原理	X
	重水堆燃料操作仪控系统运行流程图	重水堆燃料操作仪控系统运行流程图	X
	基本控制理论	PID 调节器的适用范围	Z
		PID 参数的意义	X
		PID 参数的作用	X
		PID 综合调试	X
	重水堆燃料操作仪控系统相关的工艺系统知识、过程仪表	液压油系统	X
		重水供给与控制系统	X

三、考点导航

1. 维修操作票编写要求

(1) 编写检修方案的原则

对综合分级为一般设备的缺陷维修,只有在缺乏有效的维修手段、维修文件支持时才需要编写检修方案。对综合分级为关键/重要设备的缺陷,在以下范围内必须编写检修方案:

1) 现有的维修规程不能完全覆盖或不适用缺陷维修过程。

2) 故障原因不明确,需提出多种确认方法或多种故障处理的方法。

3) 故障处理过程较为复杂或工单管理系统不能适合其填写要求。

4) 维修执行过程中所需安全措施比较复杂,运行许可系统难以完成实施过程并且必须检修人员参与安全措施的执行或确认。

5) 维修地点的操作容易导致附近其他关键/重要设备功能失效或误动。

6) 维修过程中在工业安全/辐射防护有必需的特殊要求的项目。

7) "一类"关键设备/系统、"二类"关键设备/系统出现的缺陷。

(2) 检修方案的编写要求

检修方案的格式分为概述、分析、准备、检修/施工步骤、现场恢复、检修记录表等。检修方案的具体格式参见检修方案模板文件。

1）概述:工作准备人详细描述缺陷的现象、设备缺陷/失效所表现出来的各种特征及其带来的后果。

2）分析:工作准备人应对缺陷现场核实,参考设备维修的历史记录,分析故障现象、造成设备故障的直接原因和根本原因。

依据原理、规程或图纸等支持文件,对缺陷进行分析和充分讨论,据此提出在当前运行条件下缺陷定位的方法、维修的方式、要点或流程、实施时必需的"安全措施"。

分析维修方式、维修行为、安措实施、维修地点/环境、工作许可、工业安全等方面对人身安全、设备可靠性或设备运行方式等方面将带来的可预见或潜在的风险及应对措施。

3）准备:工作准备人应准备纸质支持文件,如维修图册、需要的设备图纸等,需要的备件/材料、工器具、配合人员。

4）检修步骤(操作票):明确缺陷处理的运行状态、列出详细的操作步骤、注意事项及应对措施。

5）现场恢复:工作完成后需要确认的工作或需要提请注意的事项。

6）检修记录表:故障处理前准备的各种技术数据或故障处理过程中需要记录、比较的数据、事项确认、结论等记录。

(3）检修方案的分级

1）3 级:对电站稳定运行无影响但从维修技术方面需要检修方案支持的设备缺陷维修。

2）2 级:涉及降功率或对电站稳定运行有影响,其失效或故障将对电站的稳定运行构成明显的威胁(对应于二类关键设备/系统)。

3）1 级:涉及核安全相关、直接停机/停堆、电站降模式相关等项目的缺陷维修(对应于一类关键设备/系统)。

(4）检修方案的审批流程

检修方案的审批流程见表 3-4。

表 3-4 检修方案的审批流程

方案分级	主持人	编写	校对	审核	会签	批准
3 级	班长/维工	准备人	班长/维工	维工/班长	(涉及运行操作风险的,由运行处管理科或值长会签,涉及备件更换的,由技术处专业科长会签)	(副)科长
2 级	(副)科长	准备人	班长/维工	(副)科长	(涉及运行操作风险的,由运行处(副)处长会签,涉及备件更换的,由技术处(副)处长会签	维修处长(副)/主任工程师
1 级	检修(副)处长	准备人	(副)科长	检修(副)处长	(涉及运行操作风险的,由运行处(副)处长会签,涉及备件更换的,由技术处(副)处长会签	公司副总工程师/副总经理

2. 临时变更管理制度

(1）制订临时变更管理制度的目的

制订本程序是为了加强对机组临时变更的立项、设计、实施、撤销的管理,避免采用可能致使原设计、电站安全性、可靠性劣化的方案,保证相关人员都能及时了解到临时变更状况,同时满足定期试验、检查、工艺试验、特殊运行方式、异常处理和故障检修的需要。

(2) 临时变更相关定义

是指在一定时限内使用的对电站系统、设备、运行方式的变更。临时变更可分为重大临时变更和一般临时变更两类。

(3) 临时变更管理流程

临时变更管理流程如图 3-1 所示。

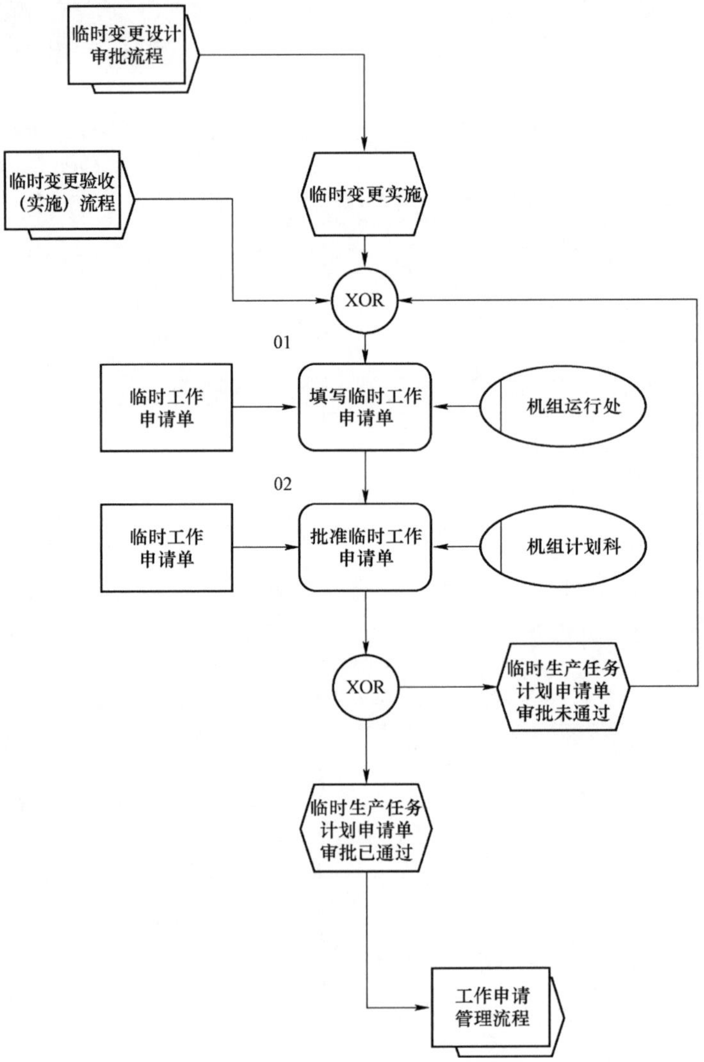

图 3-1 临时变更管理流程图

(4) 临时变更管理规定

1) 为配合某些缺陷处理需要所产生的临时变更,其实施、拆除工作应使用临时变更类工单,原缺陷工单遗留至合适时机进行缺陷的消除。

2) 临时生产任务计划申请单的审批人员包括:安全质量处工业安全科、保健物理处、运行处运行支持科、生产计划处计划科。

3）临时变更的工单在生产计划处计划科接受后，按照“工作申请管理程序”实施。

4）临时变更施工过程中，如发现设计有误或无法实施，应停止施工并汇报上级，由实施处室联系运行处及变更设计处室决定进行设计修改或中止该临时变更的实施并负责恢复原状。

5）临时变更实施后应在应用点及相关控制位置做出明确标识。

6）临时工作申请的申请参照生产计划管理相关制度。

3. 维修大纲

(1) 预防性维修大纲编写依据

1）核安全法规、导则

2）某核电厂运行质量保证大纲、维修大纲

3）国家或相关行业的标准、管理条例

4）核电站最终安全分析报告(FSAR)及其技术规格书

5）设计文件(包括竣工文件)

6）供货商的文件(设备运行、维修手册，系统设计手册等)

7）外部经验反馈(如：WANO、IAEA 的经验反馈，国际和国内其他电厂的运行经验)

8）内部经验反馈

9）工程人员的经验

10）维修历史记录

11）其他类型的文件

(2) 预防性维修活动的分类

维修活动的类型分为以下五种：

1）状态监测

2）定期维护

3）定期更换

4）解体检查

5）通道校准

(3) 维修周期的规定

1）维修周期可以按日历时间来确定(如：周、月、年等)，也可以按照电厂换料大修周期来确定，关于周期的代码如下规定(见表 3-5)：

表 3-5　关于周期代码的规定

代码	含义
W(Weekly)：	周
M(Monthly)：	月
Y(Yearly)：	年
C(Cycle)：	换料大修周期

2）若某些设备的维修周期是按照实际累计运行小时或根据季节交替变化或电厂运行状态变化来确定的(如:锅炉的预防性维修),这时也必须在备注栏中给出必要的说明。

3）在同一台设备上进行同样类型的维修工作时,由于部件不同、维修内容不同,所要求的周期也不同。通常长周期应为短周期的整数倍,而且长周期的维修内容覆盖短周期的维修内容,在描述长周期的维修内容时,可以省略短周期的维修内容。

4）在确定测量通道或控制回路的维修周期时应考虑其检查周期与相关的工艺系统或设备的检查周期的协调性;而在同一设备上安排维修活动时,应考虑与定期试验、在役检查周期的协调性。

(4）维修时机的确定

综合考虑以下因素来确定设备的预防性维修工作放在机组日常运行期间或放在换料大修期间进行。

1）技术规格书的要求。

2）维修时间长短对设备可用性以及对电厂性能指标(WANO 性能指标)的影响。

3）PSA(Probability Safety Analysis,概率安全评价)的应用。

4）非计划停堆、停机的风险。

5）是否有能力采取足够的措施有效地减少辐射防护的风险。

6）换料大修期间是否需要投运本系统或设备。

7）正常运行期间设备的冗余度。

8）是否间断运行(设备的定期切换)。

4. 核反应堆停堆保护系统设计说明

(1）核反应堆保护系统安全分析

必须进行安全分析,以确定保护系统的功能要求。紧急停堆系统,其安全分析步骤如图 3-2 所示:

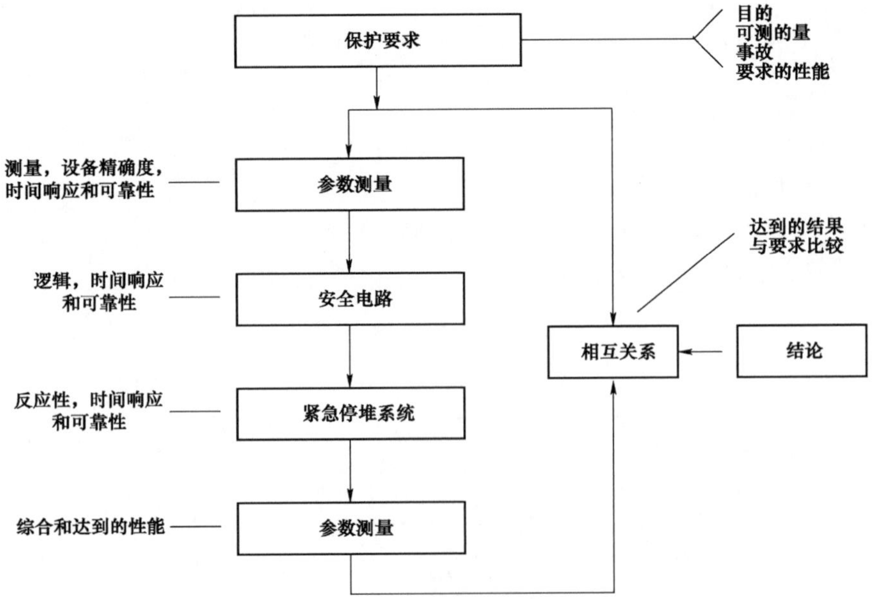

图 3-2　安全分析步骤

(2) 运行工况

设计保护系统，首先要对电厂的运行工况进行分析，分析可能发生的潜在危险，以便采取保护措施。

一般情况下，根据预期的事故发生频率和对公众可能有的辐射影响，把核电厂工况分四类：

工况 1：正常运行和操作的瞬变过程。

工况 2：发生频率为中等的故障。

工况 3：不常见故障。

工况 4：极限故障。

(3) 确定保护动作

针对典型事故，确定保护动作。在无保护系统动作的情况下，对每个假设事故对反应堆和公众安全的影响，必须详细地进行分析。通过分析确定哪里需要动作保护，保护系统的性能要求、保护系统故障的严重性和限制严重事故后果的固有特性的能力。在电厂设计中，应该及早分析没有保护情况下事故的后果，因为这些故障的后果在确定保护系统所要求的必要性和可靠方面都是重要的因素。

(4) 确定保护参数

在安全分析的基础上，确定触发保护系统给出触发信号的变量及其整定值。确定这些变量必须考虑对假设始发事件的充分保护，特别要考虑：反应性保护、堆芯保护、压水堆堆芯偏离泡核沸腾的保护、一回路冷却剂边界完整性保护、汽机截止阀关闭或蒸汽管道破裂、安全壳屏障的保护和限制事故发展、外电网失电保护这些参数。

专设安全设施的各种动作时由来自诸如冷却剂低液位、冷却剂低压力、安全壳高压力、安全壳中辐射强度过高、蒸汽管道内辐射强度过高、高蒸汽流量、蒸汽发生器中低水位以及蒸汽发生器低压力等这样一些电厂变量的保护动作信号所触发并在事故期间进行控制。

(5) 保护系统的响应时间

保护动作必须在变量超过定值之后的某一时间间隔之内发生，以防止变量达到安全极限。

5. *核反应堆控制系统设计说明*

(1) 反应堆功率调节系统设计说明

反应堆功率调节系统设备柜用于完成反应堆功率的控制和轴向功率偏差报警功能。

反应堆功率调节系统设备柜内有一套反应堆功率调节设备和一套轴向功率偏差报警设备，根据设计院提供的仪表和控制原理图及仪表功能配置图，完成反应堆功率的控制和轴向功率偏差报警功能

反应堆功率调节系统能使反应堆功率自动跟随汽轮机负荷变化。在正常运行和运行瞬态过程中，使冷却剂平均温度恢复并维持在参考平均温度值范围内。实测的高选平均温度信号和参考平均温度信号也用于蒸汽排放控制系统。在15%额定功率以下，控制棒实行手动控制。在15%额定功率以上，控制棒可以实行自动控制或手动控制。

(2) 棒控棒位系统设计说明

堆芯的反应性和中子注量率的控制，是依靠溶解在反应堆冷却剂中的可溶性化学毒物

(硼酸)和控制棒束组件对中子的吸收联合来实现。前者补偿堆芯的燃耗,后者用于快速控制堆功率。

控制棒控制装置用于提升和下降控制棒束组件。

控制棒束组件在堆芯中的插入可以引起堆芯轴向功率分布的变化。如果轴向功率不平衡,会影响核燃料的最佳利用。为了限制堆芯中子注量率的不平衡,控制棒应按一定的程序移动。为了同样目的,对这些控制棒驱动机构(CRDM)的布置也有一定要求,且固定不变。

在正常运行期间,将停堆棒从堆芯中提出,可以引入降低负反应性裕度。

通过移动停堆棒 A1 或 A2 进行中子注量率分布的手动控制。

控制棒在堆芯的位置由控制棒位置指示装置给予指示。

6. 核反应堆控制系统工作原理

反应堆控制,狭义上说就是棒控棒位系统的功调部分,主要功能就是调节反应堆功率在一定的限度内跟随汽机功率而变化。在广义上说反应堆控制包括功调部分和棒控系统、棒位系统。这里讨论的反应堆控制就是棒控系统、棒位系统。

反应堆功率的控制是通过控制堆芯反应性来实现的。而堆芯反应性的控制包括两个部分:一部分是通过改变溶解于反应堆冷却剂中的可溶性化学硼浓度,另一部分则是通过移动含有中子吸收体的控制棒在堆芯中的位置来实现的。

7. 重水堆燃料操作仪控系统运行流程图

燃料操作仪控系统分为主控和现场部分,其中主控部分主要用于控制信号传递执行和现场信号反馈处理,现场部分用于信号执行与信号反馈。

主控中仪控系统分为盘台与盘柜部分。盘台由操作设备与指示设备组成,操作设备主要有单回路控制器、手动开关和键盘;显示设备有指示灯和显示器。盘柜为控制信号与反馈信号的收集处理中心,主要有继电器、比较器卡件、电源、控制器和端子排等设备。现场仪控设备主要有位置开关、电位计、变送器和阀门等。

8. 基本控制理论

(1) PID 调节器的适用范围

PID 调节控制是一个传统控制方法,它适用于温度、压力、流量、液位等几乎所有现场,不同的现场,仅仅是 PID 参数应设置不同,只要参数设置得当均可以达到很好的控制效果。均可以达到精度偏差小于 0.1%,甚至更高的控制要求。

(2) PID 参数的意义

比例作用定义:比例作用控制输出的大小与误差的大小成正比,当误差占量程的百分比达到 P 值时,比例作用的输出=100%,这 P 就定义为比例带参数。当误差达到量程乘以 P(%)时,比例作用的输出达 100%。

积分作用定义:对某一恒定的误差进行积分,令其积分“I”秒后,其积分输出应与比例作用等同,这 I 就定义为积分时间。

微分作用定义:D 是指微分作用的持续时间,是指从微分作用产生时刻起到微分作用衰减到零(接近零)所花的时间。

(3) PID 参数的作用

P 参数越小比例作用越强,动态响应越快,消除误差的能力越强。但实际系统是有惯性的，控制输出变化后，实际 *PV* 值变化还需等待一段时间才会缓慢变化。由于实际系统是有惯性的，比例作用不宜太强，比例作用太强会引起系统振荡不稳定。*P* 参数的大小应在以上定量计算的基础上根据系统响应情况，现场调试决定，通常将 *P* 参数由大向小调，以能达到最快响应又无超调(或无大的超调)为最佳参数。

I 积分作用消除静差的原理是，只要有误差存在，就对误差进行积分，使输出继续增大或减小，一直到误差为零，积分停止，输出不再变化，系统的 *PV* 值保持稳定，*PV* 值等于 *SP* 值，达到无差调节的效果。

一般的控制系统，不仅对稳定控制有要求，而且对动态指标也有要求，通常都要求负载变化或给定调整等引起扰动后，恢复到稳态的速度要快，因此光有比例和积分调节作用还不能完全满足要求，必须引入微分作用。比例作用和积分作用是事后调节(即发生误差后才进行调节)，而微分作用则是事前预防控制，即一发现 *PV* 有变大或变小的趋势，马上就输出一个阻止其变化的控制信号，以防止出现过冲或超调等。

D 越大，微分作用越强，*D* 越小，微分作用越弱。系统调试时通常把 *D* 从小往大调，具体参数由试验决定。

(4) PID 综合调试

比例作用、积分作用和微分作用的关系是：比例作用是主要调节作用，起主导作用；积分作用是辅助调节作用；微分作用是补偿作用。

具体调节步骤可参考教材。

9. 重水堆燃料操作仪控系统相关的工艺系统知识、过程仪表

(1) 液压油系统

主要由流量和压力控制、液位控制、油箱温度控制三个部分组成，具体见培训教材。

(2) 重水供给与控制系统

主要由重水的温度控制、重水的流量与压力控制和重水的液位控制三个部分组成，具体见培训教材。

四、仿真训练

(一) 单项选择题(请将正确选项的代号填入题内的括号中)

1. 对于综合分级为一般设备的缺陷维修，只有在(　　)时才需要编写检修方案。

(A) 工作人员对现场不熟悉　　(B) 缺乏有效的维修手段、维修文件

(C) 设备检修需要较高的技能　　(D) 设备检修需要的人员较多

2. 检修方案的格式分为(　　)。

(A) 概述、分析、准备、检修/施工步骤、现场恢复、检修记录表等

(B) 分析、准备、检修/施工步骤、现场恢复、检修记录表等

(C) 概述、分析、准备、现场恢复、检修记录表等

(D) 概述、分析、准备、检修/施工步骤、现场恢复等

3. “工作准备人应对缺陷现场核实，参考设备维修的历史记录，分析故障现象、造成设备故障的直接原因和根本原因”是属于检修方案中的哪一部分内容(　　)。

(A) 概述　　(B) 分析　　(C) 准备　　(D) 检修/施工步骤

4.“工作负责人应准备纸质支持文件,如维修图册、需要的设备图纸等,需要的设备/材料、工器具、配合人员”是属于检修方案中的哪一部分内容(　　)。

(A) 概述　　(B) 分析　　(C) 准备　　(D) 检修/施工步骤

5. 按照检修方案项目的评估分级,对电站稳定运行无影响但从维修技术方面需要检修方案支持的设备缺陷维修,需要编写(　　)级的检修方案。

(A) 1级　　(B) 2级　　(C) 3级　　(D) 4级

6. 按照检修方案项目的评估分级,涉及核安全相关、直接停机/停堆、电站降模式相关等项目的缺陷维修,需要编写(　　)级的检修方案。

(A) 1级　　(B) 2级　　(C) 3级　　(D) 4级

7. 检修方案项目的评估的分级,共分为(　　)级。

(A) 1　　(B) 2　　(C) 3　　(D) 4

8. 检修方案涉及核安全相关、直接停机/停堆、电厂降模式相关等项目的缺陷维修属于(　　)级。

(A) 1　　(B) 2　　(C) 3　　(D) 4

9. 棒控系统出现紧急报警按检修方案分级属于(　　)。

(A) 0级　　(B) 1级　　(C) 2级　　(D) 3级

10. 棒控系统出现非紧急报警按检修方案分级属于(　　)。

(A) 0级　　(B) 1级　　(C) 2级　　(D) 3级

11. 根据检修方案项目的评估可划分为1级的是(　　)。

(A) 对电站稳定运行无影响但从维修技术方面需要检修方案支持的设备缺陷维修

(B) 涉及降功率或对电站稳定运行有影响,其失效或故障将对电站的稳定运行构成明显的威胁

(C) 涉及核安全相关、直接停机/停堆、电站降模式相关等项目的缺陷维修

(D) 涉及人身安全和工业安全的维修项目

12. 对电站稳定运行无影响,但从维修技术方面需要检修方案支持的设备缺陷维修,在检修方案分级中属于(　　)。

(A) 1级　　(B) 2级　　(C) 3级　　(D) 4级

13. 下面关于检修方案那种说法是正确的(　　)。

(A) 检修方案可当做规程适用于同类设备的检修

(B) 检修方案由工作人员编制完成后即可使用

(C) 检修方案必须经严格的编写、校对和审批完成后才可使用

(D) 有了检修方案一人就可以完成检修工作

14. 检修方案分级是1级的,需由(　　)批准。

(A) (副)科长　　(B) 维修(副)处长

(C) 运行(副)处长　　(D) 公司副总工程师/副总经理

15. 3级检修方案的批准是(　　)。

(A) (副)科长　　(B) 处长或主任工程师

(C) 公司副总工程师/副总经理　　(D) 班长

16. 关于制订临时变更管理制度的目的,正确的说法是(　　)。

(A) 明确临时变更的申请、立项、设计、实施、拆除、延期的流程及相关人员的责任

(B) 避免采用可能致使原设计、电站安全性、可靠性优化的方案

(C) 不能保证相关人员都能及时了解到临时变更状况

(D) 未必能满足定期试验、检查、工艺试验、特殊运行方式、异常处理和故障检修的需要

17. 临时变更管理制度是为了加强对机组(　　)的立项、设计、实施、撤销的管理。

(A) 永久变更　(B) 临时变更　(C) 物项替代　(D) 现场维修

18. 关于临时变更相关的定义,正确的说法是(　　)。

(A) 任何处室均可提临时变更申请

(B) 临时变更实施处室包括维修领域各处,运行领域各处

(C) 临时控制变更是一种通过对控制回路或控制设备实施的临时变更以改变设备或回路功能的临时措施方法

(D) 临时特殊装置是一种通过对机械或电气(永久供电)设备用于插入或代替某一设备或回路来改变设备或回路的功能的措施方法

19. 临时变更是指在一定时限内使用的对电站系统、设备、运行方式的变更。按照临时变更管理制度中的责任分工,负责出版、发放生效的临时变更文件的处室为(　　)。

(A) 维修实施处室　(B) 核安全处

(C) 技术处　(D) 文档管理处

20. 审查临时变更申请表属于(　　)流程。

(A) 临时变更申请管理　(B) 临时变更实施管理

(C) 临时变更验收管理　(D) 临时变更回复管理

21. 以下事例必须办理临时变更的是(　　)。

(A) 定期试验　(B) 临时性整定值改变

(C) 启动主泵　(D) 检修电源箱上的用电

22. 关于临时变更管理流程,不正确的说法是(　　)。

(A) 临时变更若产生临时性运行文件,则由各运行机组运行处室负责组织编写

(B) 临时变更仅允许延期两次,使用期限不超过一个大修周期

(C) 运行机组上与生产工艺有关的系统、设备、部件、材料等方面进行的临时性改变,必须申请临时变更

(D) 各运行处每月对临时变更的有效期进行统计,对两个月内即将到期的临时变更由运行处长向使用处室处长进行通报,提醒对方及时采取有效行动

23. 临时变更是指在一定时限内使用的对电站系统、设备、运行方式的变更。按照临时变更管理制度规定,临时变更的使用期限不超过(　　)个月。

(A) 1　(B) 6　(C) 12　(D) 14

24. 临时变更是指在一定时限内使用的对电站系统、设备、运行方式的变更。按照临时变更管理制度规定,临时变更允许延期(　　)次。

(A) 1　(B) 2　(C) 3　(D) 4

25. 运行中的系统或设备,如果引起系统设备运行方式或运行操作改变时必须办理临时变更,不涉及以下事例(　　)。

(A) 设备、部件、仪表临时替换　(B) 加装或拆除系统设备或仪表

(C) 设定值临时性变更　　(D) 检修工作需要搭设脚手架

26. 临时变更最多允许延期(　　)。

(A) 一次　　(B) 两次　　(C) 三次　　(D) 无限制次数

27. 重大临时变更验收合格后(　　)内,实施负责人负责整理收集施工记录、施工质量计划、品质鉴定记录、试验和调试记录等资料,提交给运行处运行支持科。

(A) 1周　　(B) 15天　　(C) 1个月　　(D) 2个月

28. 反应堆保护系统的预防性维修大纲中主要编写的格式包括:目的、主要设备清单、维修周期代码和维修时机代码定义、(　　)、维修内容和周期。

(A) 附录　　(B) 备注　　(C) 签名　　(D) 参考文件

29. 重水堆液体区域控制系统预防性维修大纲主要编写依据是(　　)。

(A) 预防性维修大纲编写指南　　(B) 制造厂手册建议

(C) 电站运行经验　　(D) 国内外经验反馈

30. 以下不属于维修活动类型的是(　　)。

(A) 状态监测　　(B) 定期维护　　(C) 定期更换　　(D) 缺陷处理

31. 在同一设备上进行同样类型的维修工作时,由于部件不同、维修内容不同,所要求的(　　)也不同。

(A) 周期　　(B) 隔离措施　　(C) 维修窗口　　(D) 安全措施

32. 维修周期可以按日历时间来确定(如:周、月、年等),也可以按照电厂换料大修周期来确定,其中维修代码为W的含义为(　　)。

(A) 周　　(B) 月　　(C) 年　　(D) 换料大修周期

33. 维修周期可以按日历时间来确定(如:周、月、年等),也可以按照电厂换料大修周期来确定,其中维修代码为C的含义为(　　)。

(A) 周　　(B) 月　　(C) 年　　(D) 换料大修周期

34. 维修周期的规定中,维修周期可以按日历时间来确定,也可以按照电厂换料大修周期来确定,关于周期的代码如下规定,正确的是(　　)。

(A) W——月　　(B) M——年

(C) Y——周　　(D) C——换料大修周期

35. 液体区域控制系统液位控制阀定位器杆端关节轴承更换是(　　)。

(A) 1.5年　　(B) 2年　　(C) 4年　　(D) 5年

36. 维修时机代码为N,其表示的含义是(　　)。

(A) 维修活动只能安排在日常运行期间进行

(B) 维修活动只能安排在换料大修期间进行

(C) 维修活动主要安排在日常运行期间进行,也可以安排在换料大修期间进行

(D) 维修活动只能安排在小修期间进行

37. 进行重水堆二号停堆系统铂探测器阻抗检查工作说法正确的是(　　)。

(A) 维修人员确定时间

(B) 任何时候都可以

(C) 有相应的二号停堆系统单通道试验时进行

(D) 有相应的一号停堆系统单通道试验时进行

38. 当输出电流大于标称电流到一定值时，低压电源输出电压会降至 0 V 左右，以保护该低压电源，此功能即为(　　)。

(A) 过流保护　　(B) 过压保护　　(C) 低压保护　　(D) 整流保护

39. 电网调整率是指当低压电源的输入电压变化范围(　　)，输出电压变化量相对于额定电压的比值。

(A) −15%～+10%　　(B) −10%～+15%　　(C) −5%～+5%　　(D) −10%～+10%

40. 下列哪个符合逻辑不满足单一故障准则(　　)。

(A) 1/2　　(B) 2/3　　(C) 2/4　　(D) 3/4

41. 设计保护系统，首先要对电厂的运行工况进行分析，分析可能发生的潜在危险，以便采取保护措施，一般情况下，根据预期的事故发生频率和对公众可能有的辐射影响，把核电厂工况分(　　)类。

(A) 1　　(B) 2　　(C) 3　　(D) 4

42. 设计保护系统，首先要对电厂的运行工况进行分析。其中工况 3 事件是在核电厂寿期内可能极少发生的事件。它的概率为(　　)。

(A) 无限制　　(B) <1　　(C) $<10^{-2}$　　(D) $<10^{-6}$

43. 设计保护系统，首先要对电厂的运行工况进行分析。工况 4 事件是预期不会发生的事件，但还是假定它会发生，因为其后果之一是可能释放出大量的放射性物质。它们是必须在设计上设法防止发生的最严重的事件，因而它们代表了极限设计情况。它的概率为(　　)。

(A) 无限制　　(B) <1　　(C) $<10^{-2}$　　(D) $<10^{-6}$

44. 设计保护系统，在确定设计依据事件(或事故)时，通常要考虑典型的可能功能失常和故障。它不包括(　　)。

(A) 冷却剂沸腾　　(B) 燃料元件包壳破损

(C) 人为检修造成的设备损坏　　(D) 自然灾害

45. 下列选项不是稳压器停堆保护参数的是(　　)。

(A) 稳压器高压　　(B) 稳压器低压

(C) 稳压器高水位　　(D) 稳压器低水位

46. 下列选项不是蒸汽发生器停堆保护参数的是(　　)。

(A) 蒸汽发生器液位　　(B) 蒸汽发生器给水流量和蒸汽流量

(C) 蒸汽发生器压力　　(D) 蒸汽发生器温度

47. 重水堆停堆棒和控制吸收棒全部落棒试验中，所有停堆棒下落到底的时间应该小于(　　)。

(A) 1.5 s　　(B) 2 s　　(C) 2.5 s　　(D) 3 s

48. 重水堆二号停堆系统的快开阀(INJECTION VALVES)的打开时间最大限值为多少(从阀门接到电器信号到阀门全开)(　　)。

(A) 120 ms　　(B) 140 ms　　(C) 160 ms　　(D) 180 ms

49. 30 万千瓦机组反应堆功率控制系统的方案设计中，整定值确定的假设条件要求试验中未考虑蒸汽排放系统，动力装置允许在排放条件下，瞬时甩负荷____时(蒸汽排放 70%)而不停机，功率调节系统仍负担____的负荷的调节(　　)。

(A) 96%,10% (B) 80%,10% (C) 90%,15% (D) 75%,25%

50. 平均温度控制系统通过测量( ),与平均温度整定值比较后,经调节器产生调节信号,驱动温度控制棒组,改变反应堆的反应性,从而维持一、二回路功率的匹配,即使一回路平均温度等于其整定值。

(A) 一回路平均温度 (B) 二回路平均温度
(C) 核功率 (D) 汽机冲动级压力

51. 下面哪个不是液体区域控制系统的目的( )。

(A) 通过改变 14 个液体区域控制单元内的轻水液位而改变反应性
(B) 同时改变 14 个控制单元的水位来调节反应堆总功率
(C) 单独改变个别控制单元的水位来进行区域功率调节
(D) 实现反应堆的快速停堆

52. 控制棒束组件在堆芯中的插入引起变化的是( )。

(A) 堆芯压力 (B) 堆芯轴向功率分布
(C) 堆芯水位 (D) 堆芯入口水温

53. 重水堆机组中反应堆控制系统中共有多少根调节棒( )。

(A) 21 根 (B) 22 根 (C) 23 根 (D) 24 根

54. 比例控制 P 参数越小,则控制作用( )。

(A) 越强 (B) 越小 (C) 不变 (D) 响应越慢

55. 积分 I 的作用主要是( )。

(A) 有差调节 (B) 消除静差
(C) 消除系统惯性偏差 (D) 以上都不对

56. 比例控制参数 P 的作用主要是( )。

(A) 有差调节 (B) 消除静差
(C) 消除系统惯性偏差 (D) 以上都不对

57. 装卸料机分离器回推器为了确保一对燃料棒束完全进入料仓管,回推器需要将燃料棒束串再推进的距离是( )。

(A) 12.7 mm (B) 25.4 mm (C) 5 mm (D) 10 mm

58. 液压油温控开关的设定范围是( )。

(A) 35～45 ℃ (B) 30～40 ℃ (C) 40～60 ℃ (D) 32～37 ℃

59. 重水温度控制器的 4～20 mA 电信号转换成( )的气信号。

(A) 20～100 kPa (B) 10～100 kPa (C) 0～100 kPa (D) 0～200 kPa

60. 重水堆装换料系统由于重水中,由于重水供给系统中没有设置加热器,因此在系统启动过程中重水温度的提高是在“Park”压力设置下重水循环靠泵的加热来实现的,并要求在重水温度升高到( )以上,储仓的压力才可以升至“高”压。

(A) 20 ℃ (B) 25 ℃ (C) 30 ℃ (D) 40 ℃

61. 重水堆燃料操作系统中,对装卸料机料仓重水温度控制的目标之一,“on reactor”和“off reactor”模式:料仓正常供水流量 0.68 L/s,水温控制在( )。

(A) 30～35 ℃ (B) 40～45 ℃ (C) 45～50 ℃ (D) 50～55 ℃

（二）判断题（对的画"√"，错的画"×"）

1.（　　）检修方案是针对特定的设备在特定的条件下进行的故障定位及修复的一种维修方法，所以检修方案不需要经过编校审批流程。

2.（　　）棒控系统属于关键设备，所以无论什么缺陷都必须编写检修方案。

3.（　　）对综合分级为一般设备的缺陷维修，只有在缺乏有效的维修手段、维修文件支持时才需要编写检修方案。

4.（　　）维修典型操作票的发布过程必须经过编写、校对、审核、批准四个步骤。

5.（　　）维修典型操作票的每一步确认可以用打钩来表示。

6.（　　）现场恢复是指工作完成后需要确认的工作或需要提醒注意的事项。

7.（　　）检修方案中"准备"的内容包括：工作负责人应准备纸质支持文件，如维修图册、需要的设备图纸等，需要的备件/材料、工器具、配合人员。

8.（　　）涉及降功率或对电站稳定运行有影响，其失效或故障将对电厂的稳定运行构成明显威胁，检修方案应定为2级。

9.（　　）紧急缺陷的检修方案，可采用纸质文件，但编校审批的级别必须按照检修方案的审批原则进行审批方可使用。

10.（　　）制订临时变更管理制度目的之一是为了满足定期试验、检查、工艺试验、特殊运行方式、异常处理和故障检修的需要。

11.（　　）为满足定期试验、检查、工艺试验、特殊运行方式、异常处理和故障检修的需要，可以提临时变更申请。

12.（　　）制订临时变更管理制度的目的应明确临时变更的申请、立项、设计、实施、拆除、延期的流程及相关人员的责任。

13.（　　）临时变更是指在一定时限内使用的对电站系统、设备、运行方式的变更。

14.（　　）临时变更是指对电厂生产工艺直接有关的系统和设备、部件、材料等方面所进行的非实体或功能上的偏离原设计的临时性改变。

15.（　　）紧急情况下，当班值长可根据需要启动紧急临时变更，维修处室负责开紧急票（抢修票），实施紧急临时变更。

16.（　　）临时变更施工过程中，如发现设计有误或无法实施，应停止施工并汇报上级，由实施处室联系各机组运行处室及变更设计处室决定进行设计修改或中止该临时变更的实施并负责恢复原状。

17.（　　）临时变更实施后，应在应用点及相关控制位置做出明确标识。

18.（　　）临时变更恢复后，运行处室负责回收临时变更文件存档，保存期限半年。

19.（　　）重水堆一号停堆系统预防性维修大纲主要编写依据是预防性维修大纲编写指南。

20.（　　）内部经验反馈也是预防性维修大纲的编写依据之一。

21.（　　）若某些设备的维修周期是按照实际累计运行小时或根据季节交替变化或电厂运行状态变化来确定的，这时也必须在备注栏中给出必要的说明。

22.（　　）PM周期都是按照电厂换料大修周期来确定的。

23.（　　）维修周期可以按日历时间来确定（如：周、月、年等），也可以按照电厂换料大修周期来确定。

24. (　　)重水堆一号停堆系统铂探测器的年度检查周期是 1.5 年。

25. (　　)维修时机代码为 O(outage),其表示的含义是维修活动只能安排在换料大修期间进行,其周期为 C。

26. (　　)设计保护系统时,必须要明确具体核电厂反应堆保护系统的功能要求。这种功能要求是通过核电厂的安全分析确定的。

27. (　　)设计保护系统时,必须对核电厂进行安全分析,以明确具体核电厂反应堆保护系统的功能要求。这一旦要求确定,就可以对保护系统进行详细设计。

28. (　　)重水堆一号及二号停堆系统的作用之一是在事故工况下,限制堆芯能量的产生速率和可能释放到安全壳的总能量,以确保安全壳的完整性。

29. (　　)保护动作必须提高电厂的安全特性,把因事故所造成的影响减小到最小,限制事故扩展,联锁其他系统的动作,防止某些事件或继发事件发生,不必考虑保护系统误动作的经济代价和安全代价。

30. (　　)在安全分析的基础上,确定触发保护系统给出触发信号的变量及其整定值。确定这些变量不必完全考虑对假设始发事件的充分保护,还需考虑人为造成的事件发生的充分保护。

31. (　　)保护系统的响应时间要求取决于最快的设计依据事故发展的最小速度。

32. (　　)30 万千瓦机组功率调节系统的冷却剂温度 T_{avg} 与参考平均温度 T_{ao} 的偏离小于 3 ℃,并在跟踪负荷的同时,使冷却剂平均温度最终回到参考平均温度的给定值。

33. (　　)反应堆功率调节系统是核安全相关系统。

34. (　　)某棒组的实际棒位与该控制棒组中的给定棒位的偏差超过±14 步时,发出报警,此时表示该组控制棒处于组失步状态。

35. (　　)机械吸收棒能快速地落入堆芯,以实现快速落棒降功率。

36. (　　)P 值太小,I 值太小或 D 值太大均会引起系统超调振荡。

37. (　　)比例作用、积分作用和微分作用的关系是:比例作用是主要调节作用,起主导作用;积分作用是辅助调节作用;微分作用是补偿作用。

38. (　　)控制器 R/L 按键用于选择设定值的遥控/就地方式。

39. (　　)每个油箱内的液压油温度由热交换器 HX1 控制,由温度开关 TS10 接通和断开电子加热器 HR1 或 HR2 控制,温度开关设定在 40～45 ℃。

40. (　　)装卸料机料仓中有温度传感器(TE46A、TE46B)来监视料仓中重水的温度。

(三) 多项选择题(请将正确选项的代号填入题内的括号中)

1. 检修方案是针对特定的设备在特定的条件下进行的故障定位及修复的一种维修方法,对综合分级为关键/重要设备的缺陷,在满足(　　)的条件下必须编写检修方案。

(A) 现有的维修规程不能完全覆盖或不适用缺陷维修过程

(B) 此类故障以往未发生过

(C) 故障原因不明确,需提出多种确认方法或多种故障处理的方法

(D) 故障处理过程时间过长,且需要多个部门协作的项目

(E) 维修过程中在工业安全/辐射防护有必需的特殊要求的项目

2. 对综合分级为关键/重要设备的缺陷,在以下范围内必须编写检修方案(　　)。

(A) 现有的维修规程不能完全覆盖或不适用缺陷维修过程

(B) 故障处理过程较为复杂或工单管理系统不能适合其填写要求
(C) 维修地点的操作容易导致附近其他关键/重要设备功能失效或误动
(D) 维修过程中在工业安全/辐射防护有必需的特殊要求的项目
(E) 故障原因不明确,需提出多种确认方法或多种故障处理的方法

3. 维修典型操作票在现场工作执行过程中需要有哪些人签字(　　)。
(A) 监护人　(B) 保护人　(C) 校核人　(D) 操作人
(E) 批准人

4. 针对检修方案的编写要求,在对方案中的检修步骤编写时,必须明确(　　)。
(A) 缺陷处理的运行状态　(B) 列出详细的操作步骤
(C) 列出注意事项　(D) 列出应对措施
(E) 工作许可、工业安全等方面对人身安全

5. 针对检修方案的编写要求,在对方案编写前必须经过认真的分析,它包括(　　)。
(A) 工作准备人应对缺陷现场核实　(B) 列出详细的操作步骤
(C) 参考设备维修的历史记录　(D) 列出应对措施
(E) 分析故障现象

6. 检修方案中先决条件应包括(　　)现场布置等方面的准备条件。
(A) 安措　(B) 辐射防护　(C) 工业安全　(D) 防异物
(E) 故障原因分析

7. 检修方案的格式分为概述、(　　)、检修记录表等。
(A) 分析　(B) 准备　(C) 质量计划　(D) 检修/施工步骤
(E) 现场恢复

8. 属于检修方案中分析的内容的是(　　)。
(A) 缺陷/故障原因分析
(B) 从原理出发分析故障原因
(C) 检修方案分析、说明
(D) 根据故障分析结果确定相应的解决措施
(E) 风险分析

9. 根据对电厂的影响不同,涉及以下情况的检修方案应定为1级的是(　　)。
(A) 对电厂稳定运行无影响　(B) 涉及降功率或对电站稳定运行有影响
(C) 核安全相关　(D) 直接停机停堆
(E) 失效或故障将对电厂的稳定运行构成明显威胁

10. 维修典型操作票的发布过程必须经过哪几个步骤后才能正式发布(　　)。
(A) 编写　(B) 校对　(C) 检查　(D) 审批
(E) 批准

11. 制定临时变更管理制度是为了加强对机组临时变更的(　　)的管理,避免采用可能致使原设计、电站安全性、可靠性劣化的方案,同时满足定期试验、检查、工艺试验、特殊运行方式、异常处理和故障检修的需要。
(A) 立项　(B) 设计　(C) 审批　(D) 实施
(E) 撤销

12. 临时变更是指在一定时限内使用的对电站系统、设备、运行方式的变更。临时变更可分为(　　)。

(A) 一般临时变更　　(B) 关键临时变更

(C) 特殊临时变更　　(D) 特大临时变更

(E) 重大临时变更

13. 临时变更实施处室包括(　　)。

(A) 维修处　　(B) 运行处　　(C) 土建服务处　　(D) 技术处

(E) 燃料操作处

14. 临时变更是指在一定时限内使用的对电站系统、设备、运行方式的变更。按照临时变更管理制度中的责任分工,技术处主要负责(　　)。

(A) 临时变更的出版　　(B) 临时变更的设计

(C) 临时变更的审查　　(D) 临时变更的发放生效

(E) 临时变更的实施

15. 临时变更是指在一定时限内使用的对电站系统、设备、运行方式的变更。按照临时变更管理制度中的责任分工,运行处主要负责(　　)。

(A) 临时变更的出版　　(B) 临时变更的过程控制管理

(C) 临时变更的审查　　(D) 临时变更实施验收和拆除验收

(E) 临时变更的实施

16. 下面关于临时变更说法正确的是(　　)。

(A) 维修实施处室负责组织临时变更实施后验收和拆除后验收

(B) 临时变更使用期限不超过一个燃料循环

(C) 运行处负责临时变更的过程控制管理和归口管理

(D) 运行处受理临时变更时,须对申请处室填写的各项内容(申请理由/要求、预期使用期限、变更前/后方案、风险评估和关联设备等)进行审查,对信息表达不完整、不清晰、不明确的地方有职责通知申请处室修改

(E) 紧急情况下,当班值长可根据需要启动紧急临时变更,以保证机组安全稳定运行

17. 各运行机组运行处负责组织设备管理责任处室每两个月对已实施的临时变更进行审查,审查如下内容有(　　)。

(A) 临时变更的清单和现场的一致性

(B) 审查当前临时变更存在的合理性

(C) 审查、评估当前临时变更对机组安全的影响

(D) 审查、评估当前临时变更对附近设备的影响

(E) 按照附录填写临时变更定期审查报告

18. 关于临时变更以下说法正确的是(　　)。

(A) 临时变更需进行周期审查,以斟酌其继续存在的必要性,并核查运行程序、指令和图纸等是否符合要求

(B) 临时变更到期后都必须转成正式变更

(C) 运行中的系统或设备,如果需要临时性改变控制逻辑必须办理临时变更

(D) 临时变更到期后如需要继续保留可以申请延期或者转成正式变更

(E) 在检修动力箱上临时接电用于检修工具、仪器时,可以不办理临时变更手续

19. 在临时变更实施管理规定中临时生产任务计划申请单的审批人员包括( )。

(A) 安全质量处工业安全科 (B) 保健物理处

(C) 运行处运行支持科 (D) 生产计划处计划科

(E) 维修处

20. 运行处室在临时变更中负责的部分有( )。

(A) 负责临时变更的立项审批

(B) 负责组织临时变更实施后验收和拆除后验收

(C) 负责临时变更相关的临时运行规程、图纸的编制

(D) 负责临时变更的设计

(E) 负责会审设计方案以确定具有可实施性

21. 按照反应堆保护系统维修大纲的编写依要求,外部经验反馈如( )也可以作为编写维修大纲的编写依据。

(A) WANO (B) IAEA 的经验反馈

(C) 国际其他电厂的运行经验 (D) 国家或相关行业的标准、管理条例

(E) 国内其他电厂的运行经验

22. 预防性维修大纲的编写依据包括( )。

(A) 核安全法规、导则

(B) 核电厂运行质量保证大纲、维修大纲

(C) 国家或相关行业的标准、管理条例

(D) 设计文件(包括竣工文件)

(E) 供货商的文件(设备运行、维修手册,系统设计手册等)

23. 设备维修的发展趋势看,从定期的预防性维修逐步向基于状态监测的预见性维修方向过渡,以减少由于过度维修引起的设备故障或性能下降,减少维修工作量。据此,将维修活动的类型分为( )。

(A) 状态监测 (B) 定期维护 (C) 定期更换 (D) 解体检查

(E) 通道校准

24. 重水堆停堆棒 95 V 电源预防性维修项目有哪些( )。

(A) 电源输出电压目视检查 (B) 电源功能检查

(C) 电源控制板更换 (D) 电源更换

(E) 电源输入电缆定期更换

25. 关于维修周期的规定,下列说法正确的是( )。

(A) 维修周期不能按照日历时间来确定

(B) 维修周期可以按照电厂换料大修周期来确定

(C) 同一台设备上进行同类型的维修工作时,由于部件不同、维修内容不同,所要求的周期也不同

(D) 同一设备上安排维修活动时,应该考虑与定期试验、在役检查周期的协调性

(E) 在确定测量通道或控制回路的维修周期时应该考虑其检查周期与相关的工艺系统或设备检查周期的协调性

26. 以下哪些是预防性维修工作放在机组日常运行期间或放在换料大修期间进行考虑的因素(   )。

(A) 技术规格书的要求　　(B) 非计划停机、停堆的风险
(C) 正常运行期间设备的冗余度　　(D) 维修人力是否充足
(E) 是否间断运行(设备的定期切换)

27. 用来确定预防性维修时机的因素有(   )。

(A) 技术规格书的要求　　(B) 国家或相关行业的标准、管理条例
(C) 非计划停堆、停机的风险　　(D) 是否间断运行(设备的定期切换)
(E) 个人经验

28. 为了确定设备的预防性维修工作放在机组日常运行期间或是在换料大修期间进行,需要考虑的因素包括(   )。

(A) 技术规格书的要求　　(B) 正常运行期间设备的冗余度
(C) 非计划停堆、停机的风险　　(D) 节假日安排
(E) 领导的意愿

29. 保护系统设计必须进行安全分析,以确定保护系统的功能要求,主要的步骤是(   )。

(A) 确定可能发生的事故(或设计依据)
(B) 检查后果
(C) 规定事故情况下反应堆特性的安全界限
(D) 选择用于触发保护动作的电厂变量和敏感元件
(E) 确定保护动作的类型和保护系统具有的性能特性

30. 设计保护系统,首先要对电厂的运行工况进行分析,分析可能发生的潜在危险,以便采取保护措施,一般情况下,根据预期的事故发生频率和对公众可能有的辐射影响,把核电厂工况分为(   )。

(A) 正常运行和操作的瞬变过程　　(B) 经常故障
(C) 不常见故障　　(D) 极限故障
(E) 发生频率为中等的故障

31. 下面关于重水堆停堆系统运行工况说法正确的是(   )。

(A) 正常运行期间一号停堆必须处于可用状态
(B) 正常运行期间二号停堆必须处于可用状态
(C) 停堆大修运行期间一号停堆必须处于可用状态
(D) 停堆大修运行期间二号停堆必须处于可用状态
(E) 停堆大修运行期间一号停堆的 28 个停堆棒在顶部

32. 下面关于重水堆一号停堆系统说法正确的是(   )。

(A) 当反应堆厂房的压力超过 3.45 kPa 时,一号停堆系统会动作
(B) 当一号停堆系统电离室放大器的 120 VAC 电源失去时,对数变化率高参数会动作
(C) 一号停堆系统蒸汽发生器给水低压力参数在ϕLOG 小于 9%的时候会闭锁,不会使通道脱扣
(D) 一号停堆系统采用三取二逻辑进行控制

(E) 一号停堆系统慢化剂温度高整定值固定在 55 ℃并且没有闭锁条件

33. 关于重水堆二号停堆系统蒸汽发生器给水压力低参数说法正确的是(　　)。

(A) 在由于事件引起丧失给水(主热井)的情况下,如给水管线断裂、给水泵停止工作,此参数用于停堆

(B) 固定的整定值是 3.9 MPa(g)。当 ϕLOG 小于 10%FP 时,闭锁停堆

(C) 在连接蒸汽发生器的 4 根给水管线上给水流量控制阀的下游与止回阀的上游处,装有相应的压力变送器,总共有 12 个

(D) 压力变送器的测量范围是 1.6 MPa 至 5.3 MPa

(E) 压力信号送到可编程数字比较器(PDC2)中,与固定的整定值是 3.9 MPa 比较

34. 关于反应堆保护系统响应时间描述正确的是(　　)。

(A) 保护系统的响应时间要求取决于最快的设计依据事故发展的最小速度

(B) 专设安全设施响应时间是从通道敏感元件监测的参数超过该专设安全设施触发动作整定值的那个时刻开始,到专设安全设施的设备能执行其安全功能的时间间隔

(C) 反应堆紧急停堆系统响应时间是指从通道敏感元件监测的参数超过其保护定值的那个时刻开始,到保持线圈失去电压的时间间隔

(D) 反应堆保护系统、专设系统响应时间试验前需要确认热工仪表系统、反应堆保护系统和与其相关的其他仪表都能正常工作

(E) 反应堆保护系统响应时间必须在停堆大修期间装料前进行

35. 反应堆控制的基本目的有(　　)。

(A) 使一回路所产生的功率与二回路所吸收的功率相等

(B) 保证一、二回路的温度、压力等热工参数能满足各方面的要求

(C) 保证堆芯功率分布等参数能满足要求

(D) 保证核燃料的充分利用

(E) 延长燃料循环周期

36. 所有的反应堆都必须包括反应性测量和控制装置,这些装置能够做到(　　)。

(A) 维持反应堆处于正常临界状态

(B) 实现反应堆整体和局部功率的调节和控制

(C) 提供对反应堆整体和局部的功率测量和监视

(D) 出现紧急工况能快速停堆以保护反应堆

(E) 反应堆的自动启停

37. 料仓压力控制分为(　　)

(A) 高压　　(B) 中压　　(C) Park 压力　　(D) 低压

(E) 超低压力

(四) 简答题

1. 制定临时变更管理制度的目的是什么?

2. 临时变更的定义是什么?

3. 五种预防性维修活动是什么?

4. 保护系统主要是针对 2、3 和 4 类工况设计的。根据运行工况,选择典型事件(或事故)作为保护系统的设计依据事件。在确定设计依据事件(或事故)时,通常要考虑典型的可

能功能失常和故障是哪些?

五、参考答案

(一) 单项选择题

1. B;2. A;3. B;4. C;5. C;6. A;7. C;8. A;9. B;10. D;11. C;12. C;13. C;14. D;15. A;16. A;17. B;18. C;19. D;20. A;21. B;22. B;23. D;24. A;25. D;26. A;27. C;28. D;29. A;30. D;31. A;32. A;33. D;34. D;35. C;36. C;37. C;38. A;39. A;40. A;41. D;42. C;43. D;44. C;45. B;46. D;47. B;48. C;49. A;50. A;51. D;52. B;53. A;54. A;55. B;56. A;57. A;58. D;59. A;60. D;61. B。

(二) 判断题

1. ×;2. ×;3. √;4. √;5. ×;6. √;7. √;8. √;9. √;10. √;11. √;12. √;13. √;14. ×;15. √;16. √;17. √;18. ×;19. √;20. √;21. √;22. ×;23. √;24. √;25. √;26. √;27. ×;28. √;29. ×;30. ×;31. ×;32. √;33. ×;34. √;35. √;36. √;37. √;38. √;39. ×;40. √。

(三) 多项选择题

1. ACE;2. ABCDE;3. AD;4. ABCD;5. ACE;6. ABCD;7. ABDE;8. ABCDE;9. CD;10. ABDE;11. ABDE;12. AE;13. ACE;14. BC;15. BD;16. BCDE;17. ABCE;18. ACDE;19. ABCD;20. ABC;21. ABCE;22. ABCDE;23. ABCDE;24. ABCD;25. BCDE;26. ABCE;27. ACD;28. ABC;29. ABCDE;30. ACDE;31. ABCE;32. ABCD;33. ABCDE;34. BCDE;35. ABC;36. ABCD;37. ABCD。

(四) 简答题

1. 答:(1)制定本程序是为了加强对机组临时变更的立项、设计、实施、撤销的管理;(2)避免采用可能致使原设计、电厂安全性、可靠性劣化的方案;(3)保证相关人员都能及时了解到临时变更状况;(4)同时满足定期试验、检查、工艺试验、特殊运行方式、异常处理和故障检修的需要。

2. 答:临时变更是指在一定时限内使用的对电厂系统、设备、运行方式的变更。临时变更可分为重大临时变更和一般临时变更两类。

3. 答:(1)状态监测。(2)定期维护。(3)定期更换。(4)解体检查。(5)通道校准。

4. 答:(1)控制棒不受限制的抽出、控制棒弹出、蒸汽管道堵塞、冷却剂沸腾、燃料元件包壳破损或是去自动控制。(2)由于泵驱动电源或调节器故障所引起的功率与流量失配。(3)由于一回路系统中结构故障所引起的失去冷却剂。(4)蒸汽发生器结构故障。(5)自然灾害,例如地震、暴风、洪水和火灾。(6)电厂内、外的飞射物的可能影响。

第四单元　设备维修

一、学习目标

1. 掌握核反应堆保护系统原理；
2. 掌握核反应堆保护系统逻辑功能图；
3. 掌握核反应堆停堆保护系统部件维修规程；
4. 掌握核反应堆保护系统试验规程；
5. 掌握核反应堆控制系统调节原理；
6. 掌握核反应堆控制系统功能图；
7. 掌握核反应堆控制系统部件维修规程；
8. 掌握核反应堆控制系统试验规程；
9. 掌握中间量程的工作原理及组成；
10. 掌握高压电源的技术指标；
11. 掌握过程测量传感器的工作原理；
12. 掌握轴编码器和电位计的工作原理；
13. 掌握专用检测工具的使用和操作手册；
14. 掌握重水堆燃料操作系统部件维修规程。

二、考核要点

考核要点见表 3-6。

表 3-6　考核要点

<table>
<tr><th>考核类别</th><th>考核范围</th><th>考核点</th><th>重要程度</th></tr>
<tr><td rowspan="11">设备维修</td><td>核反应堆保护系统原理</td><td>核反应堆保护系统原理</td><td>X</td></tr>
<tr><td>核反应堆保护系统功能图</td><td>核反应堆保护系统逻辑功能图</td><td>Y</td></tr>
<tr><td>核反应堆停堆保护系统部件维修规程</td><td>核反应堆停堆保护系统部件维修规程</td><td>X</td></tr>
<tr><td>核反应堆保护系统试验规程</td><td>核反应堆保护系统试验规程</td><td>X
X</td></tr>
<tr><td rowspan="2">核反应堆控制系统调节原理</td><td>反应堆功率调节系统调节原理</td><td>X</td></tr>
<tr><td>棒控棒位系统原理</td><td>X</td></tr>
<tr><td rowspan="2">核反应堆控制系统功能图</td><td>反应堆功率调节系统功能图</td><td>X</td></tr>
<tr><td>棒控棒位系统功能图</td><td>X</td></tr>
<tr><td rowspan="2">核反应堆控制系统部件维修规程</td><td>反应堆功率调节系统部件维修规程</td><td>X</td></tr>
<tr><td>棒控棒位系统部件维修规程</td><td>X</td></tr>
</table>

续表

考核类别	考核范围	考核点	重要程度
设备维修	核反应堆控制系统试验规程	反应堆功率调节系统试验规程	X
		棒控棒位系统试验规程	X
	中间量程的工作原理及组成	中间量程的工作原理	X
		中间量程的组成	X
	高压电源的技术指标	高压电源的技术指标	X
	过程测量传感器的工作原理	过程测量传感器的工作原理	X
	轴编码器和电位计的工作原理	轴编码器的工作原理	X
		电位计的工作原理	X
	专用检测工具的使用和操作手册	专用检测工具的使用和操作手册	X
	重水堆燃料操作系统部件维修规程	重水堆燃料操作系统部件维修规程	X

三、考点导航

1. 核反应堆保护系统原理

(1) 核反应堆保护系统原理

核反应堆保护系统主要由紧急停堆部分和专设安全设施逻辑驱动部分组成。

1) 手动触发装置与自动的事故保护停堆电路无关,而且它不受可能使部分自动线路不能工作的故障的影响。触发控制室内的两个手动事故保护停堆装置的任何一个,都会引起事故保护停堆和汽轮机事故保护停机。

2) 功率量程负中子通量变化率量停堆保护为确保在多种控制棒落棒事故下 DNBR(临界热流密度比)保持在 1.30 以上。单束控制棒落棒事故分析表明,由于自动控制系统对汽轮机持续负荷要求的响应或由于慢化剂温度反馈,可能使功率返回满功率。当四取二功率量程通道的核功率减少出现异常时,该电路闭锁控制棒的自动提升。同时触发记忆保持单元,经延时单元贮存该延时时刻的核功率,即贮存核功率。将贮存核功率与即时的汽轮机功率相比较,若汽机功率大于贮存核功率时,产生汽轮机自动降负荷驱动信号(RUNBack)。若四取二实测核功率大于存贮核功率,该电路产生事故保护停堆。

3) 冷却剂低-低平均温度调整。当发生主蒸汽管道破裂事故时,反应堆冷却剂平均温度要降低,超过该参数设计整定值时,产生安全注射信号。允许联锁信号是 P-11 和 P-15。当核功率低于P-15整定值或P-4信号存在时,自动恢复冷却剂低-低平均温度安注驱动信号,当核功率高于 P-15 整定值和 P-4 信号不存在时,自动闭锁冷却剂低-低平均温度安注驱动信号。当稳压器压力低于 P-11 整定值时,允许手动闭锁冷却剂低-低平均温度安注驱动信号,当稳压器压力高于 P-11 整定值时，自动恢复冷却剂低-低平均温度安注驱动信号。

2. 核反应堆保护系统功能图

主要了解紧急停堆部分的功能图和部分专设安全设施驱动的功能图。

(1) 手动事故保护停堆

手动事故保护停堆逻辑功能如图 3-3 所示。

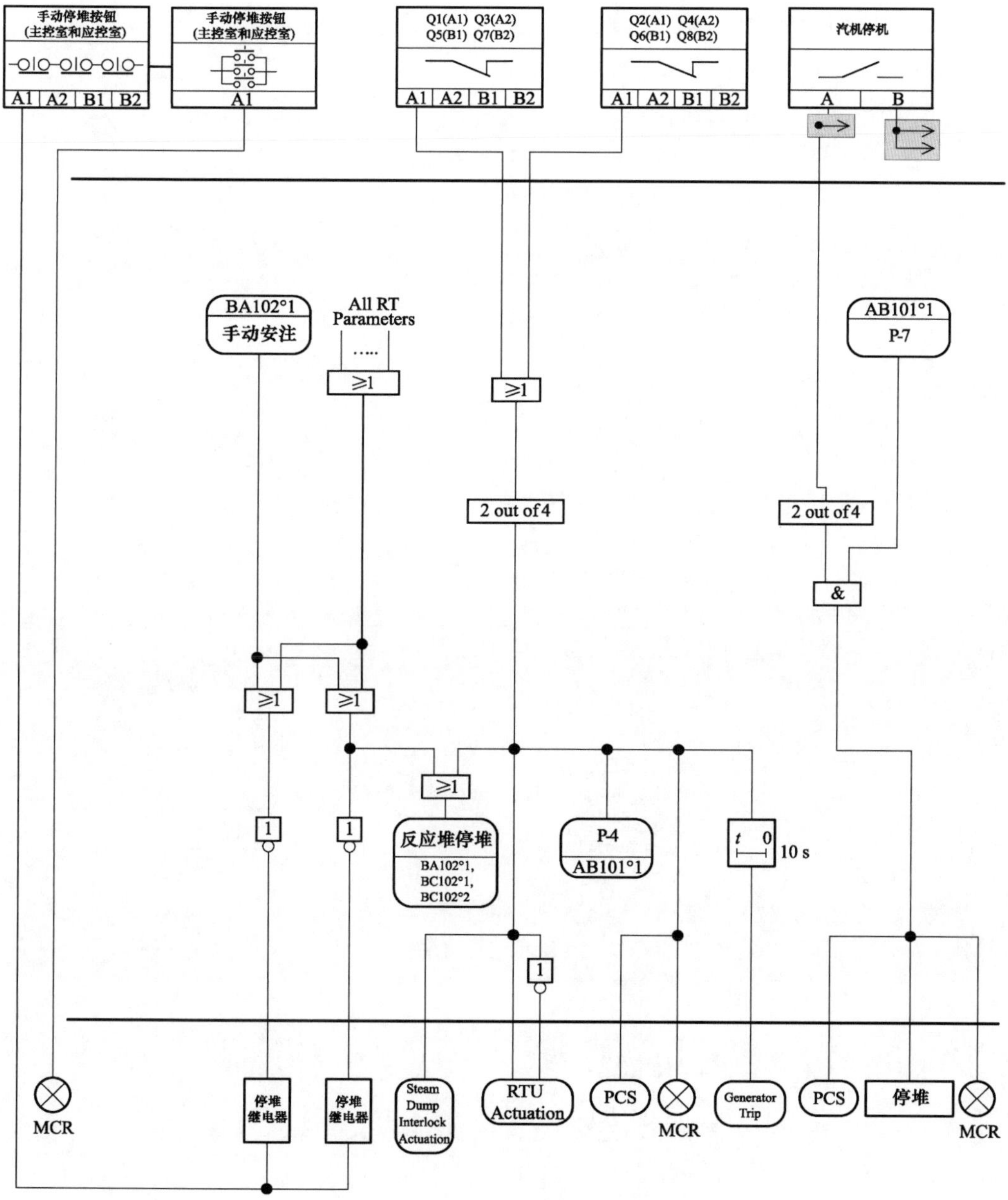

图 3-3　手动事故保护停堆逻辑功能图

(2) 中子通量负变化率高(功率量程)事故保护停堆

中子通量负变化率高(功率量程)事故保护停堆逻辑功能图如图 3-4 所示。

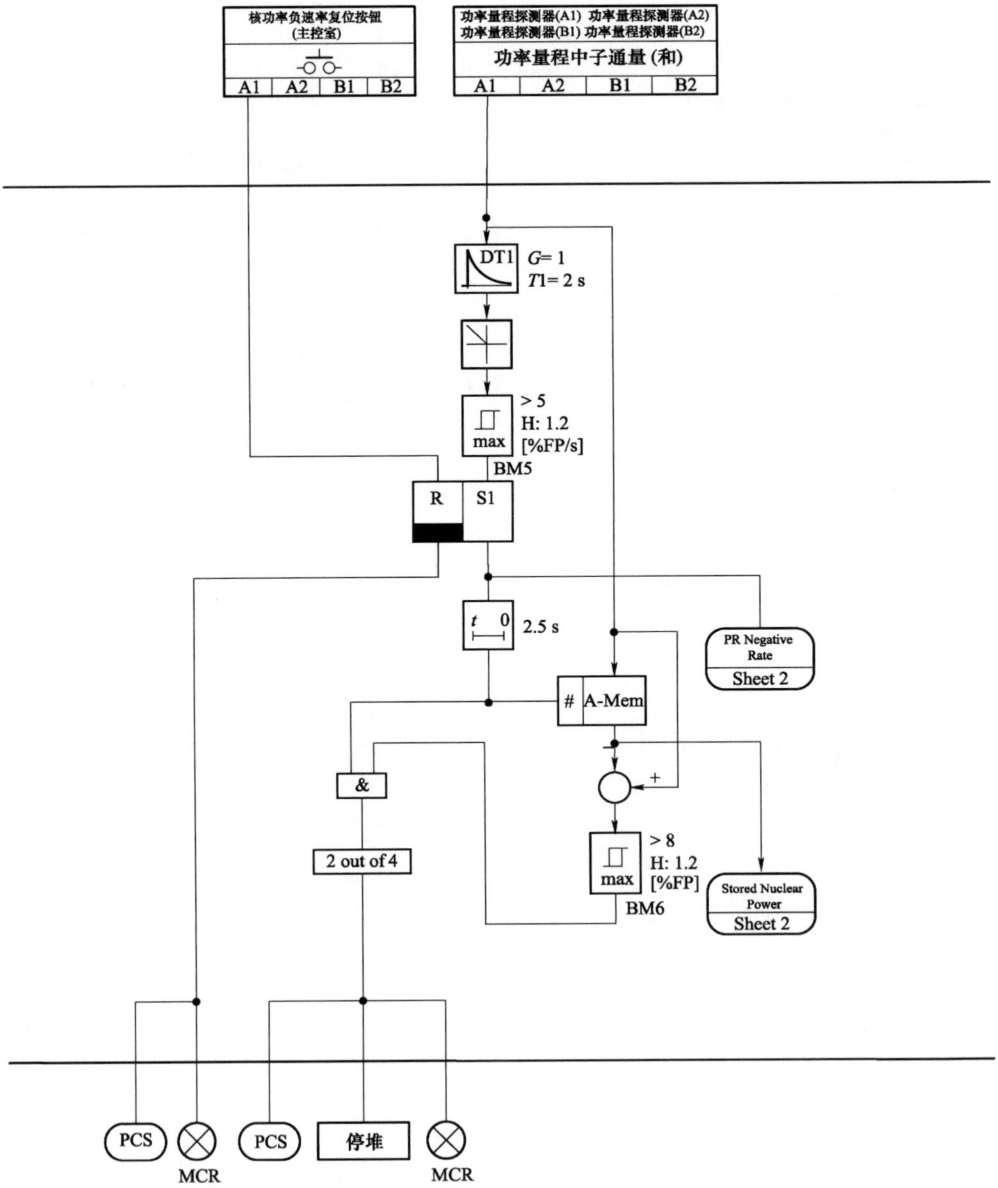

图 3-4 中子通量负变化率高(功率量程)事故保护停堆逻辑功能图

(3) 冷却剂低-低平均温度安全注射

冷却剂低-低平均温度安全注射如图 3-5 所示。

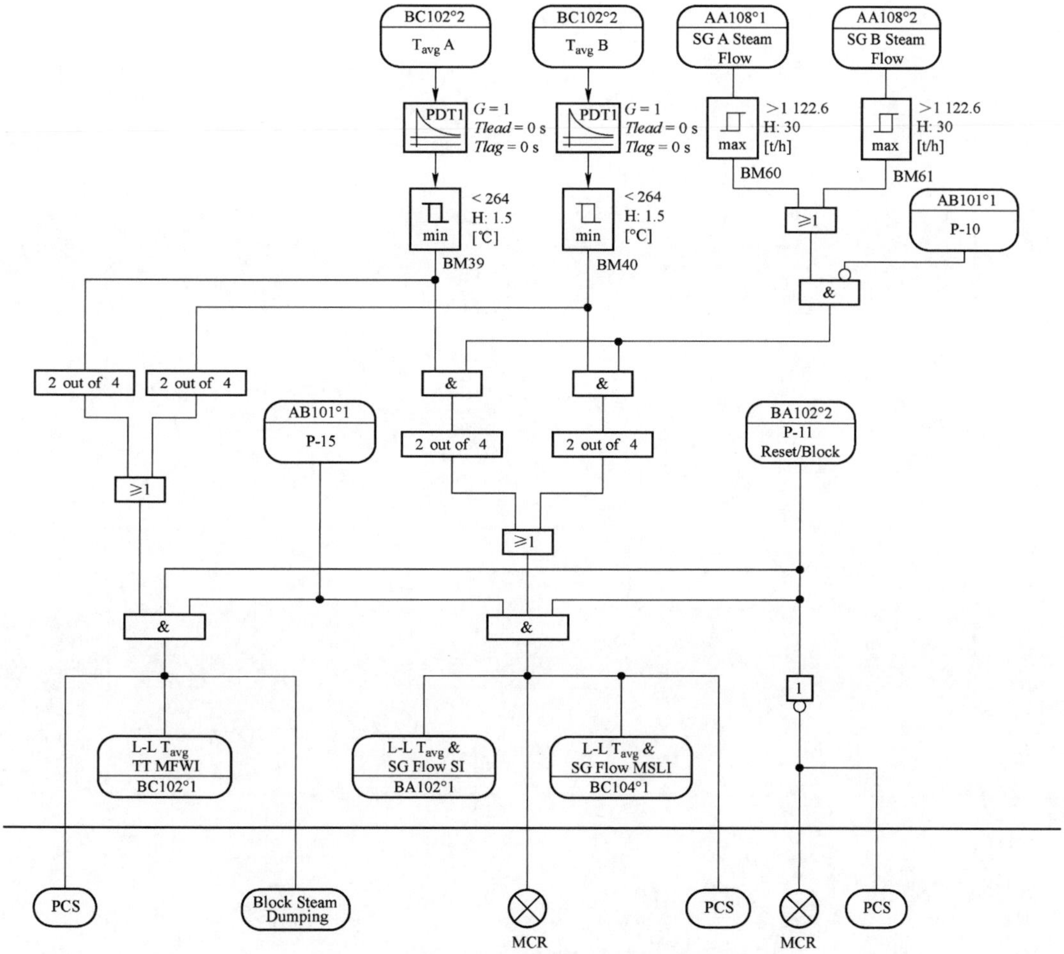

图 3-5 冷却剂低-低平均温度安全注射逻辑功能图

(4) 手动安全注射

手动安全注射逻辑功能图如图 3-6 所示。

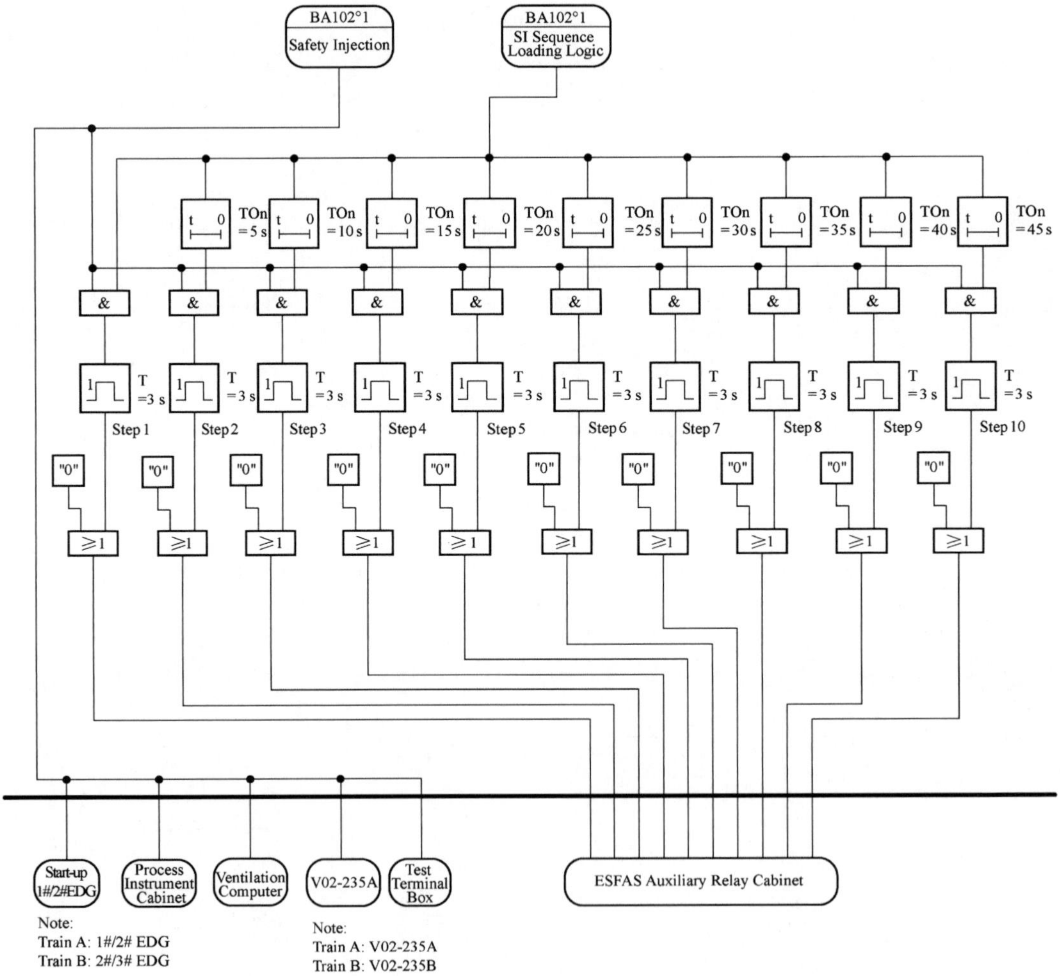

图 3-6 手动安全注射逻辑功能图

(5) 主蒸汽管道隔离

主蒸汽管道隔离逻辑功能图如图 3-7 所示。

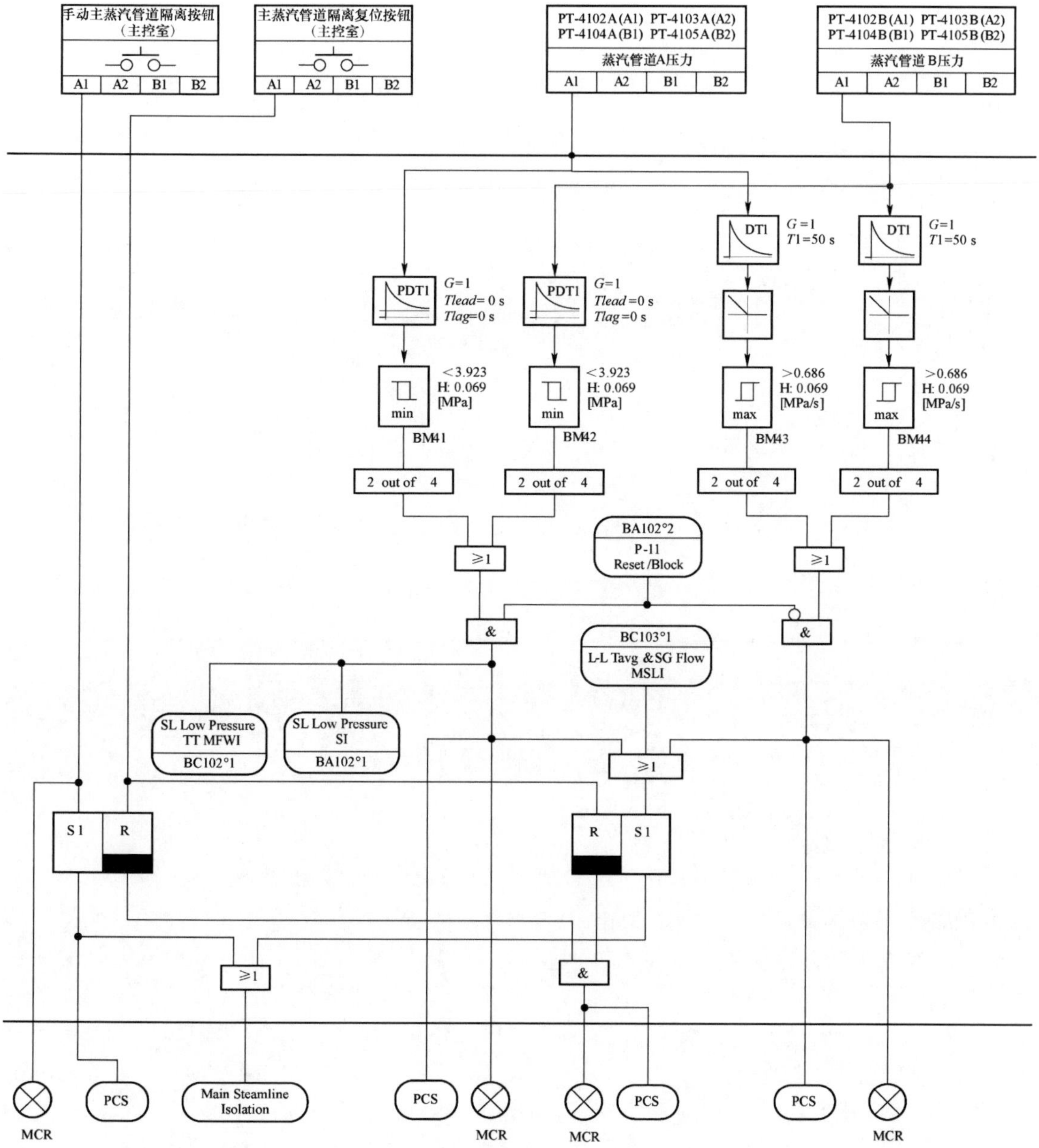

图 3-7 主蒸汽管道隔离逻辑功能图

(6) 主给水管道隔离

主给水管道隔离逻辑功能图如图 3-8 所示。

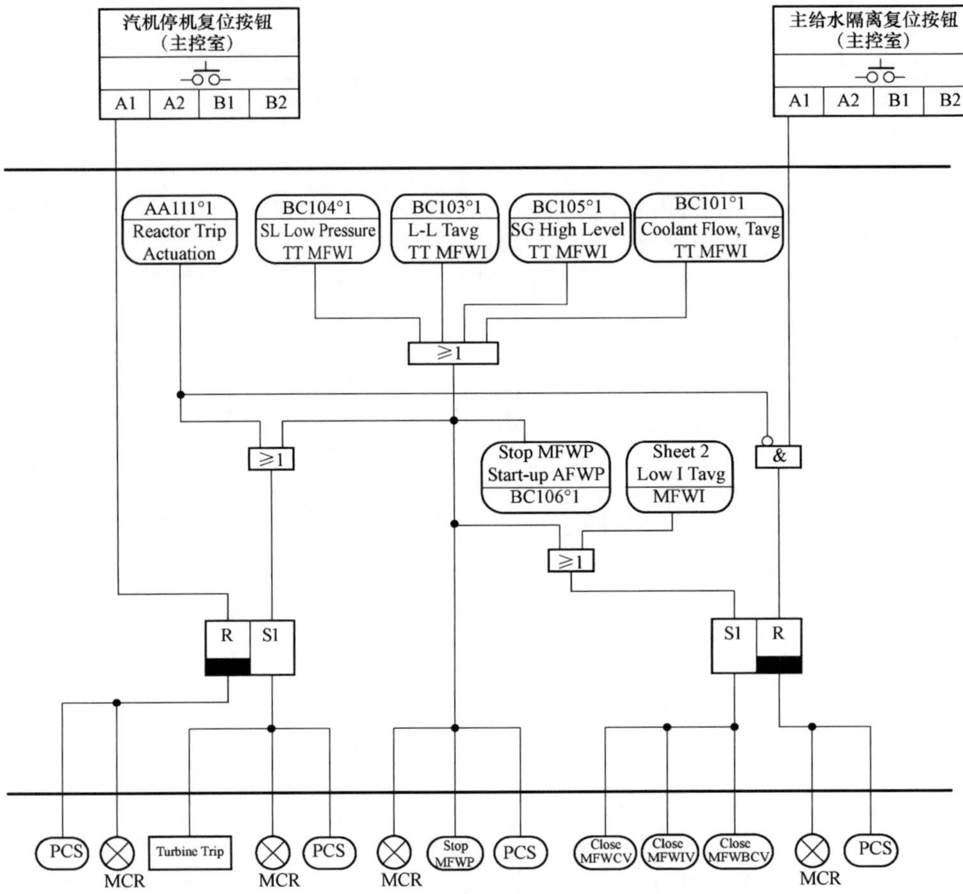

图 3-8 主给水管道隔离逻辑功能图

3. 核反应堆停堆保护系统部件维修规程

核反应堆保护系统的维修工作主要分成两类:第一类是预防性维修,这类维修工作一般安排在电站换料大修期间进行;另一类是纠正性维修,这类维修工作是不定期的,一般目的是消除系统出现的各种缺陷和故障。下面就从这两类维修的角度介绍核反应堆保护系统的维修。

1) 核反应堆保护系统的预防性维修,主要包括机柜清洁、端子紧固、模拟量精度测试和逻辑组件测试(如模拟系统);

2) 核反应堆保护系统的纠正性维修,在电站正常运行期间,由于设备可靠性或其他偶发原因,核反应堆保护系统存在着一定的故障概率,常见的为模件故障或接插件接触不良或失效。这些问题必须在核电站功率运行期间进行处理,以保证系统功能的完整性,从而保证电站的安全稳定运行。

4. 核反应堆保护系统试验规程

1) 机组功率运行期间定期试验,核反应堆保护系统(紧急停堆系统、专设安全设施驱动系统)试验需每月进行一次试验,以保证核反应堆保护系统处于完好状态。该试验为通道功能试验,每个月完成 2 个通道的试验,每两个月完成所有 4 个通道的试验;

2) 机组换料大修期间的试验,核电厂反应堆保护系统每个燃料循环进行一次的通道功能试验,以确保系统功能处于完好状态,主要包括通道功能试验和响应时间测试。

5. 核反应堆控制系统调节原理

(1) 反应堆功率调节系统调节原理

反应堆功率调节系统主要包括两个通道:平均温度 $T_{avg}-T_{ao}$ 调节回路和功率偏差失配补偿回路 $P_N—P_1$,这两个通道的输出经过棒速程序单元送控制棒控制系统,以驱动控制棒。反应堆功率调节系统调节原理图如图 3-9 所示。

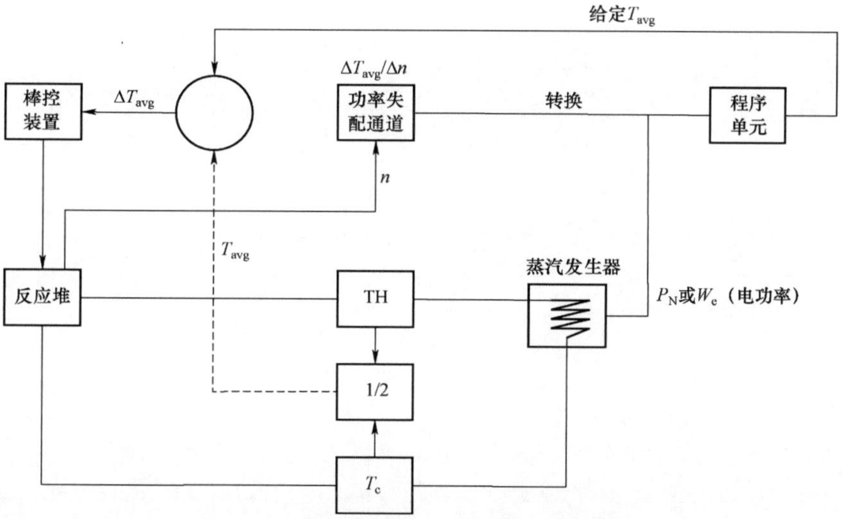

图 3-9　反应堆功率调节系统调节原理图

(2) 棒控棒位系统原理

棒控棒位系统由控制棒控制系统和控制棒位置指示系统两个系统组成。控制棒控制系统的目的是通过调节堆芯的反应性来保持反应堆冷却剂系统内的平均温度。控制棒控制系统可用于补偿快速的反应性变化,对较缓慢的反应性变化一般通过调节冷却剂的含硼量来补偿。

控制棒位置指示系统用于提供控制棒位置的各种指示和报警信息,它包括每束控制棒的实测位置指示通道、控制棒子组要求位置指示通道、控制棒失步监视、停堆棒偏离堆芯顶部监视等。在某核电站的设计中,用下述方法来探测棒位:用于子组指示的是给定棒位步进计数器、计数器接收来自棒控制系统逻辑柜(长棒控制系统)的信号。这种系统假设子组内的每束棒都处在同一位置即属于一特定子组和棒组的棒都在所要求的位置上。探测棒位的第二种方法是使用单束棒的位置指示,这种系统是测量每束棒的实际位置。

6. 核反应堆控制系统功能图

(1) 反应堆功率调节系统功能图

反应堆功率调节系统功能图如图 3-10 所示。

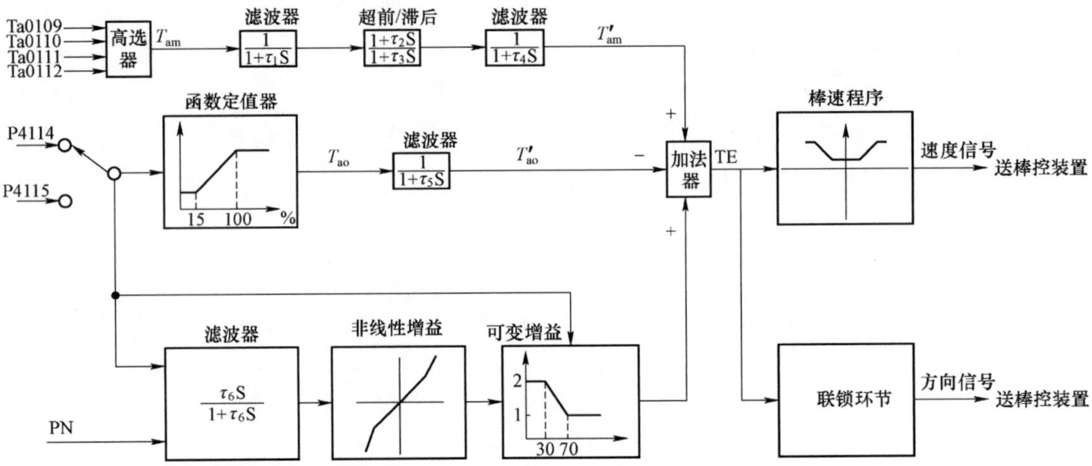

图 3-10　反应堆功率调节系统功能图

(2) 棒控棒位系统功能图

棒控系统框图如图 3-11 所示。

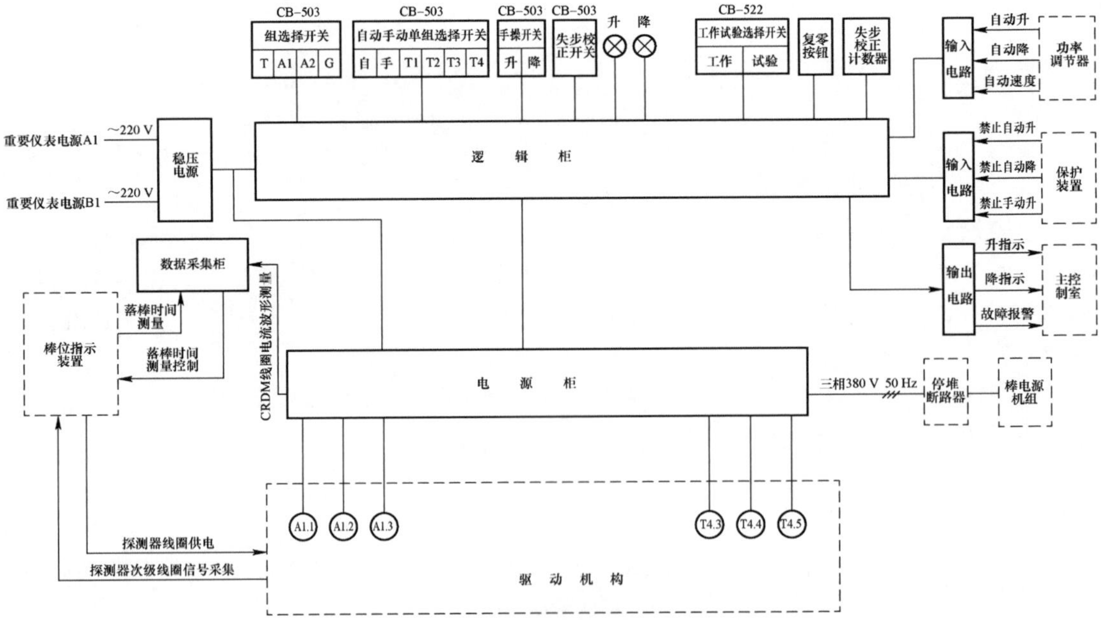

图 3-11　棒控系统框图

棒位系统框图如图 3-12 所示。

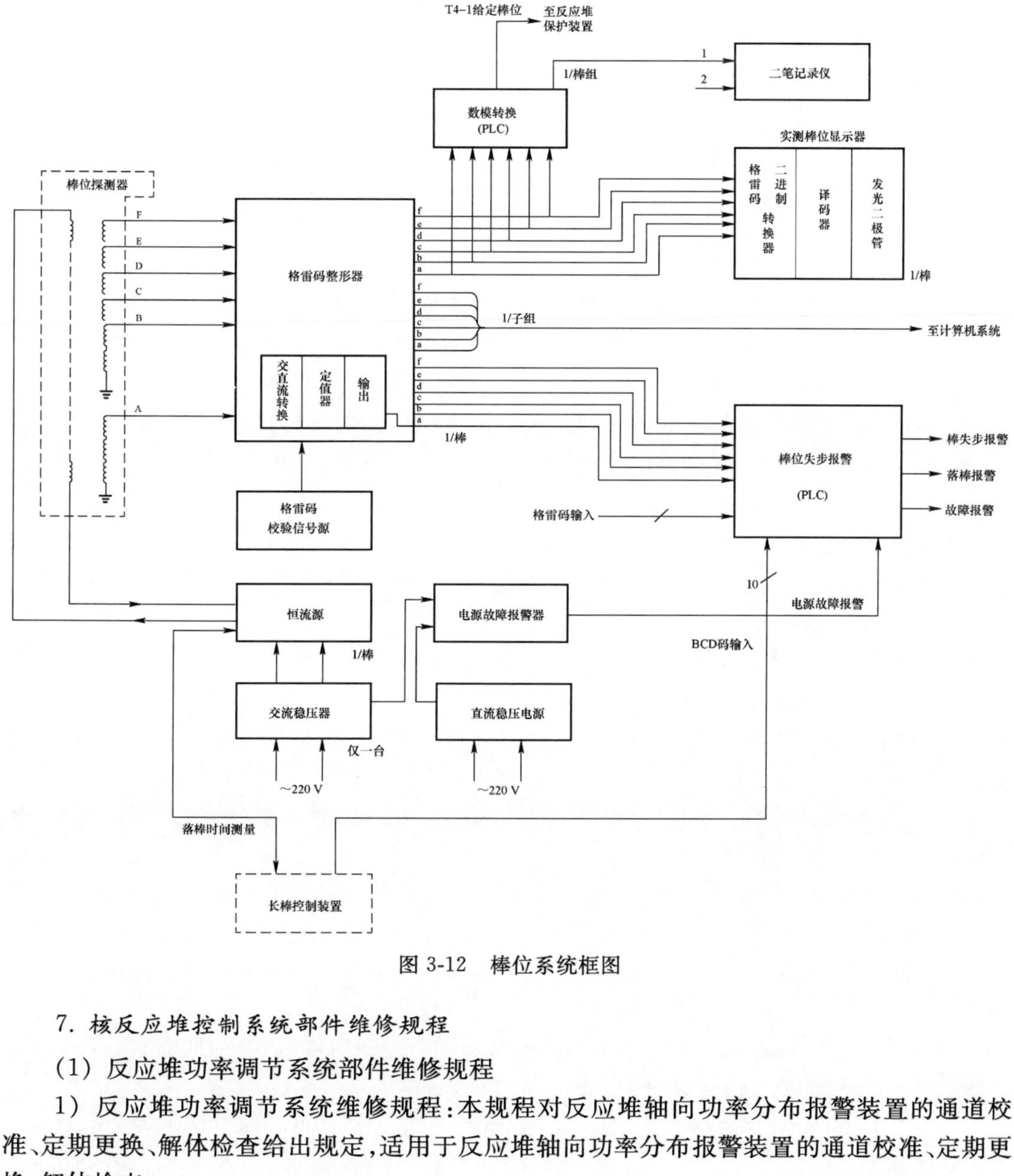

图 3-12 棒位系统框图

7. *核反应堆控制系统部件维修规程*

(1) 反应堆功率调节系统部件维修规程

1) 反应堆功率调节系统维修规程:本规程对反应堆轴向功率分布报警装置的通道校准、定期更换、解体检查给出规定,适用于反应堆轴向功率分布报警装置的通道校准、定期更换、解体检查。

2) 反应堆轴向功率分布报警装置维修规程:本规程对反应堆轴向功率分布报警装置的通道校准、定期更换、解体检查给出规定,适用于反应堆轴向功率分布报警装置的通道校准、定期更换、解体检查。

(2) 棒控棒位系统部件维修规程

1) 棒控磁轭线圈维修规程:本规程对棒控磁轭线圈系统(或设备)的解体检查(定期更换/通道校准/定期维护等)给出规定,适用于棒控磁轭线圈的解体检查(定期更换/通道校准/定期维护等)。

2) 长棒控制装置逻辑柜维修规程:本规程对长棒控制装置逻辑柜的定期维护、大修期间维护给出规定,适用于长棒控制装置逻辑柜的定期维护、大修期间维护。

3) 长棒控制装置电源柜维修规程:本规程对长棒控制装置电源柜的运行期间消缺、大修期间维护给出规定,适用于长棒控制装置电源柜的运行期间消缺、大修期间维护。

4) 长棒控制装置数据采集柜维修规程:本规程对长棒控制装置数据采集柜系统的定期维护,大修期间维护等给出规定,适用于长棒控制装置数据采集柜系统的定期维护,大修期间维护等。

5) 棒位处理柜维修规程:本规程对控制棒位置指示系统棒位处理柜的定期维护及状态监测给出规定,适用于控制棒位置指示系统的棒位处理柜的定期维护及状态监测。

6) 实际棒位系统维修规程:本规程对控制棒位置指示系统的解体检查、定期维护给出了规定,适用于控制棒位置指示系统的实际棒位系统解体检查、定期维护。

7) 棒位指示线圈维修规程:本规程对棒位置指示线圈的解体检查、定期维护等给出规定,本规程只适用于控制棒位置指示系统的棒位指示线圈部分。

8. 核反应堆控制系统试验规程

(1) 反应堆功率调节系统试验规程

反应堆功率调节系统性能确认试验,试验目的为在给定功率运行状态下,确认反应堆功率调节系统的稳定性。

具体内容见培训教材或有效版规程。

(2) 棒控棒位系统试验规程

1) 棒控系统冷态检验规程,本规程适用于检验长棒控制装置的各种性能,验证《冷态控制棒驱动机构试验》未包含的内容;

2) 棒控系统热态检验规程,本规程适用于检验长棒控制装置的各种性能,验证《热态控制棒驱动机构试验》未包含的内容;

3) 冷态控制棒驱动机构试验,确认控制棒驱动机构在冷态工况下动作正常;

4) 热态控制棒驱动机构试验,确认控制棒驱动机构在热态工况下动作正常;

5) 控制棒冷态落棒时间测量,测量每束控制棒在反应堆冷却剂处于冷态无流量工况下的落棒时间,以验证在落棒时无机械卡塞现象;

6) 控制棒热态落棒时间测量,测量每束控制棒在反应堆冷却剂处于热态全流量工况下的落棒时间,以验证数据是否满足验收标准;

7) 控制棒位置指示装置功能试验,在冷停堆状态下确认控制棒位置指示装置检修后功能正常并满足使用要求。

9. 中间量程的工作原理及组成

(1) 中间量程的工作原理

为了使核测量系统既能适应核参数的特点,又能满足一定的使用条件,准确可靠地反映反应堆内核裂变的状况,必须对核测量系统提出一定的技术要求。

核参数的变化范围极宽,为了反应堆的安全,核测系统必须在核测量的整个变化范围内进行测量而没有盲区,因此要求和测量系统要有 10 个数量级以上的测量范围。对于如此大的测量范围，目前用一个探头和一个装置来完成是相当困难的，通常是将堆功率的整个变化范围划分成几个区域，每一个区域使用一种装置进行测量，各个区域所用的功率测量装置的测量范围要有一定的重叠，保证反应堆在整个功率变化范围内，运行时都能被监测。

目前通用压水堆核测量系统被划分成三个区域，即源量程、中间量程和功率量程，分别用硼沉积计数管、γ 补偿电离室和长中子电离室三种不同的中子探测器进行测量。

中间量程工作区间很广泛，可全量程工作。低功率段和源量程衔接，高功率段和功率量程衔接，是堆外核测量系统不可或缺的。

(2) 中间量程的组成

1) 探测器部分，压水堆核电站使用的探测器一般都为 γ 补偿电离室；

2) 处理仪表，国外有 ARAVA、R&R 供货，国内有原北京核仪器厂供货；

3) 中间量程探测器的补偿特性，中间量程探测器工作范围从 10^{-12} A 到 10^{-4} A，由于探测器不仅对中子有响应，对 γ 也有响应。在反应堆功率较高时，中子电流远大于 γ 电流，此时可以忽略不计。但是在起堆的初始阶段，由于中子通量较低，此时 γ 电流就不能忽略不计了。必须通过某种方式对 γ 电流进行补偿，使探测器输出电流基本都为中子电流，这样才能最大限度地反映反应堆的真实功率情况，做到更好地监测反应堆的真实工况。

10. 高压电源的技术指标

高压电源主要用在堆外核测系统上，一般考虑额定电压、额定电流、纹波、负载调整率、电网调整率等指标。

11. 过程测量传感器的工作原理

过程测量传感器主要有压力测量、温度测量、流量测量三种类型。

1) 压力测量，以型号为 1152 的标准压力变送器为例。当被测差压 ΔP 通过正、负压侧导压口引入正、负压室，作用于正、负压侧隔离膜片上时，迫使膜片移动，于是将差压信号传递到中心感压膜片的两侧，使膜片产生微小位移 Δd(最大约 0.1 mm)，因感压膜片为电容的可动板极，它与固定板极构成差动电容 $C1$ 和 $C2$，当感压膜片产生位移时，电容 $C1$ 和 $C2$ 的电容值随之发生变化，实现了差压—位移—电容的转换。差动电容 $C1$、$C2$ 的变化由引出线 1 传送给振荡解调器。通过振荡和解调环节，转换成与压力成正比的信号。压力变送器和绝对压力变送器的工作原理和差压变送器相同，所不同的是低压室压力是大气压或真空。

2) 温度测量。热电阻的测温原理是基于导体和半导体材料的电阻值随温度的变化而变化，再用显示仪表测出热电阻的电阻值，从而得出与电阻值相对应的温度值。

3) 流量测量。燃料操作系统的流量变送器采用靶式流量变送器，工作原理是流量变送器入口和出口产生压差，根据输入不同的压力，带动变压器内部铁芯位移，将铁芯的位移信号再通过转换电路转换成 4～20 mA 的电流信号输出。

12. 轴编码器和电位计的工作原理

(1) 轴编码器的工作原理

轴编码器是把直线位移转换成电信号的一种装置。在重水堆燃料操作系统中，均采用 13 位格雷码接触型轴编码器，其规格型号为 ES-591L4066，由 Blenkhorn and Sawle 公司生产。输入轴每旋转一圈读数变化 256 counts，共可旋转 32 圈，合计提供量程范围 0～8 192 counts。

(2) 电位计的工作原理

直线电位计是通过行程与电阻的关系来记录实时电压。在重水堆燃料操作系统中,分为 5 种类型的直线电位计,分别应用于表 3-7 中设备。

表 3-7 五种直线电位计的应用

序号	名称	有效电阻	精确度	线性度误差	有效行程	计算机失去同步设定点
1	分离器电位计	10 kΩ±5%	8.0 Ω	±0.5%	1.4 inch	±50 mV
2	对中电位计	10 kΩ±3%	8.0 Ω	±0.25%	1.4 inch	±30 mV
3	高压阀电位计	5 kΩ±10%	7.15 Ω	±0.25%	2.0 inch	±100 mV
4	低压阀电位计	5 kΩ±10%	1.4 Ω	±0.125%	12.0 inch	±100 mV
5	疏排站电位计	5 kΩ±10%	5.5 Ω	±0.25%	3.0 inch	±100 mV

13. 专用检测工具的使用和操作手册

主要介绍比较器卡件测试装置的使用方法和简单工作原理。图 3-13 为测试装置电路图。

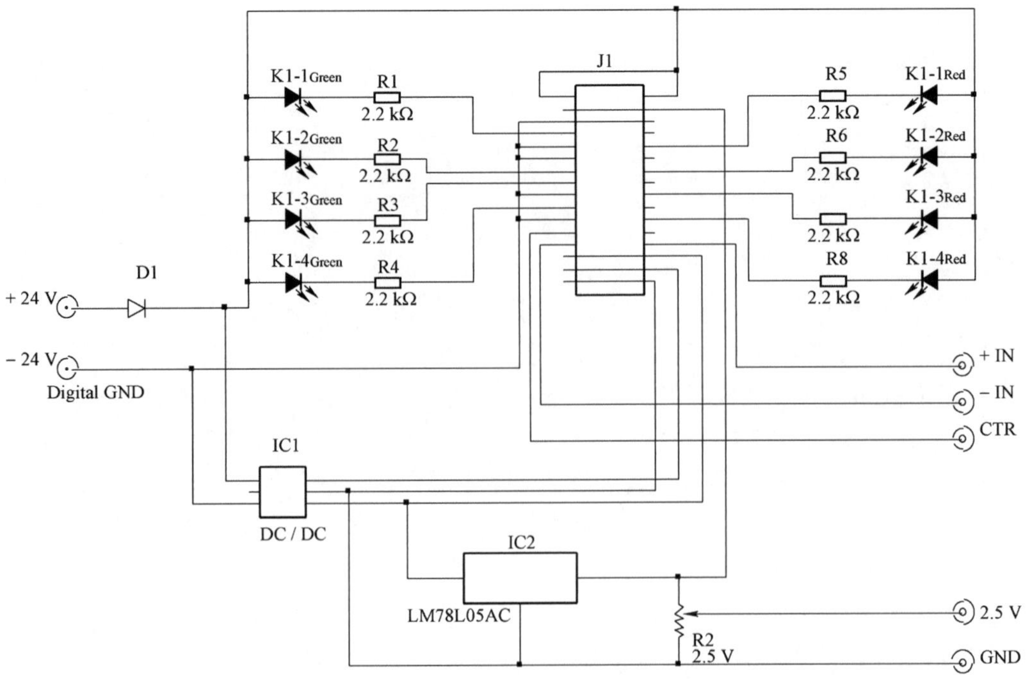

图 3-13 测试装置电路图

图 3-14 为测试装置结构图。

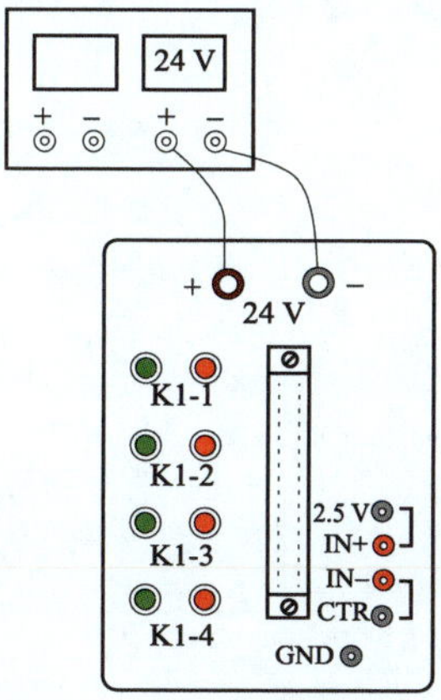

图 3-14　测试装置结构图

14. 重水堆燃料操作系统部件维修规程

主要介绍重水堆燃料操作系统部件维修规程的各种特性，包括规程的语言、结构、版次、责任人等。同时介绍了规程的编制和发布的流程。

具体请参考三厂重水堆燃料操作系统部件维修规程的有效版本。

四、仿真训练

(一) 单项选择题(请将正确选项的代号填入题内的括号中)

1. 功率量程中子通量负变化率高停堆保护为确保在多种控制棒落棒事故下 DNBR(临界热流密度比)保持在(　　)以上。

(A) 1.25　　(B) 1.30　　(C) 1.35　　(D) 1.40

2. 发生失水事故或蒸汽管道破裂事故后，触发(　　)降低安全壳压力、温度及空气中的碘的积存量。

(A) 安全壳喷淋　　(B) 安全壳通风隔离

(C) 主蒸汽管道隔离　　(D) 安注

3. 在反应堆热停堆工况下，如果发生蒸汽发生器给水系统故障或余热排出系统故障，这样会导致反应堆主冷却剂平均温度上升事件，从而可能使得反应堆重返临界，为了保证电站的安全，在这种工况下，触发的动作信号是(　　)。

(A) 安全壳喷淋　　(B) 安全壳通风隔离

(C) 主给水系统隔离　　(D) 安注

4. 重水堆一号停堆系统触发逻辑是(　　)。

(A) 四取二　　(B) 三取二　　(C) 二取一　　(D) 五取二

5. 核反应堆保护系统维修规程校核人的责任主要是(　　)。

(A) 检查规程内容是否全面、完整、正确

(B) 检查维修规程的文字结构、概念、工程技术或习惯用语有无不当或错误

(C) 检查规程的格式是否符合要求

(D) 以上都是

6. 核反应堆保护系统试验是根据核电厂( )要求而对反应堆保护系统进行定期试验,以监测核反应堆保护系统状态。

(A) 临时试验要求 (B) 技术规格书

(C) 最终安全分析报告 (D) 维修后的功能试验

7. 核反应堆保护系统试验是根据核电厂技术规格书要求而对反应堆保护系统进行定期试验,以监测核反应堆保护系统状态,核反应堆保护系统试验大体上可以分为机组功率运行期间定期试验和( )。

(A) 机组换料大修期间的试验 (B) 预防性维修后的功能试验

(C) 变更改造后的功能试验 (D) 按照系统的要求自主定义的试验

8. 控制棒控制系统的电源柜接受控制信号,并按( )发出驱动信号给驱动机构线圈,实现控制棒的提升或插入。

(A) 随机顺序 (B) 一定的时序 (C) 不确定的时序 (D) C 棒优先时序

9. 液体区域控制系统有多少个液体区域控制单元( )。

(A) 12 (B) 13 (C) 14 (D) 15

10. 不属于 30 万千瓦机组棒控电源柜的主要功能的是( )。

(A) 向控制棒驱动机构输出所需电流

(B) 采集本柜各种故障信号并对本柜紧急故障进行响应

(C) 采集 37 束控制棒的驱动机构线圈电流波形

(D) 向逻辑柜发送各种故障信号

11. 功率调节系统中提供 T_{avg} 比例与速度信号的单元是( )。

(A) 函数定制器单元 (B) 滤波单元

(C) 加法单元 (D) 超前滞后单元

12. 液体区域控制系统的堆内构件由( )个控制机构组成。

(A) 5 (B) 6 (C) 7 (D) 8

13. 反应堆功率调节系统(RRS)由( )根调节棒组成。

(A) 28 (B) 8 (C) 4 (D) 21

14. 30 万千瓦机组反应堆功率调节系统标度卡、加法卡等维修记录中小数点后要求保留( )位。

(A) 一 (B) 二 (C) 三 (D) 四

15. 关于反应堆功率调节系统维修记录的修改下列说法错误的是( )。

(A) 记录的修改必须由合格的人员进行

(B) 记录修改可以使用修正液和修正带

(C) 记录内容的更改和修改,必须有更改人签名并注明日期

(D) 对于破损不洁的记录,可以复印或重新填写后并签字确认,作为记录提交

16. 不属于 30 万千瓦机组棒控系统电源柜组件的是( )。

(A) 提升定值组件 (B) 保持定值组件

(C) 葛莱码整形组件 (D) 移相触发组件

17. 棒控磁轭线圈维修规程中测量 CRDM 线圈参数需要在( )工况下进行。

(A) 冷态 (B) 热态 (C) 冷态和热态 (D) 任意

18. M310 堆型百万机组棒控系统 CRDM 线圈电流大小检查的维修内容,属于( )范畴。

(A) 棒控逻辑柜维修规程 (B) 棒控电源柜维修规程

(C) 棒位测量柜维修规程 (D) 棒位处理柜维修规程

19. 在进行调节棒棒位卡件标定工作时,拆下的端子线回装时应使用的力矩螺丝刀力矩为( )。

(A) 0.5 N·m (B) 1 N·m (C) 0.75 N·m (D) 2 N·m

20. 在给定功率运行状态下,反应堆功率调节系统性能确认试验目的是验证系统的( )性。

(A) 迅速 (B) 可操作 (C) 稳定 (D) 动作

21. M310 堆型百万机组反应堆功率调节系统 G 棒组功率曲线标定周期为( )。

(A) 1 个燃料循环 (B) 1 个等效满功率月

(C) 2 个等效满功率月 (D) 3 个等效满功率月

22. 30 万千瓦机组控制棒位置功能试验时,给定棒位和实际棒位的误差不超过( )步。

(A) ±8 (B) ±7 (C) ±6 (D) ±9

23. 关于堆外核测系统的中间量程,说法错误的是( )。

(A) 中间量程使用的是 γ 补偿电离室

(B) 中间量程低功率段和源量程衔接

(C) 中间量程高功率段和功率量程衔接

(D) 在满功率运行期间,中间量程能够发出停堆信号,使反应堆停堆

24. 重水堆一号停堆电离室探测器描述错误的是( )。

(A) 电离室本体包括两个同心的纯铝电极,外电极是加速电压电极(高压电极),内电极作为收集电极

(B) 电离室的高压电极可以加至 1 000 V 的高压,也不会损坏电离室本体

(C) 电离室的两个同心电极都安装在一个充满氢气的密封体内

(D) 电离室引出导线有两根送至放大器,分别为高压线和信号线

25. 电离室是基于探测入射粒子进入其内,与所充物质直接或间接相互作用时,使物质的原子或分子( )而产生的正负离子对来测量放射性强度或入射粒子能量的一种探测器。

(A) 结合 (B) 电离 (C) 吸引 (D) 放大

26. 中间量程探测器的通量范围为( )。

(A) $10^{-1}\sim2\times10^{5}$ n/cm^{2}·s (B) $2\times10^{-1}\sim2\times10^{5}$ n/cm^{2}·s

(C) $2\times10^{2}\sim5\times10^{10}$ n/cm^{2}·s (D) $5\times10^{2}\sim5\times10^{10}$ n/cm^{2}·s

27. 中间量程探测器的测量电流为( )。

(A) $10^{-12}\sim10^{-4}$ A (B) $10^{-11}\sim10^{-3}$ A

(C) $0\sim2\times10^{-4}$ A (D) 4～20 mA

28. 以下关于中子电离室的 γ 补偿原理不正确的是( )。

(A) 电离室对 γ 射线也有一定的响应

(B) 通常 γ 补偿电离室都设计成过补偿
(C) 通常 γ 补偿电离室都设计成欠补偿
(D) 在核反应堆中中子与 γ 射线总是共生的
29. 一号停堆电离室回路有哪些构成(　　)。
(A) 探测器、电离室放大器、报警模块、指示表
(B) 探测器、电离室放大器、报警模块、隔离模块
(C) 探测器、电离室放大器、隔离模块、指示表
(D) 电离室放大器、隔离模块、指示表、报警模块
30. 中间量程的中子探测器类型为(　　)。
(A) 硼沉积计数管　(B) γ 补偿电离室
(C) 长中子电离室　(D) 宽量程裂变室
31. 高压电源的正常工作环境温度(　　)。
(A) 0～50 ℃　(B) 10～50 ℃　(C) 10～55 ℃　(D) 20～55 ℃
32. 高压电源的直流电压源额定电压为(　　)。
(A) 18 V　(B) 24 V　(C) 48 V　(D) 50 V
33. 高压电源的最高设置电压为(　　)。
(A) 220 V　(B) 2.2 kV　(C) 4.5 kV　(D) 4.8 kV
34. TELEPERM XS SHV2-P 型高压电源的正常工作环境温度是(　　)。
(A) 0～40 ℃　(B) 10～55 ℃　(C) 5～45 ℃　(D) 10～70 ℃
35. 重水堆 95 V 直流稳压电源应用于那个系统中(　　)。
(A) 一号停堆系统　(B) 应急堆芯冷却系统
(C) 液体区域控制系统　(D) 安全壳隔离系统
36. 判定现场电位计输入信号 A 和输入信号 B 失去同步的条件是(　　)。
(A) A-B＞SP　(B) A-B＜SP　(C) |A-B|＞SP　(D) |A-B|＜SP
37. 轴编码器转动一圈是(　　)个 count。
(A) 128　(B) 256　(C) 512　(D) 1 024
38. 电压比较器卡测试装置中的 SP 设定值应该调整到(　　)。
(A) 1 V　(B) 0.5 V　(C) 2.5 V　(D) 5 V
39. 维修规程 98NN-XXXXX-MP-YYYYZ 中的 NN 代表(　　)。
(A) 机组号　(B) 设备 BSI 号　(C) 规程编号　(D) 文件类型
40. 维修规程 98NN-XXXXX-MP-YYYYZ 中的 XXXXX 代表(　　)。
(A) 机组号　(B) 设备 BSI 号　(C) 规程编号　(D) 文件类型
41. 维修规程中,需要严格执行程序步骤,是用(　　)来表示。
(A) A1　(B) A2　(C) A3　(D) A4
42. 维修规程中,需要把程序牢记在心,凭记忆进行工作的代码是用(　　)来表示。
(A) U1　(B) U2　(C) U3　(D) U4

(二) 判断题(对的画"√",错的画"×")

1. (　　)反应堆保护系统在核电厂的工艺参数发生异常变化时,能根据对异常状态的监测和异常变化的危害程度,执行保护动作,防止堆芯熔毁及过量放射性物质扩散,而且这

一功能在运行操作人员误操作的情况下也是有效的。

2.（　　）核反应堆保护系统的纠正性维修，主要是处理在电站正常运行期间，由于设备可靠性或其他偶发原因引起的设备故障所产生的维修活动。

3.（　　）在车间标定重水堆不同通道的一号停堆系统ROP放大器，可以由同一工作组来完成。

4.（　　）核反应堆保护系统月定期试验是机组换料大修期间对于核反应堆保护系统进行的定期试验。

5.（　　）专设安全设施响应时间是从通道敏感元件监测的参数超过该专设安全设施触发动作整定值的那个时刻开始到专设安全设施的设备能执行其安全功能（即阀门开或关到所要求的位置，泵出口压力达到所要求的值等）时的时间间隔。

6.（　　）30万千瓦机组功率调节系统的功率失配通道监测轴向功率偏差报警系统来的核功率信号与二回路来的汽机功率信号。

7.（　　）反应堆功率调节系统非线性增益单元温度与负荷变化的对应关系是：根据设计要求，负荷变化在±1%的范围内时，平均温度变化为0.8 ℃/%，而负荷变化在大于1%或小于−1%时，平均温度的变化为0.2 ℃/%。

8.（　　）在进行RRS电离室放大器在线标定工作时，需要先断开该电离室放大器所对应的DCCX侧和DCCY侧的WIBA端子。

9.（　　）在进行停堆棒棒位卡件校验工作时，提棒和落棒操作可以由仪控人员进行操作。

10.（　　）30万千瓦机组反应堆功率调节系统性能确认试验时，允许有调硼动作。

11.（　　）在进行30万千瓦机组《棒控系统冷态检验规程》时，试验的前提条件中，主回路冷却剂压力在30 kgf/cm^2以上，才能进行该校验。

12.（　　）在进行《热态控制棒驱动机构试验》时，试验的前提条件中，热态工况主回路冷却剂平均温度大于250 ℃，设定控制棒驱动速度为最大60步/分钟，才能进行该试验。

13.（　　）M310堆型百万机组，棒位指示系统通道检查试验周期为1个月。

14.（　　）各个区域所用的功率测量装置的测量范围不一定重叠。

15.（　　）堆外核测系统中间量程工作区域很广泛，可全量程工作；中间量程的低功率段与源量程衔接，高功率段和功率量程衔接。

16.（　　）中间量程探测器 γ 补偿特性试验（进入热停堆时），判断探测器在低中子通量情况下的工作能力。

17.（　　）在起堆的初始阶段，中子注量率计算中 γ 电流可以忽略不计。

18.（　　）重水堆一号停堆电离室回路有探测器、电离室放大器、隔离模块、指示表构成。

19.（　　）TELEPERM XS SHV2-P型高压电源最高设置电压为4 500 V。

20.（　　）重水堆95 V直流稳压电源失效会直接导致一号停堆系统动作。

21.（　　）管嘴腔压力的监测仅有一个差压变送器来测量。

22.（　　）重水堆燃料操作系统，每个桥架在两个立柱处由每边各两个双速 40 HP 异步电机驱动。

23.（　　）压力变送器PT采集现场压力信号，转换成4～20 mA的电流信号，电流信号通过标准 250 Ω 欧电阻后变成 1～5 V 电压信号输入到 MC5000 压力控制器。

24. (　　)轴编码器是把直线位移转换成电信号的一种装置。在重水堆燃料操作系统中,均采用 13 位格雷码接触型轴编码器。

25. (　　)轴编码器是把转速转换成电信号的一种装置。

26. (　　)重水堆燃料操作系统的控制系统动力分成 1 个 120 V 交流母线和 2 个 24 V 直流母线。所需的其他的直流电由位于终端柜内的一系列直流供电装置提供。

27. (　　)维修规程中的 A 代表遵守程序的严格程度;U 表示使用程序的熟悉程度。

28. (　　)维修规程中的验收准则要列出维修后设备应达到的技术或性能指标,供维修工作完成后验收用。

(三) 多项选择题(请将正确选项的代号填入题内的括号中)

1. 重水堆二号停堆系统描述正确的有(　　)。

(A) 控制采用三取二的逻辑来实现
(B) 控制逻辑动作时,将硝酸钆毒液快速注入至慢化剂
(C) 控制采用四取二的逻辑来实现
(D) 控制逻辑动作时,将停堆棒快速落入堆芯底部
(E) 控制逻辑动作时,将硝酸钆毒液缓慢注入至慢化剂

2. 当发生主蒸汽管道破裂事故时,反应堆冷却剂平均温度要降低,超过该参数设计整定值时,产生安全注射信号。允许联锁信号是(　　)。

(A) P-7　　(B) P-10　　(C) P-11　　(D) P-13
(E) P-15

3. 电站功率运行期间,如果发生主蒸汽管道管道破管事故,这样会间接导致反应堆功率的自动增加,从而对电站的安全构成冲击,为了保证电站的安全,会触发(　　)动作。

(A) 安全壳喷淋　　(B) 安全壳通风隔离
(C) 主蒸汽管道隔离　　(D) 安注
(E) 主给水系统隔离

4. 在电站正常运行期间,由于设备可靠性或其他偶发原因,系统会产生故障。系统出现的故障从故障类型来看,一般分为(　　)。

(A) 偶发单一故障　　(B) 偶发随机故障
(C) 偶发恒定故障　　(D) 偶发严重故障
(E) 偶发临时故障

5. 核反应堆保护系统预防性维修的工作内容有(　　)。

(A) 机柜清洁和检查接线端子　　(B) 模拟量处理模块性能测试
(C) 逻辑处理模块测试　　(D) 系统逻辑检查
(E) 风扇检查和更好

6. 车间标定重水堆 SDS 1 号的 ROP 回路的脱口比较器需要用到以下哪些仪器(　　)。

(A) 微安电流源 KEITHLEY 220　　(B) 皮安计 KEITHLEY 485
(C) 信号源 ALTEK 934　　(D) 万用表 FLUKE 287C
(E) 信号发生器

7. 反应堆保护系统试验规程必须包括以下内容:(　　)、参考资料、注意事项。

(A) 修改跟踪页 (B) 编写依据 (C) 试验目的 (D) 试验项目
(E) 试验范围

8. 反应堆保护系统功率运行期间定期试验包括( )。
(A) T1 试验 (B) T2 试验
(C) T3 试验 (D) 专设系统响应时间测试
(E) 输出通道驱动试验

9. M310 堆型百万机组 G 棒功率控制棒组在( )模式下是以重迭方式运行的。
(A) 手动 (B) 自动 (C) 失步校正 1 (D) 失步校正 2
(E) 半自动

10. 反应堆功率调节系统主要包括( )两个通道。
(A) 平均温度 $T_{avg}-T_{ao}$ 调节回路 (B) 水位调节回路
(C) 功率偏差失配补偿回路 (D) 压力调节回路
(E) 汽机功率调节回路

11. M310 堆型百万机组温度控制棒组控制回路中,加法器前端输入信号包括( )。
(A) 核功率 (B) 最大实测平均温度
(C) 参考平均温度 (D) 最小实测平均温度
(E) 功率失配信号

12. M310 堆型百万机组棒控系统逻辑柜接收( )系统送来的信号。
(A) KIR 松动部件监测 (B) KDO 试验数据采集系统
(C) KIC 电站计算机和控制系统 (D) GRE 汽机调节系统
(E) RPN 核仪表系统

13. 反应堆功率调节系统维修规程的目的包含哪些( )给出规定。
(A) 系统(或设备)的解体检查 (B) 定期更换
(C) 通道校准 (D) 参加人员
(E) 工器具

14.《30 万千瓦机组棒位系统插件性能检查及功能测试》维修规程中的现场维修实施的先决条件是( )。
(A) 工作许可证描述的维修对象已与现场设备逐字确认
(B) 维修应在冷停堆工况下进行
(C) 材料、工器具已规范布置
(D) 照明、电源、通风等条件正常
(E) 维修应在热停堆工况下进行

15. 30 万千瓦机组棒控系统电源柜组件内部参数检查和调整需要的工器具有( )。
(A) 数字万用表 (B) 存储记录仪
(C) 绝缘测试仪(1 000 V) (D) 绝缘测试仪(500 V)
(E) 电流表

16. 3481-PV98、PV106 阀门的行程试验描述正确的是( )。
(A) 要求 3481-PV98、PV106 阀门能在 1 s 内关闭
(B) 要求 3481-PV98、PV106 阀门关闭时间大于 1 s 且小于 3 s

(C) 试验前,要求液体区域控制系统的平均液位在35%～65%范围内
(D) 试验前,要求液体区域控制系统的平均液位在45%～55%范围内
(E) 试验中需要维修人员接入高速记录仪来记录阀门动作时间
17. 以下哪些(　　)是热态全流量落棒时间测量试验的试验条件。
(A) 反应堆处于热态全流量工况
(B) 控制棒驱动机构冷却风机投入“运行”
(C) 棒电源系统(RAM)已投入运行
(D) 余热排出泵已运行
(E) 反应堆堆芯通量测量系统已投运
18. 机械吸收控制棒和调节棒自动驱动试验验收描述正确的是(　　)。
(A) 变频器25 Hz速度下,机械吸收棒的全行程驱动时间在288±24 s范围
(B) 变频器50 Hz速度下,机械吸收棒的全行程驱动时间在144±12 s范围
(C) AC LINE模式,机械吸收棒的全行程驱动时间在140±10 s范围
(D) 变频器25 Hz速度下,调节棒的全行程驱动时间在120～150 s范围
(E) 变频器50 Hz速度下,调节棒的全行程驱动时间在60～75秒s范围
19. 中间量程探测器分为两对,分别位于哪些方位上(　　)。
(A) 0°　　(B) 90°　　(C) 180°　　(D) 270°
(E) 360°
20. 关于堆外核测系统中间量程说法正确的是(　　)。
(A) 中间量程使用的是γ补偿电离室
(B) 中间量程低功率段和源量程衔接
(C) 中间量程高功率段和功率量程衔接
(D) 在满功率功率运行期间,中间量程能够发出停堆信号,使反应堆停堆
(E) 中间量程使用的是硼沉积计数管
21. 电离室工作原理描述正确的是(　　)。
(A) 探测入射粒子进入电离室与所充物质发生作用,使物质的原子或分子电离
(B) 电离室本体包括两个同心的纯铝电极,一个是高压电极,另一个是收集电极
(C) 电离室的涂层硼-10在中子的照射下,产生α粒子,α粒子使氩气电离
(D) 氩气电离后,产生电子和正离子(即正负离子对),电子和正离子在外加电场的作用下分别向阳极和阴极(即收集电极和高压电极)运动,形成电脉冲(α脉冲)
(E) 氩气电离后,在外部电场作用下有一个正比于中子通量密度的电流流过电离室
22. 30万千瓦机组探测器电流信号(10^{-12}～10^{-4} A)经SVE2处理后的数字信号送往哪些目标(　　)。
(A) MSI机柜　　(B) 反应堆保护系统
(C) DAS系统　　(D) 过程仪表
(E) 电站计算机
23. 重水堆RRS电离室放大器内部电路板插件构成有(　　)。
(A) 对数/线性输入放大器插件　　(B) 对数变化率和缓冲输出插件
(C) 高压反馈比较和脱扣插件　　(D) 电源插件

(E) 对数脱扣值设定插件

24. 重水堆二号停堆系统电离室放大器内部电路板插件构成有(　　)。

(A) 对数/线性输入放大器插件　(B) 对数变化率和缓冲输出插件
(C) 高压反馈比较和脱扣插件　(D) 对数脱扣值设定插件
(E) 电源插件

25. 关于 TELEPERM XS SHV2-P 型高压电源的技术指标，下列说法正确的是(　　)。

(A) 正常工作环境温度 10～55 ℃　(B) 额定直流电压为+24 V
(C) 功率损耗小于 9 W　(D) 电流消耗小于 0.5 A
(E) 最高设置电压为 4 500 V

26. 重水堆 95 V 直流稳压电源再设计上，为了采集输出电压变化用于控制，运用的是哪些原理或技术(　　)。

(A) 电流互感器检测　(B) 霍尔电流传感器检测
(C) 分流器电阻检测　(D) 电阻检测
(E) 光耦反馈检测

27. 如下(　　)属于滑车系统的机械部件。

(A) X 向对中机构　(B) Y 向对中机构
(C) 粗 Y 驱动电机　(D) Z 向驱动油缸
(E) 精 Y 千斤顶

28. 维修规程记录表中要记录用到的有标定要求的测量仪器仪表，一般包括以下(　　)信息。

(A) 名称　(B) 编号　(C) 规格型号　(D) 标定有效期
(E) 精度等级

29. 编写维修规程，根据需要咨询其他有经验的人员，这些人员包括(　　)

(A) 与维修规程实施的实用性和效率有关的维修人员
(B) 与电站运行状态或设备安全保证有关的运行人员
(C) 与检修技术工作有关的设备工程师或系统工程师
(D) 与辐射危害有关的辐射防护工作人员
(E) 与火灾或其他灾害有关的常规工业安全管理人员

(四) 简答题

1. 重水堆二号停堆系统的脱扣参数有哪些？
2. 简述安全注入引发的其他安全动作有哪些？
3. 简述落棒时间的测量原理。
4. 重水堆调节棒如何分组？
5. 棒速程序曲线分为哪几个区？
6. 简述 30 万千瓦机组棒控系统对外接口信号。
7. 简述电离室工作原理。
8. 简述 γ 补偿电离室的补偿机理。
9. 图为高压电源电路逻辑图，请简述各模块的功能。

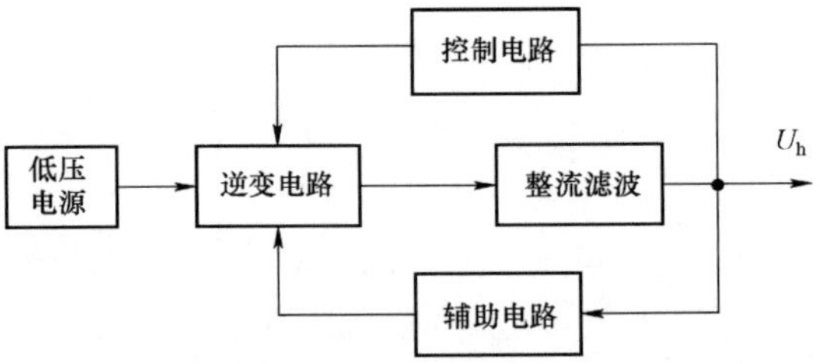

10. 简述重水堆 95 V 直流稳压电源与一号停堆系统的关系。

11. 直线电位计是通过行程与电阻的关系,电压在重水堆燃料操作系统中,分为 5 种类型的直线电位计,分别应用于哪些设备?

(五) 计算题

1. 某压水堆机组正常运行期间,随着燃耗的增加,需要对 G 棒组棒位刻度曲线进行标定,折线函数如下表所示。当前 G 棒棒位为 513 步,对 G 棒组棒位刻度曲线重新标定后,为了维持机组功率不变,需要如何移动 G 棒组才能满足标定后的曲线?

标定前	X 轴/MW_e	0	370	501	632	763	872	1 002	1 089
	Y 轴/步	312	370	397	423	450	480	535	615
标定后	X 轴/MW_e	0	305	436	610	697	959	1 002	1 089
	Y 轴/步	286	322	339	408	430	524	560	615

(六) 制图题

1. 请画出核反应堆保护系统组成结构方框图。
2. 请画出重水堆一号停堆系统实现三取二功能的继电器逻辑。
3. 画图说明 30 万千瓦机组汽轮机功率和平均温度的关系。
4. 画图说明液体区域系统单个 LZCU 舱室及气、水流向。
5. 请画出电离室的结构图。

五、参考答案

(一) 单项选择题

1. B;2. A;3. C;4. B;5. D;6. B;7. A;8. B;9. C;10. C;11. D;12. B;13. D;14. C;15. B;16. C;17. C;18. B;19. A;20. C;21. C;22. A;23. D;24. D;25. B;26. B;27. A;28. C;29. C;30. B;31. C;32. B;33. C;34. B;35. A;36. C;37. B;38. B;39. A;40. B;41. C;42. D。

(二) 判断题

1. √;2. √;3. ×;4. ×;5. √;6. √;7. ×;8. √;9. ×;10. ×;11. ×;12. √;13. √;14. ×;15. √;16. √;17. ×;18. √;19. √;20. √;21. ×;22. √;23. √;24. √;25. √;26. ×;27. √;28. √。

(三) 多项选择题

1. AB;2. CE;3. CDE;4. CE;5. ABCE;6. BCD;7. ABCDE;8. ABC;9. ABD;10. AC;11. BCE;12. ABC;13. ABC;14. ABCD;15. ABCDE;16. ACE;17. ABC;

18. ABCDE；19. BD；20. ABC；21. ABCDE；22. ABD；23. ABCD；24. ABCDE；25. ABCDE；26. CD；27. ABDE；28. ABCD；29. ABCDE。

（四）简答题

1. 答：(1)反应堆厂房(R/B)压力高脱扣。(2)蒸汽发生器液位低脱扣。(3)稳压器液位低脱扣。(4)主热传输系统堆芯差压低脱扣。(5)主热传输系统压力高和低脱扣。(6)蒸汽发生器给水压力低脱扣。(7)PDC Watchdog 自检脱扣。(8)反应堆局部区域功率高脱扣(ROPT)。(9)反应堆对数功率变化率高(LOG N RATE)脱扣。(10)手动停堆脱扣。

2. 答：(1)引发事故保护停堆。(2)安全注入顺序。(3)引发安全壳 A 阶段隔离。(4)启动辅助给水泵。(5)主给水系统的隔离。(6)启动应急柴油发电机。(7)辅助冷却系统投入。(8)控制室进风通道隔离。(9)安全壳通风隔离。

3. 答：控制棒下落过程中，磁性材料的驱动杆在棒位探测器内部快速移动而在原边线圈上产生的感应电压，通过测量落棒过程中原边线圈的电压来判断控制棒处于一个什么状态的下落状态。

4. 答：(1)第一组：1、7、11、15、21。

(2)第二组：2、6、18。

(3)第三组：4、16、20。

(4)第四组：8、9、13、14。

(5)第五组：3、19。

(6)第六组：5、17。

(7)第七组：10、12。

5. 答：棒速程序曲线共有五个可调整区，分别为死区(棒不动作)、磁滞回环区、稳定区(最小棒速 6 步/分)、比例区(棒速信号随误差信号增加而增大)、饱和区(最大棒速 60 步/分)。

6. 答：(1)送松动部件：棒在动作信号。(2)接收保护系统：禁止自动提棒；禁止自动插棒；禁止手动提棒。(3)接收功调系统：自动棒速度信号；自动升信号；自动降信号。(4)送棒位系统：给定棒位信号。

7. 答：(1)探测入射粒子进入电离室与所充物质发生作用，使物质的原子或分子电离。(2)电离室本体包括两个同心的纯铝电极，外电极是加速电压电极(高压电极)，内电极作为收集电极，两个电极的表面是硼-10 的涂层而两个同心电极的连接支撑处是绝缘体。(3)电离室的涂层硼-10 在中子的照射下，产生 α 粒子，α 粒子使氢气电离。(4)氢气电离后，产生电子和正离子(即正负离子对)，电子和正离子在外加电场的作用下分别向阳极和阴极(即收集电极和高压电极)运动，形成电脉冲(α 脉冲)，通过放大器，测量到一个正比于中子通量密度的电流流过电离室，该电流在负载电阻上就产生一个正比功率水平的电压降。

8. 答：在正高压电极和收集极相对的电极表面涂覆有硼膜，形成中子室，在核反应堆，n 和 γ 射线的辐射场中形成中子电流 I_n 和 γ 电流 $I_{\gamma 1}$。在负高压电极和收集极相对的电极表面没有涂复中子灵敏材料，形成 γ 补偿室。在核反应堆，n 和 γ 射线的辐射场中仅形成 γ 电流 $I_{\gamma 2}$。

这样，流过收集极的电流计为电流 I_0：

$$I_0=I_n+I_{\gamma 1}+I_{\gamma 2}$$

由于 $I_{\gamma 1}$ 与 $I_{\gamma 2}$ 的流向相反，且 $I_{\gamma 1}\approx I_{\gamma 2}$，可知 $I_0\approx I_n$。

所以探测器输出电流基本都是中子反应产生的电流，能比较真实反映反应堆的运行工况。

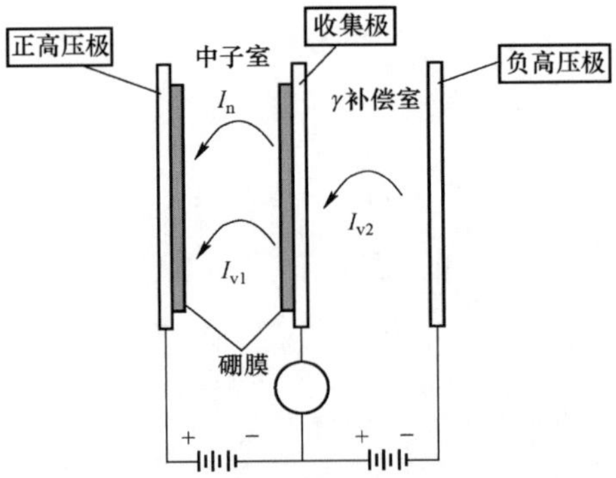

9. 答:① 低压电源:给整个电路进行供电。② 逆变电路:将直流低压电源变换成交流电。③ 整流滤波:将交流电整流并滤波得到直流高压。④ 控制电路:设定输出电压并闭环控制输出电压。⑤ 辅助电路:通过检测输出高压 U_h,提供整个高压电源输出保护;控制高压电路上升速度,保护电路。

10. 答:① (简约说出一号停堆系统大概原理,关键词:三取二逻辑、离合器失电)一号停堆系统得到参数送到通道脱扣逻辑。如两个通道的参数触发,三取二逻辑回路触发。一号停堆系统将触发,停堆棒离合器失电,28 根停堆棒在加速弹簧和重力的双重作用下落入反应堆中。② (关键词:95 V 电源加载离合器吸合)95 V 电源系统通过加载离合器保持其通电吸合,当一号停堆系统触发时,三取二逻辑控制离合器断电而自动松开。③ (关键词:失电、重力、加速弹簧)离合器失电,28 根停堆棒失去了保持,在加速弹簧和重力作用下加速落入堆芯。

11. 答:① 管嘴探针电位计。② 分离器探块电位计。③ 分离器回推器电位计。④ 高压疏水阀电位计。⑤ 疏排站第 2 号、3 号和 4 号汽缸电位计。

(五) 计算题

1. 答:① 当前机组功率为:(513−480)(1 002−872)/(535−480)+872=950 MW_e。

② 函数标定后对应新的棒位为:(524−430)(950−697)/(959−697)+430=520.8≈521 步。

③ 棒位偏差:521−513=8 步。

④ 在当前机组功率不变的情况下,为了满足标定后的曲线要求,需要将G棒组提升8步。

(六) 制图题

1. 答:见下图。仪表组(探测器、过程仪表、阈值继电器)、逻辑处理、功能输出、安全驱动系统。文字叙述不得分。

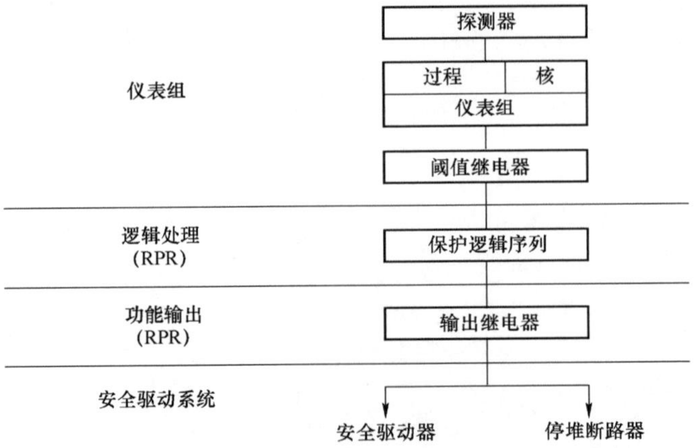

2. 答:见下图。6个继电器触点、通道继电器触点标注顺序正确。文字叙述不得分。

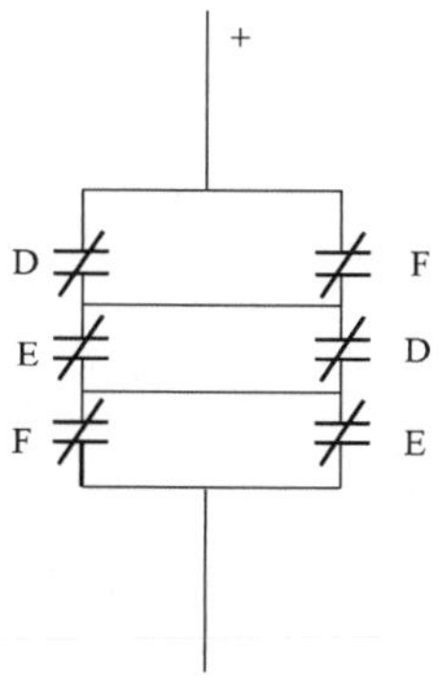

3. 答:见下图。

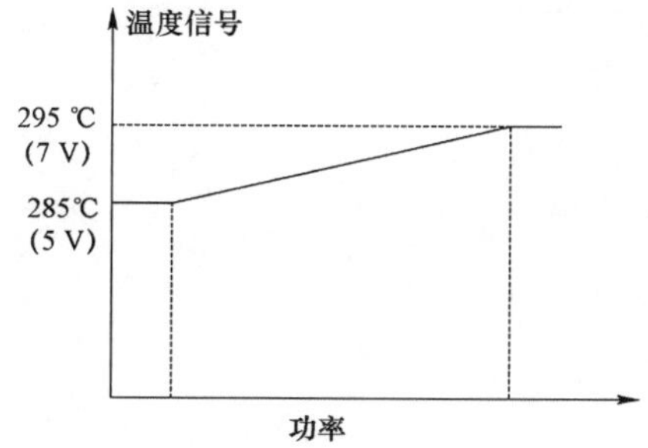

4. 答:见下图。轻水流向标注、氦气流向标注、LZCU舱室结构。文字叙述不得分。

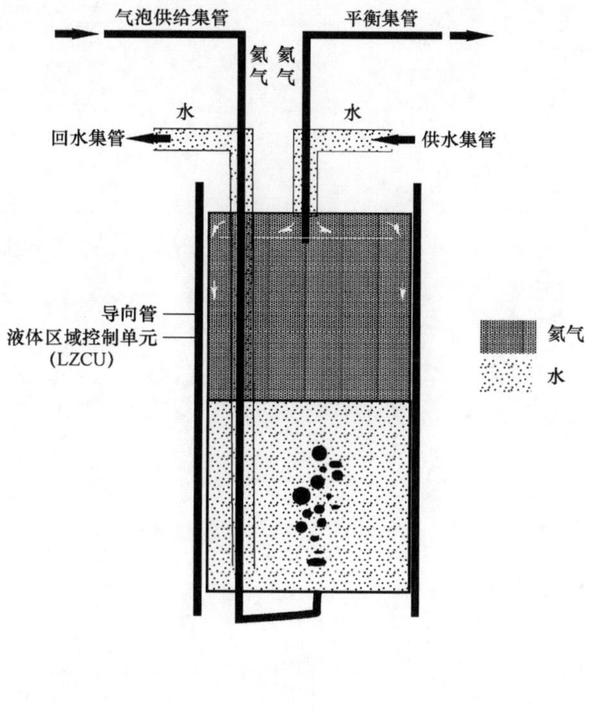

5. 答:见下图。内、外电极标注、硼涂层、填充气体标注、绝缘体标注。文字叙述不得分。

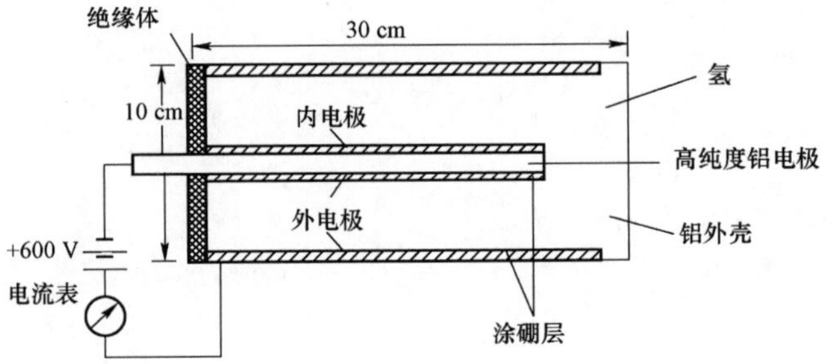

第五单元 判断和排除故障

一、学习目标

1. 直流稳压电源原理及技术指标；
2. 核反应堆保护系统控制联锁逻辑原理；
3. 核反应堆控制系统图册；
4. 高压电源工作原理；
5. 重水堆燃料操作仪控系统图。

二、考核要点

考核要点见表 3-8。

表 3-8 考核要点

考核类别	考核范围	考核点	重要程度
判断和排除故障	直流稳压电源原理及技术指标	直流稳压电源的原理	X
		直流稳压电源的使用	X
		直流稳压电源的检修	X
		低压电源技术指标	X
	核反应堆保护系统控制联锁逻辑原理	允许信号	X
		控制联锁信号	X
	核反应堆控制系统图册	反应堆功率调节系统图册	X
		棒控棒位系统图册	X
	高压电源工作原理	高压电源工作原理	X
	重水堆燃料操作仪控系统图	重水堆燃料操作仪控系统图	X

三、考点导航

1. 直流稳压电源原理及技术指标

(1) 直流稳压电源的原理

晶体管串联型直流稳压电源的典型电路方框图如图 3-15 所示。它由整流滤波电路、串联型稳压电路、辅助电源和保护电路等部分组成。

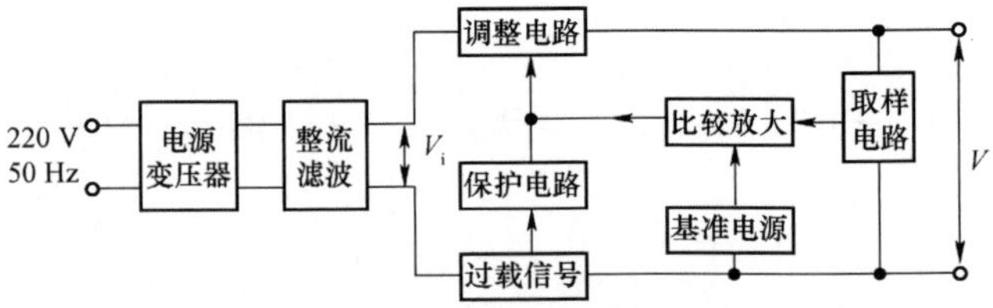

图 3-15 晶体管串联型直流稳压电源电路方框图

(2) 直流稳压电源的使用

直流稳压电源的使用方法很简单。使用时,应注意所需直流电压的极性。如果需要输出正电压,则应将直流稳压电源的输出端"–"接用电设备的"地"端,将端子"+"接所需正电压端。如果需要输出负电压,则需把上述接线方法反一下即可。通电前,应用万用表测量一下,检查输出电压是否符合使用要求,以免电压过高损坏用电设备。为了使用电设备能正常工作,不致因直流电源性能不佳,而影响用电设备稳定可靠地工作,在作用稳压电源前,最好将它简单地测试一下。测试的主要内容有:输出电压的调节范围、稳定程度、纹波电压和过流保护等。

(3) 直流稳压电源的检修

直流稳压电源检修主要有几个步骤:表面初步检查、测量整流输出电压、测试电子器件、检查电路的工作点、分析电路原理。

(4) 低压电源技术指标

常见低压电源技术指标主要如下:

1) 电源负载率。

2) 电源从空载满载时,输出电压变化量相对于额定电压的比值。

3) 电网调整率。

4) 当低压电源的输入电压变化范围(–15%～+10%),输出电压变化量相对于额定电压的比值。

5) 纹波。

6) 低压电源直流输出上的交流成分,取最大值。

7) 过流保护。

8) 当输出电流大于标称电流到一定值时,低压电源输出电压会降至 0 V 左右,以保护该低压电源,此功能即为过流保护。

9) 过压保护。

10) 当输出电压由于故障异常升高到一定值时,低压电源输出电压会降至 0 V 左右,以保护该低压电源,此功能即为过压保护。

2. 核反应堆保护系统控制联锁逻辑原理

(1) 允许信号

允许信号是一组信号。在满足给定条件时,这种信号准许操纵员或某一系统执行某种功能。某核电厂有几种允许信号,其中大部分将执行或被准许执行一种以上的功能。表 3-9 为某电站允许信号列表。

表 3-9 允许信号列表

号码	名称	条件/整定值	符合	功 能
P-4	事故保护停堆	反应堆停堆	四取二	1) 使主汽轮机进行事故保护停车； 2) 通过四取二温度低于 264 ℃的低-低 T_{avg} 信号使主给水调节阀脱扣； 3) 向安全注射闭锁装置提供信号，使逻辑电路复位
P-6	源量程允许	中间量程电流大于 10^{-10} A	二取一通道	允许操纵员闭锁源量程高中子通量停堆
P-7	功率运行允许	功率大于 10%	大于 10%核功率(P-10)或大于 10%汽轮机功率(P-13)	自动解除以下事故保护停堆闭锁： 1) 稳压器低压力；2) 稳压器高水位；3) 反应堆冷却剂泵母线低电压；4) 反应堆冷却剂泵母线低频率；5) 反应堆冷却剂泵低转速；6) 反应堆冷却剂泵断路器脱扣；7) 汽轮机事故保护停车；8) 环路低流量
P-10	功率运行下的核功率允许	功率量程功率大于 10%	四取二通道	1) 闭锁源量程高中子通量事故保护停堆及探测器高压电源；2) 允许操纵员闭锁中间量程高中子通量事故保护停和停棒；3) 允许操纵员闭锁功率量程低整定值高中子通量事故保护停堆；4) 提供输入给 P-7
P-11	稳压器安全注射允许	稳压器压力小于 13.24 MPa (135 kgf/cm^2) (1 921.5 psig)	四取二通道	允许操纵员闭锁稳压器低压安全注射低-低平均温度(P-15)安全注射。蒸汽管道低压安全注射
P-13	汽轮机功率运行允许	10%汽轮机功率	二取一通道	向 P-7 提供输入
P-14	蒸汽发生器高水位超过	10.9 m(64%满量程水位)	四取二	1) 有关的蒸汽发生器主给水调节阀和旁通阀脱扣；2) 所有的主给水泵脱扣；3) 使汽轮机事故保护停车
P-15	反应堆低功率运行允许	＜1%额定核功率	四取二	低-低平均温度安全注射；低-低平均温度主蒸汽管道隔离；高给水流量给水管道隔离

（2）控制联锁信号

联锁是在某一组条件存在时禁止执行某种动作或功能的信号或装置。表 3-10 为某电站联锁信号列表。

表 3-10　联锁信号列表

号码	名称	整定值	符合	联锁	功能
C-1	中间量程高通量停棒	电流=20%PH	二取一通道	当中间量程事故保护停堆装置闭锁时,闭锁;当中间量程事故保护停堆装置被旁路时,旁路	停止控制棒自动和手动提升
C-2	功率量程高通量停棒	103%	四取一通道	能够被旁路	停止控制棒自动和手动提升
C-3	超温 ΔT 停棒和汽轮机减负荷	比 $OT\Delta T$ 事故保护停堆整定值低3%	四取二通道	无	停止控制棒自动和手动提升,汽轮机减负荷
C-4	超功率 ΔT 停棒和汽轮机减负荷	比 $OP\Delta T$ 事故保护停堆整定值低3%	四取二通道	无	停止控制棒自动和手动提升,汽轮机减负荷
C-5	低功率联锁	15%汽轮机功率(冲动级压力)	$\frac{A+B}{2}$	无	仅停止控制棒自动提升
C-7	失去负荷	-10%汽轮机功率(冲动级压力)	指定的一个通道		如果 C-9 存在,按甩负荷模式投入蒸汽排放系统
C-8	汽轮机保护停车	自动停车油路系统低压 6.9 MPa (70.36 kgf/cm^2) (100 psig)	二取一	无	使蒸汽排放 T_{avg} 控制从甩负荷模式转到汽轮机事故保护停车模式;如果 C-9 存在,投入蒸汽排放系统
C-9	冷凝器联锁	循环泵断路器闭合,真空度>615 mmHg		无	冷凝器为进行排放做好准备
C-11	控制棒 T4 提升限制	252 步	指定的一个通道	无	仅停止控制棒自动提升
C-12	核功率负变化率高联锁	-5%PH/s	四取二	汽轮机功率大于存贮核功率	停止控制棒自动提升,汽轮机减负荷
C-13	核功率正变化率高	15%PH/s	四取二	无	停堆
C-14	任一台蒸汽发生器高高水位	10.9 m 64%满量程水位	四取二	无	关闭蒸汽发生器调节阀和隔离阀停主给水泵
C-15	T4 组棒位低于低-低计算棒位	连续计算	指定一个通道	无	停止全长棒自动下插
C-16	高选 T_{avg} 大于 T_{ref}(参考)3 ℃			无	报警

3. 核反应堆控制系统图册

(1) 反应堆功率调节系统图册

反应堆功率调节系统图册主要包含原理 SAMA 图、机架组件布置图、组件接线图、端子排布置图、机架电源分配图、端子排接线图等。

(2) 棒控棒位系统图册

1) 控制棒控制系统图册主要包含PLC配置图、通信网络规划图、机柜供电原理图、机箱电路原理图、组件电路原理图、机柜内部部件示意图、元器件明细表、设备接线图、电缆系统图、机柜外部接线图、主控相关盘面端子接线图、贯穿件端子接线图等。

2) 控制棒位置指示系统图册主要包含机柜供电原理图、PLC 配置图、通信网络规划图、组件电路原理图、系统原理框图、机柜后视图、元器件明细表、设备接线图、电缆系统图、机柜外部接线图、贯穿件端子接线图、主控相关盘面端子接线图等。

4. 高压电源工作原理

电站用高压电源主要用于对核测探测器辐射监测仪表进行供电,探测器类型不同,要求提供的高压电压值也不相同。由框图可以看出高压电源的主要组成为:供电低压电源、逆变电路部分、整流滤波部分、控制电路部分以及辅助电路。图 3-16 为某类型高压电源方框图。

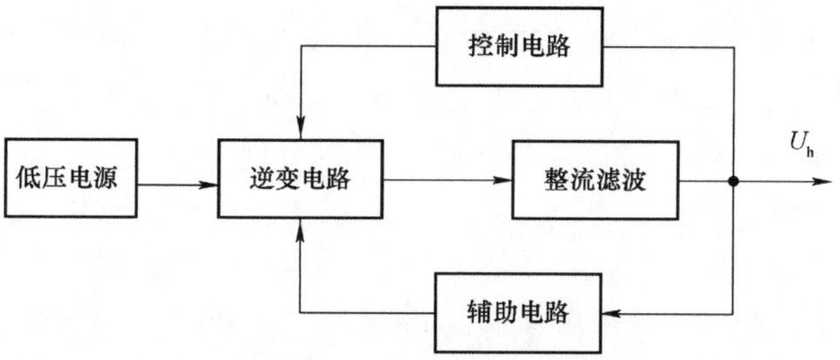

图 3-16　某高压电源方框图

通用高压电源控制方式:

1) 脉冲宽度调制(Pulse Width Modulation,PWM),开关周期恒定,通过改变脉冲宽度来改变占空比的方式。

2) 脉冲频率调制(Pulse Frequency Modulation,PFM),通脉冲宽度恒定,通过改变开关工作频率来改变占空比的方式。

3) 混合调制,导通脉冲宽度和开关工作频率均不固定,彼此都能改变的方式,它是以上二种方式的混合。

4) 功率开关管基极电流控制,改变高频交流电压输出幅值。

5. 重水堆燃料操作仪控系统图

坎杜重水堆燃料操作系统的电路原理图分两部分:装卸料机部分和辅助子系统部分。装卸料机图号编码是 98-63500-4XX-X-ED-F,接线编号没有规律,全部接线线号都标识在图纸上。辅助子系统图号编码是 98-63500-X(X)-X-ED-F。一般情况下,各子系统电路图的第一页内容包括各页标题及版本号、设备和接线的系统编号(除非另有说明)和本章的典型接线图等说明;从第二页开始按控制顺序或设备类型对系统的接线进行介绍,其中线号一般只标识后两位数字,但此线的 TAG 号是系统号+页码+两位数字。

四、仿真训练

(一) 单项选择题(请将正确选项的代号填入题内的括号中)

1. 单相桥式整流电路说法正确的是(　　)。

(A) 单相桥式整流电路比单相半波整流电路脉动系数大

(B) 单相桥式整流电路比单相半波整流电路脉动系数相当

(C) 桥式整流电路整流电压的平均值比半波整流增加了一倍

(D) 桥式整流电路整流电压的平均值比半波整流增加了 1.5 倍

2. 直流稳压电源的使用时,应注意所需直流电压的(　　)。

(A) 极性　　(B) 通断性　　(C) 可变性　　(D) 可靠性

3. 在直流稳压电源的使用时,如果需要输出负电压,则(　　)。

(A) 将直流稳压电源的输出端子"−"接用电设备的负电压端,将端子"+"接用电设备的正电压端

(B) 将直流稳压电源的输出端子"−"接用电设备的正电压端,将端子"+"接用电设备的负电压端

(C) 将直流稳压电源的输出端子"−"接用电设备的正电压端,端子"+"不接

(D) 将直流稳压电源的输出端子"+"接用电设备的正电压端,端子"−"不接

4. 直流稳压电源中关于电容滤波电路说法正确的是(　　)。

(A) 电容滤波电路结构简单,输出电压较高,脉动较小,外特性平稳,没有电流冲击

(B) 采用电容滤波电路时,输出电压的脉动程度与电容的放电时间常数有关

(C) 电容滤波器一般用于输出电压较高,负载电流较大,并且变化大的场合

(D) 电容滤波器是根据电容器的端电压在电路状态改变时跃变原理制成

5. 直流稳压电源故障检修时,检修程序一般首先进行(　　)检查。

(A) 测试电子元器件　　(B) 分析电路

(C) 表面初步　　(D) 可靠性

6. 全桥式功率转换电路中高压开关管数量为(　　)。

(A) 2　　(B) 4　　(C) 6　　(D) 8

7. 下列(　　)不是允许信号 P-4 的功能。

(A) 驱动汽轮机停机

(B) 在一回路冷却剂平均温度低于整定值 278 ℃时,关闭主给水调节阀和旁给水调节阀

(C) 允许对安注再驱动进行手动闭锁

(D) 触发安注驱动信号

8. 允许信号 P-14 是由(　　)提供输入的。

(A) 稳压器压力仪表　　(B) 稳压器液位仪表

(C) 蒸汽发生器液位仪表　　(D) 中间量程探测器

9. 按照最终安全分析报告技术规格书中对核反应堆保护系统的要求,P-6 不存在时(　　)。

(A) 允许手动闭锁源量程反应堆停堆

(B) 自动解除源量程反应堆停堆闭锁

(C) 自动解除功率量程(低整定值)反应堆停堆闭锁

(D) 允许手动闭锁功率量程(低整定值)反应堆停堆

10. 允许信号 P-7 是由哪两个允许信号提供输入的(　　)。

(A) P-6 和 P-10　(B) P-6 和 P-11

(C) P-10 和 P-14　(D) P-10 和 P-13

11. 反应堆保护系统中允许信号 P-16 阈值为(　　)FP,它允许汽机脱扣紧急停堆。

(A) 30%　(B) 40%　(C) 50%　(D) 60%

12. 重水堆一号停堆系统蒸汽发生器液位参数的现场变送器输出信号是(　　)。

(A) 4～20 mA　(B) 0～5 VDC

(C) 0.9～4.5 VDC　(D) 0～20 mA

13. 反应堆保护系统的控制联锁是在某一组条件存在时禁止执行某种动作或功能的信号,其中 C-2 信号出现时则(　　)。

(A) 报警

(B) 汽轮机减负荷

(C) 停止控制棒自动和手动提升

(D) 关闭蒸汽发生器调节阀和隔离阀停主给水泵

14. 反应堆保护系统的控制联锁是在某一组条件存在时禁止执行某种动作或功能的信号,其中 C-11 信号出现时则(　　)。

(A) 停止控制棒自动提升　(B) 汽轮机减负荷

(C) 停堆　(D) 报警

15. 下列哪项不是反应堆保护系统中联锁 C-4 的功能(　　)。

(A) 停止控制棒自动提升　(B) 停止控制棒手动提升

(C) 汽轮机减负荷　(D) 停堆

16. 在控制棒提升禁止信号中,(　　)是功率量程中子注量率≥103%FP(1/4)时产生的。

(A) C1　(B) C2　(C) C3　(D) C4

17. 高选平均温度(T_{avg})大于参考平均温度(T_{ref})3 ℃,C-16 信号的功能是(　　)。

(A) 停堆　(B) 报警

(C) 停止自动提控制棒　(D) 停止手动提控制棒

18. M310 堆型百万机组反应堆功率调节系统图册主要包含逻辑图、模拟图、机柜接线布置图、(　　)等。

(A) PLC 配置图　(B) 组件电路原理图

(C) 贯穿件端子接线图　(D) 功能图(FD 图)

19. 以下哪个图册不属于棒控棒位系统图册(　　)。

(A) 逻辑图　(B) 模拟图

(C) 功能图(FD 图)　(D) KIC 画面布置图

20. 一号停堆系统停堆棒离合器供电电源是多少(　　)V。

(A) 95　(B) 120　(C) 220　(D) 60

21. “将直流低压电变换成交流电”这一功能是在以下高压电源中的哪个部分实现的(　　)。

(A) 供电低压电源　　(B) 逆变电路部分

(C) 整流滤波部分　　(D) 控制电路部分

22. 滤波电路中,滤波电容放电常数愈大,输出滤波电压(　　),滤波效果愈好。

(A) 越低　　(B) 越高　　(C) 越好　　(D) 越小

23. 桥架系统提供(　　)方向的运动。

(A) 精 X 运动　　(B) 精 Y 运动　　(C) 粗 X 运动　　(D) 粗 Y 运动

(二) 判断题(对的画“√”,错的画“×”)

1. (　　)直流稳压电源中的滤波电路用于滤除整流后电压的交流成分。

2. (　　)在使用直流稳压电源前,应注意所需直流电压的极性。如果需要输出正电压,则应将直流稳压电源的输出端“-”接用电设备的“地”端,将端子“+”接所需正电压端。

3. (　　)在测量低压电源时,当输出电压由于故障异常升高到一定值时,低压电源输出电压会降至 0 V 左右,以保护该低压电源,此功能即为过压保护。

4. (　　)稳压电源一般都装有过载或短路保护的熔断丝以及输入输出接线柱,在检修时应先检查熔断丝有否熔断或松脱,接线柱有否松脱或对地短路,电压指示表的表针有否卡阻。

5. (　　)重水堆保护系统工艺信号指示表的是输入信号是 0～5 VDC。

6. (　　)30 万千瓦机组反应堆功率调节系统机架组件布置图中 SPEC200 电源在机柜的第二排的组件箱。

7. (　　)30 万千瓦机组棒控逻辑柜的供电来自重要仪表电源 A1、B1。

8. (　　)30 万千瓦机组棒控贯穿件端子接线的位号是 PC203、PC205。

9. (　　)探测器类型不同,要求提供的高压电压值也不相同(　　)。

10. (　　)重水堆 95 V 直流稳压电源采用的是半波整流电路。

11. (　　)典型的直流暖灯回路是由 24 VDC 和 11 VDC 两路电源并联供电的。

12. (　　)传输乏燃料必须在乏燃料水池进行。乏燃料的操作必须远程自动或者手动操作。

13. (　　)电路产生短路的主要原因是系统电路中的绝缘被破坏。

(三) 多项选择题(请将正确选项的代号填入题内的括号中)

1. 晶体管串联型直流稳压电源由(　　)、保护电路等部分组成。

(A) 整流滤波电路　　(B) 并联型稳压电路

(C) 辅助电源　　(D) 报警电路

(E) 串联型稳压电路

2. 为了使用电设备能正常工作,不致因直流电源性能不佳,而影响用电设备稳定可靠地工作,在作用稳压电源前,最好将它简单地测试一下。测试的主要内容有输出电压的调节范围、稳定程度、纹波电压和过流保护等。

(A) 输出电压的调节范围　　(B) 输出电压的稳定程度

(C) 纹波电压　　(D) 过流保护

(E) 带载能力

3. 常见低压电源技术指标主要包含哪些( )。

(A) 电源负载率 (B) 纹波 (C) 过流保护 (D) 过压保护

(E) 响应时间

4. 开关电源中,整流二极管必须具有如下特点( )。

(A) 足够耐压 (B) 正向压降低

(C) 快速恢复 (D) 足够的输出功率

(E) 正向压降高

5. 反应堆保护系统的控制联锁是在某一组条件存在时禁止执行某种动作或功能的信号,其中 C-3 信号出现时则( )。

(A) 停止控制棒自动和手动提升

(B) 汽轮机减负荷

(C) 停堆

(D) 关闭蒸汽发生器调节阀和隔离阀停主给水泵

(E) 停止全长棒自动下插

6. 经重水堆 SDS 1 号的 PDC1 处理的信号有( )。

(A) 主系统低流量 (B) 稳压器低液位

(C) 蒸汽发生器低液位 (D) 反应堆厂房高压力

(E) 主系统高压

7. 反应堆功率调节系统图册主要包含( )。

(A) 原理 SAMA 图 (B) 端子排布置图

(C) 端子排接线图 (D) 机架组件布置图、组件接线图

(E) 流程图

8. 以下哪几个系统属于反应堆调节系统( )。

(A) 液体区域控制系统 (B) 调节棒

(C) 控制棒 (D) 应急堆芯冷却系统

(E) 一号停堆系统

9. 通用高压电源控制方式包括( )。

(A) 脉冲宽度调制(PWM) (B) 脉冲频率调制(PFM)

(C) 混合调制 (D) 功率开关管基极电流控制

(E) 功率放大调制

10. 通用高压电源的控制方式包括( )。

(A) 脉冲宽度调制 (B) 脉冲频率调制

(C) 混合调制 (D) 功率开关管基极电流控制

(E) 三极管放大器控制

11. 晶闸管的导通条件是( )。

(A) 阳极加正电压 (B) 门极加正向电压

(C) 阳极加负电压 (D) 阳极小于维持电流

(E) 门极加反向电压

12. 电位计故障的主要表现现象包括(　　)。

(A) 盘台失去同步报警　　(B) A/I 值漂移

(C) A/I 值无指示　　(D) 机械部件动作而 A/I 值不变

(E) A/I 信号在小范围内波动

(四) 简答题

1. 简述反应堆保护系统中触发汽机快速降负荷的联锁控制信号有哪些?

2. 重水堆 SDS 1 号采用三取二逻辑的目的是什么?

3. 高压电源的主要组成包括哪些部分?

(五) 制图题

1. 画出晶体管串联型直流稳压电源的典型电路方框图。

2. 画图说明棒速—温度偏差。

五、参考答案

(一) 单项选择题

1. C;2. A;3. B;4. B;5. C;6. B;7. D;8. C;9. B;10. D;11. A;12. A;13. C;14. A;15. D;16. B;17. B;18. D;19. D;20. A;21. B;22. B;23. D。

(二) 判断题

1. √;2. √;3. √;4. √;5. ×;6. ×;7. √;8. ×;9. √;10. ×;11. √;12. √;13. √。

(三) 多项选择题

1. ACE;2. ABCDE;3. ABCD;4. BCD;5. AB;6. ABC;7. ABCD;8. ABC;9. ABCD;10. ABCD;11. AB;12. ABCD。

(四) 简答题

1. 答:(1) 堆轴向功率偏差达到运行区边界 C21。(2)反应堆低选平均温度低 C22。(3) 超温 ΔT 超过定值 C3(四取二)。(4) 超功率 ΔT 超过定值 C4(四取二)。

2. 答:(1) 三取二逻辑是贯穿多重性和一致性原则的逻辑。(2) 多重性是为了提高安全动作的可靠性。(3) 一致性是为了减小误动作的概率。

3. 答:高压电源的主要组成包括供电低压电源、逆变电路部分、整流滤波部分、控制电路部分、辅助电路。

(五) 制图题

1. 答:见下图。电压频率、变压器、整流滤波、调整电路、保护电路、过载信号、比较放大、基准电压、取样电路、输出电压 V。文字叙述不得分。

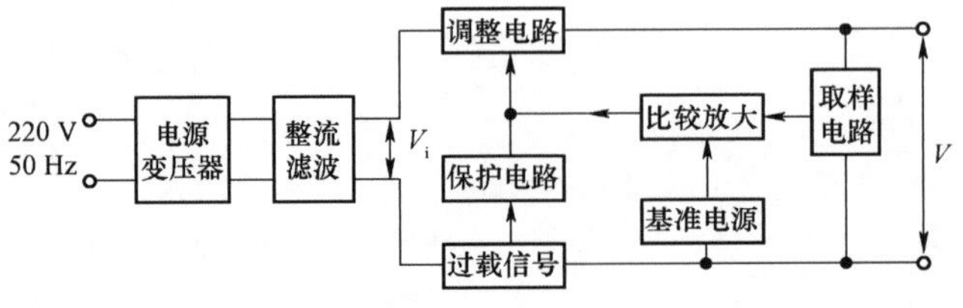

2. 答:见下图。

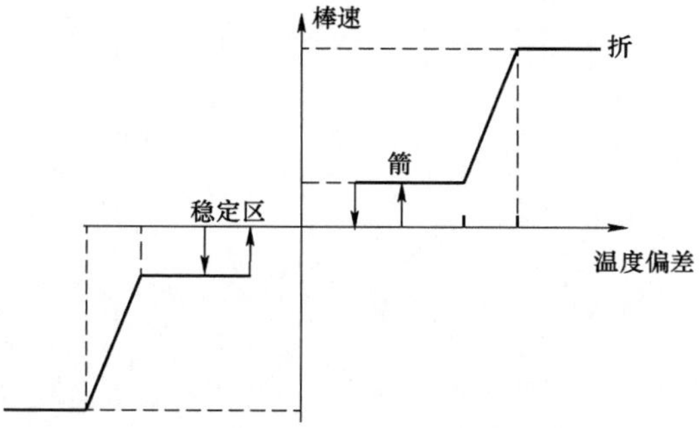

第四章　模拟试卷

职业技能鉴定国家题库

核反应堆控制保护检修工国家职业资格三级
理论知识试卷

注意事项

1. 考试时间:120 分钟。
2. 请首先按要求在试卷的标封处填写您的姓名、准考证号和所在单位的名称。
3. 请仔细阅读各种题目的回答要求,在规定的位置填写您的答案。
4. 不要在试卷上乱写乱画,不要在标封区填写无关的内容。

题目	一	二	三	四	五	总　分
得　分						

得　分	
评分人	

一、单项选择题(第 1 题～第 30 题。选择一个正确的答案,将相应的字母填入题内的括号中。每题 1 分,满分 30 分。)

1. 职业道德的本质就是在社会主义市场经济条件下,鼓励每个劳动者通过(　　),在改善自己生活的同时,为增进社会主义共同利益而劳动,为建设国家而劳动。

A. 欺骗他人　　B. 诚实的劳动　　C. 剥削劳动者　　D. 压榨剩余价值

2. 放射性废物的管理主要包括废物的收集、转移、(　　)、贮存等活动。

A. 再加工　　B. 再利用　　C. 减容　　D. 改造

3. 运行时一般不会有放射性的水漏出,表面污染的防护(　　)特别考虑。

A. 必须　　B. 需要　　C. 不需要　　D. 一定

4. (　　)是衡量单位电荷在静电场中由于电势不同所产生的能量差的物理量。

A. 电压　　B. 电流　　C. 电阻　　D. 电感

5. (　　)操作是电气运行人员的重要工作。

A. 安全　　B. 规范　　C. 倒闸　　D. 合理

6. 事故是指造成死亡、疾病、伤害、损坏或其他损失的(　　)情况。

A. 意外　　B. 必然　　C. 可能　　D. 其他

7. 质量控制的工作内容包括了专业技术和(　　)两方面。

A. 管理技术　　B. 操作技术　　C. 材料技术　　D. 设计技术

8. (　　)是指在生产经营活动中发生的意外的突发事件的总称。

A. 安全生产事故　　B. 交通事故　　C. 突发事故　　D. 意外事故

9. 维修典型操作票的校对人级别一般是(　　)。

A. 普通员工　　B. 班长　　C. 科长　　D. 处长

10. 设计保护系统，首先要对电厂的运行工况进行分析，分析可能发生的潜在危险，以便采取保护措施，一般情况下，根据预期的事故发生频率和对公众可能有的辐射影响，把核电厂工况分(　　)类。

A. 1　　B. 2　　C. 3　　D. 4

11. 设计保护系统，在确定设计依据事件(或事故)时，通常要考虑典型的可能功能失常和故障。它不包括(　　)。

A. 冷却剂沸腾　　B. 燃料元件包壳破损

C. 人为检修造成的设备损坏　　D. 自然灾害

12. 重水堆停堆棒和控制吸收棒全部落棒试验中，所有停堆棒下落到底的时间应该小于(　　)。

A. 1.5 s　　B. 2 s　　C. 2.5 s　　D. 3 s

13. 比例控制 P 参数越小，则控制作用(　　)。

A. 越强　　B. 越小　　C. 不变　　D. 响应越慢

14. 液压油温控开关的设定范围是(　　)。

A. 35～45 ℃　　B. 30～40 ℃　　C. 40～60 ℃　　D. 32～37 ℃

15. 重水堆装换料系统由于重水中，由于重水供给系统中没有设置加热器，因此在系统启动过程中重水温度的提高是在“Park”压力设置下重水循环靠泵的加热来实现的，并要求在重水温度升高到(　　)以上，储仓的压力才可以升至“高”压。

A. 20 ℃　　B. 25 ℃　　C. 30 ℃　　D. 40 ℃

16. 当四取二稳压器压力信号超过(　　)MPa 时，就会产生稳压器高压事故保护停堆。

A. 15.2　　B. 15.8　　C. 16.3　　D. 16.5

17. 重水堆一号停堆系统触发逻辑是(　　)。

A. 四取二　　B. 三取二　　C. 二取一　　D. 五取二

18. 核反应堆保护系统维修规程校核人的责任主要是(　　)。

A. 检查规程内容是否全面、完整、正确

B. 检查维修规程的文字结构、概念、工程技术或习惯用语有无不当或错误

C. 检查规程的格式是否符合要求　　D. 以上都是

19. 核反应堆保护系统试验是根据核电厂技术规格书要求而对反应堆保护系统进行定期试验，以监测核反应堆保护系统状态，核反应堆保护系统试验大体上可以分为机组功率运行期间定期试验和(　　)。

A. 机组换料大修期间的试验　　B. 预防性维修后的功能试验

C. 变更改造后的功能试验　D. 按照系统的要求自主定义的试验

20. 液体区域控制系统的堆内构件由(　　)个控制机构组成。

A. 5　B. 6　C. 7　D. 8

21. M310 堆型百万千瓦机组棒控系统与汽机调节系统的通道检查的维修内容,属于(　　)范畴。

A. 棒控系统维修规程　B. 棒位系统维修规程

C. 反应堆功率调节系统维修规程　D. 棒控逻辑柜维修规程

22. 30 万千瓦机组控制棒位置功能试验时,给定棒位和实际棒位的误差不超过(　　)步。

A. ±8　B. ±7　C. ±6　D. ±9

23. 判定现场电位计输入信号 A 和输入信号 B 失去同步的条件是(　　)。

A. A-B>SP　B. A-B<SP　C. |A-B|>SP　D. |A-B|<SP

24. 电压比较器卡测试装置中的 SP 设定值应该调整到(　　)。

A. 1 V　B. 0.5 V　C. 2.5 V　D. 5 V

25. 维修规程中,需要把程序牢记在心,凭记忆进行工作的代码是用(　　)来表示。

A. U1　B. U2　C. U3　D. U4

26. 单相半波整流电路的组成,其中不包括的一项是(　　)。

A. 整流变压器　B. 整流二极管　C. 负载电阻　D. 整流晶闸管

27. 直流稳压电源中关于电容滤波电路说法正确的是(　　)。

A. 电容滤波电路结构简单,输出电压较高,脉动较小,外特性平稳,没有电流冲击

B. 采用电容滤波电路时,输出电压的脉动程度与电容的放电时间常数有关

C. 电容滤波器一般用于输出电压较高,负载电流较大,并且变化大的场合

D. 电容滤波器是根据电容器的端电压在电路状态改变时跃变原理制成

28. 重水堆一号停堆系统蒸汽发生器液位参数的现场变送器输出信号是(　　)。

A. 4～20 mA　B. 0～5 VDC　C. 0.9～4.5 VDC　D. 0～20 mA

29. 核电厂用高压电源主要用于对以下哪一种探测器进行供电(　　)。

A. 红外火焰探测器　B. 热电偶　C. 离子感烟探测器　D. 堆外核测探测器

30. 桥架系统提供(　　)方向的运动。

A. 精 X 运动　B. 精 Y 运动　C. 粗 X 运动　D. 粗 Y 运动

得　分	
评分人	

二、判断题(第 31 题～第 40 题。将判断结果填入括号中。正确的填"√",错误的填"×"。每题 1 分,满分 10 分。)

31. (　　)从同一信号线上引出的信号,其性质、大小完全一样。

32. (　　)订立劳动合同是一种法律行为。

33. (　　)临时变更申请表由运行处批准。

34.（　　）维修时机代码为 O(outage)，其表示的含义是维修活动只能安排在换料大修期间进行，其周期为 C。

35.（　　）在安全分析的基础上，确定触发保护系统给出触发信号的变量及其整定值。确定这些变量不必完全考虑对假设始发事件的充分保护，还需考虑人为造成的事件发生的充分保护。

36.（　　）某棒组的实际棒位与该控制棒组中的给定棒位的偏差超过±14 步时，发出报警，此时表示该组控制棒处于组失步状态。

37.（　　）燃料操作系统压力变送器，利用 24 VDC 电源串联 225 Ω 的标准电阻将压力信号反馈到 PLC。

38.（　　）比例作用，积分作用和微分作用的关系是：比例作用是主要调节作用，起主导作用。积分作用是辅助调节作用；微分作用是补偿作用。

39.（　　）直流稳压电源中的滤波电路用于滤除整流后电压的交流成分。

40.（　　）30 万千瓦机组棒控贯穿件端子接线的位号是 PC203、PC205。

得　分	
评分人	

三、多项选择题（第 41 题～第 55 题，请选择两个或以上正确答案，将相应字母填入括号内。错选或多选、少选均不得分，也不倒扣分。每题 2 分，满分 30 分。）

41. 职业道德的意义（　　）。

A. 有利于推动物质文明建设　　B. 有利于推动社会主义精神文明建设
C. 有利于行业、企业建设和发展　　D. 有利于推动城市建设
E. 有利于个人的提高和发展

42. 职业道德的基本规范（　　）。

A. 爱岗敬业，忠于职守　　B. 诚实守信，办事公道
C. 服务群众，奉献社会　　D. 遵纪守法，廉洁奉公
E. 安全第一，质量第一

43. 办理 RP 证必须符合（　　）。

A. 从事放射性工作的人员应身体健康，适合从事辐射工作
B. 所有从事辐射工作的人员，必须接受辐射防护培训，通过考核
C. 中国公民
D. 社会人员
E. 其他人员

44. 控制设备常用电器的用途有（　　）。

A. 保护作用　　B. 调节作用　　C. 测量作用　　D. 指示作用
E. 转换作用

45. 质量管理的八项原则包括（　　）。

A. 领导作用　　B. 全员参与　　C. 过程方法　　D. 持续改进

E. 基于事实的决策方法

46. 根据对电厂的影响不同,涉及以下情况的检修方案应定为1级的是(　　)。

A. 对电厂稳定运行无影响　　B. 涉及降功率或对电站稳定运行有影响

C. 核安全相关　　D. 直接停机停堆

E. 失效或故障将对电厂的稳定运行构成明显威胁

47. 运行中的系统或设备,涉及以下(　　)事例时,必须办理临时变更。

A. 电气跨接线

B. 保护或报警的解除

C. 临时性整定值修改、临时性改变控制逻辑

D. 临时使用替代设备、部件、材料

E. 疏水放气管线加装、拆除二(三)次阀

48. 关于维修周期的规定,下列说法正确的是(　　)。

A. 维修周期不能按照日历时间来确定

B. 维修周期可以按照电厂换料大修周期来确定

C. 同一台设备上进行同类型的维修工作时,由于部件不同、维修内容不同,所要求的周期也不同。

D. 同一设备上安排维修活动时,应该考虑与定期试验、在役检查周期的协调性

E. 在确定测量通道或控制回路的维修周期时应该考虑其检查周期与相关的工艺系统或设备检查周期的协调性

49. 所有的反应堆都必须包括反应性测量和控制装置,这些装置能够做到(　　)。

A. 维持反应堆处于正常临界状态

B. 实现反应堆整体和局部功率的调节和控制

C. 提供对反应堆整体和局部的功率测量和监视

D. 出现紧急工况能快速停堆以保护反应堆

E. 反应堆的自动启停

50. M310堆型百万机组棒控系统逻辑柜接收(　　)系统送来的信号。

A. KIR 松动部件监测　　B. KDO 试验数据采集系统

C. KIC 电站计算机和控制系统　　D. GRE 汽机调节系统

E. RPN 核仪表系统

51. 30万千瓦机组棒控系统电源柜组件内部参数检查和调整需要的工器具有(　　)。

A. 数字万用表　　B. 存储记录仪

C. 绝缘测试仪(1 000 V)　　D. 绝缘测试仪(500 V)

E. 电流表

52. 30万千瓦机组反应堆功率调节系统性能确认试验的试验范围是(　　)。

A. 05号厂房715房间CP-5081机柜　　B. 05号厂房715房间CP-5082机柜

C. 05号厂房715房间CP-5083机柜　　D. 05号厂房713主控制室的CB503盘

E. 05号厂房713主控制室的CB522盘

53. 重水堆 95 V 直流稳压电源在设计上为了采集输出电压变化用于控制,运用的是哪

些原理或技术(　　)。

A. 电流互感器检测　　B. 霍尔电流传感器检测

C. 分流器电阻检测　　D. 电阻检测

E. 光耦反馈检测

54. 经重水堆 SDS 1号的 PDC1 处理的信号有(　　)。

A. 主系统低流量　　B. 稳压器低液位

C. 蒸汽发生器低液位　　D. 反应堆厂房高压力

E. 主系统高压

55. 反应堆功率调节系统图册主要包含(　　)。

A. 原理 SAMA 图　　B. 端子排布置图

C. 端子排接线图　　D. 机架组件布置图、组件接线图

E. 流程图

得　分	
评分人	

四、简答题(第 56 题～第 59 题,每题 5 分,满分 20 分。)

56. 核安全文化的定义是什么?

57. 简述落棒时间的测量原理。

58. 图为高压电源电路逻辑图,请简述各模块的功能。

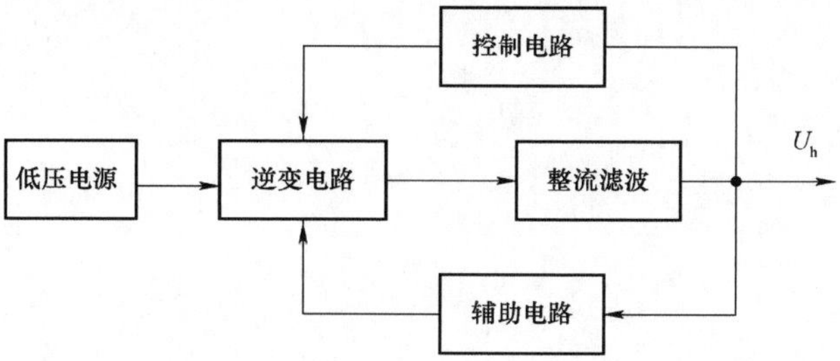

59. 在重水堆燃料操作系统中,每个机组共有 19 个轴编码器,分别应用于哪些设备?

得　分	
评分人	

五、制图题(第 60 题～第 60 题,每题 10 分,满分 10 分。)

60. 画图说明液体区域系统单个 LZCU 舱室及气、水流向。

职业技能鉴定国家题库

核反应堆控制保护检修工国家职业资格三级
理论知识试卷答案

一、单项选择题（第 1 题～第 30 题。选择一个正确的答案，将相应的字母填入题内的括号中。每题 1 分，满分 30 分。）

1. B	2. C	3. C	4. A	5. C
6. A	7. A	8. A	9. B	10. D
11. C	12. B	13. A	14. D	15. D
16. C	17. B	18. D	19. A	20. B
21. C	22. A	23. C	24. B	25. D
26. D	27. B	28. A	29. D	30. D

二、判断题（第 31 题～第 40 题。将判断结果填入括号中。正确的填“√”，错误的填“×”。每题 1 分，满分 10 分。）

31. √	32. √	33. √	34. √	35. ×
36. √	37. ×	38. √	39. √	40. ×

三、多项选择题（第 41 题～第 55 题，请选择两个或以上正确答案，将相应字母填入括号内。错选或多选、少选均不得分，也不倒扣分。每题 2 分，满分 30 分。）

41. ABCE	42. ABCD	43. AB	44. ABCDE
45. ABCDE	46. CD	47. ABCDE	48. BCDE
49. ABCD	50. ABC	51. ABCDE	52. ABCDE
53. CD	54. ABC	55. ABCD	

四、简答题（第 56 题～第 59 题，每题 5 分，满分 20 分。）

56. 答：核安全文化是存在于单位和个人中的种种特性和态度的总和，(5/10)它建立一种超出一切之上的观念，即核设施安全问题由于它的重要性要保证得到应有的重视。(5/10)

57. 答：控制棒下落过程中，磁性材料的驱动杆在棒位探测器内部快速移动而在原边线圈上产生的感应电压，(5/10)通过测量落棒过程中原边线圈的电压来判断控制棒处于一个什么状态的下落状态。(5/10)

58. 答：(1) 低压电源：给整个电路进行供电。(2/10)

(2) 逆变电路:将直流低压电源变换成交流电。(2/10)

(3) 整流滤波:将交流电整流并滤波得到直流高压。(2/10)

(4) 控制电路:设定输出电压并闭环控制输出电压。(2/10)

(5) 辅助电路:通过检测输出高压 U_h,提供整个高压电源输出保护;控制高压电路上升速度,保护电路。(2/10)

59. 答:(1) 新燃料传输系统:推杆、料仓。(2.5/10)

(2) F/M 桥架与滑车系统:桥架 Y 向(2 个)、滑车 X 向、Z 向、精 Y 向。(2.5/10)

(3) 乏燃料传输系统:升降斗、水下传输小车。(2.5/10)

(4) 悬链小车轴编码器。(2.5/10)

五、制图题(第 60 题~第 60 题,每题 10 分,满分 10 分。)

60. 答:见下图。轻水流向标注(3/10)、氦气流向标注(3/10)、LZCU 舱室结构(4/10)。文字叙述不得分。

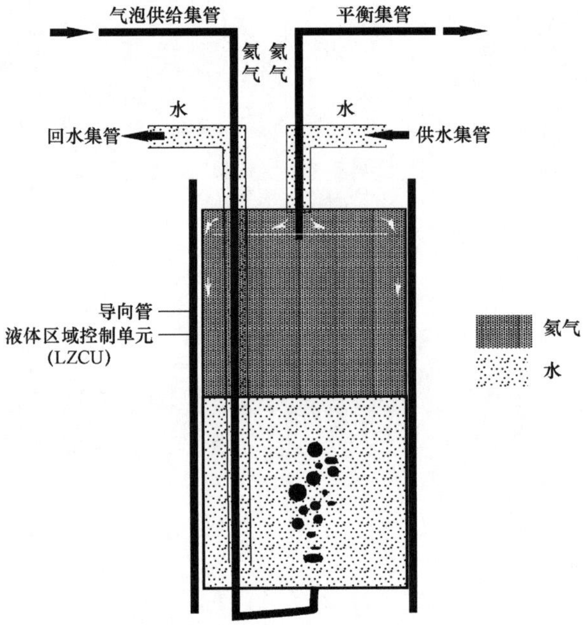

第二部分　操作技能

第五章　考情观察

一、考核思路

根据《国家职业标准——核反应堆控制保护检修工》的要求，高级核反应堆控制保护检修工的操作技能具体需要了解以下的考核要求和考核范围：

1. 核反应堆保护系统维修模块

考核要求：能读懂核反应堆保护系统逻辑图；能读懂核反应堆保护系统调试细则；能编写核反应堆保护系统设备维修规程和试验规程；能编写核反应堆保护系统逻辑控制回路故障处理方案；能编写核反应堆保护系统维修操作票；能填写设备临时变更申请；能编写维修质量计划；能检查和更换核反应堆保护系统相关的控制开关和按钮；能调试核反应堆保护系统；能测定核反应堆保护系统响应时间；能实施核反应堆保护系统逻辑通道停堆功能定期试验；能实施核反应堆保护系统设备技术改造；能实施核反应堆保护系统设备维修的安全措施；能排除直流稳压电源故障；能诊断、排除核反应堆保护参数测量设备故障。

考核范围：根据以上具体考核要求，本职业核反应堆保护系统维修模块高级操作技能考核包括维修准备、设备维修、判断和排除故障 3 个方面。

2. 核反应堆控制系统维修模块

考核要求：能读懂核反应堆控制系统单元线路图；能分析核反应堆控制系统故障处理风险；能分析电路原理与设定参数；能编写核反应堆控制系统维修操作票；能编写核反应堆控制系统逻辑控制部件故障处理方案；能填写设备临时变更申请；能编写维修质量计划；能制作核反应堆控制系统的连接件；能检查和更换核反应堆控制系统相关的控制开关、按钮；能进行控制信号波形的测量；能测量、记录核反应堆控制系统驱动机构的电流波形；能实施定期试验；能调整控制系统参数；能实施核反应堆控制系统设备技术改造；能实施核反应堆控制系统设备维修的安全措施；能排除直流稳压电源故障；能诊断、排除核反应堆控制系统设备测量回路故障。

考核范围：根据以上具体考核要求，本职业核反应堆控制系统维修模块高级操作技能考核包括维修准备、设备维修、判断和排除故障 3 个方面。

3. 核反应堆中子测量系统维修模块

考核要求：能读懂核反应堆中子测量系统参数；能读懂核反应堆中子测量系统部件维修

规程;能读懂核反应堆中子测量系统定期试验规程;能读懂探测器的结构和性能指标;能编写核反应堆中子测量系统维修操作票;能编写核反应堆中子测量系统故障处理方案;能填写设备临时变更申请;能编写维修质量计划;能检查核反应堆中子测量系统电缆的绝缘、分布电容;能更换核反应堆中子测量系统中间量程部件;能更换核反应堆中子测量系统高压电源;能调试核反应堆中子测量系统中间量程通道;能调整核反应堆中子测量系统探测器电压和定值;能维修核反应堆中子测量系统电动阀;能实施核反应堆中子测量系统设备技术改造;能实施核反应堆中子测量系统设备维修的安全措施;能诊断高压电源故障;能诊断中间量程高压故障;能判断、处理机电设备故障。

考核范围:根据以上具体考核要求,本职业核反应堆中子测量系统维修模块高级操作技能考核包括维修准备、设备维修、判断和排除故障3个方面。

4. 重水堆燃料操作系统仪控维修模块

考核要求:能读懂重水堆燃料操作仪控系统线路图;能读懂重水堆燃料操作仪控系统的调试细则;能编写重水堆燃料操作仪控系统逻辑控制回路故障处理方案;能编写重水堆燃料操作仪控系统设备维修规程和试验规程;能编写重水堆燃料操作仪控系统维修操作票;能编写维修质量计划;能填写设备临时变更申请;能制做重水堆燃料操作仪控系统的连接件;能检查和更换重水堆燃料操作仪控系统相关的控制开关、按钮;能进行控制信号测量;能维修行程开关、轴编码器电位计等部件;能维修重水堆燃料操作仪控系统部件;能实施重水堆燃料操作仪控系统设备技术局部改造;能实施重水堆燃料操作仪控系统设备维修的安全措施;能排除直流稳压电源故障;能诊断、排除重水堆燃料操作仪控系统逻辑控制回路故障;能诊断、排除电位计漂移故障。

考核范围:根据以上具体考核要求,本职业重水堆燃料操作系统仪控维修模块高级操作技能考核包括维修准备、设备维修、判断和排除故障3个方面。

二、组卷方式

核反应堆控制保护检修工(高级)操作技能考核试卷采用计算机自动组卷,即计算机按照本职业高级《操作技能考核内容结构表》的结构特征,使用统一的组卷模型,从题库中按具体要求随机抽取相应试题,组成试卷。试卷组成后,应经专家审核,更换不适用的试题。

核反应堆控制保护检修工(高级)操作技能考核试卷按照以下模块分别组卷:核反应堆保护系统维修模块、核反应堆控制系统维修模块、核反应堆中子测量系统维修模块、重水堆燃料操作系统仪控维修模块。

三、试卷结构

职业技能鉴定国家题库核反应堆控制保护检修工(高级)操作技能考核试卷一般由以下三部分内容组成:

1. 操作技能考核准备通知单。分为考场准备通知单和考生准备通知单,在考核前分别发给考核现场和考生。内容为考核所需场地、设备、材料、工具及其他准备要求。

2. 操作技能考核试卷正文。内容为操作技能考核试题,包括试题名称、试题分值、考核时间、考核形式、具体考核要求等。

3. 操作技能考核评分记录表。内容为操作技能考核试题配分与评分标准，用于考评员评分记录。主要包括各项考核内容、考核要点、配分与评分标准、否定项及说明、考核分数加权汇总方法等。

四、考核时间与要求

1. 考核时间

按照《国家职业标准——核反应堆控制保护检修工》的要求，本职业高级操作技能考核时间为 150 min，其中维修准备 40 min、设备维修 60 min、判断和排除故障 50 min。

2. 考核要求

考生应根据试卷具体要求进行操作；考生在操作技能考核过程中要遵守考场纪律，执行操作规程，防止出现人身和设备安全事故；考试施行百分制，采用闭卷考试，成绩达到60分及以上为合格。

第六章　考核结构与鉴定要素表

一、考核内容结构表

考核内容结构表是操作技能题库的主体基本框架，它是在深入分析了职业特点的基础上，按照技能题库理论模型，结合职业技能鉴定工作的要求开发设计的，它充分体现了试题库的总体结构和设计思路。

考核内容结构表采取模块化的结构形式，既可以保证考核内容的完整性、统一性，又能够满足各技术等级之间在考核内容和考核形式上的不同要求，同时它又是组成试卷的重要依据。操作技能考核的鉴定范围、鉴定比重、考核时间和考核形式在考核内容结构表中都作了明确的规定。

核反应堆控制保护检修工(高级)操作技能考核内容结构见表 6-1。根据《核反应堆控制保护检修工国家职业标准》的要求，将核反应堆控制保护检修工(高级)的全部考核内容划分为“维修准备”“设备维修”“判断和排除故障”三个部分，并在每一部分下标有选考方式、鉴定比重、考核时间和考核形式，考核时根据结构表组成考核试卷。

表 6-1　核反应堆控制保护检修工（高级）操作技能考核内容结构表

鉴定范围 鉴定要求	维修准备	设备维修	判断和排除故障	合计
选考方式	必考	必考	必考	3 项
鉴定比重	20%	60%	20%	100%
考试时间	40 min	60 min	50 min	150 min
考核形式	实操/模拟操作	实操/模拟操作	实操/模拟操作	—

二、鉴定要素细目表

鉴定要素细目表是试题库总体结构和考核内容结构表的具体表现形式，该表按照技术等级和模块分别列出，共分为两级鉴定范围。二级鉴定范围细分的“鉴定点”即为操作技能考核试题的考核内容。

国家题库核反应堆控制保护检修工(高级)操作技能考核按照模块的不同分别组卷。核反应堆保护系统维修模块(高级)操作技能鉴定要素细目见表 6-2，核反应堆控制系统维修模块(高级)操作技能鉴定要素细目见表 6-3，核反应堆中子测量系统维修模块(高级)操作技能鉴定要素细目见表 6-4，重水堆燃料操作系统仪控维修模块(高级)操作技能鉴定要素细目见表 6-5。

表 6-2 核反应堆保护系统维修模块（高级）操作技能鉴定要素细目表

鉴定范围				鉴定点		
一级		二级		代码	名称	重要程度
名称	鉴定比重	名称	鉴定比重			
核反应堆保护系统维修	100%	维修准备	20%	001	识读核反应堆保护系统逻辑图	X
				002	识读核反应堆保护系统调试细则	Y
				003	编写核反应堆保护系统设备维修规程	X
				004	编写核反应堆保护系统设备试验规程	X
				005	编写核反应堆保护系统逻辑控制回路故障处理方案	X
				006	编写核反应堆保护系统维修操作票	X
				007	填写设备临时变更申请	Y
				008	编写维修质量计划	X
		设备维修	60%	001	检查和更换核反应堆保护系统相关的控制开关和按钮	X
				002	调试核反应堆保护系统	X
				003	测定核反应堆保护系统响应时间	X
				004	实施核反应堆保护系统逻辑通道停堆功能定期试验	X
				005	实施核反应堆保护系统设备技术改造	Y
		判断和排除故障	20%	001	排除直流稳压电源故障	X
				002	诊断、排除核反应堆保护参数测量设备故障	X

表 6-3 核反应堆控制系统维修模块（高级）操作技能鉴定要素细目表

鉴定范围				鉴定点		
一级		二级		代码	名称	重要程度
名称	鉴定比重	名称	鉴定比重			
核反应堆控制系统维修	100%	维修准备	20%	001	识读核反应堆控制系统单元线路图	X
				002	分析核反应堆控制系统故障处理风险	X
				003	分析电路原理与设定参数	X
				004	编写核反应堆控制系统维修操作票	X
				005	编写核反应堆控制系统逻辑控制部件故障处理方案	X

续表

鉴定范围				鉴定点		
一级		二级		代码	名称	重要程度
名称	鉴定比重	名称	鉴定比重			
核反应堆控制系统维修	100%	维修准备	20%	006	填写设备临时变更申请	Y
				007	编写维修质量计划	X
		设备维修	60%	001	制作核反应堆控制系统的连接件	X
				002	检查和更换核反应堆控制系统相关的控制开关、按钮	X
				003	进行控制信号波形的测量	X
				004	测量、记录核反应堆控制系统驱动机构的电流波形	X
				005	实施定期试验	X
				006	调整控制系统参数	X
				007	实施核反应堆控制系统设备技术改造	Y
				008	实施核反应堆控制系统设备维修的安全措施	X
		判断和排除故障	20%	001	排除直流稳压电源故障	X
				002	诊断、排除核反应堆控制系统设备测量回路故障	X

表 6-4　核反应堆中子测量系统维修模块（高级）操作技能鉴定要素细目表

鉴定范围				鉴定点		
一级		二级		代码	名称	重要程度
名称	鉴定比重	名称	鉴定比重			
核反应堆中子测量系统维修	100%	维修准备	20%	001	识读核反应堆中子测量系统参数	X
				002	识读核反应堆中子测量系统部件维修规程	X
				003	识读核反应堆中子测量系统定期试验规程	X
				004	识读探测器的结构和性能指标	X
				005	识读核反应堆中子测量系统维修操作票	X
				006	编写核反应堆中子测量系统故障处理方案	X
				007	填写设备临时变更申请	Y
				008	编写维修质量计划	X

续表

鉴定范围				鉴定点		
一级		二级		代码	名称	重要程度
名称	鉴定比重	名称	鉴定比重			
核反应堆中子测量系统维修	100%	设备维修	60%	001	检查核反应堆中子测量系统电缆的绝缘、分布电容	X
				002	更换核反应堆中子测量系统中间量程部件	X
				003	更换核反应堆中子测量系统高压电源	X
				004	调试核反应堆中子测量系统中间量程通道	X
				005	调整核反应堆中子测量系统探测器电压和定值	X
				006	维修核反应堆中子测量系统电动阀	Y
				007	实施核反应堆中子测量系统设备技术改造	Y
				008	实施核反应堆中子测量系统设备维修的安全措施	X
		判断和排除故障	20%	001	诊断高压电源故障	X
				002	诊断中间量程高压故障	X
				003	判断、处理机电设备故障	X

表 6-5　重水堆燃料操作系统仪控维修模块（高级）操作技能鉴定要素细目表

鉴定范围				鉴定点		
一级		二级		代码	名称	重要程度
名称	鉴定比重	名称	鉴定比重			
重水堆燃料操作系统仪控维修	100%	维修准备	20%	001	识读重水堆燃料操作仪控系统线路图	X
				002	识读重水堆燃料操作仪控系统的调试细则	X
				003	编写重水堆燃料操作仪控系统逻辑控制回路故障处理方案	X
				004	编写重水堆燃料操作仪控系统设备维修规程和试验规程	X
				005	编写重水堆燃料操作仪控系统维修操作票	X
				006	编写维修质量计划	X
				007	填写设备临时变更申请	X

续表

鉴定范围				鉴定点		
一级		二级		代码	名称	重要程度
名称	鉴定比重	名称	鉴定比重			
重水堆燃料操作系统仪控维修	100%	维修准备	20%	008	评估重水堆燃料操作仪控系统大修工作包	X
				009	评估重水堆燃料操作仪控系统预防性维修工作包	X
				010	识读重水堆燃料操作系统 GA 图	X
				011	使用 DRUCKDPI610-30PSI	X
		设备维修	60%	001	制作重水堆燃料操作仪控系统的连接件	X
				002	检查和更换重水堆燃料操作仪控系统相关的控制开关、按钮	X
				003	进行控制信号测量	X
				004	维修行程开关、轴编码器电位计等部件	X
				005	维修重水堆燃料操作仪控系统部件	X
				006	实施重水堆燃料操作仪控系统设备技术局部改造	X
				007	实施重水堆燃料操作仪控系统设备维修的安全措施	X
				008	配合主控操作员进行系统例行试验	X
				009	电缆插头接线焊接	X
				010	标定压力变送器	X
				011	设定检查直流稳压电源	X
				012	标定温度变送器	X
				013	轴编码器功能验证	X
				014	标定电气转换器	X
		判断和排除故障	20%	001	排除直流稳压电源故障	X
				002	诊断、排除重水堆燃料操作仪控系统逻辑控制回路故障	X
				003	诊断、排除电位计漂移故障	X
				004	装卸料机开裂电磁阀线圈更换	X

三、考点导航

1. 核反应堆保护系统维修模块

考核内容由以下三个部分组成:

(1) 维修准备

主要考核能读懂核反应堆保护系统逻辑图;能读懂核反应堆保护系统调试细则;能编写核反应堆保护系统设备维修规程和试验规程;能编写核反应堆保护系统逻辑控制回路故障处理方案;能编写核反应堆保护系统维修操作票;能填写设备临时变更申请;能编写维修质量计划。

例题题目及相关考核内容或要点:

1) 题目1:识读核反应堆保护系统逻辑图(Level 3)(30万千瓦机组)

考核内容或要点:随机挑选一张逻辑功能图,请考生正确描述逻辑图的功能。关注反应堆保护系统逻辑图的组成;逻辑图中的各个模块的功能。

考场提供核反应堆保护系统原理框图(Level 3)1份。

2) 题目2:识读二号停堆系统反应堆厂房压力参数逻辑图(重水堆机组)

考核内容或要点:考生取得图纸后,识读各设备简写的名称,并回答考官的问题。关注设备简写的名称;设备编号。

考场提供ED图纸1份:98-68336-1-2-ED-D。

3) 题目3:保护通道响应时间试验导则答辩(M310机组)

考核内容或要点:考生阅读保护通道响应时间试验导则,考评员提问,答辩。关注RPR输入端的设备连接;试验的风险及安措;T2时间确定;试验恢复要点。

考场提供《保护通道响应时间试验导则》1份。

4) 题目4:反应堆保护系统停机停堆单一故障开关更换维修规程编写审查(M310机组)

考核内容或要点:提前通知考生编制反应堆保护系统停机停堆单一故障开关更换维修规程1份,准备完毕后打印维修规程至考场,考评员对考生编制的维修规程进行审查,并提问理论答辩。关注规程模板格式;规程内容完整性;规程设备编码;备件检查;验收标准;执行窗口。

5) 题目5:编写核反应堆保护系统设备试验规程(30万千瓦机组)

考核内容或要点:提前通知考生编写核反应堆保护系统设备试验规程,或者通知考生提供以前由自己编写的试验规程。规程中正确涵盖核反应堆保护系统设备试验规程的要素。关注修改跟踪页;编写依据;试验目的;试验项目;试验范围;参考资料;注意事项;试验条件;试验步骤;验收准则;试验记录;附录。

6) 题目6:编写毒物灌液位选择按钮试验规程(重水堆机组)

考核内容或要点:编写试验规程,前期准备。关注工作准备:设备清单、图纸、电子设备有效期检查;试验规程模板;试验基本原理;使用规程注意事项;试验流程;安全文明生产。

7) 题目7:编写核反应堆保护系统逻辑控制回路故障处理方案(30万千瓦机组)

考核内容或要点:提前通知考生编写核反应堆保护系统逻辑控制回路故障处理方案,或者通知考生提供以前由自己编写的逻辑控制回路故障处理方案。方案中正确涵盖核反应堆保护系统逻辑控制回路故障处理方案的要素和内容。关注处理方案中必须要素;具体处理步骤内容、记录表。

考场提供处理方案模板 1 份。

8) 题目 8:SDS 1号 F 通道手动脱扣时窗报和 CI 报警未出现故障的处理(重水堆机组)

考核内容或要点:按照 ED 图纸进行故障原因分析,可以定位到故障设备并进行消缺。关注工作准备;故障原因分析;安全文明生产。

考场提供 ED 图 2 张:98-68220-1-7-ED-D/98-68220-3-6-ED-D。提供万用表 1 块。

9) 题目 9:核反应堆保护系统 24 VDC 电源卡故障处理维修操作票编制(M310 机组)

考核内容或要点:① 考生根据虚拟的缺陷单内容,在工作票操作软件上编制维修操作票;② 各电厂考生以各自的工作票操作软件为平台编制;③ 考评员审核提问,考生答辩。关注工作票操作软件的使用;工作票准备时间;工作票隔离条件、风险分析、工作指令、工器具、材料清单;工作组织过程。

考场提供操作票操作平台电脑 1 台,电脑装有工作票操作软件(各电厂以各自的工作票操作软件为平台),虚拟申请缺陷单 1 个,缺陷描述为:主控 24 VDC 电源故障报警。

10) 题目 10:大修期间闭锁保护系统输出临时变更申请填写(M310 机组)

考核内容或要点:① 考生根据要求在规定时间内填写大修期间闭锁保护系统输出临时变更申请 1 份;② 理论答辩。关注临时变更申请理由、风险分析、实施步骤;现场实施情况。

考场提供空白临时变更申请单 1 份,内容要求大修期间临时闭锁保护系统输出。

11) 题目 11:编写核反应堆保护系统维修质量计划(30 万千瓦机组)

考核内容或要点:提前通知考生编写核反应堆保护系统维修质量计划,或者通知考生提供以前由自己编写的维修质量计划。质量计划中正确涵盖核反应堆保护系统维修质量计划的要素和内容。关注质量计划基本信息;维修活动主要作业内容;维修活动控制点设置。

(2) 设备维修

主要考核能检查和更换核反应堆保护系统相关的控制开关和按钮;能调试核反应堆保护系统;能测定核反应堆保护系统响应时间;能实施核反应堆保护系统逻辑通道停堆功能定期试验;能实施核反应堆保护系统设备技术改造;能实施核反应堆保护系统设备维修的安全措施。

例题题目及相关考核内容或要点:

1) 题目 1:检查保护系统 T3 试验开关功能正常(M310 机组)

考核内容或要点:按照触点功能进行分步测量,保证 T3 试验开关功能满足需求。关注工作准备;检查 LW21B-16(1E)C/9.BHQ012.6M5T 型 T3 试验开关功能正常:拆除 T3 试验开关保护外壳、开关触点功能图对照、用万用表测量触点、用示波器测量触点;安全文明生产。

考场提供保护系统 T3 试验开关(规格:LW21B-16(1E)C/9.BHQ012.6M5T)1 个。提供万用表 1 块。提供示波器 1 台。提供保护开关触点功能图 1 张。提供一字、十字螺丝刀各 1 把。

2) 题目 2:检查和更换二号停堆系统 G 通道试验动作按钮 PB-4G(重水堆机组)

考核内容或要点:工作前的工器具、图纸的准备,检查现场使用的动作按钮 PB-4G 并判断出故障原因,用新备件更换。关注工作准备;检查和更换二号停堆系统 G 通道试验动作按钮 PB-4G:备件工器具、判断故障原因、检查备件、更换备件、更换后确认;安全文明生产。

考场提供电烙铁 1 个。提供动作按钮 PB-4G 1 个。提供 ED 图 1 张:98-68320-2-3-ED-D。提供螺丝刀 1 把。提供万用表 1 台。提供尖嘴钳 1 把。

3) 题目 3:调试核反应堆保护系统(30 万千瓦机组)

考核内容或要点:口述调试核反应堆保护系统的关键步骤。关注调试准备;调试的范围和内容;进度计划;调试组织安排;质量控制;调试结果评价。

4) 题目 4:SDS 1 号系统指示表漂移的定位及处理(重水堆机组)

考核内容或要点:使用合适的工器具,准确定位指示表漂移的故障,调节指示表到误差范围内。关注工作准备;处理步骤:工器具、通道确认、盘柜确认、工作对象定位、指示表调节方向、指示表标定误差、指示表故障产生风险的评估;安全文明生产。

考场提供 ROPT 指示表 1 台。

5) 题目 5:测量源量程中子注量率高停堆逻辑通道响应时间(M310 机组)

考核内容或要点:实操或模拟测量源量程中子注量率高停堆逻辑通道响应时间。关注工作准备;源量程中子注量率高停堆逻辑通道响应时间测量步骤:确认信号状态、确认确认源量程通道抽屉状态、记录仪接入、测量响应时间;安全文明生产。

考场提供 RPR 逻辑图、接线图各 1 册。提供 RPR 继电器机架接线图 1 册。提供定值手册 1 份。提供过程仪表接线图 1 册。提供过程仪表传感器规格书 1 份。提供 RPR 模拟输入装置 1 台。提供 24 V 稳压直流电源 1 台。提供万用表 1 块。提供螺丝刀 1 把。提供 8 通道记录仪 1 台。

6) 题目 6:测量 SDS 1 号蒸汽发生器液位变送器 1-68238-LT-1D 的响应时间(重水堆机组)

考核内容或要点:陈述工作准备的内容,简述测量液位变送器响应时间测量的 6 大步骤。关注工作准备;测量 SDS 1 号蒸汽发生器液位变送器 1-68238-LT-1D 的响应时间步骤:确定工作对象、确认通道状态、根据维修规程测量变送器的阻尼电阻、根据变送器型号在规程中套用相应的公司计算变送器响应时间;安全文明生产。

考场提供万用表 1 块。提供一字、十字螺丝刀各 1 把。提供常用英制呆扳手 1 套。

7) 题目 7:实施核反应堆保护系统逻辑通道停堆功能定期试验(30 万千瓦机组)

考核内容或要点:口述实施核反应堆保护系统逻辑通道停堆功能定期试验的关键步骤。关注定期试验的依据;试验的项目以及试验方法;试验的先提条件;试验方法和步骤。

考场提供反应堆保护系统通道功能试验规程 TST-R-004 1 份。

8) 题目 8:ATWT 系统定期试验记录表编制(M310 机组)

考核内容或要点:按照保护系统逻辑图册和保护系统电路安装图,以 SG1 给水流量低为例,分析输入信号在不同的逻辑组合下,判断保护机柜 700AR 的面板指示灯的状态指示。关注工作准备;ATWT 功能调试记录表编制(输入信号 232 MU、233 MU、234 MU 为高电平,确认机柜面板指示灯 232 LA、233 LA、234 LA、235 LA 状态;输入信号 232 MU 为低电平,233 MU、234 MU 为高电平,确认机柜面板指示灯 232 LA、233 LA、234 LA、235 LA 状态;输入信号 232 MU、233 MU 为高电平,234 MU 为低电平,确认机柜面板指示灯 232 LA、233 LA、234 LA、235 LA 状态;输入信号 232 MU、233 MU 为高电平,234 MU 为低电平,确认机柜面板指示灯 232 LA、233 LA、234 LA、235 LA 状态;输入信号 232 MU、233 MU 为低电平,234 MU 为高电平,确认机柜面板指示灯 232 LA、233 LA、234 LA、235 LA 状态;输入信号 232 MU、234 MU 为低电平,233 MU 为高电平,确认机柜面板指示灯 232 LA、233 LA、234 LA、235 LA 状态;输入信号 233 MU、234 MU 为低电平,232 MU 为高电平,确认机柜面板指示灯 232 LA、233 LA、234 LA、235 LA 状态);安全文明生产。

考场提供核反应堆保护系统逻辑图 1 册。提供核反应堆保护系统电路安装图 1 册。

9) 题目 9:组织实施核反应堆保护系统设备技术改造(30 万千瓦机组)

考核内容或要点:口述组织实施核反应堆保护系统设备技术改造的过程。关注改造前的准备;改造的实施;改造实施结束。

(3) 判断和排除故障

主要考核能能排除直流稳压电源故障;能诊断、排除核反应堆保护参数测量设备故障。

例题题目及相关考核内容或要点:

1) 题目 1:排除直流稳压电源故障(30 万千瓦机组)

考核内容或要点:由考官人为设计几种典型的直流稳压电源故障(如:负载能力故障、电压调节能力故障、整流滤波故障等),由学员对设计的故障进行检查和判断,找出出现问题的故障元器件,制定故障排除方案。关注检查直流电源故障的步骤。

考场提供直流稳压电源 1 台。提供调压器 1 台。提供滑线变阻器 1 台。提供绝缘摇表 1 台。提供万用表 1 块。

2) 题目 2:检查当 KRG 机柜内部单通道故障导致保护系统产生报警(M310 机组)

考核内容或要点:预设保护系统上游 KRG 机柜内卡件故障,导致保护系统 RPA100LA 报警触发,且输出卡件未动作,无停堆信号产生为例进行分析。在保护系统机柜内实际操作检查故障产生的原因或纸面分析故障产生的原因。关注工作准备;排查保护系统产生报警信号的原因:确认报警、分析信号卡件电路图、逐条检查确认故障点;安全文明生产。

考场提供 RPR 逻辑图、RPR 接线图各 1 测。提供 RPR 继电器机架接线图 1 册。提供螺丝刀 1 把。提供万用表 1 块。提供 RPR 卡件电路图 1 册。

2. 核反应堆控制系统维修模块

考核内容由以下三个部分组成:

(1) 维修准备

主要考核能读懂核反应堆控制系统单元线路图;能分析核反应堆控制系统故障处理风险;能分析电路原理与设定参数;能编写核反应堆控制系统维修操作票;能编写核反应堆控制系统逻辑控制部件故障处理方案;能填写设备临时变更申请;能编写维修质量计划。

例题题目及相关考核内容或要点:

1) 题目 1:识读液体区域控制系统逻辑图(重水堆机组)

考核内容或要点:考生取得图纸后,能够识读各设备简写的名称,并能回答考官的问题,关注设备简写的名称等。

考场提供图纸 98-63480-1-13-ED-D。

2) 题目 2:以运行期间棒控系统电源柜 MDP 卡件故障为例进行风险分析(M310 机组)

考核内容或要点:运行期间,棒控电源柜功率控制棒 N2 棒组第一束棒的保持机箱报出运行故障,现场确认为 MDP 卡件故障,需要进行更换。请针对 N2 棒组 MDP 卡件的更换工作进行风险分析。关注故障处理的影响和风险。

考场提供记录纸和记录笔。

3）题目 3:控制棒位置指示系统恒流源卡件原理及参数设定(30 万千瓦机组)

考核内容或要点:分析恒流源电路原理,并将恒流源卡件的输出电流设定为 700 mA。关注工作准备、工作原理、参数设定、安全文明生产。

考场提供棒控棒位试验柜、恒流源电路原理图、连接好的恒流源模拟负载电阻、常用工器具、数字万用表等。

4）题目 4:分析 95 V 直流电源电路原理与设定参数(重水堆机组)

考核内容或要点:熟悉 95 V 直流电源电路,口述 95 V 直流电源电路原理、功能、输出电压参数如何设定。关注工作准备、电路原理、参数设定等。

考场提供《95 V 直流电源电路图纸》《95 V 直流电源电路 MM 手册》。

5）题目 5:编写更换提升机箱定值卡件的维修操作票的检修步骤(M310 机组)

考核内容或要点:在提供的操作票维修步骤模版上编写更换提升机箱定值卡件的维修操作票的检修步骤。关注检查确认类的准备工作、更换的安全措施及定值调整、更换后的恢复等。

考场提供空白操作票模板(步骤空白)。

6）题目 6:棒控 2 号电源柜 CPU 故障检修方案的编写(30 万千瓦机组)

考核内容或要点:根据故障现象描述,编写检修方案。故障现象为:2013 年 10 月 7 日 7 时 14 分主控室出现棒控系统紧急故障报警,经检修人员现场确认,发现为 2 号电源柜 CP5098 的 CPU 模块的故障指示灯亮。关注故障描述、原因分析、方案说明、分析分析、文件和人员准备、备件准备、维修步骤等。

考场提供检修方案空白模板、记录笔、考试用纸等。

7）题目 7:编写液体区域控制系统 TK1 液位开关 LS-80C 故障处理方案(重水堆机组)

考核内容或要点:陈述液位开关 LS-80C 的功能和控制逻辑、检查液位开关 LS-80C 时的安措要求、编写故障处理方案。

考场提供 ED 图(98-63480-1-9-ED-D/98-63480-1-18-ED-D)。

8）题目 8:填写 R 棒控制的 T_{avg} 通道输入端加滤波的临时变更申请(M310 机组)

考核内容或要点:依据如下提供的基础信息,编制变更申请表。

基础信息:某电厂 1 号机组运行期间,棒控棒位系统 RGL 的 T_{avg} 通道存在小的固有的温度波动,造成温度控制回路的 ΔT 波动,且易超过动棒死区,造成 R 棒组的误动。经研究确定在 T_{avg} 通道的输入端(FI403)增加 3 s 的滤波,待 1 号机组大修时再进行永久变更。变更实施过程中需要将 R 棒组置手动模式,直至滤波参数增加完成。

关注信息填写的完整性(临时变更名称、预期使用时间实施时间、机组系统信息、申请人信息、变更原因或依据、变更要求、风险评估等)。

考场提供空白临时变更申请表模板、记录笔、考试用纸等。

9）题目 9:编写《棒位线圈参数测量(热态)》维修质量计划(30 万千瓦机组)

考核内容或要点:根据提供的维修规程的内容,编制质量计划。关注工作要点、QC 见证点的选取、执行标准等。

考场提供棒位线圈参数测量(热态)维修规程、空白质量计划模板。

(2) 设备维修

主要考核能制作核反应堆控制系统的连接件;能检查和更换核反应堆控制系统相关的控制开关、按钮;能进行控制信号波形的测量;能测量、记录核反应堆控制系统驱动机构的电流波形;能实施定期试验;能调整控制系统参数;能实施核反应堆控制系统设备技术改造;能实施核反应堆控制系统设备维修的安全措施。

例题题目及相关考核内容或要点:

1) 题目1:5针NIM插头的制作(M310机组)

考核内容或要点:根据提供的工器具、材料熟练正确地完成NIM插头的制作。关注制作前的检查确认,插头制作过程线缆的剥线、压线及工具的使用规范性、图纸的符合性、连通性检查等。

考场提供NIM压线钳、NIM退针工具、剥线钳、斜口钳、NIM接插件1套(含插头和插针)、插头布置图、电缆导线等。

2) 题目2:检查和更换棒控系统升降手操开关(30万千瓦机组)

考核内容或要点:在试验柜上检查升降手操开关的好坏,并假定开工有故障后进行更换,更换后测试功能。关注开关的功能检查、开关的更换及测试。

考场提供棒控棒位试验柜、升降手操开关(备件)、螺丝刀、试验柜维修图纸。

3) 题目3:ECC延时继电器记录仪信号测量(重水堆机组)

考核内容或要点:ECC延时继电器记录仪信号测量工作的工器具准备,记录仪的正确设置。关注工作准备(工器具、标定文件等),ECC延时继电器记录仪信号测量的工作流程(工器具准备、记录仪表电压的确认、现场盘柜确认、准备定位工作对象、ECC延时继电器调节的方向确认、ECC延时继电器标定的误差要求、记录仪数据的读取。

考场提供记录仪、延时继电器。

4) 题目4:在模拟机柜上使用记录仪测量动棒时提升、保持、传递机箱输出的电流波形(30万千瓦机组)

考核内容或要点:能够熟练使用测试仪测量动棒时提升、保持、传递机箱输出的电流波形并记录。关注测试仪参数的配置、测试线的规范连接、测试波形的显示确认和存储。

考场提供棒控系统试验柜、8841测试仪、存储卡、测试线。

5) 题目5:M310机组单个棒组CRDM线圈电流值测量定期试验

考核内容或要点:在模拟机柜上,按照规程,正确完成单个棒组CRDM线圈电流值测量定期试验。关注测量前的准备、单个棒组CRDM线圈电流值测量、测量后的恢复。

考场提供扩建机组功率运行期间CRDM线圈电流测量规程(PT/MI/Y/RGL/XXX/030部分内容)、模拟机柜、万用表。

6) 题目6:调整反应堆功率调节系统标度的参数,使卡件的输入输出满足 $Y=X+5$ 的函数关系(30万千瓦机组)

考核内容或要点:按照维修规程中的标度组件维修步骤要求进行,调整反应堆功率调节系统标度卡的参数,使卡件的输入输出满足 $Y=X+5$ 的函数关系。关注工作准备(所需连接线的确认准备、测试机箱的状态、测量仪表的确认等),调整30万千瓦机组反应堆功率调节系统标度参数的规范性和有效性。

考场提供功率调节系统卡件测试机箱、标度卡、数字万用表、信号发生器、SPEC200双绞线、SPEC200 线鼻子、压线钳、剥线钳、一字/十字螺丝刀、钟表螺丝刀、标度卡说明书、反应堆功率调节系统组件校准及测试维修规程。

7）题目 7：以重叠步计数器的物项替代项目编写技术改造施工方案（M310 机组）

考核内容或要点：正确地完成重叠步计数器的物项替代技术改造施工方案。关注准备（项目范围、方案描述、实施依据、设计文件等）、施工准备（所需文件、设备材料、工器具、环节及安全要求、系统隔离需求等）、风险分析及进度计划、施工步骤及试验。

考场提前 5 天提供技术改造施工方案模版，并提供简单的相关物项替换信息。

8）题目 8：实施液体区域控制系统 1-63480-PT62A 变送器的换型（重水堆机组）

考核内容或要点：工器具和材料的准备，DPI610、呆扳手、接头的正确操作，按照维修规程 98-60431-MP-1062A 和标定记录单对变送器进行标定，了解变送器的拆除和安装过程，了解液体区域控制系统 1-63480-PT62A 变送器的换型的原因。关注工作准备、实施液体区域控制系统 1-63480-PT62A/B/C 变送器的换型步骤（变送器标定、拆除旧变送器、安装新变送器）。

考场提供变送器、螺丝刀、DPI610 校验仪、呆扳手、接头、软管、规程（98-60431-MP-1062）、标定记录单。

9）题目 9：液体区域控制系统液位控制阀 LCV 的供气回路上的安全阀失效漏气，建立安措进行该安全阀的更换（重水堆机组）

考核内容或要点：口述工作准备的内容，简述限制阀门开度的步骤。工作准备关注劳动防护、辐射防护措施、工器具确认、参考操作票（9801-63480-MOO-079）的准备、工前会，工作过程关注获取主控工作授权、联系主控配合监测故障区域的液位和功率参数、现场工作人员的准备和定位故障阀门、建立与主控室的热线（如果液位发生突变，则立即停止工作，恢复设备状态）、参考操作票 9801-63480-MOO-079 对故障阀门进行限位、确保阀门的开度能使液位保持一个稳定的状态。

（3）判断和排除故障

主要考核能排除直流稳压电源故障；能诊断、排除核反应堆控制系统设备测量回路故障。

例题题目及相关考核内容或要点：

1）题目 1：24 V 直流电源卡件无输出故障排除（M310 机组）

考核内容或要点：依据提供的原理图和工器具，熟练正确地排除 24 V 直流电源卡件无输出故障。关注准备工作（工器具、文件检查）和利用图纸进行故障的合理有序排除。

考场提供故障 24 V 直流电源卡件、电源卡件适配接线、24 V 直流电源电路图、万用表、电烙铁等焊接工具、吸锡泵、测量导线。

2）题目 2：控制棒位置指示系统棒位光点指示异常（30 万千瓦机组）

考核内容或要点：在格雷码整形器卡件上手动设置一个实测棒位，棒位置指示系统棒位光点指示异常，假定棒位探测器送过来的信号是正常的，请分析故障原因并模拟排除故障。关注工作准备（劳动保护、试验柜的通电状态检查、仪表确认）、分析和判断故障原因、找出原因后采取的措施、故障的消除。

考场提供棒控棒位试验柜、数字万用表、一字螺丝刀、十字螺丝刀、格雷码备件、格雷码与棒位对照表、控制棒位置指示系统图册。

3. 核反应堆中子测量系统维修模块

考核内容由以下三个部分组成:

(1) 维修准备

主要考核能能读懂核反应堆中子测量系统参数;能读懂核反应堆中子测量系统部件维修规程;能读懂核反应堆中子测量系统定期试验规程;能读懂探测器的结构和性能指标;能编写核反应堆中子测量系统维修操作票;能编写核反应堆中子测量系统故障处理方案;能填写设备临时变更申请;能编写维修质量计划。

例题题目及相关考核内容或要点:

1) 题目 1:识读核反应堆中子测量系统参数(30 万千瓦机组)

考核内容或要点:识读核反应堆中子测量系统参数(30 万千瓦机组),由考评员提问,考生答复;关注项目:各参数的意义,反应堆运行时参数的大概范围,安全文明生产。

考场提供核反应堆中子测量系统示意图一份。

2) 题目 2:识读核反应堆堆外核测系统参数(M310 机组)

考核内容或要点:识读核反应堆中子测量系统参数(M310 机组),由考评员提问,考生答复;关注项目:各参数的意义,反应堆运行时参数的大概范围,安全文明生产。

考场提供核反应堆中子测量系统示意图一份。

3) 题目 3:识读核反应堆堆芯核测系统部件维修规程(M310 机组)

考核内容或要点:识读核反应堆堆芯核测系统部件维修规程(M310 机组),由考评员提问,考生答复;关注项目:规程内规定的各维修项目,系统部件组成,安全文明生产。

考场提供核反应堆中子测量系统规程《驱动单元检查(M/MI/X/RIC/XXX/001)》一份。

4) 题目 4:电离室坪特性测量规程 98-60491-MP-1093B 的识读(重水堆机组)

考核内容或要点:识读电离室坪特性测量规程 98-60491-MP-1093B 的识读(重水堆机组),由考评员提问,考生答复;关注项目:规程内规定的各维修项目,系统部件组成,安全文明生产。

考场提供核电离室坪特性测量规程 98-60491-MP-1093B 一份。

5) 题目 5:识读核反应堆中子测量系统定期试验规程(探测器性能试验热停阶段)(30 万千瓦机组)

考核内容或要点:识读反应堆中子测量系统定期试验规程(探测器性能试验热停阶段)(30 万千瓦机组),由考评员提问,考生答复;关注项目:试验规程内规定的前提条件,试验步骤,验收标准,安全文明生产。

考场提供反应堆中子测量系统定期试验规程(探测器性能试验热停阶段)(30 万千瓦机组)一份。

6) 题目 6:识读核反应堆堆外核测系统定期试验规程(M310 机组)

考核内容或要点:识读核反应堆堆外核测系统定期试验规程(M310 机组),由考评员提问,考生答复;关注项目:试验规程内规定的前提条件,试验步骤,验收标准,安全文明生产。

考场提供核反应堆堆外核测系统定期试验规程(M310 机组)一份。

7) 题目 7:识读源量程探测器、中间量程和功率量程探测器指标(30 万千瓦机组)

考核内容或要点:识读源量程探测器、中间量程和功率量程探测器指标(30 万千瓦机组),由考评员提问,考生答复;关注项目:各指标代表的意义,合格标准。

考场提供源量程探测器、中间量程和功率量程探测器指标(30 万千瓦机组)一份。

8) 题目 8:识读堆外核测系统探测器的结构和性能指标(M310 机组)

考核内容或要点:识读堆外核测系统探测器的结构和性能指标(M310 机组),由考评员提问,考生答复;关注项目:各探测器的结构,工作原理。

考场提供堆外核测系统探测器的结构和性能指标(M310 机组)一份。

9) 题目 9:识读核反应堆中子测量系统检修方案(30 万千瓦机组)

考核内容或要点:识读核反应堆中子测量系统检修方案(30 万千瓦机组),由考评员提问,考生答复;关注项目:检修方案内故障现象,原因分析,安全文明生产。

考场提供核反应堆中子测量系统检修方案(30 万千瓦机组)一份。

10) 题目 10:一号机组 SDS 1 号的 D 通道运行期间的铂探阻抗检查 9801-68231-MOO-161(重水堆机组)

考核内容或要点:识读核一号机组 SDS 1 号的 D 通道运行期间的铂探阻抗检查规程 9801-68231-MOO-161(重水堆机组),由考评员提问,考生答复;关注项目:规程内检修步骤,安措,工器具使用,安全文明生产。

考场提供一号机组 SDS 1 号的 D 通道运行期间的铂探阻抗检查规程 9801-68231-MOO-161(重水堆机组)一份。

11) 题目 11:编写堆外核测系统 A1 通道功率量程高压电源故障检修方案(30 万千瓦机组)

考核内容或要点:考生现场编写堆外核测系统 A1 通道功率量程高压电源故障检修方案(30 万千瓦机组),由考评员提问,考生答复;关注项目:故障的分析以及对系统的影响,更换的安措,工器具使用,安全文明生产。

考场提供检修方案模板一份。

12) 题目 12:编写核反应堆堆外核测系统故障处理方案(M310 机组)

考核内容或要点:考生现场编写核反应堆堆外核测系统故障处理方案(M310 机组),由考评员提问,考生答复;关注项目:故障的分析以及对系统的影响,更换的安措,工器具使用,安全文明生产。

考场提供模拟的故障情况表一份,检修方案模板一份。

13) 题目 13:填写设备临时变更申请(M310 机组)

考核内容或要点:考生现场编写设备临时变更申请(M310 机组),由考评员提问,考生答复;关注项目:临时变更的起因,变更前状态,变更后改进项。

考场提供临时变更申请。

14) 题目 14:编写堆外核测系统中间量程维修质量计划(30 万千瓦机组)

考核内容或要点:考生现场编写核堆外核测系统中间量程维修质量计划(30 万千瓦机组),由考评员提问,考生答复;关注项目:质量计划完整度,关键步骤和工序的分解。

考场提供模质量计划模板一份。

(2) 设备维修

主要考核能能检查核反应堆中子测量系统电缆的绝缘、分布电容;能更换核反应堆中子测量系统中间量程部件;能更换核反应堆中子测量系统高压电源;能调试核反应堆中子测量系统中间量程通道;能调整核反应堆中子测量系统探测器电压和定值;能维修核反应堆中子测量系统电动阀;能实施核反应堆中子测量系统设备技术改造;能实施核反应堆中子测量系统设备维修的安全措施。

例题题目及相关考核内容或要点:

1) 题目1:堆外核测系统绝缘电阻和分布电容测量(30万千瓦机组)

考核内容或要点:考生现场进行堆外核测系统绝缘电阻和分布电容测量(30万千瓦机组)的测量,由考评员提问,考生答复;关注项目:测量这两个参数的意义,工器具使用,安全文明生产。

考场提供检同轴电缆、高阻仪、万用表。

2) 题目2:电离室的绝缘电阻和电容的测量(重水堆机组)

考核内容或要点:考生现场进行电离室的绝缘电阻和电容的测量(重水堆机组)的测量,由考评员提问,考生答复;关注项目:测量这两个参数的意义,工器具使用,安全文明生产。

考场提供检维修规程MP、同轴电缆、高阻仪、电容表。

3) 题目3:更换核反应堆堆外核测系统中间量程CPU卡件(M310机组)

考核内容或要点:考生现场编写核反应堆堆外核测系统中间量程 CPU 卡件(M310 机组)的检修方案,由考评员提问,考生答复;关注项目:中间量程 CPU 卡件功能分析以及对系统的影响,更换的安措,工器具使用,安全文明生产。

考场提供检修方案模板一份。

4) 题目4:更换核反应堆中子测量系统功率量程A2通道高压电源(30万千瓦机组)

考核内容或要点:考生现场编写更换核反应堆中子测量系统功率量程A2通道高压电源(30万千瓦机组)的检修方案,由考评员提问,考生答复;关注项目:功率量程A2通道高压电源的功能分析以及对系统的影响,更换的安措,工器具使用,安全文明生产。

考场提供检修方案模板一份。

5) 题目5:更换核反应堆堆外核测系统功率量程高压卡件(M310机组)

考核内容或要点:考生现场编写更换核反应堆堆外核测系统功率量程高压卡件(M310机组)的检修方案,由考评员提问,考生答复;关注项目:堆外核测系统功率量程高压卡件的功能分析以及对系统的影响,更换的安措,工器具使用,安全文明生产。

考场提供检修方案模板一份。

6) 题目6:调试核反应堆堆外核测系统中间量程通道(M310机组)

考核内容或要点:考生现场编写核反应堆堆外核测系统中间量程通道(M310机组)的调试规程,由考评员提问,考生答复;关注项目:堆外核测系统中间量程的各部件功能分析以及系统接口,工器具使用,安全文明生产。

考场提供调试规程模板一份。

7) 题目7:反应堆功率调节系统电离室放大器在线标定(重水堆机组)

考核内容或要点:考生现场进行反应堆功率调节系统电离室放大器在线标定(重水堆机组),由考评员提问,考生答复;关注项目:反应堆功率调节系统电离室放大器工作原理分析以及在系统的作用,工器具使用,安全文明生产。

考场提供万用表一台、仪用螺丝刀一套、反应堆功率调节系统电离室放大器一个、维修规程一份。

8) 题目8:调整堆外核测系统中间量程探测器工作电压(30万千瓦机组)

考核内容或要点:考生现场编写调整堆外核测系统中间量程探测器工作电压(30 万千瓦机组)的检修方案,由考评员提问,考生答复;关注项目:堆外核测系统中间量程探测器工作电压(30 万千瓦机组)工作原理以及工作电压范围,工器具使用,安全文明生产。

考场提供 A4 纸若干。

9) 题目 9:调整核反应堆堆外核测系统探测器电压和定值(M310 机组)

考核内容或要点:考生现场编写调整核反应堆堆外核测系统探测器电压和定值(M310 机组)的检修方案,由考评员提问,考生答复;关注项目:核反应堆堆外核测系统探测器工作原理以及工作电压范围,工器具使用,安全文明生产。

考场提供 A4 纸若干。

10) 题目 10:维修堆芯核测系统电动阀(30 万千瓦机组)

考核内容或要点:考生现场编写维修堆芯核测系统电动阀(30 万千瓦机组)的检修方案,由考评员提问,考生答复;关注项目:堆芯核测系统电动阀(30 万千瓦机组)工作原理,工器具使用,安全文明生产。

考场提供电动阀原理图一份,A4 纸若干。

11) 题目 11:维修核反应堆堆芯核测系统电动阀(M310 机组)

考核内容或要点:考生现场编写核反应堆堆芯核测系统电动阀(M310 机组)的检修方案,由考评员提问,考生答复;关注项目:核反应堆堆芯核测系统电动阀(M310 机组)工作原理,工器具使用,安全文明生产。

考场提供电动阀原理图一份,A4 纸若干。

12) 题目 12:实施堆芯核测系统采集柜改造(30 万千瓦机组)

考核内容或要点:提前通知考生准备一份实施过的堆芯核测系统采集柜改造(30 万千瓦机组)设计、施工方案,复印件或打印件带至考场,考评员对实施过的堆芯核测系统采集柜改造(30 万千瓦机组)设计、施工方案进行审查,并提问理论答辩。关注设计、施工方案文件规范性;设计、施工方案内容合理性;变更改造从申请产生至完工的流程;变更改造的原因理由及方案设计;变更改造组织过程及施工具体步骤执行情况;变更改造实施完毕后文件、图纸、记录修改情况;核反应堆保护系统具体理论知识。

13) 题目 13:垂直通量放大器 J1 信号接头的修复(重水机组)

考核内容或要点:考生进行垂直通量放大器 J1 信号接头的修复(重水机组)的修复,由考评员提问,考生答复;关注项目:垂直通量放大器 J1 信号接头的修复(重水机组)工作原理,工器具使用,安全文明生产。

考场提供现场工具放置平台,焊枪、吸焊器、焊锡、尖嘴钳,镊子、螺丝刀等。

14) 题目 14:实施堆外核测系统功率量程 B1 通道更换电流放大器安措(30 万千瓦机组)

考核内容或要点:考生现场编写堆外核测系统功率量程 B1 通道更换电流放大器安措(30 万千瓦机组)的检修方案的安措部分,由考评员提问,考生答复;关注项目:堆外核测系统功率量程 B1 通道电流放大器(30 万千瓦机组)工作原理,对系统的影响,工器具使用,安全文明生产。

考场提供 A4 纸若干。

15) 题目 15:实施堆外核测系统功率量程高压卡件更换的安全措施(M310 机组)

考核内容或要点:考生现场堆外核测系统功率量程高压卡件更换(M310 机组)检修方案

的安措部分,由考评员提问,考生答复;关注项目:堆外核测系统功率量程高压卡件(30 万千瓦机组)工作原理,对系统的影响,工器具使用,安全文明生产。

考场提供 A4 纸若干。

(3) 判断和排除故障

主要考核能能诊断高压电源故障;能诊断中间量程高压故障;能判断、处理机电设备故障。

例题题目及相关考核内容或要点:

1) 题目 1:诊断高压电源故障(M310 机组)

考核内容或要点:根据检修方案诊断高压电源故障(M310 机组)故障原因。关注故障概述;故障判断。

考场提供高压电源故障(M310 机组)的检修方案 1 份。

2) 题目 2:诊断电离室放大器高压电源故障(重水堆机组)

考核内容或要点:根据检修方案诊断电离室放大器高压电源(重水堆机组)故障原因。关注故障概述;故障判断。

考场提供电离室放大器高压电源故障(重水堆机组)的检修方案 1 份。

3) 题目 3:判断中间量程探测器 B 高压显示漂移原因(30 万千瓦机组)

考核内容或要点:根据检修方案判断中间量程探测器 B 高压显示漂移原因(30 万千瓦机组)。关注故障概述;原因分析。

考场提供中间量程探测器 B 高压显示漂移原因(30 万千瓦机组)的检修方案 1 份。

4) 题目 4:诊断堆外核测中间量程高压故障(M310 机组)

考核内容或要点:根据检修方案诊断堆外核测中间量程高压故障(M310 机组)原因。关注故障概述;故障判断。

考场提供堆外核测中间量程高压电源故障(M310 机组)的检修方案 1 份。

5) 题目 5:控制柜 15 号测量通道在 8 m 左右不能继续朝前行进(30 万千瓦机组)

考核内容或要点:考生现场编写控制柜 15 号测量通道在 8 m 左右不能继续朝前行进(30 万千瓦机组)的检修方案,由考评员提问,考生答复;关注项目:控制柜 15 号测量通道在 8 m 左右不能继续朝前行进原因分析,该故障对系统的影响,工器具使用,安全文明生产。

考场提供 A4 纸若干。

4. 重水堆燃料操作系统仪控维修模块

考核内容由以下三个部分组成:

(1) 维修准备

主要考核能读懂重水堆燃料操作仪控系统线路图;能读懂重水堆燃料操作仪控系统的调试细则;能编写重水堆燃料操作仪控系统逻辑控制回路故障处理方案;能编写重水堆燃料操作仪控系统设备维修规程和试验规程;能编写重水堆燃料操作仪控系统维修操作票;能编写维修质量计划;能填写设备临时变更申请。

例题题目及相关考核内容或要点:

1) 题目 1:识读新燃料机装载回路线路图 98-63500-4-5-ED-C

考核内容或要点:识读新燃料机装载回路线路图 98-63500-4-5-ED-C 中各电子元件的符

号及标识的含义。

2）题目 2:编写逻辑控制回路故障处理方案《新燃料盘台“LOAD”按钮按下去之后气闸阀没有打开》

考核内容或要点:能够正确完整的分析并编写控制回路故障处理方案,包括所有控制逻辑回路中可能导致故障的元件的检查和测试方法。

3）题目 3:编写 3523-TK3 液位探针检修后的试验规程

考核内容或要点:维修后试验程序的编写和审批流程、液位探针检修后功能试验的过程以及注意事项等。

4）题目 4:编写重水供给系统压力控制阀解体检修质量计划

考核内容或要点熟悉质量计划的编写流程和发布流程;填写质量计划的工序内容和要求;设定质量计划的 W 点和 R 点等相关内容。

5）题目 5:评估桥架刹车仪控检查工作包

考核内容或要点对 QC 等级、维修等级、工器具材料需求进行评估;对安措、工业安全、辐射防护、工作票需求进行评估;对操作步骤进行评估;对风险分析进行评估。

(2) 设备维修

主要考核能制做重水堆燃料操作仪控系统的连接件;能检查和更换重水堆燃料操作仪控系统相关的控制开关、按钮;能进行控制信号测量;能维修行程开关、轴编码器电位计等部件;能维修重水堆燃料操作仪控系统部件;能实施重水堆燃料操作仪控系统设备技术局部改造;能实施重水堆燃料操作仪控系统设备维修的安全措施。

例题题目及相关考核内容或要点:

1）题目 1:制作压力变送器打压标定连接管线

考核内容或要点:制作压力变送器打压标定连接管线,正确应用相关工具及测试打压工具。

2）题目 2:更换悬链小车前进回撤控制开关 63573-CS2

考核内容或要点:工作准备、隔离安措及功能测试。

3）题目 3:解体检修疏排站 1 号气缸双置电位计

考核内容或要点:解体检修前的相关性能检查,检修完成后的功能测试及完工修复报告的编写。

4）题目 4:实施重水堆燃料操作仪控系统设备技术局部改造

考核内容或要点:施工改造项目的前期工作准备、施工和调试及完工后的验收试验等相关环节。

5）题目 5:分离器电位计电缆插头的接线焊接

考核内容或要点:焊接前的准备及焊接后的电气绝缘测试。

(3) 判断和排除故障

主要考核能排除直流稳压电源故障;能诊断、排除重水堆燃料操作仪控系统逻辑控制回路故障;能诊断、排除电位计漂移故障。

例题题目及相关考核内容或要点:

1）题目 1:排除直流稳压电源 63521-PWS1(A 无输出电压和电流故障

考核内容或要点:根据故障现象提出清晰的检查步骤;正确找出电源无输出的根本原因;对故障点进行处理。

2) 题目2:检查处理乏燃料疏排站1号气缸电位计失去同步故障

考核内容或要点:利用网络平台软件查找电位计相应的曲线,判断可能原因;现场故障排查及处置后的功能验证。

3) 题目3:诊断并排除高压疏水阀电位计漂移故障

考核内容或要点:诊断并排除高压疏水阀电位计漂移故障;设定高压疏水阀电位计卡件和DCC设定点。

第七章　模拟试卷

第一单元　核反应堆保护系统维修

职业技能鉴定国家题库

核反应堆控制保护检修工（核反应堆保护系统维修）
国家职业资格三级
操作技能考核准备通知单（考场）

试题 1

考场准备

(1) 试题名称：SDS 1号 F通道手动脱扣时窗报和CI报警未出现故障的处理(重水堆机组)

(2) 本题分值：20

(3) 考核时间：40 min

(4) 考核形式：模拟

(5) 设备设施准备：

序号	名称	规格	单位	数量	备注
1	ED图			1	98-68220-1-7-ED-D
2	ED图			1	98-68220-3-6-ED-D
3	万用表			1	641TQ0548

试题 2

考场准备

(1) 试题名称：检查和更换核反应堆保护系统相关的控制开关、按钮(30万千瓦机组)

(2) 本题分值：60

(3) 考核时间：60 min

(4) 考核形式：实操或模拟

(5) 设备设施准备:无

试题 3

考场准备

(1) 试题名称:检查电源模块并标定单通道电流隔离模块(重水堆机组)
(2) 本题分值:20
(3) 考核时间:50 min
(4) 考核形式:实操
(5) 设备设施准备:

序号	名称	规格	单位	数量	备注
1	单通道电流隔离模块	AGM	个	1	
2	电流信号发生器	ALTEK 934	个	1	
3	螺丝刀	十字、一字	套	1	
4	万用表		个	1	
5	维修规程		份	1	98-92210-MP-1156A
6	隔离模块标定专用设备		套	1	
7	电源模块熔丝		个	1	
8	电源模块		个	1	

职业技能鉴定国家题库

核反应堆控制保护检修工（核反应堆保护系统维修）
国家职业资格三级
操作技能考核准备通知单（考生）

试题 1

考生准备

(1) 试题名称:SDS 1 号 F 通道手动脱扣时窗报和 CI 报警未出现故障的处理(重水堆机组)

(2) 本题分值:20

(3) 考核时间:40 min

(4) 考核形式:模拟

(5) 工具及其他准备:笔

试题 2

考生准备

(1) 试题名称:检查和更换核反应堆保护系统相关的控制开关、按钮(30 万千瓦机组)

(2) 本题分值:60

(3) 考核时间:60 min

(4) 考核形式:实操或模拟

(5) 工具及其他准备:无

试题 3

考生准备

(1) 试题名称:检查电源模块并标定单通道电流隔离模块(重水堆机组)

(2) 本题分值:20

(3) 考核时间:50 min

(4) 考核形式:实操

(5) 工具及其他准备:《单通道电流隔离模块的校验(AGM)》维修规程 1 份

职业技能鉴定国家题库

核反应堆控制保护检修工（核反应堆保护系统维修）国家职业资格三级操作技能考核试卷

注意事项

一、本试卷依据2001年颁布的《国家职业标准——核反应堆控制保护检修工》命制。

二、请根据试题考核要求,完成考试内容。

三、请服从考评人员指挥,保证考核安全顺利进行。

试题1　SDS 1号 F通道手动脱扣时窗报和CI报警未出现故障的处理(重水堆机组)

考核要求

(1) 本题分值:20

(2) 考核时间:40 min

(3) 考核形式:模拟

(4) 具体考核要求:按照ED图纸进行故障原因分析,可以定位到故障设备并进行消缺。

(5) 否定项说明:未能定位到故障设备

试题2　检查和更换核反应堆保护系统相关的控制开关、按钮(30万千瓦机组)

考核要求

(1) 本题分值:60

(2) 考核时间:60 min

(3) 考核形式:实操或模拟

(4) 具体考核要求:口述检查和更换核反应堆保护系统相关的控制开关、按钮的关键步骤。

(5) 否定项说明:无

试题3　检查电源模块并标定单通道电流隔离模块(重水堆机组)

考核要求

(1) 本题分值:20

(2) 考核时间:50 min

(3) 考核形式:模拟

(4) 具体考核要求:考生检查电源模块熔丝,并根据维修规程完成标定。

(5) 否定项说明:发生安全、质量、设备事故。

职业技能鉴定国家题库

核反应堆控制保护检修工（核反应堆保护系统维修）国家职业资格三级操作技能考核评分记录表

总成绩表

序号	试题名称	配分	得分	权重	最后得分	备注
1	SDS 1号 F通道手动脱扣时窗报和CI报警未出现故障的处理(重水堆机组)	20				
2	检查和更换核反应堆保护系统相关的控制开关、按钮(30万千瓦机组)	60				
3	检查电源模块并标定单通道电流隔离模块(重水堆机组)	20				
合　计		100				

统分人：　　　　年　月　日

试题1　SDS 1号 F通道手动脱扣时窗报和CI报警未出现故障的处理(重水堆机组)

配分与评分标准：

序号	考核内容	考核要点	配分	评分标准	扣分	得分
1	工作准备	准备万用表和力矩螺丝刀，并检查万用表和力矩螺丝刀在有效期内	4	每错一项扣2分，最多扣4分		
2	故障原因分析	(1) 准确定位脱扣继电器RL-27F； (2) 准确定位引起CI和窗报的继电器RL-39F； (3) 可能的故障原因有：按键没有到位，继电器接线松动和继电器故障	12	(1) 每错一项扣2分，最多扣2分； (2) 每错一项扣2分，最多扣4分； (3) 每错一项扣2分，最多扣6分		
3		(1) 态度； (2) 职业素养； (3) 现场6S； (4) 安全意识	4	(1) 态度端正得1分； (2) 符合职业守则和职业道德基本规范得1分； (3) 符合6S要求得1分； (4) 有安全意识，注意安全防护得1分		
合计			20			

否定项：未能定位到故障设备

评分人：　　年　月　日　　　　核分人：　　年　月　日

试题2　检查和更换核反应堆保护系统相关的控制开关、按钮(30万千瓦机组)

配分与评分标准：

序号	考核内容	考核要点	配分	评分标准	扣分	得分
1	检查的简要步骤	(1) 确认开关在线检查操作是否会影响到系统的正常运行,如果影响则需事先做好安措,如果不影响则直接进行检查操作; (2) 对照原理图和接线图,通过目视及操作的方式检查开关或按钮的触点开合状况、接触电阻、操作灵活度; (3) 检查完成后,恢复安措	25	操作者口述: (1) 每漏一项扣 10 分,最多扣 10 分; (2) 每漏一项扣 10 分,最多扣 10 分; (3) 每漏一项扣 5 分,最多扣 5 分		
2	更换的简要步骤	(1) 确认需要更换的开关或按钮的型号后领取备件; (2) 对照原理图和接线图,通过目视和操作的方式检查确认备件开关或按钮的触点开合状况、接触电阻、操作灵活度; (3) 确认开关更换及在线检查操作是否会影响到系统的正常运行,如果影响则需事先做好安措,如果不影响则直接进行更换和检查操作; (4) 对照原理图和接线图,通过目视及操作的方式再次检查开关或按钮的触点开合状况、接触电阻、操作灵活度; (5) 更换及检查完成后,恢复安措	35	操作者口述: (1) 每漏一项扣 7 分,最多扣 7 分; (2) 每漏一项扣 7 分,最多扣 7 分; (3) 每漏一项扣 7 分,最多扣 7 分; (4) 每漏一项扣 7 分,最多扣 7 分; (5) 每漏一项扣 7 分,最多扣 7 分		
合计			60			

否定项:无

评分人：　　年　月　日　　　　核分人：　　年　月　日

试题3　检查电源模块并标定单通道电流隔离模块(重水堆机组)

配分与评分标准：

序号	考核内容	考核要点	配分	评分标准	扣分	得分
1	工作准备	(1) 万用表有效期检查; (2) ALTEK 934 有效期检查; (3) 工作文件的检查	3	(1) 每漏检查一项扣 1 分,最多扣 1 分; (2) 每漏检查一项扣 1 分,最多扣 1 分; (3) 每漏检查一项扣 1 分,最多扣 1 分		
2	隔离模块的检查和标定	(1) 检查电源模块的熔丝; (2) 确认工作电源为 120 VAC; (3) 正确连接标定用接线; (4) 根据维修规程完成隔离模块的标定	12	(1) 未检查扣 2 分,最多扣 2 分; (2) 未进行确认扣 2 分,最多扣 2 分; (3) 连接错误 2 分,最多扣 2 分; (4) 不符合规程,每处酌情扣 1～2 分,最多扣 6 分		

续表

序号	考核内容	考核要点	配分	评分标准	扣分	得分
3	安全文明生产	(1) 态度; (2) 职业素养; (3) 现场 6S; (4) 安全意识	5	(1) 态度端正得 1 分; (2) 符合职业守则和职业道德基本规范得 1 分; (3) 符合 6S 要求得 1 分; (4) 有安全意识,注意安全防护得 2 分		
合计			20			

否定项:无

评分人:　　　年　　月　　日　　　　　　　　　　核分人:　　　年　　月　　日

第二单元　核反应堆控制系统维修

职业技能鉴定国家题库
核反应堆控制保护检修工（核反应堆控制系统维修）
国家职业资格三级
操作技能考核准备通知单（考场）

试题 1

考场准备

(1) 试题名称:填写控制棒驱动机构(CRDM)磁轭线圈参数测量质量计划(M310 机组)

(2) 本题分值:20

(3) 考核时间:40 min

(4) 考核形式:实操或模拟

(5) 设备设施准备:

序号	名称	规格	单位	数量	备注
1	考试用纸	A4	张	2	
2	记录笔		支	1	
3	空白质量计划		张	1	参见《现场质量控制》QA-QS-600,rev.4,8.2 节模板,打印时“专业、维修类型、工单编号、设备编码、设备分级、安装位置、作业内容”栏为空。

试题 2

考场准备

(1) 试题名称:在模拟机柜上保持机箱更换时的安全措施实施(30 万千瓦机组)

(2) 本题分值:60

(3) 考核时间:60 min

(4) 考核形式:实操或模拟

(5) 设备设施准备:

序号	名称	规格	单位	数量	备注
1	棒控系统试验柜		个	1	
2	保持机箱备件		台	1	
3					

试题 3

考场准备

(1) 试题名称:调节棒卡件漂移故障的定位及处理(重水堆机组)

(2) 本题分值:20

(3) 考核时间:50 min

(4) 考核形式:实操或模拟

(5) 设备设施准备:

序号	名称	规格	单位	数量	备注
1	万用表		台	1	
2	一字螺丝刀		台	1	
3	工前工后会		张	2	
4	ED 图		张	10	98-63731-1-1-ED-D/98-63731-1-2-ED-D/98-63731-1-3-ED-D/98-63731-1-4-ED-D/98-63731-1-5-ED-D/98-63731-1-6-ED-D/98-63731-1-7-ED-D/98-63731-1-8-ED-D/98-63731-1-9-ED-D/98-63731-1-10-ED-D

职业技能鉴定国家题库
核反应堆控制保护检修工（核反应堆控制系统维修）
国家职业资格三级
操作技能考核准备通知单（考生）

试题 1

考生准备

(1) 试题名称:填写控制棒驱动机构(CRDM)磁轭线圈参数测量质量计划(M310 机组)
(2) 本题分值:20
(3) 考核时间:40 min
(4) 考核形式:实操或模拟
(5) 工具及其他准备:记录笔

试题 2

考生准备

(1) 试题名称:在模拟机柜上保持机箱更换时的安全措施实施(30 万千瓦机组)
(2) 本题分值:60
(3) 考核时间:60 min
(4) 考核形式:实操或模拟
(5) 工具及其他准备:无

试题 3

考生准备

(1) 试题名称:检查电源模块并标定单通道电流隔离模块(重水堆机组)
(2) 本题分值:20
(3) 考核时间:50 min
(4) 考核形式:实操或模拟
(5) 工具及其他准备:劳保用品

职业技能鉴定国家题库

核反应堆控制保护检修工（核反应堆控制系统维修）国家职业资格三级操作技能考核试卷

注意事项

1. 本试卷依据2001年颁布的《国家职业标准——核反应堆控制保护检修工》命制。
2. 请根据试题考核要求,完成考试内容。
3. 请服从考评人员指挥,保证考核安全顺利进行。

试题1　填写控制棒驱动机构(CRDM)磁轭线圈参数测量质量计划(M310机组)

考核要求

(1) 本题分值:20

(2) 考核时间:40 min

(3) 考核形式:实操或模拟

(4) 具体考核要求:某电厂1号机组在第2次大修时需要进行控制棒驱动机构(CRDM)磁轭线圈参数测量工作。工单号:123456。设备编码:900001234。设备分级:关键。安装位置:RX。工作内容包括:线圈电阻测量、线圈电感测量、线圈绝缘测量。请考生作为工作负责人,编写质量计划。

(5) 否定项说明:无

试题2　在模拟机柜上保持机箱更换时的安全措施实施(30万千瓦机组)

考核要求

(1) 本题分值:60

(2) 考核时间:60 min

(3) 考核形式:实操或模拟

(4) 具体考核要求:能够正确描述安全措施并实施

(5) 否定项说明:无

试题3　调节棒卡件漂移故障的定位及处理(重水堆机组)

考核要求

(1) 本题分值:20

(2) 考核时间:50 min

(3) 考核形式:实操或模拟或陈述

(4) 具体考核要求:考生能够分析调节棒卡件漂移故障并制定纠正措施。

(5) 否定项说明:无

职业技能鉴定国家题库

核反应堆控制保护检修工（核反应堆控制系统维修）国家职业资格三级操作技能考核评分记录表

总成绩表

序号	试题名称	配分	得分	权重	最后得分	备注
1	填写控制棒驱动机构(CRDM)磁轭线圈参数测量质量计划(M310 机组)	20				
2	在模拟机柜上保持机箱更换时的安全措施实施(30 万千瓦机组)	60				
3	调节棒卡件漂移故障的定位及处理(重水堆机组)	20				
合　计		100				

统分人：　　　　　　　　　　　　　　　　　　　　年　月　日

试题 1　填写控制棒驱动机构(CRDM)磁轭线圈参数测量质量计划(M310 机组)

配分与评分标准：

序号	考核内容	考核要点	配分	评分标准	扣分	得分
1	临时变更申请填写	(1) 填写专业、维修类型； (2) 填写工单编号、设备编码、设备分级、安装位置； (3) 作业内容填写完整，包括：开工确认、线圈电阻测量、线圈电感测量、线圈绝缘测量、完工检查等	18	(1) 若遗漏、不正确酌情扣 1～4 分，最多扣 4 分； (2) 若遗漏、不正确酌情扣 1～4 分，最多扣 4 分； (3) 若遗漏、不正确酌情扣 1～10 分，最多扣 10 分		
2	书写	书写整洁	2	根据书写状况酌情扣分，最多扣 2 分		
合计			20			

否定项：无

评分人：　　年　月　日　　　　　　　　　　核分人：　　年　月　日

试题 2 在模拟机柜上保持机箱更换时的安全措施实施(30 万千瓦机组)

配分与评分标准:

序号	考核内容	考核要点	配分	评分标准	扣分	得分
1	能够正确描述保持机箱更换时的安全措施	(1) 将棒控系统切换为手动控制(将“自动/手动/单组选择”开关置“手动”位置); (2) 将电源柜手动双保持(传递定值插件的定小开关由“工作”位置转为“检查”位置;将保持定值插件的定小开关由“工作”位置转为“检查”位置),该操作会有紧急故障报警产生并且复位不掉; (3) 检查双保持是否已投入	30	(1) 若描述中心意思与考核要点有偏差扣酌情扣分,最多扣 10 分; (2) 若描述中心意思与考核要点有偏差扣酌情扣分,最多扣 10 分; (3) 若描述中心意思与考核要点有偏差扣酌情扣分,最多扣 10 分		
2	能够正确实施保持机箱更换时的安全措施	(1) 将棒控系统切换为手动控制(将“自动/手动/单组选择”开关置“手动”位置); (2) 将电源柜手动双保持(传递定值插件的定小开关由“工作”位置转为“检查”位置;将保持定值插件的定小开关由“工作”位置转为“检查”位置),该操作会有紧急故障报警产生并且复位不掉; (3) 熟练程度和操作规范性	30	(1) 若操作与考核要求有偏差扣酌情扣分,最多扣 10 分; (2) 若操作与考核要求有偏差扣酌情扣分,最多扣 10 分; (3) 根据操作熟练程度和规范性酌情扣分,最多扣 10 分		
合计			60			

否定项:发生安全、质量、设备事故

评分人: 年 月 日　　　　核分人: 年 月 日

试题 3 调节棒卡件漂移故障的定位及处理(重水堆机组)

配分与评分标准:

序号	考核内容	考核要点	配分	评分标准	扣分	得分
1	工作准备	(1) 万用表检查(有效期、表笔是否良好); (2) 了解现场缺陷情况; (3) 陈述棒位指示及控制回路的组成和工作原理	3	每漏检查一项扣 1 分,最多扣 3 分		

续表

序号	考核内容	考核要点	配分	评分标准	扣分	得分
2	调节棒卡件漂移故障的分析和定位	(1) 分析调节棒卡件漂移故障； (2) 定位调节棒卡件漂移故障部位	12	(1) 根据分析情况，酌情扣分，最多扣6分； (2) 根据故障定位情况，酌情扣分，最多扣6分		
3	安全文明生产	(1) 态度； (2) 职业素养； (3) 现场6S； (4) 安全意识	5	(1) 态度端正得1分； (2) 符合职业守则和职业道德基本规范得1分； (3) 符合6S要求得1分； (4) 有安全意识，注意安全防护得2分		
合计			20			

否定项：无

评分人：　　年　月　日　　　　核分人：　　年　月　日

第三单元　核反应堆中子测量系统维修

职业技能鉴定国家题库

核反应堆控制保护检修工（核反应堆中子测量系统维修）
国家职业资格三级
操作技能考核准备通知单（考场）

试题 1

考场准备

(1) 试题名称:识读核反应堆堆芯核测系统部件维修规程(M310 机组)

(2) 本题分值:20

(3) 考核时间:40 min

(4) 考核形式:实操或模拟

(5) 设备设施准备:

序号	名称	规格	单位	数量	备注
1	驱动单元检查 (M/MI/X/RIC/XXX/001)	A4	份	4	考生、考官各一份

试题 2

考场准备

(1) 试题名称:更换核反应堆中子测量系统功率量程 A2 通道高压电源(30 万千瓦机组)

(2) 本题分值:60

(3) 考核时间:60 min

(4) 考核形式:实操或模拟

(5) 设备设施准备:无

试题 3

考场准备

(1) 试题名称:诊断电离室放大器高压电源故障(重水堆机组)

(2) 本题分值:20

(3) 考核时间:50 min

(4) 考核形式:实操或模拟

（5）设备设施准备：

序号	名称	规格	单位	数量	备注
1	万用表		台	1	
2	螺丝刀		把	1	

职业技能鉴定国家题库

核反应堆控制保护检修工（核反应堆中子测量系统维修）国家职业资格三级操作技能考核准备通知单（考生）

试题 1

考生准备

(1) 试题名称:识读核反应堆堆芯核测系统部件维修规程(M310 机组)
(2) 本题分值:20
(3) 考核时间:40 min
(4) 考核形式:实操或模拟
(5) 工具及其他准备:签字笔(黑芯)

试题 2

考生准备

(1) 试题名称:更换核反应堆中子测量系统功率量程 A2 通道高压电源(30 万千瓦机组)
(2) 本题分值:60
(3) 考核时间:60 min
(4) 考核形式:实操或模拟
(5) 工具及其他准备:无

试题 3

考生准备

(1) 试题名称:诊断电离室放大器高压电源故障(重水堆机组)
(2) 本题分值:20
(3) 考核时间:50 min
(4) 考核形式:实操或模拟
(5) 工具及其他准备:劳保用品

职业技能鉴定国家题库

核反应堆控制保护检修工（核反应堆中子测量系统维修）国家职业资格三级操作技能考核试卷

注意事项

1. 本试卷依据 2001 年颁布的《国家职业标准——核反应堆控制保护检修工》命制。
2. 请根据试题考核要求,完成考试内容。
3. 请服从考评人员指挥,保证考核安全顺利进行。

试题 1　识读核反应堆堆芯核测系统部件维修规程(M310 机组)

考核要求

(1) 本题分值:20

(2) 考核时间:40 min

(3) 考核形式:实操或模拟

(4) 具体考核要求:正确识读核反应堆堆芯核测系统部件维修规程,现场考官提问考核。

(5) 否定项说明:无

试题 2　更换核反应堆中子测量系统功率量程 A2 通道高压电源(30 万千瓦机组)

考核要求

(1) 本题分值:60

(2) 考核时间:60 min

(3) 考核形式:实操或模拟

(4) 具体考核要求:更换核反应堆中子测量系统功率量程 A2 通道高压电源;考官提问,考生回答。

(5) 否定项说明:无

试题 3　诊断电离室放大器高压电源故障(重水堆机组)

(1) 本题分值:20

(2) 考核时间:50 min

(3) 考核形式:实操或模拟

(4) 具体考核要求:电离室放大器高压电源故障分析,可能性分析,故障的定位、解决。

(5) 否定项说明:发生安全、质量、设备事故

职业技能鉴定国家题库

核反应堆控制保护检修工（核反应堆中子测量系统维修）国家职业资格三级操作技能考核评分记录表

总成绩表

序号	试题名称	配分	得分	权重	最后得分	备注
1	识读核反应堆堆芯核测系统部件维修规程(M310机组)	20				
2	更换核反应堆中子测量系统功率量程 A2 通道高压电源(30 万千瓦机组)	60				
3	诊断电离室放大器高压电源故障(重水堆机组)	20				
合　计		100				

统分人：　　　　年　月　日

试题 1　识读核反应堆堆芯核测系统部件维修规程(M310 机组)

配分与评分标准：

序号	考核内容	考核要点	配分	评分标准	扣分	得分
1	驱动单元检查内容	(1) 风险分析中的注意的事项有哪些； (2) 力矩限制器如何检查； (3) 塞尺在本项工作中的作用是什么； (4) 力矩限制器的作用是什么； (5) 自整角机的作用是什么	20	考评员现场提问，操作者口述： (1) 每错一项扣 4 分，最多扣 4 分； (2) 每错一项扣 4 分，最多扣 4 分； (3) 每错一项扣 4 分，最多扣 4 分； (4) 每错一项扣 4 分，最多扣 4 分； (5) 每错一项扣 4 分，最多扣 4 分		
合计			20			

否定项：无

评分人：　　年　月　日　　　　核分人：　　年　月　日

试题 2　更换核反应堆中子测量系统功率量程 A2 通道高压电源(30 万千瓦机组)

配分与评分标准:

序号	考核内容	考核要点	配分	评分标准	扣分	得分
1	编写更换反应堆中子测量系统功率量程 A2 通道高压电源检修方案	(1) 故障描述; (2) 故障原因分析; (3) 检修/施工方案分析、说明; (4) 风险分析; (5) 文件准备; (6) 人力准备; (7) 工器具准备; (8) 备件材料准备; (9) 检修步骤; (10) 现场恢复; (11) 记录表格	30	(1) 此项不准确扣 1 分,最多扣 2 分; (2) 此项不准确扣 1 分,最多扣 2 分; (3) 此项不准确扣 2 分,最多扣 4 分; (4) 此项不准确扣 1 分,最多扣 2 分; (5) 此项不准确扣 2 分,最多扣 4 分; (6) 此项不准确扣 1 分,最多扣 2 分; (7) 此项不准确扣 1 分,最多扣 2 分; (8) 此项不准确扣 1 分,最多扣 2 分; (9) 此项不准确扣 2 分,最多扣 4 分; (10) 此项不准确扣 1 分,最多扣 2 分; (11) 此项不准确扣 2 分,最多扣 4 分		
2	现场实施	(1) 工单准备; (2) 工前会; (3) 现场实施; (4) 工后会	30	(1) 此项不准确扣 2 分,最多扣 5 分; (2) 此项不准确扣 2 分,最多扣 5 分; (3) 此项不准确扣 5 分,最多扣 15 分; (4) 此项不准确扣 2 分,最多扣 5 分		
合计			60			

否定项:无

评分人:　　　年　月　日　　　　　　　　　　核分人:　　　年　月　日

试题 3　诊断电离室放大器高压电源故障(重水堆机组)

配分与评分标准:

序号	考核内容	考核要点	配分	评分标准	扣分	得分
1	工作准备	(1) 劳动保护; (2) 故障电离室放大器的确认; (3) 电离室放大器相关图纸的准备	3	(1) 每错一项扣 1 分,最多扣 1 分; (2) 每错一项扣 1 分,最多扣 1 分; (3) 每错一项扣 1 分,最多扣 1 分		
2	诊断电离室放大器高压电源故障	(1) 电离室放大器高压电源故障的原因分析; (2) 制定电离室放大器高压电源故障的检查方法; (3) 电离室放大器高压电源故障的确认,是电离室放大器板卡问题还是高压电源信号问题;	13	(1) 不符合要求,每处酌情扣 1～2 分,最多扣 2 分; (2) 不符合要求,每处酌情扣 1～2 分,最多扣 2 分; (3) 不符合要求,每处酌情扣 1～2 分,最多扣 2 分;		

续表

序号	考核内容	考核要点	配分	评分标准	扣分	得分
2	诊断电离室放大器高压电源故障	(4) 电离室放大器高压电源故障纠正措施的制定； (5) 电离室放大器高压电源故障纠正措施的实施； (6) 工完料尽,对电离室放大器高压电源故障进行检查； (7) 本题相关知识		(4) 不符合要求,每处酌情扣 1～2 分,最多扣 2 分； (5) 不符合要求,每处酌情扣 1～2 分,最多扣 2 分； (6) 不符合要求,每处酌情扣 1～2 分,最多扣 2 分； (7) 考评员现场提问,操作者口述,根据回答情况扣分,最多扣 2 分		
3	安全文明生产	(1) 态度； (2) 职业素养； (3) 现场 6S； (4) 安全意识	4	(1) 态度端正得 1 分； (2) 符合职业守则和职业道德基本规范得 1 分； (3) 符合 6S 要求得 1 分； (4) 有安全意识,注意安全防护得 1 分		
合计			20			

否定项:发生安全、质量、设备事故

评分人：　　年　月　日　　　　　　　　核分人：　　年　月　日

第四单元 重水堆燃料操作系统仪控维修

职业技能鉴定国家题库

核反应堆控制保护检修工
（重水堆燃料操作系统仪控维修）
国家职业资格三级
操作技能考核准备通知单（考场）

试题 1

考场准备

（1）试题名称：识读新燃料机装载回路线路图 98-63500-4-5-ED-C

（2）本题分值：20

（3）考核时间：40 min

（4）考核形式：实操

（5）设备设施准备：

序号	名称	规格	单位	数量	备注
1	ED 图		张	1	98-63500-4-5-ED-C
2	专用电脑		台	1	安装专用软件 INTEC
3	打印机		台	1	配置的电脑可以进行打印

试题 2

考场准备

（1）试题名称：实施桥架刹车 1-63522-BK1(C 仪控设备检修安措

（2）本题分值：60

（3）考核时间：60 min

（4）考核形式：实操

（5）设备设施准备：

序号	名称	规格	单位	数量	备注
1	电脑		台	1	可以登入专用软件 EAM

试题 3

考场准备

(1) 试题名称:诊断并排除高压疏水阀电位计漂移故障

(2) 本题分值:20

(3) 考核时间:50 min

(4) 考核形式:实操

(5) 设备设施准备:

序号	名称	规格	单位	数量	备注
1	高压疏水阀电位计		台	1	新备件
2	万用表		台	1	
3	尖嘴钳		把	1	
4	呆扳手		套	1	
5	内六角扳手		套	1	

职业技能鉴定国家题库

核反应堆控制保护检修工
（重水堆燃料操作系统仪控维修）
国家职业资格三级
操作技能考核准备通知单（考生）

试题 1

考生准备

(1) 试题名称:识读新燃料机装载回路线路图 98-63500-4-5-ED-C
(2) 本题分值:20
(3) 考核时间:40 min
(4) 考核形式:实操
(5) 工具及其他准备:无

试题 2

考生准备

(1) 试题名称:实施桥架刹车 1-63522-BK1(C 仪控设备检修安措
(2) 本题分值:60
(3) 考核时间:60 min
(4) 考核形式:实操
(5) 工具及其他准备:无

试题 3

考生准备

(1) 试题名称:诊断并排除高压疏水阀电位计漂移故障
(2) 本题分值:20
(3) 考核时间:50 min
(4) 考核形式:实操
(5) 工具及其他准备:无

职业技能鉴定国家题库

核反应堆控制保护检修工
(重水堆燃料操作系统仪控维修)
国家职业资格三级操作技能考核试卷

注意事项

1. 本试卷依据2001年颁布的《核反应堆控制保护检修工》国家职业标准命制。
2. 请根据试题考核要求,完成考试内容。
3. 请服从考评人员指挥,保证考核安全顺利进行。

试题1　识读新燃料机装载回路线路图 98-63500-4-5-ED-C

考核要求

(1) 本题分值:20

(2) 考核时间:40 min

(3) 考核形式:实操

(4) 具体考核要求:正确识读线路图

(5) 否定项说明:使用INTEC软件查找接线错误

试题2　实施桥架刹车 1-63522-BK1(C 仪控设备检修安措

考核要求

(1) 本题分值:60

(2) 考核时间:60 min

(3) 考核形式:实操,考评前,考评员负责在 EAM 系统生成一个已定级的桥架刹车1-63522-BK1(C仪控检修工单,之后由考生在工单中填写安措单。

(4) 具体考核要求:安全措施是否完整

(5) 否定项说明:安全措施不完整,存在明显安全隐患

试题3　诊断并排除高压疏水阀电位计漂移故障

考核要求

(1) 本题分值:20

(2) 考核时间:50 min

(3) 考核形式:实操,考试前一天,考评员用一个旧的高压疏水阀电位计对现场正常运行的电位计进行更换。另外,考评员还需领用一个新的电位计备件。

(4) 具体考核要求:高压疏水阀位置正常指示

(5) 否定项说明:高压疏水阀电位计损坏

职业技能鉴定国家题库

核反应堆控制保护检修工（重水堆燃料操作系统仪控维修）国家职业资格三级操作技能考核评分记录表

总成绩表

序号	试题名称	配分	得分	权重	最后得分	备注
1	识读新燃料机装载回路线路图 98-63500-4-5-ED-C	20				
2	实施桥架刹车 1-63522-BK1(C 仪控设备检修安措	60				
3	诊断并排除高压疏水阀电位计漂移故障	20				
合　计		100				

统分人：　　　　年　月　日

试题 1　识读新燃料机装载回路线路图 98-63500-4-5-ED-C

配分与评分标准：

序号	考核内容	考核要点	配分	评分标准	扣分	得分
1	识读新燃料机装载回路线路图 98-63500-4-5-ED-C	(1) 回答图纸上方的 MPX、CONTROL CONSOLE 、TERMINATION RACK 、LOCAL CONTROL PANEL、FIELD 各表示什么意思； (2) 回答 PS1 下方的 CLOSES ON INCREASING PRESSURE 表示什么意思； (3) RL17 的触点所标识的 7/4 表示什么意思，与 RL17 线包相连的实线上的数字"06"表示什么意思； (4) RL29 下方的"*-9"表示什么意思； (5) "CON ON SH11"表示什么意思； (6) "RL""PS""A""PB"各表示什么意思； (7) "D/I470-0653-05"表示什么意思； (8) 阐述"气闸阀打开"的逻辑控制回路； (9) 使用 INTEC 软件系统查找并打印接线 63510-0509 的布置； (10) 本题相关知识	20	考评员根据考核要点提出要求，考生进行回答或操作： (1) 不符合图纸描述，每处酌情扣 0.5 分，最多扣 2 分； (2) 不符合图纸描述，最多扣 1 分； (3) 不符合图纸描述，扣 2 分； (4) 不符合图纸描述，扣 2 分； (5) 不符合图纸描述，扣 1 分； (6) 不符合图纸描述，每处酌情扣 0.5 分，最多扣 2 分； (7) 不符合图纸描述，最多扣 1 分； (8) 不符合图纸描述，每处酌情扣 0.5 分，最多扣 2 分； (9) 查打并打印接线错误，每处酌情扣 1 分，最多扣 5 分； (10) 考评员现场提问，操作者口述，根据回答情况扣分，最多扣 2 分		
合计			20			

否定项：使用 INTEC 软件查找接线错误

评分人：　　　年　月　日　　　　　　　　　　核分人：　　　年　月　日

试题 2 实施桥架刹车 1-63522-BK1(C 仪控设备检修安措

配分与评分标准：

序号	考核内容	考核要点	配分	评分标准	扣分	得分
1	实施桥架刹车 1-63522-BK1(C 仪控设备检修安措	(1) 登录 EAM 系统,并找到对应的工单; (2) 在 EAM 系统中填写安措要求,生成安措票; (3) 与主控操作员一起确认安措要求是否正确到位; (4) 确认运行人员执行安措; (5) 提出要求并执行,将主控盘台相关的控制开关放在安全位置; (6) 本题相关知识	60	考评员根据考核要点提出要求,考生进行回答或操作: (1) EAM 系统使用错误,每处酌情扣 1 分,最多扣 10 分; (2) 安措要求填写错误,每处酌情扣 3 分,最多扣 20 分; (3) 安措要求确认不到位,每处酌情扣 1 分,最多扣 10 分; (4) 安措执行确认不到位,每处酌情扣 1 分,最多扣 5 分; (5) 主控盘台开关位置错误,每处酌情扣 1 分,最多扣 10 分; (6) 考评员现场提问,操作者口述,根据回答情况扣分,最多扣 5 分		
合计			60			
否定项:安全措施不完整,存在明显的安全隐患						

评分人： 年 月 日 核分人： 年 月 日

试题 3 诊断并排除高压疏水阀电位计漂移故障

配分与评分标准：

序号	考核内容	考核要点	配分	评分标准	扣分	得分
1	工作准备	(1) 工器具材料准备齐全; (2) 相关程序及图纸准备	2	考评员根据考核要点提出要求,考生进行操作: (1) 工器具材料不齐全,每项酌情扣 0.5 分,最多扣 1 分; (2) 程序及图纸准备不全或错误,每项酌情扣 0.5 分,最多扣 1 分		
2	诊断并排除高压疏水阀电位计漂移故障	(1) 查找电位计相应的 PI 曲线; (2) 检查主控回路; (3) 现场判断是否是电位计的问题;	18	考评员根据考核要点提出要求,考生进行回答或操作: (1) PI 软件使用错误,扣 1 分; (2) 主控回路判断过程错误,扣 2 分; (3) 现场电位计问题判断过程错误,扣 3 分;		

续表

序号	考核内容	考核要点	配分	评分标准	扣分	得分
2	诊断并排除高压疏水阀电位计漂移故障	(4) 将失效电位计拆下来; (5) 根据阀门行程调整电位计,确保电位计没有被拉断的风险。安装新的高压疏水阀电位计; (6) 根据维修规程,设定高压疏水阀电位计卡件和DCC设定点; (7) 本题相关知识		(4) 无法拆下旧的电位计或拆除电位计时固定螺帽掉入高压疏水阀的阀体内部,每项酌情扣0.5分,最多扣3分; (5) 未能正确确认行程导致电位计损坏,或安装错误,每项酌情扣0.5分,最多扣3分; (6) 比较器卡设定不正确,每项酌情扣1～2分,最多扣2分; (7) 考评员现场提问,操作者口述,根据回答情况扣分,最多扣2分		
合计			20			

否定项:高压疏水阀电位计损坏

评分人:　　　年　　月　　日　　　　　　　　　　　　　　　　核分人:　　　年　　月　　日

参考文献

[1] 卢才华,王浩钧. 国家职业资格培训教程　核反应堆控制保护检修工(基础知识)[M]. 北京:中国原子能出版社,2014.

[2] 卢才华,王浩钧. 国家职业资格培训教程　核反应堆控制保护检修工(初级技能　中级技能　高级技能)[M]. 北京:中国原子能出版社,2014.

[3] 卢才华,王浩钧.国家职业资格培训教程　核反应堆控制保护检修工(技师技能　高级技师技能)[M]. 北京:中国原子能出版社,2014.

[4] 陈春丽,黄萍儿. 国家职业标准　核反应堆控制保护检修工[M]. 北京:中国原子能出版社,2009.

专用于国家职业技能鉴定

国家职业技能鉴定考核指导

核反应堆控制保护检修工

（技　师）

中核核电运行管理有限公司　组织编写

中国原子能出版社

图书在版编目(CIP)数据

核反应堆控制保护检修工:技师 / 中核核电运行管理有限公司组织编写. 一北京:中国原子能出版社,2020.10

国家职业技能鉴定考核指导

ISBN 978-7-5221-0883-4

Ⅰ. ①核… Ⅱ. ①中… Ⅲ. ①反应堆-控制系统-检修-职业技能-鉴定-教材 Ⅳ. ①TL36

中国版本图书馆 CIP 数据核字(2020)第 176995 号

核反应堆控制保护检修工(技师)

出版发行 中国原子能出版社(北京市海淀区阜成路 43 号 100048)

责任编辑 白皎玮

装帧设计 赵 杰

责任校对 冯莲凤

责任印制 潘玉玲

印 刷 北京九州迅驰传媒文化有限公司

经 销 全国新华书店

开 本 787 mm×1092 mm 1/16

印 张 10.875

字 数 272 千字

版 次 2020 年 10 月第 1 版 2020 年 10 月第 1 次印刷

书 号 ISBN 978-7-5221-0883-4 **定 价** **351.00 元(全套四册)**

网址:http://www.aep.com.cn **E-mail:atomep123@126.com**

发行电话:010-68452845

国家职业技能鉴定考核指导

核反应堆控制保护检修工
（技　师）

编审委员会

（以姓氏笔画排名）

主　任	邹正宇			
副主任	朱晓斌	刘崇都	吴炳泉	董军成
委　员	王孔钊	王晓波	方幼君	卢才华
	叶丹萌	朱　磊	孙国忠	李厚文
	吴小海	吴明亮	邹俊磊	张世敏
	周瑞东	郑建华	费志松	徐宏明
	盛建华	韩光辉	蒲晓彬	樊鹏飞
主　编	廖明军			
编　者	马一鸣	田　野	冯　薇	刘义初
	汪兆强	周　星	胡　劲	秘双虎
	彭　伟	楼贤根	滕喜峰	
主　审	王浩钧			
审　者	于　龙	王中敬	方金土	朱　磊
	金　涛			

前　言

为推动核反应堆控制保护检修工职业培训和职业技能鉴定工作的开展，在核反应堆控制保护检修工从业人员中推行国家职业资格证书制度，在国家人力资源和社会保障部的指导下，中国核工业集团公司职业技能鉴定指导中心在完成《国家职业标准——核反应堆控制保护检修工》和《职业培训计划职业培训大纲——核反应堆控制保护检修工》编制工作的基础上，完成了《国家职业资格培训教程——核反应堆控制保护检修工》的编制工作，并完成了核反应堆控制保护检修工国家题库的开发。

为了规范指导和提高核反应堆控制保护检修工对岗位理论和操作技能要求的认识和理解，中国核工业集团公司职业技能鉴定指导中心组织实施《核反应堆控制保护检修工国家职业技能鉴定考核指导》（以下简称《考核指导》）的编写工作。《考核指导》依据核反应堆控制保护检修工国家职业标准和国家题库，主要介绍国家题库的命题思路，展现国家职业技能鉴定的考核形式和题型题量，帮助考生熟悉鉴定命题基本内容和考核要求，提高培训辅导、学员学习复习的针对性。

《考核指导》是针对核反应堆控制保护检修工职业活动的领域，内容涉及压水堆 30 万千瓦机组、M310 机组、重水堆机组核电站相关知识和技能。《考核指导》分为四册：《考核指导》（中级工）、《考核指导》（高级工）、《考核指导》（技师）、《考核指导》（高级技师）。每份《考核指导》分为两个部分编写：第一部分理论知识，按职业统一编写；第二部分操作技能，分四个模块（核反应堆保护系统维修、核反应堆控制系统维修、核反应堆中子测量系统维修、重水堆燃料操作系统仪控维修）进行编写。其中中级工由汪兆强统编、高级工由胡劲统编、技师由廖明军统编、高级技师由楼贤根统编。每册的《考核指导》第二部分操作技能分为四个模块编写，其中核反应堆保护系统维修由楼贤根负责编写，核反应堆控制系统维修由汪兆强负责编写，核反应堆中子测量系统维修由胡劲负责编写、重水堆燃料操作系统仪控维修由滕喜峰负责编写。

本书当中涉及规章制度、管理流程等内容的知识点，以最新生效的规章制度为准，本书内容仅作参考。

目　　录

第一部分　理论知识

第二部分　操作技能

第一部分 理论知识

第一章 考情观察

一、考核思路

根据《国家职业标准——核反应堆控制保护检修工》的要求，核反应堆控制保护技师理论知识考核范围包括：职业道德的基本知识；专业基础知识，安全文明生产与环境保护，质量管理知识，相关法律、法规知识；最终安全分析报告技术规格书中对核反应堆保护系统的相关要求，核反应堆保护系统设计、调试、制造、验收标准，核反应堆控制系统设计、调试、制造、验收标准，最终安全分析报告技术规格书中对核反应堆中子测量系统的相关要求，核反应堆中子测量系统设计、调试、制造、验收标准，可编程控制器的基本工作原理，重水堆燃料操作系统设计、调试、制造、验收标准；核反应堆保护系统的性能指标，与核反应堆保护系统相关的工艺系统知识、过程仪表知识，核反应堆控制系统的性能指标，与核反应堆控制系统相关的工艺系统知识、过程仪表、核反应堆保护及核测量知识，核反应堆中子测量系统部件结构原理，核反应堆中子测量系统部件维修规程，核反应堆中子测量系统的相关试验标准，重水堆燃料操作系统维修规程；维修记录相关要求，核反应堆保护系统设备维修记录，核反应堆控制系统设备维修记录，探测器的结构及性能指标，重水堆燃料操作系统设备维修记录；培训教材编写方法，计算机辅助教学方法；生产管理知识，技术报告撰写方法。

考核深度要求掌握核反应堆保护系统维修模块、核反应堆控制系统维修模块、核反应堆中子测量系统维修模块和重水堆燃料操作系统仪控维修模块的相关知识与技能。

二、组卷方式

核反应堆控制保护检修工(技师)理论知识国家题库采用计算机自动生成试卷，即计算机按照本职业技师《理论知识鉴定要素细目表》的结构特征，使用统一的组卷模型，从题库中随机抽取相应试题，组成试卷。有的地方还有地方特色题库，可以按规定比例和国家题库一起组卷。试卷组成后，应经专家审核，更换不适用的试题。

三、试卷结构

核反应堆控制保护检修工(技师)理论考试实行百分制，采用闭卷笔试方式，成绩达到60分及以上为合格。试卷结构以《国家职业标准——核反应堆控制保护检修工》和《中华人民共和国职业技能鉴定规范》为依据。

基本结构:理论知识考试满分为 100 分;题型有单项选择题、多项选择题、简答题、计算/绘图题和论述/综合题;具体的题型、题量与分配方案见表 1-1;内容包括"职业道德""基础知识""维修准备"等多个部分,各部分所占鉴定比重和鉴定点配置情况见表 1-2。

表 1-1　理论知识试卷题型、题量与分配方案

题型	题量(分值)	分数
单项选择题	40 题(1 分/题)	40
多项选择题	15 题(2 分/题)	30
简答题	2 题(5 分/题)	10
计算/绘图题	1 题(10 分/题)	10
论述/综合题	1 题(10 分/题)	10
总分	100 分(59 题)	

表 1-2　理论知识各部分所占鉴定比重和鉴定点配置情况

鉴定范围(一级)	鉴定范围(二级)	鉴定范围(三级)	鉴定比重	鉴定点数量
基本要求	职业道德	职业道德的基本知识	5%	4
	基础知识	专业基础知识	8%	37
		安全文明生产与环境保护	3%	16
		质量管理知识	2%	5
		相关法律、法规知识	2%	17
相关知识	维修准备	最终安全分析报告技术规格书中对核反应堆保护系统的相关要求	3%	2
		核反应堆保护系统设计、调试、制造、验收标准	3%	4
		核反应堆控制系统设计、调试、制造、验收标准	3%	5
		最终安全分析报告技术规格书中对核反应堆中子测量系统的相关要求	3%	1
		核反应堆中子测量系统设计、调试、制造、验收标准	3%	8
		可编程控制器的基本工作原理	2%	5
		重水堆燃料操作系统设计、调试、制造、验收标准	3%	4
		核反应堆保护系统的性能指标	3%	1
		与核反应堆保护系统相关的工艺系统知识、过程仪表知识	4%	7
		核反应堆控制系统的性能指标	4%	2

续表

鉴定范围(一级)	鉴定范围(二级)	鉴定范围(三级)	鉴定比重	鉴定点数量
相关知识	维修准备	与核反应堆控制系统相关的工艺系统知识、过程仪表、核反应堆保护及核测量知识	4%	3
		核反应堆中子测量系统部件结构原理	4%	3
		核反应堆中子测量系统部件维修规程	4%	4
		核反应堆中子测量系统的相关试验标准	4%	2
		重水堆燃料操作系统维修规程	3%	1
	判断和排除故障	维修记录相关要求	2%	1
		核反应堆保护系统设备维修记录	4%	1
		核反应堆控制系统设备维修记录	4%	2
		探测器的结构及性能指标	6%	3
		重水堆燃料操作系统设备维修记录	4%	1
	培训与指导	培训教材编写方法	3%	2
		计算机辅助教学方法	2%	2
	管理	生产管理知识	3%	3
		技术报告撰写方法	2%	1
合计			100%	147

四、考核时间与要求

1. 考核时间。按照《国家职业标准——核反应堆控制保护检修工》的要求，本职业技师理论知识考试时间为120分钟。

2. 考核要求。核反应堆控制保护检修工(技师)理论知识考试采用标准化试卷，考生应根据试卷要求具体作答，考试实行百分制，采用闭卷笔试方式，成绩达到60分及以上为合格。

五、应试技巧及复习方法

考生要想取得理想的成绩，通过认真的学习和复习来掌握考试要求的知识是必要条件，但是掌握适当的应试技巧和复习方法也是必不可少的。下面介绍的应试技巧，如命题视角、答题要求和答题技巧等，考生在复习、考试时应高度重视。

1. 命题视角。在答题时首先要审题，判断该题所属的知识单元，判断题目考核哪一个知识点，回忆知识点，然后做出判断。

2. 答题要求。理论考试采取的是标准化、客观考题，即答案唯一，在回答时要按照试卷题型后的答题说明，把正确的答案填写在规定的地方，做到书写工整、清晰，切忌反复涂改，造成无法判断答案正确与否的情形。

3. 答题技巧。答题时应先易后难,对没有复习到的知识点、模棱两可的题目可以暂时放一放,在回答把握不准的题目时,可采取排除法、对比法、访问法等思考方式判断和确定正确的答案。

考生在考前要认真复习。系统掌握职业标准和本书所列出的鉴定范围,掌握鉴定点和考试内容。要注重理解,加强记忆,提高效率,按照命题的视角与答题要求,有针对性地掌握考试内容,安排好全面复习、重点复习和模拟训练三个阶段,进一步掌握好考核内容。

第二章　知识架构

根据《国家职业标准——核反应堆控制保护检修工》和核反应堆控制保护检修工(技师)《理论知识鉴定要素细目表》,从便于学习和掌握的角度出发,特将核反应堆控制保护技师所应掌握的理论知识点划分为 7 个单元,根据各模块中各单元理论知识点搭建的知识架构如表 2-1 所示:

表 2-1　理论知识点搭建的知识架构

<table>
<tr><td rowspan="21">核反应堆控制保护检修工(技师)</td><td>职业道德</td><td>职业道德的基本知识</td></tr>
<tr><td rowspan="4">基础知识</td><td>专业基础知识</td></tr>
<tr><td>安全文明生产与环境保护</td></tr>
<tr><td>质量管理知识</td></tr>
<tr><td>相关法律、法规知识</td></tr>
<tr><td rowspan="7">维修准备</td><td>最终安全分析报告技术规格书中对核反应堆保护系统的相关要求</td></tr>
<tr><td>核反应堆保护系统设计、调试、制造、验收标准</td></tr>
<tr><td>核反应堆控制系统设计、调试、制造、验收标准</td></tr>
<tr><td>最终安全分析报告技术规格书中对核反应堆中子测量系统的相关要求</td></tr>
<tr><td>核反应堆中子测量系统设计、调试、制造、验收标准</td></tr>
<tr><td>可编程控制器的基本工作原理</td></tr>
<tr><td>重水堆燃料操作系统设计、调试、制造、验收标准</td></tr>
<tr><td rowspan="8">设备维修</td><td>核反应堆保护系统的性能指标</td></tr>
<tr><td>与核反应堆保护系统相关的工艺系统知识、过程仪表知识</td></tr>
<tr><td>核反应堆控制系统的性能指标</td></tr>
<tr><td>与核反应堆控制系统相关的工艺系统知识、过程仪表、核反应堆保护及核测量知识</td></tr>
<tr><td>核反应堆中子测量系统部件结构原理</td></tr>
<tr><td>核反应堆中子测量系统部件维修规程</td></tr>
<tr><td>核反应堆中子测量系统的相关试验标准</td></tr>
<tr><td>重水堆燃料操作系统维修规程</td></tr>
</table>

续表

核反应堆控制保护检修工（技师）	判断和排除故障	维修记录相关要求
		核反应堆保护系统设备维修记录
		核反应堆控制系统设备维修记录
		探测器的结构及性能指标
		重水堆燃料操作系统设备维修记录
	培训与指导	培训教材编写方法
		计算机辅助教学方法
	管理	生产管理知识
		技术报告撰写方法

第三章　考核解析

第一单元　职业道德

一、学习目标

1. 掌握职业道德基础知识；
2. 掌握职业道德基本规范；
3. 掌握核反应堆控制保护检修工之职业守则；
4. 树立良好的职业道德观念。

二、考核要点

考核要点见表 3-1。

表 3-1　考核要点

考核类别	考核范围	考核点	重要程度
职业道德	职业道德的基本知识	职业道德的意义	Z
		职业道德的特点	X
		职业道德基本规范	X
		反应堆控制保护检修工职业守则	Y

注：X 表示核心要素、Y 表示一般要素、Z 表示辅助要素。后续同类表格也适用。

三、考点导航

职业道德的基本知识如下。

(1) 职业道德的意义

有利于推动社会主义物质文明和精神文明建设；有利于行业、企业建设和发展；有利于个人的提高和发展。

(2) 职业道德的特点

职业道德是社会主义道德体系的重要组成部分；职业道德的重要内容是树立全新的社会主义劳动态度。

(3) 职业道德基本规范

爱岗敬业，忠于职守；诚实守信，办事公道；服务群众，奉献社会；遵纪守法，廉洁奉公。

(4) 反应堆控制保护检修工职业守则

遵守国家法律、法规与政策和企业的有关规章制度;爱岗敬业,忠于职守,认真、自觉地履行各项职责;工作认真负责,严于律己,吃苦耐劳;刻苦钻研业务,重视岗位技能训练,认真学习专业知识,努力提高劳动者素质;谦虚谨慎,团结合作,主动配合工作;严格执行核设施清洁维护人员岗位规程,重视安全生产,保证产品质量;坚持文明生产,创造一个清洁、文明、适宜的工作环境,塑造良好的企业形象。

四、仿真训练

(一) 单项选择题(请将正确选项的代号填入题内的括号中)

1. 良好的职业道德创造良好的社会秩序,提高人们的思想境界,为树立社会良好的道德风尚奠定了坚实的基础,促进了(　　)。

(A) 经济建设　　(B) 社会主义精神文明建设

(C) 基础建设　　(D) 城市建设

2. 从业人员应该树立良好的职业道德,遵守职业守则,安心本职工作,勤奋钻研本职业务,才能提高自身的(　　)。

(A) 职业能力和素质　　(B) 收入

(C) 地位　　(D) 职务

3. 职业道德的本质就是在社会主义市场经济条件下,鼓励每个劳动者通过(　　),在改善自己生活的同时,为增进社会主义共同利益而劳动,为建设国家而劳动。

(A) 欺骗他人　　(B) 诚实的劳动

(C) 剥削劳动者　　(D) 压榨剩余价值

4. 劳动既是为个人谋生,也是为社会服务,劳动的双重含义产生了全新的劳动态度,具有崇高的(　　)。

(A) 职业道德价值　　(B) 重要意义

(C) 历史价值　　(D) 社会意义

5. 爱岗敬业就是提倡(　　)的精神。

(A) 得过且过　　(B) 干一行,爱一行

(C) 做一天和尚撞一天钟　　(D) 无所谓

6. 公司的规章制度是职工必须遵守的(　　)。

(A) 行为准则　　(B) 重要要求　　(C) 法律　　(D) 条件

7. (　　)是企业在市场经济中赖以生存的重要依据。

(A) 发展　　(B) 信誉　　(C) 利益　　(D) 效益

8. 所有的决策和行动都要考虑核技术的(　　)。

(A) 特殊性　　(B) 重要性　　(C) 安全性　　(D) 保密性

9. 工作中强化保守决策、经验反馈的应用,坚持(　　)的工作态度,谨慎的工作方法,清晰的交流沟通。

(A) 质疑　　(B) 积极　　(C) 革新　　(D) 认真

(二) 多项选择题(请将正确选项的代号填入题内的括号中)

1. 办事公道是指在利益关系中正确处理好(　　)的利益关系。

(A) 国家 (B) 企业 (C) 职工个人 (D) 他人(消费者)
(E) 自己

2. 每个工作岗位、每一次职业行为,都包含着如何处理(   )关系的问题,因此,职业道德是社会主义道德体系的重要组成部分。

(A) 个人与国家 (B) 个人与集体
(C) 国家与国家 (D) 集团与集体
(E) 其他

3. 职业道德的基本规范(   )。

(A) 爱岗敬业,忠于职守 (B) 诚实守信,办事公道
(C) 服务群众,奉献社会 (D) 遵纪守法,廉洁奉公
(E) 安全第一,质量第一

4. 反应堆控制保护检修工职业守则包括哪些(   )。

(A) 爱岗敬业,忠于职守,认真、自觉地履行各项职责
(B) 优质高效,务实创新
(C) 明理守信,诚实劳动
(D) 认识核技术的特殊性和独特性
(E) 只要个人认为对系统没有影响都可以开展维修活动

(三) 简答题

1. 为什么职业道德是社会主义道德系统的重要组成部分?
2. 职业道德的基本规范有哪些?

(四) 综合题

1. 描述职业道德有利于社会主义物质文明和精神文明建设。
2. 描述怎样强化核安全文化学习,提升核职业素养。

五、参考答案

(一) 单项选择题

1. B;2. A;3. B;4. A;5. B;6. A;7. B;8. A;9. A。

(二) 多选题

1. ABCD;2. AB;3. ABCD;4. ABCD。

(三) 简答题

1. 答:由于每个人的职业与人民、国家、社会的利益密切相关;每个工作岗位、每一次职业行为,都包含着如何处理个人与国家、个人与集体关系的问题,因此,职业道德是社会主义道德体系的重要组成部分。

2. 答:(1) 爱岗敬业,忠于职守;(2) 诚实守信,办事公道;(3) 服务群众,奉献社会;(4) 遵纪守法,廉洁奉公。

(四) 综合题

1. 答:从事职业活动的人们自觉遵守职业道德,将规范人们的职业活动和行为,可以极大程度地推动整个社会的物质创造活动。同时,良好的职业道德创造良好的社会秩序,提高人们的思想境界,为树立社会良好的道德风尚奠定了坚实的基础,促进了社会主义精神文明

建设。

2. 答:充分认识核安全重要性,坚持核安全人人有责,遵守核安全标准,提升核职业素养和核专业能力。工作中强化保守决策、经验反馈的应用,坚持质疑的工作态度,谨慎的工作方法,清晰的交流沟通。

第二单元 基础知识

一、学习目标

1. 掌握电子技术相关的基础知识,以便具备分析电子线路相关参数的基本能力;

2. 掌握控制方面的基础知识,以便具备分析系统控制原理的基本能力;

3. 掌握控制系统逻辑功能图的基本读图能力;

4. 掌握辐射防护基本知识、辐射防护的目的、要求和剂量限值,了解辐射危害及其防护、辐射工作场所的管理、放射性废物与放射源的管理;

5. 掌握电工基础知识;

6. 掌握国家安全生产相关法律、法规的基本知识,掌握安全劳保用品的穿戴方法,了解高处作业、电气作业、起重作业、安全标志等工业安全方面相关管理要求,掌握基本的事故紧急救护、处理方法;

7. 了解原子核物理基础知识,核反应堆物理的原理知识,了解核反应堆运行的物理知识;

8. 掌握控制设备常用电器的种类及用途;

9. 掌握核反应堆仪控设备的基础知识;

10. 掌握核反应堆仪控设备常用工具的使用和维护;

11. 了解核安全文化的内涵以及核安全文化建设对核反应堆安全运行的重要意义;

12. 了解现场文明生产的重要性,培养良好的维修操作习惯;

13. 掌握安全技术相关知识,能够正确使用安全劳动保护用品;

14. 了解环境保护的重要意义,核电与环境保护的相关知识,“三废”排放管理制度;

15. 了解火灾的基本知识,相关的消防管理规定,掌握正确的防火、灭火方法;

16. 了解质量保证的重要性、质量保证制度等基础知识;

17. 了解质量控制的重要性、质量控制的规定等基础知识;

18. 了解《中华人民共和国劳动法》适用范围、立法的目的,以及具体包括的基本内容;

19. 了解《中华人民共和国安全生产法》适用范围、立法的目的,以及具体包括的基本内容;

20. 了解《中华人民共和国核安全法》适用范围、立法的目的,以及具体包括的基本内容;

21. 了解《中华人民共和国环境保护法》适用范围、立法的目的,以及具体包括的基本内容;

22. 了解《中华人民共和国放射性污染防治法》适用范围、立法的目的,以及相关内容;

23. 了解核安全相关法规的重要性、法规的体系构成。

二、考核要点

考核要点见表 3-2。

表 3-2 考核要点

考核类别	考核范围	考核点	重要程度
基础知识	专业基础知识	模拟电路基础知识	X
		数字电路基础知识	X
		稳压电源基础知识	X
		控制理论基础概论	X
		控制系统逻辑功能图的读图方法	X
		辐射防护基础知识	X
		辐射防护的目的	X
		辐射防护的要求	X
		辐射防护的剂量限值	X
		辐射危害及防护	X
		辐射工作场所的管理	X
		放射性废物与放射源的管理	X
		高辐射风险作业的辐射防护	X
		电磁理论基础知识	X
		直流电路	X
		交流电路	X
		电气作业注意事项	X
		安全管理的法规和标准	X
		工业安全知识	X
		职业健康安全管理知识	X
		现场急救	Y
		原子核物理基础	Y
		核反应堆物理基础	Y
		核反应堆运行的物理知识	X
		控制设备常用电器的种类	X
		控制设备常用电器的用途	X
		核反应堆仪控系统设备的作用	X
		过程仪表简介	X
		核测量仪表简介	X

续表

考核类别	考核范围	考核点	重要程度
基础知识	专业基础知识	辐射测量仪表简介	Y
		化学分析仪表简介	Z
		主要控制系统简介	X
		电厂计算机系统简介	X
		万用表的使用和维护	X
		信号发生器的使用和维护	X
		记录仪的使用和维护	X
		兆欧表的使用和维护	X
	安全文明生产与环境保护	核安全文化的定义	X
		核安全文化的特征	X
		核设施相关核安全文化的管理	X
		核安全文化的理解和应用	X
		良好职业素养要求	X
		物料放置管理要求	X
		安全意识培养	X
		现场清洁要求	Y
		安全管理简介	X
		使用安全知识和劳动保护用品	X
		环境保护的重要意义	Z
		“三废”排放管理制度	X
		火灾的基本知识	Y
		火灾的危害	X
		防火知识	X
		灭火知识	X
	质量管理知识	质量管理八项原则	Y
		质量保证的重要性	X
		质量保证要求	X
		质量控制的重要性	X
		质量控制的规定	X

续表

考核类别	考核范围	考核点	重要程度
基础知识	相关法律、法规知识	《中华人民共和国劳动法》适用范围	Y
		《中华人民共和国劳动法》立法目的	X
		《中华人民共和国劳动法》基本内容	X
		《中华人民共和国安全生产法》适用范围	Y
		《中华人民共和国安全生产法》立法目的	X
		《中华人民共和国安全生产法》基本内容	X
		《中华人民共和国核安全法》适用范围	Y
		《中华人民共和国核安全法》立法目的	X
		《中华人民共和国核安全法》基本内容	X
		《中华人民共和国环境保护法》适用范围	Y
		《中华人民共和国环境保护法》立法目的	X
		《中华人民共和国环境保护法》基本内容	X
		《中华人民共和国放射性污染防治法》适用范围	X
		《中华人民共和国放射性污染防治法》立法目的	Y
		《中华人民共和国放射性污染防治法》基本内容	Z
		核安全相关法规的重要性	X
		核安全相关法规的体系构成	X

三、考点导航

1. 专业基础知识

(1) 模拟电路基础知识

模拟电路基础知识主要包含半导体器件基础、基本放大电路、负反馈放大电路基础知识。其中半导体器件基础主要介绍了半导体的导电特性、晶体二极管、晶体三极管;基本放大电路主要介绍了基本放大电路的组成、直流通路与静态工作点、交流通路与放大原理;负反馈放大电路基础知识主要介绍了反馈的基本概念、反馈的极性、反馈放大电路的方框图及一般表达式。

(2) 数字电路基础知识

数字信号是时间上和数值上均离散的一种信号,对该种信号进行传递、处理、运算和存储的电路称为数字电路。这里的运算不仅有普通的算术运算而且有逻辑运算。数字电路的基础知识包括:数制、编码以及逻辑代数等。还需要了解 TTL 数字集成电路和 CMOS 集成电路等大规模集成电路基础知识以及应用要点。

(3) 稳压电源基础知识

稳压电源可以分为串联型稳压电源、集成稳压电源和串联开关式稳压电源,需要掌握其主要指标、工作原理、优缺点以及适用情况。

(4) 控制理论基础概论

所谓自动控制,是指在没有人的直接参与下,利用控制装置使受控对象的被控量自动地按预先规定的规律变化。而自动控制系统的内部结构,比起外部结构要复杂得多。但就基本的控制方式而言,主要有以下三种类型:开环控制系统、闭环控制系统和复合控制系统;需要掌握它们的特点、工作原理以及内部结构的典型方块图。通过练习,掌握控制方面的基础知识,以便具备分析系统控制原理的基本能力。

(5) 控制系统逻辑功能图的读图方法

控制系统逻辑功能图是表示理论的或者理想的逻辑功能电路而不涉及实现方法的一种图,其用途是提供绘制逻辑功能电路图或其他有关图纸的依据。控制系统逻辑功能图有很多种形式,主要有系统方框图、逻辑图等。

电子线路图是电子技术的工程语言,看不懂电路图就无法深入地学习和掌握电子技术。读懂线路图,在实际工作中有利于更好地了解电器的工作原理,在维修中能提高排除故障的能力。常用的电子线路图有两种,一种用来说明模拟电子电路的工作原理,它用各种图形符号表示电阻器、电容器、开关、晶体管等实物,用线条把元器件和单元电路按工作原理连接起来。另一种用来说明数字电路的工作原理,它是把各种二进制逻辑单元的图形符号用线条按逻辑关系连接起来的逻辑图,可以说明各个逻辑单元之间的逻辑关系和整机的逻辑功能。除此之外,常用的还有方框图,它简洁明了地说明电路各部分的关系和整机的工作原理。需要关注模拟电子线路图的识读方法以及集成电路应用电路识图方法和注意事项。

(6) 辐射防护基础知识

辐射防护基础知识包括:原子、原子核和放射性,辐射的种类与特性,电离辐射的生物效应,辐射量和单位。

(7) 辐射防护的目的

辐射防护关心的是:既要保护从事放射性工作者本人、公众和他们的后代的辐射安全,又要允许进行那些可能产生辐射照射的必要活动。所以,辐射防护的目的在于使人类受其照射的必要活动建立和维持适当的安全条件,避免发生非随机效应,并使随机效应的发生率减至实际可能的最低水平。

(8) 辐射防护的要求

国家新颁布实施的《电离辐射防护及辐射源安全基本标准》(GB 18871—2002) 规定,核电厂在生产营运过程中涉及辐射防护问题,必须遵循以下要求:实践的正当性、剂量限制和防护与安全的最优化。

(9) 辐射防护的剂量限值

限值是在规定的活动或情况下所使用的某个量的不得超过的值。剂量限值是受控实践使个人所受到的有效剂量或当量剂量不得超过的值。辐射防护剂量限值体系一般分为基本限值、次级限值、导出限值、管理限值和参考水平 5 个级别。在我们实际工作中运用的较多是基本限值、管理限值和参考水平。

(10) 辐射危害及防护

辐射分为外照射、内照射和表面污染,需要掌握各自的概念、危害、形成途径和防护措施。

(11) 辐射工作场所的管理

根据《电离辐射防护和辐射源安全基本标准》(GB 18871—2002),辐射工作场所的分区划分为控制区和监督区。需要了解其特点和区域范围以及子区域的划分策略。分区的目的还是要做好人员出入控制管理和物品进出辐射控制区的管理。

(12) 放射性废物与放射源的管理

放射性废物的管理主要包括废物的收集、转移、减容、贮存等活动。

核电厂的放射源是指用于测量、仪表标定等人工制造的具有放射性的物质。它的来源不是本电站的反应堆,而是外部带入或购买的。对放射源的订购、入库、保管、使用、报废等全过程必须进行严格的管理,避免发生意外照射和放射源丢失事故。

(13) 高辐射风险作业的辐射防护

反应堆厂房内的压力容器、蒸汽发生器、主泵和稳压器等相关设备是核电厂的核心设备,所有设备的状态都关系到电厂的稳定运行。因此,在功率运行工况下有必要进入反应堆厂房进行作业,包括定期与不定期的巡检、部分小缺陷的处理等;这些都属于高辐射风险作业范畴。需要对这些作业的照射风险、污染风险做出充分的预估和预防,采取不同的防护措施。

(14) 电磁理论基础知识

在电磁现象中,场扮演着更为重要的角色,从场的观念出发,能得到关于电磁现象的更深刻的理解。归根到底,电磁理论就是研究电场与磁场相互关系的。

电磁学中,右手定则判断的主要是与力无关的方向。如果是和力有关的则全依靠左手定则。即:关于力的用左手定则,其他的(一般用于判断感应电流方向)用右手定则。

(15) 直流电路

电路的基本物理量包括电压、电流和电阻。电路在工作时有通路、断路和短路三种工作状态。

(16) 交流电路

在无线电电子设备中的各种电信号,大多数也是交流电信号。这里电信号的来源是多种多样的,描述其特征量的参数也有别于直流电。

(17) 电气作业注意事项

电气作业是电气运行和维修人员的重要工作。为了确保作业过程的安全,在操作过程中必须严格遵守运行规程和安全规程,特别是一些易被忽视的细节更要注意。

(18) 安全管理的法规和标准

"安全第一,预防为主"是我国安全工作的指导方针。我国历来对安全生产和安全管理十分重视,并把安全管理纳入法制的轨道。

安全生产法规包括两类法律关系:一类是公民和单位之间关于保护公民人身安全和生产安全的法律关系;二类是有关国家或社会团体与公民或单位之间因监督、检查安全生产的法规执行情况而发生的法律关系。我国劳动安全卫生标准分为国家标准、行业标准、地方标准和企业标准四级。

(19) 工业安全知识

电厂中的工业安全主要是指电气安全和危险品的正确使用等方面，在核电厂内工作，还应该了解典型核电厂设施有关系统的名称及其风险。

(20) 职业健康安全管理知识

职业健康安全状况是国家经济发展和社会文明程度的反映，是所有劳动者获得安全与健康是社会公正、安全、文明、健康发展的基本标志之一，也是保持社会安定团结和经济持续、快速、健康发展的重要条件。职业健康安全管理的基本方式包括定期监测、日常管理、健康体检和将职业危害及时告知员工。

(21) 现场急救

现场急救就是在救护车、医务人员或其他适当的专业人员到达之前，给受伤者或疾病突发者施行及时的帮助和治疗。现场急救有其基本原则以及常用急救术。

(22) 原子核物理基础

需要了解原子的基本结构，明白核素合同位素的相关定义；对核反应堆内常见的放射性同位素要有基本的了解。

(23) 核反应堆物理基础

需要了解核能的释放、核反应的分类，了解不同类型的核反应堆的异同点。

(24) 核反应堆运行的物理知识

核反应堆运行的物理知识包括反应堆周期与启动率、控制棒或硼浓度改变与计数率关系以及临界前系统和设备的必要条件。

(25) 控制设备常用电器的种类

电厂用电气设备种类较多，主要有电动机、自动断路器、不间断电源、整流器和逆变器等。

(26) 控制设备常用电器的用途

控制设备常用电器能够依据操作信号或外界现场信号的要求，自动或手动地改变电路的状态、参数，实现对电路或被控对象的控制、保护、测量、指示、调节。

(27) 核反应堆仪控系统设备的作用

核反应堆仪控系统主要包括：一回路控制和仪表、二回路仪表和控制、辐射防护和火灾报警系统、棒控棒位系统、反应堆功率调节系统、反应堆保护系统、堆内外核测系统、信号报警系统、电厂计算机系统、DEH 及其他系统。核电厂的所有热工相关的变量和相关的过程控制都是由一、二回路的过程仪表来完成相关的测量和控制，由堆内外核测系统和棒控棒位及功率调节系统完成对反应堆功率的测量和控制，由反应堆保护系统、专设安全设施系统、ATWS(Anticipated Transient without Scram，未能紧急停堆的预期瞬态)系统等维持反应堆的安全，电厂计算机系统实现整个核电厂的信息化显示和管理，汽轮机的转速和功率控制是由 DEH(Digital Electro-Hydraulic Control System)系统完成的。

(28) 过程仪表简介

过程仪表分为一回路仪表和二回路仪表。

一回路仪表能对反应堆主辅各系统的热工参数进行测量并实现稳压器压力控制、稳压器液位控制、反应堆补给水控制、化学与容积控制、下泄背压控制、下泄流温度控制、辅助给水流量调节、硼回收及蒸汽发生器“三废”控制等。

二回路仪表能对主蒸汽系统、主给水系统、凝结水系统、疏水系统、抽汽系统、发电机水冷系统、润滑油及闭式工业水系统等热工参数进行测量和控制,并实现蒸汽发生器水位调节、汽轮机本体监测等。

(29) 核测量仪表简介

核测量系统分为堆芯核测系统和堆外核测系统。

(30) 辐射测量仪表简介

辐射监测系统用于监测安全壳内空气、主回路压力边界的泄漏、辅助厂房通风空气中碘浓度、乏燃料池排气、一回路的高放无氧废气、辅助系统的低放有氧废气、烟囱排放气体、凝汽器排气、除氧器排气、燃料元件包壳总破损、蒸汽发生器排污水、设备冷却水、蒸汽发生器取样水、凝结水、废树脂暂存间、一回路循环水硼浓度、主控制室进风、T2 排放水、T3 排放水、区域γ辐射、化学和容积控制和硼回系统树脂床、主蒸汽管道 ^{16}N、堆顶气溶胶等的放射性水平进行测量和相关的联锁控制。

(31) 化学分析仪表简介

在线分析仪表主要分布在水处理系统和水汽循环系统中。

(32) 主要控制系统简介

反应堆控制系统主要包括棒控棒位系统、功率调节系统等,通过对控制棒的提升或下插实现反应性及核功率控制,棒位系统能及时正确的指示控制棒在堆芯中的位置,功率调节系统接收汽轮机功率信号,并依此对反应堆的功率进行调节。

(33) 电厂计算机系统简介

电厂计算机系统对电厂一回路、二回路的主要参数、设备及阀门的状态进行采集,并对采集的数据进行处理和计算,然后通过 CRT 或打印机将处理和计算得到的结果进行显示和打印。操作员以得到的实时动态信息来监视工艺系统的状态。

(34) 万用表的使用和维护

万用表可以用来测量交直流电压、交直流电流、电阻、电容、二极管、三极管等参数,有的万用表甚至可以测量温度和频率信号,早期的万用表都是模拟技术的,目前广泛应用于仪控设备检修的万用表都是数字式的。数字万用表的维护措施主要有定期清洁清理、在电量不足时更换电池和定期检查、更换保险丝。

(35) 信号发生器的使用和维护

信号发生器有数百种不同的应用,但在电子测量中,这些应用可以分成 3 种基本类型:检验、检定和极限/余量测试。

(36) 记录仪的使用和维护

记录仪作为一种信号存储跟踪的常用仪控设备被广泛应用于设备状态跟踪、故障缺陷分析等方面。随着国内仪表技术的越来越成熟,记录仪的分类也越来越多。记录仪根据打印种类可分为纸质记录仪和数字记录仪。

(37) 兆欧表的使用和维护

兆欧表是用来测量被测设备的绝缘电阻和高值电阻的仪表。一般分为高压数字式兆欧表、电子兆欧表、绝缘电阻测试仪、大功率高压兆欧表、数显式绝缘电阻测试仪等。

2. 安全文明生产与环境保护

(1) 核安全文化的定义

核安全文化是存在于单位和个人中的种种特性和态度的总和,它建立一种超出一切之上的观念,即核设施安全问题由于它的重要性要保证得到应有的重视。

(2) 核安全文化的特征

核安全文化不仅仅是专业性和严密性的问题,而且与行为密切相关。核安全文化作用于或表现在核设施领导阶层和国家政策方面、个体的行为两个领域。

(3) 核设施相关核安全文化的管理

核设施相关核安全文化的管理分为两个方面:决策层的责任范围及其体现和核设施管理层的职责。

(4) 核安全文化的理解和应用

核设施从业人员在其日常工作中对核安全发挥其影响,他所提的每一个问题、他对问题的思考、他对参与的工作给予的关注和努力等均是核安全文化的真实表现。核设施从业人员通过其工作方法和监控手段,来获得可靠的运行质量以满足核安全局提出的核安全要求。这一工作方法和手段不能偶尔为之,必须持久、确实可靠地保持与核安全要求的一致性。

(5) 良好职业素养要求

良好的职业素养体现在责任心、保守的工作方法、自我检查和文明行为标准等方面。

(6) 物料放置管理要求

物料需要做到放置整齐、管理有序,应该从现场物料管理,物料出入管理和防异物管理等三方面着手。

(7) 安全意识培养

工作人员应该知道安全是压倒一切的,每个人都有权利、责任和义务去维护安全。建立和强调安全文化是确保个人、公众及环境的安全,提高核设施营运单位经济效益的最有效的方法。为了防止意外事故的发生,工作人员必须遵守与安全有关的规章,养成良好的工作习惯、方法和态度,接受安全文化的培训。

(8) 现场清洁要求

随时整理清扫工位现场,做好自己所在工作区和所用工具、设备及其他用品的保洁工作。生产过程中保持洁净的工作环境,不随手随地乱丢工作垃圾。不随意乱摆放物品,严格要求自己养成良好习惯。工作区域应该保持干净、整洁、有序。工作完成后,要将工作场所打扫干净,产生的废物要放到指定的废物存放地点。优化工作环境,创造良好的生产条件,做到厂区、厂房和设备无积水、积尘、积油、积垢;仪表、控制和保护盘前后(内外)干净整洁,无蛛网、无积尘、无杂物。下班前做好各自责任区的卫生,做到窗明、物洁、地净。对位于卫生责任区内的所有内容负有清扫清洁整理责任,不得推诿,不留卫生死角。生产管理台账、记录和各种原始数据记录准确、及时、完整、清洁、无涂改、文字工整。

(9) 安全管理简介

核设施的安全管理是为实现生产过程中的人员和财产的安全而组织和使用人力、物力、财力等各种资源的过程。安全管理需要建立管理制度,做好事故预想,并做好预防措施,从根本上解决安全工作中存在的问题。

(10) 使用安全知识和劳动保护用品

需要始终了解精神状态对安全的影响,正确使用劳动保护用品并严格遵守安全规章制度。

(11) 环境保护的重要意义

环境保护系指人类为解决现实的或潜在的环境问题,维持自身生存的发展而进行的各种具体实践活动的总称。自20世纪50年代以来,由于工农业的迅速发展和对自然资源的盲目开发,使环境遭到了严重污染和破坏,环境质量急剧下降,生态平衡严重失调,环境问题已成为危及人类健康,制约经济发展和文明进程的全球性问题。世界各国纷纷采取科学技术、行政管理、司法、经济、宣传、教育等各种环境保护措施,努力防治环境污染,合理利用自然环境,逐步重建人类与环境之间的依赖关系,促进社会与环境的协调发展。

(12) "三废"排放管理制度

核设施流出物排放相关的系统包括放射性废气排放系统、放射性废液排放系统、放射性固体废物处理系统、非放射性排放系统。核设施的营运单位,应针对核设施厂址的特定环境特征及"三废"处理工艺技术水平,遵循"可合理达到尽量低"的原则,提出符合规定的年排放量的设计排放量,报国家环境保护部门审批,获准后,即为核设施放射性流出物的管理目标值;核电厂的营运单位应根据新技术的发展和核设施运行与监测中暴露出的薄弱环节,不断改进设备与工艺,并加强管理,尽量减少实际的年排放量。

(13) 火灾的基本知识

燃烧的基本知识主要包括燃烧的定义、燃烧的种类、燃烧的形式、燃烧的必要条件。"火灾"是指在时间和空间上失去控制的燃烧所造成的灾害。防火的主要措施就是:控制可燃物、隔绝助燃物、消除着火源。火灾等级分为特别重大火灾、重大火灾、较大火灾和一般火灾四个等级。

(14) 火灾的危害

火灾的危害主要有以下几个方面:毁坏物质财富,残害人类生命,破坏生态平衡,造成间接的经济损失和造成不良的社会影响。

(15) 防火知识

核设施主要的火灾危害在于各厂房设施中,防火主要以厂房防火为主。应该从三个方面入手:厂房防火屏障,厂房防火门管理,消防设施管理。

(16) 灭火知识

灭火的基本方法有冷却灭火法,隔离灭火法,窒息灭火法和抑制灭火法。灭火的基本原则包括先控制,后灭火;救人重于灭火和先重点,后一般的原则。培训过程中要需要掌握灭火器材的一般原理和使用方法,了解灭火器材使用的一般要求。

3. 质量管理知识

(1) 质量管理八项原则

质量管理研究对象是产品或服务的质量。就一个企业、工厂或事业单位而言,质量是经营管理的一个重要组成部分。

(2) 质量保证的重要性

质量保证的重要性包含质量保证对企业的意义和质量保证对员工的意义两重内涵。

（3）质量保证要求

与核电厂大修质量保证/质量控制直接相关的法规是《核电厂质量保证安全规定》（HAF003），由国务院有关部门——国家核安全局根据法律和国务院行政法规在本部门权限范围内制定并发布，是具有法律约束力的文件。该法规共分13章，自1991年7月27日起实施。《核电厂质量保证安全规定》（HAF003）所属的安全导则（HAD003/01～HAD003/10）是指导性文件，它说明或补充核安全规定或推荐实施法规的方法和程序的指导性文件，在实际工作中可采用不同于本导则规定的方法和方案，但须向国家核安全局证明所采用的方法和方案至少具有本导则相同的安全水平，不会对核电厂厂区和公众增加风险。

（4）质量控制的重要性

质量控制的重要性：对企业的意义就是质量控制是实现质量保证的基础和消除不满意结果的原因，取得经济效益。对员工的意义就是员工的技能是质量控制的重要内容和员工是实现质量控制的重要因素。

（5）质量控制的规定

核电厂的维修不仅要保证所有承担安全功能的核电厂构筑物、系统和部件能按设计意图和假设保持其可靠性和有效性，而且保证在运行开始后，核电厂的安全状态不会受到有害的影响。核电厂维修活动包括保养、大修、修理以及更换零件；根据情况，还包括试验、标定和检查（包括在役检查）。它也可包括构筑物、系统和部件的修改。由于核电厂工作的特殊性，上述所有活动都需要开展不同程度的质量控制，主要包括：编制质量计划，维修过程质量控制、场地管理和维修清洁度控制以及大修期间的质量控制。

4．相关法律、法规知识

（1）《中华人民共和国劳动法》适用范围

在中华人民共和国境内的企业、个体经济组织和与之形成劳动关系的劳动者适用劳动法。这里的“企业”是指各种类型的企业，包括国有企业、集体所有制企业、中外合资企业、中外合作企业、外商独资企业、股份制企业、混合形企业、港澳台企业、私营企业、联营企业、乡镇企业等。个体经济组织是指雇工在 7 人以下的个体工商户。在中国境内的企业、个体经济组织与劳动者之间，只要形成劳动关系，不论他们之间是否订立劳动合同都适用劳动法。

（2）《中华人民共和国劳动法》立法目的

《中华人民共和国劳动法》的立法目的是为了保护劳动者的合法权益，调整劳动关系，建立和维护适应社会主义市场经济的劳动制度，促进经济发展和社会进步。

（3）《中华人民共和国劳动法》基本内容

《中华人民共和国劳动法》有以下基本内容：劳动法的适用范围；劳动者的基本权利和义务；促进劳动就业；劳动合同以及集体合同制度；工资；劳动安全卫生；对特殊劳动群体（女工和未成年工等）的特殊保护；职业培训；社会保险和福利；劳动争议、监督检查；违反劳动法应承担的法律责任。

（4）《中华人民共和国安全生产法》适用范围

《中华人民共和国安全生产法》是专门调整涉及安全生产的相关关系的法律，因此，其适用的范围只限定在生产经营领域；这里讲的“生产经营活动”，既包括资源的开采活动、各种产品的加工、制作活动，也包括各类工程建设和商业、娱乐业以及其他服务业的经营活动。

(5)《中华人民共和国安全生产法》立法目的

《中华人民共和国安全生产法》立法的目的是为了加强安全生产监督管理,防止和减少生产安全事故,保障人民群众生命和财产安全,促进经济发展。

(6)《中华人民共和国安全生产法》基本内容

《中华人民共和国安全生产法》的基本内容包括政府的职权,生产经营单位的义务,从业人员的权利和从业人员的义务四个方面。

(7)《中华人民共和国核安全法》适用范围

《中华人民共和国核安全法》第二条指出了这一法律的适用范围:“在中华人民共和国领域及管辖的其他海域内,对核设施、核材料及相关放射性废物采取充分的预防、保护、缓解和监管等安全措施,防止由于技术原因、人为原因或者自然灾害造成核事故,最大限度减轻核事故情况下的放射性后果的活动,适用本法。”

(8)《中华人民共和国核安全法》立法目的

为了保障核安全,预防与应对核事故,安全利用核能,保护公众和从业人员的安全与健康,保护生态环境,促进经济社会可持续发展,制定《中华人民共和国核安全法》。

(9)《中华人民共和国核安全法》基本内容

《中华人民共和国核安全法》基本内容包括核设施安全,核材料和放射性废物安全,核事故应急,信息公开和公众参与,监督检查,法律责任以及附则等内容。

(10)《中华人民共和国环境保护法》适用范围

《中华人民共和国环境保护法》第 3 条规定了我国环境保护法的适用范围,即“本法适用于中华人民共和国领域和中华人民共和国管辖的其他海域”。

(11)《中华人民共和国环境保护法》立法目的

保护和改善生活环境与生态环境,防治污染和其他公害是环境保护法的直接目的;保障人民身体健康是《环境保护法》的根本任务,也是环境保护立法的出发点和归宿;促进经济增长是因为环境保护与经济发展有内在的相互制约和依存的关系。

(12)《中华人民共和国环境保护法》基本内容

环境保护的基本内容主要有两个方面:一是“防”,即防止和减少新环境污染和环境破坏;二是“治”,即治理和控制已经产生的环境污染和环境破坏。

(13)《中华人民共和国放射性污染防治法》适用范围

《中华人民共和国放射性污染防治法》适用于中华人民共和国领域和管辖的其他海域在核设施选址、建造、运行、退役和核技术、铀(钍)矿、伴生放射性矿开发利用过程中发生的放射性污染的防治活动。

(14)《中华人民共和国放射性污染防治法》立法目的

《中华人民共和国放射性污染防治法》的立法目的是为了防治放射性污染,保护环境,保障人体健康,促进核能、核技术的开发与和平利用。

(15)《中华人民共和国放射性污染防治法》基本内容

《中华人民共和国放射性污染防治法》的基本内容包括放射性污染防治的监督管理,核设施的放射性污染防治,核技术利用的放射性污染防治,铀(钍)矿和伴生放射性矿开发利用的放射性污染防治,放射性废物管理,法律责任以及附则等内容。

（16）核安全相关法规的重要性

核安全相关的法律法规是政府安全监管部门依法行政的基础，是设计、建造、运行核设施的依据。法规规范了核设施营运单位、设计和建造单位，以及设备制造单位的行为准则，明确了设计标准和核安全目标，规定了核设施选址、设计、制造、土建、安装、调试、运行和定期试验及维修等的要求，这些要求纳入相关的安全许可制度当中，对核设施的安全运行、保护工作人员和公众不会遭受过量放射性危害、保护环境等起到了重要作用。

（17）核安全相关法规的体系构成

我国的核安全法律法规体系除了纵向的法律法规直至技术文件的各层次文件，横向由通用系列、核动力系列、研究堆系列、核燃料循环设施系列、放射性废物管理系列、核材料管制系列、民用核安全设备系列、放射性物质运输系列、核技术应用系列等多系列组成的核与辐射安全法规体系。

四、仿真训练

（一）单项选择题（请将正确选项的代号填入题内的括号中）

1. 二极管的主要特性是（　　）。

（A）导电　　（B）单向导电　　（C）双向导电　　（D）不导电

2. CMOS 数字集成电路是利用 NMOS 管和 PMOS 管巧妙组合成的电路，属于一种微功耗的（　　）。

（A）导电电路　　（B）数字集成电路

（C）模拟电路　　（D）智能电路

3. 稳压电源的技术指标分为两种：一种是特性指标；另一种是（　　）。

（A）质量指标　　（B）重量指标　　（C）外形指标　　（D）体积指标

4. 所谓自动控制，是指在没有人的直接参与下，利用（　　）使受控对象的被控量自动地按预先规定的规律变化。

（A）开关　　（B）导线　　（C）控制装置　　（D）电脑

5. 通常把输出量反送回输入端称为（　　）。

（A）扰动　　（B）反馈　　（C）反应　　（D）回馈

6. 将开环的补偿控制和闭环的按偏差控制结合起来，构成（　　）。

（A）双环控制　　（B）复合控制　　（C）单控制　　（D）组合控制

7. 控制系统逻辑功能图有很多种，主要有系统方框图、（　　）等。

（A）逻辑图　　（B）流程图　　（C）平面图　　（D）梯形图

8. 世界上任何物质都是由（　　）组成的。

（A）原子　　（B）质子　　（C）电子　　（D）中子

9. 辐射防护的目的在于使人类受其照射的必要活动建立和维持适当的安全条件，避免发生非随机效应，并使随机效应的发生率减至实际可能的（　　）水平。

（A）正常　　（B）一般　　（C）大概　　（D）最低

10. 剂量限值是受控实践使个人所受到的有效剂量或当量剂量不得（　　）的值。

（A）接近　　（B）超过　　（C）低于　　（D）少于

11.（　　）是指放射源在人体之外对人体产生的照射，包括体表放射性污染引起的照射。

(A) 外照射　(B) 内照射　(C) 电离辐射　(D) 中子辐射

12. (　　)是指未被确定为控制区、通常必须要采取专门防护手段和安全措施但要不断检查其职业照射条件的任何区域。

(A) 监督区　(B) 控制区　(C) 行政区　(D) 工作区

13. 放射性废物的管理主要包括废物的收集、转移、(　　)、贮存等活动。

(A) 再加工　(B) 再利用　(C) 减容　(D) 改造

14. 运行时一般不会有放射性的水漏出,表面污染的防护(　　)特别考虑。

(A) 必须　(B) 需要　(C) 不需要　(D) 一定

15. 电磁学中,右手定则判断的主要是与(　　)无关的方向。

(A) 原子　(B) 力　(C) 电子　(D) 中子

16. (　　)是衡量单位电荷在静电场中由于电势不同所产生的能量差的物理量。

(A) 电压　(B) 电流　(C) 电阻　(D) 电感

17. 电流的大小方向均不变,称为(　　)。

(A) 交流电　(B) 脉冲电流　(C) 稳恒电流　(D) 直流

18. (　　)操作是电气运行人员的重要工作。

(A) 安全　(B) 规范　(C) 倒闸　(D) 合理

19. 安全是生产活动的(　　)。

(A) 基础　(B) 核心　(C) 方针　(D) 指导

20. 电是由燃料、水力、风力、核能等一级能源转变成的(　　)能源。

(A) 一级　(B) 二级　(C) 三级　(D) 四级

21. 工作人员正常活动范围与 6 kV 以下带电设备的安全距离是(　　)米。

(A) 0.35　(B) 0.60　(C) 0.90　(D) 1.50

22. 事故是指造成死亡、疾病、伤害、损坏或其他损失的(　　)情况。

(A) 意外　(B) 必然　(C) 可能　(D) 其他

23. 事故现场的急救步骤有判断情况、确保安全、提供急救和(　　)。

(A) 撤离　(B) 求助　(C) 输送　(D) 疏散

24. 具有一定原子序数和质量数,并处于一定能态的一类原子称为(　　)。

(A) 核子　(B) 核素　(C) 中子　(D) 电子

25. 反应堆越接近临界,周期(　　)。

(A) 不变　(B) 越短　(C) 越长　(D) 无变化

26. 电器按工作电压等级分为高压电器和(　　)电器。

(A) 一级　(B) 中压　(C) 低压　(D) 常压

27. 核电厂从反应堆启停到满功率运行都离不开(　　)系统。

(A) 蒸汽　(B) 仪控　(C) 回路　(D) 通道

28. 核测量系统分为(　　)和堆外核测系统。

(A) 稳压器压力　(B) 稳压器液位

(C) 反应堆补给水　(D) 堆芯核测系统

29. 棒控棒位系统由(　　)和控制棒棒位指示系统组成。

(A) 控制棒控制系统　(B) 电源
(C) 稳压器　(D) 保护装置

30. 万用表的COM孔也称为公共端是专门插入(　　)表笔的插孔。
(A) 红色　(B) 黑色　(C) 蓝色　(D) 绿色

31. (　　)作为一种信号存储跟踪的常用仪控设备被广泛应用于设备状态跟踪、故障缺陷分析等方面。
(A) 信号发生器　(B) 记录仪　(C) 电阻测量　(D) 二极管测量

32. (　　)是用来测量被测设备的绝缘电阻和高值电阻的仪表。
(A) 记录仪　(B) 万用表　(C) 示波器　(D) 兆欧表

33. 能源是人类社会的(　　)。
(A) 部分　(B) 生命线　(C) 残次品　(D) 奢侈品

34. 核安全就是核设施在其设计、制造、运行及停役期间为保护公众及环境受可能的放射性危害所采取的所有措施的(　　)。
(A) 分组　(B) 总和　(C) 三级　(D) 方法

35. 质量控制与质量保证过程的目的是在核安全要求的遵守方面获得充分的(　　)。
(A) 信心　(B) 信息　(C) 肯定　(D) 可能

36. 纵深防御原理以及质量控制基本原则,均体现着核安全文化的(　　)作用。
(A) 积极　(B) 直接　(C) 间接　(D) 相关

37. 职业素养包括责任心、保守的工作方法、(　　)、文明行为标准。
(A) 技能学习　(B) 自我检查　(C) 自我能力　(D) 自我表扬

38. 中途暂停工作,(　　)整理、清扫其工作区,物品归类后方可离开。
(A) 不用　(B) 应该　(C) 随便　(D) 能够

39. 工作人员应该牢记并遵循(　　)的准则。
(A) 安全第一　(B) 利益第一　(C) 质量第一　(D) 生产第一

40. 现场文明生产要求,(　　)整理清扫工位现场,做好自己所在工作区和所用工具、设备及其他用品的保洁工作。
(A) 最后　(B) 随时　(C) 定时　(D) 定期

41. 发生事故是一种随机事件,是有(　　)的。
(A) 偶然性　(B) 必然性　(C) 可能性　(D) 合理性

42. 劳动保护用品是保护劳动者在劳动过程中的安全与健康的一种(　　)措施。
(A) 必要　(B) 防御性　(C) 合理　(D) 普通

43. 环境是指以(　　)为主体的外部世界。
(A) 人类　(B) 地球　(C) 宇宙　(D) 天空

44. “三废”处理遵循(　　)的原则。
(A) 低排　(B) 可合理达到尽量低
(C) 合理　(D) 不排

45. 燃烧三要素包括可燃物、助燃物、(　　)。
(A) 温度　(B) 湿度　(C) 材料　(D) 地区

46. 质量管理研究的对象是产品或服务的(　　)。

(A) 质量 (B) 数量 (C) 利益 (D) 效益

47. ( )是经营管理的一个重要组成部分。

(A) 企业 (B) 质量 (C) 数量 (D) 效益

48. 领导者应确立组织的目的与方向的( )。

(A) 一致 (B) 交错 (C) 正确 (D) 变化

49. 质量是企业的( )。

(A) 生命 (B) 前途 (C) 发展 (D) 方向

50. 质保大纲对所有影响质量的活动提出要求和( )。

(A) 规范 (B) 规则 (C) 前提 (D) 结构

51. 核电厂每项维修活动都必须按相应的( )进行。

(A) 维修规程 (B) 维修计划 (C) 技术要求 (D) 技术方案

52. 只要形成劳动关系,不论是否订立劳动合同都适用( )。

(A) 劳动法 (B) 基本法 (C) 宪法 (D) 工商法

53. 劳动法首先是对( )最基本利益的保护。

(A) 老板 (B) 客户 (C) 劳动者 (D) 所有人

54. 安全生产法的适用范围只限定在( )领域。

(A) 生产经营 (B) 工作 (C) 营销 (D) 销售

55. ( )是指在生产经营活动中发生的意外的突发事件的总称。

(A) 安全生产事故 (B) 交通事故

(C) 突发事故 (D) 意外事故

56. 各级( )应当加强对安全生产工作的领导。

(A) 政府 (B) 机关 (C) 领导 (D) 企业

57. 环境保护法适用于中华人民共和国领域和中华人民共和国管辖的其他( )。

(A) 流域 (B) 领域 (C) 海域 (D) 太空

58. 环境保护法确立了“( )为主、防治结合、综合治理”的原则。

(A) 预防 (B) 学习 (C) 干预 (D) 生产

59. 核安全的方针是( )。

(A) 安全第一,质量第一 (B) 安全生产

(C) 安全保密 (D) 安全研发

60. 核安全部门编制的部门规章主要分强制性和( )两大类。

(A) 指导性 (B) 计划性 (C) 合伙性 (D) 独立性

(二) 多项选择题(请将正确选项的代号填入题内的括号中)

1. 二极管按照用途分有( )。

(A) 普通二极管 (B) 整流二极管 (C) 开关二极管 (D) 稳压二极管

(E) 变容二极管

2. 三极管的分类有( )。

(A) NPN 型 (B) PNP 型 (C) 高频管 (D) 低频管

(E) 大功率管

3. 三极管的连接方式有( )。

(A) 共发射极接法　　(B) 共集电极接法
(C) 共基极接法　　(D) 串联接法
(E) 并联接法

4. 常用逻辑门电路有(　　)。
(A) 与门电路　　(B) 或门电路
(C) 非门电路　　(D) 异或门电路
(E) 与非门电路

5. 数字集成电路使用中的注意事项(　　)。
(A) 仔细认真阅读使用器件型号的资料
(B) 注意电源电压的稳定性
(C) 采用合适的方法焊接集成电路
(D) 注意设计工艺,增强抗干扰措施
(E) 与模拟电路使用中的注意事项一致

6. 基准电压源的常用型号(　　)。
(A) MC1403　　(B) MC1503　　(C) TL431　　(D) LM117
(E) LM217

7. 根据补偿对象的不同,复合控制系统的类型(　　)。
(A) 按扰动信号补偿的　　(B) 按输入信号补偿的
(C) 按输出信号补偿的　　(D) 按脉冲信号补偿的
(E) 按模拟信号补偿的

8. 常用的元器件有(　　)。
(A) 电阻器　　(B) 电容器　　(C) 电感器　　(D) 二极管
(E) 三极管

9. 辐射的种类有(　　)。
(A) α辐射　　(B) β辐射　　(C) γ辐射　　(D) 中子辐射
(E) 离子辐射

10. 外照射主要有(　　)造成。
(A) α辐射　　(B) β辐射　　(C) γ辐射　　(D) 中子辐射
(E) 离子辐射

11. 在应用剂量限值时,必须满足(　　)附加限制。
(A) 育龄妇女应保证为均匀受照,月剂量不得超过年剂量限值的 1/12
(B) 从事职业性辐射工作的孕妇、授乳妇,应在 1 年的照射不超过 15 mSv 的环境下工作,并保证为均匀受照
(C) 年龄在 16～18 周岁的学生和学徒工,由于教学培训需要接受照射时,1 年内受到的有效剂量当量不得超过 15 mSv。年龄小于 16 周岁者按公众成员控制
(D) 只有辐射工作人员可以接受事先计划的特殊照射。且一次不得超过 100 mSv,一生不得超过 250 mSv
(E) 育龄妇女和未满 18 周岁者不得接受事先计划的特殊照射

12. 降低外照射的方法有(　　)。

(A) 减少在放射源附近工作的时间
(B) 增大你自身和放射源之间的距离
(C) 在你和放射源之间添置屏蔽,以减少辐射
(D) 当放射源衰变到一定的程度后在接近它
(E) 减小你自身和放射源之间的距离

13. 办理RP证必须符合(　　)。
(A) 从事放射性工作的人员应身体健康,适合从事辐射工作
(B) 所有从事辐射工作的人员,必须接受辐射防护培训,通过考核
(C) 中国公民
(D) 社会人员
(E) 其他人员

14. 核电厂的放射源按物体状态分类有(　　)。
(A) 固体源　(B) 液体源　(C) 气体源　(D) 中子源
(E) 其他

15. 电路在工作时的工作状态有(　　)。
(A) 通路　(B) 短路　(C) 断路　(D) 回路
(E) 环路

16. 电流可以分为(　　)。
(A) 交流电　(B) 脉冲电流　(C) 稳恒电流　(D) 直流
(E) 分流

17. 我国劳动安全卫生标准分为(　　)。
(A) 国际标准　(B) 国家标准　(C) 行业标准　(D) 地方标准
(E) 企业标准

18. 核设施主要系统的风险是由系统或设备的(　　)系统内部的危险品产生的危害。
(A) 压力　(B) 温度　(C) 放射性　(D) 流体
(E) 用电

19. 核设施职业健康安全管理的基本方式(　　)。
(A) 定期监测　(B) 日常管理
(C) 健康体检　(D) 将职业危害及时告知员工
(E) 其他

20. 控制设备常用电器的用途有(　　)。
(A) 控制作用　(B) 调节作用　(C) 测量作用　(D) 指示作用
(E) 转换作用

21. 一回路仪表能对反应堆主辅各系统的热工参数进行测量并实现(　　)、下泄流温度控制、辅助给水流量调节、硼回收及蒸汽发生器“三废”控制等。
(A) 稳压器压力控制　(B) 稳压器液位控制
(C) 反应堆补给水控制　(D) 化学与容积控制
(E) 下泄背压控制

22. 辐射监测系统用于监测(　　)、堆顶气溶胶等的放射性水平进行测量和相关的联

锁控制。

(A) 安全壳内空气　(B) 主回路压力边界的泄漏

(C) 辅助厂房通风空气中碘浓度　(D) 乏燃料池排气

(E) 烟囱排放气体

23. 电厂计算机系统的工作方式为(　　)。

(A) 在线　(B) 开环

(C) 不参与系统控制　(D) 局域网

(E) 互联网

24. 万用表的作用(　　)。

(A) 电压测量　(B) 电流测量　(C) 电阻测量　(D) 二极管测量

(E) 信号发生器

25. 信号发生器的应用可以分成 3 种基本类型(　　)。

(A) 检验　(B) 极限/余量测试

(C) 电阻测量　(D) 二极管测量

(E) 检定

26. 核安全思想的发展大致分为(　　)。

(A) 设备与程序　(B) 人因

(C) 核安全文化　(D) 安全教育

(E) 人员教育

27. 核设施管理层的职责(　　)。

(A) 跟踪与监督　(B) 营造良好的工作环境

(C) 建立质量系统　(D) 后勤

(E) 其他

28. 员工对核安全文化的应用(　　)。

(A) 工作前的考虑　(B) 工作期间的保证

(C) 工作后的纠正与检查　(D) 质量保证的理解和运用

(E) 碰到问题不汇报,完全自行解决

29. 职业素养包括(　　)。

(A) 责任心　(B) 保守的工作方法

(C) 自我检查　(D) 文明行为标准

(E) 其他

30. 物料管理包括(　　)。

(A) 现场物料管理　(B) 物料出入管理

(C) 防异物管理　(D) 文明行为标准

(E) 其他

31. 劳动保护用品有(　　)。

(A) 头部防护用品　(B) 眼部防护用品

(C) 手部防护用品　(D) 足部防护用品

(E) 躯干防护用品

32. 火灾的危害主要有(　　)。
(A) 毁坏物质财富　　(B) 残害人类生命
(C) 破坏生态平衡　　(D) 造成的间接经济损失
(E) 造成不良的社会影响
33. 核设施的防火主要有(　　)。
(A) 厂房防火屏障　　(B) 厂房防火门管理
(C) 消防设施管理　　(D) 造成的间接经济损失
(E) 造成不良的社会影响
34. 灭火的基本方法有(　　)。
(A) 冷却灭火法　　(B) 隔离灭火法
(C) 窒息灭火法　　(D) 抑制灭火法
(E) 吹风灭火法
35. 质量管理活动包括(　　)。
(A) 质量方针与质量目标的建立　　(B) 质量策划
(C) 质量控制　　(D) 质量保证
(E) 质量改进
36. 质量对企业的意义(　　)。
(A) 质量是企业的生命　　(B) 质量是企业的信誉的标志
(C) 质量是企业开拓市场的武器　　(D) 质量是提高企业经济效益的最佳途径
(E) 质量的好坏对企业没有影响
37. 质量控制的工作内容包括了(　　)两方面。
(A) 管理技术　　(B) 专业技术　　(C) 材料技术　　(D) 设计技术
(E) 操作技术
38. 企业包括(　　)等。
(A) 国有企业　　(B) 集体所有制　　(C) 中外合资企业　　(D) 中外合作企业
(E) 乡镇企业
39. 劳动法的基本内容有(　　)等。
(A) 适用范围　　(B) 基本权利和义务
(C) 促进劳动就业　　(D) 工资
(E) 劳动安全卫生
40. 安全生产法的适用主体范围包括(　　)等。
(A) 股份制公司　　(B) 外资企业
(C) 合伙企业　　(D) 个人独资企业
(E) 中外合资经营企业
41.《中华人民共和国放射性污染防治法》的基本内容(　　)等。
(A) 防治放射性污染,保护环境,保障人体健康
(B) 结合我国实际情况分析
(C) 国家对放射性污染的防治,实行预防为主、防治结合、严格管理、安全第一的方针
(D) 放射性污染防治的科学研究和技术开发利用,推广先进的放射性污染防治技术

(E) 放射性污染防治工作依法实施统一监督管理

(三) 简答题

1. 二极管的结构是怎样的?
2. 什么是基准电压源?
3. 复合控制系统的特点是什么?
4. 控制系统逻辑功能图是什么?
5. 什么是同位素?
6. 辐射防护应遵循的要求有哪些?
7. 在应用剂量限值时,必须满足哪些附加限制?
8. 放射性废物是指什么?
9. 右手螺旋定则是什么?
10. 简要描述什么是电压及其使用单位和符号。
11. 描述交流电路。
12. 倒闸操作是电气运行人员的重要工作,应该注意什么?
13. 核安全文化的特征是什么?
14. 什么是质量组织管理?
15. 安全文化的核心是什么?
16. 质量管理的八项原则是什么?
17. 《中华人民共和国劳动法》的立法目的是什么?
18. 《中华人民共和国环境保护法》的立法目的是什么?
19. 《中华人民共和国放射性污染防治法》的适用范围是什么?
20. 《中华人民共和国放射性污染防治法》的立法目的是什么?

(四) 综合题

1. 描述二极管的伏安特性。
2. 描述常用逻辑门电路。
3. 描述闭环控制系统的方块图的绘制步骤。
4. 描述降低外照射的方法有哪些。
5. 描述核设施主要系统的风险。
6. 描述临界前系统和设备的必要条件。
7. 描述一回路仪表的作用。
8. 描述硅表的测量原理。
9. 描述兆欧表的分类。
10. 描述核安全文化的定义。
11. 描述核安全的定义。
12. 描述质量保证大纲。

五、参考答案

(一) 单项选择题

1. B; 2. B; 3. A; 4. C; 5. B; 6. B; 7. A; 8. A; 9. D; 10. B; 11. B; 12. A; 13. C;

14. C; 15. B; 16. A; 17. C; 18. C; 19. A; 20. B; 21. A; 22. B; 23. B; 24. B; 25. B; 26. C; 27. B; 28. D; 29. A; 30. B; 31. B; 32. D; 33. B; 34. B; 35. A; 36. B; 37. B; 38. B; 39. A; 40. B; 41. A; 42. B; 43. A; 44. B; 45. A; 46. A; 47. B; 48. A; 49. A; 50. A; 51. A; 52. A; 53. C; 54. A; 55. A; 56. A; 57. C; 58. A; 59. A; 60. A。

(二) 多项选择题

1. ABCDE; 2. ABCDE; 3. ABC; 4. ABCDE; 5. ABCD; 6. ABC; 7. AB; 8. ABCDE; 9. ABCD; 10. CD; 11. ABCDE; 12. ABCD; 13. AB; 14. ABC; 15. ABC; 16. ABCD; 17. BCDE; 18. ABCDE; 19. ABCD; 20. ABCDE; 21. ABCDE; 22. ABCDE; 23. ABC; 24. ABCD; 25. ABE; 26. ABC; 27. ABC; 28. ABCD; 29. ABCD; 30. ABC; 31. ABCDE; 32. ABCDE; 33. ABC; 34. ABCD; 35. ABCDE; 36. ABCD; 37. AB; 38. ABCDE; 39. ABCDE; 40. ABCDE; 41. ABCDE。

(三) 简答题

1. 答:晶体二极管也称为半导体二极管,它是 PN 结上加接触电极、引线和管壳封装而成的。按其结构,通常有点接触型和面结型两类。

2. 答:基准电压源一般可以用稳压管组成的稳压源来承担,但目前有很多基准电压集成电路,这些电路稳压性能非常好,被广泛用作高性能稳压电源的基准电源,或 A/D 和 D/A 转换器的参考电源。常用型号 MC1403、MC1503 和 TL431。

3. 答:在系统的控制信号中除了引入偏差信号实现反馈控制外,还通过补偿装置引入输入信号(扰动信号或参考输入信号)的补偿信号实现顺馈控制,以减少输入信号所引起的系统误差,提高系统的控制精度。在理想情况下,可使系统误差等于零,达到完全补偿。即系统输出不受扰动的影响,实现对扰动的不变性;或使输出完全复现(参考)输入,实现对输入的“不变性”。

4. 答:控制系统逻辑功能图是表示理论的或者理想的逻辑功能电路而不涉及实现方法的一种图,其用途是提供绘制逻辑功能电路图或其他有关图纸的依据。控制系统逻辑功能图有很多种形式,主要有系统方框图、逻辑图等。

5. 答:我们把凡是原子序数相同而原子质量数不同的这一类原子称为同位素。

6. 答:核电厂在生产营运过程中涉及辐射防护问题,必须遵循以下要求:(1) 实践的正当性;(2) 剂量限制;(3) 防护与安全的最优化。

7. 答:(1) 育龄妇女应保证为均匀受照,月剂量不得超过年剂量限值的 1/12;(2) 从事职业性辐射工作的孕妇、授乳妇,应在 1 年的照射不超过 15 mSv 的环境下工作,并保证为均匀受照;(3) 年龄在 16～18 周岁的学生和学徒工,由于教学培训需要接受照射时,1 年内受到的有效剂量当量不得超过 15 mSv。年龄小于 16 周岁者按公众成员控制;(4) 只有辐射工作人员可以接受事先计划的特殊照射。且一次不得超过 100 mSv,一生不得超过 250 mSv;(5) 育龄妇女和未满 18 周岁者不得接受事先计划的特殊照射。

8. 答:放射性废物是指来自实践或干预的、预期不会再利用的废弃物(不管其物理形态如何),它含有放射性物质或被放射性物质污染,其活度或活度浓度大于审管部门规定的清洁解控水平,并且它所引起的照射未被排除。

9. 答:用右手握螺线管。让四指弯向螺线管的电流方向,大拇指所指的那一端就是通电螺线管的北极。直线电流的磁场的话,大拇指指向电流方向,另外四指弯曲指的方向为磁感线的方向(磁场方向或是小磁针北极所指方向或是小磁针受力方向)。

10. 答:电压也称作电势差或电位差,是衡量单位电荷在静电场中由于电势不同所产生的能量差的物理量,以单位伏特来计量电压,通常缩写为V。

11. 答:在一个电路里,如果电源的电动势 $e(t)$随时间作周期性变化,则各段电路中的电压 $u(t)$和电流 $i(t)$都将随时间作周期性变化,这种电路叫做交流电路。

12. (1) 禁止使用自制的卡灯作为低压验电器;(2) 验电器的金属裸露部分不宜过长;(3) 合熔断器时要带绝缘手套;(4) 送电前就地检查设备的步骤不可少;(5) 合接地刀闸或装接临时接地线时应填写操作票。

13. 答:核安全文化是所有从事与核安全相关工作的人员参与的结果,它包括核设施员工,核设施管理人员及政府决策层。

14. 答:质量的组织管理,就是管理质量保证所采取措施的总和,又称做质量系统。质量系统是为核安全要求得到满足,核安全文化全面普及和提高提供一种信心和证明。

15. 答:工作人员应该牢记并遵循安全第一的准则。

16. 答:(1) 以顾客为关注焦点;(2) 领导作用;(3) 全员参与;(4) 过程方法;(5) 管理的系统方法;(6) 持续改进;(7) 基于事实的决策方法;(8) 与供方互利的关系。

17. 答:《中华人民共和国劳动法》的立法目的是:为了保护劳动者的合法权益,调整劳动关系,建立和维护适应社会主义市场经济的劳动制度,促进经济发展和社会进步。

18. 答:《中华人民共和国环境保护法》的立法目的是:为了保护和改善生活环境与生态环境,防治污染和其他公害,保障人体健康,促进社会主义现代化建设的发展。

19. 答:《中华人民共和国放射性污染防治法》适用于中华人民共和国领域和管辖的其他海域在核设施选址、建造、运行、退役和核技术、铀(钍)矿、伴生放射性矿开发利用过程中发生的放射性污染的防治活动。

20. 答:《中华人民共和国放射性污染防治法》的立法目的是:防治放射性污染,保护环境,保障人体健康,促进核能、核技术的开发与和平利用。

(四) 综合题

1. 答:二极管具有单向导电性;二极管的伏安特性具有非线性;二极管的伏安特性与温度有关。

2. 答:能实现逻辑运算的电路称为门电路,用基本的门电路可以构成复杂的逻辑电路,完成任何逻辑运算功能,这些逻辑电路是构成计算机及其他数字系统的重要基础。与门、或门和非门电路是最基本的门电路,可分别完成与、或、非逻辑运算。

3. 答:(1) 根据系统的控制目的与要求,确定受控对象和被控量(常是受控对象的输出量)。预期目标(或被控量的期望值),就是系统参考输入信号(或给定信号)。使受控量偏离期望值的外部输入信号,称为系统的扰动量。(2) 根据功能,将一个复杂的系统划分为若干个较简单的环节。确定各环节的输入量与输出量,绘制各环节的方块图。(3) 根据信号的传递关系(即输入输出关系),将环节方块图连接起来,即可得整个系统的方块图。

4. 答:(1) 减少在放射源附近工作的时间;(2) 增大你自身和放射源之间的距离;(3) 在你和放射源之间添置屏蔽,以减少辐射;(4) 当放射源衰变到一定的程度后在接近它。

5. 答:核设施主要系统的风险是由系统或设备的压力、温度、放射性、流体、用电、系统内部的危险品产生的危害。

6. 答:反应堆在启动达临界之前,必须检查反应堆冷却剂系统(RCS)运行正常,核测仪表运行正常,核蒸汽转换系统的凝结水、除氧器、辅助给水等系统运行正常。完成估计临界棒位、临界硼浓度计算(ECC)之后,在得到运行值长指令“趋近反应堆临界”许可之后,方可进行反应堆临界启动操作。

7. 答:一回路仪表能对反应堆主辅各系统的热工参数进行测量并实现稳压器压力控制、稳压器液位控制、反应堆补给水控制、化学与容积控制、下泄背压控制、下泄流温度控制、辅助给水流量调节、硼回收及蒸汽发生器“三废”控制等。

8. 答:二氧化硅的测量是根据光的吸收定律来进行的。一束具有相应波长的单色光透过有色溶液时,由于一部分光被有色溶液吸收,光的辐射能力减弱。浓度越大,液层越厚,被吸收的光越多,透过的光越弱。

9. 答:兆欧表一般分为高压数字式兆欧表、电子兆欧表、绝缘电阻测试仪、大功率高压兆欧表、数显式绝缘电阻测试仪等。

10. 答:核安全文化是存在于单位和个人中的种种特性和态度的总和,它建立一种超出一切之上的观念,即核设施安全问题由于它的重要性要保证得到应有的重视。

11. 答:核安全就是核设施在其设计、制造、运行及停役期间为保护公众及环境受可能的放射性危害所采取的所有措施的总和。

12. 答:制定质保大纲是核电厂工程不可分割的一部分。该大纲须对各种工作的控制作出规定。每种工作的控制须符合本规定的要求。确定大纲所适用的物项、服务和工艺。对这些物项、服务和工艺规定控制和验证的方法或水平。对影响质量的活动规定控制条件,大纲须规定对从事影响质量活动的人员的培训。定期评定和修订大纲,规定文件的语种,文件的翻译本须由合格的人员审查。

第三单元　维修准备

一、学习目标

1. 了解最终安全分析报告技术规格书中对核反应堆保护系统的相关要求；
2. 了解核反应堆保护系统设计、调试、制造、验收标准；
3. 了解核反应堆控制系统设计、调试、制造、验收标准；
4. 了解最终安全分析报告技术规格书中对核反应堆中子测量系统的相关要求；
5. 掌握核反应堆中子测量系统设计、调试、制造、验收标准；
6. 掌握可编程控制器的基本工作原理；
7. 掌握重水堆燃料操作系统设计、调试、制造、验收标准。

二、考核要点

考核要点见表 3-3。

表 3-3　考核要点

考核类别	考核范围	考核点	重要程度
维修准备	最终安全分析报告技术规格书中对核反应堆保护系统的相关要求	最终安全分析报告技术规格书中对反应堆停堆保护系统的相关要求	X
		最终安全分析报告技术规格书中对专设安全设施驱动系统的相关要求	X
	核反应堆保护系统设计、调试、制造、验收标准	核反应堆保护系统设计标准	X
		核反应堆保护系统调试标准	X
		核反应堆保护系统制造标准	X
		核反应堆保护系统验收标准	X
	核反应堆控制系统设计、调试、制造、验收标准	反应堆功率调节系统设计基准	X
		棒控棒位系统设计标准	X
		核反应堆控制系统调试标准	X
		核反应堆控制系统制造标准	X
		核反应堆控制系统验收标准	X
	最终安全分析报告技术规格书中对核反应堆中子测量系统的相关要求	最终安全分析报告技术规格书中对核反应堆中子测量系统的相关要求	X

续表

考核类别	考核范围	考核点	重要程度
维修准备	核反应堆中子测量系统设计、调试、制造、验收标准	堆外核测系统系统设计标准	X
		堆外核测系统系统调试标准	X
		堆外核测系统系统制造标准	X
		堆外核测系统系统验收标准	X
		堆芯核测系统系统设计标准	X
		堆芯核测系统系统调试标准	X
		堆芯核测系统系统制造标准	X
		堆芯核测系统系统验收标准	X
	可编程控制器的基本工作原理	MC5000 控制器的组成	X
		MC5000 控制器的工作原理	X
		MC5000 控制器的界面	X
		扩展版 MC5000 系列功能的修改	X
		MC5000 系列产品的实际应用	X
	重水堆燃料操作系统设计、调试、制造、验收标准	重水堆燃料操作系统设计标准	X
		重水堆燃料操作系统调试标准	X
		重水堆燃料操作系统制造标准	X
		重水堆燃料操作系统验收标准	X

三、考点导航

1. 最终安全分析报告技术规格书中对核反应堆保护系统的相关要求

(1) 最终安全分析报告技术规格书中对反应堆停堆保护系统的相关要求

需要了解最终安全分析报告中与反应堆停堆保护系统的相关要求。

(2) 最终安全分析报告技术规格书中对专设安全设施驱动系统的相关要求

需要了解最终安全分析报告中与专设安全设施驱动系统的相关要求。

2. 核反应堆保护系统设计、调试、制造、验收标准

(1) 核反应堆保护系统设计标准

需要了解核反应堆保护系统设计的几个主要标准。

(2) 核反应堆保护系统调试标准

核反应堆保护系统的调试工作主要的依据文件是《核反应堆保护系统调试大纲》。

(3) 核反应堆保护系统制造标准

需要了解核反应堆保护系统制造标准。

(4) 核反应堆保护系统验收标准

从长期工作的温湿度,系统的拒动率、误动率,抗震性能,响应时间,不确定度,系统状态自动判断等方面综合考虑系统的验收准则。

3. 核反应堆控制系统设计、调试、制造、验收标准

(1) 反应堆功率调节系统设计基准

1) 在 15%~100%额定功率范围内,使反应堆能承受±10%额定功率的阶跃变化或±5%额定功率/分钟的线性变化而不得引起反应堆停堆、蒸汽排放、稳压器释放阀驱动。

2) 在自动运行或运行瞬态时,恢复并保持反应堆冷却剂平均温度在规定的限制内。

3) 在 100%电网甩负荷时,能短时间带厂用电运行,在蒸汽排放系统的配合下,不得引起反应堆停堆,也不得引起稳压器安全阀及主蒸汽管道上的安全阀驱动。

(2) 棒控棒位系统设计标准

需要了解棒控棒位系统设计要求遵守的设计标准。

(3) 核反应堆控制系统调试标准

核反应堆控制系统调试必须依据经过批准的标准开展。

(4) 核反应堆控制系统制造标准

核反应堆控制系统制造标准要从以下五个方面严格规定:质量保证,分包商审查,制造,检验和调试,整机联调。

(5) 核反应堆控制系统验收标准

首先要清晰理解验收依据,然后要根据经过批准的验收步骤执行验收。

4. 最终安全分析报告技术规格书中对核反应堆中子测量系统的相关要求

了解最终安全分析报告技术规格书中对核反应堆中子测量系统的相关要求

5. 核反应堆中子测量系统设计、调试、制造、验收标准

(1) 堆外核测系统系统设计标准

所有仪表的量程可提供运行期间所要求的超功率反应堆的停堆保护。仪表量程互相覆盖以保证由源量程开始通过中间量程到高功率水平的连续反应堆功率保护。比较来自四个功率量程通道的中子注量率测量值,当水平倾斜超过了目标值,触发相应报警。软件部分质量控制严格按照 1E 级要求。相应的调试、制造和验收,均应遵守对应的 GB(国家标准)和 IEEE 标准。

(2) 堆外核测系统系统调试标准

需要掌握调试相关的 GB、GB/T、IEEE 和具体系统的技术规格书等标准。

(3) 堆外核测系统系统制造标准

供货商在设备制造前应根据设备的质保等级和相关的标准和要求做到:

- 制定质保文件;
- 对相关制造人员的资格进行评定;
- 对相关的制造产品状态进行评定;
- 设备制造应采用合格的工艺进行加工;

- 设备制造采用的材料和部件应有质保证书和合格证；
- 对于一些有特殊要求的材料或部件应有检验、试验或鉴定报告；
- 设备制造场地应满足与其相适应的环境条件。

(4) 堆外核测系统系统验收标准

系统单个部件或设备出厂时应按合同和规范书的要求进行试验验收，以证明其性能和功能的有效性。

系统整套设备出厂时应按合同和规范书的要求在试验台架上进行联动试验，以证明系统的完整性、可用性和可靠性。

系统在核电厂反应堆100%满功率下正常运行后进行最终验收。

(5) 堆芯核测系统系统设计标准

堆芯核测系统的系统设计需要同时满足启堆时的用途和正常运行时的用途两方面的要求。

(6) 堆芯核测系统系统调试标准

需要了解系统调试的相关准则。

(7) 堆芯核测系统系统制造标准

供货商在设备的制造中，应符合《核电厂和其他核设施安全的质量保证》(IAEA50-C-Q—1996)的要求。

(8) 堆芯核测系统系统验收标准

供货商在设备的验收中，应符合《核电厂和其他核设施安全的质量保证》(IAEA50-C-Q—1996)的要求。

6. 可编程控制器的基本工作原理

(1) MC5000控制器的组成

(2) MC5000控制器的工作原理

压力变送器PT 采集现场压力信号，转换成4～20 mA 的电流信号，电流信号通过标准250 Ω电阻后变成1～5 V电压信号输入到MC5000压力控制器，控制器将此电压信号与SP设定值相比较后输出4～20 mA电流信号至电气转换器，电气转换器根据信号大小控制气压大小(20～100 kPa)，从而控制PCV 阀门开度，达到调节管道压力的目的。

(3) MC5000控制器的界面

需要熟悉MC5000控制器的操作界面，熟悉操作方法。

(4) 扩展版MC5000系列功能的修改

扩展版 MC5000 允许用户通过 FCIM 组合组态(Flexibility Control Interconnection Modules)修改模块的功能以及改变执行的顺序，遇到很复杂的工况，用户还可以使用F-TRAN(F&P Translator)。

(5) MC5000系列产品的实际应用

需要通过实例掌握MC5000系列产品在核电厂(尤其是重水堆机组换料系统)的实际应用。

7. 重水堆燃料操作系统设计、调试、制造、验收标准

(1) 重水堆燃料操作系统设计标准

重水堆燃料操作系统在设计上需要满足如下十个方面的标准：

1）新燃料棒束的贮存、接收、检查和传输。新燃料棒束的贮存空间必须满足 9 个月供应量；

2）通过自动或者手动远程操作将新燃料棒束装入装卸料机；

3）装卸料机在反应堆上换料必须通过远程自动或者手动操作，每个通道换料是从 2 根到 12 根，必须成对操作，正常情况下是每个通道 8 根棒束；

4）通过装卸料机远程自动或者手动操作卸出乏燃料；

5）传输乏燃料必须在乏燃料水池进行，乏燃料的操作必须远程自动或者手动操作；

6）在乏燃料孔道能够进行破损燃料进行定位；

7）失效燃料能够进行装罐处理；

8）必须在水下接收和定位乏燃料及失效燃料；

9）必须在乏燃料水池上方安置一个 100 t 的吊车；

10）乏燃料贮存水池能够接受 10 年的乏燃料贮存空间。

（2）重水堆燃料操作系统调试标准

需要了解重水堆燃料操作系统调试标准。

（3）重水堆燃料操作系统制造标准

重水堆燃料操作系统制造需要先制定质保文件，再确定验收依据，然后据此做好设备验收和文件验收工作。

（4）重水堆燃料操作系统验收标准

系统单个部件或设备出厂时应按合同和规范书的要求进行试验验收，以证明其性能和功能的有效性。

系统整套设备出厂时应按合同和规范书的要求在试验台架上进行联动试验，以证明系统的完整性、可用性和可靠性。

系统在核电厂反应堆 100%满功率下正常运行后进行最终验收。

四、仿真训练

（一）单项选择题（请将正确选项的代号填入题内的括号中）

1. 按照 30 万千瓦机组最终安全分析报告技术规格书中对核反应堆保护系统的要求，P-6 不存在时（　　）。

（A）允许手动闭锁源量程反应堆停堆

（B）自动解除源量程反应堆停堆闭锁

（C）自动解除功率量程（低整定值）反应堆停堆闭锁

（D）允许手动闭锁功率量程（低整定值）反应堆停堆

2. 按照 30 万千瓦机组最终安全分析报告技术规格书中对核反应堆保护系统的要求，P-6 存在（　　）。

（A）允许手动闭锁源量程反应堆停堆

（B）自动解除源量程反应堆停堆闭锁

（C）自动解除功率量程（低整定值）反应堆停堆闭锁

（D）允许手动闭锁功率量程（低整定值）反应堆停堆

3. 按照 30 万千瓦机组最终安全分析报告技术规格书中对核反应堆保护系统的要求，

P-10存在(　　)。

(A) 允许手动闭锁源量程反应堆停堆

(B) 自动解除源量程反应堆停堆闭锁

(C) 自动解除功率量程(低整定值) 反应堆停堆闭锁

(D) 允许手动闭锁功率量程(低整定值)反应堆停堆

4. 按照 30 万千瓦机组最终安全分析报告技术规格书中对核反应堆保护系统的要求，P-10不存在(　　)。

(A) 允许手动闭锁源量程反应堆停堆

(B) 自动解除源量程反应堆停堆闭锁

(C) 自动解除功率量程(低整定值) 反应堆停堆闭锁

(D) 允许手动闭锁功率量程(低整定值)反应堆停堆

5. M310机组专设安全设施的驱动逻辑器件的定期试验周期为(　　)。

(A) 一个月　　(B) 两个月　　(C) 三个月　　(D) 半年

6. 核反应堆保护系统安全等级是(　　)。

(A) QA1　　(B) 1E级　　(C) SSE　　(D) QA2

7. M310机组核反应堆保护系统调试标准中,紧急停堆系统响应时间为(　　)。

(A) <50 ms　　(B) <30 ms　　(C) <40 ms　　(D) <20 ms

8. 完成核反应堆保护系统与其他系统完成连接后,验证系统功能是否满足设计要求的最后验证阶段为(　　)。

(A) 本系统与外部系统联合调试阶段

(B) 现场的单设备性能测试和功能试验阶段

(C) 工厂试验阶段

(D) 反应堆装料、启动和功率运行阶段的各项试验

9. 完成核反应堆保护系统与其他系统完成连接后,调试系统之间的接口功能是否正常的调试阶段为(　　)。

(A) 本系统与外部系统联合调试阶段

(B) 现场的单设备性能测试和功能试验阶段

(C) 工厂试验阶段

(D) 反应堆装料、启动和功率运行阶段的各项试验

10. 关于核反应堆保护系统制造标准,下面哪个说法是错误的(　　)。

(A) 核反应堆保护系统制造标准是IAEA50-C/SG-Q1967

(B) 每个保护系统设备柜具备机柜开门报警能力(主控核就地)

(C) 核反应堆保护系统可靠性要求很好,硬件必须满足1E级

(D) 设备柜的内部布线应合理,柜内导线应整齐、清洁,导线应垂直或水平捆扎并敷设在线槽内,线槽内导线的装载量只要不满出无特殊要求

11. 核反应堆保护系统制造必须满足的安全等级为(　　)。

(A) 1E级　　(B) N1级　　(C) N2级　　(D) N3级

12. 核反应堆保护系统制造必须满足的质量保证等级为(　　)。

(A) Q0级　　(B) Q1级　　(C) Q2级　　(D) Q3级

13. 在重水机组一号停堆系统中属于直接脱扣参数，不需进入 PDC 的信号参数是(　　)。

(A) 主热传输系统压力高　　(B) 稳压器液位低
(C) 蒸发器液位低　　(D) 反应堆厂房压力高

14. M310 机组继电器机柜验收期间，必须达到的质保等级为(　　)。

(A) QA2　　(B) QA1　　(C) SSE　　(D) SL-2

15. 30 万千瓦机组核反应堆保护系统验收时，设备的拒动率为(　　)。

(A) $\leqslant 10^{-5}$/年　　(B) $\leqslant 10^{-4}$/年　　(C) $\leqslant 10^{-3}$/年　　(D) $\leqslant 10^{-2}$/年

16. 重水机组二号停堆系统毒物注射阀的开启时间为(　　)。

(A) 100 mS　　(B) 160 mS　　(C) 300 mS　　(D) 30 mS

17. 30 万千瓦机组反应堆功率调节系统在(　　)额定功率范围内，使反应堆能承受±10%额定功率的阶跃变化或±5%额定功率/分的线性变化而不得引起反应堆停堆、蒸汽排放、稳压器释放阀驱动。

(A) 5%～100%　　(B) 15%～100%　　(C) 20%～100%　　(D) 30%～100%

18. 30 万千瓦机组反应堆功率调节系统的主要目的是在自动运行或运行瞬态时，恢复并保持反应堆(　　)在规定的限制内。

(A) 冷却剂冷端温度　　(B) 冷却剂热端温度
(C) 冷却剂平均温度　　(D) 以上都不对

19. M310 机组反应堆在 G 模式运行方式下，灰棒棒位由(　　)决定。

(A) 蒸汽需求量　　(B) 反应堆冷却剂温度
(C) 汽机冲动级压力　　(D) 最终功率定值

20. 重水堆机组堆芯内自给能铂探测器测量功率的范围是(　　)。

(A) 10^{-7}～1.5 FP　　(B) 10^{-14}～10^{-10} FP
(C) 10^{-10}～10^{-6} FP　　(D) 0～1.5 FP

21. 30 万千瓦机组控制棒控制系统接受来自(　　)的信号进行自动调节或者通过手动控制方式来调节反应堆功率，以满足汽轮机的需求功率。

(A) 核反应堆保护系统　　(B) 反应堆功率调节装置
(C) 中子测量系统　　(D) 轴向功率偏差报警系统

22. 控制棒控制系统要求控制棒到达的位置，简称(　　)，每一个子组有一个对应的显示。

(A) 给定棒位　　(B) 实测棒位　　(C) 校正棒位　　(D) 失步棒位

23. 棒控设备柜厂家调试期间对机柜进行耐压测试时需使用什么仪器进行测试。

(A) 万用表　　(B) 电流表　　(C) 耐压测试仪　　(D) 绝缘测试仪

24. 关于棒控、棒位系统制造以下说法正确是(　　)。

(A) 棒控、棒位系统制造无需编制生产制造计划
(B) 员工必须具有合格的上岗证书
(C) 不是所有机柜及其他设备都应标上设备代号
(D) 电气柜内端子排可以不采用无卤阻燃材料

25. 凡设备设计、工艺设计和制造中出现影响产品使用质量的差错，应填写(　　)进行

跟踪处理,并存档于验收文件中。

(A) 质量缺陷报告　　(B) 状态报告

(C) 不符合项报告　　(D) 缺陷单

26. 不属于棒控、棒位系统制造验收依据是(　　)。

(A) 合同及其附件

(B) 验收大纲

(C) 设备采购方和供货方共同认可的其他文件

(D) 国外同类设备的标准

27. 30 万千瓦机组换料操作时,堆外核测系统一个源量程中子注量率探测器不可用,需采取(　　)措施。

(A) 停止添加正反应性,连续监视硼浓度

(B) 暂停更换堆芯燃料

(C) 暂停更换堆芯燃料,停止添加正反应性

(D) 暂停更换堆芯燃料,连续监视硼浓度

28. 重水堆机组中,正常运行期间不参与反应堆功率控制的测量方式是(　　)。

(A) 堆外启动仪表　　(B) 自给能铂探测器

(C) 自给能钒探测器　　(D) 电离室

29. 30 万千瓦机组源量程由(　　)个相同而独立的通道组成。

(A) 1　　(B) 2　　(C) 3　　(D) 4

30. 30 万千瓦机组中间量程由(　　)个相同而独立的通道组成。

(A) 1　　(B) 2　　(C) 3　　(D) 4

31. 30 万千瓦机组功率量程由(　　)个相同而独立的通道组成。

(A) 1　　(B) 2　　(C) 3　　(D) 4

32. 30 万千瓦机组中间量程探测器的通量范围为(　　)。

(A) $10^{-1}\sim2\times10^{5}$ n/cm^{2}·s　　(B) $2\times10^{-1}\sim2\times10^{5}$ n/cm^{2}·s

(C) $2\times10^{2}\sim5\times10^{10}$ n/cm^{2}·s　　(D) $5\times10^{2}\sim5\times10^{10}$ n/cm^{2}·s

33. M310 机组关于堆外核测系统,下列说法错误的是(　　)。

(A) 源量程由两个相同而独立的通道组成

(B) 中间量程由四个相同而独立的通道组成

(C) 功率量程由四个相同而独立的通道组成

(D) 所有仪表的量程可提供运行期间所要求的超功率反应堆的停堆保护

34. 不适用于堆外核测系统的调试、制造和验收标准的是(　　)。

(A) GB/T 5963—1986《核反应堆保护系统内部隔离》

(B) GB/T 8993—1998《核仪器环境条件及试验方法》

(C) EJ/T 504—1990《安全级电子元器件老化筛选和降额使用》

(D) IEC 60568—1977《测量动力堆中子注量率的堆内仪表》

35. 关于堆外核测系统制造要求说法错误的是(　　)。

(A) 对相关制造人员的资格进行评定

(B) 设备制造场地应满足与其相适应的环境条件

(C) 对所有材料或部件应有检验、试验或鉴定报告

(D) 设备制造应采用合格的工艺进行加工

36. 关于满功率时,重水堆一号停堆系统电离室输出信号的数值大小,下列说法正确的是( )。

(A) 对数变化率信号 0%,对数信号 4 V,线性信号 3.166 V

(B) 对数变化率信号 15%,对数信号 4 V,线性信号 3.166 V

(C) 对数变化率信号 0%,对数信号 3.166 V,线性信号 4 V

(D) 对数变化率信号 0%,对数信号 3.166 V,线性信号 3.166 V

37. 重水堆机组中,液体区域控制系统用铂探测器的分组原则是( )。

(A) 平均放入 26 个组件中　(B) 14 个区域,每区域 2 个

(C) 26 个组件,每组 3～5 个　(D) 7 个区域,每区域 2 个

38. 堆芯核测系统适用的调试、制造和验收标准正确的是( )。

(A) IEC 60568—1977《测量动力堆中子注量率的堆内仪表》

(B) IEC 60568—1978《测量动力堆中子注量率的堆内仪表》

(C) IEC 60569—1977《测量动力堆中子注量率的堆内仪表》

(D) IEC 60569—1978《测量动力堆中子注量率的堆内仪表》

39. 关于堆芯核测系统制造要求说法错误的是( )。

(A) 对相关制造人员进行考试授权

(B) 设备制造应采用合格的工艺进行加工

(C) 对相关的制造产品状态进行评定

(D) 设备制造采用的材料和部件应有质保证书和合格证

40. 不属于堆芯核测系统设备制造验收依据的是( )。

(A) 外观检查　(B) 合同及附件　(C) 规范书　(D) 验收大纲

41. 下面关于 MC5000 控制器回路控制数量描述错误的是( )。

(A) 单回路　(B) 双回路　(C) 四回路　(D) 六回路

42. MC5000 控制器将此电压信号与 SP 设定值相比较后输出 4～20 mA 电流信号至电气转换器,电气转换器根据信号大小控制气压大小( ),从而控制 PCV 阀门开度,达到调节管道压力的目的。

(A) 20～100 kPa　(B) 10～100 kPa

(C) 10～150 kPa　(D) 30～150 kPa

43. MC5000 控制器 L/M 按键表示( )。

(A) 远程/手动　(B) 远程/自动　(C) 自动/手动　(D) 就地/手动

44. MC5000 控制器 R/A 按键表示( )。

(A) 远程/手动　(B) 远程/自动　(C) 自动/手动　(D) 就地/手动

45. 重水堆燃料操作设计标准描述错误的是( )。

(A) 新燃料棒束的贮存、接收、检查和传输。新燃料棒束的贮存空间必须满足 9 个月供应量

(B) 通过自动或者手动远程操作将新燃料棒束装入装卸料机

(C) 装卸料机在反应堆上换料必须通过远程自动或者手动操作,每个通道换料是从 2

根到 12 根,必须成对操作,正常情况下是每个通道 8 根棒束

(D) 通过装卸料机远程自动卸出乏燃料,无法实现手动卸料操作

46. 重水堆燃料操作设计标准描述错误的是(　　)。

(A) 新燃料棒束的贮存、接收、检查和传输。新燃料棒束的贮存空间必须满足 9 个月供应量

(B) 通过自动或者手动远程操作将新燃料棒束装入装卸料机

(C) 装卸料机在反应堆上换料必须通过远程自动或者手动操作,每个通道换料是从 2 根到 12 根,必须成对操作,正常情况下是每个通道 8 根棒束

(D) 通过装卸料机远程自动卸出乏燃料,无法实现手动卸料操作

47. 重水堆《核电厂调试程序》是(　　)。

(A) HAF-304　　(B) CAN/CSA-N286.4-M86

(C) 98-01913-QAM-003　　(D) 98-CNI-102

48. 设备验收中的文件验收不包括(　　)。

(A) 产品制造质保文件　　(B) 产品制造技术文件

(C) 试验报告　　(D) 产品设计手册

49. 600 MW 压水堆核电站中,安全壳压力达到(　　)MPa 就会产生蒸汽管道隔离信号。

(A) 0.12　　(B) 0.13　　(C) 0.19　　(D) 0.24

(二) 多项选择题(请将正确选项的代号填入题内的括号中)

1. 以下哪些属于反应堆保护系统专设安全措施(　　)。

(A) 安全注入　　(B) 安全壳喷淋

(C) 安全厂用水泵启动　　(D) 辅助给水泵启动

(E) 主蒸汽管道隔离

2. 换料冷停堆期间,必须至少做一次整个安注系统的试验,认为整个安注系统试验合格的条件是(　　)。

(A) 所有阀门都要在要求时限内正常工作

(B) 两台安全壳喷淋热交换器内的设备冷却水正常循环,至少保持一个小时没有水穿过管束的泄漏

(C) 主控室内的信号和就地目测未见异常

(D) 阀门关闭时间不应超过 1 s

(E) 所有阀门无需在要求时限内正常工作

3. 按照 30 万千瓦机组最终安全分析报告技术规格书中对专设安全设施驱动系统的联锁的要求,P-11 的功能为(　　)。

(A) 允许手动闭锁稳压器低压力产生的安注

(B) 允许手动闭锁蒸汽管道低压力产生的蒸汽管道隔离

(C) 允许手动闭锁蒸汽管道低压力产生的给水管道隔离

(D) 允许手动闭锁蒸汽管道低压力产生的安注

(E) 允许手动闭锁蒸汽旁路排放

4. 反应堆保护系统的设计准则中,多样性的概念为(　　)。

(A) 功能多样性　　(B) 设备多样性
(C) 电气隔离　　(D) 实体隔离
(E) 保护系统满足可靠性和安全性
5. 30 万千瓦机组核反应堆保护系统设计的几个主要标准为(　　)。
(A) 10CFR50 附录 A GDC21“保护系统的可靠性和可试性”
(B) 10CFR50 附录 A GDC22“保护系统的独立性”
(C) 10CFR50 附录 A GDC23“保护系统的故障模式”
(D) 10CFR50 附录 A GDC24“保护系统和控制系统的隔离”
(E) 10CFR50 附录 A GDC25“反应堆控制失灵时对保护的要求”
6. 以下重水机组哪个参数是属于二号停堆系统的(　　)。
(A) 主系统压力　　(B) 稳压器液位
(C) 慢化剂温度　　(D) 蒸发器液位
(E) 钒探测器功率
7. 核反应堆保护系统调试分为几个阶段,依次为(　　)。
(A) 系统设计搭设阶段
(B) 工厂试验阶段
(C) 现场的单设备性能测试和功能试验
(D) 本系统与外部系统联合调试
(E) 反应堆装料、启动和功率运行阶段的各项试验
8. 核反应堆保护系统验收标准为(　　)。
(A) 设备柜能在环境温度 5~45 ℃,相对湿度 30%~70% 的条件下长期工作
(B) 设备在地震条件下仍能履行安全功能
(C) 系统不确定度不大于 0.71%
(D) 设备的拒动概率为 $\leqslant 10^{-5}$,误动概率不大于 1 次/年
(E) 保护系统的响应时间不作为验收标准
9. 关于 30 万千瓦机组反应堆功率调节系统设计基准,如下描述错误的有(　　)。
(A) 在 0~100%额定功率范围内,使反应堆能承受±10%额定功率的阶跃变化而不得引起反应堆停堆、蒸汽排放、稳压器释放阀驱动
(B) 在 15%~100%额定功率范围内,使反应堆能承受±5%额定功率/分的线性变化而不得引起反应堆停堆、蒸汽排放、稳压器释放阀驱动
(C) 在自动运行或运行瞬态时,恢复并保持反应堆冷却剂冷端温度在规定的限制内
(D) 在 100%电网甩负荷时,能短时间带厂用电运行,在蒸汽排放系统的配合下,不得引起反应堆停堆,也不得引起稳压器安全阀及主蒸汽管道上的安全阀驱动
(E) 在自动运行或运行瞬态时,恢复并保持反应堆冷却剂平均温度在规定的限制内
10. 控制棒可分为(　　)。
(A) 燃料棒　　(B) 调节棒　　(C) 停堆棒　　(D) D 棒
(E) 提升棒
11. 核反应堆控制系统调试需要实施试验是哪些(　　)。
(A) 例行试验　　(B) 抗电磁干扰试验

(C) 振动试验　　　　　　　　　　　　(D) 系统试验

(E) LOCA 试验

12. 核反应堆控制系统的调试工作主要依据文件是相关系统调试大纲,调试的目的包括(　　)。

(A) 验证和确认系统设备安装的正确性和内部接口连接的正确性

(B) 验证和确认系统外部接口连接符合规范设计要求

(C) 验证调试规程的正确性

(D) 验证和确认系统功能符合系统设计要求

(E) 为以后核电厂的安全运行积累资料和数据

13. 关于三厂液体区域系统流量控制回路吹扫工作,下列说法正确的是(　　)。

(A) 经过吹扫之后,所有的流量计应在量程的 40%~60%

(B) 吹扫所用的气体为高纯氮气

(C) 进行吹扫时,应注意控制气流大小,以免损坏流量计

(D) 吹扫可以安排在功率运行期间

(E) 吹扫出来的水,妥善收集之后,排入 R503 地漏

14. 棒控棒位系统制造过程中生产厂家在元器件采购方面需要(　　)。

(A) 制订采购质量计划

(B) 选择合格的供应商

(C) 采购的元器件应附有产品检验证书或产品合格证书

(D) 进厂检验

(E) 老化筛选

15. 设备验收时的验收依据有(　　)。

(A) 产品制造质保文件　　　　　　　　(B) 设备试验报告

(C) 合同及其附件　　　　　　　　　　(D) 验收大纲

(E) 设备规范书

16. 30 万千瓦机组可移动式堆内通量测量系统在同时满足下列哪些情况下是可运行的(　　)。

(A) 至少有 75%的探测器通道完好

(B) 堆芯每个象限最少有 2 个探测器套管完好

(C) 有效的可移动式探测器,驱动装置和作通量图的读出设备完好

(D) 象限功率倾斜比在限值范围内

(E) 热功率降低到 50%额定热功率以下

17. 30 万千瓦机组在使用前 24 h 内由对所用的每一个探测器的输出进行归一化来确定它们是可运行的,包括哪些方面(　　)。

(A) 与堆外中子通量测量系统相互校准

(B) 监测堆芯象限功率倾斜比

(C) 监测中子注量率

(D) 测量 $F_{\Delta H}^{N}$、$F_{Q}(Z)$和 F_{XY}

(E) 监测汽机功率

18. M310 机组以下属于事故后监测仪表测量参数的是(　　)。
(A) 功率量程核功率　(B) 堆芯热电偶温度
(C) 反应堆压力容器液位　(D) 稳压器水位
(E) 棒位显示
19. 重水堆机组中,SDS 1 号、SDS 2 号、RRS 三个系统均使用到的中子测量手段是(　　)。
(A) 启动仪表　(B) 自给能铂探测器
(C) 自给能钒探测器　(D) 电离室
(E) 感烟探测器
20. M310 机组关于堆外核测系统,下列说法正确的是(　　)。
(A) 源量程由两个相同而独立的通道组成
(B) 中间量程由四个相同而独立的通道组成
(C) 功率量程由四个相同而独立的通道组成
(D) 换料操作时,需要功率量程投入运行
(E) 堆外核测系统软件部分必须符合 1E 级要求
21. 堆外核测系统适用的调试、制造和验收标准,正确的是(　　)。
(A) GB/T 5963—1986《核反应堆保护系统内部隔离》
(B) GB/T 8993—1998《核仪器环境条件及试验方法》
(C) EJ/T 504—1990《安全级电子元器件老化筛选和降额使用》
(D) IEEE 344—1987(R93)《核电厂安全级电气设备抗震鉴定》
(E) IEEE 379—2000《单一故障准则在核电厂安全系统中的应用》
22. 重水堆机组,下面选项中,不属于一号停堆系统中子探测参数的是(　　)。
(A) 局部区域超功率参数　(B) 对数功率变化率参数
(C) 启动仪表参数　(D) 钒探测器功率参数
(E) 电导率测量参数
23. 以下属于堆外核测系统设备验收内容的是(　　)。
(A) 根据合同确认设备型号规格和数量　(B) 外观检查
(C) 功能检查　(D) 保护定值检查
(E) 性能检查
24. 30 万千瓦机组堆芯核测系统在反应堆正常运行时的用途包括(　　)。
(A) 验证与燃耗相对应的功率分布是否符合要求
(B) 验证堆外核测仪表系统
(C) 监测各燃料组件的燃耗
(D) 探测堆芯发生异常情形时的反常情况
(E) 测量反应堆的核功率
25. 堆芯核测系统适用的调试、制造和验收标准正确的是(　　)。
(A) IEC 60568—1977《测量动力堆中子注量率的堆内仪表》
(B) IAEA50-C-Q—1996《核电厂和其他核设施安全的质量保证》
(C) ASME BPVC-III-1-NB—2001《一级设备》
(D) HAD 102/03—1986《用于沸水堆、压水堆和管式反应堆安全功能和部件分级》

(E) IEC 61000-4-3—1998《电磁兼容性(EMC)第四部分:试验和测量技术 第三节 辐射和射频和电磁场的抗干扰试验》

26. 关于堆芯核测系统制造要求说法正确的是(　　)。
(A) 对相关制造人员的资格进行评定
(B) 设备制造应采用合格的工艺进行加工
(C) 对相关的制造产品状态进行评定
(D) 设备制造采用的材料和部件应有质保证书和合格证
(E) 制定质保文件

27. 属于堆芯核测系统设备验收内容的是(　　)。
(A) 功能检查　　(B) 性能检查
(C) 外观检查　　(D) 根据合同确认设备型号和数量
(E) 合同及其附件

28. 重水控制系统控制器回路控制数量包括(　　)。
(A) 单回路　　(B) 双回路　　(C) 四回路　　(D) 六回路
(E) 八回路

29. 扩展版 MC5000 标准模块分类包括(　　)。
(A) 通用模块　　(B) 读、写、显示　　(C) 逻辑运算　　(D) 与、或、非
(E) 数字运算

30. 如下关于重水堆燃料操作系统设计标准描述正确的是(　　)。
(A) 新燃料棒束的贮存、接收、检查和传输
(B) 新燃料棒束的贮存空间必须满足 9 个月供应量
(C) 通过自动或者手动远程操作将新燃料棒束装入装卸料机
(D) 装卸料机在反应堆上换料必须通过远程自动或者手动操作
(E) 乏燃料卸料通过装卸料机远程自动或者手动操作

31. 如下关于重水堆燃料操作系统调试、制造和验收标准描述正确的是(　　)。
(A) CAN/CSA-N286.4-M86《核电厂调试质量保证程序》
(B) HAF-304《核电厂调试程序》
(C) 98-01913-QAM-003《秦山坎杜项目调试质保手册》
(D) 98-CNI-102《检查和测试程序》
(E) 98-35210-DM-001《装卸料机设计手册》

32. 供货商在设备制造前应根据设备的质保等级和相关的标准和要求做到(　　)。
(A) 制定质保文件
(B) 对相关制造人员的资格进行评定
(C) 对相关的制造产品状态进行评定
(D) 设备制造应采用合格的工艺进行加工
(E) 设备制造采用的材料和部件应有质保证书和合格证

33. 设备验收应包括(　　)在内的如下几项内容。
(A) 根据合同确认设备型号规格和数量
(B) 外观检查

(C) 功能检查

(D) 性能检查

(E) 文件验收

(三) 简答题

1. 简述保护系统设计准则。

2. 重水堆反应堆保护系统设计需满足什么条件?

3. 反应堆功率调节系统设计基准是什么?

4. 重水堆机组棒位指示器(EMI)和棒就绪指示灯(LED)引自哪个探测器回路,有何功用?

5. 核反应堆控制系统设备供应商在选择部件分包商需要完成的主要工作有哪些?

6. 核反应堆控制系统设备出厂验收的文件验收主要包括哪些方面?

7. 30 万千瓦机组换料操作时源量程仪表异常的应对措施有哪些?

8. 核测系统系统制造要求包括哪几方面?

9. 简述 30 万千瓦机组堆芯核测系统在启堆期间和正常运行时的用途。

10. 请简述重水堆机组钒自给能探测器回路的组成部分(从探头到 DCC 的 AI)。

11. 简述重水堆燃料操作设计标准。

(四) 计算题

1. 已知扩散硅压力变送器输出电流为 4~20 mA,原测量范围 0~1 MPa 改为测量范围 1~2.5 MPa 后,则原来 0.6 MPa 压力的电流表工作点对应于改测量范围后的被测压力为多少 MPa?

2. 已知重水机组 1-68233-PT-1D 变送器输出信号为 4~20 mA,设备单体允许误差为 0.25%,请问 75%满量程时的输出信号电流在多大范围内时,变送器无需调整?

(五) 综合题

1. 为保证反应堆安全保护系统能充分发挥作用,在设计时通常要考虑哪些事项?

2. 描述棒控棒位系统厂家调试期间主要要完成哪些试验内容。

五、参考答案

(一) 单项选择题

1. B; 2. A; 3. C; 4. D; 5. B; 6. B; 7. B; 8. D; 9. A; 10. D; 11. A; 12. B; 13. D; 14. B; 15. A; 16. B; 17. B; 18. C; 19. A; 20. D; 21. B; 22. A; 23. C; 24. B; 25. C; 26. D; 27. C; 28. A; 29. B; 30. B; 31. D; 32. C; 33. B; 34. D; 35. C; 36. A; 37. B; 38. A; 39. A; 40. A; 41. D; 42. A; 43. D; 44. B; 45. D; 46. D; 47. A; 48. D; 49. C。

(二) 多项选择题

1. ABDE; 2. ABC; 3. ABCD; 4. AB; 5. ABCDE; 6. ABD; 7. BCDE; 8. ABCD; 9. AC; 10. BC; 11. ABCD; 12. ABDE; 13. BC; 14. ABCDE; 15. CDE; 16. ABC; 17. ACD; 18. ABCD; 19. BD; 20. ACE; 21. ABCDE; 22. DE; 23. ABCE; 24. ABCD; 25. ABCDE; 26. ABCDE; 27. ABCD; 28. ABC; 29. ABCDE; 30. ABCDE; 31. ABCD; 32. ABCDE; 33. ABCD。

(三) 简答题

1. 答:(1) 单一故障准则。(2) 冗余性和独立性。(3) 多样性。(4) 采用符合逻辑。(5) 故障安全准则。(6) 可试验性和可维护性。

2. 答:(1) 能自动触发有关系统(需要时包括停堆系统)动作,以保证在发生预计运行事件时不超过规定的设计限值。(2) 能检测事故工况并触发为减轻事故工况后果所需的系统动作。(3) 能抑制控制系统的不安全动作。

3. 答:(1) 在15%~100%额定功率范围内,使反应堆能承受±10%额定功率的阶跃变化或±5%额定功率/分的线性变化而不得引起反应堆停堆、蒸汽排放、稳压器释放阀驱动。(2) 在自动运行或运行瞬态时,恢复并保持反应堆冷却剂平均温度在规定的限制内。(3) 在 100%电网甩负荷时,能短时间带厂用电运行,在蒸汽排放系统的配合下,不得引起反应堆停堆,也不得引起稳压器安全阀及主蒸汽管道上的安全阀驱动。

4. 答:重水堆机组棒位指示器信号来自 15 圈精密电位计(安装在轮毂上)信号,该信号还送给 RRS 来确定提升终止位置。如果该测量信号回路失效,驱动电机最后会因过负荷跳闸来保护电机和离合器。棒就绪指示灯信号来自 6 个触点探测回路(每根棒)该灯表示棒是否就绪。

5. 答:(1) 根据加工部件,并根据规范书提到的质保要求,确定合格的分包商。(2) 向采购方提交分包商的资质证书。(3) 制定技术要求。(4) 部件验收。

6. 答:(1) 产品制造质保文件。(2) 试验报告。(3) 元器件采购质保文件。(4) 产品使用说明书。(5) 采购方和供货方共同认可的其他文件。

7. 答:(1) 一个源量程中子通量监测器不可用:

① 暂停更换堆芯。

② 停止添加正反应性。

(2) 二个源量程中子通量监测器不可用:

① 暂停更换堆芯。

② 停止添加正反应性,连续监视硼浓度计。

③ 分析反应堆冷却剂系统的硼浓度监测要求。

8. 答:(1) 制定质保文件。(2) 对相关制造人员的资格进行评定。(3) 对相关的制造产品状态进行评定。(4) 设备制造应采用合格的工艺进行加工。(5) 设备制造采用的材料和部件应有质保证书和合格证。(6) 对于一些有特殊要求的材料或部件应有检验、试验或鉴定报告。(7) 设备制造场地应满足与其相适应的环境条件。

9. 答:(1) 启堆时间的用途:验证堆芯寿命初期时的功率分布是否符合设计要求;和堆外核测系统的互校;探测可能的装料错误。

(2) 正常运行时的用途:验证与燃耗相对应的功率分布是否符合要求;监测各燃料组件的燃耗;验证堆外核仪表系统;探测堆芯发生异常情形时的反常情况。

10. 答:重水堆机组钒探测器回路由以下几部分组成:探测器、信号电缆、放大器、CDF 架转接端子、DCC 的 AI 端子。

11. 答:(1) 新燃料棒束的贮存、接收、检查和传输。新燃料棒束的贮存空间必须满足 9 个月供应量。(2) 装卸料机在反应堆上换料必须通过远程自动或者手动操作,每个通道换料是从 2 根到 12 根,必须成对操作,正常情况下是每个通道 8 根棒束。(3) 通过装卸料机远程自动卸出乏燃料,无法实现手动卸料操作。(4) 通过自动或者手动远程操作将新燃料棒束装入装卸料机。

(四) 计算题

1. 解:设原 0.6 MPa 压力对应的电流为 I_x,对应改测量范围后的被测压力为 P_x,因为输出电流与被测压力成正比,则有:

$$\frac{0.6-0}{1-0}=\frac{I_x-4}{20-4} \quad 得 \quad I_x=13.6\ \text{mA}$$

由

$$\frac{P_x-1}{2.5-1}=\frac{13.6-4}{20-4} \quad 得 \quad P_x=1.9\ \text{MPa}$$

答:0.6 MPa 压力是 13.6 mA,其相应量程改变后的读数压力为 1.9 MPa。

2. 解:$(20-4)\times0.25\%=0.04$ mA

$(20-4)\times0.75+4=16$ mA

答:输出信号介于 16 mA±0.04 mA 之内时,该变送器无需标定。

(五) 综合题

1. 答:为保证反应堆安全保护系统能充分发挥作用,在设计时通常要考虑:

(1) 设备必须具有很高的可靠性;(2) 必须具有故障时所能安全运行的系统。在发生反应堆安全保护系统断电或反应堆测量装置信号线断掉等故障的情况下,实现紧急停堆;(3) 必须具有安全自锁装置。发生设备误动作或误操作时或紧急停堆,或者联锁装置动作使控制棒不能提升;(4) 必须具有多重性。主要的设备要装两台或多台,这些设备具有独立性,一台发生故障不致于导致重大的事故;(5) 必须具有独立性。反应堆保护系统与设备控制系统要分开,控制系统误动作产生的不安全状态不应影响反应堆安全保护的功能;(6) 在运行中可定期进行试验。反应堆运行时可对系统重要程序性能及动作进行检查;(7) 插入控制棒停堆的时候,无论哪一根控制棒没有插入,停堆都应处于次临界状态。

2. 答:(1) 例行试验。例行试验包括如下项目:高温试验 45 ℃,4 h;低温试验 0 ℃,4 h;湿热试验 40 ℃,93%RH(相对湿度),48 h;稳定性试验 72 h。

(2) 抗电磁干扰试验。要求在试验过程中及试验后都能满意工作。

(3) 振动试验。正弦稳态振动。

(4) 系统试验。

棒控系统试验:控制棒控制系统会同棒电源系统、控制棒驱动机构构成一个完整的系统,对控制棒进行控制。故控制棒控制系统的最终功能试验应是上述三者的联动试验。供货方在完成设备的其他各项试验,并对设备进行全面检查和测试,认为设备已符合规范书提出的功能要求和性能指标后,实现与驱动机构和棒电源机组的联动试验。

棒位系统试验:控制棒实际位置的测量必须由控制棒位置指示系统与棒位探测器连在一起,才能完成,实测棒位的精度在同样条件下测试。

第四单元　设备维修

一、学习目标

1. 了解核反应堆保护系统的性能指标；
2. 掌握与核反应堆保护系统相关的工艺系统知识、过程仪表知识；
3. 了解核反应堆控制系统的性能指标；
4. 掌握与核反应堆控制系统相关的工艺系统知识、过程仪表、核反应堆保护及核测量知识；
5. 掌握核反应堆中子测量系统部件结构原理；
6. 掌握核反应堆中子测量系统部件维修规程；
7. 掌握核反应堆中子测量系统的相关试验标准；
8. 掌握重水堆燃料操作系统维修规程。

二、考核要点

考核要点见表 3-4。

表 3-4　考核要点

考核类别	考核范围	考核点	重要程度
设备维修	核反应堆保护系统的性能指标	核反应堆保护系统的性能指标	X
	与核反应堆保护系统相关的工艺系统知识、过程仪表知识	棒控棒位系统知识	X
		功率调节系统知识	X
		数字电液控制系统(DEH)知识	X
		旁排系统知识	X
		电厂计算机系统知识	Z
		核电厂信号报警系统知识	Y
		核测量系统知识	X
	核反应堆控制系统的性能指标	反应堆功率调节系统的性能指标	X
		棒控棒位系统的性能指标	X
	与核反应堆控制系统相关的工艺系统知识、过程仪表、核反应堆保护及核测量知识	过程仪表知识	Y
		核反应堆保护系统知识	X
		核测量知识	X
	核反应堆中子测量系统部件结构原理	源量程测量部件结构原理	X
		中间量程测量部件结构原理	X
		功率量程测量部件结构原理	X

续表

考核类别	考核范围	考核点	重要程度
设备维修	核反应堆中子测量系统部件维修规程	源量程部件维修规程	X
		中间量程部件维修规程	X
		功率量程部件维修规程	X
		探测器维修规程	X
	核反应堆中子测量系统的相关试验标准	堆外核测系统相关试验	X
		堆芯核测系统相关试验	X
	重水堆燃料操作系统维修规程	重水堆燃料操作系统维修规程	X

三、考点导航

1. 核反应堆保护系统的性能指标

安全分析决定了核电厂保护系统的功能和可靠性要求，进而严格规定了核反应堆保护系统必须满足的性能指标。

2. 与核反应堆保护系统相关的工艺系统知识、过程仪表知识

(1) 棒控棒位系统知识

棒控棒位系统由控制棒控制系统和控制棒位置指示系统两个系统组成。前者是通过调节堆芯的反应性来保持反应堆冷却剂系统内的平均温度，后者用于提供控制棒位置的各种指示和报警信息。

(2) 功率调节系统知识

反应堆功率调节系统是棒控系统的一部分。它主要在核电厂投入自动运行工况时使用。根据反应堆及其动力装置的运行要求，在运行过程中要克服反应性扰动和负荷扰动，并能补偿燃耗、中毒和结渣等效应的影响。维持反应堆重要运行参数在稳压运行范围以内，即满足动力装置的静态特性要求；并能在给定负荷扰动下，始终使电厂主要参数处于规定范围内。

(3) 数字电液控制系统(DEH)知识

数字电液控制系统(DEH)是汽轮发电机组进行冲转、并网、升功率等的重要调节控制系统及机组异常状况跳机的重要保护系统。它主要由以下几个部分组成：DEH 硬件部分、DEH 软件部分、油系统、执行机构和保护系统。

(4) 旁排系统知识

主蒸汽旁路排放系统是核电厂维持一、二回路之间的功率平衡的一个重要系统，它的作用之一是维持电厂在甩较大负荷的一回路与二回路之间的功率平衡，作用之二是控制母管压力及一回路平均温度。

(5) 电厂计算机系统知识

电厂计算机系统用于采集一回路、二回路的主要参数，设备及阀门状态，在正常和事故工况下对采集的数据进行处理和计算，通过 CRT 显示和打印机打印，为工艺操作员提供大量的、直观的实时动态信息，用于监视工艺回路的正常运行和事故后的现场分析。工作方式

为在线、开环、不参与电厂控制。

(6) 核电厂信号报警系统知识

核电厂信号报警装置对于控制室的操作人员来说是非常重要且必不可少的。报警处理系统的功能是通过声光信号(报警窗、蜂鸣器或电子喇叭)或者通过电厂计算机的 CRT 报警信息显示,通知操纵员电厂任一系统内的故障。根据灯光信号的不同类型,操纵员可以识别故障的紧急程度并采取相应的措施,确保安全运行。

(7) 核测量系统知识

反应堆核测量系统,主要测量堆功率及堆周期,并将测量结果用仪器显示出来,供操纵人员监督和操纵反应堆的运行。主要作用是通过监测中子注量率,适时报警和事故停堆、需要时直接关闭反应堆,以保护堆芯,防止超功率。

3. 核反应堆控制系统的性能指标

(1) 反应堆功率调节系统的性能指标

了解反应堆控制系统的性能指标,熟悉设计基准和设计标准,以便为制造、调试和试验及最终验收设定合适的标准。

(2) 棒控棒位系统的性能指标

了解棒控棒位系统的性能指标,熟悉设计基准和设计标准,以便为制造、调试和试验及最终验收设定合适的标准。

4. 与核反应堆控制系统相关的工艺系统知识、过程仪表、核反应堆保护及核测量知识

(1) 过程仪表知识

需要了解温度、压力、流量、液位等参数的原理及测量相关知识。

(2) 核反应堆保护系统知识

需要了解核电厂反应堆保护系统的目的、核电厂保护系统设计准则、反应堆事故保护停堆功能以及专设安全设施的相关知识。

(3) 核测量知识

需要了解堆外核测量系统、源量程、中间量程和功率量程核测量的相关原理。

5. 核反应堆中子测量系统部件结构原理

(1) 源量程测量部件结构原理

源量程测量部件主要有两个功能:一是给源量程探测器供电;二是将源量程探测器来的脉冲信号进行放大、整形、鉴别,再转换成标准脉冲或电压电流信号送至目标系统。

(2) 中间量程测量部件结构原理

中间量程测量部件主要有两个功能:一是给中间量程探测器供电;二是将中间量程探测器来的电流信号进行放大,再转换成电压电流信号送至目标系统。

(3) 功率量程测量部件结构原理

功率量程测量部件主要有两个功能:一是给功率量程探测器供电;二是将功率量程探测器来的电流信号进行放大,再转换成电压电流信号送至目标系统。

6. 核反应堆中子测量系统部件维修规程

(1) 源量程部件维修规程

了解源量程部件维修规程的目的,适用范围和主要工作内容。

(2) 中间量程部件维修规程

了解中间量程部件维修规程的目的,适用范围和主要工作内容。

(3) 功率量程部件维修规程

了解功率量程部件维修规程的目的,适用范围和主要工作内容。

(4) 探测器维修规程

了解探测器维修规程的目的,适用范围和主要工作内容。

7. 核反应堆中子测量系统的相关试验标准

(1) 堆外核测系统相关试验

根据电厂监督检查及试验大纲要求,堆外核测系统相关试验分为探测器相关和装卸料相关,各自有专门的适用条件和试验标准。

(2) 堆芯核测系统相关试验

了解堆芯核测系统相关试验的标准。

8. 重水堆燃料操作系统维修规程

了解重水堆燃料操作系统维修规程各页面和章节的格式、规范、编制要点以及使用规范,确保规程发布和使用过程都能遵循同一标准。

四、仿真训练

(一) 单项选择题(请将正确选项的代号填入题内的括号中)

1. 重水机组设计目标为 SDS 1 号(一号停堆系统)完全停堆时间小于(　　)秒(从探测到事件发生到停堆棒到底)。

(A) 1　　(B) 2　　(C) 3　　(D) 4

2. 600 MW 压水堆核电站中(　　)接受来自控制室的动棒指令,控制控制棒的提升、插入顺序。

(A) 逻辑柜　　(B) 电源柜　　(C) 测量柜　　(D) 处理柜

3. M310 机组每个控制棒组件落棒时间的测量是从驱动机构供电断路器开路到控制棒进入到缓冲段的时间,它必须小于或等于(　　)。

(A) 2.2 s　　(B) 2.4 s　　(C) 2.3 s　　(D) 2.5 s

4. 压水堆控制棒控制系统的目的是通过调节堆芯的反应性来保持反应堆冷却剂系统内的(　　)。

(A) 流量　　(B) 压力

(C) 平均温度　　(D) 水位

5. 600 MW 机组反应堆功率调节棒由 A、B、C、D 四组棒组成,主调节棒组为(　　)。

(A) B　　(B) D　　(C) A　　(D) C

6. 压水堆反应堆功率控制是由化学毒物和(　　)联合完成。

(A) 冷却剂温度控制　　(B) 棒组控制机构

(C) 堆外核测系统　　(D) 堆芯核测系统

7. (　　)作为重水机组液体区域(LZC)控制和调节棒(ADJ)的控制的后备,在它们控制能力不足时辅助进行功率调节。

(A) 机械吸收棒(MCA)控制　　(B) 停堆棒控制(SOR)
(C) 慢速降功率　　(D) 快速降功率

8. M310机组主蒸汽旁路排放系统(GCT-C)控制阀门联锁检查的试验周期为(　　)。
(A) 2个换料周期　　(B) 1个换料周期
(C) 两个月　　(D) 一个月

9. M310机组电站计算机系统控制处理器CP基本处理周期最快可定义为(　　)秒。
(A) 0.05　　(B) 0.1　　(C) 0.5　　(D) 1

10. 当一个组合报警被操纵员确认后报警窗为平光,如这个组合报警中又有一个新报警发出时,报警窗应为(　　)。
(A) 平光　　(B) 慢闪　　(C) 快闪　　(D) 熄灭

11. 反应堆核测量系统按照中子通量探测器及其测量仪表的不同分为不同量程,以下错误的是(　　)。
(A) 源量程　　(B) 中间量程　　(C) 功率量程　　(D) 初始量程

12. 30万千瓦机组功率调节系统检测到主系统参考平均温度与次高选平均温度温差达到(　　)就会开始调节控制棒位置。
(A) 0.1 ℃　　(B) 0.5 ℃　　(C) 0.625 ℃　　(D) 1 ℃

13. M310机组R控制棒组设计为具有较高反应性价值(约为1 100 pcm),在功率的快速瞬变过程中,它可以临时辅助灰棒组进行控制,这是因为灰棒组的反应性调节受到(　　)限制。
(A) 控制棒数量　　(B) 最大棒速
(C) 棒价值　　(D) 汽机负荷需求值

14. 重水堆机组运行处于四泵运行状态时,一号停堆系统停堆参数脱扣设定值高对数功率变化率设定值为(　　)。
(A) 10%　　(B) 15%　　(C) 20%　　(D) 12%

15. 30万千瓦机组的棒束组件的移动速度可在(　　)直接改变,误差±2步。
(A) 0～72步/分钟　　(B) 6～60步/分钟
(C) 0～60步/分钟　　(D) 6～72步/分钟

16. 驱动机构线圈和棒位探测器的绝缘电阻值不低于(　　)。
(A) 200 MΩ　　(B) 500 MΩ　　(C) 50 MΩ　　(D) 10 MΩ

17. 重水堆机组棒控棒位系统中,98-63720-DM-005 规定:最多要求同时驱动 25 个马达,且达到额定速度的时间不少于(　　)。
(A) 1.5 s　　(B) 5 s　　(C) 20 s　　(D) 30 s

18. 流体经过孔板在其两侧产生的差压ΔP的平方根与流量成(　　)。
(A) 反比　　(B) 指数　　(C) 正比　　(D) 不确定

19. 关于M310堆型100万千瓦机组反应堆冷却剂温度测量说法错误的是(　　)。
(A) 每条热段、冷段旁路管道上有三个铂电阻温度计
(B) 每个旁路管道上只有两个温度计投入运行,分别与两个温度变送器连接,一个用于控制功能,一个用于保护功能
(C) 参与控制的平均温度是三个冷却剂平均温度中的中间值

(D) 如果更换了铂电阻温度计,需要根据新的温度计标定曲线对 RTD 函数进行修正

20. 校验重水堆 RRS 电离室放大器时,下面仪表中,哪个是不需要的(　　)。

(A) 电流源 KEITHLEY 220　　(B) 万用表 FLUKE287

(C) 记录仪 HIOKI 8835-01　　(D) 过程校验仪 DPI610

21. 下列哪项描述的是 P-11 信号(　　)。

(A) 四取二稳压器压力小于 13.24 MPa

(B) 四取二每一台蒸汽发生器水位高于 10.9 m

(C) 二取一汽轮机功率大于 10%

(D) 二取一中间量程电流大于 10^{-10} A

22. 下列哪项停堆功能描述是错误的(　　)。

(A) 高中子通量变化率停堆整定值为±5%

(B) 稳压器高压停堆整定值为 16.3 MPa

(C) 反应堆冷却剂泵低转速停堆整定值为 89%额定转速

(D) 蒸汽发生器低—低水位停堆整定值为 9.31 m

23. 重水堆机组二号停堆系统对数变化率高的设定值为(　　)。

(A) 3%/s　　(B) 5%/s　　(C) 10%/s　　(D) 15%/s

24. 中间量程探测器类型为(　　)。

(A) 硼沉积计数管　　(B) 长中子电离室

(C) 微型裂变室　　(D) γ补偿电离室

25. 下中间量程高中子通量停止自动提棒 C-1 整定值(　　)。

(A) 10%　　(B) 15%　　(C) 20%　　(D) 25%

26. 反应堆堆外核测系统的测量点的个数是(　　)。

(A) 6 个　　(B) 8 个　　(C) 10 个　　(D) 12 个

27. 反应堆核测量仪表功率量程的通道数量是(　　)。

(A) 2　　(B) 3　　(C) 4　　(D) 1

28. 30 万千瓦机组从源量程探测器到主控室源量程功率水平指示仪的信号通道的描述哪个是正确的(　　)。

(A) 探测器,对数积分器,脉冲形成器,脉冲计数器,指示仪

(B) 探测器,前置放大器,对数积分器,甄别器,指示仪

(C) 探测器,对数放大器,指示仪

(D) 探测器,对数积分器,甄别器,对数积分器,指示仪

29. 下面关于重水堆机组启动仪表工作原理的描述是错误的是(　　)。

(A) BF_3 正比计数器是通过俘获核子的过程来探测反应堆堆芯内产生的中子

(B) 进口启动仪表的探测器的工作电压是 1 800 V

(C) 启动仪表单道分析仪的作用是放大和滤波

(D) 启动仪表的测量范围是 10^{-14}～10^{-6} FP

30. 30 万千瓦机组源量程探测器为(　　)。

(A) 涂硼正比计数器　　(B) γ补偿电离室

(C) 非补偿电离室　　(D) 宽量程裂变室

31. M310 核电机组的堆外核测系统(RPN)源量程使用的探测器属于(　　)。

(A) 正比计数管　　(B) 长中子电离室

(C) 盖革计数管　　(D) 裂变电离室

32. 30 万千瓦机组中间量程探测器为(　　)。

(A) 涂硼正比计数器　　(B) γ补偿电离室

(C) 非补偿电离室　　(D) 宽量程裂变室

33. 30 万千瓦机组中间量程探测器的测量电流范围为(　　)。

(A) $10^{-12}\sim10^{-4}$ A　　(B) $10^{-11}\sim10^{-3}$ A

(C) $0\sim2\times10^{-4}$ A　　(D) 4～20 mA

34. M310 核电机组的堆外核测系统(RPN)功率量程使用的探测器属于(　　)。

(A) 正比计数管　　(B) γ补偿电离室

(C) 长中子电离室　　(D) 裂变电离室

35. 30 万千瓦机组功率量程探测器的测量电流范围为(　　)。

(A) $10^{-12}\sim10^{-4}$ A　　(B) $10^{-11}\sim10^{-3}$ A

(C) $0\sim3\times10^{-4}$ A　　(D) 4～20 mA

36. M310 核电机组,关于堆外核测系统(RPN)源量程部件预防性维修目的说法正确的是(　　)。

(A) 根据堆外核测系统纠正性维修的要求,对堆外核测系统源量程仪表解体检查

(B) 根据堆外核测系统定期试验大纲的要求,对堆外核测系统源量程仪表解体检查

(C) 根据堆外核测系统预防性维修的要求,对堆外核测系统源量程仪表解体检查

(D) 根据最终安全分析报告的要求,对堆外核测系统源量程仪表解体检查

37. M310 核电机组,能够作为堆外核测系统(RPN)中间量程探测器辨别失效的依据是(　　)。

(A) 探测器高压坪特性曲线不合格　　(B) 探测器甄别阈曲线不合格

(C) 中间量程通道试验不合格　　(D) 中间量程发出保护停堆信号

38. M310 核电机组,能够作为堆外核测系统(RPN)功率量程探测器辨别失效的依据是(　　)。

(A) 探测器高压坪特性曲线不合格

(B) 探测器甄别阈曲线不合格

(C) 功率量程通道试验不合格

(D) 功率量程发出中子注量率变化率高停堆信号

39. 维修规程中,重水堆铂探测器阻抗测量的结果必须高于多少(　　)。

(A) 1 MΩ　　(B) 10 MΩ　　(C) 100 MΩ　　(D) 1 GΩ

40. M310 核电机组,执行堆外核测系统(RPN)源量程探测器坪特性试验时,计数率水平为(　　)。

(A) 1 000 cps 左右　　(B) 3 000 cps 左右

(C) 50 cps 左右　　(D) 200 cps 左右

41. M310 核电机组,执行堆芯核测系统中子通量探测器坪特性试验时,探测器先插入到堆芯燃料组的(　　),再开始描绘该探测器的电压-电流曲线。

(A) 顶部位置　　(B) 中间位置
(C) 底部位置　　(D) 任意位置

42. 重水堆机组维修规程批准人是(　　)。

(A) 维修责任处室负责人　　(B) 技术科科长
(C) 维修科科长　　(D) 技术主管工程师

(二) 多项选择题(请将正确选项的代号填入题内的括号中)

1. 任何核电厂的保护系统的功能及可靠性要求是通过安全分析确定的,系统的设备必须满足或超过这些要求,以免影响核电厂的正常运行。一般情况下保护系统应满足下列要求(　　)。

(A) 系统平均无故障工作时间 $T \geqslant 10^6$ h
(B) 系统全部功能恢复的平均时间 $T_B \leqslant 1$ h
(C) 系统不确定度不小于 0.71%
(D) 要求停堆的事故保护功能的拒动率$\leqslant 10^{-5}$
(E) 设备在地震条件下仍能履行安全功能

2. M310 机组棒位测量通道定期试验的两个部分为(　　)。

(A) 校 0/校 1 测试
(B) 模拟棒位连续变化测试
(C) 检查功率运行期间 CRDM 线圈电流值是否正常
(D) 确认功率运行期间不移动棒束的控制机箱处于正常可用状态
(E) 确认功率运行期间电感线圈等设备处于正常可用状态

3. 以下哪几个重水堆系统属于反应堆调节系统(　　)。

(A) 液体区域控制系统　　(B) 调节棒
(C) 控制棒　　(D) 应急堆芯冷却系统
(E) 慢化剂毒物添加系统

4. 数字电液控制系统(DEH)的执行机构为(　　)。

(A) 伺服放大器　　(B) 电液转换器
(C) 单侧油动机　　(D) 高压调节汽阀
(E) 低压调节汽阀

5. 30 万千瓦机组主蒸汽旁路排放系统作为核电站维持一、二回路之间的功率平衡的一个重要系统,要求其响应快、调节特性好,它的主要作用是(　　)。

(A) 控制一回路冷却剂的硼浓度
(B) 维持电站在甩较大负荷的一回路与二回路之间的功率平衡
(C) 作为安注系统的补充,事故工况时,向反应堆主系统中紧急注入 4%的浓硼酸
(D) 控制母管压力
(E) 控制一回路平均温度

6. 电站数字控制系统(I/A Series)在结构上的特点为(　　)。

(A) 控制器冗余　　(B) 通信冗余
(C) 电源冗余　　(D) 网络冗余
(E) 信号冗余

7. 30 万千瓦机组电站计算机系统主要采集的参数信息为(　　)。

(A) 一回路的主要参数　　(B) 二回路的主要参数

(C) 设备状态　　(D) 阀门状态

(E) 主控室报警光字牌的信息

8. 核电站信号报警装置对于控制室的操作人员来说是非常重要且必不可少的,根据为之必须采用行动的紧迫程度报警信号分成三级(　　)。

(A) 危急报警　　(B) 紧迫报警

(C) 警告报警　　(D) 提示报警

(E) 故障报警

9. 反应堆核测量系统是用来了解反应堆运行工况的装置,即了解堆内裂变状况的装置。反应堆内裂变状况的参数,统称为核参数,它包括(　　)。

(A) 堆功率　　(B) 堆周期

(C) 中子通量分布　　(D) 反应性

(E) 堆内温度

10. 在 15%～100%额定功率范围内,在下述那些瞬态(　　)后功率调节系统能够自动恢复到平衡状态。

(A) 阶跃负荷变化 15%额定功率　　(B) 阶跃负荷变化 10%额定功率

(C) 阶跃负荷变化–10%额定功率　　(D) 阶跃负荷变化–15%额定功率

(E) 线性负荷变化 10%额定功率

11. 主冷却剂平均温度使用 Pt100 法国进口铂电阻温度计,在冷、热段各装一支,信号经 SPEC-200(　　)组件处理而得。

(A) 输出　　(B) 输入　　(C) 加法　　(D) 调节

(E) 标度

12. 根据《核电厂设计安全规定》(HAF0200)规定,保护系统的设计必须满足的要求是(　　)。

(A) 维持功率稳定

(B) 防止外部电网扰动

(C) 能自动触发有关系统(需要时包括停堆系统)动作,以保证在发生预计运行事件时不超过规定的设计限值

(D) 能检测事故工况并触发为减轻事故工况后果所需的系统动作

(E) 能抑制控制系统的不安全动作

13. 以下 M310 堆型 100 万千瓦机组的哪些信号是由核测系统送至功率调节系统的(　　)。

(A) 四个功率量程的核功率信号以及四个功率通道的不可用信号

(B) C1 中间区中子注量率高

(C) C2 功率区中子注量率高

(D) C3 超温ΔT

(E) C4 超功率ΔT

14. M310 核电机组,关于堆外核测系统(RPN)源量程探测器说法正确的是(　　)。

(A) 源量程探测器使用的是裂变电离室
(B) 源量程探测器使用的是长中子电离室
(C) 源量程探测器使用的是正比计数管
(D) 源量程探测器属于气体电离探测器
(E) 源量程探测器输出的脉冲信号经过放大、整形、鉴别,在转换成标准脉冲或电压电流信号送至目标系统

15. M310 核电机组,关于堆外核测系统(RPN)中间量程探测器说法正确的是(　　)。
(A) 中间量程探测器使用的是裂变电离室
(B) 中间程探测器使用的是长中子电离室
(C) 中间程探测器使用的是正比计数管
(D) 中间程探测器使用的是γ补偿电离室
(E) 堆外核测系统每个机组使用两个中间量程探测器

16. M310 核电机组,关于堆外核测系统(RPN)功率量程探测器说法正确的是(　　)。
(A) 功率量程探测器使用的是裂变电离室
(B) 功率程探测器使用的是长中子电离室
(C) 功率程探测器使用的是正比计数管
(D) 功率程探测器使用的是γ补偿电离室
(E) 堆外核测系统每个机组使用四个中间量程探测器

17. 重水堆机组启动仪表的性能校验包括哪些模块的校验(　　)。
(A) 前置放大器　　(B) 主放
(C) 线性对数率表　　(D) 报警模块
(E) 高压模块

18. 满功率情况下对重水堆机组 RRS 铂探测器放大器在线标定时,依据规程需要做如下工作(　　)。
(A) 穿戴防静电服装
(B) 断开被标定的铂探测器回路的 WIBA 端子
(C) 测量探测器送过来的信号
(D) 记录仪表有效期
(E) 记录放大器编号

19. 30 万千瓦机组堆外核测系统探测器电气性能测试包括(　　)。
(A) 绝缘电阻　　(B) 自身电阻
(C) 分布电容　　(D) 电感
(E) 感应电流

20. M310 核电机组,堆外核测系统(RPN)中间量程探测器检查的内容包括是(　　)。
(A) 探测器的绝缘电阻　　(B) 探测器的分布电容
(C) 探测器的高压坪特性曲线　　(D) 探测器的补偿高压特性曲线
(E) 探测器中的灵敏度

21. 关于重水堆一号停堆系统高对数功率变化率脱扣试验,说法正确的是(　　)。
(A) 在低功率情况(小于 5×10^{-4} FP)下,需要仪控人员用试验装置 393T 加信号进

行配合

(B) 在低功率情况(小于 5×10^{-4} FP)下,需要进行高对数功率变化率 High Log Rate 脱扣试验,而不需要进行高对数功率 High Log N 脱扣试验

(C) 在低功率情况(小于 5×10^{-4} FP)下,试验时需要进行电离室放大器内部的电流/电压转换卡件和 SHUTTER 动作验证

(D) 在进行一号停堆系统高对数功率变化率脱扣试验过程中,挡板抽出时"ION CHAMBER SHUTTER"EMI 从垂直变为水平位置

(E) 一号停堆系统高对数功率变化率脱扣设定值是 10%

22. M310 核电机组,关于堆芯核测系统中子通量探测器坪特性试验,说法正确的是(　　)。

(A) 探测器先插入到堆芯燃料组件的中间位置,再描绘坪特性曲线

(B) 有效的坪区内,斜率应小于 0.2%

(C) 工作电压应位于有效的坪区内

(D) 探测器先插入到堆芯燃料组件的顶部位置,再描绘坪特性曲线

(E) 有效的坪区内,斜率应小于 1.5%

23. 重水堆机组维修规程中,按照符合性要求分为(　　)。

(A) A1　　(B) A2　　(C) A3　　(D) A4

(E) A5

24. 维修规程中的人力和物资准备包括(　　)等内容。

(A) 人力需求　　(B) 备品备件　　(C) 工器具　　(D) 材料

(E) 技术图纸

25. 维修规程记录表中要记录用到的有标定要求的测量仪器仪表,一般包括以下(　　)信息。

(A) 名称　　(B) 编号　　(C) 规格型号　　(D) 标定有效期

(E) 精度等级

(三) 简答题

1. 棒位探测器测量原理是什么?

2. 列举至少五个数字电液控制系统(DEH)的汽轮机跳机信号?

3. 在重水堆机组控制计算机给出 J 通道 48 V 接地报警之后,维修人员应该如何响应?

4. 简要描述 30 万千瓦机组落棒时间的定义和验收标准。

5. 一回路补水系统中补给水控制有哪几种工况?

6. 分别阐述 P-6、P-10 的意义。

7. 重水堆机组钒探测器的工作原理。

8. 以 30 万千瓦机组堆芯核测系统探测器坪特性试验为例,简述如何测试探测器坪特性。

(四) 计算题

1. 棒控棒位控制系统卡件某电路板上有两只电容:$C_1=4\ \mu f$、$C_2=8\ \mu f$,试求并联和串联时总电容各为多少。

2. 主蒸汽旁路排放系统的某一控制器,输入信号的量程是 0～1 000 kPa,设定值是

500 kPa,采用 PI 反作用控制(控制对象的输入信号减小,输出增大),比例系数为 0.5,积分时间为 5 s。假设 0 时刻初始条件是输入信号是 500 kPa,输出信号是 50%。在 0 时刻信号从 500 kPa 突变到 600 kPa,并且一直保持不变。假设积分的上、下限分别是+100%和-100%,请计算经过多长时间,输出信号第一次达到 100%或者 0?写出主要计算步骤。

3. 下图是 M310 堆型 100 万千瓦机组棒控系统 G 棒组重迭程序图,在 G 棒组手动模式运行时,给定棒位:N2=225 步,N1=225 步,G2=185 步,请问当前 G1 棒组给定棒位是多少步?如果操作员要将 G 棒组移动至 500 步,需要提升或下插控制棒多少步?

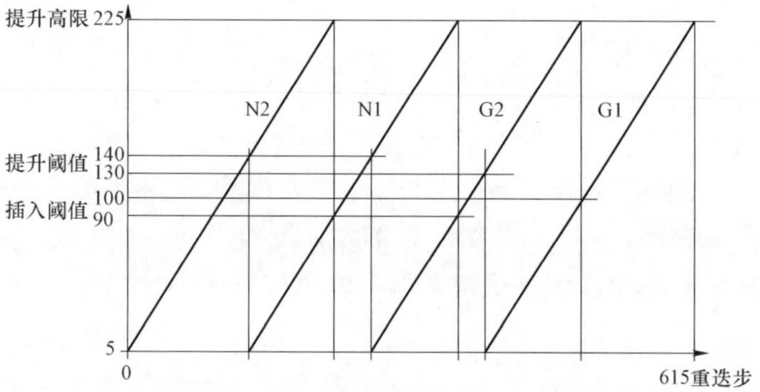

4. 欲测量 60 mV 电压,要求测量误差不大于 0.4%,现有两块电压表,一块量程为 0～75 mV,0.2 级毫伏表,一块量程为 0～300 mV,0.1 级毫伏表,问应选用哪一块毫伏表,并说明理由。

5. 堆外核测系统中间量程探测器高压坪曲线的坪区斜率算法是:斜率={[I(700 V)-I(500 V)]/I(600 V)}×100%。当斜率大于 6%时,则说明高压坪曲线不合格,需要更换探测器。(注:I(700 V)表示探测器工作电压 700 V 时对应的探测器电流值)。以下有一组中间量程探测器的测量数据,请根据数据判断探测器是否需要更换。

电测器电压/V	探测器电流/A
50	$5.012\ 6\times10^{-5}$
60	$6.904\ 5\times10^{-5}$
70	$8.534\ 3\times10^{-5}$
80	$9.898\ 2\times10^{-5}$
100	$1.213\ 0\times10^{-4}$
200	$1.944\ 8\times10^{-4}$
300	$2.380\ 5\times10^{-4}$
400	$2.494\ 4\times10^{-4}$
500	$2.613\ 3\times10^{-4}$
600	$2.759\ 0\times10^{-4}$
700	$2.922\ 1\times10^{-4}$
800	$3.011\ 8\times10^{-4}$

6. 堆芯核测系统在正式投运之前需要预先设定 A 值和 B 值,以便在进行堆芯功率分布测量时,系统能够自动确定探测器应该到达的堆芯最高位置。现在某个通路的 A 值是

18 000,B 值是 3 968。请问:(1) A 值和 B 值各代表的意义?(2) 如果探测器要通过该通路到达堆芯中间位置,则其对应的数值是多少?

(五) 绘图题

1. 请画出 600 MW 压水堆核电站γ补偿电离室原理简图。

(六) 综合题

1. 论述反应堆保护系统 48 VDC 电源丧失后保护系统的动作情况。

2. 请论述 600 MW 压水堆机组汽机旁路系统控制模式及定义,旁路排放阀分组及动作情况。

3. 描述 M310 堆型 100 万千瓦机组从保护系统(RPR)到棒控棒位系统(RGL)的两种停堆途径。

4. 论述重水堆机组铂探测器的结构及工作原理。

5. 叙述 M310 核电机组进行堆芯功率分布测量试验时,堆芯中子通量探测器从保存通道抽出后插入堆芯测量数据又回到初始位置的详细过程。

6. 论述重水堆燃料操作仪控系统设备局部改造的主要工作流程。

五、参考答案

(一) 单项选择题

1. B; 2. A; 3. B; 4. C; 5. B; 6. B; 7. A; 8. B; 9. A; 10. C; 11. D; 12. C; 13. B; 14. A; 15. B; 16. A; 17. B; 18. C; 19. C; 20. D; 21. A; 22. B; 23. C; 24. D; 25. C; 26. B; 27. C; 28. D; 29. C; 30. A; 31. A; 32. B; 33. A; 34. C; 35. C; 36. C; 37. A; 38. A; 39. A; 40. A; 41. B; 42. A。

(二) 多项选择题

1. ABDE; 2. AB; 3. ABC; 4. ABC; 5. BDE; 6. ABCD; 7. ABCD; 8. ABC; 9. ABCD; 10. BC; 11. BC; 12. CDE; 13. ABC; 14. CDE; 15. DE; 16. BE; 17. ABCDE; 18. ABD; 19. AC; 20. ABCD; 21. ACDE; 22. ABC; 23. ABC; 24. ABCD; 25. ABCD。

(三) 简答题

1. 答:(1) 棒位探测器利用电磁感应原理工作。(2) 组成:原边线圈、测量线圈、辅助线圈、密封壳、线圈骨架及外套管。(3) 工作时原边线圈由 50 Hz 的交流电源激励,在探测器内部产生交变磁场,使测量线圈中产生感应电压。(4) 驱动轴由磁性材料制造,磁导率很大;而探测器密封壳、骨架、外套管等介质磁导率很低,这样测量线圈中有无驱动轴穿过感应出的电压相差很大。(5) 通过监测某一位置的测量线圈感应电压即可获知驱动轴顶端所在的线圈区间,从而确定控制棒的位置。

2. 答:(1) 汽轮机振动大。(2) 轴向位移大。(3) EH 油压低。(4) 润滑油压低。(5) 发电机断水保护。(6) 汽轮机真空低。(7) 汽轮机转速高。(8) 主控手动跳机。注:列出其中五个即得满分。

3. 答:开票之后,根据报警信息中提示的熔丝编号,找到对应的逻辑图,打印对应的 IntEC 接线信息。结合盘内线逻辑图,确认对应的接地点,然后处理接地故障。

4. 答:(1) 所有反应堆冷却剂泵都在运行中时,单独一束棒(停堆组棒和调节组棒)在全提出位置的落棒时间,即从棒开始下落的时刻到落到缓冲段入口的时间。(2) 落棒时间应≤2.0 s(除 A1.3 和 A1.7 两束棒外)。(3) A1.3 和 A1.7 两束棒下落至缓冲段入口处的时间需<4.5 s。

5. 答:补给水控制共有六种工况,即:(1) 自动补给;(2) 手动补给;(3) 稀释;(4) 硼化;(5) 单设备手动;(6) 全停。

6. 答:P-6:中间量程达 10^{-10} A 电流时,所给出的允许信号,目的是闭锁源量程高中子通量停堆。

P-10:功率量程达 10%FP 水平时,自动闭锁源量程高中子通量事故停堆功能,所给出的允许信号,目的是闭锁中间量程高中子通量停堆及功率量程低整定值停堆,同时提供输入 P-7。

7. 答:(1) 发射体材料俘获中子后形成短寿命的β放射性同位素。(2) 活化了的发射体在β衰变过程中发射高能电子流。(3) 平衡时电极间的电子流形成正比于中子通量的电流,测量这电流就可测出中子通量。

8. 答:将探测器送到堆芯的指定位置(一般为中子通量最大的地方);调节探测器的工作电压,从 50 V 至 200 V 每上升 10 V 读取并记录一个电压值;记录完所有电压值后绘制探测器坪特性曲线;根据曲线判断探测器性能是否下降或损坏,判断标准为"坪斜≤10%/100 V"。

(四) 计算题

1. 解:(1) 并联时的总电容 $C_{并}=C_1+C_2=4+8=12$ (μf)。

(2) 串联时的总电容 $C_{串}=C_1\times C_2/(C_1+C_2)$ =32/12=2.7(μf)。

答:并联时的总电容是 12 μf。串联时的总电容是 2.7 μf。

2. 解:(1) 由于控制器采用反作用控制,因此输入信号增加,输出减小,因此输出将会全关。比例变化:-0.5×(600-500)/1 000×100%=-0.05×100%=-5%。

(2) 0 时刻的输出为 50%,比例项为-5%,积分达到-45%时会输出将会全关。积分时间:45/5×5=45 s。

答:经过 45 s 输出信号第一次达到 100%或者 0。

3. 解:(1) 185-130+5=60 步。

(2) (225-5)+(225-90)+(185-90)=450 步。

(3) 500-450=50 步。

答:当前 G1 棒组给定棒位是 60 步;如果操作员要将 G 棒组移动至 500 步,需要提升控制棒 50 步。

4. 解:(1) 量程为 0～75 mV,0.2 级毫伏表的允许误差Δ1=75×0.2%=0.15 mV。

(2) 量程为 0～300 mV,0.1 级毫伏表的允许误差Δ2=300×0.1%=0.3 mV。

(3) 而根据题意测量 60 mV 电压的误差要求不大于Δ=60×0.4%=0.24 mV。

答:应选用 75 mV,0.2 级毫伏表。

5. 解:(1) 斜率$=\{[I(700\text{ V})-I(500\text{ V})]/I(600\text{ V})\}\times100\%=\{[2.977\,6\times10^{-4}-2.613\,3\times10^{-4}]/2.759\,0\times10^{-4}\}\times100\%=11.19\%$。

(2) 因为计算斜率值 11.19%大于 6%,高压坪区线不合格。

答:需要更换探测器。

6. 解:(1) A 值是探测器到达堆芯底部时对应的路程数值;B 点是整个堆芯(燃料组件)

的长度数值。

(2) 18 000+(3 968/2)=19 984。

答:(1) A 值是探测器到达堆芯底部时对应的路程数值,B 点是整个堆芯(燃料组件)的长度数值。(2) 如果探测器要通过该通路到达堆芯中间位置,则其对应的数值是 19 984。

(五) 绘图题

1. 答:见下图。

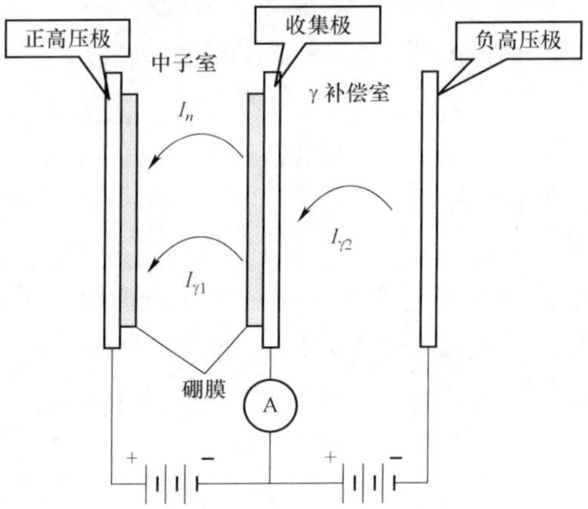

(六) 综合题

1. 答:(1) 反应堆保护系统(RPR)的 48 VDC 电源(LCC)分别送紧急停堆系统(对应 RPA/B 004UD、005UD、006UD)以及专设安全设施驱动系统(对应 RPA/B 005UD)。(2) 004UD、006UD 任意一路失电,不会产生停堆信号。(3) 对 005UD 失电进行分析:005UD 用于 P4/主泵断路器脱扣/冷凝器故障/GCT 手动闭锁。当 RPR 005UD 失电时,首先会由于误发 P4 信号而导致汽轮机停机,但因"主泵断路器脱扣停堆"的逻辑由"一取一"修改为"三取二"(其三路输入信号分别由 004UD、005UD、006UD 配电),故不会由该参数来触发停堆。在主蒸汽安全阀改型后的汽轮机停机停堆逻辑中,"冷凝器无故障""冷凝器可用""GCT 手动闭锁"等输入信号也是由 RPR 005UD 配电的,随着 005UD 的丧失,这些信号也均处于触发状态。在核功率大于 10%FP 的工况下,当汽轮机停机完毕其状态反馈形成 C8 信号后,满足了停堆条件——"C8 & P10 &(冷凝器故障+冷凝器不可用+GCT 手动闭锁)",这时将由该逻辑触发停堆。(4) 综上所述,在机组满功率运行期间,RPR 005UD 失电而虽然会误发 P4 信号,但也满足停机信号触发后随即产生停堆信号的安全故障准则。

2. 答:(1) 分压力和温度两种控制模式。

(2) 温度控制是它产生的汽轮机旁路排放阀(GCTc)开启信号正比于反应堆冷却剂平均温度与代表汽轮机负荷大小的温度之差;压力控制是将蒸汽集管的压力维持在手动预定值水平,控制回路是比例积分回路。

(3) 汽轮机旁路排放阀的开启方式分为三组:

第一组由三个控制阀组成:GCT121VV、GCT117VV、GCT113VV。

第二组由三个控制阀组成:GCT115VV、GCT119VV、GCT123VV。

第三组由六个控制阀组成:GCT114VV、GCT116VV、GCT118VV、GCT120VV、

GCT122VV、GCT124VV。

(4) 阀门动作通过调节传感器来的调节信号控制每一个阀门连续的开启,开启顺序是逐级方式进行的,即只有当前面的阀门或阀门组全开时,则依次开启后面的阀门或阀门组(第一组阀门是逐个开启的,先 GCT121VV、其次 GCT117VV,最后 GCT113VV;第二组和第三组各组中的阀门是一起开启)。当接受关闭命令时,按相反的次序动作,最后开启的首先关闭。

3. 答:(1) 保护系统送出停堆信号至停堆断路器,使得停堆断路器断开,从而切断由棒电源机组送至棒控电源柜的电源,使所有棒束靠重力掉入堆芯。

(2) 保护系统送 4 路停堆信号至棒控逻辑柜,再由逻辑柜转送至每个电源柜,电源柜的 PLC 通过四取二的逻辑后产生停堆指令,送至电源柜机箱电源卡件使其输出断电,从而使所有棒束靠重力掉入堆芯。

4. 答:(1) 钒自给能中子探测器又称β中子探测器,是一种延迟响应自给能中子探测器,用于反应堆堆芯中子通量插给系统,能给出精确的中子通量分布,为反应堆计划管理换料提供信息。(2) 其基本结构仍然是由发射体、绝缘体、收集体及电缆组成,发射体是由钒、铑、银等材料制成,绝缘体由氧化镁制成,收集体由不锈钢制成,电缆是外径为 1.0 mm 的同轴电缆,长 3 m。(3) 下图所示为钒自给能中子探测器的结构示意图。

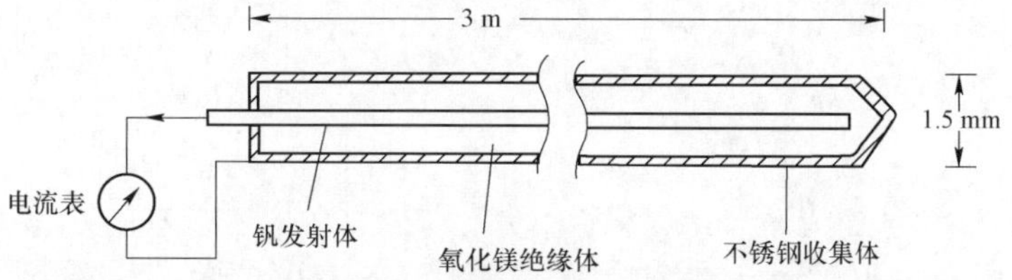

钒自给能中子探测器的结构示意图

(4) 其工作原理是发射体材料俘获中子后形成短寿命的β放射性同位素,活化了的发射体在β衰变过程中发射高能电子流,平衡时,电极间的电子流形成正比于中子通量的电流,测量这电流就可测出中子通量。

5. 答:(1) 探测器以高速从保存通道抽回到组选择器入口的初始位置。

(2) 组选择器就位,路选择器就位,选定通路的电动阀打开。

(3) 探测器以高速通过组选择器、路选择器、电动阀及连接管、指套管组成的仪表通路插入堆芯。

(4) 在插入堆顶的过程中,探测器测量堆芯的最大中子通量对应的电流值,并确定合适的量程。

(5) 探测器到达距离堆芯顶部 200 点时,速度由快速切换到慢速后到达堆芯顶部。

(6) 探测器抽出堆芯的过程中,测量堆芯数据。

(7) 到达堆芯底部时,探测器切换为高速并抽出到初始位置,对应的电动阀关闭。

6. 答:由维修责任处室负责现场施工的实施工作流程:

(1) 由维修责任处室负责现场实施的项目(主要是一般修改项目),由维修责任处室负责现场施工管理,变更工程师或责任工程师进行项目跟踪;

(2) 变更工程师或责任工程师准备变更改造项目的详细设计文件,如 DMR 详细设计文件包、实施计划等,作为 WR 工作包的内容发放。

(3) 维修责任处室按照工单工作流程和实施计划进行施工准备,包括编制必要的施工文件、质量计划等,并准备实施所需的辅助材料和工具。

(4) 施工准备完成后,根据实施计划,进行工作票的申请审批,获批准后即可开始现场实施。技术处进行总体的归口管理和监督。

(5) 现场实施完成,由变更工程师或责任工程师发出调试 WR 工作包给维修责任处室,由维修责任处室执行现场调试及试验工作。

(6) 在现场工作实施完成并经调试验证后,由变更工程师或项目组组长组织各个有关处室、协作单位进行项目验收。

(7) 维修责任处室整理设计变更实施文件包,连同施工记录、调试及试验记录等施工文件,返回给变更工程师或责任工程师。由变更工程师或责任工程师确认施工记录文件正确、完整后,关闭 WO 工作包,标志着现场实施工作的结束。

(8) 项目通过验收后,DMR 进入后续 DMR 影响图纸文件的修改流程。

第五单元　判断和排除故障

一、学习目标

1. 掌握维修记录相关要求；
2. 掌握核反应堆保护系统设备维修记录；
3. 掌握核反应堆控制系统设备维修记录；
4. 掌握探测器的结构及性能指标；
5. 掌握重水堆燃料操作系统设备维修记录。

二、考核要点

考核要点见表 3-5。

表 3-5　考核要点

考核类别	考核范围	考核点	重要程度
判断和排除故障	维修记录相关要求	维修记录相关要求	Y
	核反应堆保护系统设备维修记录	核反应堆保护系统设备维修记录	X
	核反应堆控制系统设备维修记录	反应堆功率调节系统维修记录	X
		棒控棒位系统维修记录	X
	探测器的结构及性能指标	探测器的工作原理	X
		探测器的结构	X
		探测器的性能	X
	重水堆燃料操作系统设备维修记录	重水堆燃料操作系统设备维修记录	X

三、考点导航

1. 维修记录相关要求

了解维修记录对于故障诊断、设备管理的重要性，从而理解对规范记录相关维修数据的要求，熟练掌握维修记录规范填写的要点。

2. 核反应堆保护系统设备维修记录

通过示例了解一份规范的核反应堆保护系统设备维修记录需要填写的内容及规范。

3. 核反应堆控制系统设备维修记录

(1) 反应堆功率调节系统维修记录

通过示例了解一份规范的反应堆功率调节系统维修记录需要填写的内容及规范。

(2) 棒控棒位系统维修记录

通过示例了解一份规范的棒控棒位系统维修记录需要填写的内容及规范。

4. 探测器的结构及性能指标

(1) 探测器的工作原理

通过培训,使培训对象掌握探测器的工作原理、基本结构及性能指标,同时掌握通过对探测器电阻、电容、坪特性的测试数据进行正确的分析,来判断探测器的性能。

(2) 探测器的结构

掌握硼沉积计数管、补偿电离室、长中子电离室和微型裂变室等常用的核测探测器的结构。

(3) 探测器的性能

通过学习范例,掌握硼沉积计数管、补偿电离室、长中子电离室和微型裂变室等常用的核测探测器的性能参数。

5. 重水堆燃料操作系统设备维修记录

掌握重水堆燃料操作系统设备维修记录的主要内容和填写要求。

四、仿真训练

(一) 单项选择题(请将正确选项的代号填入题内的括号中)

1. 维修记录表用于记录系统、设备维修过程中产生的各种数据,是反映系统、设备当前状态的有力证据。关于它的描述不正确的是(　　)。

(A) 在维修记录表中可适当地插入各种形式的原理图

(B) 若同一张表格增加页数,则每一页上均有同样的签名栏

(C) 测量数据记录表和试验记录表的每一页上都必须有记录人的签名栏

(D) 维修记录表不允许有任何修改处

2. 关于核反应堆保护系统维修记录的修改下列说法错误的是(　　)。

(A) 记录的修改必须由合格的人员进行

(B) 记录修改可以使用修正液和修正带

(C) 记录内容的更改和修改,必须有更改人签名并注明日期

(D) 对于破损不洁的记录,可以复印或重新填写后并签字确认,作为记录提交

3. 关于维修记录相关要求说法错误的是(　　)。

(A) 维修记录表对系统和设备的故障诊断、老化管理起着积极重要的作用

(B) 维修记录表用于记录系统、设备维修过程中产生的各种数据

(C) 若同一张表格增加页数,则只需最后一页有签名栏

(D) 维修记录表是反映系统、设备当前状态的有力证据

4. 因专业、设备及其作业内容的区别,测量数据记录表的数据区形式可根据实际情况来编制,数据区内容不包括(　　)。

(A) 记录表名称　　(B) 计量单位

(C) 对测试数据的初步判定　　(D) 测量数据的换算过程

5. 关于反应堆功率调节系统维修记录的修改下列说法错误的是(　　)。

(A) 记录的修改必须由合格的人员进行

(B) 记录修改可以使用修正液和修正带

(C) 记录内容的更改和修改,必须有更改人签名并注明日期

(D) 对于破损不洁的记录,可以复印或重新填写后并签字确认,作为记录提交

6. 关于反应堆功率调节系统维修记录表说法错误的是(　　)。

(A) 维修记录表应对维修过程中更换卡件的型号和编号进行记录

(B) 维修记录表应记录工器具的型号、规格、精度、编号和有效期等信息

(C) 记录人、验证人、工作负责人签名栏,必要时可以对每个步骤单独设置签名栏

(D) 对于更换卡件的工作,记录表中只需记录新卡件的相关参数信息,旧卡件无需记录

7. 重水堆调节系统铂探测器放大器车间标定程序中规定,如下信息需要随工作包记录存档(　　)。

(A) 标定期间的反应堆功率

(B) MP 记录页以外的页面

(C) 签字版工前工后会

(D) 所使用的万用表的有效期

8. 棒位系统中电流调节组件维修记录表中,对于记量仪器需要必须记录的是(　　)。

(A) 量程　　(B) 检定有效期

(C) 出厂时间　　(D) 制造厂名

9. 重水堆《机械吸收棒离合器 95 V 电源的车间检查》规程中,如下信息无需记录(　　)。

(A) 直流纹波　　(B) 空载效率

(C) 交流输入功率　　(D) 直流输出电压

10. 30 万千瓦机组在γ补偿电离探测器的中子室中产生了哪种电流(　　)。

(A) 中子电流　　(B) γ电流

(C) 中子电流和γ电流　　(D) α电流

11. 为什么涂硼正比计数管中涂硼厚度不超过 1 mg/cm^2(　　)。

(A) α粒子的最大射程为 1 mg/cm^2 量级

(B) β粒子的最大射程为 1 mg/cm^2 量级

(C) γ粒子的最大射程为 1 mg/cm^2 量级

(D) ^7Li 反冲核的最大射程为 1 mg/cm^2 量级

12. 重水堆机组铂探测器功率探测参数范围为(　　)。

(A) 检测范围是 10^{-14} 到 10^{-6} 的满功率

(B) 检测范围是 15%～100%满功率

(C) 检测范围是 10^{-7}～1.5 FP

(D) 检测范围是 10^{-11}～1.5 FP

13. γ补偿电离室在结构上具有(　　)。

(A) 一个正高压极、一个负高压极、一个收集极

(B) 一个正高压极、一个收集极

(C) 一个阳极、一个阴极

(D) 一个阳极、两个阴极

14. 微型裂变室的正常工作电压(　　)。

(A) 1 200 V (B) 150 V (C) 850 V (D) 500 V

15. 电离室的等效电路应该是一个与中子通量成正比的___和一个___的并联( )。

(A) 恒压源 电阻 (B) 恒流源 电容

(C) 恒压源 电容 (D) 恒流源 电阻

16. 电气转换器的一次侧为( )的信号。

(A) 4～20 mA 电流 (B) 1～5 VDC 电压

(C) 20～100 kPa 气信号 (D) 0.9～4.5 VDC 电压

(二) 多项选择题(请将正确选项的代号填入题内的括号中)

1. 以下哪些属于系统设备维修记录表( )。

(A) 测量数据记录表 (B) 试验记录表

(C) 零部件维修或更换记录表 (D) 实际使用的测量器具记录表

(E) 材料消耗记录表

2. 关于维修记录的修改,下列说法正确的是( )。

(A) 维修记录的修改必须由合格的人员进行

(B) 维修记录的修正一般直接在被修改的地方采用杠竿的方式,不得使用修正液和修正带

(C) 任何内容的更改或修正,必须有更改人签名并注明日期

(D) 对于被放射性沾污、破损不洁的记录,可以复印或重新填写后并签字确认,作为记录提交

(E) 规程逻辑有错误时,工作负责人签字修改方可继续使用

3. 在维修过程中或结束后,维修人员进行的验证性试验同样应作相应的记录。因专业、设备及其试验内容的区别,数据区内容应至少包括(但不限于)以下几个方面( )。

(A) 试验项目的名称、序号

(B) 对试验结果的初步判定

(C) 负责维修的主管领导的签名

(D) 必要时记录机组工况参数

(E) 负责运行的主管领导的签名

4. 关于反应堆功率调节系统进行组件校准及测试工作的验维修记录下列说法正确的是( )。

(A) 如果校验数据是经过调整后才满足要求的,只需要记录校验后数据,无需记录校验前数据

(B) 所用的有标定要求的工器具仪表,必须注明编号和标定有效期

(C) 对于维修规程维修步骤中有误的步骤,直接修改或删除即可

(D) 维修记录必须有记录的时间及人员签字

(E) 维修质量计划的见证点可以所有工作实施完成后一并签字

5. 以下关于棒控棒位系统维修记录表说法正确的是( )。

(A) 打印落棒时间波形时,应保留断电前 1 s 左右的波形

(B) 打印落棒记录曲线时,应当在曲线上标明运行工况等信息

(C) 打印驱动机构电流曲线时,应当在曲线上标明记录日期、时间、棒束编号和运行工

况等信息

(D) 打印驱动机构电流曲线时,应至少包含一个周期的电流波形

(E) 打印落棒记录曲线时,只需体现棒从开始下落到其到达底部的曲线,后续进入缓冲段的曲线可不打印

6. M310 核电机组,关于堆外核测系统探测器的说法正确的是(　　)。

(A) 源量程使用的是正比计数管　　(B) 中间量程使用的是γ补偿电离室

(C) 功率量程使用的是长中子电离室　　(D) 源量程使用的是自给能探测器

(E) 中间量程使用的是裂变电离室

7. 关于 DL1120 型γ补偿电离室性能指标,说法正确的是(　　)。

(A) 电离室一体化电缆的最小弯曲半径约为 60 mm

(B) 电离室的工作方式为电流式

(C) 电离室的工作电压范围是 200～800 V

(D) 电离室的最高线性输出电流是 3 mA

(E) 电离室的电极材料是铝

8. 如下关于电路短路描述正确的是(　　)。

(A) 电路短路产生的主要原因是电路绝缘被破坏

(B) 短路电流越大,对故障设备的损坏越大

(C) 短路持续时间越长,对设备损坏越大

(D) 回路中的过流保护装置可以避免短路故障的发生

(E) 设备的设计缺陷可能造成电路短路的发生

(三) 简答题

1. 为何要将γ补偿电离室都设计成过补偿?

2. 简述产生坪斜的主要原因。

3. 简述查找直流接地故障的技巧。

4. 简述分离器电位计更换的风险分析。

(四) 计算题

1. 用电阻法测量重水堆机组自给能探测器的阻抗时,如图所示,用 10 MΩ的电阻和皮安计与自给能探测器组成一个回路,测得电流为 1 μA;去掉 10 MΩ的电阻,用皮安计直接测量自给能探测器的输出电流,测得电流为 2 μA,求自给能探测器阻抗为多少?

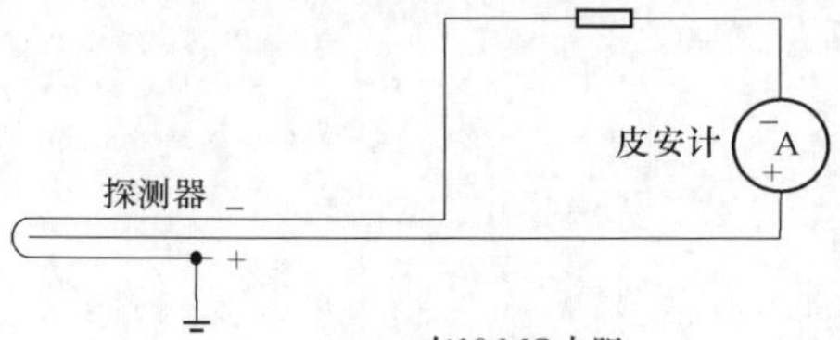

有10 MΩ电阻

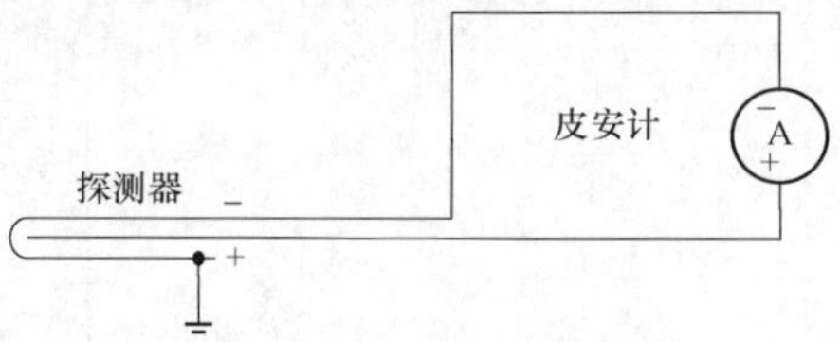

没有10 MΩ电阻

(五) 绘图题

1. 画图说明落棒时间 t 测量。

2. 下图为典型硼沉积计数管结构图,请指出各个结构的名称。

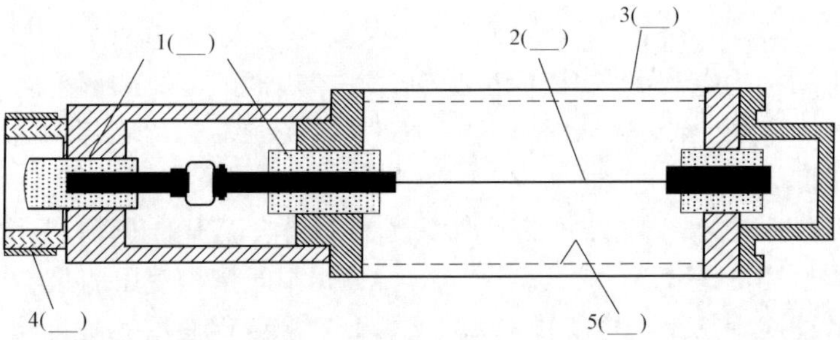

3. 下图为γ补偿电离室结构图，请指出各个结构的名称。

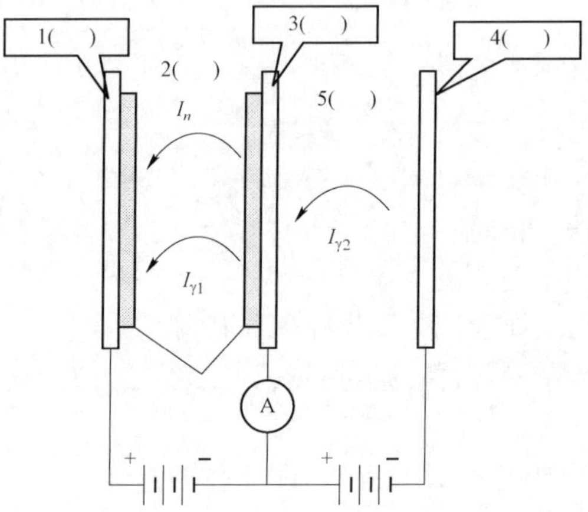

4. 下图为硼电流电离室结构图(其中一节)，请指出各个结构的名称。

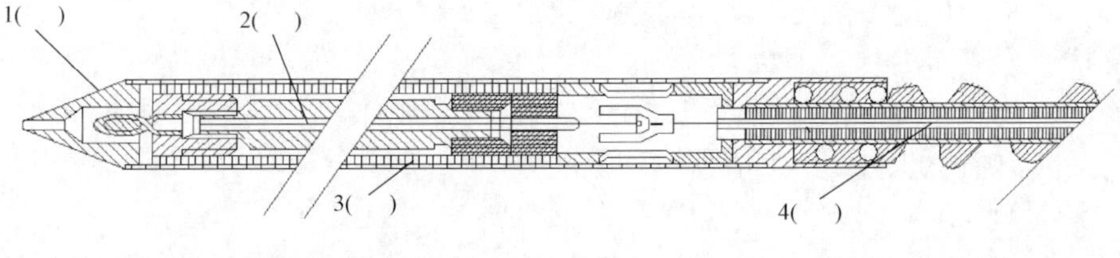

5. 简述重水堆机组探测器信号输出后，各个设备的处理关系，并使用箭头线连接各个设备之间的逻辑关系，体现出一号停堆系统区域功率铂探测器输出信号与设备之间的信号处理过程。(省略电源系统，假设需供电设备都已供电，简化信号在各个设备之间的输入输出连线)

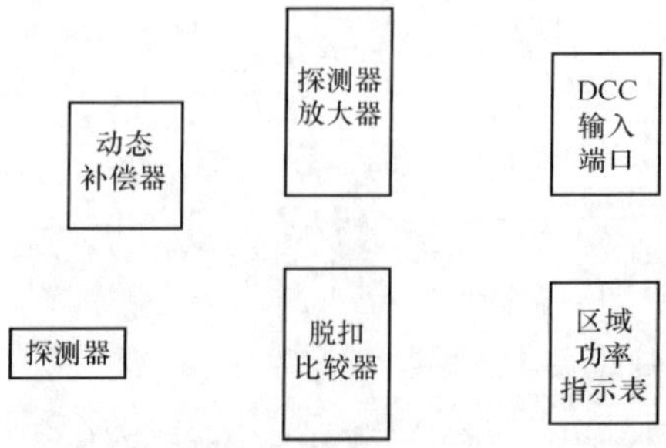

(六) 综合题

1. 描述核反应堆保护系统设备维修记录的要求。

2. 电离室是核测系统的信号源,也是控制系统的一个环节,要想正确的设计放大器,正确的解释实验中出现的问题,必须对电离室的特性有个基本认识。请对电离室的特性作个总结。

3. 正常换料过程中,换料盘台操作员在执行 R6 SEQ74 STEP51 时,发现指令 CBRP(分离器回推器动作)执行超时报警,同时出现 A0031 A/I LOSS OF SYNC-R.H.RETRACT(电位计指示失去同步)报警,检查发现 A 侧装卸料机右侧燃料拨块完全推出指示灯未点亮,并且右侧分离器燃料拨块正常电位计发生漂移,主电位计 A/I3215 显示为 4.25 V,备用电位计 A/I3355 显示为 4.42 V,主备电位计电压相差约 170 mV,请分析故障产生的可能原因,并给出具体的维修和施工方案。

五、参考答案

(一) 单项选择题

1. D; 2. B; 3. C; 4. D; 5. B; 6. D; 7. D; 8. B; 9. B; 10. C; 11. A; 12. B; 13. A; 14. B; 15. B; 16. A。

(二) 多项选择题

1. ABCDE; 2. ABCD; 3. ABD; 4. BD; 5. ABCD; 6. ABC; 7. ABCDE; 8. ABCE。

(三) 简答题

1. 答:在正、负高压绝对值相同时,输出电流为负值,甚至为较大的负值,这样,在实际使用中,调节负高压数值,很容易获得最佳补偿。相反,如果设计成欠补偿,对于圆筒式结构的电离室,由于电极间的相互隔离,调节负高压时,则很难获得最佳补偿,即便对于平板式结构的电离室,只有提高负高压值才能获得最佳补偿,但过高的电压对使用是很不利的。

2. 答:电极边缘电场随电压增高而增强,因而电离室灵敏区增大的缘故,另外在饱和区内仍有极少数电子和离子复合现象,也是造成坪斜的一个因素,一般电离室的坪斜大约为1%/100 V。

3. 答:(1) 查找及时。因接地故障常常随环境、设备位置的变化而变化,十分不稳定,造成难以查找的事故隐患,只要出现故障应立即查找。

(2) 定期巡检系统的对地绝缘。不一定故障出现时再去查找排除。利用摇表装置定期对各个回路进行检查,记下绝缘较差的回路,待故障出现时,对存在隐患点进行重点排查。

(3) 按序查找,先信号回路,事故照明回路,再控制回路,保护回路。先重点检测绝缘情况较差的回路。

4. 答:(1) 分离器电位计失去同步报警是电位计的功能部分失效的一种表现,持续运行一段时间后,电位计将整体失效。电位计失效将导致分离器回推器无法指示,主控室无法对回推器的动作进行控制,后果是无法进行正常换料工作。严重的话将导致装卸料机在反应堆通道上无法下堆。

(2) 更换分离器电位计时需要做好安措,否则会导致大量重水泄漏。

(3) 更换分离器电位计时,人员有大量摄入氚剂量的风险。

(四) 计算题

1. 解:(1) 设自给能探测器阻抗为 X。

(2) 列出等式$(X+10)\times1=X\times2$,X得 10 MΩ或者套用公式列出等式 $1/(2-1)\times10=10$ MΩ。

答:自给能探测器阻抗为 10 MΩ。

(五) 绘图题

1. 答:见下图。开始线、终止线、标注 t。文字叙述不得分。

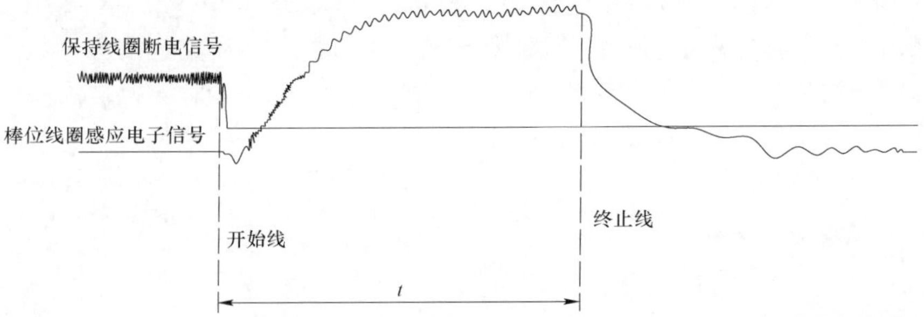

2. 答:(1) 绝缘体;(2) 阳极丝;(3) 阴极;(4) 电缆接头;(5) ^{10}B 层。

3. 答:(1) 正高压极;(2) 中子室;(3) 收集极;(4) 负高压极;(5) γ补偿室。

4. 答:(1) 正高压极;(2) 陶瓷支撑;(3) 收集极。

5. 答:(1) 焊接端塞;(2) 测量区;(3) 同芯包壳;(4) 同轴电缆。

6. 答:见下图

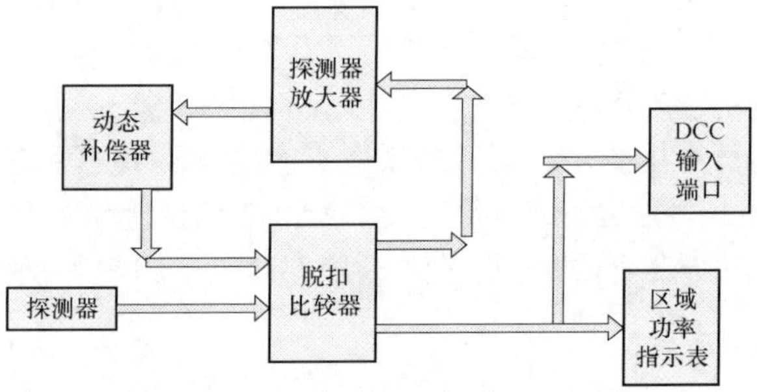

探测器输出信号后进入脱扣比较器,脱扣比较器没有处理信号直接将信号送入放大器,放大器将信号放大后送入动态补偿器,经过动态补偿后进入脱扣比较器。脱扣比较器进行脱扣比较判断是否进行脱扣。脱扣比较器将功率信号送入 DCC 和主控盘台指示表。

(六) 综合题

1. 答:(1) 维修记录表用于记录系统、设备维修过程中产生的各种数据,是反映系统、设备当前状态的有力证据,对系统和设备的故障诊断、老化管理起着积极重要的作用,因此其内容应尽可能详细、完整。

(2) 在维修记录表首,有设备名称、设备编码、维修日期、维修成员记录表。

(3) 除了测量数据记录表和试验记录表的形式和内容可根据专业、系统、设备的不同有所区别以外,其他表格的形式和宽度不应变动,若内容较多可增加行数或页数。

(4) 若同一张表格增加页数,则每一页上均有同样的签名栏。

(5) 在维修记录表中可适当地插入各种形式的原理图、示意图或局部示意图,以向维修人员提供清晰明了的指示,插图应以美观、清晰为原则。

(6) 测量数据记录表和试验记录表的每一页上都必须有记录人、验证人、工作负责人的签名栏。

(7) 维修记录表应至少包括(但不限于)以下几种类型的记录表:测量数据记录表、试验记录表、零部件维修或更换记录表、材料消耗记录表、实际使用的测量器具记录表、其他记录表。

2. 答:(1) 电流电离室的内阻很大,由于电离室工作在饱和区,输出电流基本上不随工作电压的改变而变化,即它的微变内阻很大,一般都在$10^8\ \Omega$以上,可以看作一个恒流源。这一特性在设计放大器时是可以利用的,例如电离室的输出电流是相当微弱的,但可以利用恒流源特性使之流过一个很大的电阻(这时它的电流并不变化)以获得较高的输出电压。

(2) 响应速度很快,当中子通量发生变化时,输出电流的响应时间主要取决于电子和离子的渡越时间,(即电子和离子从形成到全部收集到电极的时间)如前所述这一响应时间为$10^{-3}\sim10^{-4}$ s,因此电离室可以看成是$i=K_1\boldsymbol{\Phi}$的简单比例环节(没有滞后)。

(3) 极间电容的影响和等效电路。电离室的电极是由一组平行安置的金属板构成的,电极之间的电容大约为几百到几千微法,由于电容的影响,可使响应速度变慢,也可以使放大器的放大倍数下降,这一因素在系统设计时应充分加以考虑。

综上所述电离室的等效电路应该是一个与中子通量成正比的恒流源和一个电容的并联。

3. 答:造成分离器电位计漂移的原因有:

(1) 电位计供电电源存在漂移。

(2) 电位计回路的电压比较器卡件存在失效现象,导致回路电压不稳定。

(3) 电位计接线回路在电缆接头或接线端子上存在接触不良的现象。

(4) 电位计接线回路存在接地现象。

(5) 电位计内部接线存在接地现象。

(6) 电位计波纹管破裂,导致重水进入电位计内部,进而导致电位计绝缘下降,出现电压漂移。

维修和施工方案分析说明:

(1) 检查电位计电源的其他负载是否存在电压漂移现象,如果有,则说明电源输出电压漂移。

(2) 将电位计回路的电压比较器卡件拨出,如果电位计电压漂移现象消失,则说明是电压比较器卡失效导致电位计电压漂移。

(3) 在现场将电位计电缆断开,测量电位计侧的电阻和绝缘,如果电阻或绝缘不满足要求,存在漂移,则说明是电位计自身的问题,需要对电位计进行解体维修,如果电阻和绝缘满足要求,则说明电位计到主控室回路的接线存在接触或绝缘的问题。

(4) 对电位计进行更换,对拆下来的电位计进行绝缘测量,如果绝缘小于 1 MΩ,说明电位计内部接地或波纹管破裂。

(5) 对电位计进行解体维修,确认是电位计内部波纹管是否破裂,或者内部接线是否接地。

第六单元　培训与指导

一、学习目标

1. 掌握培训教材编写方法;
2. 掌握计算机辅助教学方法。

二、考核要点

考核要点见表 3-6。

表 3-6　考核要点

考核类别	考核范围	考核点	重要程度
培训与指导	培训教材编写方法	培训教材编写方法	X
		培训教材的相关要求	X
	计算机辅助教学方法	计算机辅助教学方法	X
		PPT 教材的相关要求	X

三、考点导航

1. 培训教材编写方法

(1) 培训教材编写方法

培训教材编写的常规顺序包括:确定基本内容、确定逻辑框架以及思考教材创新点等前期准备工作,编写培训教材,深入调查研究、精心编写案例,坚持“必须”和“够用”的原则。

(2) 培训教材的相关要求

优秀的教材编写模式具有四个特点:一是强调以能力为中心;二是采用模块式编写体例;三是与学员实际联系紧密;四是可操作性强。

2. 计算机辅助教学方法

(1) 计算机辅助教学方法

了解计算机辅助教学方法的优点,明白多媒体辅助教学的开展,必须与课件的开发同步进行,而多媒体课件的开发必须借助相应的多媒体开发工具来完成。

(2) PPT 教材的相关要求

能够与课件开发同步编写,直观、生动的展示教材内容,理论联系实际,讲解与研讨结合。

四、仿真训练

(一) 单项选择题(请将正确选项的代号填入题内的括号中)

1. 编写培训教材,首先要进行的是(　　)。

(A) 需求分析　　(B) 搜集素材

(C) 确定内容　　(D) 编写框架

2. 编写好理论知识时，要坚持(　　)的原则。

(A) "必须"和"够用"　　(B) "精炼"

(C) "全面"　　(D) "丰富"和"生动"

3. 关于多媒体教学以下说法正确的是(　　)。

(A) 向传统的"五个一"的教学模式提出了挑战

(B) 耗费大量人力授课

(C) 只可以对有限人员进行培训

(D) 不生动

4. CANDU-6，根据系统线号或电缆号来检查系统回路，使用的软件是(　　)。

(A) InTEC　　(B) EAM　　(C) PI　　(D) ERP

5. 随着时代的发展，广泛用于计算机辅助教学的幻灯片软件为(　　)。

(A) Microsoft Office Visio　　(B) Microsoft Office Outlook

(C) Microsoft Office Access　　(D) Microsoft Office PowerPoint

6. 关于PPT教材编写说法错误的是(　　)。

(A) 字体、大小、颜色选择要合适，清晰可见

(B) 语言描述要简明扼要，容易理解

(C) 使用图片、模板等可以体现出PPT的个性，展现出个人或公司的风采，但形式和内容要统一

(D) 要多使用图片、动画等特效，越多效果越好

7. 关于PPT教材以下说法正确的是(　　)。

(A) PPT教材可用性差　　(B) PPT教材可以插入动画、图片等

(C) PPT教材对使用者的要求非常高　　(D) 不生动

(二) 多项选择题(请将正确选项的代号填入题内的括号中)

1. 一般核电厂内部培训教材编写模式的特点是(　　)。

(A) 强调以能力为中心　　(B) 强调以知识为线索

(C) 采用模块式编写体例　　(D) 与学员实际联系紧密

(E) 可操作性强

2. 以下关于职业技能培训教材正确的说法是(　　)。

(A) 职业技能培训教材是依据职业标准要求进行编制的

(B) 编写培训教材时要坚持必须和够用的原则，编写好理论知识

(C) 教学案例是能力训练最好的载体之一，因此案例素材的收集对于教材的编制很重要

(D) 编写培训教材，首先要进行需求分析，解决好"编写什么"的问题，即培训哪些专项能力，并以专项能力为核心，确定培训教材编写的基本框架

(E) 需培专项能力构成教材编写的基本框架，即教材编写的大纲

3. 技能培训教材里的正文部分包含哪几个方面的内容(　　)。

(A) 原理描述　　(B) 操作准备、操作实施

(C) 故障检查和处理分　　　　(D) 经验反馈和习题

(E) 教员联系方式

4. 关于计算机辅助教学方法描述正确的是(　　)。

(A) 计算机辅助教学一般可分为计算机硬件、系统软件和课程软件三部分

(B) 计算机辅助教学克服了传统教学情境方式上单一、片面的缺点

(C) 计算机辅助教学的使用能有效的提高教学质量和教学效率,比传统教学要好

(D) 计算机辅助教学对硬件设施要求比传统教学要高

(E) 网络化是计算机辅助教学的重要发展趋势

5. 网络计算机辅助教学系统主要由以下哪几部分组成(　　)。

(A) 网络多媒体课件系统　　　　(B) 网络考试系统

(C) 网络多媒体教室系统　　　　(D) 网络远程教育系统

(E) 网络对讲系统

6. 编写技能培训 PPT 时,在内容的科学性上应该做到(　　)。

(A) 取材适宜,内容正确、规范　　　　(B) 问题表述准确

(C) 引用材料正确　　　　(D) 字体大小适中

(E) 认知逻辑合理

(三) 简答题

1. 简述培训教材内容编写应注意什么。

2. 简述编写培训教材的总体要求。

3. 简述培训教材的编写原则。

4. 制作 PPT 教材有哪些要求?

(四) 综合题

请论述编写反应堆控制系统培训教材的方法。

五、参考答案

(一) 单项选择题

1. A; 2. A; 3. A; 4. A; 5. D; 6. D; 7. B。

(二) 多项选择题

1. ACDE; 2. ABCDE; 3. ABCD; 4. ABDE; 5. ACD; 6. ABCE。

(三) 简答题

1. 答:(1) 语言要言简意赅、清楚明了。(2) 内容应条理清晰,突出思路和逻辑关系。(3) 应突出理论性和实践性。(4) 要密切体现出理论和实践的紧密结合。

2. 答:政策性、准确性、保密性、通用性、先进性、简明性、规范性、著作权。

3. 答:(1) 美观、整齐、统一,与公司标识系统保持一致。(2) 便于电子查询。(3) 便于电子存档和便于他人引用。

4. 答:(1) 模板的基本要求:尽量选择同一底色的模板;文字或图片延续而应有一定对比度;整个幻灯配色要一致;文字、图标出现方式可适当选用动画,但不可过多。(2) 文字要求与原则:标题 44 号或 40 号;正文 32 号;一般不小于 24 号。(3) 行、段间距不要超过 6~7 行。(4) 图表使用原则:文不如表;表不如图。(5) 配色要求:不要超过三种颜色;背景应简

单,颜色较暗;字体颜色应用白、黄、黑或与背景反差大的浅色。

(四) 综合题

答:(1) 教材编写前期准备工作

1)从该领域最好的一本或几本教材中,挖掘出所要编写的教材应该含有的基本内容。

2) 基本内容确定以后,确定逻辑框架,并思考该书的创新点。

3) 资料的收集。

(2) 编写培训教材

首先要进行需求分析,解决好“编写什么”的问题,即培训哪些专项能力,并以专项能力为核心,确定培训教材编写的基本框架。

1) 需求分析:首先,我们把分析的重点放在培训的目标上,保证需求分析的有效、全面、真实;其次,确定培训教材编写所用到的参考资料和平时工作中的一些经验反馈,以保证开发结果的先进性和广泛性;最后,根据岗位现有状况和未来发展的需要,制定出培训教材的编写中心思想。

2) 确认差距,找出需培专项能力:职业培训具有很强的选择性,需要培训的仅限于那些重要的、必备的和急需的专项能力。这些专项能力只占岗位能力中有限的内容,所以在岗位能力的基础上做进一步的需求分析,确定需培专项能力是十分重要的。这些需培专项能力构成教材编写的基本框架,即教材编写的大纲。

(3) 深入调查研究,精心编写案例

经过需求分析之后,形成的是一个个专项能力。如何把这些能力在培训过程中加以实施,靠得不是传统的“知识”体系,而是一个个的教学案例。案例是能力训练最好的载体之一。

(4) 坚持“必须”和“够用”的原则,编写好理论知识

知识是能力训练的基础和支持系统,知识要回答好案例中提出的“为什么”等问题。没有知识就形不成能力。所以理论知识是构成教材内容极其重要的组成部分。

第七单元 管 理

一、学习目标

1. 掌握生产管理知识;
2. 掌握技术报告撰写方法。

二、考核要点

考核要点见表 3-7。

表 3-7 考核要点

考核类别	考核范围	考核点	重要程度
管理	生产管理知识	班组管理知识	Y
		技术改造项目管理知识	X
		设备维修管理知识	X
	技术报告撰写方法	技术报告撰写方法	X

三、考点导航

1. 生产管理知识

(1) 班组管理知识

班组的管理要从四个方面入手:班组安全管理、生产/质量管理、培训管理和班务管理。

(2) 技术改造项目管理知识

高效、规范的完成技术改造项目,需要从如下几个方面考虑:项目分级,项目管理组织机构和职责,项目经理,实施负责人资格要求,项目的 QC 工作和项目管理流程。

(3) 设备维修管理知识

设备维修管理:指依据企业的生产经营目标,通过一系列的技术、经济和组织措施,对设备寿命周期内的所有设备物质运动形态和价值运动形态进行的综合管理工作。

2. 技术报告撰写方法

技术报告主要用于科学技术研究及其成果的描述,是研究成果的体现。运用它们进行成果推广、信息交流、促进科学技术的发展。技术报告还是考核科技人员业绩的重要标准。技术报告既要关注格式,又要重视内容,要能够把问题说清说透,条理清晰,思路严谨。

四、仿真训练

(一) 单项选择题(请将正确选项的代号填入题内的括号中)

1. 关于班组安全活动下列说法,不正确的是( )。

(A) 班组每周进行一次安全活动,安全活动由班组安全员主持,每次安全活动必须有记录

(B) 安全活动内容只需要结合班组自身工作特点,学习有关安全规定,学习经验反馈或分析安全事件等,不需要学习外部的安全生产的的各类案例

(C) 安全活动时可以针对各班组对应的工作重点的项目,进行专项的安全评估与制定详细的安全措施

(D) 安全活动时控制区内的作业风险、高空作业风险、劳动强度较大的检修项目制定详细的风险分析及防护措施等

2. 在项目施工过程中,实施单位必须严格执行已批准的质量计划,提前(　　)小时通知 QA/QC 人员参加质量控制点的见证活动,严禁越点操作。

(A) 12　　(B) 24　　(C) 48　　(D) 6

3. 计划预修制是根据零件的一般磨损规律和(　　)规律,有计划地进行维修,在故障发生之前修复或更换已磨损或老化的零件。

(A) 设备成本　　(B) 设备故障

(C) 设备采购周期　　(D) 设备存储

4. 技术报告(论文)最基本的特征是(　　)。

(A) 创造性　　(B) 学术性　　(C) 科学性　　(D) 经济性

(二) 多项选择题(请将正确选项的代号填入题内的括号中)

1. 班组管理包括以下哪些方面(　　)。

(A) 班组安全管理　　(B) 生产质量管理

(C) 培训管理　　(D) 班务管理

(E) 项目管理

2. 班组"三大员"指的是(　　)。

(A) 安全员　　(B) 班长　　(C) 专工　　(D) 考勤员

(E) 工具材料管理员

3. 技术改造实施负责人的职责有(　　)。

(A) 参与项目的设计审查

(B) 全面负责项目施工准备及现场施工管理

(C) 负责施工文件的交付

(D) 参与项目的调试和验收

(E) 负责施工质量计划的审查

4. 项目管理流程包括项目的(　　)。

(A) 立项阶段　　(B) 设计和物项采购阶段

(C) 施工准备和施工阶段　　(D) 验收和评估阶段

(E) 使用或运行阶段

5. 技术改造项目实施负责人的职责包括(　　)。

(A) 负责向项目经理报告施工过程中发生的变更及异常情况的处理

(B) 负责提出外委设计申请,组织编制外委设计技术协议

(C) 参与项目的调试和验收

(D) 负责项目施工准备及现场施工管理,包括施工方案、施工进度计划、质量计划提出、承包商的监管等

(E) 负责向技术支持部推荐项目组成员,并领导项目专业小组开展工作

6. 按项目投资估算,技术改造项目划分为(　　)。

(A) 核安全相关项目　(B) 特大项目

(C) 重大项目　(D) 涉网相关项目

(E) 一般项目

7. 以下属于全面生产维修(TPM)内容的是(　　)。

(A) 日常检点　(B) 定期检查　(C) 计划维修　(D) 改善性维修

(E) 故障维修

8. 以下哪些属于全面生产维修制(TPM)的内容(　　)。

(A) 定期检查　(B) 计划修理　(C) 改善性维修　(D) 委托维修

(E) 维修记录分析

9. 对于维修后试验中发现的缺陷、异常情况的处理,下列说法正确的是(　　)。

(A) 试验过程中,发现设备缺陷,按处理方式分为不需要隔离和需要隔离两种情况分别处理

(B) 不需要隔离的情况下,如盘根泄漏、紧固件松动等,需要正常调整或允许在线处理的缺陷,试验负责人可以安排工作人员进行调整,消除缺陷。这种情况,计入试验一次不合格

(C) 试验过程中,出现异常情况,必须停止试验,将设备置于安全状态,对可能的故障进行分析

(D) 试验过程中,发现设备缺陷,需要隔离进行处理,则按返工处理

(E) 试验过程中或试验后(经过在线调整),试验结果不能满足验收标准,即维修后试验不合格,则必须在维修后试验程序中给出后续行动事项

10. 学术论文的特点包括(　　)。

(A) 学术性　(B) 科学性　(C) 创造性　(D) 理论性

(E) 独创性

11. 编写技术报告时,选定的重点业绩(成果)分析材料,一定要有书面证明材料,证明材料有以下几种形式(　　)。

(A) 个人技术工作小结,由申报人所在单位盖章或两名同专业工程师及以上职称者盖章

(B) 成果受益单位盖章

(C) 各种奖励、表彰的证件

(D) 发表专业文章的刊物

(E) 现场张片

(三) 简答题

1. 班组安全管理包括哪些方面?

2. 6 S 活动的含义是什么?

3. 技术改造项目实施负责人的职责是什么?

4. 设备维护业务外包管理包括哪些内容?

5. 在哪些情况下一般应编写内部技术报告?

（四）综合题

1. 描述班前会包含的主要内容。

2. 维修执行过程大致包括：工前会议流程、维修现场执行流程、QDR 审批、维修工作包修改、工作许可变更或中止、维修后试验、工作现场清理与恢复流程、归还和终结工作许可。请简述维修现场执行流程包括哪些内容。

3. 请解释什么叫集中维修和分散维修，各有什么优缺点。

五、参考答案

（一）单项选择题

1. D；2. B；3. B；4. B。

（二）多项选择题

1. ABCD；2. ADE；3. ABCD；4. ABCD；5. ACD；6. BCE；7. ABCDE；8. ABCE；9. ABDE；10. ABCDE；11. ABCD。

（三）简答题

1. 答：(1) 安全目标：以班组与各科队签订的安全生产责任书为基准，实现安全责任书中的管理目标。(2) 安全活动：班组全体成员积极参加公司、部门、科队组织的各项安全活动；班组内部安全活动形式多样。(3) 危险品管理：按制度对放射源、易燃易爆物品及化学品进行管理。(4) 安全会：原则上每周召开一次安全会，安全会内容须有完整记录，参会人员须签到。(5) 班前会：班组在工作日早上召开班前会，班前会内容需要记录在班组日志中以备后查。

2. 答：(1) 整理。(2) 整顿。(3) 清洁。(4) 清扫。(5) 素养。(6) 安全。

3. 答：(1) 参与项目的设计审查。(2) 全面负责项目施工准备及现场施工管理，包括施工方案、施工进度计划、质量计划、施工外委申请提出(包括土建项目申请)、编制外委施工技术协议、工单的准备、对施工承包商的监管等。(3) 负责向项目经理报告施工过程中发生的变更及异常情况的处理。(4) 负责施工文件的交付。(5) 参与项目的调试和验收。

4. 答：(1) 设备维护外包战略分析。(2) 设备维护外包业务决策分析。(3) 设备维护承包商的评估与选择。(4) 外包业务执行过程的管理。(5) 设备维护外包终止。

5. 答：(1) 重大设备缺陷的分析处理过程和评价，如核岛电动阀的阀杆损伤泄漏、汽轮机叶片拉筋问题。(2) 重大设计变更修改和效果评价，如汽轮机改造、共箱母线改造项目。(3) 重大维修活动技术改进经验总结，如蒸汽发生器手孔密封面回装防漏改进处理。(4) 重大在役检查和金属监督的结果评价，如蒸汽发生器涡流检查。安全可靠性、堆物理、燃料、热工水力、老化管理等等方面的分析与评价。(5) 其他一些技术疑难问题的探讨和交流总结，如辐射防护、废物处置、化学分析、信息技术等。(6) 当最终技术方案短时间无法确定时，可编写过渡性报告以记录问题的演变、分析和探讨可能的解决方案。(7) 重要问题或事件处理的分析和经验总结及反馈。

（四）综合题

1. 答：(1) 班组长通报当日机组运行情况及维修相关工作安排。

(2) 结合当日的维修项目，详细落实当日人员安排及关注要点，特别应注意关键/重要设备维修、高风险作业的安全注意事项提醒和安全措施的布置提醒。

(3) 班组成员对前一工作日的工作、安全维修、经验反馈等做出小结。

(4) 布置新生效技术文件或重要技术文件,内部/外部经验信息等资料的学习。

(5) 班前会会议内容需要在当天简要地记录在班组日志中以备后查。

2. 答:(1) 确认维修准备工作完成。

(2) 验证隔离边界。

(3) 确认安全措施。

(4) 确认现场环境条件。

(5) 确认配合工作完成。

(6) 布置工作现场。

(7) 建立防异物隔离区。

(8) 实施现场检修。

3. 答:(1) 集中维修指把所有维修力量集中起来组成专门的设备维修部门,负责整个企业的设备维修工作。优点:有利于提高维修技术水平,集中力量完成复杂技术难度大的维修任务。缺点:易出现生产与维修的脱节,不能及时处理故障。

(2) 分散维修就是由企业的各个下层部门分别设立维修小组,每一个小组负责本部门的设备维修工作。优点:把各部门的生产与维修统一起来,维修时间灵活。缺点:分散了维修力量,难以处理技术难度大的维修任务。

第四章　模拟试卷

职业技能鉴定国家题库

核反应堆控制保护检修工
国家职业资格二级
理论知识试卷

注意事项

1. 考试时间:120分钟。
2. 请首先按要求在试卷的标封处填写您的姓名、准考证号和所在单位的名称。
3. 请仔细阅读各种题目的回答要求,在规定的位置填写您的答案。
4. 不要在试卷上乱写乱画,不要在标封区填写无关的内容。

题目	一	二	三	四	五	总　分
得　分						

得　分	
评分人	

一、单项选择题(第1题~第40题。选择一个正确的答案,将相应的字母填入题内的括号中。每题1分,满分40分。)

1. 从业人员应该树立良好的职业道德,遵守职业守则,安心本职工作,勤奋钻研本职业务,才能提高自身的(　　)。

A. 收入　　B. 职业能力和素质　　C. 地位　　D. 职务

2. 公司的规章制度是职工必须遵守的(　　)。

A. 行为准则　　B. 重要要求　　C. 法律　　D. 条件

3. 所有的决策和行动都要考虑核技术的(　　)。

A. 特殊性　　B. 重要性　　C. 安全性　　D. 保密性

4. 具有一定原子序数和质量数,并处于一定能态的一类原子称为(　　)。

A. 核子　　B. 核素　　C. 中子　　D. 电子

5. 现场文明生产要求,(　　)整理清扫工位现场,做好自己所在工作区和所用工具、设备及其他用品的保洁工作。

A. 最后　　B. 随时　　C. 定时　　D. 定期

6. 质量是企业的(　　)。

A. 生命　　B. 前途　　C. 发展　　D. 方向

7. 各级(　　)应当加强对安全生产工作的领导。

A. 政府　　B. 机关　　C. 领导　　D. 企业

8. 环境保护法适用于中华人民共和国领域和中华人民共和国管辖的其他(　　)。

A. 流域　　B. 领域　　C. 海域　　D. 太空

9. 按照 30 万千瓦机组最终安全分析报告技术规格书中对核反应堆保护系统的要求,P-10 不存在(　　)。

A. 允许手动闭锁源量程反应堆停堆

B. 自动解除源量程反应堆停堆闭锁

C. 自动解除功率量程(低整定值) 反应堆停堆闭锁

D. 允许手动闭锁功率量程(低整定值)反应堆停堆

10. M310 机组专设安全设施的驱动逻辑器件的定期试验周期为(　　)。

A. 一个月　　B. 两个月　　C. 三个月　　D. 半年

11. 完成核反应堆保护系统与其他系统完成连接后,调试系统之间的接口功能是否正常的调试阶段为(　　)。

A. 本系统与外部系统联合调试阶段

B. 现场的单设备性能测试和功能试验阶段

C. 工厂试验阶段

D. 反应堆装料、启动和功率运行阶段的各项试验

12. 在重水机组一号停堆系统中属于直接脱扣参数,不需进入 PDC 的信号参数是(　　)。

A. 主热传输系统压力高　　B. 稳压器液位低

C. 蒸发器液位低　　D. 反应堆厂房压力高

13. 棒控设备柜厂家调试期间对机柜进行耐压测试时需使用什么仪器进行测试(　　)。

A. 万用表　　B. 电流表

C. 耐压测试仪　　D. 绝缘测试仪

14. 关于满功率时,重水堆 SDS 1号电离室输出信号的数值大小,下列说法正确的是(　　)。

A. 对数变化率信号 0,对数信号 4 V,线性信号 3.166 V

B. 对数变化率信号 15,对数信号 4 V,线性信号 3.166 V

C. 对数变化率信号 0,对数信号 3.166 V,线性信号 4 V

D. 对数变化率信号 0,对数信号 3.166 V,线性信号 3.166 V

15. 堆芯核测系统适用的调试、制造和验收标准正确的是(　　)。

A. IEC 60568—1977《测量动力堆中子注量率的堆内仪表》

B. IEC 60568—1978《测量动力堆中子注量率的堆内仪表》

C. IEC 60569—1977《测量动力堆中子注量率的堆内仪表》

D. IEC 60569—1978《测量动力堆中子注量率的堆内仪表》

16. 不属于堆芯核测系统设备制造验收依据的是(　　)。

A. 外观检查　　B. 合同及附件

C. 规范书　　D. 验收大纲

17. 重水堆燃料操作设计标准描述错误的是(　　)。

A. 新燃料棒束的贮存、接收、检查和传输。新燃料棒束的贮存空间必须满足 9 个月供应量

B. 通过自动或者手动远程操作将新燃料棒束装入装卸料机

C. 装卸料机在反应堆上换料必须通过远程自动或者手动操作,每个通道换料是从 2 根到 12 根,必须成对操作,正常情况下是每个通道 8 根棒束

D. 通过装卸料机远程自动卸出乏燃料,无法实现手动卸料操作

18. 重水堆《核电厂调试程序》是(　　)。

A. HAF-304　　B. CAN/CSA-N286.4-M86

C. 98-01913-QAM-003　　D. 98-CNI-102

19. 设备验收中的文件验收不包括(　　)。

A. 产品制造质保文件　　B. 产品制造技术文件

C. 试验报告　　D. 产品设计手册

20. 重水机组设计目标为 SDS 1号(一号停堆系统)完全停堆时间小于(　　)秒(从探测到事件发生到停堆棒到底)。

A. 1　　B. 2　　C. 3　　D. 4

21. 压水堆反应堆功率控制是由化学毒物和(　　)联合完成。

A. 冷却剂温度控制　　B. 棒组控制机构

C. 堆外核测系统　　D. 堆芯核测系统

22. M310 机组电站计算机系统控制处理器 CP 基本处理周期最快可定义为(　　)秒。

A. 0.05　　B. 0.1　　C. 0.5　　D. 1

23. 当一个组合报警被操纵员确认后报警窗为平光,如这个组合报警中又有一个新报警发出时,报警窗应为(　　)。

A. 平光　　B. 慢闪　　C. 快闪　　D. 熄灭

24. 反应堆核测量系统按照中子通量探测器及其测量仪表的不同分为不同量程,以下错误的是(　　)。

A. 源量程　　B. 中间量程　　C. 功率量程　　D. 初始量程

25. 重水堆机组运行处于四泵运行状态时,一号停堆系统停堆参数脱扣设定值高对数功率变化率设定值为(　　)。

A. 10%　　B. 15%　　C. 20%　　D. 12%

26. 重水堆机组棒控棒位系统中,98-63720-DM-005 规定:最多要求同时驱动 25 个马达,且达到额定速度的时间不少于(　　)。

A. 1.5 s　　B. 5 s　　C. 20 s　　D. 30 s

27. 重水堆机组二号停堆系统对数变化率高的设定值为(　　)。

A. 3%/s　　B. 5%/s　　C. 10%/s　　D. 15%/s

28. 反应堆核测量仪表功率量程的通道数量是(　　)。

A. 2　　B. 3　　C. 4　　D. 1

29. 30 万千瓦机组源量程探测器为(　　)。

A. 涂硼正比计数器　　B. γ补偿电离室

C. 非补偿电离室　　D. 宽量程裂变室

30. 30 万千瓦机组中间量程探测器的测量电流范围为(　　)。

A. 10^{-12}～10^{-4} A　　B. 10^{-11}～10^{-3} A

C. 0～2×10^{-4} A　　D. 4～20 mA

31. 30 万千瓦机组功率量程探测器的测量电流范围为(　　)。

A. 10^{-12}～10^{-4} A　　B. 10^{-11}～10^{-3} A

C. 0～3×10^{-4} A　　D. 4～20 mA

32. M310 核电机组,关于堆外核测系统(RPN)源量程部件预防性维修目的说法正确的是(　　)。

A. 根据堆外核测系统纠正性维修的要求,对堆外核测系统源量程仪表解体检查

B. 根据堆外核测系统定期试验大纲的要求,对堆外核测系统源量程仪表解体检查

C. 根据堆外核测系统预防性维修的要求,对堆外核测系统源量程仪表解体检查

D. 根据最终安全分析报告的要求,对堆外核测系统源量程仪表解体检查

33. M310 核电机组,能够作为堆外核测系统(RPN)功率量程探测器辨别失效的依据是(　　)。

A. 探测器高压坪特性曲线不合格

B. 探测器甄别阈曲线不合格

C. 功率量程通道试验不合格

D. 功率量程发出中子注量率变化率高停堆信号

34. 重水堆机组维修规程批准人是(　　)。

A. 维修责任处室负责人　　B. 技术科科长

C. 维修科科长　　D. 技术主管工程师

35. 关于核反应堆保护系统维修记录的修改下列说法错误的是(　　)。

A. 记录的修改必须由合格的人员进行

B. 记录修改可以使用修正液和修正带

C. 记录内容的更改和修改,必须有更改人签名并注明日期

D. 对于破损不洁的记录,可以复印或重新填写后并签字确认,作为记录提交

36. 因专业、设备及其作业内容的区别,测量数据记录表的数据区形式可根据实际情况来编制,数据区内容不包括(　　)。

A. 记录表名称　　B. 计量单位

C. 对测试数据的初步判定　　D. 测量数据的换算过程

37. 编写培训教材,首先要进行的是(　　)。

A. 需求分析　　B. 搜集素材

C. 确定内容　　　　D. 编写框架

38. 编写好理论知识时，要坚持(　　)的原则。

A. “必须”和“够用”　　　　B. “精炼”

C. “全面”　　　　D. “丰富”和“生动”

39. 关于班组安全活动下列说法，不正确的是(　　)。

A. 班组每周进行一次安全活动，安全活动由班组安全员主持，每次安全活动必须有记录

B. 安全活动内容只需要结合班组自身工作特点，学习有关安全规定，学习经验反馈或分析安全事件等，不需要学习外部的安全生产的的各类案例

C. 安全活动时可以针对各班组对应的工作重点的项目，进行专项的安全评估与制定详细的安全措施

D. 安全活动时控制区内的作业风险、高空作业风险、劳动强度较大的检修项目制定详细的风险分析及防护措施等

40. 在项目施工过程中，实施单位必须严格执行已批准的质量计划，提前(　　)小时通知 QA/QC 人员参加质量控制点的见证活动，严禁越点操作。

A. 12　　　　B. 24　　　　C. 48　　　　D. 6

得　分	
评分人	

二、多项选择题(第 41 题～第 55 题，请选择两个或以上正确答案，将相应字母填入括号内。错选或多选、少选均不得分，也不倒扣分。每题 2 分，满分 30 分。)

41. 劳动的含义有(　　)。

A. 为个人谋生　　　　B. 为社会服务

C. 有利于行业、企业建设和发展　　　　D. 有利于推动城市建设

E. 有利于个人的提高和发展

42. 核设施职业健康安全管理的基本方式(　　)。

A. 定期监测　　　　B. 日常管理

C. 健康体检　　　　D. 将职业危害及时告知员工

E. 其他

43. 员工对核安全文化的应用(　　)。

A. 工作前的考虑　　　　B. 工作期间的保证

C. 工作后的纠正与检查　　　　D. 质量保证的理解和运用

E. 碰到问题不汇报，完全自行解决

44. 以下重水机组哪个参数是属于二号停堆系统的(　　)。

A. 主系统压力　　　　B. 稳压器液位

C. 慢化剂温度　　　　D. 蒸发器液位

E. 钒探测器功率

45. 关于 30 万千瓦机组反应堆功率调节系统设计基准,如下描述错误的有(　　)。

A. 在 0～100%额定功率范围内,使反应堆能承受±10%额定功率的阶跃变化而不得引起反应堆停堆、蒸汽排放、稳压器释放阀驱动

B. 在 15～100%额定功率范围内,使反应堆能承受±5%额定功率/分的线性变化而不得引起反应堆停堆、蒸汽排放、稳压器释放阀驱动

C. 在自动运行或运行瞬态时,恢复并保持反应堆冷却剂冷端温度在规定的限制内

D. 在 100%电网甩负荷时,能短时间带厂用电运行,在蒸汽排放系统的配合下,不得引起反应堆停堆,也不得引起稳压器安全阀及主蒸汽管道上的安全阀驱动

E. 在自动运行或运行瞬态时,恢复并保持反应堆冷却剂平均温度在规定的限制内

46. 重水堆机组中,SDS 1号、SDS 2号、RRS 三个系统均使用到的中子测量手段是(　　)。

A. 启动仪表　　B. 自给能铂探测器

C. 自给能钒探测器　　D. 电离室

E. 感烟探测器

47. 扩展版 MC5000 标准模块分类包括(　　)。

A. 通用模块　　B. 读、写、显示

C. 逻辑运算　　D. 与、或、非

E. 数字运算

48. 主冷却剂平均温度使用 Pt100 法国进口铂电阻温度计,在冷、热段各装一支,信号经 SPEC-200(　　)组件处理而得。

A. 输出　　B. 输入　　C. 加法　　D. 调节

E. 标度

49. M310 核电机组,堆外核测系统(RPN)中间量程探测器检查的内容包括是(　　)。

A. 探测器的绝缘电阻　　B. 探测器的分布电容

C. 探测器的高压坪特性曲线　　D. 探测器的补偿高压特性曲线

E. 探测器中的灵敏度

50. 关于反应堆功率调节系统进行组件校准及测试工作的验维修记录下列说法正确的是(　　)。

A. 如果校验数据是经过调整后才满足要求的,只需要记录校验后数据,无需记录校验前数据

B. 所用的有标定要求的工器具仪表,必须注明编号和标定有效期

C. 对于维修规程维修步骤中有误的步骤,直接修改或删除即可

D. 维修记录必须有记录的时间及人员签字

E. 维修质量计划的见证点可以所有工作实施完成后一并签字

51. 以下关于棒控棒位系统维修记录表说法正确的是(　　)。

A. 打印落棒时间波形时,应保留断电前 1 s 左右的波形

B. 打印落棒记录曲线时,应当在曲线上标明运行工况等信息

C. 打印驱动机构电流曲线时,应当在曲线上标明记录日期、时间、棒束编号和运行工况等信息

D. 打印驱动机构电流曲线时，应至少包含一个周期的电流波形

E. 打印落棒记录曲线时，只需体现棒从开始下落到其到达底部的曲线，后续进入缓冲段的曲线可不打印

52. 如下关于电路短路描述正确的是(　　)。

A. 电路短路产生的主要原因是电路绝缘被破坏

B. 短路电流越大，对故障设备的损坏越大

C. 短路持续时间越长，对设备损坏越大

D. 回路中的过流保护装置可以避免短路故障的发生

E. 设备的设计缺陷可能造成电路短路的发生

53. 编写技能培训 PPT 时，在内容的科学性上应该做到(　　)。

A. 取材适宜，内容正确、规范　　B. 问题表述准确

C. 引用材料正确　　D. 字体大小适中

E. 认知逻辑合理

54. 对于维修后试验中发现的缺陷、异常情况的处理，下列说法正确的是(　　)。

A. 试验过程中，发现设备缺陷，按处理方式分为不需要隔离和需要隔离两种情况分别处理

B. 不需要隔离的情况下，如盘根泄漏、紧固件松动等，需要正常调整或允许在线处理的缺陷，试验负责人可以安排工作人员进行调整，消除缺陷。这种情况，计入试验一次不合格

C. 试验过程中，出现异常情况，必须停止试验，将设备置于安全状态，对可能的故障进行分析

D. 试验过程中，发现设备缺陷，需要隔离进行处理，则按返工处理

E. 试验过程中或试验后(经过在线调整)，试验结果不能满足验收标准，即维修后试验不合格，则必须在维修后试验程序中给出后续行动事项

55. 编写技术报告时，选定的重点业绩(成果)分析材料，一定要有书面证明材料，证明材料有以下几种形式(　　)。

A. 个人技术工作小结，由申报人所在单位盖章或两名同专业工程师及以上职称者盖章

B. 成果受益单位盖章　　C. 各种奖励、表彰的证件

D. 发表专业文章的刊物　　E. 现场照片

得　分	
评分人	

三、简答题(第 56 题～第 57 题，每题 5 分，满分 10 分。)

56. 在应用剂量限值时，必须满足哪些附加限制？

57. 以 30 万千瓦机组堆芯核测系统探测器坪特性试验为例,简述如何测试探测器坪特性。

得　分	
评分人	

四、计算题(第 58 题,每题 10 分,满分 10 分。)

58. 用电阻法测量重水堆机组自给能探测器的阻抗时,如图所示,用 10 MΩ的电阻和皮安计与自给能探测器组成一个回路,测得电流为 1 μA;去掉 10 MΩ的电阻,用皮安计直接测量自给能探测器的输出电流,测得电流为 2 μA,求自给能探测器阻抗为多少?

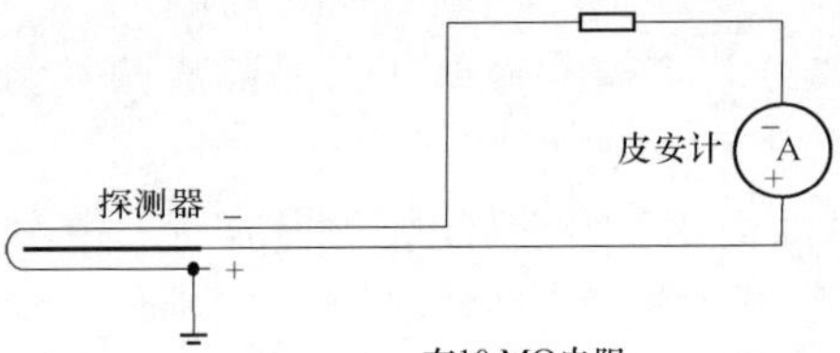

有10 MΩ电阻

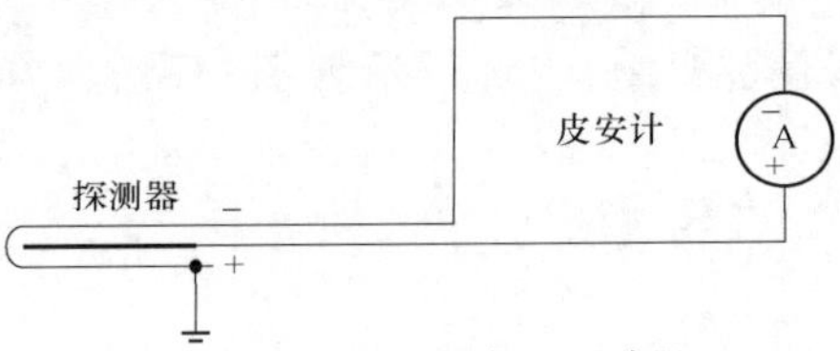

没有10 MΩ电阻

得　分	
评分人	

五、综合题(第 59 题,每题 10 分,满分 10 分。)

59. 描述质量保证大纲。

职业技能鉴定国家题库

核反应堆控制保护检修工
国家职业资格二级
理论知识试卷答案

一、单项选择题(第1题～第40题。选择一个正确的答案,将相应的字母填入题内的括号中。每题1分,满分40分。)

1. B	2. A	3. A	4. B	5. B
6. A	7. A	8. C	9. D	10. B
11. A	12. D	13. C	14. A	15. A
16. A	17. D	18. A	19. D	20. B
21. B	22. A	23. C	24. D	25. A
26. B	27. C	28. C	29. A	30. A
31. C	32. C	33. A	34. A	35. B
36. D	37. A	38. A	39. D	40. B

二、多项选择题(第41题～第55题,请选择两个或以上正确答案,将相应字母填入括号内。错选或多选、少选均不得分,也不倒扣分。每题2分,满分30分。)

41. AB	42. ABCD	43. ABCD	44. ABD
45. AC	46. BD	47. ABCDE	48. BC
49. ABCD	50. BD	51. ABCD	52. ABCE
53. ABCE	54. ABDE	55. ABCD	

三、简答题(第56题～第57题,每题5分,满分10分。)

56. 答:(1) 育龄妇女应保证为均匀受照,月剂量不得超过年剂量限值的1/12;(2/10)

(2) 从事职业性辐射工作的孕妇、授乳妇,应在1年的照射不超过15 mSv的环境下工作,并保证为均匀受照;(2/10)

(3) 年龄在16～18周岁的学生和学徒工,由于教学培训需要接受照射时,1年内受到的有效剂量当量不得超过15 mSv。年龄小于16周岁者按公众成员控制;(2/10)

(4) 只有辐射工作人员可以接受事先计划的特殊照射。且一次不得超过100 mSv,一生不得超过250 mSv;(2/10)

(5) 育龄妇女和未满18周岁者不得接受事先计划的特殊照射。(2/10)

57. 答:

将探测器送到堆芯的指定位置(一般为中子通量最大的地方)(1/10) ;调节探测器的工

作电压,从 50 V 至 200 V 每上升 10 V 读取并记录一个电压值(3/10);记录完所有电压值后绘制探测器坪特性曲线(4/10);根据曲线判断探测器性能是否下降或损坏,判断标准为“坪斜≤10%/100 V”。(2/10)

四、计算题(第 58 题,每题 10 分,满分 10 分。)

58. 解:(1) 设自给能探测器阻抗为 X,(1/10)

(2) 列出等式 $(X+10)\times 1=X\times 2$,X 得 10 MΩ或者套用公式列出等式 $1/(2-1)\times 10=10$ MΩ。(8/10)

答:自给能探测器阻抗为 10 MΩ。(1/10)

五、综合题(第 59 题,每题 10 分,满分 10 分。)

59. 答:制定质保大纲是核电厂工程不可分割的一部分。(2/10) 该大纲须对各种工作的控制作出规定。(2/10) 每种工作的控制须符合本规定的要求。(2/10) 确定大纲所适用的物项、服务和工艺。(1/10) 对这些物项、服务和工艺规定控制和验证的方法或水平。(1/10) 对影响质量的活动规定控制条件,大纲须规定对从事影响质量活动的人员的培训。(1/10) 定期评定和修订大纲,规定文件的语种,文件的翻译本须由合格的人员审查。(1/10)

第二部分　操作技能

第五章　考情观察

一、考核思路

根据《国家职业标准——核反应堆控制保护检修工》的要求，核反应堆控制保护技师的操作技能具体需要了解以下的考核要求和考核范围：

1. 核反应堆保护系统维修模块

考核要求：能读懂核反应堆保护系统参数的多样性与冗余性；能读懂核反应堆保护系统控制联锁逻辑；能编写核反应堆保护系统调试细则；能编写核反应堆保护系统定期试验规程；能编写核反应堆保护系统设备局部改造方案；能编制核反应堆保护系统备品备件计划；能对核反应堆保护系统故障处理进行风险分析；能组织实施反应堆保护系统定期试验；能组织调试核反应堆保护系统；能组织实施核反应堆保护系统设备局部改造；能诊断、排除核反应堆保护系统逻辑控制回路故障；能诊断核反应堆保护系统中存在的短路故障；能编写中、高级人员培训教材；能指导中、高级人员进行操作；能讲授本专业技术理论知识和技能经验；能组织跨专业协同作业；能撰写技术工作总结。

考核范围：根据以上具体考核要求，本职业核反应堆保护系统维修模块技师操作技能考核包括维修准备、设备维修、判断和排除故障、培训与指导和管理5个方面。

2. 核反应堆控制系统维修模块

考核要求：能编写核反应堆控制系统的调试细则、维修规程；能编写核反应堆控制系统的定期试验规程；能对核反应堆控制系统故障处理进行风险分析；能评价系统的调节品质并提出参数调整方案；能编写核反应堆控制系统备品备件计划；能编写系统局部改造方案；能调整核反应堆控制系统的参数；能定位故障并能处理系统异常状态；能维修核反应堆控制系统部件；能排除核反应堆控制系统控制回路故障；能分析和处理系统设备的缺陷；能分析和判断异常的原因并采取相应措施；能编写中、高级维修人员培训教材；能指导中、高级维修人员进行操作；能讲授本专业技术理论知识和技能经验；能组织跨专业协同作业；能撰写技术工作总结。

考核范围：根据以上具体考核要求，本职业核反应堆控制系统维修模块技师操作技能考核包括维修准备、设备维修、判断和排除故障、培训与指导和管理5个方面。

3. 核反应堆中子测量系统维修模块

考核要求:能编写核反应堆中子测量系统调试细则;能编写核反应堆中子测量系统定期试验规程;能编制核反应堆中子测量系统备品备件计划;能对核反应堆中子测量系统故障处理进行风险分析;能编写核反应堆中子测量系统设备局部改造方案;能制做核反应堆中子测量系统探测器连接件;能调整核反应堆中子测量系统参数;能更换源量程部件;能更换探测器;能调试核反应堆中子测量系统;能维修堆外中子测量系统的高低压电源;能进行γ补偿电压试验;能进行抗干扰试验;能测绘探测器的坪特性和源量程甄别阈曲线;能组织实施核反应堆中子测量系统设备局部改造;能诊断、排除探测器故障;能编写更换探测器方案;能排除高压电源故障;能排除核反应堆堆内中子测量系统控制设备故障;能编写中、高级维修人员培训教材;能指导中、高级维修人员进行操作;能讲授本专业技术理论知识和技能经验;能组织跨专业协同作业;能完成技术工作总结。

考核范围:根据以上具体考核要求,本职业核反应堆中子测量系统维修模块技师操作技能考核包括维修准备、设备维修、判断和排除故障、培训与指导和管理5个方面。

4. 重水堆燃料操作系统仪控维修模块

考核要求:能编写重水堆燃料操作仪控系统的控制设备的维修规程;能编写重水堆燃料操作仪控系统调试细则;能编写重水堆燃料操作仪控系统设备局部改造方案;能编写重水堆燃料操作仪控系统备品备件计划;能对重水堆燃料操作仪控系统故障处理进行风险分析;能调整重水堆燃料操作仪控系统的参数;能组织调试重水堆燃料操作仪控系统;能组织实施重水堆燃料操作仪控系统设备局部改造;能诊断、排除重水堆燃料操作仪控系统中存在的短路故障;能诊断、排除重水堆燃料操作仪控系统设备接地故障;能编写中、高级维修人员培训教材;能指导中、高级维修人员进行操作;能讲授本专业技术理论知识和技能经验;能组织跨专业协同作业;能撰写生产、技术工作总结。

考核范围:根据以上具体考核要求,本职业重水堆燃料操作系统仪控维修模块技师操作技能考核包括维修准备、设备维修、判断和排除故障、培训与指导和管理5个方面。

二、组卷方式

核反应堆控制保护检修工(技师)操作技能考核试卷采用计算机自动组卷,即计算机按照本职业技师《操作技能考核内容结构表》的结构特征,使用统一的组卷模型,从题库中按具体要求随机抽取相应试题,组成试卷。试卷组成后,应经专家审核,更换不适用的试题。

核反应堆控制保护检修工(技师)操作技能考核试卷按照模块分别组卷:核反应堆保护系统维修模块、核反应堆控制系统维修模块、核反应堆中子测量系统维修模块、重水堆燃料操作系统仪控维修模块。

三、试卷结构

职业技能鉴定国家题库核反应堆控制保护检修工(技师)操作技能考核试卷一般由以下三部分内容组成:

1. 操作技能考核准备通知单。分为考场准备通知单和考生准备通知单,在考核前分别发给考核现场和考生。内容为考核所需场地、设备、材料、工具及其他准备要求。

2. 操作技能考核试卷正文。内容为操作技能考核试题,包括试题名称、试题分值、考核时间、考核形式、具体考核要求等。

3. 操作技能考核评分记录表。内容为操作技能考核试题配分与评分标准,用于考评员评分记录。主要包括各项考核内容、考核要点、配分与评分标准、否定项及说明、考核分数加权汇总方法等。

四、考核时间与要求

1. 考核时间

按照《核反应堆控制保护检修工国家职业标准》的要求,本职业技师操作技能考核时间为 180 min,其中维修准备 40 min、设备维修 60 min、判断和排除故障 50 min、培训与指导 15 min 以及管理 15 min。

2. 考核要求

考生应根据试卷具体要求进行操作;考生在操作技能考核过程中要遵守考场纪律,执行操作规程,防止出现人身和设备安全事故;考试施行百分制,采用闭卷考试,成绩达到60分及以上为合格。

第六章　考核结构与鉴定要素表

一、考核内容结构表

考核内容结构表是操作技能题库的主体基本框架，它是在深入分析了职业特点的基础上，按照技能题库理论模型，结合职业技能鉴定工作的要求开发设计的，它充分体现了试题库的总体结构和设计思路。

考核内容结构表采取模块化的结构形式，既可以保证考核内容的完整性、统一性，又能够满足各技术等级之间在考核内容和考核形式上的不同要求，同时它又是组成试卷的重要依据。操作技能考核的鉴定范围、鉴定比重、考核时间和考核形式在考核内容结构表中都作了明确的规定。

核反应堆控制保护检修工（技师）操作技能考核内容结构见表6-1。根据《核反应堆控制保护检修工国家职业标准》的要求，将核反应堆控制保护检修工（技师）的全部考核内容划分为“维修准备”“设备维修”“判断和排除故障”“培训与指导”和“管理”5个部分，并在每一部分下标有选考方式、鉴定比重、考核时间和考核形式，考核时根据结构表组成考核试卷。

表6-1　核反应堆控制保护检修工（技师）操作技能考核内容结构表

鉴定要求 \ 考核要求	维修准备	设备维修	判断和排除故障	培训与指导	管理	合计
选考方式	必考	必考	必考	必考	必考	5项
鉴定比重	20%	45%	25%	5%	5%	100%
考试时间	40 min	60 min	50 min	15 min	15 min	180 min
考核形式	实操/模拟操作	实操/模拟操作	实操/模拟操作	实操/模拟操作	实操/模拟操作	—

二、鉴定要素细目表

鉴定要素细目表是试题库总体结构和考核内容结构表的具体表现形式，该表按照技术等级和模块分别列出，共分为两级鉴定范围。二级鉴定范围细分的“鉴定点”即为操作技能考核试题的考核内容。

国家题库核反应堆控制保护检修工（技师）操作技能考核按照模块的不同分别组卷。核反应堆保护系统维修模块（技师）操作技能鉴定要素细目见表6-2，核反应堆控制系统维修模块（技师）操作技能鉴定要素细目见表6-3，核反应堆中子测量系统维修模块（技师）操作技能鉴定要素细目见表6-4，重水堆燃料操作系统仪控维修模块（技师）操作技能鉴定要素细目见表6-5。

表6-2　核反应堆保护系统维修（技师）操作技能鉴定要素细目表

鉴定范围				鉴定点		
一级		二级		代码	名称	重要程度
名称	鉴定比重	名称	鉴定比重			
核反应堆保护系统维修	100%	维修准备	20%	001	识读核反应堆保护系统参数的多样性与冗余性	X
				002	识读核反应堆保护系统控制联锁逻辑	Y
				003	编写核反应堆保护系统调试细则	X
				004	编写核反应堆保护系统定期试验规程	X
				005	编写核反应堆保护系统设备局部改造方案	X
				006	编制核反应堆保护系统备品备件计划	X
				007	对核反应堆保护系统故障处理进行风险分析	X
		设备维修	45%	001	组织实施反应堆保护系统定期试验	X
				002	组织调试核反应堆保护系统	X
				003	组织实施核反应堆保护系统设备局部改造	X
		判断和排除故障	25%	001	诊断、排除核反应堆保护系统逻辑控制回路故障	X
				002	诊断核反应堆保护系统中存在的短路故障	X
		培训与指导	5%	001	编写中、高级人员培训教材	X
				002	指导中、高级人员进行操作	Y
				003	讲授本专业技术理论知识和技能经验	X
		管理	5%	001	组织跨专业协同作业	X
				002	撰写技术工作总结	X

表 6-3 核反应堆控制系统维修（技师）操作技能鉴定要素细目表

鉴定范围				鉴定点		
一级		二级		代码	名称	重要程度
名称	鉴定比重	名称	鉴定比重			
核反应堆控制系统维修	100%	维修准备	20%	001	编写核反应堆控制系统的调试细则	X
				002	编写核反应堆控制系统的维修规程	X
				003	编写核反应堆控制系统的定期试验规程	X
				004	对核反应堆控制系统故障处理进行风险分析	X
				005	评价系统的调节品质并提出参数调整方案	X
				006	编写核反应堆控制系统备品备件计划	Y
				007	编写系统局部改造方案	X
		设备维修	45%	001	调整核反应堆控制系统的参数	X
				002	定位故障并能处理系统异常状态	X
				003	维修核反应堆控制系统部件	X
				004	排除核反应堆控制系统控制回路故障	X
		判断和排除故障	25%	001	分析和处理系统设备的缺陷	X
				002	分析和判断异常的原因并采取相应措施	X
		培训与指导	5%	001	编写中、高级维修人员培训教材	X
				002	指导中、高级维修人员进行操作	Y
				003	讲授本专业技术理论知识和技能经验	X
		管理	5%	001	组织跨专业协同作业	X
				002	撰写技术工作总结	X

表 6-4　核反应堆中子测量系统维修（技师）操作技能鉴定要素细目表

鉴定范围				鉴定点		
一级		二级		代码	名称	重要程度
名称	鉴定比重	名称	鉴定比重			
核反应堆中子测量系统维修	100%	维修准备	20%	001	编写核反应堆中子测量系统调试细则	X
				002	编写核反应堆中子测量系统定期试验规程	X
				003	编制核反应堆中子测量系统备品备件计划	Y
				004	对核反应堆中子测量系统故障处理进行风险分析	X
				005	编写核反应堆中子测量系统设备局部改造方案	X
		设备维修	45%	001	制作核反应堆中子测量系统探测器连接件	X
				002	调整核反应堆中子测量系统参数	X
				003	更换源量程部件	X
				004	更换探测器	X
				005	调试核反应堆中子测量系统	X
				006	维修堆外中子测量系统的高低压电源	X
				007	进行γ补偿电压试验	X
				008	进行抗干扰试验	X
				009	测绘探测器的坪特性和源量程甄别阈曲线	X
				010	组织实施核反应堆中子测量系统设备局部改造	X
		判断和排除故障	25%	001	诊断、排除探测器故障	X
				002	编写更换探测器方案	X
				003	排除高压电源故障	X
				004	排除核反应堆堆内中子测量系统控制设备故障	X

续表

鉴定范围				鉴定点		
一级		二级		代码	名称	重要程度
名称	鉴定比重	名称	鉴定比重			
核反应堆中子测量系统维修	100%	培训与指导	5%	001	编写中、高级维修人员培训教材	X
				002	指导中、高级维修人员进行操作	Y
				003	讲授本专业技术理论知识和技能经验	X
		管理	5%	001	组织跨专业协同作业	X
				002	完成技术工作总结	X

表 6-5 重水堆燃料操作系统仪控维修(技师)操作技能鉴定要素细目表

鉴定范围				鉴定点		
一级		二级		代码	名称	重要程度
名称	鉴定比重	名称	鉴定比重			
重水堆燃料操作系统仪控维修	100%	维修准备	20%	001	编写重水堆燃料操作仪控系统的控制设备的维修规程	X
				002	编写重水堆燃料操作仪控系统调试细则	X
				003	编写重水堆燃料操作仪控系统设备局部改造方案	X
				004	编写重水堆燃料操作仪控系统备品备件计划	X
				005	对重水堆燃料操作仪控系统故障处理进行风险分析	X
				006	使用超声波流量计	X
				007	使用 8835 记录仪	Y
		设备维修	45%	001	调整重水堆燃料操作仪控系统的参数	X
				002	组织调试重水堆燃料操作仪控系统	X
				003	组织实施重水堆燃料操作仪控系统设备局部改造	X
				004	压力控制阀线性标定	X
				005	直流电机控制器设定	X

续表

鉴定范围				鉴定点		
一级		二级		代码	名称	重要程度
名称	鉴定比重	名称	鉴定比重			
重水堆燃料操作系统仪控维修	100%	判断和排除故障	25%	001	诊断、排除重水堆燃料操作仪控系统中存在的短路故障	X
				002	诊断、排除重水堆燃料操作仪控系统设备接地故障	X
				003	更换并重新标定高压疏水阀电位计	X
		培训与指导	5%	001	编写中、高级维修人员培训教材	X
				002	指导中、高级维修人员进行操作	Y
				003	讲授本专业技术理论知识和技能经验	X
		管理	5%	001	组织跨专业协同作业	X
				002	撰写生产、技术工作总结	X

三、考点导航

1. 核反应堆保护系统维修模块

考核内容由以下五个部分组成：

(1) 维修准备

主要考核能读懂核反应堆保护系统参数的多样性与冗余性；能读懂核反应堆保护系统控制联锁逻辑；能编写核反应堆保护系统调试细则；能编写核反应堆保护系统定期试验规程；能编写核反应堆保护系统设备局部改造方案；能编制核反应堆保护系统备品备件计划；能对核反应堆保护系统故障处理进行风险分析。

例题题目及相关考核内容或要点：

1) 题目 1：简述重水堆 CANDU-6 型一号停堆与二号停堆系统的各参数名称及标定蒸汽发生器给水压力变送器(重水堆机组)

考核内容或要点：重水堆 CANDU-6 型一号停堆与二号停堆系统的各参数名称由考评员提问，考生答复；变送器标定按照操作规程进行。关注工作准备；标定蒸汽发生器给水压力变送器步骤；安全文明生产。

考场提供压力模块 1 台。提供过程校验仪 1 台。提供手操泵 1 台。提供压力变送器 1 套。计算器 1 台。变送器空白校验单 1 份。

2) 题目 2：识读核反应堆保护系统控制联锁逻辑(Level 3-AB101/AB201)（30 万千瓦机组)

考核内容或要点：考评员现场提问，操作者口述，正确描述反应堆保护系统控制联锁逻辑。关注反应堆保护系统控制联锁逻辑的组成;反应堆保护系统控制联锁逻辑功能图分析。

考场提供核反应堆保护系统原理框图(Level 3-AB101/AB201) 1份。

3) 题目3:陈述重水堆二号停堆系统G通道试验联锁逻辑(重水堆机组)

考核内容或要点:考评员现场提问,操作者口述、标注。关注重水堆二号停堆系统 G 通道试验联锁逻辑:钥匙开关 HS-1G 的功能和正常状态;试验按钮 PB-4G 的功能;继电器 RL-19、20、27 的作用;G通道试验逻辑过程和H、J通道试验逻辑的闭锁。

考场提供ED图9张:98-68320-1-2-ED-D/98-68320-1-5-ED-D/98-68320-1-8-ED-D/98-68320-2-2-ED-D/98-68320-2-3-ED-D/98-68320-2-4-ED-D/98-68320-2-6-ED-D/98-68320-2-8-ED-D/98-68320-2-9-ED-D。

4) 题目4:编写核反应堆保护系统调试细则(30万千瓦机组)

考核内容或要点:由考官提前通知考生编写核反应堆保护系统调试细则,或者通知考生提供以前由自己编写的调试细则。考评员对调试细则进行审查、提问。关注试验目的;试验范围;试验条件;注意事项;试验细则;验收准则;试验系统图;试验结果;附录。

5) 题目5:编写核反应堆保护系统定期试验规程(30万千瓦机组)

考核内容或要点:由考官提前通知考生编写核反应堆保护系统定期试验规程,或者通知考生提供以前由自己编写的试验规程。规程中正确涵盖核反应堆保护系统定期试验规程的要素。考评员对规程进行审查、提问。关注修改跟踪页;编写依据;试验目的;试验范围;参考资料;注意事项;试验条件;试验步骤;验收准则;试验记录;附录。

6) 题目6:核反应堆保护系统318CC开关改造设计、施工方案编制 (M310机组)

考核内容或要点:考生根据要求在规定时间内编制出变更改造设计、施工方案各1份,理论答辩。关注工作准备;改造设计、施工方案编制;理论答辩。

考场提供《核反应堆保护系统318CC开关变更改造申请表》1份:变更原因:保护系统318CC开关一方面用于T3试验时闭锁旁通断路器跳闸,另一方面318CC的触点25-025与触点4-41(462CC置于P3位置后,禁止继电器带电激励,触点4-41接通)组成闭锁回路,用于T3试验时保证另外一列的主断路器失励线圈不会因为462CC开关的动作导致主断路器跳闸。触点25-025接触电阻加大又无相应监测手段,导致T3试验时停堆闭锁失效,有误停堆风险。初步设想:318CC的触点25-025与本开关的备用触点27-027并联。提供《核反应堆保护系统 318CC 开关变更改造空白设计方案》模板1份。提供《核反应堆保护系统318CC开关变更改造空白施工方案》模板1份。复印机1台(复印图纸用)。

7) 题目7:编写一号停堆系统盘柜内增加过滤网的变更文件(重水堆机组)

考核内容或要点:考评员提问,考生陈述。关注场实际技术条件;改造拟解决的实际问题;设计方案;技术要求。

8) 题目8:核反应堆保护系统备品备件计划编制审查(M310机组)

考核内容或要点:提前通知考生编制核反应堆保护系统备品备件计划1份,准备完毕后打印计划稿至考场,考评员对考生编制的备品备件计划稿件进行审查,并提问理论答辩。关注备品备件计划内清单设备完整性;备品备件计划内清单设备规格型号等字段正确性;备品备件计划内清单设备库存控制合理性;备品备件计划内清单设备分类明确性;备品备件计划采购申请计划内容及合理性;具体设备功能。

9）题目 9:对重水堆停堆系统 ROPT 指示表漂移故障处理进行风险分析(重水堆机组)

考核内容或要点:仪表调整按照工艺规程、操作规程进行,风险评估部分考评员提问,考生答辩。关注工作准备;对核反应堆保护系统故障处理进行风险分析;安全文明生产。

考场提供 ROTP 指示表 1 台。

(2) 设备维修

主要考核能组织实施反应堆保护系统定期试验;能组织调试核反应堆保护系统;能组织实施核反应堆保护系统设备局部改造。

例题题目及相关考核内容或要点:

1）题目 1:组织 T3 试验工作准备、工前会及执行部分规程模拟操作(M310 机组)

考核内容或要点:1）操作考核前考生的工作准备;2）考生根据日常试验工作组织过程执行工前会及部分规程(注:不考核领取工作许可证步骤,从工前会开始考核,参加工前会的运行操纵员、工作组成员由考评员扮演担任,规程不必执行完,执行多少由考评员掌握)。关注工作准备;组织 T3 试验工作准备、工前会及执行部分规程模拟操作;保护系统设计的单一故障准则。

考场提供模拟机控制室 1 台(针对各机组考核人员去各自的模拟机房控制室考核)。考生自备劳保用品、个人工器具、T3 试验标准工作文件包(包含规程、图纸、工前会单等)。

2）题目 2:组织调试核反应堆保护系统(30 万千瓦机组)

考核内容或要点:考评员提问,考生答辩,口述组织调试核反应堆保护系统的关键步骤。关注调试准备;调试的范围和内容;进度计划;调试组织安排;质量控制;调试结果评价。

3）题目 3:核反应堆保护系统设备改造方案审查及实施过程答辩(M310 机组)

考核内容或要点:提前通知考生准备一份自己实施过的核反应堆保护系统改造设计、施工方案,复印件或打印件带至考场,考评员对实施过的核反应堆保护系统改造设计、施工方案进行审查,并提问理论答辩。关注设计、施工方案文件规范性;设计、施工方案内容合理性;变更改造从申请产生至完工的流程;变更改造的原因理由及方案设计;变更改造组织过程及施工具体步骤执行情况;变更改造实施完毕后文件、图纸、记录修改情况;核反应堆保护系统具体理论知识。

4）题目 4:组织实施 95 V 电源系统局部改造(重水堆机组)

考核内容或要点:按照工艺规程、操作规程进行。关注工作准备;组织实施 95 V 电源系统局部改造;安全文明生产。

考场提供焊接平台 1 台。提供焊枪 1 把。提供吸焊器 1 把。提供焊锡 1 个。提供尖嘴钳,镊子各 1 个。

(3) 判断和排除故障

主要考核能诊断、排除核反应堆保护系统逻辑控制回路故障;能诊断核反应堆保护系统中存在的短路故障。

例题题目及相关考核内容或要点:

1）题目 1:对重水堆停堆系统 SDS 1号主系统流量回路故障进行诊断和排除(重水堆机组)

考核内容或要点:考评员提问,考生答辩陈述。关注主系统回路的试验方法;取压电阻的数值和作用;隔离模块的作用;指示表无指示时,可能的故障;指示表无指示时,具体检查故障的步骤。

考场提供 ED 图 1 张 :98-68234-3-2-ED-D 1 张。

2) 题目 2:诊断核反应堆保护系统中是否存短路故障(30 万千瓦机组)

考核内容或要点:根据检修方案诊断核反应堆保护系统中是否存短路故障。关注故障概述;故障判断。

考场提供《核反应堆保护系统 B1 通道 1CLG11 柜多样性 b 机箱失电故障处理检修方案》1 份。

(4) 培训与指导

主要考核能编写中、高级人员培训教材;能指导中、高级人员进行操作;能讲授本专业技术理论知识和技能经验。

例题题目及相关考核内容或要点:

1) 题目 1:编写中、高级人员的核反应堆保护系统方面的培训教材(30 万千瓦机组)

考核内容或要点:提前通知考生编写中、高级人员的核反应堆保护系统方面的培训教材,或者通知考生提供以前由自己编写的中、高级人员的核反应堆保护系统方面的培训教材。考评员对考生提供的教材进行审查、提问。关注核反应堆保护系统概述;核反应堆保护系统停堆参数;核反应堆保护系统逻辑图;核反应堆保护系统硬件结构;核反应堆保护系统软件结构。

2) 题目 2:保护系统定期试验当中担任 QC 工作 (M310 机组)

考核内容或要点:实操或模拟笔试核反应堆保护系统定期试验当中担任 QC 工作。关注工作准备;工作过程;安全文明生产。

考场提供保护系统逻辑图 1 份。提供保护系统电路图 1 份。保护系统 T3 试验规程 1 份。

3) 题目 3:讲授核反应堆保护系统相关知识和技能经验(M310 机组)

考核内容或要点:提前通知考生准备讲授课件 PPT,结合自行准备的课件,实施模拟教学讲授。关注课件内容;知识内容;表达能力;时间掌控;讲授效果;经验传授。

考场提供多媒体设施 1 套。

(5) 管理

主要考核能组织跨专业协同作业;能撰写技术工作总结。

例题题目及相关考核内容或要点:

1) 题目 1:陈述组织跨专业协同作业要素(30 万千瓦机组)

考核内容或要点:考评员提问,考生答辩,口述组织跨专业协同作业的要素。关注团队认同感;团队成员的贡献、职责;团队沟通;团队合作竞争气氛。

2) 题目 2:编写维修报告一份(M310 机组))

考核内容或要点:根据模拟题现场编写维修报告一份。关注工作准备;报告内容;安全文明生产。

2. 核反应堆控制系统维修模块

考核内容由以下几个部分组成:

（1）维修准备

主要考核能编写核反应堆控制系统的调试细则、维修规程；能编写核反应堆控制系统的定期试验规程；能对核反应堆控制系统故障处理进行风险分析；能评价系统的调节品质并提出参数调整方案；能编写核反应堆控制系统备品备件计划；能编写系统局部改造方案。

例题题目及相关考核内容或要点：

1）题目1：以热态落棒时间测量为例编写调试细则的试验条件及验收准则（M310机组）

考核内容或要点：以热态落棒时间测量为例编写调试细则的试验条件及验收准则，必须列出全部试验系统和部件的状态和其他可能影响所试验系统运行的有关条件及验收准则（包括安全准则和运行准则）。

考场提供考试用纸和记录笔。

2）题目2：编写反应堆功率调节系统铂探测器在线标定维修规程（重水堆机组）

考核内容或要点：编写重水堆反应堆功率调节系统铂探测器在线标定维修规程的部分内容。编写内容包括"在线标定的目的""在线标定的先决条件""在线标定的注意事项""在线标定需要的工器具""在线标定的具体步骤"。

考场提供空白记录纸和记录笔。

3）题目3：以机组功率运行期间CRDM线圈电流测量为例编写定期试验规程中的试验目的及注意事项（M310机组）

考核内容或要点：简要明确地说明功率运行期间CRDM线圈电流测量试验的目的及注意事项。

考场提供空白记录纸和记录笔。

4）题目4：对停堆棒自动拔出后就位LED灯不亮进行风险分析（重水堆机组）

考核内容或要点：得知现场出现某一停堆棒自动拔出，PL4对应的红色LED灯不亮的故障之后，考生需要根据故障描述，做好现场确认工作，制定检修方案；要求对消缺工作的风险进行深刻分析，并形成完善的风险分析预案。关注工作准备（故障原因分析和定位、现场盘柜确认、定位现场顶部电位计、确认顶部电位计调节方向），关注故障处理的风险分析。

考场提供停堆棒顶部电位计、停堆棒控制逻辑图、记录纸和记录笔。

5）题目5：评价棒控保持电流调节品质并提出调整方案（30万千瓦机组）

考核内容或要点：通过电流反馈测孔测量模拟机柜保持机箱保持大、小电流，与标准值（标准值及误差范围会提供）对比，分析评价电流调节品质，并提出参数调整方案。

考场提供棒控试验柜、棒控试验柜图维修图册、数字万用表、工作台。

6）题目6：编写棒控系统逻辑柜备品备件计划

考核内容或要点：根据提供的棒控逻辑柜设备清单和空白的备品备件计划空白模板编写棒控系统逻辑柜备品备件计划。

考场提供棒控逻辑柜设备清单、空白备品备件计划表、记录笔。

7）题目7：编写应急堆芯冷却系统干燥器PLC改造实施方案（重水堆机组）

考核内容或要点：考官向考生出示正式的DMR文件，考生结合工艺图及逻辑图制定具体的实施方案，实施方案应该具有可操作性，不得出现重大失误；考官依据考生编写的实施方案，对实施过程中的工作安排及实施细节提问，以鉴别考生是否可以顺利完成施工。关注工作准备（识读DMR文件，预估人力、物力及工期，识别现场工作的重点和难点）、组织实施

ECC-PLC 系统局部改造(局部改造的原因分析、细化重要步骤的实施细节、局部改造实施过程应注意的事项)。

考场提供原干燥器工艺图、原干燥器逻辑图、本改造的 DMR 文件、记录纸、记录笔。

(2) 设备维修

主要考核能调整核反应堆控制系统的参数;能定位故障并能处理系统异常状态;能维修核反应堆控制系统部件;能排除核反应堆控制系统控制回路故障。

例题题目及相关考核内容或要点:

1) 题目 1:调整反应堆功率调节系统加法卡的参数,使卡件的输入输出满足 $K=4(A-B+C)$的函数关系(30 万千瓦机组)

考核内容或要点:在看测试机箱上按照维修规程中的加法组件维修步骤要求进行,调整反应堆功率调节系统加法卡的参数,使卡件的输入输出满足 $K=4(A-B+C)$的函数关系。

考场提供功率调节系统卡件测试机箱、加法卡、数字万用表、信号发生器、SPEC200 双绞线、SPEC200 线鼻子、压线钳、剥线钳、一字/十字螺丝刀、钟表螺丝刀、加法卡说明书、反应堆功率调节系统组件校准及测试维修规程。

2) 题目 2:在线调整 RRS 电离室放大器的输出电压(重水堆机组)

考核内容或要点:按照在线工作流程开展“在线调整 RRS 电离室放大器的输出电压”的模拟操作,以完成在线标定工作为目标;过程中不得出现人因失误,不得损坏设备。关注工作准备(工器具、文件、WIBA 短接线通断检查、RRS 电离是放大器校正因子 AIF 超差原因分析)、在线调整的工作流程、现场防人因失误工具的运用。

考场提供 RRS 电离室放大器、WIBA 短接线、防静电服、RRS 电离室放大器在线标定维修规程(98-63740-MP-1109A)、RRS 电离室放大器在线标定操作票(9801-63740-MOO-007/9801-63740-MOO-008/9801-63740-MOO-009)、仪控常用工器具。

3) 题目 3:运行中的棒控系统电源柜紧急故障定位与处理(M310 机组)

考核内容或要点:正确地完成运行中的棒控系统电源柜紧急故障定位与处理(M310)。说明:保持/传递小电流的波形电流输出电压值标准为 2.35 V±0.1 V。关注处理前的准备(文件和工器具检查有效性)、紧急故障的定位、紧急故障的处理(设备状态确认、双保持的触发和确认、测量波形及 SC 组件的电流输出电压测量测量、保持波形电流输出电压调整、设备状态的恢复)。

考场提供棒控系统模拟电源机柜、数字万用表、棒控系统保持机箱电路原理框图、棒控系统保持定值卡件电路原理图、棒控系统 SC 波形及熔断丝 LC 组件电路原理图、螺丝刀。

4) 题目 4:调节棒卡件漂移故障的定位及处理(重水堆机组)

考核内容或要点:针对现场出现的调节棒卡件漂移故障,考生需要独立完成工作准备、故障定位、检修方案制定、检修方案实施等任务;整个过程中需严格遵守安全生产规定。考核以陈述的形式开展。关注工作准备(测量仪器的检查、现场缺陷的了解、图纸的作用、棒位指示及控制回路的组成和原理)、调节棒卡件漂移故障的分析和定位、调节棒卡件回路各个部分故障的分析和纠正措施的制定。

考场提供 ED 图(98-63731-1-1-ED-D/98-63731-1-2-ED-D/98-63731-1-3-ED-D/98-63731-1-4-ED-D/98-63731-1-5-ED-D/98-63731-1-6-ED-D/98-63731-1-7-ED-D/98-63731-1-8-ED-D/98-63731-1-9-ED-D/98-63731-1-10-ED-D)。

5）题目 5:棒控系统传递机箱在线更换(30 万千瓦机组)

考核内容或要点:在试验柜上模拟在线更换假定有故障的传递机箱。关注更换前的准备(备件的确认、机柜状态的检查)、传递机箱在线更换的步骤(双保持的触发和确认、旧机箱的拆除、新机箱的安装和通电、电流输出符合性确认、更换后系统的恢复)。

传递大电流检查方法:将大电流定值开关置“检查”位置。根据电流调节组件的电流反馈值来调节面板上的电流定值电位器,使电流达到目标值。标准保持大电流参考设定值为 4.2 A,对应电流反馈值为 3.36 V,误差为±0.1 A。检查完毕后,将定值开关恢复到“工作”位置。

传递小电流检查方法:将小电流定值开关置“检查”位置。根据电流调节组件的电流反馈值来调节面板上的电流定值电位器,使电流达到目标值。标准保持小电流参考设定值为 2.1 A,对应电流反馈值为 1.68 V,误差为±0.1 A。检查完毕后,将定值开关恢复到“工作”位置。

提醒:需要按机柜的故障复位按钮才能消除双保持状态。

考场提供棒控棒位试验柜、传递机箱备件、螺丝刀、试验柜维修图册、万用表。

6）题目 6:棒控系统电源柜机箱电流异常报警检查处理(30 万千瓦机组)

考核内容或要点:已明确系统运行过程过发生保传同零报警和保持电流过大报警,请通过测量检查和调整参数排除故障。关注准备工作(机柜状态确认、万用表和文件有效性检查、劳动保护)、电源柜机箱电流异常报警的检查处理过程(保持和传递大小电流的测量和调整、模拟动棒确认结果)。

标准保持大电流参考设定值为 4.2 A,对应电流反馈值为 3.36 V,误差为±0.1 A。标准保持小电流参考设定值为 2.1 A,对应电流反馈值为 1.68 V,误差为±0.1 A。传递电流的标准与保护电流一致。

提醒:需要按机柜的故障复位按钮才能消除双保持状态。

考场提供棒控棒位试验柜、数字万用表、螺丝刀、试验柜维修图册、工作台。

7）题目 7:棒控系统电源柜紧急故障的排除(M310 机组)

考核内容或要点:在模拟电源柜上正确地完成 M310 机组棒控系统电源柜紧急故障的排除,并完成故障熔丝的更换。关注准备工作(备件型号确认、万用表及文件有效性检查、定位故障机箱与熔丝、熔丝的更换、几个状态的恢复)。

考场提供棒控系统模拟电源机柜、数字万用表、棒控系统 SC 波形及熔断丝 LC 组件电路原理图、熔断丝、熔断丝更换工具。

(3）判断和排除故障

主要考核能分析和处理系统设备的缺陷;能分析和判断异常的原因并采取相应措施。

例题题目及相关考核内容或要点:

1）题目 1:棒控系统电源柜缺相紧急故障的排除(M310 机组)

考核内容或要点:在模拟电源柜上正确地完成 M310 机组棒控系统电源柜缺相紧急故障的分析并处理故障。关注准备工作(机柜状态确认、万用表和文件有效性检查)、棒控系统电源柜缺相紧急故障观察分析、故障处理(测量确认调节组件的参数、测量检查移相 A/B/C 组件的参数、调整异常的移相组件参数、复位报警确认消缺)。

考场提供棒控系统模拟电源机柜、数字万用表、棒控系统 SC 检测及缺相报警组件电路原理图、棒控系统移相组件电路原理图、螺丝刀。

2) 题目2:分析和判断停堆棒EMI指示倾斜故障原因并采取措施(重水堆机组)

考核内容或要点:清晰描述停堆棒EMI指示倾斜故障的故障原因分析和故障处理流程。关注工作准备(工器具及文件有效性检查、故障原因分析和消缺思路)、在线调整停堆棒卡件电位计的步骤:召开工前会,明白注意事项;停堆棒对应端子电压的测量;检查停堆棒到顶指示灯是否已经点亮;到顶指示灯不亮,准确定位停堆棒电位计;根据电压情况,判断电位计调大或调小;到顶指示灯亮,检查EMI指示后面接线;接线正常,更换EMI指示器。

考场提供维修规程(98-63733-MP-1104A)。

(4) 培训与指导

主要考核能编写中、高级维修人员培训教材;能指导中、高级维修人员进行操作;能讲授本专业技术理论知识和技能经验。

例题题目及相关考核内容或要点:

1) 题目1:编写M310机组棒控系统传递机箱的中级培训教材

考核内容或要点:考生按照提前提供的模板格式,撰写M310机组对棒控系统传递机箱的中级培训教材,并带至考场现场进行讲述。关注格式、内容、重点、结构,现场讲述要求思路清晰、有一定的表达能力、时间控制。

考场提供电脑及投影、培训教材模版(提前提供给考生)。

2) 题目2:重水堆调节棒卡棒故障处理的培训与指导(重水堆机组)

考核内容或要点:根据提供的调节棒卡件图集用模拟讲解的形式,指导中、高级维修人员进行调节棒卡棒故障处理。关注控制指导的准备时间、指导过程(工作内容范围的讲述、启发工作组的故障定位思路、风险分析、工器具使用、机电仪分工及沟通要点)。

考场提供调节棒卡件图集1套。

3) 题目3:讲授核反应堆控制系统相关知识

考核内容或要点:提前通知考试准备讲授核反应堆控制系统相关知识PPT课件,带到考场实施模拟教学讲授。关注课件制作、知识内容、表达能力、时间掌控、授课效果和经验传授。

考场提供电脑、投影仪。

(5) 管理

主要考核能组织跨专业协同作业;能撰写技术工作总结。

例题题目及相关考核内容或要点:

1) 题目1:陈述启动仪表整个投用过程(重水堆机组)

考核内容或要点:考生接到主控通知,需要立即投用进口启动仪表,考生需要依据提供的工作包(工单号:6082966、6082968、6082969、6082970)陈述启动仪表整个投用过程,重点陈述各工单工作流程、风险分析以及需要何种专业配合及配合什么工作。

考场提供工作包(工单号:6082966、6082968、6082969、6082970)。

2) 题目2:撰写技术工作总结

考核内容或要点:考生按照事先提供的模板格式,撰写个人本年度相关技术工作总结,并带至考场现场进行讲述。关注格式、内容、重点、结构,现场讲述要求思路清晰、有一定的表达能力、时间控制。

考场提供电脑及投影、技术工作总结模板(提前提供给考生)。

3. 核反应堆中子测量系统维修模块

考核内容由以下几个部分组成:

(1) 维修准备

主要考核能编写核反应堆中子测量系统调试细则;能编写核反应堆中子测量系统定期试验规程;能编制核反应堆中子测量系统备品备件计划;能对核反应堆中子测量系统故障处理进行风险分析;能编写核反应堆中子测量系统设备局部改造方案。

例题题目及相关考核内容或要点:

1) 题目1:编写核反应堆中子测量系统源量程A通道调试细则(30万千瓦机组)

考核内容或要点:由考官提前通知考生编写核反应堆中子测量系统源量程 A 通道调试细则(30 万千瓦机组),或者通知考生提供以前由自己编写的调试细则。考评员对调试细则进行审查、提问。关注试验目的;试验范围;试验条件;注意事项;试验细则;验收准则;试验系统图;试验结果;附录。

考场提供A4纸张若干。

2) 题目2:编写反应堆调节系统 A 通道中子通量探测器阻抗检查调试规程(重水堆机组)

考核内容或要点:由考官提前通知考生编反应堆调节系统 A 通道中子通量探测器阻抗检查调试规程(重水堆机组),或者通知考生提供以前由自己编写的调试细则。考评员对调试细则进行审查、提问。关注试验目的;试验范围;试验条件;注意事项;试验细则;验收准则;试验系统图;试验结果;附录。

考场提供A4纸张若干。

3) 题目3:编写核反应堆中子测量系统定期试验规程(30万千瓦机组)

考核内容或要点:由考官提前通知考生编写核反应堆中子测量系统定期试验规程(30 万千瓦机组),或者通知考生提供以前由自己编写的试验规程。规程中正确涵盖核反应堆中子测量系统定期试验规程的要素。考评员对规程进行审查、提问。关注修改跟踪页;编写依据;试验目的;试验范围;参考资料;注意事项;试验条件;试验步骤;验收准则;试验记录;附录。

考场提供A4纸张若干。

4) 题目4:编制核反应堆堆外核测系统备件计划(30万千瓦机组)

考核内容或要点:提前通知考生编制核反应堆堆外核测系统备品备件计划 1 份,准备完毕后打印计划稿至考场,考评员对考生编制的备品备件计划稿件进行审查,并提问理论答辩。关注备品备件计划内清单设备完整性;备品备件计划内清单设备规格型号等字段正确性;备品备件计划内清单设备库存控制合理性;备品备件计划内清单设备分类明确性;备品备件计划采购申请计划内容及合理性;具体设备功能。

5) 题目5:对中间量程A通道指示漂移进行风险分析(30万千瓦机组)

考核内容或要点:考生现场编写中间量程 A 通道指示漂移进行风险分析(30 万千瓦机组),考评员提问,考生答辩。关注工作准备;对中间量程 A 通道指示漂移进行风险分析;安全文明生产。

考场提供 A4 纸若干。

6) 题目 6:陈述重水堆二号停堆系统局部中子测量系统试验回路改造的原因及方案(重水堆机组)

考核内容或要点:提前通知考生编制重水堆二号停堆系统局部中子测量系统试验回路改造的原因及方案1份,准备完毕后打印计划稿至考场,考评员对考生编制的方案进行审查,并提问理论答辩。关注系统现状,当前设备型号厂家、性能,改造后的设备型号、厂家、改进部分。

(2) 设备维修

主要考核能制做核反应堆中子测量系统探测器连接件;能调整核反应堆中子测量系统参数;能更换源量程部件;能更换探测器;能调试核反应堆中子测量系统;能维修堆外中子测量系统的高低压电源;能进行γ补偿电压试验;能进行抗干扰试验;能测绘探测器的坪特性和源量程甄别阈曲线;能组织实施核反应堆中子测量系统设备局部改造。

例题题目及相关考核内容或要点:

1) 题目 1:制作 BNC 插头

考核内容或要点:考生现场制作 BNC 插头并进行测试,考评员提问,考生回答。关注 BNC 插头的性能,外观,工器具使用,安全生产。

考场提供:BNC 插头 3 个,电烙铁 1 台,美工刀 1 把,高阻仪 1 台,万用表 1 台,同轴电缆若干米,焊锡丝若干。

2) 题目 2:制作通量探测器现场中号接头(重水堆机组)

考核内容或要点:考生现场制作通量探测器现场中号接头并进行测试,考评员提问,考生回答。关注通量探测器现场中号接头插头的性能、外观,工器具使用,安全生产。

考场提供:接头制作专用工具一台,剥线钳一把,接头适配器个,接头制作专用工具1台,螺丝刀美工刀 1 把,高阻仪 1 台,万用表 1 台,真空泵一台,热风枪一把,导线若干,焊锡丝若干。

3) 题目 3:调整堆外核测系统参数(M310 机组)

考核内容或要点:考生现场阅读堆外核测系统参数调整规程后,进行调整过程讲解,由考评员提问,考生答复;关注项目:调整堆外核测系统参数(M310 机组)参数的意义,功率运行期间范围,工器具使用,安全文明生产。

考场提供堆外核测系统参数调整规程 1 份。

4) 题目 4:在线调整 RRS 铂探测器的输出电压(重水堆机组)

考核内容或要点:考生现场阅读 RRS 铂探测器在线标定维修规程和 RRS 铂探测器在线标定操作票,进行调整过程讲解,由考评员提问,考生答复;关注项目:调整调整 RRS 铂探测器的输出电压的意义,功率运行期间范围,工器具使用,安全文明生产。

考场提供 RRS 铂探测器在线标定维修规程和 RRS 铂探测器在线标定操作票各 1 份,RRS 铂探测器,WIBA 短接线,防静电服。

5) 题目 5:更换源量程高压卡件(M310 机组)

考核内容或要点:考生现场编写调整堆外核测系统更换源量程高压卡件的检修方案,由考评员提问,考生答复;关注项目:堆外核测系统源量程高压和探测器工作原理以及工作电压范围,工器具使用,安全文明生产。

考场提供检修方案模板一份。

6）题目 6:更换功率量程 B1 探测器(30 万千瓦机组)

考核内容或要点:考生现场阅读探测器维护规程后,进行更换过程讲解,由考评员提问,考生答复;关注项目:更换探测器的原因,更换的窗口,人力资源需求,工器具使用,辐射防护情况,安全文明生产。

考场提供堆外核测系统维修规程 1 份。

7）题目 7:调试堆芯核测系统(M310 机组)

考核内容或要点:考评员提问,考生答辩,口述组织调试堆芯核测系统(M310 机组)的关键步骤。关注调试准备;调试的范围和内容;进度计划;调试组织安排;质量控制;调试结果评价。

8）题目 8:测试堆外核测系统低压电源(30 万千瓦机组)

考核内容或要点:考生现场进行堆外核测系统低压电源(30 万千瓦机组)测试,考评员提问,考生回答。关注低压电源的性能、外观,工器具使用,安全生产。

考场提供:低压电源一台、滑线变阻器一台、万用表一台、可调式变压器一台、相关接线若干。

9）题目 9:进行堆外核测系统 A 通道γ补偿电压试验(30 万千瓦机组)

考核内容或要点:考生现场阅读探测器性能试验规程后,进行试验过程讲解,由考评员提问,考生答复;关注项目:γ补偿电压试验的意义,执行窗口,人力资源需求,工器具使用,安全文明生产。

考场提供探测器性能试验规程 1 份。

10）题目 10:进行γ补偿电压试验(M310 机组)

考核内容或要点:考生现场阅读探测器性能试验规程后,进行试验过程讲解,由考评员提问,考生答复;关注项目:γ补偿电压试验的意义,执行窗口,人力资源需求,工器具使用,安全文明生产。

考场提供探测器性能试验规程 1 份。

11）题目 11:进行堆外核测系统中间量程 B 通道抗干扰试验(30 万千瓦机组)

考核内容或要点:考生提前准备抗干扰相关文件,现场编写抗干扰试验规程,并对试验过程讲解,由考评员提问,考生答复;关注项目:抗干扰试验的意义,执行窗口,人力资源需求,工器具使用,安全文明生产。

考场提供 A4 纸张若干。

12）题目 12:测绘堆外核测系统中间量程探测器的坪特性曲线(M310 机组)

考核内容或要点:考生现场阅读探测器性能试验规程后,进行中间量程探测器的坪特性曲线试验过程讲解,由考评员提问,考生答复;关注项目:γ补偿电压试验的意义,执行窗口,人力资源需求,工器具使用,安全文明生产。

考场提供探测器性能试验规程 1 份。

13）题目 13:组织实施一号停堆系统信号接头修复(重水堆机组)

考核内容或要点:考生现场修复一号停堆系统信号接头并进行测试,考评员提问,考生回答。关注修复后插头的性能、外观,工器具使用,安全生产。

考场提供:接头制作专用工具一台,剥线钳一把,接头适配器个,接头制作专用工具 1 台,螺丝刀美工刀1把,高阻仪1台,万用表1台,真空泵一台,热风枪一把,导线若干,焊锡丝若干。

(3) 判断和排除故障

主要考核能诊断、排除探测器故障;能编写更换探测器方案;能排除高压电源故障;能排除核反应堆堆内中子测量系统控制设备故障。

例题题目及相关考核内容或要点:

1) 题目1:判断功率量程探测器B1电流偏小原因(30万千瓦机组)

考核内容或要点:考生现场编写功率量程探测器B1电流偏小原因(30万千瓦机组)检修方案,由考评员提问,考生答复;关注项目:堆外核测系统功率量程探测器工作原理,电流偏小原因分析,可能的验证措施,工器具使用,安全文明生产。

考场提供检修方案模板一份。

2) 题目2:编写更换堆外核测系统中间量程探测器方案(M310机组)

考核内容或要点:考生现场编写更换堆外核测系统中间量程探测器(M310 机组)检修方案,由考评员提问,考生答复;关注项目:故障探测器判断,备件探测器测试,探测器安装窗口,人力资源需求,后续验证措施,工器具使用,安全文明生产。

考场提供探测器维修规程一份,检修方案模板一份。

3) 题目3:一号停堆系统铂探测器更换方案(重水堆机组)

考核内容或要点:考生现场编写一号停堆系统铂探测器更换方案(重水堆机组),由考评员提问,考生答复;关注项目:故障探测器判断,备件探测器测试,探测器安装窗口,人力资源需求,后续验证措施,工器具使用,安全文明生产。

考场提供检修方案模板一份。

4) 题目4:高压电源输出不稳定故障检修(30万千瓦机组)

考核内容或要点:考生现场编写高压电源输出不稳定故障检修(30 万千瓦机组)检修方案,由考评员提问,考生答复;关注项目:故障电源判断,检修步骤,修复后测试,工器具使用,安全文明生产。

考场提供高压电源原理框图一份,检修方案模板一份。

5) 题目5:控制柜3号测量通道在8 m位置卡涩报警排除(30万千瓦机组)

考核内容或要点:考生现场编写控制柜3号测量通道在8 m位置卡涩报警排除(30万千瓦机组)检修方案,由考评员提问,考生答复;关注项目:故障原因分析,检修步骤,修复后验证,工器具使用,安全文明生产。

考场提供检修方案模板一份。

6) 题目6:排除核反应堆堆内中子测量系统控制设备故障(M310机组)

考核内容或要点:考生现场编写核反应堆堆内中子测量系统控制设备故障(M310 机组)检修方案,由考评员提问,考生答复;关注项目:故障原因分析,检修步骤,修复后验证,工器具使用,安全文明生产。

考场提供检修方案模板一份。

(4) 培训与指导

主要考核能编写中、高级维修人员培训教材;能指导中、高级维修人员进行操作;能讲授本专业技术理论知识和技能经验。

例题题目及相关考核内容或要点：

1）题目1：陈述标定堆芯通量探测器放大器岗位培训教学计划（重水堆机组）

考核内容或要点：考生根据现场提供的维修规程编写堆芯通量探测器放大器岗位培训教学计划。考评员对考生提供的教学计划进行审查、提问。关注堆芯通量探测器放大器功能；堆芯通量探测器放大器参数调整；堆芯通量探测器放大器调整时的安措。

现场提供：维修规程 98-63750-MP-1111A/98-68231-MP-1142A 一份，培训教学计划模板一份。

2）题目 2：指导中、高级维修人员进行堆外核测系统探测器绝缘电阻和分布电容测试（30万千瓦机组）

考核内容或要点：考生根据现场提供的维修规程，编写堆外核测系统探测器绝缘电阻和分布电容测试（30万千瓦机组）的指导计划。考评员对考生提供的指导计划进行审查、提问。关注探测器绝缘电阻和分布电容测试难点；专用工器具使用；工业安全。

现场提供：探测器绝缘电阻和分布电容测试规程一份，A4纸张若干。

3）题目3：讲授堆外核测系统相关知识（30万千瓦机组）

考核内容或要点：提前通知考生准备堆外核测系统相关知识授课件PPT，结合自行准备的课件，实施模拟教学讲授。关注课件内容；知识内容；表达能力；时间掌控；讲授效果；经验传授。

考场提供多媒体设施1套。

（5）管理

主要考核能组织跨专业协同作业；能完成技术工作总结。

例题题目及相关考核内容或要点：

1）题目1：以实例讲述如何组织跨专业协同作业（30万千瓦机组）

考核内容或要点：考生现场自拟主题编写一个跨专业项目的实施方案，考评员提问，考生答辩，口述组织跨专业协同作业的要素。关注自选项目的合理性，团队认同感；团队成员的贡献、职责；团队沟通；团队合作竞争气氛。

2）题目2：编写技术工作总结（30万千瓦机组）

考核内容或要点：生现场自拟主题编写技术工作总结（30 万千瓦机组）一份。关注项目内容；亮点和不足之处；安全文明生产。

4. 重水堆燃料操作系统仪控维修模块

考核内容由以下几个部分组成：

（1）维修准备

主要考核能编写重水堆燃料操作仪控系统的控制设备的维修规程；编写重水堆燃料操作仪控系统调试细则；编写重水堆燃料操作仪控系统设备局部改造方案；编写重水堆燃料操作仪控系统备品备件计划；对重水堆燃料操作仪控系统故障处理进行风险分析；使用超声波流量计；使用8835记录仪。

例题题目及相关考核内容或要点：

1）题目1：编写重水堆燃料操作仪控系统的控制设备的维修规程

考核内容或要点维修规程的正文组成部分及各模块的功能；维修规程各编码的字段/符

号的含义;维修规程编制和发布的流程。

2) 题目 2:编写重水堆燃料操作仪控系统设备局部改造方案

考核内容或要点为编写改造方案所包含的所有模块及各自的主要内容。

3) 题目 3:对重水堆燃料操作仪控系统故障处理进行风险分析

考核内容或要点为故障分析的角度、故障分析对象、针对每种风险相应的应对措施。

4) 题目 4:使用超声波流量计测量重水泵出口流量

考核内容或要点为熟悉流量测量工具的各部分设备的功能;依照维修规程设定相应参数;连接各设备,搭建正确的流量测量回路。

(2) 设备维修

主要考核能调整重水堆燃料操作仪控系统的参数;组织调试重水堆燃料操作仪控系统;组织实施重水堆燃料操作仪控系统设备局部改造;压力控制阀线性标定;直流电机控制器设定。

例题题目及相关考核内容或要点:

1) 题目 1:调整重水供给系统压力控制器的控制参数

考核内容或要点为阀门开度、PID 参数的设定;数据的上传、下载备份等相关内容。

2) 题目 2:组织调试新燃料系统的逻辑控制回路

考核内容或要点为新燃料系统逻辑控制回路的调试总目标和具体分目标;调试过程中的安全注意事项;调试程序主要内容及调试过程。

3) 题目 3:重水供给系统串行阀 1-63526-PCV11#1(C 的性线标定

考核内容或要点为串行阀 1-63526-PCV11#1(C 相关的气动减压阀、阀门定位器、气动放大器的检查、设定;阀门线性设定;阀门开度的检查和验证。

(3) 判断和排除故障

主要考核能诊断、排除重水堆燃料操作仪控系统中存在的短路故障;诊断、排除重水堆燃料操作仪控系统设备接地故障;更换并重新标定高压疏水阀电位计。

例题题目及相关考核内容或要点:

1) 题目 1:诊断、排除重水堆燃料操作仪控系统中存在的短路故障

考核内容或要点为提出清晰的检查步骤;正确找出系统中的短路点及故障点处理的方案。

2) 题目 2:分析接地线故障如何引发装卸料机 RCY 位置失效

考核内容或要点为 RCY 位置失效的原理及后续的处置措施。

(4) 培训与指导

主要考核能编写中、高级维修人员培训教材;指导中、高级维修人员进行操作;讲授本专业技术理论知识和技能经验。

例题题目及相关考核内容或要点:

1) 题目 1:编写中、高级维修人员培训教材

考核内容或要点为教材深度、教材内容、教材的知识点覆盖面等准确。

2) 题目 2:指导中、高级维修人员进行装卸料机管嘴安全锁仪控设备离线检修操作

考核内容或要点为管嘴安全锁检修关键步骤识别的指导、管嘴安全锁检修过程风险控制的指导;指导管嘴安全锁设定过程的指导;防人因失误工具使用的指导。

(5) 管理

主要考核能组织跨专业协同作业;撰写生产、技术工作总结。

例题题目及相关考核内容或要点:

题目1:组织装卸料机液压油系统A侧2号增压油泵指示灯偶尔闪烁故障处理

考核内容或要点为信息收集、方案讨论、故障跟踪处理等环节。

第七章　模拟试卷

第一单元　核反应堆保护系统维修

职业技能鉴定国家题库

核反应堆控制保护检修工
（核反应堆保护系统维修）
国家职业资格二级
操作技能考核准备通知单（考场）

试题 1

考场准备

（1）试题名称：编写核反应堆保护系统定期试验规程(30 万千瓦机组)

（2）本题分值：20

（3）考核时间：40 min

（4）考核形式：实操或模拟

（5）设备设施准备：无

试题 2

考场准备

（1）试题名称：组织 T3 试验工作准备、工前会及执行部分规程模拟操作(M310 机组)

（2）本题分值：45

（3）考核时间：60 min

（4）考核形式：实操或模拟

（5）设备设施准备：

序号	名称	规格	单位	数量	备注
1	模拟机控制室		台	1	针对各机组考核人员去各自的模拟机房控制室考核
2	工作组成员、运行人员		人	3	可以由考评员扮演担任

试题 3

考场准备

(1) 试题名称:根据故障动作时间分析停堆系统未动作原因(M310 机组)

(2) 本题分值:25

(3) 考核时间:50 min

(4) 考核形式:模拟或笔试

(5) 设备设施准备:

序号	名称	规格	单位	数量	备注
1	保护系统逻辑图		台	1	
2	保护系统电路图		台	1	
3	T2 响应时间	18 ms			
4	逻辑卡件的响应时间	微秒			
5	事件概述清单				
6	中间量程中子注量率高逻辑通道的响应时间	18 ms			

试题 4

考场准备

(1) 试题名称:讲授核反应堆保护系统相关知识和技能经验

(2) 本题分值:5

(3) 考核时间:15 min

(4) 考核形式:实操或模拟

(5) 设备设施准备:

序号	名称	规格	单位	数量	备注
1	多媒体设施		套	1	电脑、投影仪等

试题 5

考场准备

(1) 试题名称:陈述组织跨专业协同作业要素(30 万千瓦机组)

(2) 本题分值:5

(3) 考核时间:15 min

(4) 考核形式:陈述

(5) 设备设施准备:无

职业技能鉴定国家题库
核反应堆控制保护检修工
（核反应堆保护系统维修）
国家职业资格二级
操作技能考核准备通知单（考生）

试题 1

考生准备

(1) 试题名称:编写核反应堆保护系统定期试验规程(30 万千瓦机组)

(2) 本题分值:20

(3) 考核时间:40 min

(4) 考核形式:实操或模拟

(5) 工具及其他准备:无

试题 2

考生准备

(1) 试题名称:组织 T3 试验工作准备、工前会及执行部分规程模拟操作(M310 机组)

(2) 本题分值:45

(3) 考核时间:60 min

(4) 考核形式:实操或模拟

(5) 工具及其他准备:劳保用品、个人工器具、T3 试验标准工作文件包(包含规程、图纸、工前会单等)

试题 3

考生准备

(1) 试题名称:根据故障动作时间分析停堆系统未动作原因(M310 机组)

(2) 本题分值:25

(3) 考核时间:50 min

(4) 考核形式:模拟

(5) 工具及其他准备:劳保用品

试题 4

考生准备

(1) 试题名称:讲授核反应堆保护系统相关知识和技能经验

(2) 本题分值:5

(3) 考核时间:15 min

(4) 考核形式:实操或模拟

(5) 工具及其他准备:讲授内容相关 PPT 课件(提前 1 天通知考生准备)

试题 5

考生准备

(1) 试题名称:陈述组织跨专业协同作业要素(30 万千瓦机组)

(2) 本题分值:5

(3) 考核时间:15 min

(4) 考核形式:陈述

(5) 工具及其他准备:无

职业技能鉴定国家题库
核反应堆控制保护检修工国家职业资格二级操作技能考核试卷

注意事项

1. 本试卷依据2001年颁布的《国家职业标准——核反应堆控制保护检修工》命制。
2. 请根据试题考核要求,完成考试内容。
3. 请服从考评人员指挥,保证考核安全顺利进行。

试题1 编写核反应堆保护系统定期试验规程(30万千瓦机组)

考核要求

(1) 本题分值:20

(2) 考核时间:40 min

(3) 考核形式:实操或模拟

(4) 具体考核要求:由考官提前通知考生编写核反应堆保护系统定期试验规程,或者通知考生提供以前由自己编写的试验规程。规程中正确涵盖核反应堆保护系统定期试验规程的要素。考评员对规程进行审查、提问。

(5) 否定项说明:考生没有编写核反应堆保护系统定期试验规程或经过提问确认考生对本试验规程根本不了解。

试题2 组织T3试验工作准备、工前会及执行部分规程模拟操作(M310机组)

考核要求

(1) 本题分值:45

(2) 考核时间:60 min

(3) 考核形式:实操或模拟

(4) 具体考核要求:1) 操作考核前考生的工作准备;2) 考生根据日常试验工作组织过程执行工前会及部分规程(注:不考核领取工作许可证步骤,从工前会开始考核,参加工前会的运行操纵员、工作组成员由考评员扮演担任,规程不必执行完,执行多少由考评员掌握);3) 理论答辩。

(5) 否定项说明:发生安全、质量、设备事故。

试题3 根据故障动作时间分析停堆系统未动作原因(M310机组)

考核要求

(1) 本题分值:25

(2) 考核时间:50 min

(3) 考核形式:实操或模拟

(4) 具体考核要求:根据故障动作时间分析停堆系统未动作原因

事件概述

事件:2010-7-16 3:13 左右,闪发 3RPA109AA(中间量程中子注量率高停堆)。主控室未显示 105LA 报警,反应堆未停堆 相关图画:保护系统逻辑图(中间量程中子注量率高停堆) 检查后发现: 在 SOE 中显示 3:13:51.982 3RPB105EC 报警、3RPB 109EC 报警、3:13:51.989 3RPA109EC 报警、3RPA105EC 报警、3RPA 229EC 报警。最长持续时间为 23 ms。保护系统输出继电器已经动作。

(5) 否定项说明:发生安全、质量、设备事故

试题 4　讲授核反应堆保护系统相关知识和技能经验

考核要求

(1) 本题分值:5

(2) 考核时间:15 min

(3) 考核形式:实操或模拟

(4) 具体考核要求:结合自行准备的课件,实施模拟教学讲授。

(5) 否定项说明:未完成课件的准备

试题 5　陈述组织跨专业协同作业要素(30 万千瓦机组)

考核要求

(1) 本题分值:5

(2) 考核时间:15 min

(3) 考核形式:陈述

(4) 具体考核要求:考评员提问,考生答辩,口述组织跨专业协同作业的要素

(5) 否定项说明:无

职业技能鉴定国家题库
核反应堆控制保护检修工
（核反应堆保护系统维修）
国家职业资格二级
操作技能考核评分记录表

总成绩表

序号	试题名称	配分	得分	权重	最后得分	备注
1	编写核反应堆保护系统定期试验规程(30万千瓦机组)	20				
2	组织 T3 试验工作准备、工前会及执行部分规程模拟操作(M310 机组)	45				
3	根据故障动作时间分析停堆系统未动作原因(M310 机组)	25				
4	讲授核反应堆保护系统相关知识和技能经验	5				
5	陈述组织跨专业协同作业要素(30 万千瓦机组)	5				
合计		100				

统分人：　　　　　　　　　　　　　　　　年　　月　　日

试题1 编写核反应堆保护系统定期试验规程(30万千瓦机组)

配分与评分标准：

序号	考核内容	考核要点	配分	评分标准	扣分	得分
1	编写核反应堆保护系统定期试验的要素	(1) 修改跟踪页:跟踪最近 3～5 次修订内容,简述本次修订的主要内容,作了哪些章节增加/删除/修改,概述修改的原因和项目及内容; (2) 编写依据:描述说明试验的来源(技术规格书要求或其他要求依据)及频度要求; (3) 试验目的:简要明确地说明试验的目的; (4) 试验项目:列出需试验的所有项目,如有子项目,应在该栏中详细说明; (5) 试验范围:明确该试验所涉及的系统及设备范围; (6) 参考资料:列出编写试验细则时所参考的资料名称; (7) 注意事项:详细明确地列出试验前、试验过程中以及试验结束后应该注意的一些事项; (8) 试验条件:逐条、详细准确地描述试验开始前应该达到的条件,并逐条加以确认; (9) 试验步骤:逐条、详细明确地列出试验所需的具体步骤,并逐条加以确认,执行人员和监护人员应签字认可; (10) 验收准则:应该提出一个明确的整体验收准则,如有必要,应用表格的形式注明各类数据要求; (11) 试验记录:用表格的形式详细明确地对相关参数试验数据以及试验结果做出记录; (12) 附录:应该附上对试验前的准备工作的记录以及其他一些编写者认为有必要的记录	20	按照考核要点: (1) 每缺一项扣 1 分,最多扣 1 分; (2) 每缺一项扣 1 分,最多扣 1 分; (3) 每缺一项扣 1 分,最多扣 1 分; (4) 每缺一项扣 1 分,最多扣 1 分; (5) 每缺一项扣 2 分,最多扣 2 分; (6) 每缺一项扣 2 分,最多扣 2 分; (7) 每缺一项扣 2 分,最多扣 2 分; (8) 每缺一项扣 2 分,最多扣 2 分; (9) 每缺一项扣 2 分,最多扣 2 分; (10) 每缺一项扣 2 分,最多扣 2 分; (11) 每缺一项扣 2 分,最多扣 2 分; (12) 每缺一项扣 2 分,最多扣 2 分		
合计			20			

否定项:考生没有编写核反应堆保护系统定期试验规程或经过提问确认考生对本试验规程根本不了解

评分人：　　年　月　日　　　　核分人：　　年　月　日

试题 2 组织 T3 试验工作准备、工前会及执行部分规程模拟操作(M310 机组)

配分与评分标准：

序号	考核内容	考核要点	配分	评分标准	扣分	得分
1	工作准备	(1) 劳动保护用品穿戴(安全帽、工作服、工作鞋)； (2) 工器具、图纸、文件确认	5	(1) 缺少或未正确穿戴酌情扣 1～3 分,最多扣 3 分； (2) 未对工器具、图纸、文件进行确认酌情扣 1～2 分,最多扣 2 分		
2	组织 T3 试验工作准备、工前会及执行部分规程模拟操作	(1) 工前会:工作任务交待是否清晰;是否有明确的工作任务分工；是否有详细的试验风险分析;是否有经验反馈内容;工前会单圈杠、签字等； (2) 执行 T3 试验规程操作:是否按规程圈杠逐步执行;执行过程中工作组间的三向交流等	35	(1) 工前会: 工作任务交待不清,酌情扣 1～3 分,最多扣 3 分； 无工作组任务分工,酌情扣 1～3 分,最多扣 3 分； 风险分析不详或无风险分析内容,酌情扣 1～3 分,最多扣 3 分； 无经验反馈内容,酌情扣 1～2 分,最多扣 2 分； 工前会时间不超 40 min,时间超出酌情扣 1～2 分,最多扣 2 分； 工前会单圈杠、签字不规范或不填写或其他不符合规范,酌情扣 1～4 分,最多扣 4 分； (2) 执行 T3 试验规程操作前未确认机组号、机柜、设备位号,酌情扣 1～5 分,最多扣 5 分； 执行 T3 试验规程操作步骤混乱或未按规程操作,酌情扣 2～8 分,最多扣 8 分； (3) 执行 T3 试验规程操作工作组间无三向交流或未提及,酌情扣 1～5 分,最多扣 5 分		
3	理论答辩(考评员提问)	什么是保护系统设计的单一故障准则?举例说明	5	未答或错答项目不得分;一次回答不正确,在无人提示下补充回答正确的,得 3 分;有人提示答对的,得 2.5 分		
合计			45			

否定项:发生安全、质量、设备事故

评分人： 年 月 日 核分人： 年 月 日

试题 3 根据故障动作时间分析停堆系统未动作原因(M310 机组)

配分与评分标准:

序号	考核内容	考核要点	配分	评分标准	扣分	得分
1	工作准备	(1) 劳动保护; (2) 文件检查; (3) 模拟题检查; (4) 环境检查; (5) 工作人员检查	5	(1) 每错一项扣 1 分; (2) 每错一项扣 1 分; (3) 每错一项扣 1 分; (4) 每错一项扣 1 分; (5) 每错一项扣 1 分		
2	工作过程	(1) 输入回路响应时间分析; (2) 逻辑卡件响应时间分析; (3) 输出卡响应时间分析; (4) 输出继电器响应时间分析; (5) 输出继电器响应时间分析; (6) 停堆断路器动作时间分析; (7) 结论	14	(1) 未分析或分析错误扣 1 分; (2) 未分析或分析错误扣 1 分; (3) 未分析或分析错误扣 1 分; (4) 未分析或分析错误扣 1 分; (5) 未分析或分析错误扣 1 分; (6) 未分析或分析错误扣 1 分; (7) 未分析或分析错误扣 1 分。 参考答案: 中间量程中子注量率高逻辑通道的响应时间经现场测试为 18 ms,测试回路为保护系统隔离卡件的输入端至保护系统停堆继电器输出触点。逻辑卡件的响应时间为微秒级,可忽略,输出卡件的响应时间约为 10 ms,继电器的响应时间约为 8 ms。 依据 T2 响应时间(18 ms),在 3RPB 109EC/3RPA109EC 持续的 23 ms 中,保护系统的输出继电器已经动作。 停堆断路器的响应时间为 50~60 ms,由数据上分析 23 ms 可能还不足以使停堆断路器线圈跳闸。因此在有瞬间产生的 3RPB 109EC/3RPA109EC 没有最终使停堆断路器动作		
3	安全文明生产	(1) 态度; (2) 职业素养; (3) 现场 6S; (4) 安全意识	6	(1) 态度端正得 2 分; (2) 符合职业守则和职业道德基本规范得 1 分; (3) 符合 6S 要求得 2 分; (4) 有安全意识,注意安全防护得 1 分		
合计			25			

否定项:发生安全、质量、设备事故

评分人:　　年　　月　　日　　　　核分人:　　年　　月　　日

试题 4　讲授核反应堆保护系统相关知识和技能经验

配分与评分标准：

序号	考核内容	考核要点	配分	评分标准	扣分	得分
1	知识讲授	(1) 课件制作； (2) 知识内容； (3) 表达能力； (4) 时间掌控	4	(1) 准备不充分、形式不得体，酌情扣 0.5～1 分，最多扣 1 分； (2) 重点不突出、不清晰、深度不够，酌情扣 0.5～1 分，最多扣 1 分； (3) 表达不清、条理性不强，酌情扣 0.5～1 分，最多扣 1 分； (4) 超时未完成，酌情扣 0.5～1 分，最多扣 1 分		
2	综合素质	(1) 讲授效果； (2) 经验传授	1	(1) 课堂生动、易懂，给人印象深刻，得 0.5 分； (2) 能结合实际案例或经验进行讲授，得 0.5 分		
合计			5			

否定项：未完成课件的准备

评分人：　　　年　　月　　日　　　　　　　　　　核分人：　　　年　　月　　日

试题 5　陈述组织跨专业协同作业要素(30 万千瓦机组)

配分与评分标准：

序号	考核内容	考核要点	配分	评分标准	扣分	得分
1	故障分析	(1) 增强大家对团队的认同感； (2) 要让每个团队成员认识到他们之间的协作以及贡献对于团队获得成功是至关重要的； (3) 让每位团队成员的贡献都是可以衡量的，每个人都可以清楚地看到谁做了什么，而且每位成员都对自己的行为负责； (4) 提高成员之间面对面沟通的机会，让每个人明白对于团队而言什么是重要的，合作和不合作的结果分别是什么样的；	5	陈述要素是否涵盖： (1) 每漏一项扣 1 分，最多扣 1 分； (2) 每漏一项扣 1 分，最多扣 1 分； (3) 每漏一项扣 1 分，最多扣 1 分； (4) 每漏一项扣 1 分，最多扣 1 分；		

续表

序号	考核内容	考核要点	配分	评分标准	扣分	得分
1	故障分析	(5) 在团队之间建立一种比赛的气氛,以促进团队内部成员之间的合作		(5) 每漏一项扣1分,最多扣1分		
合计			5			

否定项:无

评分人:　　　　年　　月　　日　　　　　　　　　　核分人:　　　　年　　月　　日

第二单元　核反应堆控制系统维修

职业技能鉴定国家题库
核反应堆控制保护检修工
（核反应堆控制系统维修）
国家职业资格二级
操作技能考核准备通知单（考场）

试题 1

考场准备

(1) 试题名称:对停堆棒自动拔出后就位 LED 灯不亮进行风险分析(重水堆机组)
(2) 本题分值:20
(3) 考核时间:40 min
(4) 考核形式:实操或模拟
(5) 设备设施准备:

序号	名称	规格	单位	数量	备注
1	停堆棒顶部电位计		台	1	
2	停堆棒控制逻辑图		套	1	
3	记录纸	A4	张	若干	
4	记录笔		支	1	

试题 2

考场准备

(1) 试题名称:运行中的棒控系统电源柜紧急故障定位与处理(M310 机组)
(2) 本题分值:45
(3) 考核时间:60 min
(4) 考核形式:实操或模拟
(5) 设备设施准备:

序号	名称	规格	单位	数量	备注
1	棒控系统模拟电源机柜				二厂 AD 楼,模拟机柜设备上电运行,预先设置其一保持机箱的定值小电流为零触发紧急故障

续表

序号	名称	规格	单位	数量	备注
2	数字万用表	FLUKE	台	1	
3	棒控系统保持机箱电路原理框图			1	文件编码:QE317130004QBYQ44QR1 第5页
4	棒控系统保持定值卡件电路原理图			1	文件编码:QE317130004QBYQ44QR1 第12页
5	棒控系统SC波形及熔断丝LC组件电路原理图			1	文件编码:QE317130004QBYQ44QR1 第17页
6	螺丝刀		套	1	

试题3

考场准备

(1) 试题名称:分析和判断停堆棒EMI指示倾斜故障原因并采取措施(重水堆机组)

(2) 本题分值:25

(3) 考核时间:50 min

(4) 考核形式:模拟陈述

(5) 设备设施准备:

序号	名称	规格	单位	数量	备注
1	维修规程		份	1	98-63733-MP-1104A

试题4

考场准备

(1) 试题名称:指导中、高级维修人员进行30万千瓦机组棒控磁轭CRDM线圈参数测量

(2) 本题分值:5

(3) 考核时间:15 min

(4) 考核形式:实操或模拟

(5) 设备设施准备:

序号	名称	规格	单位	数量	备注
1	《棒控磁轭CRDM线圈参数测量(热态)》		份	1	文件编码:QWG.18.006

试题 5

考场准备

(1) 试题名称:撰写技术工作总结

(2) 本题分值:5

(3) 考核时间:15 min

(4) 考核形式:实操或模拟

(5) 设备设施准备:

序号	名称	规格	单位	数量	备注
1	技术工作总结模板		份	1	提前三天给考生
2	多媒体设施		套	1	电脑、投影仪等

职业技能鉴定国家题库
核反应堆控制保护检修工
(核反应堆控制系统维修)
国家职业资格二级
操作技能考核准备通知单(考生)

试题1

考生准备

(1) 试题名称:对停堆棒自动拔出后就位LED灯不亮进行风险分析(重水堆机组)
(2) 本题分值:20
(3) 考核时间:40 min
(4) 考核形式:实操或模拟
(5) 工具及其他准备:螺丝刀、万用表、防静电手链等仪控常用工具。

试题2

考生准备

(1) 试题名称:运行中的棒控系统电源柜紧急故障定位与处理(M310机组)
(2) 本题分值:45
(3) 考核时间:60 min
(4) 考核形式:实操或模拟
(5) 工具及其他准备:个人考试用品

试题3

考生准备

(1) 试题名称:分析和判断停堆棒EMI指示倾斜故障原因并采取措施(重水堆机组)
(2) 本题分值:25
(3) 考核时间:50 min
(4) 考核形式:模拟陈述
(5) 工具及其他准备:笔和纸

试题4

考生准备

(1) 试题名称:指导中、高级维修人员进行30万千瓦机组棒控磁轭CRDM线圈参数

测量

(2) 本题分值:5

(3) 考核时间:15 min

(4) 考核形式:实操或模拟

(5) 工具及其他准备:无

试题 5

考生准备

(1) 试题名称:撰写技术工作总结

(2) 本题分值:5

(3) 考核时间:15 min

(4) 考核形式:实操或模拟

(5) 工具及其他准备:个人本年度工作相关资料,撰写完成的技术工作总结。

职业技能鉴定国家题库

核反应堆控制保护检修工
(核反应堆控制系统维修)
国家职业资格二级操作技能考核试卷

注意事项

1. 本试卷依据 2001 年颁布的《国家职业标准——核反应堆控制保护检修工》命制。
2. 请根据试题考核要求,完成考试内容。
3. 请服从考评人员指挥,保证考核安全顺利进行。

试题 1 对停堆棒自动拔出后就位 LED 灯不亮进行风险分析(重水堆机组)

考核要求

(1) 本题分值:20

(2) 考核时间:40 min

(3) 考核形式:实操或模拟

(4) 具体考核要求:得知现场出现某一停堆棒自动拔出,PL4 对应的红色 LED 灯不亮的故障之后,考生需要根据故障描述,做好现场确认工作,制定检修方案;本题要求考生对消缺工作的风险进行深刻分析,并形成完善的风险分析预案。

(5) 否定项说明:风险分析预案中出现重大失误,能导致机组停堆。

试题 2 运行中的棒控系统电源柜紧急故障定位与处理(M310 机组)

考核要求

(1) 本题分值:45

(2) 考核时间:60 min

(3) 考核形式:实操或模拟

(4) 具体考核要求:正确地完将成运行中的棒控系统电源柜紧急故障定位与处理(M310)

说明:保持/传递小电流的波形电流输出电压值标准为 2.35 V±0.1 V

(5) 否定项说明:无

试题 3 分析和判断停堆棒 EMI 指示倾斜故障原因并采取措施(重水堆机组)

考核要求

(1) 本题分值:25

(2) 考核时间:50 min

(3) 考核形式:模拟陈述

(4) 具体考核要求:清晰描述故障处理流程,准确定位故障并采取措施。

(5) 否定项说明:无

试题 4　指导中、高级维修人员进行 30 万千瓦机组棒控磁轭 CRDM 线圈参数测量

考核要求

(1) 本题分值:5

(2) 考核时间:15 min

(3) 考核形式:实操或模拟

(4) 具体考核要求:依照指定的规程,用模拟讲解的形式,对中、高级维修人员进行棒控磁轭 CRDM 线圈参数测量工作的指导。

(5) 否定项说明:无

试题 5　撰写技术工作总结

考核要求

(1) 本题分值:5

(2) 考核时间:15 min

(3) 考核形式:实操或模拟

(4) 具体考核要求:考生按照指定的模板格式,撰写个人本年度相关技术工作总结,并带至考场现场进行讲述。

(5) 否定项说明:无

职业技能鉴定国家题库
核反应堆控制保护检修工
(核反应堆控制系统维修)
国家职业资格二级
操作技能考核评分记录表

总成绩表

序号	试题名称	配分	得分	权重	最后得分	备注
1	对停堆棒自动拔出后就位 LED 灯不亮进行风险分析(重水堆机组)	20				
2	运行中的棒控系统电源柜紧急故障定位与处理(M310 机组)	45				
3	分析和判断停堆棒 EMI 指示倾斜故障原因并采取措施(重水堆机组)	25				
4	指导中、高级维修人员进行 30 万千瓦机组棒控磁轭 CRDM 线圈参数测量	5				
5	撰写技术工作总结	5				
合计		100				

统分人：　　　　　　　　　　　　　　　　　　年　　月　　日

试题1　对停堆棒自动拔出后就位LED灯不亮进行风险分析(重水堆机组)

配分与评分标准:

序号	考核内容	考核要点	配分	评分标准	扣分	得分
1	工作准备	(1) 停堆棒 LED 灯不亮的故障原因分析; (2) 停堆棒 LED 灯不亮的故障原因的定位; (3) 现场盘柜确认; (4) 准确定位现场顶部电位计; (5) 确认顶部电位计调节方向	3	(1) 每错一项扣 0.5 分,最多扣1分; (2) 每错一项扣0.5分,最多扣0.5分; (3) 每漏检查一项扣 0.5 分,最多扣0.5分; (4) 每漏检查一项扣 0.5 分,最多扣1分; (5) 每漏检查一项扣 0.5 分,最多扣0.5分		
2	对核反应堆控制系统故障处理进行风险分析	(1) 列举可能存在故障的部件; (2) 各疑似故障设备的检修注意事项; (3) 定位现场顶部电位计的风险; (4) 调节顶部电位调节过程中的风险说明	15	(1) 每漏检查一项扣 0.5 分,最多扣2分; (2) 每漏检查一项扣1分,最多扣3分; (3) 定位错误扣1分; (4) 每漏检查一项扣 1 分,最多扣9分		
3	安全文明生产	(1) 态度; (2) 职业素养; (3) 现场6S; (4) 安全意识	2	(1) 态度端正得0.5分; (2) 符合职业守则和职业道德基本规范得0.5分; (3) 符合6S要求得0.5分; (4) 有安全意识,注意安全防护得0.5分		
合计			20			

否定项:风险分析预案中出现重大失误,能导致机组停堆

评分人:　　　年　　月　　日　　　　　　　　　　核分人:　　　年　　月　　日

试题 2　运行中的棒控系统电源柜紧急故障定位与处理(M310 机组)

配分与评分标准:

序号	考核内容	考核要点	配分	评分标准	扣分	得分
1	处理前准备	(1) 检查文件的有效性; (2) 检查工器具可用性和有效性	10	(1) 未进行检查的扣 5 分,最多扣 5 分; (2) 可用性未检查扣 2 分,有效性未检查扣 3 分,最多扣 5 分		
2	棒控系统电源柜紧急故障定位	(1) 检查确认紧急故障报警灯; (2) 定位故障机箱与卡件	10	(1) 未进行检查的扣 4 分,最多扣 4 分; (2) 故障卡件定位有误扣 3 分,故障机箱定位有误扣 6 分,最多扣 6 分		
3	棒控系统电源柜紧急故障处理	(1) 检查确认设备状态; (2) 将传递机箱的定值卡件上的开关置于“定小”,确认双重保持状态; (3) 测量波形及熔断丝 SC 组件的电流输出电压; (4) 调整保持定值卡件将波形电流输出电压值调整至 2.35 V±0.1 V; (5) 恢复,将传递机箱的定值卡件上的开关置于“工作”,确认设备状态恢复	15	(1) 未进行检查的扣 3 分,最多扣 3 分; (2) 操作不符合要求酌情扣 1～2 分,未执行该操作扣 3 分,最多扣 3 分; (3) 测量错误酌情扣 2～3 分,最多扣 3 分; (4) 调整操作有误扣 1 分,调整结果不满足要求 2 分,最多扣 3 分; (5) 未进行恢复操作扣 2 分,未确认设备状态恢复扣 1 分,最多扣 3 分		
4	综合素质	(1) 态度; (2) 职业素养; (3) 熟练程度; (4) 安全意识; (5) 工完料尽	10	(1) 态度端正,得 2 分; (2) 符合职业守则和职业道德基本规范,得 2 分; (3) 更换过程熟练,得 2 分; (4) 有安全意识,注意安全防护,得 2 分; (5) 能做到工完料尽,得 2 分		
合计			45			

否定项:无

评分人:　　　　年　　月　　日　　　　　　　　　　　　核分人:　　　　年　　月　　日

试题 3 分析和判断停堆棒 EMI 指示倾斜故障原因并采取措施(重水堆机组)

配分与评分标准:

序号	考核内容	考核要点	配分	评分标准	扣分	得分
1	工作准备	(1) 万用表检查(有效期、表笔是否良好); (2) 维修规程有效性检查; (3) 对故障的原因分析; (4) 陈述解决故障的思路	5	(1) 每错一项扣 0.5 分,最多扣 1 分; (2) 每错一项扣 0.5 分,最多扣 0.5 分; (3) 每漏一项扣 1 分,最多扣 2 分; (4) 根据陈述情况,酌情扣分,最多扣 1.5 分		
2	在线调整停堆棒卡件电位计	(1) 召开工前会,明白注意事项; (2) 停堆棒对应端子电压的测量; (3) 检查停堆棒到顶指示灯是否已经点亮; (4) 到顶指示灯不亮,准确定位停堆棒电位计; (5) 根据电压情况,判断电位计调大或调小; (6) 到顶指示灯亮,检查 EMI 指示后面接线; (7) 接线正常,更换 EMI 指示器	15	(1) 根据陈述情况,酌情扣分,最多扣 2 分; (2) 根据测量情况,酌情扣分,最多扣 2 分; (3) 根据检查情况,酌情扣分,最多扣 2 分; (4) 根据定位情况,酌情扣分,最多扣 1 分; (5) 根据电位计调节情况,每处酌情扣 2 分,最多扣 2 分; (6) 根据检查情况,酌情扣分,最多扣 2 分; (7) 根据更换情况,酌情扣分,最多扣 4 分		
3	安全文明生产	(1) 态度; (2) 职业素养; (3) 现场 6S; (4) 安全意识	5	(1) 态度端正得 1 分; (2) 符合职业守则和职业道德基本规范得 1 分; (3) 符合 6S 要求得 2 分; (4) 有安全意识,注意安全防护得 1 分		
合计			25			

否定项:无

评分人: 年 月 日 核分人: 年 月 日

试题 4　指导中、高级维修人员进行 30 万千瓦机组棒控磁轭 CRDM 线圈参数测量

配分与评分标准:

序号	考核内容	考核要点	配分	评分标准	扣分	得分
1	指导准备	指导准备时间	0.5	工作熟悉程度不够、准备时间过长,酌情扣 0~0.5 分,最多扣 0.5 分		
2	指导过程	(1) 工作内容、范围讲述; (2) 先决条件讲解; (3) 风险分析; (4) 工器具使用; (5) 关键点识别	3.5	(1) 讲解不清楚,酌情扣 0~0.5 分,最多扣 0.5 分; (2) 讲解不清楚、遗漏,酌情扣 0~0.5 分,最多扣 0.5 分; (3) 风险分析遗漏、错误,酌情扣 0~0.5 分,最多扣 0.5 分; (4) 遗漏、错误,酌情扣 0~0.5 分,最多扣 0.5 分; (5) 测试前断电、拔插头;仪器档位选择;合格判定标准;测量方法。遗漏、错误,每处酌情扣 0~0.5 分,最多扣 1.5 分		
3	综合素质	(1) 思路清晰; (2) 表达能力; (3) 经验传授; (4) 时间	1	(1) 思路清晰、有条理,得 0.2 分; (2) 表达流利、清晰得当,得 0.2 分; (3) 结合自身工作,传授相关经验,得 0.1 分; (4) 超时未完成,扣 0.5 分		
合计			5			

否定项:无

评分人:　　　年　　月　　日　　　　　　　　　　核分人:　　　年　　月　　日

试题 5　撰写技术工作总结

配分与评分标准:

序号	考核内容	考核要点	配分	评分标准	扣分	得分
1	技术工作总结	(1) 格式; (2) 内容; (3) 重点;	4	(1) 格式不符合要求,酌情扣 0.5~1 分,最多扣 1 分; (2) 内容不丰富、无实质性内容,酌情扣 0.5~1 分,最多扣 1 分;		

续表

序号	考核内容	考核要点	配分	评分标准	扣分	得分
1	技术工作总结	(4) 结构		(3) 重点不突出,未体现出个人成绩、能力等,酌情扣 0.5～1 分,最多扣 1 分; (4) 结构不合理,拖沓冗长,酌情扣 0.5～1 分,最多扣 1 分		
2	现场讲述	(1) 思路清晰; (2) 表达能力; (3) 时间	1	(1) 思路清晰、有条理,得 0.3 分; (2) 表达流利、清晰得当,得 0.4 分; (3) 超时未完成,扣 0.3 分		
合计			5			

否定项:无

评分人:　　　　年　　月　　日　　　　　　　　　　核分人:　　　　年　　月　　日

第三单元　核反应堆中子测量系统维修

职业技能鉴定国家题库

核反应堆控制保护检修工
(核反应堆中子测量系统维修)
国家职业资格二级
操作技能考核准备通知单(考场)

试题 1

考场准备

(1) 试题名称:对中间量程 A 通道指示漂移进行风险分析(30 万千瓦机组)

(2) 本题分值:20

(3) 考核时间:40 min

(4) 考核形式:实操或模拟

(5) 设备设施准备:无

试题 2

考场准备

(1) 试题名称:进行堆外核测系统 A 通道γ补偿电压试验(30 万千瓦机组)

(2) 本题分值:45

(3) 考核时间:60 min

(4) 考核形式:实操或模拟

(5) 设备设施准备:

序号	名称	规格	单位	数量	备注
1	探测器性能试验规程		份	1	

试题 3

考场准备

(1) 试题名称:高压电源输出不稳定故障检修(30 万千瓦机组)

(2) 本题分值:25

(3) 考核时间:50 min

(4) 考核形式:实操或模拟

(5) 设备设施准备:

序号	名称	规格	单位	数量	备注
1	高压电源电路图		张	1	
2	故障高压电源		台	1	
3	万用表		台	1	
4	螺丝刀		把	4	十字(大小各一),一字(大小各一)

试题 4

考场准备

(1) 试题名称:指导中、高级维修人员进行堆外核测系统探测器绝缘电阻和分布电容测试(30 万千瓦机组)

(2) 本题分值:5

(3) 考核时间:15 min

(4) 考核形式:口述或模拟

(5) 设备设施准备:

序号	名称	规格	单位	数量	备注
1	探测器绝缘电阻和分布电容测试规程		套	1	考前由考官从内网下载有效版本

试题 5

考场准备

(1) 试题名称:编写技术工作总结(30 万千瓦机组)

(2) 本题分值:5

(3) 考核时间:15 min

(4) 考核形式:实操或模拟

(5) 设备设施准备:

序号	名称	规格	单位	数量	备注
1	技术工作总结模板		份	1	提前一天给考生
2	多媒体设施		套	1	电脑、投影仪等

职业技能鉴定国家题库
核反应堆控制保护检修工
(核反应堆中子测量系统维修)
国家职业资格二级
操作技能考核准备通知单(考生)

试题1

考生准备

(1) 试题名称:对中间量程A通道指示漂移进行风险分析(30万千瓦机组)
(2) 本题分值:20
(3) 考核时间:40 min
(4) 考核形式:实操或模拟
(5) 工具及其他准备:无

试题2

考生准备

(1) 试题名称:进行堆外核测系统A通道γ补偿电压试验(30万千瓦机组)
(2) 本题分值:45
(3) 考核时间:60 min
(4) 考核形式:实操或模拟
(5) 工具及其他准备:无

试题3

考生准备

(1) 试题名称:高压电源输出不稳定故障检修(30万千瓦机组)
(2) 本题分值:25
(3) 考核时间:50 min
(4) 考核形式:实操或模拟
(5) 工具及其他准备:无

试题4

考生准备

(1) 试题名称:指导中、高级维修人员进行堆外核测系统探测器绝缘电阻和分布电容测

试(30 万千瓦机组)

(2) 本题分值:5

(3) 考核时间:15 min

(4) 考核形式:口述或模拟

(5) 工具及其他准备:无

试题 5

考生准备

(1) 试题名称:编写技术工作总结(30 万千瓦机组)

(2) 本题分值:5

(3) 考核时间:15 min

(4) 考核形式:实操或模拟

(5) 工具及其他准备:无

职业技能鉴定国家题库

核反应堆控制保护检修工
(核反应堆中子测量系统维修)
国家职业资格二级
操作技能考核试卷

注意事项

1. 本试卷依据2001年颁布的《国家职业标准——核反应堆控制保护检修工》命制。
2. 请根据试题考核要求,完成考试内容。
3. 请服从考评人员指挥,保证考核安全顺利进行。

试题1 对中间量程A通道指示漂移进行风险分析(30万千瓦机组)

考核要求

(1) 本题分值:20
(2) 考核时间:40 min
(3) 考核形式:实操或模拟
(4) 具体考核要求:正确对中间量程A通道指示漂移进行风险分析(30万千瓦机组)
(5) 否定项说明:无

试题2 进行堆外核测系统A通道γ补偿电压试验(30万千瓦机组)

考核要求

(1) 本题分值:45
(2) 考核时间:60 min
(3) 考核形式:实操或模拟
(4) 具体考核要求:进行堆外核测系统A通道γ补偿电压试验(30万千瓦机组)
(5) 否定项说明:无

试题3 高压电源输出不稳定故障检修(30万千瓦机组)

考核要求

(1) 本题分值:25
(2) 考核时间:50 min
(3) 考核形式:实操或模拟
(4) 具体考核要求:完成高压电源输出不稳定故障检修(30万千瓦机组)
(5) 否定项说明:无

试题4　指导中、高级维修人员进行堆外核测系统探测器绝缘电阻和分布电容测试(30万千瓦机组)

考核要求

(1) 本题分值:5

(2) 考核时间:15 min

(3) 考核形式:口述或模拟

(4) 具体考核要求:对照有效规程,指导中、高级维修人员进行堆外核测系统探测器绝缘电阻和分布电容测试(30万千瓦机组)

(5) 否定项说明:无

试题5　编写技术工作总结(30万千瓦机组)

考核要求

(1) 本题分值:5

(2) 考核时间:15 min

(3) 考核形式:实操或模拟

(4) 具体考核要求:学员按照规定的模板格式,编写技术工作总结(30万千瓦机组)

(5) 否定项说明:无

职业技能鉴定国家题库
核反应堆控制保护检修工
(核反应堆中子测量系统维修)
国家职业资格二级
操作技能考核评分记录表

总成绩表

序号	试题名称	配分	得分	权重	最后得分	备注
1	对中间量程A通道指示漂移进行风险分析(30万千瓦机组)	20				
2	进行堆外核测系统A通道γ补偿电压试验(30万千瓦机组)	45				
3	高压电源输出不稳定故障检修(30万千瓦机组)	25				
4	指导中、高级维修人员进行堆外核测系统探测器绝缘电阻和分布电容测试(30万千瓦机组)	5				
5	编写技术工作总结(30万千瓦机组)	5				
合计		100				

统分人: 年 月 日

试题1 对中间量程A通道指示漂移进行风险分析(30万千瓦机组)

配分与评分标准:

序号	考核内容	考核要点	配分	评分标准	扣分	得分
1	对中间量程A通道指示漂移进行风险分析	(1) 可能故障原因分析; (2) 目前状态下指示漂移带来的风险和影响分析; (3) 处理过程中的风险分析	20	(1) 原因分析不正确最多扣6分; (2) 目前状态的影响分析不正确最多扣7分; (3) 处理过程风险分析不正确最多扣7分		
合计			20			
否定项:无						

评分人: 年 月 日 核分人: 年 月 日

试题 2　进行堆外核测系统 A 通道γ补偿电压试验（30 万千瓦机组）

配分与评分标准：

序号	考核内容	考核要点	配分	评分标准	扣分	得分
1	进行堆外核测系统 A 通道γ补偿电压试验	(1) 确认规程； (2) 准备工单； (3) 召开工前会； (4) 按照规程进行试验； (5) 试验结果分析评价； (6) 填写试验报告	45	(1) 未进行规程确认酌情扣分，最多扣 8 分； (2) 未进行工单准备酌情扣分，最多扣 8 分； (3) 未召开工前会酌情扣分，最多扣 7 分； (4) 未按照规程进行试验酌情扣分，最多扣 7 分； (5) 未进行试验结果分析评价酌情扣分，最多扣 8 分； (6) 未填写试验报告酌情扣分，最多扣 7 分		
合计			45			

否定项：无

评分人：　　　年　　月　　日　　　　　　　　　　核分人：　　　年　　月　　日

试题 3　高压电源输出不稳定故障检修（30 万千瓦机组）

配分与评分标准：

序号	考核内容	考核要点	配分	评分标准	扣分	得分
1	高压电源输出不稳定故障检修	(1) 高压电源原理图识读和工作原理分析； (2) 工器具准备； (3) 目视检查； (4) 电路各测量点测试； (5) 故障元器件识别和更换； (6) 维修后高压电源测试	25	(1) 第 1 项有误酌情扣分，最多扣 5 分； (2) 第 2 项有误酌情扣分，最多扣 4 分； (3) 第 3 项有误酌情扣分，最多扣 4 分； (4) 第 4 项有误酌情扣分，最多扣 4 分； (5) 第 5 项有误酌情扣分，最多扣 4 分； (6) 第 6 项有误酌情扣分，最多扣 4 分		
合计			25			

否定项：无

评分人：　　　年　　月　　日　　　　　　　　　　核分人：　　　年　　月　　日

试题4 指导中、高级维修人员进行堆外核测系统探测器绝缘电阻和分布电容测试(30万千瓦机组)

配分与评分标准：

序号	考核内容	考核要点	配分	评分标准	扣分	得分
1	指导准备	指导准备时间	1.5	工作熟悉程度不够、准备时间过长，酌情扣0～0.5分，最多扣0.5分		
2	指导过程	(1) 工作内容、范围讲述； (2) 先决条件讲解； (3) 风险分析； (4) 工器具使用； (5) 关键点识别	3.5	(1) 讲解不清楚，酌情扣0～0.5分，最多扣0.5分； (2) 讲解不清楚、遗漏，酌情扣0～0.5分，最多扣0.5分； (3) 风险分析遗漏、错误，酌情扣0～0.5分，最多扣0.5分； (4) 遗漏、错误，酌情扣0～0.5分，最多扣0.5分； (5) 测试前断电、拔插头；仪器档位选择；合格判定标准；测量方法。遗漏、错误，每处酌情扣0～0.5分，最多扣1.5分		
合计			5			

否定项：无

评分人：　　　年　　月　　日　　　　　　　　　　核分人：　　　年　　月　　日

试题5 编写技术工作总结(30万千瓦机组)

配分与评分标准：

序号	考核内容	考核要点	配分	评分标准	扣分	得分
1	技术工作总结	(1) 格式； (2) 内容； (3) 重点； (4) 结构	4	(1) 格式不符合要求，酌情扣0.5～1分，最多扣2分； (2) 内容不丰富、无实质性内容，酌情扣0.5～1分，最多扣2分； (3) 重点不突出，未体现出个人成绩、能力等，酌情扣0.5～1分，最多扣2分； (4) 结构不合理，拖沓冗长，酌情扣0.5～1分，最多扣2分		
2	现场讲述	(1) 思路清晰； (2) 表达能力； (3) 时间	1	(1) 思路清晰、有条理，得0.3分； (2) 表达流利、清晰得当，得0.4分； (3) 超时未完成，扣0.3分		
合计			5			

否定项：无

评分人：　　　年　　月　　日　　　　　　　　　　核分人：　　　年　　月　　日

第四单元　重水堆燃料操作系统仪控维修

职业技能鉴定国家题库
核反应堆控制保护检修工
（重水堆燃料操作系统仪控维修）
国家职业资格二级
操作技能考核准备通知单（考场）

试题 1

考场准备

（1）试题名称：编写重水堆燃料操作仪控系统设备局部改造方案

（2）本题分值：20

（3）考核时间：40 min

（4）考核形式：实操或模拟

（5）设备设施准备：无

试题 2

考场准备

（1）试题名称：组织实施重水堆燃料操作仪控系统设备局部改造

（2）本题分值：45

（3）考核时间：60 min

（4）考核形式：实操或模拟

（5）设备设施准备：

序号	名称	规格	单位	数量	备注
1	某个具体设备局部改造实施的工作包		份	1	工作包里应包括所有文件

试题 3

考场准备

（1）试题名称：诊断、排除重水堆燃料操作仪控系统中存在的短路故障

（2）本题分值：25

（3）考核时间：50 min

(4) 考核形式:实操或模拟

(5) 设备设施准备:无

试题 4

考场准备

(1) 试题名称:指导中、高级维修人员进行装卸料机管嘴安全锁仪控设备离线检修操作

(2) 本题分值:5

(3) 考核时间:15 min

(4) 考核形式:模拟

(5) 设备设施准备:

序号	名称	规格	单位	数量	备注
1	装卸料机管嘴安全锁仪控离线检修设定典型操作票		份	1	

试题 5

考场准备

(1) 试题名称:组织装卸料机液压油系统 A 侧 2 号增压油泵指示灯偶尔闪烁故障处理

(2) 本题分值:5

(3) 考核时间:15 min

(4) 考核形式:模拟

(5) 设备设施准备:无

职业技能鉴定国家题库
核反应堆控制保护检修工
（重水堆燃料操作系统仪控维修）
国家职业资格二级
操作技能考核准备通知单（考生）

试题 1

考生准备

（1）试题名称:编写重水堆燃料操作仪控系统设备局部改造方案

（2）本题分值:20

（3）考核时间:40 min

（4）考核形式:实操或模拟

（5）工具及其他准备:无

试题 2

考生准备

（1）试题名称:组织实施重水堆燃料操作仪控系统设备局部改造

（2）本题分值:45

（3）考核时间:60 min

（4）考核形式:实操或模拟

（5）工具及其他准备:无

试题 3

考生准备

（1）试题名称:诊断、排除重水堆燃料操作仪控系统中存在的短路故障

（2）本题分值:25

（3）考核时间:50 min

（4）考核形式:实操或模拟

（5）工具及其他准备:无

试题 4

考生准备

（1）试题名称:指导中、高级维修人员进行装卸料机管嘴安全锁仪控设备离线检修

操作

(2) 本题分值:5

(3) 考核时间:15 min

(4) 考核形式:模拟

(5) 工具及其他准备:无

试题 5

考生准备

(1) 试题名称:组织装卸料机液压油系统 A 侧 2 号增压油泵指示灯偶尔闪烁故障处理

(2) 本题分值:5

(3) 考核时间:15 min

(4) 考核形式:模拟

(5) 工具及其他准备:无

职业技能鉴定国家题库
核反应堆控制保护检修工
（重水堆燃料操作系统仪控维修）
国家职业资格二级
操作技能考核试卷

注意事项

1. 本试卷依据2001年颁布的《国家职业标准——核反应堆控制保护检修工》命制。
2. 请根据试题考核要求，完成考试内容。
3. 请服从考评人员指挥，保证考核安全顺利进行。

试题1 编写重水堆燃料操作仪控系统设备局部改造方案

考核要求

(1) 本题分值:20

(2) 考核时间:40 min

(3) 考核形式:实操或模拟

(4) 具体考核要求:考试前，考评员需事先想好一项具体的设备局部改造主题，考试过程中根据此主题向考生提问，考生回答。(如果需要考生新编一份设备局部改造方案，考评员需提前一个星期将设备局部改造主题告之考生，考评员根据管理程序对局部改造方案的质量进行评分。)

(5) 否定项说明:方案内容与要求不符

试题2 组织实施重水堆燃料操作仪控系统设备局部改造

考核要求

(1) 本题分值:45

(2) 考核时间:60 min

(3) 考核形式:实操或模拟

(4) 具体考核要求:局部改造实施流程

(5) 否定项说明:不能通过局部改造后试验程序

试题3 诊断、排除重水堆燃料操作仪控系统中存在的短路故障

考核要求

(1) 本题分值:25

(2) 考核时间:50 min

(3) 考核形式:实操或模拟

(4) 具体考核要求:依据考评员的要求,考生进行回答或操作,要求能准确判断并排除故障。

(5) 否定项说明:无

试题4 指导中、高级维修人员进行装卸料机管嘴安全锁仪控设备离线检修操作

考核要求

(1) 本题分值:5

(2) 考核时间:15 min

(3) 考核形式:模拟

(4) 具体考核要求:提供1份典型的操作票,要求考生依据操作票进行模拟指导,指导操作表达清晰、有条理;关键步骤识别;检修过程风险控制;能够传授相关的操作、判断经验;防人因失误工具的使用;提出程序中的不足之处。

(5) 否定项说明:无

试题5 组织装卸料机液压油系统A侧2号增压油泵指示灯偶尔闪烁故障处理

考核要求

(1) 本题分值:5

(2) 考核时间:15 min

(3) 考核形式:模拟

(4) 具体考核要求:模拟一个故障,要求考生依据故障信息,整理信息并成立一个专项小组,组织召开工作方案讨论会;负责跟踪问题处理过程;作经验反馈;在问题的处理过程中是否遵守30 min汇报制度。

(5) 否定项说明:无

职业技能鉴定国家题库
核反应堆控制保护检修工
（重水堆燃料操作系统仪控维修）
国家职业资格二级
操作技能考核评分记录表

总成绩表

序号	试题名称	配分	得分	权重	最后得分	备注
1	编写重水堆燃料操作仪控系统设备局部改造方案	20				
2	组织实施重水堆燃料操作仪控系统设备局部改造	45				
3	诊断、排除重水堆燃料操作仪控系统中存在的短路故障	25				
4	指导中、高级维修人员进行装卸料机管嘴安全锁仪控设备离线检修操作	5				
5	组织装卸料机液压油系统 A 侧 2 号增压油泵指示灯偶尔闪烁故障处理	5				
合计		100				

统分人： 年 月 日

试题 1 编写重水堆燃料操作仪控系统设备局部改造方案

配分与评分标准：

序号	考核内容	考核要点	配分	评分标准	扣分	得分
1	工前准备	(1) 回答设备局部改造方案需要编写哪几类文件； (2) 回答改造方案审批流程	5	考评员根据考核要点提出要求，考生进行回答： (1) 文件种类不清楚，扣 2 分； (2) 审批流程不清楚，扣 3 分		

续表

序号	考核内容	考核要点	配分	评分标准	扣分	得分
2	编写改造方案	(1) 回答局部改造的目的; (2) 回答改造前提条件,或其他安全措施; (3) 回答拆除物项及安装物项处理方式; (4) 回答改造实施完成后的试验过程及验改标准; (5) 本题相关知识	15	考评员根据考核要点提出要求,考生进行回答: (1) 变更目的不清楚,扣 2 分; (2) 改造前提条件或其他安全措施不清楚,扣 3 分; (3) 拆除物项及安装物项处理方式不清楚,扣 3 分; (4) 试验过程及验改标准不完整,扣 3 分; (5) 考评员现场提问,操作者口述,根据回答情况扣分,最多扣 4 分		
合计			20			

否定项:方案内容与要求不符

评分人:　　　年　　月　　日　　　　　　　　核分人:　　　年　　月　　日

试题 2　组织实施重水堆燃料操作仪控系统设备局部改造

配分与评分标准:

序号	考核内容	考核要点	配分	评分标准	扣分	得分
1	工作准备	(1) 准备局部改造施工工作包及相关文件可用性的确认; (2) 评估局部改造实施的具体可行性	10	考评员根据考核要点提出要求,考生进行回答或操作: (1) 工作包准备不充分,每项酌情扣 2 分,最多扣 5 分; (2) 局部改造实施具体可行性评估不全面,扣 5 分		
2	施工和调试	(1) 阅读和理解局部改造工作包所有的文件和程序,了解局部改造目的,局部改造实施过程,注意事项,验收准则等; (2) 组织局部改造实施工作组成员对所有文件进行交流沟通,确保所以人员对实施过程都了解清楚; (3) 局部改造实施过程中相关文件的替换,如 ED 图、OF 等; (4) 按照程序或图纸进行局部改造施工	25	考评员根据考核要点提出要求,考生进行回答或操作: (1) 变更文件不理解,每项酌情扣 1 分,最多扣 5 分; (2) 人员沟通不到位,扣 5 分; (3) 相关文件替换不到位,扣 5 分; (4) 变更实施过程出现错误,或安全事故,每项酌情扣 1 分,最多扣 10 分		

续表

序号	考核内容	考核要点	配分	评分标准	扣分	得分
3	变更后试验	(1) 按照局部改造后的试验程序进行试验； (2) 本题相关知识	10	考评员根据考核要点提出要求，考生进行回答或操作： (1) 未通过试验，扣5分； (2) 考评员现场提问，操作者口述，根据回答情况扣分，最多扣5分		
合计			45			

否定项：不能通过局部改造后试验程序

评分人：　　　年　　月　　日　　　　　　　　　　核分人：　　　年　　月　　日

试题3　诊断、排除重水堆燃料操作仪控系统中存在的短路故障

配分与评分标准：

序号	考核内容	考核要点	配分	评分标准	扣分	得分
1	工作准备	(1) 相关图纸、程序或文件的准备； (2) 回答需要准备哪些工器具材料	5	考评员根据考核要点提出要求，考生进行回答或操作： (1) 准备不到位，每项酌情扣1分，最多扣3分； (2) 回答错误，扣2分		
2	诊断、排除重水堆燃料操作仪控系统中存在的短路故障	(1) 根据故障现象提出清晰的检查步骤； (2) 工业安全防护措施是否有； (3) 正确找出系统中的短路点； (4) 回答故障点处理的方案； (5) 本题相关知识	20	考评员根据考核要点提出要求，考生进行回答或操作： (1) 不能合理提出方案，扣5分； (2) 未注意工业安全，扣3分； (3) 不能找出短路点，扣5分； (4) 处理方式不合理，扣3分； (5) 考评员现场提问，操作者口述，根据回答情况扣分，最多扣4分		
合计			25			

否定项：无

评分人：　　　年　　月　　日　　　　　　　　　　核分人：　　　年　　月　　日

试题 4 指导中、高级维修人员进行装卸料机管嘴安全锁仪控设备离线检修操作

配分与评分标准:

序号	考核内容	考核要点	配分	评分标准	扣分	得分
1	指导中、高级维修人员进行装卸料机管嘴安全锁离线检修操作	(1) 管嘴安全锁检修设定目的的指导; (2) 管嘴安全锁检修使用的计量器具清单的讲解; (3) 管嘴安全锁检修关键步骤识别的指导; (4) 管嘴安全锁检修过程风险控制的指导; (5) 指导管嘴安全锁设定过程的指导; (6) 防人因失误工具使用的指导; (7) 提出程序中的不足之处	5	考生指导检修人员操作,考评员根据考生的指导过程进行评分: (1) 指导过程错误或不完整,每项酌情扣 0.1 分,最多扣 0.5 分; (2) 指导过程错误或不完整,每项酌情扣 0.1 分,最多扣 0.5 分; (3) 指导过程错误或不完整,每项酌情扣 0.5 分,最多扣 1 分; (4) 指导过程错误或不完整,每项酌情扣 0.5 分,最多扣 1 分; (5) 指导者操作表达不清晰、逻辑关系紊乱,每项酌情扣 0.5 分,最多扣 1 分; (6) 指导者未提出使用防人因失误工具,每项酌情扣 0.1 分,最多扣 0.5 分; (7) 程序中的不足之处未提出,每项酌情扣 0.1 分,最多扣 0.5 分		
合计			5			

否定项:无

评分人: 年 月 日 核分人: 年 月 日

试题 5 组织装卸料机液压油系统 A 侧 2 号增压油泵指示灯偶尔闪烁故障处理

配分与评分标准:

序号	考核内容	考核要点	配分	评分标准	扣分	得分
1	组织装卸料机液压油系统 A 侧 2 号增压油泵指示灯偶尔闪烁故障处理	(1) 故障信息和跨专业知识收集; (2) 组织各专业组召开工作方案讨论会; (3) 负责跟踪问题处理过程; (4) 经验反馈; (5) 30 min 汇报制度	5	考生进行跨专业协同作业,考评员根据协同内容和效果进行评分: (1) 故障信息和跨专业知识未收集或收集信息不完整,每项酌情扣 0.5 分,最多扣 1 分; (2) 未组织召开工作方案讨论会,扣 1 分; (3) 未对问题处理过程跟踪,扣 1 分; (4) 未作经验反馈,扣 1 分; (5) 问题处理过程中出现的偏差,未遵守 30 min 汇报制度,扣 1 分		
合计			5			

否定项:无

评分人: 年 月 日 核分人: 年 月 日

参考文献

[1] 卢才华,王浩钧. 国家职业资格培训教程　核反应堆控制保护检修工(基础知识)[M]. 北京:中国原子能出版社,2014.

[2] 卢才华,王浩钧. 国家职业资格培训教程　核反应堆控制保护检修工(初级技能　中级技能　高级技能)[M]. 北京:中国原子能出版社,2014.

[3] 卢才华,王浩钧. 国家职业资格培训教程　核反应堆控制保护检修工(技师技能　高级技师技能)[M]. 北京:中国原子能出版社,2014.

[4] 陈春丽,黄萍儿. 国家职业标准　核反应堆控制保护检修工[M]. 北京:中国原子能出版社,2009.

专用于国家职业技能鉴定

国家职业技能鉴定考核指导

核反应堆控制保护检修工

（高级技师）

中核核电运行管理有限公司　组织编写

中国原子能出版社

图书在版编目(CIP)数据

核反应堆控制保护检修工:高级技师 / 中核核电运行管理有限公司组织编写. —北京:中国原子能出版社,2020.10

国家职业技能鉴定考核指导

ISBN 978-7-5221-0883-4

Ⅰ. ①核… Ⅱ. ①中… Ⅲ. ①反应堆-控制系统-检修-职业技能-鉴定-教材 Ⅳ. ①TL36

中国版本图书馆 CIP 数据核字(2020)第 180142 号

核反应堆控制保护检修工(高级技师)

出版发行 中国原子能出版社(北京市海淀区阜成路 43 号 100048)

责任编辑 白皎玮

装帧设计 赵 杰

责任校对 冯莲凤

责任印制 潘玉玲

印　　刷 北京九州迅驰传媒文化有限公司

经　　销 全国新华书店

开　　本 787 mm×1092 mm 1/16

印　　张 12.75

字　　数 319 千字

版　　次 2020 年 10 月第 1 版 2020 年 10 月第 1 次印刷

书　　号 ISBN 978-7-5221-0883-4 **定 价** **351.00 元(全套四册)**

网址:http://www.aep.com.cn **E-mail:atomep123@126.com**

发行电话:010-68452845

国家职业技能鉴定考核指导

核反应堆控制保护检修工
（高级技师）

编审委员会

（以姓氏笔画排名）

主　任	邹正宇			
副主任	朱晓斌	刘崇都	吴炳泉	董军成
委　员	王孔钊	王晓波	方幼君	卢才华
	叶丹萌	朱　磊	孙国忠	李厚文
	吴小海	吴明亮	邹俊磊	张世敏
	周瑞东	郑建华	费志松	徐宏明
	盛建华	韩光辉	蒲晓彬	樊鹏飞
主　编	楼贤根			
编　者	马一鸣	田　野	冯　薇	刘义初
	汪兆强	周　星	胡　劲	秘双虎
	彭　伟	廖明军	滕喜峰	
主　审	王浩钧			
审　者	于　龙	王中敬	方金土	朱　磊
	金　涛			

前　　言

为推动核反应堆控制保护检修工职业培训和职业技能鉴定工作的开展，在核反应堆控制保护检修工从业人员中推行国家职业资格证书制度，在国家人力资源和社会保障部的指导下，中国核工业集团公司职业技能鉴定指导中心在完成《国家职业标准——核反应堆控制保护检修工》和《职业培训计划 职业培训大纲——核反应堆控制保护检修工》编制工作的基础上，完成了《国家职业资格培训教程——核反应堆控制保护检修工》的编制工作，并完成了核反应堆控制保护检修工国家题库的开发。

为了规范指导和提高核反应堆控制保护检修工对岗位理论和操作技能要求的认识和理解，中国核工业集团公司职业技能鉴定指导中心组织实施《核反应堆控制保护检修工国家职业技能鉴定考核指导》（以下简称《考核指导》）的编写工作。《考核指导》依据核反应堆控制保护检修工国家职业标准和国家题库，主要介绍国家题库的命题思路，展现国家职业技能鉴定的考核形式和题型题量，帮助考生熟悉鉴定命题基本内容和考核要求，提高培训辅导、学员学习复习的针对性。

《考核指导》是针对核反应堆控制保护检修工职业活动的领域，内容涉及压水堆 30 万千瓦机组、M310 机组、重水堆机组核电站相关知识和技能。《考核指导》分为四册：《考核指导》（中级工）、《考核指导》（高级工）、《考核指导》（技师）、《考核指导》（高级技师）。每份《考核指导》分为两个部分编写：第一部分理论知识，按职业统一编写；第二部分操作技能，分四个模块（核反应堆保护系统维修、核反应堆控制系统维修、核反应堆中子测量系统维修、重水堆燃料操作系统仪控维修）进行编写。其中中级工由汪兆强统编、高级工由胡劲统编、技师由廖明军统编、高级技师由楼贤根统编。每份《考核指导》的第二部分操作技能分为四个模块编写，其中核反应堆保护系统维修由楼贤根负责编写，核反应堆控制系统维修由汪兆强负责编写，核反应堆中子测量系统维修由胡劲负责编写、重水堆燃料操作系统仪控维修由滕喜峰负责编写。

本书当中涉及规章制度、管理流程等内容的知识点，以最新生效的规章制度为准，本书内容仅作参考。

目　　录

第一部分　理论知识

第二部分　操作技能

第一部分　理论知识

第一章　考情观察

一、考核思路

根据《国家职业标准——核反应堆控制保护检修工》的要求，核反应堆控制保护检修工高级技师理论知识考核范围包括：职业道德的基本知识；专业基础知识，安全文明生产与环境保护，质量管理知识，相关法律、法规知识；核反应堆保护系统设计准则；核反应堆控制系统设计标准；核反应堆仪表、控制、保护系统知识；重水堆燃料操作系统设计手册；设备性能分析评价方法；核反应堆保护系统设计标准；最终安全分析报告技术规格书中对核反应堆控制系统的相关要求；核反应堆中子测量系统设计标准；重水堆燃料操作系统相关的系统知识、过程仪表、核测仪表知识；核反应堆保护系统电气系统二次接线图；核反应堆控制系统电气系统二次接线图；核反应堆中子测量系统设备维修记录；控制系统接线图；培训教学方法；质量分析与控制方法；质量保证大纲与质量手册；风险控制和风险管理；核应急管理相关知识。

考核深度要求掌握核反应堆保护系统维修模块的相关知识与技能；掌握核反应堆控制系统维修模块的相关知识与技能；掌握核反应堆中子测量系统维修模块的相关知识与技能；掌握重水堆燃料操作系统仪控维修模块的相关知识与技能。

二、组卷方式

核反应堆控制保护检修工（高级技师）理论知识国家题库采用计算机自动生成试卷，即计算机按照本职业高级技师《理论知识鉴定要素细目表》的结构特征，使用统一的组卷模型，从题库中随机抽取相应试题，组成试卷。有的地方还有地方特色题库，可以按规定比例和国家题库一起组卷。试卷组成后，应经专家审核，更换不适用的试题。

三、试卷结构

核反应堆控制保护检修工（高级技师）理论考试实行百分制，采用闭卷笔试方式，成绩达到 60 分及以上为合格。试卷结构以《国家职业标准——核反应堆控制保护检修工》和《中华人民共和国职业技能鉴定规范》为依据。

基本结构：理论知识考试满分为 100 分；题型有单项选择选题、多项选择题、简答题、计算/绘图题和论述/综合题;具体的题型、题量与分配方案见表 1-1;内容包括“职业道德”“基础知识”“维修准备”等多个部分,各部分所占鉴定比重和鉴定点配置情况见表 1-2。

表 1-1　理论知识试卷题型、题量与分配方案

<table>
<tr><th>题型</th><th>题量(分值)</th><th>分数</th></tr>
<tr><td>单项选择题</td><td>30 题(1 分/题)</td><td>30</td></tr>
<tr><td>多项选择题</td><td>15 题(2 分/题)</td><td>30</td></tr>
<tr><td>简答题</td><td>4 题(5 分/题)</td><td>20</td></tr>
<tr><td>计算/绘图题</td><td>1 题(10 分/题)</td><td>10</td></tr>
<tr><td>论述/综合题</td><td>1 题(10 分/题)</td><td>10</td></tr>
<tr><td>总分</td><td colspan="2">100 分(51 题)</td></tr>
</table>

表 1-2　理论知识各部分所占鉴定比重和鉴定点配置情况

<table>
<tr><th>鉴定范围(一级)</th><th>鉴定范围(二级)</th><th>鉴定范围(三级)</th><th>鉴定比重</th><th>鉴定点数量</th></tr>
<tr><td rowspan="5">基本要求</td><td>职业道德</td><td>职业道德的基本知识</td><td>5%</td><td>4</td></tr>
<tr><td rowspan="4">基础知识</td><td>专业基础知识</td><td>8%</td><td>31</td></tr>
<tr><td>安全文明生产与环境保护</td><td>3%</td><td>18</td></tr>
<tr><td>质量管理知识</td><td>2%</td><td>5</td></tr>
<tr><td>相关法律、法规知识</td><td>2%</td><td>17</td></tr>
<tr><td rowspan="11">相关知识</td><td rowspan="5">维修准备</td><td>核反应堆保护系统设计准则</td><td>3%</td><td>1</td></tr>
<tr><td>核反应堆控制系统设计标准</td><td>3%</td><td>2</td></tr>
<tr><td>核反应堆仪表、控制、保护系统知识</td><td>3%</td><td>3</td></tr>
<tr><td>重水堆燃料操作系统设计手册</td><td>3%</td><td>1</td></tr>
<tr><td>设备性能分析评价方法</td><td>3%</td><td>1</td></tr>
<tr><td rowspan="4">设备维修</td><td>核反应堆保护系统设计标准</td><td>7%</td><td>1</td></tr>
<tr><td>最终安全分析报告技术规格书中对核反应堆控制系统的相关要求</td><td>8%</td><td>2</td></tr>
<tr><td>核反应堆中子测量系统设计标准</td><td>7%</td><td>2</td></tr>
<tr><td>重水堆燃料操作系统相关的系统知识、过程仪表、核测仪表知识</td><td>8%</td><td>6</td></tr>
<tr><td rowspan="2">判断和排除故障</td><td>核反应堆保护系统电气系统二次接线图</td><td>6%</td><td>2</td></tr>
<tr><td>核反应堆控制系统电气系统二次接线图</td><td>6%</td><td>4</td></tr>
</table>

续表

鉴定范围(一级)	鉴定范围(二级)	鉴定范围(三级)	鉴定比重	鉴定点数量
相关知识	判断和排除故障	核反应堆中子测量系统设备维修记录	7%	4
		控制系统接线图	6%	1
	培训与指导	培训教学方法	5%	4
	管理	质量分析与控制方法	1%	2
		质量保证大纲与质量手册	1%	2
		风险控制和风险管理	1%	2
		核应急管理相关知识	2%	9
合计			100%	124

四、考核时间与要求

1. 考核时间。按照《国家职业标准——核反应堆控制保护检修工》的要求,本职业高级技师理论知识考试时间为 120 分钟。

2. 考核要求。核反应堆控制保护检修工(高级技师)理论知识考试采用标准化试卷,考生应根据试卷要求具体作答,考试实行百分制,采用闭卷笔试方式,成绩达到 60 分及以上为合格。

五、应试技巧及复习方法

考生要想取得理想的成绩,通过认真的学习和复习来掌握考试要求的知识是必要条件,但是掌握适当的应试技巧和复习方法也是必不可少的。下面介绍的应试技巧,如命题视角、答题要求和答题技巧等,考生在复习、考试时应高度重视。

1. 命题视角。在答题时首先要审题,判断该题所属的知识单元,判断题目考核哪一个知识点,回忆知识点,然后做出判断。

2. 答题要求。理论考试采取的是标准化、客观考题,即答案唯一,在回答时要按照试卷题型后的答题说明,把正确的答案填写在规定的地方,做到书写工整、清晰,切忌反复涂改,造成无法判断答案正确与否的情形。

3. 答题技巧。答题时应先易后难,对没有复习到的知识点、模棱两可的题目可以暂时放一放,在回答把握不准的题目时,可采取排除法、对比法、访问法等思考方式判断和确定正确的答案。

考生在考前要认真复习。系统掌握职业标准和本书所列出的鉴定范围,掌握鉴定点和考试内容。要注重理解,加强记忆,提高效率,按照命题的视角与答题要求,有针对性地掌握考试内容,安排好全面复习、重点复习和模拟训练三个阶段,进一步掌握好考核内容。

第二章　知识架构

根据《国家职业标准——核反应堆控制保护检修工》和核反应堆控制保护检修工(高级技师)《理论知识鉴定要素细目表》,从便于学习和掌握的角度出发,特将核反应堆控制保护检修工高级技师所应掌握的理论知识点划分为7个单元,根据各模块中各单元理论知识点搭建的知识架构如表 2-1 所示。

表 2-1　理论知识点搭建的知识架构

核反应堆控制保护检修工(高级技师)	职业道德	职业道德的基本知识
	基础知识	专业基础知识
		安全文明生产与环境保护
		质量管理知识
		相关法律、法规知识
	维修准备	核反应堆保护系统设计准则
		核反应堆控制系统设计标准
		核反应堆仪表、控制、保护系统知识
		重水堆燃料操作系统设计手册
		设备性能分析评价方法
	设备维修	核反应堆保护系统设计标准
		最终安全分析报告技术规格书中对核反应堆控制系统的相关要求
		核反应堆中子测量系统设计标准
		重水堆燃料操作系统相关的系统知识、过程仪表、核测仪表知识
	判断和排除故障	核反应堆保护系统电气系统二次接线图
		核反应堆控制系统电气系统二次接线图
		核反应堆中子测量系统设备维修记录
		控制系统接线图
	培训与指导	培训教学方法

续表

核反应堆控制保护检修工（高级技师）	管理	质量分析与控制方法
		质量保证大纲与质量手册
		风险控制和风险管理
		核应急管理相关知识

第三章　考核解析

第一单元　职业道德

一、学习目标

1. 掌握职业道德基础知识；
2. 掌握职业道德基本规范；
3. 掌握核反应堆控制保护检修工之职业守则；
4. 树立良好的职业道德观念。

二、考核要点

考核要点见表 3-1。

表 3-1　考核要点

考核类别	考核范围	考核点	重要程度
职业道德	职业道德的基本知识	职业道德的意义	Z
		职业道德的特点	X
		职业道德基本规范	X
		反应堆控制保护检修工职业守则	Y

注:X 表示核心要素、Y 表示一般要素、Z 表示辅助要素。后续同类表格也适用。

三、考点导航

职业道德的基本知识如下。

(1) 职业道德的意义

有利于推动社会主义物质文明和精神文明建设;有利于行业、企业建设和发展;有利于个人的提高和发展。

(2) 职业道德的特点

职业道德是社会主义道德体系的重要组成部分;职业道德的重要内容是树立全新的社会主义劳动态度。

(3) 职业道德基本规范

爱岗敬业,忠于职守;诚实守信,办事公道;服务群众,奉献社会;遵纪守法,廉洁奉公。

(4) 反应堆控制保护检修工职业守则

遵守国家法律、法规与政策和企业的有关规章制度；爱岗敬业，忠于职守，认真、自觉地履行各项职责；工作认真负责，严于律已，吃苦耐劳；刻苦钻研业务，重视岗位技能训练，认真学习专业知识，努力提高劳动者素质；谦虚谨慎，团结合作，主动配合工作；严格执行核设施清洁维护人员岗位规程，重视安全生产，保证产品质量；坚持文明生产，创造一个清洁、文明、适宜的工作环境，塑造良好的企业形象。

四、仿真训练

(一) 单项选择题(请将正确选项的代号填入题内的括号中)

1. 良好的职业道德创造良好的社会秩序，提高人们的思想境界，为树立社会良好的道德风尚奠定了坚实的基础，促进了(　　)。

(A) 经济建设　(B) 社会主义精神文明建设

(C) 基础建设　(D) 城市建设

2. 从业人员应该树立良好的职业道德，遵守职业守则，安心本职工作，勤奋钻研本职业务，才能提高自身的(　　)。

(A) 收入　(B) 职业能力和素质

(C) 地位　(D) 职务

3. 劳动既是为个人谋生，也是为社会服务，劳动的双重含义产生了全新的劳动态度，具有崇高的(　　)。

(A) 职业道德价值　(B) 重要意义

(C) 历史价值　(D) 社会意义

4. (　　)强调的是要求从业人员公私分明，不损害国家和集体的利益，不在自己的工作岗位上谋取私利。

(A) 廉洁奉公　(B) 遵纪守法　(C) 办事公道　(D) 爱岗敬业

5. (　　)是企业在市场经济中赖以生存的重要依据。

(A) 发展　(B) 信誉　(C) 利益　(D) 效益

6. 反应堆控制保护检修工职业道德是指从事反应堆控制保护检修职业的人员在完成与反应堆控制保护检修及有关的各项劳动过程中，从思想到工作行为所必须遵守的(　　)。

(A) 道德规范和行为准则　(B) 制度

(C) 法规　(D) 纪律

7. 工作中强化保守决策、经验反馈的应用，坚持(　　)的工作态度，谨慎的工作方法，清晰的交流沟通。

(A) 质疑　(B) 积极　(C) 革新　(D) 认真

(二) 多项选择题(请将正确选项的代号填入题内的括号中)

1. 职业道德的意义(　　)。

(A) 有利于推动社会主义物质文明和精神文明建设

(B) 有利于行业、企业建设和发展

(C) 有利于个人的提高和发展

(D) 有利于社会稳定

(E) 有利于社会和谐

2. 每个工作岗位、每一次职业行为,都包含着如何处理(　　)关系的问题,因此,职业道德是社会主义道德体系的重要组成部分。

(A) 个人与国家　(B) 个人与集体　(C) 国家与国家　(D) 集团与集体

(E) 其他

3. 办事公道是指在利益关系中正确处理好(　　)的利益关系。

(A) 国家　(B) 企业　(C) 职工个人　(D) 他人(消费者)

(E) 自己

4. 强化核安全文化学习,提升核职业素养包含(　　)。

(A) 充分认识核安全重要性　(B) 坚持核安全人人有责

(C) 遵守核安全标准　(D) 提升核职业素养和核专业能力

(E) 安全知识无需学习

(三) 简答题

1. 为什么职业道德是社会主义道德系统的重要组成部分?

2. 职业道德的基本规范有哪些?

(四) 综合题

1. 描述怎样强化核安全文化学习,提升核职业素养。

五、参考答案

(一) 单项选择题

1. B;2. B;3. A;4. A;5. B;6. A;7. A。

(二) 多项选择题

1. ABC;2. AB;3. ABCD;4. ABCD。

(三) 简答题

1. 答:由于每个人的职业与人民、国家、社会的利益密切相关;每个工作岗位、每一次职业行为,都包含着如何处理个人与国家、个人与集体关系的问题,因此,职业道德是社会主义道德体系的重要组成部分。

2. 答:(1) 爱岗敬业,忠于职守;(2) 诚实守信,办事公道;(3) 服务群众,奉献社会;(4) 遵纪守法,廉洁奉公。

(四) 综合题

1. 答:充分认识核安全重要性,坚持核安全人人有责,遵守核安全标准,提升核职业素养和核专业能力。工作中强化保守决策、经验反馈的应用,坚持质疑的工作态度,谨慎的工作方法,清晰的交流沟通。

第二单元 基础知识

一、学习目标

1. 掌握电子技术相关的基础知识,以便具备分析电子线路相关参数的基本能力;

2. 掌握控制方面的基础知识,以便具备分析系统控制原理的基本能力;

3. 掌握控制系统逻辑功能图和电子线路图的基本读图能力;

4. 掌握辐射防护基本知识、辐射防护的目的、要求和剂量限值,了解辐射危害及其防护、辐射工作场所的管理、放射性废物与放射源的管理;

5. 掌握电工基础知识(直流电路、交流电路、电气作业);

6. 掌握国家安全生产相关法律、法规的基本知识,掌握安全劳保用品的穿戴方法,了解高处作业、电气作业、起重作业、安全标志等工业安全方面相关管理要求,掌握基本的事故紧急救护、处理方法;

7. 了解原子核物理基础知识,核反应堆物理的原理知识,了解核反应堆运行的物理知识;

8. 掌握核反应堆仪控设备的基础知识;

9. 掌握核反应堆仪控设备常用工具的使用和维护;

10. 了解核安全文化的内涵以及核安全文化建设对核反应堆安全运行的重要意义;

11. 了解现场文明生产的重要性,培养良好的维修操作习惯;

12. 掌握安全技术相关知识,能够正确使用安全劳动保护用品;

13. 了解环境保护的重要意义,核电与环境保护的相关知识,“三废”排放管理制度;

14. 了解火灾的基本知识,相关的消防管理规定,掌握正确的防火、灭火方法;

15. 了解质量保证的重要性、质量保证制度等基础知识;

16. 了解质量控制的重要性、质量控制的规定等基础知识;

17. 了解《中华人民共和国劳动法》适用范围、立法的目的,以及具体包括的基本内容;

18. 了解《中华人民共和国安全生产法》适用范围、立法的目的,以及具体包括的基本内容;

19. 了解《中华人民共和国核安全法》适用范围、立法的目的,以及具体包括的基本内容;

20. 了解《中华人民共和国环境保护法》适用范围、立法的目的,以及具体包括的基本内容;

21. 了解《中华人民共和国放射性污染防治法》适用范围、立法的目的,以及相关内容;

22. 了解核安全相关法规的重要性、法规的体系构成。

二、考核要点

考核要点见表 3-2。

表 3-2 考核要点

考核类别	考核范围	考核点	重要程度
基础知识	专业基础知识	模拟电路基础知识	X
		数字电路基础知识	X
		控制理论基础概论	X
		控制系统逻辑功能图的读图方法	X
		辐射防护基础知识	X
		辐射防护的目的	X
		辐射防护的要求	X
		辐射防护的剂量限值	X
		辐射危害及防护	X
		辐射工作场所的管理	X
		放射性废物与放射源的管理	X
		高辐射风险作业的辐射防护	X
		直流电路	X
		交流电路	X
		电气作业注意事项	X
		安全管理的法规和标准	X
		工业安全知识	X
		职业健康安全管理知识	X
		现场急救	Y
		原子核物理基础	Y
		核反应堆物理基础	Y
		核反应堆运行的物理知识	X
		核反应堆仪控系统设备的作用	X
		过程仪表简介	X
		核测量仪表简介	X
		辐射测量仪表简介	Y
		化学分析仪表简介	Z
		主要控制系统简介	X

续表

考核类别	考核范围	考核点	重要程度
基础知识	专业基础知识	电厂计算机系统简介	X
		信号发生器的使用和维护	X
		记录仪的使用和维护	X
	安全文明生产与环境保护	核安全文化的背景	X
		核安全文化的起源	X
		核安全文化的定义	X
		核安全文化的特征	X
		核设施相关核安全文化的管理	X
		核安全文化的理解和应用	X
		良好职业素养要求	X
		物料放置管理要求	X
		安全意识培养	X
		现场清洁要求	Y
		安全管理简介	X
		使用安全知识和劳动保护用品	X
		环境保护的重要意义	Z
		“三废”排放管理制度	X
		火灾的基本知识	Y
		火灾的危害	X
		防火知识	X
		灭火知识	X
	质量管理知识	质量管理八项原则	Y
		质量保证的重要性	X
		质量保证要求	X
		质量控制的重要性	X
		质量控制的规定	X
	相关法律、法规知识	《中华人民共和国劳动法》适用范围	Y
		《中华人民共和国劳动法》立法目的	X

续表

考核类别	考核范围	考核点	重要程度
基础知识	相关法律、法规知识	《中华人民共和国劳动法》基本内容	X
		《中华人民共和国安全生产法》适用范围	Y
		《中华人民共和国安全生产法》立法目的	X
		《中华人民共和国安全生产法》基本内容	X
		《中华人民共和国核安全法》适用范围	Y
		《中华人民共和国核安全法》立法目的	X
		《中华人民共和国核安全法》基本内容	X
		《中华人民共和国环境保护法》适用范围	Y
		《中华人民共和国环境保护法》立法目的	X
		《中华人民共和国环境保护法》基本内容	X
		《中华人民共和国放射性污染防治法》适用范围	X
		《中华人民共和国放射性污染防治法》立法目的	Y
		《中华人民共和国放射性污染防治法》基本内容	Z
		核安全相关法规的重要性	X
		核安全相关法规的体系构成	X

三、考点导航

1. 专业基础知识

(1) 模拟电路基础知识

模拟电路基础知识主要包含半导体器件基础、基本放大电路、负反馈放大电路基础知识。其中半导体器件基础主要介绍了半导体的导电特性、晶体二极管、晶体三极管;基本放大电路主要介绍了基本放大电路的组成、直流通路与静态工作点、交流通路与放大原理;负反馈放大电路基础知识主要介绍了反馈的基本概念、反馈的极性、反馈放大电路的方框图及一般表达式。

(2) 数字电路基础知识

数字信号是时间上和数值上均离散的一种信号,对该种信号进行传递、处理、运算和存储的电路称为数字电路。这里的运算不仅有普通的算术运算而且有逻辑运算。数字电路的基础知识主要包括:数制、编码以及逻辑代数。

数制是人们对数量计算的一种统计规律。在日常生活中,我们最熟悉的是十进制,而在数字系统中广泛使用的是二进制、八进制和十六进制;用二进制数码表示十进制数或其他特殊信息,如字母、符号等的过程称为编码;逻辑代数是研究因果关系的一种代数,逻辑函数只有三种基本运算,它们是与运算、或运算和非运算。能实现逻辑运算的电路称为门电路,用基本的门电路可以构成复杂的逻辑电路,完成任何逻辑运算功能,这些逻辑电路是构成计算机及其他数字系统的重要基础。

(3) 控制理论基础概论

自动控制是研究各类控制系统共性的一门基础科学。控制系统的种类繁多,复杂程度亦各异。但就控制系统的外部结构而言,它们的共同特点是:若把系统视为一个整体,则它们都有输入量和输出量。输入量是外界对系统作用的信号;输出量是系统向外界传送的信号,它们通常也是系统的被控量(或被调量)。所谓自动控制,是指在没有人的直接参与下,利用控制装置使受控对象的被控量自动地按预先规定的规律变化。就基本的控制方式而言,主要有三种类型:开环控制系统、闭环控制系统和复合控制系统。

(4) 控制系统逻辑功能图的读图方法

控制系统逻辑功能图是表示理论的或者理想的逻辑功能电路而不涉及实现方法的一种图,其用途是提供绘制逻辑功能电路图或其他有关图纸的依据。控制系统逻辑功能图有很多种形式,主要有系统方框图、逻辑图等。

(5) 辐射防护基础知识

辐射防护基础知识主要内容包含:原子、原子核和放射性,辐射的种类与特性,电离辐射的生物效应,辐射量和单位。

(6) 辐射防护的目的

辐射防护的目的在于使人类受其照射的必要活动建立和维持适当的安全条件,避免发生非随机效应,并使随机效应的发生率减至实际可能的最低水平。

(7) 辐射防护的要求

核电厂在生产营运过程中涉及辐射防护问题,必须遵循以下要求:实践的正当性、剂量限制、防护与安全的最优化。

(8) 辐射防护的剂量限值

辐射防护剂量限值是受控实践使个人所受到的有效剂量或当量剂量不得超过的值。辐射防护剂量限值体系一般分为:基本限值、次级限值、导出限值、管理限值和参考水平五个级别。

(9) 辐射危害及防护

辐射危害及防护主要分为内照射危害及防护、外照射危害及防护、表面污染的概念及其防护。

(10) 辐射工作场所的管理

辐射工作场所的管理主要包括厂区分区管理、人员出入控制管理、辐射控制区物品进出管理。

(11) 放射性废物与放射源的管理

放射性废物的管理主要包括废物的收集、转移、减容、贮存等活动。放射性废物管理的目标:采取一切可行的措施管理放射性废物,确保人类健康及环境不论现在或将来都得到足够的保护,并不给后代增加不适当的负担。放射性废物管理的要求:采取有效的控制措施,确保放射性废物及其管理活动所应引起的对工作人员和公众的辐射照射不超过国家有关法规和标准的规定,并保持在可合理达到的尽量低的水平。

核电站的放射源是指用于测量、仪表标定等人工制造的具有放射性的物质。它的来源不是本电站的反应堆,而是外部带入或购买的。对放射源的订购、入库、保管、使用、报废等全过程必须进行严格的管理,避免发生意外照射和放射源丢失事故。

(12) 高辐射风险作业的辐射防护

高辐射风险作业的辐射防护主要分为外照射的防护和内照射的防护。

(13) 直流电路

直流电路主要介绍了电路的基本物理量、电路的连接、电路的几种状态、欧姆定律。

(14) 交流电路

交流电路主要介绍了交流电概述、描述简谐交流电的特征量、交流电路中的组件。

(15) 电气作业注意事项

倒闸操作是电气运行人员的重要工作。为了确保操作过程的安全,在倒闸操作过程中必须严格遵守运行规程和安全规程,特别是一些易被忽视的细节更要注意。

(16) 安全管理的法规和标准

安全生产是我国的一项重要政策,也是企业管理的一项基本原则。安全生产法规包括两类法律关系:一类是公民和单位之间关于保护公民人身安全和生产安全的法律关系;一类是有关国家或社会团体与公民或单位之间因监督、检查安全生产的法规执行情况而发生的法律关系。安全生产立法除制定法律和行政法规、条例外,还必须制定与这些法律、法规、条例相适应的技术法规和标准。安全生产的国家法律、行政法规是技术法规和技术标准的依据,技术法规和标准是实现国家法律和行政法规的具体保证。

(17) 工业安全知识

工业安全知识主要内容包括电气安全、使用危险品、核设施的安全风险。其中电气安全主要介绍了电流对人体的作用、电气事故、安全用电基本要素、检修作业安全距离、操作安全距离、用电安全措施;使用危险品主要介绍了危险品的定义、危险品的分类、使用危险品的风险;核设施的安全风险主要介绍了核设施常用的危险品、核设施常见的作业安全。

(18) 职业健康安全管理知识

职业健康安全管理知识主要内容包括职业健康安全基本知识、职业健康安全管理要求、核设施职业健康安全管理主要方式。

(19) 现场急救

现场急救主要介绍了现场急救的定义、进行现场急救的必要性、事故现场的处理(包括事故现场的急救步骤和正确拨打应急电话)、常用急救术。

(20) 原子核物理基础

原子核物理基础主要内容包括原子结构、核素与同位素。

(21) 核反应堆物理基础

核反应堆物理基础主要内容包括核能的释放、核反应。

(22) 核反应堆运行的物理知识

核反应堆运行的物理知识主要内容包括反应堆周期与启动率、控制棒或硼浓度改变与计数率关系、临界前系统和设备的必要条件。

(23) 核反应堆仪控系统设备的作用

核反应堆仪控系统主要包括:一回路控制和仪表、二回路仪表和控制、辐射防护和火灾报警系统、棒控棒位系统、反应堆功率调节系统、反应堆保护系统、堆内外核测系统、信号报警系统、电站计算机系统、DEH 及其他系统。核电站的所有热工相关的变量和相关的过程控制都是由一、二回路的过程仪表来完成相关的测量和控制，由堆内外核测系统和棒控棒位及功率调节系统完成对反应堆功率的测量和控制，由反应堆保护系统、专设安全设施系统、ATWS(Anticipated Transient without Scram，未能紧急停堆的预期瞬态)系统等维持反应堆的安全，电站计算机系统实现整个核电站的信息化显示和管理，汽轮机的转速和功率控制是由 DEH(Digital Electro-Hydraulic Control System)系统完成的。

(24) 过程仪表简介

一回路仪表能对反应堆主辅各系统的热工参数进行测量并实现稳压器压力控制、稳压器液位控制、反应堆补给水控制、化学与容积控制、下泄背压控制、下泄流温度控制、辅助给水流量调节、硼回收及蒸发器“三废”控制等。

二回路仪表能对主蒸汽系统、主给水系统、凝结水系统、疏水系统、抽汽系统、发电机水冷系统、润滑油及闭式工业水系统等热工参数进行测量和控制，并实现蒸汽发生器水位调节、汽轮机本体监测等。

(25) 核测量仪表简介

核测量系统分为堆芯核测系统和堆外核测系统。堆芯核测系统由堆芯核仪表系统和堆芯温度仪表系统组成；堆外核测仪表系统用于监测反应堆的中子注量率。

(26) 辐射测量仪表简介

辐射监测系统用于监测安全壳内空气、主回路压力边界的泄漏、辅助厂房通风空气中碘浓度、乏燃料池排气、一回路的高放无氧废气、辅助系统的低放有氧废气、烟囱排放气体、冷凝器排气、除氧器排气、燃料组件包壳总破损、蒸汽发生器排污水、设备冷却水(简称设冷水)、蒸汽发生器取样水、凝结水、废树脂暂存间、一回路循环水硼浓度、主控室进风、T2 排放水、T3 排放水、区域 r 辐射、化容和硼回系统树脂床、主蒸汽管道 ^{16}N、堆顶气溶胶等的放射性水平进行测量和相关的联锁控制。

(27) 化学分析仪表简介

在线分析仪表主要分布在水处理系统和水汽循环系统中。水处理系统中的仪表主要有 pH 表、Na 表、Si(硅)表、电导率表等。水汽循环系统主要有 pH 表、Si 表、电导率表、溶氧表等。

(28) 主要控制系统简介

反应堆控制系统主要包括棒控棒位系统、功率调节系统等，通过对控制棒的提升或下插实现反应性及核功率控制，棒位系统能及时正确的指示控制棒在堆芯中的位置，功率调节系统接收汽机功率信号，并依此对反应堆的功率进行调节。

反应堆保护系统直接关系到核电厂的安全性和可用性，是确保核电厂安全运行的安全系统。反应堆保护系统的功用，是在大多数情况下，通过停堆和汽轮机停机(采用校正措施后使电厂恢复运行)来限制一般事故(例如给水流量丧失)的后果。

DEH 控制系统主要实现两大功能，汽轮机组的转速控制和负荷控制。

(29) 电厂计算机系统简介

电厂计算机系统对电站一回路、二回路的主要参数、设备及阀门的状态进行采集，并对采集的数据进行处理和计算，然后通过 CRT 或打印机将处理和计算得到的结果进行显示和打印。

(30) 信号发生器的使用和维护

信号发生器是一种能产生标准信号的电子仪器。信号发生器种类较多,性能各有差异,但它们都可以产生不同频率的正弦波、调幅波、调频波信号,以及各种频率的方波、三角波、锯齿波和正负脉冲波信号等。信号发生器在电子测量中,应用可以分成三种基本类型:检验、检定和极限/余量测试。

信号发生器在广义上分成混合信号发生器(任意波形发生器和任意/函数发生器)和逻辑信号源(脉冲或码型发生器),满足了全系列信号生成需求。

示波器的使用和维护主要介绍了示波器的组成、示波器使用方法、使用注意事项。

(31) 记录仪的使用和维护

记录仪作为一种信号存储跟踪的常用仪控设备被广泛应用于设备状态跟踪、故障缺陷分析等方面。记录仪根据打印种类可分为纸质记录仪和数字记录仪。

2. 安全文明生产与环境保护

(1) 核安全文化的背景

目前,全世界所消耗的能源主要来自石油、煤、天然气等化石燃料的使用,但地球上的化石燃料是有限的,同时造成了酸雨、温室效应、臭氧层破坏等一系列严重的环境问题,由此,人类正面临着能源的需求及其所引发的各种问题的巨大挑战。随着经济的发展,电力工业的发展依然成为制约经济发展的重要瓶颈之一,发展核电,是一种现实的、非常经济的选择。2005 年,中国政府制订了“积极发展核电”的战略方针,作为应对解决日益增长的电力需求与环境保护之间矛盾的重要手段之一,核电呈现出发展较快的形态,核安全的问题相应也就成了重中之重,必须引起所有相关从业人员的高度重视,必须建立、学习、领会和实践核安全文化。

(2) 核安全文化的起源

核安全思想的发展大致可以分为如下三个阶段:20 世纪 70 年代,这 10 年核安全思想集中在技术上的可靠性,设备与程序的质量,即优先考虑的是初始设计工作;80 年代,这 10 年以人为失误为主要对象,寻找通过组织管理减少人为失误,增加作为程序的用户的可靠性的方法;90 年代,这 10 年将集中于核安全文化的发展,以使核安全水平得到改善。核电历史上的两大事故对核安全思想的发展有着重大的影响,即:1979 年 3 月 28 日发生在美国的三哩岛事故;1986 年 4 月 28 日发生在乌克兰的切尔诺贝利事故。

(3) 核安全文化的定义

核安全文化是存在于单位和个人中的种种特性和态度的总和,它建立一种超出一切之上的观念,即核设施安全问题由于它的重要性要保证得到应有的重视。

(4) 核安全文化的特征

核安全文化是所有从事与核安全相关工作的人员参与的结果,它包括核设施员工,核设施管理人员及政府决策层。与核安全相比,核安全文化是一种意识形态。核安全文化作用于或表现在核设施领导阶层和国家政策方面、个体的行为两个领域。

(5) 核设施相关核安全文化的管理

决策层的责任首先是发布相应的核安全政策,从而阐明核安全文化所应包含的任务和目标。决策层的责任同样也通过实施质量政策而表现出来。质量控制与质量保证过程的目的是在核安全要求的遵守方面获得充分的信心。核设施管理层有着其相应的职责。

（6）核安全文化的理解和应用

核设施的每个员工通过其本身的责任、对核安全的主动性、严谨的工作态度以及他本身的专业能力，对核设施运行安全起着非常重要的作用。每个员工均在其日常工作中对核安全发挥其影响。

纵深防御原理以及质量控制基本原则，均体现着核安全文化的直接作用。核设施采用了纵深防御的原理，这一防御原理不仅仅只适用于核设施的设计，同时也适用于核设施的运行、维修活动，尤其是某些非常规的机组状态以及突发性的维修活动等，工作的质量与质量控制都属纵深防御的范畴，所有运行和维修活动也属于纵深防御的范畴，员工对于这些活动的思考和实施都显现出核安全文化的具体影响。

（7）良好职业素养要求

具备良好的职业素养要求工作人员有责任心，采用保守的工作方法，工作中实行自我检查，并依照文明行为标准规范自己的行为。

（8）物料放置管理要求

现场物料应放置整齐、管理有序。做好物料出入管理，物品从非控制区搬入控制区前，事先办理登记和批准手续，同时要注意降低放射性废物产生量和避免污染扩散或转移，物品搬出控制区时必须在出口处进行检查，经检查符合搬出标准时方可搬出，防止放射性物质带出控制或监督管理区。现场物料还要做好防异物管理。

（9）安全意识培养

工作人员应该知道安全是压倒一切的，每个人都有权利、责任和义务去维护安全。在所有的安全中，人员的安全是最重要的。工作人员对会影响到核安全的所有活动能够采取保守的态度和方法，维持核设施的纵深防御。工作人员通过运用辐射防护方法和遵守辐射防护程序，使辐射剂量维持在合理可行尽可能低的水平，同时尽量减少污染的扩散。无论任何时候，只要系统或设备一经打开，都应采取措施防止灰尘、溶剂、工具、焊渣、切屑等杂物进入到系统设备中，使用覆盖物和围栏等保护用具，对进出系统的工具、材料和人员要有程序来控制，防止异物进入系统设备。工作中可能会产生各种对环境有害的物质，应对这些废物进行控制，以减少对环境的危害。为了高效和有序地进行交接班，当班工作人员在交班前规定时间内开始准备整理交班内容，具体详细内容记录在相应文件内。工作人员应养成良好安全行为习惯。

（10）现场清洁要求

随时整理清扫工位现场，做好自己所在工作区和所用工具、设备及其他用品的保洁工作。生产过程中保持洁净的工作环境，不随手随地乱丢工作垃圾。不随意乱摆放物品，严格要求自己养成良好习惯。工作区域应该保持干净、整洁、有序。工作完成后，要将工作场所打扫干净，产生的废物要放到指定的废物存放地点。

（11）安全管理简介

核设施的安全管理是为实现生产过程中的人员和财产的安全而组织和使用人力、物力、财力等各种资源的过程。安全管理是在一定条件下，用科学的仪器和手段，通过经验的积累和分析，可以找出发生事故的近似的规律，即从外部和表面的联系，找到内部的决定性的主要关系。一个企业必须要贯彻、执行国家的安全生产的有关法律、法规,还必须根据本企业的性质、工艺、特点制定自己的安全管理制度,并认真执行。

由于危害及风险的客观存在以及事故的偶然性,要完全预防事故是不可能的,但大部分不安全现象和不安全行为是可以预防的。就预防方法而言,分为事后追查型预防方法和事前预测型预防方法。预防事故必须采取措施,从根本上解决安全工作中存在的问题。

(12) 使用安全知识和劳动保护用品

精神状态对安全有着重大的影响,采取措施保持良好精神状态很重要。

劳动保护用品是保护劳动者在劳动过程中的安全与健康的一种防御性装备。劳动防护用品又称劳动保护用品,一般指个人防护用品,国际上统称个人防护装备。个人防护用品是指能够保护个人,防止伤害,限制事故后果的个人穿戴的所有衣物或器具。个人劳动保护是在所有集体保护措施之后,防范措施的最后屏障,是保证个人安全的最后手段。个人防护设备包括头部的保护、听觉保护、眼部及面部保护、呼吸保护、手和脚的保护、身体的保护、高空作业的保护等。

安全规章制度来源于前人的经验总结,违章犯纪就是走发生事故的危险道路。遵守安全规章制度不能由个人的好恶而取舍,而必须人人遵守,强制执行。规章制度的执行是相对稳定的,但在企业的生产发展过程中,规章制度需要不断补充和完善。

(13) 环境保护的重要意义

核电生产和其他能源一样,也存在环境问题,除热污染、占用土地、普通污染物的排放等问题外,放射性流出物排放对环境可能造成的影响是公众最为关注的问题。具体来说,它包括核设施在正常运行和事故情况下放射性核素的排放以及放射性废物最终处置的潜在环境污染问题。核工业与其他工业最大的不同点在于它从创建开始就十分重视核安全和环境问题。核设施从设计、建造到运行每一环节都制订了严格的控制标准,力求将危害降低至可合理达到的尽可能低的水平,并由各级核安全及辐射环境管理审管机构实行监督。

(14)“三废”排放管理制度

核设施流出物排放相关的系统包括放射性废气排放系统、放射性废液排放系统、放射性固体废物处理系统、非放射性排放系统。不同形态的流出物有不同的辐射影响和对应的监测要求。《核动力厂环境辐射防护规定》(GB 6249—2011) 中规定了在正常运行工况下的剂量限值和排放量控制值要求,为了落实国家环保部门批准排放值的实现,核设施必须建立环境保护管理目标和相应排放管理流程,通过性能指标管理核设施环境保护工作,确保了核设施环境保护及“三废”减排工作的有效性。

(15) 火灾的基本知识

燃烧的基本知识主要包括燃烧的定义、燃烧的种类、燃烧的形式、燃烧的必要条件。“火灾”是指在时间和空间上失去控制的燃烧所造成的灾害。防火的主要措施就是:控制可燃物、隔绝助燃物、消除着火源。火灾等级分为特别重大火灾、重大火灾、较大火灾和一般火灾四个等级。

(16) 火灾的危害

火灾的危害主要有以下几个方面:毁坏物质财富、残害人类生命、破坏生态平衡、造成的间接经济损失、造成不良的社会影响。

(17) 防火知识

核设施主要的火灾危害在于各厂房设施中，防火主要以厂房防火为主。防火屏障包括防火门、电缆贯穿口、穿墙管道、墙体孔洞、贯穿区，防火屏障保持完整有效是防止火势蔓延扩大的有效屏障和措施，若检修或施工改造工作需要打开防火屏障的，必须办理防火屏障打开许可证。为降低发生火灾时的影响，消防设施需要得到有效管理。

(18) 灭火知识

灭火的基本方法包括冷却灭火法、隔离灭火法、窒息灭火法、抑制灭火法。灭火的基本原则：先控制后灭火、救人重于灭火、先重点后一般。

根据核设施的消防设计，专设了消防水系统、固定式灭火系统和移动式灭火器等灭火手段，为在灭火时有效使用这些手段，必须先掌握和熟悉有关系统和设备、器材的结构和操作要点。

灭火器喷射的时间很短，适用扑救初起火灾。平时要把灭火器放在使用方便的地方。使用时把灭火器拿到离着火点尽可能近的地方再启动，防止迟缓动作和过早启动，影响灭火效果。

灭火剂主要有水、泡沫、二氧化碳、干粉、卤代烷。其中二氧化碳和干粉两种灭火剂较为常用。

3. 质量管理知识

(1) 质量管理八项原则

质量管理八项原则：以顾客为关注焦点；领导作用；全员参与；过程方法；管理的系统方法；持续改进；基于事实的决策方法；与供方互利的关系。

(2) 质量保证的重要性

主要内容包括质量的重要性、质量管理的重要性、质量保证的重要性。

(3) 质量保证要求

与核电厂大修质量保证/质量控制直接相关的法规是《核电厂质量保证安全规定》(HAF003)，由国务院有关部门——国家核安全局根据法律和国务院行政法规在本部门权限范围内制定并发布，是具有法律约束力的文件。该法规共分 13 章：引言、质量保证大纲、组织、文件控制、设计控制、采购控制、物项控制、工艺过程的控制、检查和试验控制、对不符合项的控制、纠正措施、记录、监查。

质量保证大纲必须对所有影响质量的活动提出要求及控制措施，包括验证需要验证的每一活动是否已正确地进行，是否采取了必要的纠正措施或预防措施，因而具有减少、消除、预防不符合机制，还具有持续改进质量的功能。

核电厂涉及的物项数量巨大，但并非所有物项对核电厂的安全和可靠运行具有同等的重要性。所以，应当根据各种物项对安全和运行所具有的不同重要性，将其分为不同的安全等级。然后按物项所属的安全等级来制订该物项设计、制造、检查等各种活动应遵守的各项规则。

(4) 质量控制的重要性

质量控制的工作内容包括了作业技术和活动，即包括专业技术和管理技术两方面。控制质量就是制订以及达到预定质量要求的过程。质量控制的重要性体现在对企业的意义就是质量控制是实现质量保证的基础和消除不满意结果的原因,取得经济效益,对员工的意义就是员工的技能是质量控制的重要内容和员工是实现质量控制的重要因素。

(5) 质量控制的规定

核电厂对所维修设备的系统状态和环境有严格的要求,其中包括:设备系统隔离要求、辐射防护和工业安全要求;每项维修活动都必须按相应的维修规程进行;采用“维修质量计划”来控制维修活动的方法;使用“缺陷报告”“设备(质量) 缺陷报告”和“不符合项报告”记录、评审与处理设备的异常和缺陷;填写记录和编制维修报告。

质量计划的质量控制点为维修和变更改造活动中要求由独立的验证人员进行验证维修和施工工作质量的工序点,质量控制点分停工待检点(H 点)、见证点(W 点)和审查点(R 点)三类,其中 H 点的级别最高,R 点的级别最低。

维修质量控制是一个保证维修后的设备能按设计意图和假设保持其可靠性和有效性的过程。

4. 相关法律、法规知识

(1)《中华人民共和国劳动法》适用范围

在中华人民共和国境内的企业、个体经济组织和与之形成劳动关系的劳动者适用劳动法;国家机关、事业组织、社会团体实行劳动制度的以及按规定应实行劳动合同制度的工勤人员;其他通过劳动合同与国家机关、事业组织、社会团体建立劳动关系的劳动者,适用劳动法;实行企业化管理的事业组织的人员适用劳动法。

(2)《中华人民共和国劳动法》立法目的

为了保护劳动者的合法权益,调整劳动关系,建立和维护适应社会主义市场经济的劳动制度,促进经济发展和社会进步,制定《中华人民共和国劳动法》。

(3)《中华人民共和国劳动法》基本内容

《中华人民共和国劳动法》有以下基本内容:劳动法的适用范围;劳动者的基本权利和义务;促进劳动就业;劳动合同以及集体合同制度;工资;劳动安全卫生;对特殊劳动群体(女工和未成年工等)的特殊保护;职业培训;社会保险和福利;劳动争议、监督检查;违反劳动法应承担的法律责任。

(4)《中华人民共和国安全生产法》适用范围

《中华人民共和国安全生产法》是专门调整涉及安全生产的相关关系的法律,因此,其适用的范围只限定在生产经营领域。

适用的主体范围,包括一切从事生产经营活动的国有企业事业单位、集体所有制的企业事业单位、股份制企业、中外合资经营企业、中外合作经营企业、外资企业、合伙企业、个人独资企业等,不论其经济性质如何、规模大小,只要从事生产经营活动的,都应遵守本法的各项规定,违反本法规定的行为将受到法律的追究。

当然,按照依法治国、依法行政的要求,各级人民政府及政府有关部门对安全生产的监督管理,也必须遵守本法规定。

有关法律、行政法规对消防安全和道路交通安全、铁路交通安全、水上交通安全和民用航空安全另有规定的,分别适用有关法律、行政法规的规定。

(5)《中华人民共和国安全生产法》立法目的

为了加强安全生产监督管理，防止和减少生产安全事故，保障人民群众生命和财产安全，促进经济发展，制定《中华人民共和国安全生产法》。

(6)《中华人民共和国安全生产法》基本内容

政府的职权：各级政府应当加强对安全生产工作的领导；各级政府应当支持、督促各有关部门依法履行安全生产监督管理职责；县级以上政府对安全生产监督管理中存在的重大问题，应当及时予以协调、解决。

生产经营单位的义务：生产经营单位必须遵守安全生产法和其他有关安全生产的法律、法规；生产经营单位必须加强安全生产管理；生产经营单位必须建立、健全安全产生责任制度；生产经营单位必须完善安全生产条件。

生产经营单位的从业人员有依法获得安全生产保障的权利。从业人员享有的安全生产保障权利主要包括：有关安全生产的知情权；有获得符合国家标准的劳动防护用品的权利；有对安全生产问题提出批评、建议的权利；有对违章指挥的拒绝权；有采取紧急避险措施的权利；在发生生产安全事故后，有获得及时抢救和医疗救治并获得工伤保险赔付的权利等。

从业人员在享有获得安全生产保障权利的同时，也负有以自己的行为保证安全生产的义务，主要包括：在作业过程中必须遵守本单位的安全生产规章制度和操作规程，服从管理，不得违章作业；接受安全生产教育和培训，掌握本职工作所需要的安全生产知识；发现事故隐患应当及时向本单位安全生产管理人员或主要负责人报告；正确使用和佩戴劳动防护用品。

(7)《中华人民共和国核安全法》适用范围

《中华人民共和国核安全法》第二条指出了这一法律的适用范围："在中华人民共和国领域及管辖的其他海域内，对核设施、核材料及相关放射性废物采取充分的预防、保护、缓解和监管等安全措施，防止由于技术原因、人为原因或者自然灾害造成核事故，最大限度减轻核事故情况下的放射性后果的活动，适用本法。"

(8)《中华人民共和国核安全法》立法目的

为了保障核安全，预防与应对核事故，安全利用核能，保护公众和从业人员的安全与健康，保护生态环境，促进经济社会可持续发展，制定《中华人民共和国核安全法》。

(9)《中华人民共和国核安全法》基本内容

《中华人民共和国核安全法》基本内容包括核设施安全，核材料和放射性废物安全，核事故应急，信息公开和公众参与，监督检查，法律责任以及附则等内容。

(10)《中华人民共和国环境保护法》适用范围

《中华人民共和国环境保护法》适用于中华人民共和国领域和中华人民共和国管辖的其他海域。"中华人民共和国领域"包括我国的领陆、领水及领空。"中华人民共和国管辖的其他海域"是指我国管辖的领海以外的，依国际法仍享有管辖权的海域，如大陆架、专属经济区、毗连区等。

(11)《中华人民共和国环境保护法》立法目的

为了保护和改善生活环境与生态环境，防治污染和其他公害，保障人体健康，促进社会主义现代化建设的发展，制定《中华人民共和国环境保护法》。

(12)《中华人民共和国环境保护法》基本内容

《中华人民共和国环境保护法》确立了“预防为主,防治结合,综合治理”的原则。《中华人民共和国环境保护法》规定,环境保护的任务主要有两个方面:一是“防”,即防止和减少新环境污染和环境破坏;二是“治”,即治理和控制已经产生的环境污染和环境破坏。环境保护的手段主要有经济手段、行政手段、法律手段、宣传教育手段、科学技术手段、行政管理手段、工程手段等。

(13)《中华人民共和国放射性污染防治法》适用范围

《中华人民共和国放射性污染防治法》适用于中华人民共和国领域和管辖的其他海域在核设施选址、建造、运行、退役和核技术、铀(钍)矿、伴生放射性矿开发利用过程中发生的放射性污染的防治活动。

(14)《中华人民共和国放射性污染防治法》立法目的

为了防治放射性污染,保护环境,保障人体健康,促进核能、核技术的开发与和平利用,制定《中华人民共和国放射性污染防治法》。

(15)《中华人民共和国放射性污染防治法》基本内容

《中华人民共和国放射性污染防治法》的基本内容包括放射性污染防治的监督管理,核设施的放射性污染防治,核技术利用的放射性污染防治,铀(钍)矿和伴生放射性矿开发利用的放射性污染防治,放射性废物管理,法律责任以及附则等内容。

(16) 核安全相关法规的重要性

核安全相关的法律法规是政府安全监管部门依法行政的基础,是设计、建造、运行核设施的依据。法规规范了核设施营运单位、设计和建造单位,以及设备制造单位的行为准则,明确了设计标准和核安全目标,规定了核设施选址、设计、制造、土建、安装、调试、运行和定期试验及维修等的要求,这些要求纳入相关的安全许可证制度当中,对核设施的安全运行、保护工作人员和公众不会遭受过量放射性危害、保护环境等起到了重要作用。

(17) 核安全相关法规的体系构成

我国的核安全法律法规体系除了纵向的法律法规直至技术文件的各层次文件,横向由通用系列、核动力系列、研究堆系列、核燃料循环设施系列、放射性废物管理系列、核材料管制系列、民用核安全设备系列、放射性物质运输系列、核技术应用系列等多系列组成的核与辐射安全法规体系。核安全部门编制的部门规章主要分强制性和指导性两大类。

四、仿真训练

(一) 单项选择题(请将正确选项的代号填入题内的括号中)

1. 二极管的主要特性是( )。

(A) 导电 (B) 单向导电 (C) 双向导电 (D) 不导电

2. 数字信号是时间上和数值上均离散的一种信号,对该信号进行传递、处理、运算和( )的电路称为数字电路。

(A) 导电 (B) 存储 (C) 改变 (D) 反馈

3. 所谓自动控制,是指在没有人的直接参与下,利用( )使受控对象的被控量自动地按预先规定的规律变化。

(A) 开关 (B) 导线 (C) 控制装置 (D) 电脑

4. 开环控制的特点是:控制装置与受控对象之间只有(　　),而无反向联系。
(A) 顺向联系　(B) 逆向联系　(C) 双向联系　(D) 循环联系
5. 通常把输出量反送回输入端称为(　　)。
(A) 扰动　(B) 反馈　(C) 反应　(D) 回馈
6. 控制系统逻辑功能图有很多种,主要有系统方框图、(　　)等。
(A) 逻辑图　(B) 流程图　(C) 平面图　(D) 梯形图
7. 世界上任何物质都是由(　　)组成的。
(A) 原子　(B) 质子　(C) 电子　(D) 中子
8. 辐射防护的目的在于使人类受其照射的必要活动建立和维持适当的安全条件,避免发生非随机效应,并使随机效应的发生率减至实际可能的(　　)水平。
(A) 正常　(B) 一般　(C) 大概　(D) 最低
9. 剂量限值是受控实践使个人所受到的有效剂量或当量剂量不得(　　)的值。
(A) 接近　(B) 超过　(C) 低于　(D) 少于
10. (　　)是指未被确定为控制区、通常必须要采取专门防护手段和安全措施但要不断检查其职业照射条件的任何区域。
(A) 监督区　(B) 控制区　(C) 行政区　(D) 工作区
11. 放射性废物的管理主要包括废物的收集、转移、(　　)、贮存等活动。
(A) 再加工　(B) 再利用　(C) 减容　(D) 改造
12. (　　)是衡量单位电荷在静电场中由于电势不同所产生的能量差的物理量。
(A) 电压　(B) 电流　(C) 电阻　(D) 电感
13. (　　)操作是电气运行人员的重要工作。
(A) 安全　(B) 规范　(C) 倒闸　(D) 合理
14. 工作人员正常活动范围与 6 kV 以下带电设备的安全距离是(　　)米。
(A) 0.35　(B) 0.60　(C) 0.90　(D) 1.50
15. 氧气瓶外表是(　　)。
(A) 红色　(B) 绿色　(C) 黑色　(D) 天蓝色
16. 事故是指造成死亡、疾病、伤害、损坏或其他损失的(　　)情况。
(A) 意外　(B) 必然　(C) 可能　(D) 其他
17. 事故现场的急救步骤有判断情况、确保安全、提供急救和(　　)。
(A) 撤离　(B) 求助　(C) 输送　(D) 疏散
18. 原子核由质子和中子这两种基本粒子组成,质子和中子通称为(　　)。
(A) 原子　(B) 核子　(C) 电子　(D) 离子
19. 放射性衰变,自发裂变的核反应叫做(　　)核反应。
(A) 自发　(B) 诱发　(C) 他发　(D) 引发
20. 核电厂从反应堆启停到满功率运行都离不开(　　)系统。
(A) 蒸汽　(B) 仪控　(C) 回路　(D) 通道
21. 核测量系统分为(　　)和堆外核测系统。
(A) 稳压器压力　(B) 稳压器液位　(C) 反应堆补给水　(D) 堆芯核测系统
22. 棒控棒位系统由(　　)和控制棒棒位指示系统组成。

(A) 控制棒控制系统　(B) 电源
(C) 稳压器　(D) 保护装置

23. (　　)作为一种信号存储跟踪的常用仪控设备被广泛应用于设备状态跟踪、故障缺陷分析等方面。

(A) 信号发生器　(B) 记录仪　(C) 电阻测量　(D) 二极管测量

24. 能源是人类社会的(　　)。

(A) 部分　(B) 生命线　(C) 残次品　(D) 奢侈品

25. 质量的组织管理,又称做(　　)。

(A) 组织系统　(B) 质量系统　(C) 管理系统　(D) 控制系统

26. 决策层的责任首先是发布相应的核安全政策,从而阐明核安全文化所应包含的任务和(　　)。

(A) 计划　(B) 目标　(C) 方案　(D) 指令

27. 核安全就是核设施在其设计、制造、运行及停役期间为保护公众及环境受可能的放射性危害所采取的所有措施的(　　)。

(A) 分组　(B) 总和　(C) 三级　(D) 方法

28. 职业素养包括责任心、保守的工作方法、(　　)、文明行为标准。

(A) 技能学习　(B) 自我检查　(C) 自我能力　(D) 自我表扬

29. 工作人员应该牢记并遵循(　　)的准则。

(A) 安全第一　(B) 利益第一　(C) 质量第一　(D) 生产第一

30. 现场文明生产要求,(　　)整理清扫工位现场,做好自己所在工作区和所用工具、设备及其他用品的保洁工作。

(A) 最后　(B) 随时　(C) 定时　(D) 定期

31. 安全规章制度来源于前人的(　　)总结。

(A) 历史　(B) 经验　(C) 事故　(D) 工作

32. 环境是指以(　　)为主体的外部世界。

(A) 人类　(B) 地球　(C) 宇宙　(D) 天空

33. "三废"处理遵循(　　)的原则。

(A) 低排　(B) 可合理达到尽量低
(C) 合理　(D) 不排

34. 燃烧三要素包括可燃物、助燃物、(　　)。

(A) 温度　(B) 湿度　(C) 材料　(D) 地区

35. 组织依存于(　　)。

(A) 国家　(B) 社会　(C) 顾客　(D) 员工

36. 质量是企业的(　　)。

(A) 生命　(B) 前途　(C) 发展　(D) 方向

37. 质保大纲对所有影响质量的活动提出要求和(　　)。

(A) 规范　(B) 规则　(C) 前提　(D) 结构

38. 核电厂每项维修活动都必须按相应的(　　)进行。

(A) 维修规程　(B) 维修计划　(C) 技术要求　(D) 技术方案

39. 订立劳动合同是一种(　　)行为。
(A) 主动　(B) 被动　(C) 法律　(D) 纪律
40. 劳动法首先是对(　　)最基本利益的保护。
(A) 老板　(B) 客户　(C) 劳动者　(D) 所有人
41. (　　)是指在生产经营活动中发生的意外的突发事件的总称。
(A) 安全生产事故　(B) 交通事故
(C) 突发事故　(D) 意外事故
42. 各级(　　)应当加强对安全生产工作的领导。
(A) 政府　(B) 机关　(C) 领导　(D) 企业
43. 环境保护法适用于中华人民共和国领域和中华人民共和国管辖的其他(　　)。
(A) 流域　(B) 领域　(C) 海域　(D) 太空
44. 环境保护法确立了“(　　)为主、防治结合、综合治理”的原则。
(A) 预防　(B) 学习　(C) 干预　(D) 生产
45. 核安全的方针是(　　)。
(A) 安全第一,质量第一　(B) 安全生产
(C) 安全保密　(D) 安全研发
46. 核安全部门编制的部门规章主要分强制性和(　　)两大类。
(A) 指导性　(B) 计划性　(C) 合伙性　(D) 独立性

(二) 多项选择题(请将正确选项的代号填入题内的括号中)

1. 二极管按照材料分有(　　)。
(A) 硅二极管　(B) 锗二极管　(C) 开关二极管　(D) 稳压二极管
(E) 变容二极管
2. 三极管的连接方式有(　　)。
(A) 共发射极接法　(B) 共集电极接法
(C) 共基极接法　(D) 串联接法
(E) 并联接法
3. 常用逻辑门电路有(　　)。
(A) 与门电路　(B) 或门电路　(C) 非门电路　(D) 异或门电路
(E) 与非门电路
4. 数字集成电路使用中的注意事项(　　)。
(A) 仔细认真阅读使用器件型号的资料　(B) 注意电源电压的稳定性
(C) 采用合适的方法焊接集成电路　(D) 注意设计工艺,增强抗干扰措施
(E) 与模拟电路使用中的注意事项一致
5. 自动控制就基本的控制方式而言有(　　)。
(A) 开环控制系统　(B) 闭环控制系统
(C) 复合控制系统　(D) 全自动系统
(E) 半自动系统
6. 根据补偿对象的不同,复合控制系统的类型(　　)。
(A) 按扰动信号补偿的　(B) 按输入信号补偿的

(C) 按输出信号补偿的 (D) 按脉冲信号补偿的

(E) 按模拟信号补偿的

7. 常用的元器件有(　　)。

(A) 电阻器 (B) 电容器 (C) 电感器 (D) 二极管

(E) 三极管

8. 内照射主要有(　　)造成。

(A) α辐射 (B) β辐射 (C) γ辐射 (D) 中子辐射

(E) 离子辐射

9. 在应用剂量限值时,必须满足(　　)附加限制。

(A) 育龄妇女应保证为均匀受照,月剂量不得超过年剂量限值的 1/12

(B) 从事职业性辐射工作的孕妇、授乳妇,应在 1 年的照射不超过 15 mSv 的环境下工作,并保证为均匀受照

(C) 年龄在 16～18 周岁的学生和学徒工,由于教学培训需要接受照射时,1 年内受到的有效剂量当量不得超过 15 mSv。年龄小于 16 周岁者按公众成员控制

(D) 只有辐射工作人员可以接受事先计划的特殊照射。且一次不得超过 100 mSv,一生不得超过 250 mSv

(E) 育龄妇女和未满 18 周岁者不得接受事先计划的特殊照射

10. 降低外照射的方法有(　　)。

(A) 减少在放射源附近工作的时间

(B) 增大你自身和放射源之间的距离

(C) 在你和放射源之间添置屏蔽,以减少辐射

(D) 当放射源衰变到一定的程度后在接近它

(E) 减小你自身和放射源之间的距离

11. 办理 RP 证必须符合(　　)。

(A) 从事放射性工作的人员应身体健康,适合从事辐射工作

(B) 所有从事辐射工作的人员,必须接受辐射防护培训,通过考核

(C) 中国公民

(D) 社会人员

(E) 其他人员

12. 核电厂的放射源按物体状态分类有(　　)。

(A) 固体源 (B) 液体源 (C) 气体源 (D) 中子源

(E) 其他

13. 辐射防护的措施有(　　)。

(A) 外照射的防护 (B) 内照射的防护

(C) 不需要 (D) 政策制度

(E) 安全制度

14. 电流可以分为(　　)。

(A) 交流电 (B) 脉冲电流 (C) 稳恒电流 (D) 直流

(E) 分流

15. 我国劳动安全卫生标准分为(　　)。
(A) 国际标准　(B) 国家标准　(C) 行业标准　(D) 地方标准
(E) 企业标准

16. 核设施主要系统的风险是由系统或设备的(　　)系统内部的危险品产生的危害。
(A) 压力　(B) 温度　(C) 放射性　(D) 流体
(E) 用电

17. 辐射监测系统用于监测(　　)、堆顶气溶胶等的放射性水平进行测量和相关的联锁控制。
(A) 安全壳内空气　(B) 主回路压力边界的泄漏
(C) 辅助厂房通风空气中碘浓度　(D) 乏燃料池排气
(E) 烟囱排放气体

18. 电厂计算机系统的工作方式为(　　)。
(A) 在线　(B) 开环
(C) 不参与系统控制　(D) 局域网
(E) 互联网

19. 信号发生器的应用可以分成 3 种基本类型(　　)。
(A) 检验　(B) 极限/余量测试
(C) 电阻测量　(D) 二极管测量
(E) 检定

20. 核设施管理层的职责(　　)。
(A) 跟踪与监督　(B) 营造良好的工作环境
(C) 建立质量系统　(D) 后勤
(E) 其他

21. 核安全文化是所有从事与核安全相关工作的人员参与的结果,人员包括(　　)。
(A) 核设施员工　(B) 核设施管理人员
(C) 政府决策层　(D) 行人
(E) 其他人

22. 核安全思想的发展大致分为(　　)。
(A) 设备与程序　(B) 人因　(C) 核安全文化　(D) 安全教育
(E) 人员教育

23. 物料管理包括(　　)。
(A) 现场物料管理　(B) 物料出入管理
(C) 防异物管理　(D) 文明行为标准
(E) 其他

24. 劳动保护用品有(　　)。
(A) 头部防护用品　(B) 眼部防护用品
(C) 手部防护用品　(D) 足部防护用品
(E) 躯干防护用品

25. 火灾的危害主要有(　　)。

(A) 毁坏物质财富
(B) 残害人类生命
(C) 破坏生态平衡
(D) 造成的间接经济损失
(E) 造成不良的社会影响

26. 核设施的防火主要有(　　)。
(A) 厂房防火屏障
(B) 厂房防火门管理
(C) 消防设施管理
(D) 造成的间接经济损失
(E) 造成不良的社会影响

27. 灭火的基本方法有(　　)。
(A) 冷却灭火法
(B) 隔离灭火法
(C) 窒息灭火法
(D) 抑制灭火法
(E) 吹风灭火法

28. 质量管理活动包括(　　)。
(A) 质量方针与质量目标的建立
(B) 质量策划
(C) 质量控制
(D) 质量保证
(E) 质量改进

29. 质量控制的工作内容包括了(　　)两方面。
(A) 管理技术　(B) 专业技术　(C) 材料技术　(D) 设计技术
(E) 操作技术

30. 企业包括(　　)等。
(A) 国有企业　(B) 集体所有制　(C) 中外合资企业　(D) 中外合作企业
(E) 乡镇企业

31. 安全生产法的适用主体范围包括(　　)等。
(A) 股份制公司　(B) 外资企业　(C) 合伙企业　(D) 个人独资企业
(E) 中外合资经营企业

32.《中华人民共和国放射性污染防治法》的基本内容(　　)等。
(A) 防治放射性污染,保护环境,保障人体健康
(B) 结合我国实际情况分析
(C) 国家对放射性污染的防治,实行预防为主、防治结合、严格管理、安全第一的方针
(D) 放射性污染防治的科学研究和技术开发利用,推广先进的放射性污染防治技术
(E) 放射性污染防治工作依法实施统一监督管理

(三) 简答题

1. 二极管的结构是怎样的?
2. 什么是反馈?
3. 控制系统逻辑功能图是什么?
4. 什么是同位素?
5. 辐射防护应遵循的要求有哪些?
6. 什么是电压?
7. 倒闸操作是电气运行人员的重要工作,应该注意什么?
8. 描述硅表的测量原理。

9. 描述兆欧表的分类。

10. 简述核安全文化的起源。

11. 描述核安全文化的定义。

12. 简述安全管理的含义。

13. 质量管理的八项原则是什么?

14.《中华人民共和国劳动法》的立法目的是什么?

15.《中华人民共和国环境保护法》的立法目的是什么?

16.《中华人民共和国放射性污染防治法》的适用范围是什么?

17.《中华人民共和国放射性污染防治法》的立法目的是什么?

(四) 综合题

1. 描述常用逻辑门电路。

2. 描述降低外照射的方法有哪些。

3. 描述交流电路。

4. 描述临界前系统和设备的必要条件。

5. 描述一回路仪表的作用。

6. 描述质量保证大纲。

五、参考答案

(一) 单项选择题

1. B;2. B;3. C;4. A;5. B;6. A;7. A;8. D;9. B;10. A;11. C;12. A;13. C;14. A;15. D;16. A;17. B;18. B;19. A;20. B;21. D;22. A;23. B;24. B;25. B;26. B;27. B;28. B;29. A;30. B;31. B;32. A;33. B;34. A;35. C;36. A;37. A;38. A;39. C;40. C;41. A;42. A;43. C;44. A;45. A;46. A。

(二) 多项选择题

1. AB;2. ABC;3. ABCDE;4. ABCD;5. ABC;6. AB;7. ABCDE;8. AB;9. ABCDE;10. ABCD;11. AB;12. ABC;13. AB;14. ABCD;15. BCDE;16. ABCDE;17. ABCDE;18. ABC;19. ABE;20. ABC;21. ABC;22. ABC;23. ABC;24. ABCDE;25. ABCDE;26. ABC;27. ABCD;28. ABCDE;29. AB;30. ABCDE;31. ABCDE;32. ABCDE。

(三) 简答题

1. 答:晶体二极管也称为半导体二极管,它是 PN 结上加接触电极、引线和管壳封装而成的。按其结构,通常有点接触型和面结型两类。

2. 答:反馈是指把放大电路输出回路中某个电量(电压或电流)的一部分或全部,通过一定的电路形式(反馈网络)送回到放大电路的输入回路,并同输入信号一起参与控制作用,以使放大电路某些性能获得改善的过程。

3. 答:控制系统逻辑功能图是表示理论的或者理想的逻辑功能电路而不涉及实现方法的一种图,其用途是提供绘制逻辑功能电路图或其他有关图纸的依据。控制系统逻辑功能图有很多种形式,主要有系统方框图、逻辑图等。

4. 答:我们把凡是原子序数相同而原子质量数不同的这一类原子称为同位素。

5. 答:核电厂在生产营运过程中涉及辐射防护问题,必须遵循以下要求:

(1) 实践的正当性;(2) 剂量限制;(3) 防护与安全的最优化。

6. 答:电压也称作电势差或电位差,是衡量单位电荷在静电场中由于电势不同所产生的能量差的物理量。

7. 答:(1) 禁止使用自制的卡灯作为低压验电器;(2) 验电器的金属裸露部分不宜过长;(3) 合熔断器时要带绝缘手套;(4) 送电前就地检查设备的步骤不可少;(5) 合接地刀闸或装接临时接地线时应填写操作票。

8. 答:二氧化硅的测量是根据光的吸收定律来进行的。一束具有相应波长的单色光透过有色溶液时,由于一部分光被有色溶液吸收,光的辐射能力减弱。浓度越大,液层越厚,被吸收的光越多,透过的光越弱。

9. 答:兆欧表一般分为高压数字式兆欧表、电子兆欧表、绝缘电阻测试仪、大功率高压兆欧表、数显式绝缘电阻测试仪等。

10. 答:70 年代——设备与程序:70 年代重点考虑的是设计的、设备的以及程序的质量。80 年代——人因(三哩岛事故):有效的管理可以减少人为失误;90 年代——核安全文化(切尔诺贝利核事故):核安全文化。

11. 答:核安全文化是存在于单位和个人中的种种特性和态度的总和,它建立一种超出一切之上的观念,即核设施安全问题由于它的重要性要保证得到应有的重视。

12. 答:核设施的安全管理是为实现生产过程中的人员和财产的安全而组织和使用人力、物力、财力等各种资源的过程。它利用计划、组织、协调、指挥等管理职能,控制来自生产过程中机械的、物质的以及自然界的不安全因素和人的不安全行为,避免发生事故,保障职工的安全健康和核设施财产的安全。

13. 答:(1) 以顾客为关注焦点;(2) 领导作用;(3) 全员参与;(4) 过程方法;(5) 管理的系统方法;(6) 持续改进;(7) 基于事实的决策方法;(8) 与供方互利的关系。

14. 答:为了保护劳动者的合法权益,调整劳动关系,建立和维护适应社会主义市场经济的劳动制度,促进经济发展和社会进步。

15. 答:《环境保护法》的立法目的是:为了保护和改善生活环境与生态环境,防治污染和其他公害,保障人体健康,促进社会主义现代化建设的发展。

16. 答:《中华人民共和国放射性污染防治法》适用于中华人民共和国领域和管辖的其他海域在核设施选址、建造、运行、退役和核技术、铀(钍)矿、伴生放射性矿开发利用过程中发生的放射性污染的防治活动。

17. 答:《中华人民共和国放射性污染防治法》的立法目的是:防治放射性污染,保护环境,保障人体健康,促进核能、核技术的开发与和平利用。

(四) 综合题

1. 答:能实现逻辑运算的电路称为门电路,用基本的门电路可以构成复杂的逻辑电路,完成任何逻辑运算功能,这些逻辑电路是构成计算机及其他数字系统的重要基础。与门、或门和非门电路是最基本的门电路,可分别完成与、或、非逻辑运算。

2. 答:(1) 减少在放射源附近工作的时间;(2) 增大你自身和放射源之间的距离;(3) 在你和放射源之间添置屏蔽,以减少辐射;(4) 当放射源衰变到一定的程度后在接近它。

3. 答:在一个电路里,如果电源的电动势 $e(t)$随时间作周期性变化,则各段电路中的电

压 $u(t)$和电流 $i(t)$都将随时间作周期性变化，这种电路叫做交流电路。

4. 答：反应堆在启动达临界之前，必须检查反应堆冷却剂系统(RCS)运行正常，核测仪表运行正常，核蒸汽转换系统的凝结水、除氧器、辅助给水等系统运行正常。完成估计临界棒位、临界硼浓度计算(ECC)之后，在得到运行值长指令“趋近反应堆临界”许可之后，方可进行反应堆临界启动操作。

5. 答：一回路仪表能对反应堆主辅各系统的热工参数进行测量并实现稳压器压力控制、稳压器液位控制、反应堆补给水控制、化学与容积控制、下泄背压控制、下泄流温度控制、辅助给水流量调节、硼回收及蒸汽发生器“三废”控制等。

6. 答：制定质保大纲是核电厂工程不可分割的一部分。该大纲须对各种工作的控制作出规定。每种工作的控制须符合本规定的要求。确定大纲所适用的物项、服务和工艺。对这些物项、服务和工艺规定控制和验证的方法或水平。对影响质量的活动规定控制条件，大纲须规定对从事影响质量活动的人员的培训。定期评定和修订大纲，规定文件的语种，文件的翻译本须由合格的人员审查。

第三单元　维修准备

一、学习目标

1. 了解核反应堆保护系统设计准则;
2. 了解核反应堆控制系统设计标准;
3. 掌握核反应堆仪表、控制、保护系统知识;
4. 了解重水堆燃料操作系统设计手册内容;
5. 掌握设备性能分析评价方法,能进行设备性能分析评价。

二、考核要点

考核要点见表 3-3。

表 3-3　考核要点

考核类别	考核范围	考核点	重要程度
维修准备	核反应堆保护系统设计准则	核反应堆保护系统设计准则	X
	核反应堆控制系统设计标准	反应堆功率调节系统设计标准	X
		棒控棒位系统设计标准	X
	核反应堆仪表、控制、保护系统知识	核反应堆仪表相关知识	Y
		核反应堆控制相关知识	X
		核反应堆保护系统相关知识	X
	重水堆燃料操作系统设计手册	重水堆燃料操作系统设计手册	X
	设备性能分析评价方法	设备性能分析评价方法	X

三、考点导航

1. *核反应堆保护系统设计准则*

(1) 核反应堆保护系统设计准则

为了保证保护系统的可靠性要求,保护系统必须满足我国核安全导则《核电厂保护系统及有关设施》(HAD102/10) 的规定,减小系统失效的概率。为此,保护系统的设计必须满足一些基本原则的要求和采用若干已认可的设计方法,以保证它实现安全功能的能力。

1) 保护系统的功能要求和性能要求

对保护系统的功能和性能要求首先通过核电厂的安全分析加以确定,使保护系统必须完成核电厂在全部正常运行工况下可能需要的保护任务和出现假设始发事件引起的后果时必要的保护任务。一旦要求保护系统动作,它就能在规定的时间内完成所要求的保护功能。

2) 自动触发

保护系统必须能够自动触发每个预计运行事件或事故工况所要求的保护动作。保护动作一经触发就必须完成规定的保护任务。

3) 单一故障准则

保护系统必须满足单一故障准则的要求,不管是自动触发还是手动触发均必须满足。单一故障准则是指要求某设备组合在任何部位发生可信的单一随机故障时仍能执行其正常功能的准则。该准则要求保护系统内发生单一故障或由单次事件引起的继发故障不得损害系统的保护功能。

4) 冗余、符合逻辑(多重性)

为了满足单一故障准则的要求,保护系统必须采用合适的冗余、符合逻辑。系统设置冗余通道(即多重性原则)。每一个通道都具有提供所需安全功能的能力。但考虑到系统的可靠性,对冗余通道采用一定的逻辑符合之后去触发所要求的保护动作,这样即可保证触发保护动作的可靠性要求,又可适当降低误动率,保证核电厂的有效安全运行。

5) 多样性

为了克服共因故障,保护系统的设计必须考虑多样性的原则。多样性是指功能多样性和设备多样性。功能多样性是指使用至少两种不同的方法来完成一特定任务,以保证保护系统对该任务的响应;设备多样性是指保护系统采用不同厂家的设备或使用不同工作原理的设备,以防止设备制造中的共因缺陷对系统功能的影响。

6) 独立性

有许多设备故障的原因是由于外界影响、预计运行事件、事故工况、或系统内部某一部分故障造成的。为了减少这些故障对系统的影响,应该考虑独立性原则使系统在任何假设始发事件后均能完成安全任务。

采用功能隔离和实体分隔来实现保护系统对其他系统的独立性。同样在保护系统内也采用功能隔离和实体分隔来实现冗余部件之间的相互独立。在辅助控制点设置的安全停堆功能、排出余热及对核电厂主要变量的监测要独立于控制室设计,以保证在控制室内不能实现这些功能时,操作员能在辅助控制点实现这些安全功能。

功能隔离是指必须采取措施以减小系统多重部分之间相互作用的可能性。这种相互作用是由正常或异常运行,或系统中任一部件的故障所引起的。它可能是由电磁感应、静电干扰、短路、开路、接地故障等事件所产生。防止这些相互作用可考虑采用功能隔离放大器、光电隔离器、电缆屏蔽器等措施。

实体分隔是指系统内冗余部分必须采用距离或屏障或二者相结合来实现系统内冗余部分设备分开,以便减少某些类似假设始发事件和故障引起不利后果的可能性。

7) 误动率低

保护系统在完成保护动作要求的同时,必须考虑把误动作的概率降低到允许的水平,以保证核电厂的正常运行。

8)“故障安全”设计

设计保护系统时,尽量考虑设备可能出现的故障,使其导致安全动作概率增加,而不是增加不安全动作概率。

9) 设备质量鉴定

保护系统的安全级别是1E级,其设备质量必须满足1E级的要求。

所选用的设备必须尽可能经过实际使用经验、必须符合可靠性目标的要求,而且必须易于标定、试验、维护和修理。必须对安全系统设备进行质量鉴定,以保证该设备在需用时所出现的环境条件(如温度、压力、喷淋、辐射)下,能连续满足安全任务所需的设计基准性能要求(如范围、精度、响应等)。这些环境条件必须包括正常运行,预计运行事件和事故工况下预期的变化。

10) 运行旁通控制

在一种正常运行方式下的反应堆保护动作,可能会使反应堆不能转换到另一种运行工况,为了在需要时实现这种转换,有必要采用运行旁路来阻止不需要的和不希望的动作的触发。例如,可以采用运行旁路来阻止一个特定的保护动作(若不阻止它就会动作),以便允许启动反应堆或有秩序的停堆,或在某些反应堆运行情况下阻止某一保护动作。在这些情况下,必须修改安全系统的连接方式,以便维持反应堆功率运行。

11) 接近保护系统设备的控制

接近保护系统和其他安全系统的设备必须受到适当限制,这是防止未经批准的人员接近和经批准的人员可能的错误所必需的。根据监督的严格程度或设备的远近,可采用实体安全措施(例如房间、机柜加锁)和行政管理相结合的方式。接近保护系统设备的关键问题是保护定值和精度的调整,因为这对保护系统的性能起很重要的作用。

12) 对指示假设始发事件的变量的监测

保护系统必须连续监督和探测那些要求完成规定安全任务的电厂变量的偏离以便减轻任何假设始发事件的影响。电厂变量的测量必须确切而且必须满足设计基准中规定的性能要求。在实际可行时,对所有关心的电厂工况,应用直接测量来检测,而不应从其他几个间接测量来推导。检测变量或变量组合的选择必须考虑可能出现的故障。

13) 在役检验

保护系统设备在役期间必须具备可试验性。或是在线检测,或是定期试验,以确保保护系统设备的功能能力。

14) 保护动作中操作员的介入

手动触发安全动作功能,作为自动触发安全动作的后备。手动触发安全动作尽量直接。

当能够证明运行工况不会超出容许的限值时,操作员可以手动启动或停止一些特定的安全动作,例如事故后,把电厂停闭在最佳状态的操作,自动保护动作程序完成后执行的某些安全任务等。

在保护动作触发和自保持之后,保护系统需要经过操作员的手动复位才能投入以后的运行方式下的待保护状态,手动复位必须有很多条件限制,电厂及安全设备都能恢复到正常状态,才允许操作员手动使保护系统投入待保护状态。

15) 维护、修理和校准

保护系统设备设置在便于接近、易于诊断、易于维修的地方。如需要维修旁通时,则系统其余可运行的通道必须继续满足单一故障准则的要求。

16）标识

安全系统设备及相互连接线，必须借用标签或色码作适当的标识，以便把该系统与电厂的其他系统区别开来。另外，安全系统内的多重通道也必须适当加以标识，以减少维护、试验、修理或校准时选错通道的可能性。识别这些标识时不应要求参看图纸、手册或其他参考资料。

2. 核反应堆控制系统设计标准

（1）反应堆功率调节系统设计标准

1）设计基准

① 在 15%～100%额定功率范围内，使反应堆能承受±10%额定功率的阶跃变化或±5%额定功率/分的线性变化而不得引起反应堆停堆、蒸汽排放、稳压器释放阀驱动。

② 在自动运行或运行瞬态时，恢复并保持反应堆冷却剂平均温度在规定的限制内。

③ 在 100%电网甩负荷时，能短时间带厂用电运行，在蒸汽排放系统的配合下，不得引起反应堆停堆，也不得引起稳压器安全阀及主蒸汽管道上的安全阀驱动。

2）设计准则

系统按照或参考表 3-4 中的内容进行设计。

表 3-4 设计参照准则

1. 安全准则	XXX
1.1 参考电站	HAD102/11-96
1.2 安全准则	HAD102/14-88
2. 安全分级：(按分级表写)	非 1E 级
3. 工程设计规则和标准	
- 参考专门的工程设计规则和标准	IEEE279-1978 第 4.7 节
4. 功能准则	
4.1 系统完全丧失其功能时的安全准则条件	不需要
4.2 能动部件的冗余度	不需要
4.3 应急电源冗余度	不需要
5. 环境和安装	
5.1 冗余设备的分隔(考虑或不考虑)	
- 能动部件	不考虑
- 非能动部件	不考虑
5.2 系统要设防外部威胁(考虑或不考虑)	
- 一回路失水事故(LOCA)	不考虑
- 蒸汽管道破裂	不考虑
- 甩管	不考虑
- 汽轮机碎片	不考虑
- 高轨道	不考虑
- 低轨道	不考虑

续表

- 其他飞射物	不考虑
- 飞机坠毁	不考虑
- 安全停堆地震	不考虑
- 洪水	不考虑
- 受热蒸干	不考虑
- 有害蒸汽或气体(不包括大火产生的气体)	不考虑
- 水淹(因管道、容器破裂而溢出的)	不考虑
- 电离辐射	不考虑
- 爆炸(厂区内)	不考虑
- 特别防火措施	不考虑
5.3 对其他系统的威胁(有或无)	考虑
- 甩管	无
- 飞射物	无
- 有害蒸汽或气体(不包括大火产生的气体)	无
- 水淹(因管道、容器破裂而溢出)	无
- 电离辐射	无
- 爆炸	无
- 火灾	无
6. 运行准则(需要或不需要)	
6.1 定期检查	需要
6.2 定期试验	需要
6.3 剂量分区	需要
6.4 防止破坏	需要

(2) 棒控棒位系统设计标准

1) 设计基准

控制棒控制系统接受来自反应堆功率调节装置的信号进行自动调节或者通过手动控制方式来调节反应堆功率,以满足汽轮机的需求功率。

控制棒分为两种:调节棒和停堆棒。调节棒与化学补偿结合提供功率控制,停堆棒和调节棒一起来停闭反应堆。

控制棒控制系统具有手动操作停堆棒的功能。电厂启动时,首先手动提升停堆棒,并在正常运行期间保持在全提出位置。随后按预定的程序提升调节棒。

控制棒控制系统可以手动和自动操作调节棒。采用这两种运行方式,调节棒按预定的程序运行。该程序规定的动作顺序是可逆的,就是说,提升顺序和下插顺序是相反的。在手动状态下,控制棒的提升和下插速度是可以调整的。在运动过程中是固定的。在自动操作时,棒的速度和方向取决于功率调节器的输出。

控制棒控制系统要求控制棒到达的位置,简称“给定棒位”。每一个子组有一个给定棒位显示器。

通过安装在驱动机构上部的棒位探测器测量控制棒在堆芯中的位置,简称“实测棒位”。每一束棒有一个独立的实测棒位显示器。

2）设计准则

① 安全准则

- HAF102-2004《核电厂设计安全规定》；
- HAD102/10-88《核电厂保护系统及有关设施》。

② 设计标准

10CFR50 附录 A“核电厂总设计准则”：

- GDC13；
- GDC19；
- GDC25；
- GDC27；
- GDC28。

③ 安全分级

非 1E 级。

3. 核反应堆仪表、控制、保护系统知识

（1）核反应堆仪表相关知识

一回路主、辅系统约有二千个左右的测点，一千多个联锁回路，热测系统信号的处理和转换采用上海福克斯波罗公司生产的 SPEC200 模拟组装仪表。一个变送器或一次元件的测量信号经 SPEC200 仪表转换后，可以很方便地实现多路输出，分别送至反应堆保护系统、电站计算机、热工控制系统、报警联锁系统等。

热工控制系统在一回路有三十几个，其控制类型有回路定值调节系统、分层调节系统等。

为了保证核电厂运行的安全性、可靠性和经济性，一回路中与安全有关的重要参数测量必须可靠、正确，包括：仪表选型、多通道、通道隔离。

仪表选型分就地测量仪表与控制室仪表。

（2）核反应堆控制相关知识

重点为和核测量系统相关的一些控制系统，如功率调节系统、长棒控制系统等。

1）功率调节系统

① 反应堆功率调节系统的功能

反应堆功率调节系统在核电站投入自动运行工况下使用，根据反应堆及其动力装置的要求，在运行过程中用于克服反应性扰动及负荷扰动，并能补偿燃耗、中毒和结渣等效应的影响。

反应堆功率调节系统能使反应堆功率自动跟随负荷变化。在正常运行和运行瞬态过程中，使冷却剂平均温度恢复并维持在参考平均温度值范围内。在 15%电功率以下，控制棒实行手动控制。在 15%电功率以上，控制棒可以实行自动控制或手动控制。

在 15%～100%PF 范围内，负荷阶跃±10%及每分钟±5%的线性负荷扰动下能自动调节而不引起停堆。

反应堆功率控制由化学毒物和棒组控制机构联合完成，长周期控制及控制棒处于调节带内是依靠调节冷却剂的硼浓度,瞬间反应性变化或负荷变化的调节是依靠移动控制棒。

当蒸汽旁路排放系统投入时允许电网脱扣(带厂用电),由 100%甩负荷到厂用电 3%~4%PN 时,70%由蒸汽旁路排放系统承担,13%由两个蒸汽释放阀承担,功率调节系统承担 10%,余下 3%由一回路提高运行参数承担,而不停堆。

本系统是非安全系统。本系统失效不会对核电厂的安全产生危害。

② 反应堆功率调节系统的原理

反应堆功率调节系统包括两个通道:平均温度 $T_{avg}-T_{ao}$ 通道和功率失配 P_N-P_1 通道。这两个通道的输出经过棒速程序单元后送棒控系统,从而驱动控制棒。

2) 长棒控制系统

① 系统概述

棒控棒位系统由控制棒控制系统和控制棒棒位置指示系统二个系统组成。

控制棒控制系统的目的是通过调节堆芯的反应性来保持反应堆冷却剂系统内的平均温度。控制棒控制系统可用于补偿快速的反应性变化,对较缓慢的反应性变化一般通过调节冷却剂的含硼量来补偿。

控制棒位置指示系统用于提供控制棒位置的各种指示和报警信息,它包括每束控制棒的实测位置指示通道、控制棒子组要求位置指示通道、调节棒组插入极限监测通道、控制棒失步监视、停堆棒偏离堆芯顶部监视等。在某电站的设计中,用下述方法来探测棒位。用于子组指示的是给定棒位步进计数器、计数器接收来自棒控制系统逻辑柜(长棒控制系统)的信号。这种系统假设子组内的每束棒都处在同一位置即属于一特定子组和棒组的棒都在所要求的位置上。探测棒位的第二种方法是使用单束棒的位置指示,这种系统是测量每束棒的实际位置,在某电厂中使用的单束棒的位置指示就是这种形式。

② 系统功能

a. 控制棒控制系统功能

堆芯的反应性和中子注量率的控制,是依靠溶解在反应堆冷却剂中的可溶性化学毒物(硼酸)和控制棒束组件(RCCA)对中子的吸收联合来实现。

控制棒控制系统(RGL)用于提升和下降控制棒束组件,并监视每束棒的位置。

控制棒束组件在堆芯中的插入可以引起堆芯轴向功率分布的变化。如果轴向功率不平衡,会影响核燃料的最佳利用。为了限制堆芯中子注量率的不平衡,控制棒应按一定的程序移动。为了同样目的,对这些控制棒驱动机构(CRDM)的布置也有一定要求,且固定不变。

在正常运行期间,将停堆棒从堆芯中提出,可以引入负反应性裕度。通过移动停堆棒 A1 或 A2 进行中子注量率分布的手动控制。

b. 控制棒控制系统的安全功能

i. 反应堆紧急停堆

当要求反应堆紧急停堆时,反应堆保护系统(RPR)切断至控制棒驱动机构的电源,失去电源后,所有棒束组件包括停堆棒和调节棒,不论在试验或在运行,都应快速地(2 s 之内)落入堆芯(靠重力)。落入堆芯的控制棒迅速地从堆芯吸收大量中子,扼制核反应,使堆芯处于次临界。

ii. 控制棒控制系统安全要求

棒组的数量,每组棒的棒束组件数量和控制棒初次插入都应按以下方法满足安全准则,即:在预先知道负反应性裕度情况下,在反应堆紧急停堆以后,堆芯能维持次临界。负反应性裕度是在事故分析报告中确定的。在电站运行期间应维持可以接受的功率分布。由于弹棒事故引起反应性引入受到限制。

iii. 掉棒一卡棒

控制棒控制系统中棒位指示系统在主控制室能显示各束棒的实际测量位置。操纵员能够辨别棒束组件的不正常排列,即:棒失步、卡棒、落棒。

iv. 校正

在正常运行时,同一组的棒束组件是一起移动的。如果发生棒失步、卡棒和落棒,会引起局部中子注量率畸变。操纵员可以采用失步校正运行方式,使棒束组件处于正确位置。

c. 控制棒位置指示系统功能

i. 控制棒位置指示系统为操纵员提供各种指示和报警信息。

ii. 调节棒组位置信号送往保护系统,调节棒组的插入由保护系统进行监视,而且棒组插入极限位置信号送入控制棒控制系统进行联锁。

iii. 实测棒位置监视系统在主控制室设有独立的实测位置显示,以便提供操纵员堆芯棒位的真实指示。这样操纵员就能用实测棒位和给定棒位显示器显示的给定位置相互检查控制棒的正确位置。

本系统是非安全系统,但对电厂的正常安全,可靠运行有积极的帮助作用。棒位指示系统符合 RG1.97III 类仪表的功能要求。

(3) 核反应堆保护系统相关知识

1) 核反应堆保护系统功能简介

当核电厂出现异常工况时,反应堆保护系统自动触发产生紧急停堆动作,防止事故工况扩大或减轻其后果;当核电厂万一发生设计基准事故时,例如高能管道断裂事故,反应堆保护系统首先自动触发产生紧急停堆动作,减轻事故后果,同时专设安全设施驱动系统自动触发专设安全设施动作,避免堆芯烧毁,防止裂变产生的放射性物质向外释放。

反应堆保护系统直接关系到核电厂的安全性和可用性,是确保核电厂安全运行的安全系统。它与重要仪表电源系统、安全变量监测系统和控制棒控制系统一起,共同保护核电厂反应堆的安全运行。

反应堆保护系统的功用,是在大多数情况下,通过停堆和汽轮机停机(采用校正措施后使电厂恢复运行)来限制一般事故(例如给水流量丧失)的后果。反应堆保护系统的设施对电厂运行加了一个限制区域,确保在一般事故期间不超出反应堆的安全限值,并确保承受这些事故而不致发展成为更严重的工况。

反应堆保护系统的设计要求来自对电厂运行和事故工况的分析。为了防止或限制堆芯和反应堆冷却剂边界的破坏,在事故工况下时必须自动快速地插入控制棒。反应堆保护系统的设计限值规定如下:

- 任何预期瞬态或异常工况(正常运行和一般事故)下偏离泡核沸腾热流密度比(DNBR)的最小值不小于 1.30。
- 在发生设计基准事故时,放射性物质的释放不得阻止或限制公众使用禁区半径以外的区域。
- 在一般事故工况下,燃料线功率密度不超过额定值。

2) 反应堆事故保护停堆功能

堆芯保护系统的原理是,对功率、流量、轴向功率分布、一回路冷却剂温度和压力等确定一个允许的运行区间,以便当运行接近这一区间限值时,实现事故保护停堆。

如果反应堆保护系统接收到了接近非安全运行工况的指示信号,那么该系统就触发报警装置,防止提升控制棒,触发减负荷装置,和(或)断开事故保护停堆断路器。超功率ΔT和超温ΔT事故保护停堆装置能提供堆芯完善的保护,只要:

- 温度信号相对于从堆芯到温度传感器的冷却剂管的传输延迟,瞬变是慢的;
- 压力是处在高压和低压事故保护停堆之间的范围之内。

另一些事故保护停堆,如冷却剂低流量和核通量高事故保护停堆等,将保护堆芯不会发生ΔT信号不能做出足够快响应的事故。再有些事故保护停堆,例如,稳压器高水位事故保护停堆和低给水流量事故保护停堆,基本为保护主要部件设备提供保护。最后,还有些事故保护停堆,例如,通过汽轮机保护停车或反应堆冷却剂泵断路器位置变动而造成的那些事故保护停堆,是为了预先采取措施防止可能发生核电厂的瞬态及缓解事故后果而设置的。

3) 专设安全设施逻辑功能总体介绍

当核电厂万一发生设计基准事故,例如高能管道断裂事故时,专设安全设施驱动系统就自动触发相应专设安全设施动作,同时自动触发停堆动作,防止事故扩大,避免堆芯烧毁,防止放射性物质向外释放。

专设安全设施驱动系统是反应堆保护系统的组成部分,属于安全系统,它与重要仪表电源系统以及驱动专设安全动作的其他支持系统一起,确保万一出现设计基准事故时,减轻事故后果。

专设安全设施驱动系统是用来限制严重事故(例如小破口泄漏的一回路冷却剂超出正常上充系统的补给能力而需要安注系统动作)的后果及用来减轻极限事故(包括可能有大量放射性物质释放的极限事故)的后果。

专设安全设施驱动系统的基本要求是接收来自电厂和安全壳的各种正在运行的工艺系统的输入信号(信息),并自动地提供适时的和有效的信号(即输出信号)来驱动各种属于本系统的部件与子系统。

反应堆保护系统可自动触发专设安全设施,以便限制那些很少发生的故障造成的后果和减轻限定的故障工况,从而达到减少这种大量排放放射性物质的可能性的目的。当保护系统逻辑检测到需要触发安全装置的情况时,就发出信号,送到专设安全设施电气驱动逻辑部分,再去驱动专设安全设施电气设备。

利用专设安全设施来防止在万一发生失水事故或蒸汽管道破裂事故时排放放射性物质。系统的功能是:保持反应堆处于停堆状态;使堆芯达到足够冷却以限制燃料和燃料包壳损坏范围;保证安全壳的完整性等。

当反应堆保护系统传感器和逻辑回路探测到失水事故或蒸汽管道破裂事故时,专设安全设施即被触发。这两种事故都要求采用某些安全设施来确保公众的安全和堆芯的安全。不管这种事故本身的性质怎样,专设安全设施要起到下述作用:

- 使核电厂处于安全停闭状态(包括采取事故保护停堆和注硼);
- 提供足够大流量的浓硼水,以便防止由于失水事故造成的堆芯总体损害;
- 将安全壳隔离,使其里边不与外界环境相通,以限制放射性流出物的排放;

- 以辅助给水形式提供热阱,以便排出堆芯余热;
- 万一失去厂外电源,能提供可靠的应急电源(柴油发电机)。

4) 安全注射系统逻辑功能

当反应堆主系统出现失水事故或是蒸汽管道破管时,完成向堆芯注入硼水,以便尽可能阻止事故的严重化或缓解事故的影响,这一功能的触发信号包括 4 种自动信号和 1 种手动信号:

① 稳压器低压力安注:这种触发信号是专门针对主冷却剂系统的失水事故的。当四取二的稳压器压力低于 11.83 MPa 时,可以自动触发该专设动作,操纵员可以手动闭锁它,以便准许正常冷却和减压。允许联锁是 P-11。

② 安全壳高压安注:这种触发信号专门用作为失水事故保护(稳压器低压力)和蒸汽管道破裂保护(蒸汽管道低压)的后备信号。可以想象到这样一种情况:所假设的破口尺寸很大,足以引起安全壳压力增加,但是对于触发与该事故有关的信号又显得太小。整定值通常是安全壳设计压力的 10%。

③ 主蒸汽管道低压力安注:发生主蒸汽管道破裂时,主蒸汽管道压力变低,产生安全注射信号。允许联锁信号是 P-11。操纵员可以手动闭锁它。以便进行正常停堆和冷却。

④ 冷却剂低-低平均温度安注:发生主蒸汽管道破裂事故时,反应堆冷却剂平均温度要降低,超过该参数设计整定值时,产生安全注射信号。允许联锁信号是 P-11 和 P-15。当核功率低于 P-15 整定值或 P-4 信号存在时,自动恢复冷却剂低-低平均温度安注驱动信号,当核功率高于 P-15 整定值和 P-4 信号不存在时,自动闭锁冷却剂低-低平均温度安注驱动信号。当稳压器压力低于 P-11 整定值时,允许手动闭锁冷却剂低-低平均温度安注驱动信号,当稳压器压力高于 P-11 整定值时,自动恢复冷却剂低-低平均温度安注驱动信号。

⑤ 手动安注:允许操纵员在必要的时候按下两个控制台上的任何一个安注按钮,进行手动安注。

5) 安注动作引发的其他安全动作

安注动作信号会引发下列安全动作:

① 引发事故保护停堆:触发安注动作信号后,首先直接执行的逻辑功能是使反应堆紧急停堆。

② 安全注射顺序带载:反应堆保护系统发出四个通道的安注信号,经专设安全设施逻辑驱动柜(对应 A 和 B 两个系列),分别驱动 A 和 B 两个系列的中间继电器。如果此时 6 kV 安全母线有电,则专设动作,程序继电器就会按安全注射所需的预订带载顺序(安注顺序),以一定的时间间隔(此时间间隔可调,一般定为 5 s),依次发出信号,驱动相应的专设安全设施投入运行。

③ 安全壳 A 阶段隔离:关闭所有非主要安全壳贯穿管线两端的隔离阀;但是,对非主要管线上的这样的隔离,有几种情况例外,即反应堆冷却剂泵用的设备冷却水供给、回返管线和主蒸汽管线的隔离阀不能关闭。反应堆冷却剂泵用于循环冷却剂使之不断通过堆芯。可使主蒸汽管线隔离阀保持打开状态,因为它们是高压闭合循环系统的组成部分;当它们打开时,可以利用蒸汽排放系统排除堆芯的热量。如果触发信号是蒸汽管线低压力信号,那么主

蒸汽管线隔离阀一定会关上,这样做的目的是,使两个蒸汽发生器不致于因为主蒸汽管线破裂而全部向外喷放。

④ 启动辅助给水系统:辅助给水系统为蒸汽发生器提供了可靠的安全级水源,从而保证了可用的热阱,主要动作为启动辅助给水泵。

⑤ 主给水系统隔离:将主给水系统隔离起来,以便排除当蒸汽发生器水位控制系统企图恢复水位而进行过多的给水时,可能产生的意外冷却。(继一次带功率事故保护停堆之后,大幅度、长时间的“收缩”,会引起水位系统为恢复水位而以高流量给水)。

⑥ 启动应急柴油机:如果失去厂外电源,柴油发电机可作为厂内应急系统的电源。这些发电机在厂外电源失效同时便“马上”起动。柴油机一直处于运行备用状态,并且直到核电厂断电要求用它时,柴油机才提供安全负荷。

⑦ 控制室进风道隔离:控制室通风应改为自给式可居留系统,以防止因辅助厂房内的烟雾和辐射水平造成控制室内人员撤离。

⑧ 安全壳通风隔离:在工作人员进入安全壳以前,利用安全壳净化和排气系统使安全壳内环境通风。如果当事故发生时,这些系统正在运行,那就要把它们隔离起来。

6) 喷淋系统逻辑功能

安全壳内发生失水事故或蒸汽管道破裂事故后,触发安全壳喷淋降低安全壳压力、温度及空气中的碘的积存量。触发喷淋的信号是四取二的安全壳 H4 压信号。

7) 蒸汽管道隔离逻辑功能

① 蒸汽管道隔离功能简述

电站功率运行期间,如果发生主蒸汽管道破管事故,这样会间接导致反应堆功率的自动增加,从而对电站的安全构成冲击,为了保证电站的安全,除了触发安全注射和主给水系统隔离外,另外一条重要的专设动作就是主蒸汽管道隔离。

② 蒸汽管道隔离触发信号

- 蒸汽管道低压力,但需要和 P-11 允许信号符合,P-11 允许信号被闭锁时,该功能无效,P-11 允许信号被复位时,该功能有效;
- 蒸汽管道压力负变化率,也需要和 P-11 允许信号符合,情况跟蒸汽管道低压力信号相反;
- 环路低-低平均温度与 P-11 和 P-15 符合动作触发主蒸汽管道隔离;
- 手动主蒸汽管道隔离,有操纵员手动操作。

8) 主给水管道隔离逻辑功能

① 主给水隔离功能简述

在反应堆热停堆工况下,如果发生蒸汽发生器给水系统故障或余热排出系统故障,这样会导致反应堆主冷却剂平均温度上升事件,从而可能使得反应堆重返临界,为了保证电站的安全,在这种工况下,为了阻止反应堆重返临界,触发的动作信号是停闭主给水泵、关闭主给水调节阀、关闭主给水隔离阀、关闭主给水旁路调节阀。

② 主给水隔离触发信号

- 蒸汽管道低压力;
- 主冷却剂低平均温度和 P-11、P-15 符合;
- 主冷却剂低低平均温度(254 ℃);

- 蒸汽发生器高水位；
- 主冷却剂流量和主冷却剂环路平均温度符合；
- 蒸汽发生器给水流量和主冷却剂流量符合。

9）电厂失去厂外电专设动作逻辑功能

① 失去厂外电

电气系统发出的两个三取二的 6 kV 安全母线失电信号，经专设安全设施继电器屏进行信号扩展后，分几路输出。一路去启动应急柴油发电机组，一路同时去驱动两个专设逻辑装置，其余的用作失电符合信号。当专设逻辑柜收到失电信号，就发出“扫负荷”信号，并保持 2 s，再经过延时 4 s 发出“应急柴油机合闸”信号，并且保持 10 s。

应急柴油发电机组启动到额定转速和额定电压，便联至 6 kV 安全母线。接着，专设逻辑装置即按失电所需的预定带载顺序（失电程序）依次发出信号，驱动相应的专设安全设施投入运行，其所采用的符合逻辑方式同安注程序一样。

② 失电带载程序

当发生失电事故时，三段 6 kV 母线经 2/3 符合送出失电信号，与应急柴油机启动信号符合，启动失电符合电路，产生失电专设顺序如下：

- 0 s：启动离心式上充泵及相应的风机、阀门；
- 5 s：启动余热排出泵；
- 10 s：启动设备冷却水泵及风机；
- 15 s：启动辅助给水泵（电动泵）；
- 20 s：启动海水泵；
- 25 s：启动冷风机循环水泵等设备；
- 30 s：事故照明。

4. 重水堆燃料操作系统设计手册

重水堆的燃料操作系统是在反应堆运行期间，通过装卸料机及其辅助系统实现将新燃料装入反应堆燃料通道内，同时把乏燃料从燃料通道中取出并传输到乏燃料接收池的功能。

燃料操作系统由若干个子系统组成，包括新燃料系统、装卸料机系统、桥架滑车系统、屏蔽门系统、重水供应系统、重水压力控制系统和乏燃料系统等若干子系统构成，各个系统都有设计手册对系统的每个部件的功能、工作原理、设计标准、设备选型标准、设备结构图纸、防震等级要求、工作环境要求等内容做出描述，同时在附件内给出了设备或部件的维修手册、标定程序等支持文件的编号。

5. 设备性能分析评价方法

燃料操作系统中，许多重要的系统都设计有两套独立的设备，电源隔离，达到系统冗余、互为备用的目的，当任一套设备出现故障时而不影响系统功能。在失去冗余作用时，存在缺陷的系统如果要完成换料工作时，可以通过对系统设备进行定性和定量的可靠性分析，举一反三，可以达到对整个系统进行可靠性分析的目的。

首先需要对于某个设备的性能进行分析评价，主要关注以下项目：

1）设备故障模式及产生的后果；

2）分析故障原因。包括区分出功能缺陷和外部环境影响，并进行随机故障和共模故障分类；

3）系统设计缺陷或设备选型；

4）监查当前运行状况，掌握重要参数、限值以及变化趋势；

5）设备状态及制定标准；

6）维修记录(试验记录)；

7）备件消耗情况。

其次根据设备分析结果，进行各个子系统的可靠性定量分析。通过简化所分析计算的系统，忽略一些不重要的单元或子系统；画出系统及各子系统的可靠性框图，表示出系统中各单元或各子系统间的逻辑关系；确定分布模型，一般故障服从指数分布，计算各单元或子系统的可靠度；对整个系统的可靠性进行定量计算。

最后导出使系统满足可靠性要求所允许的各种条件，通过对比设计手册要求和系统实际的运行情况，得到整个燃料操作系统的设计标准是否满足电站要求和核安全标准。

四、仿真训练

(一) 单项选择题(请将正确选项的代号填入题内的括号中)

1. 依据规范核反应堆保护系统制造必须满足的安全等级为(　　)。

(A) 1E级　(B) N1级　(C) N2级　(D) N3级

2. 下列哪项不是控制棒控制系统接收保护系统的连锁信号(　　)。

(A) 禁止手动提棒信号　(B) 禁止自动提棒信号

(C) 禁止自动降棒信号　(D) 禁止手动降棒

3. 30万千瓦机组压水堆核电站主系统温度窄量程测量方式，热段、冷段的测量范围(　　)。

(A) 0～40 ℃　(B) 260～310 ℃　(C) 260～320 ℃　(D) 0～400 ℃

4. 30万千瓦机组压水堆核电站稳压器压力窄量程范围(　　)。

(A) 0～10 MPa　(B) 10～20 MPa

(C) 11.5～17.5 MPa　(D) 13.5～17.5 MPa

5. 30万千瓦机组压水堆核电站蒸汽发生器液位窄量程范围(　　)。

(A) 0～12 000 mm　(B) 800～12 000 mm

(C) 8 900～12 000 mm　(D) 800～8 900 mm

6. 以下用来测量堆芯温度的仪表是(　　)。

(A) 热电偶　(B) 热电阻　(C) 温度开关　(D) 双金属温度计

7. 重水堆机组局部中子超功率参数的仪表量程是多少(　　)。

(A) 100%FP　(B) 120%FP　(C) 122%FP　(D) 150%FP

8. 控制棒棒速程序的死区与(　　)主要是防止控制棒频繁动作。

(A) 饱和区　(B) 比例区　(C) 稳定区　(D) 回环区

9. 压水堆机组当(　　)个及以上通道的停堆断路器打开时，控制棒驱动机构电源被切断，控制棒靠重力落入堆芯。

(A) 1　(B) 2　(C) 3　(D) 4

10. 在(　　) 个及以上通道的停堆断路器手动复位前，控制棒不能重新从堆芯抽出。

(A) 1　(B) 2　(C) 3　(D) 4

11. 专门用作为失水事故保护和蒸汽管道破裂保护的后备信号为(　　)。

(A) 稳压器低压力安注　　(B) 安全壳高压安注

(C) 主蒸汽管道低压力安注　　(D) 冷却剂低-低平均温度安注

12. 发生主蒸汽管道破裂事故时,反应堆冷却剂平均温度要降低,超过该参数设计整定值时,产生(　　)。

(A) 稳压器低压力安注　　(B) 安全壳高压安注

(C) 主蒸汽管道低压力安注　　(D) 冷却剂低-低平均温度安注

(二) 多项选择题(请将正确选项的代号填入题内的括号中)

1. 反应堆保护系统的设计准则包括(　　)。

(A) 单一故障准则　　(B) 冗余性和独立性

(C) 正常和极限负荷条件试验　　(D) 故障安全准则

(E) 可试验性和可维护性

2. 反应堆控制的基本目的是使一回路所产生的功率与二回路所吸收的功率相等,同时保证一、二回路的温度、压力等热工参数及堆芯功率分布等参数能满足各方面要求,这些要求包括(　　)。

(A) 一回路平均温度变化不能过大,以免一回路冷却剂容积变化过大,需要比较大的稳压器来补偿容积变化

(B) 避免一回路平均温度变化过大,使一回路排出的待处理的液体容积增加

(C) 蒸汽发生器出口压力不能过低,以免汽机效率降低、汽机末级叶片处蒸汽含水量过大

(D) 反应堆功率变化的速度必须满足一定的跟踪电网负荷变化的要求

(E) 避免跟踪电网负荷变化时控制棒组的移动过多,造成过大的堆芯功率分布畸变

3. 关于棒控棒位系统的设计标准,下列说法正确的是(　　)。

(A) 控制棒控制系统接受来自反应堆功率调节装置的信号进行自动调节或者通过手动控制方式来调节反应堆功率,以满足汽轮机的需求功率

(B) 控制棒控制系统具有手动操作停堆棒的功能

(C) 控制棒控制系统可以手动和自动操作调节棒

(D) 控制棒控制系统要求控制棒到达的位置,简称“给定棒位”

(E) 通过安装在驱动机构上部的棒位探测器测量控制棒在堆芯中的位置,简称“实测棒位”

4. 测量流量的类型包括(　　)。

(A) 电容式差压(或流量)变送器　　(B) 超声波流量计

(C) 电磁流量计　　(D) 波纹管流量计

(E) 椭圆齿轮流量计

5. 以下参数,采用冗余通道测量的是(　　)。

(A) 主冷却剂平均温度、温差　　(B) 稳压器压力(窄量程)

(C) 冷却剂流量　　(D) 主泵转速

(E) 换料水箱水位

6. 关于堆芯温度测量系统说法正确的是(　　)。

(A) 堆芯温度测量系统采用的是镍镉-镍铝热电偶
(B) 堆芯温度测量系统热电偶测量范围可达 1 200 ℃
(C) 堆芯温度测量系统用来监测所选定的燃料组件出口温度
(D) 堆芯温度测量系统的热电偶通过压力容器底部的导向管引出测量信号
(E) 堆芯温度测量系统采用的热电偶为铠装热电偶

7. 功率失配通道由哪几部分组成(　　)。
(A) 速率比较器　(B) 非线性增益单元
(C) 滤波器　(D) 可变增益单元
(E) 模糊控制单元

8. 下列关于反应堆功率调节系统说法正确的是(　　)。
(A) 反应堆功率调节系统能够使反应堆功率自动跟随负荷变化
(B) 反应堆功率调节系统是安全系统
(C) 反应堆功率调节系统失效不会对核电厂的安全产生危害
(D) 反应堆功率调节系统包括两个通道:平均温度通道和功率失配通道
(E) 反应堆功率调节系统失效会对核电厂的安全产生危害

9. 重水堆机组关于调节棒描述正确的是(　　)。
(A) 调节棒总共有 21 根
(B) 正常满功率运行时,所有调节棒在堆芯底部
(C) 调节棒总共有 28 根
(D) 正常满功率运行时,部分调节棒在堆芯底部
(E) 调节棒有“NOT READY”指示灯

10. 关于专设安全设施说法正确的是(　　)。
(A) 专设安全设施驱动系统是反应堆保护系统的组成部分
(B) 专设安全设施驱动系统属于安全系统
(C) 专设安全设施驱动系统是用来限制严重事故的后果及用来减轻极限事故的后果
(D) 当反应堆保护系统传感器和逻辑回路探测到失水事故或蒸汽管道破裂事故时,专设安全设施即被触发
(E) 当反应堆保护系统检测到需要触发安全装置的情况时,就发出信号,送到专设安全设施电气驱动逻辑部分,再驱动专设安全设施电气设备

11. 重水堆机组二号停堆系统电离室回路设备有(　　)。
(A) 电离室探头　(B) 电离室放大器
(C) 加法器(AGM)　(D) 报警模块(AGM)
(E) 指示表

12. 维修规程记录表中要记录用到的有标定要求的测量仪器仪表,一般包括以下(　　)信息。
(A) 名称　(B) 编号　(C) 规格型号　(D) 标定有效期
(E) 精度等级

13. 对系统设备进行定性和定量的可靠性分析,主要应关注(　　)等信息。
(A) 设备故障模式及产生的后果

(B) 分析故障原因
(C) 系统设计缺陷或设备选型
(D) 监查当前运行状况,掌握重要参数、限值以及变化趋势
(E) 设备状态及制定标准

(三) 简答题

1. 为了减少故障对系统的影响,应该考虑独立性原则使系统在任何假设始发事件后均能完成安全任务,其中独立性是指什么?

2. 反应堆功率调节系统设计基准是什么?

3. 简述控制棒控制系统的故障有哪些。

4. 如图为典型的测量系统原理框图,请指出各个模块的名称。

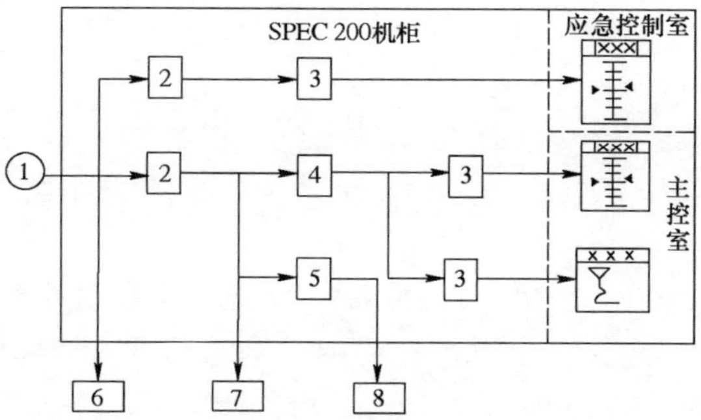

5. 30 万千瓦机组根据保护系统的要求,反应堆冷却剂温度测量必须:精度高;可靠性高;动态响应快。而且由于受温度计本身的限制,不能承受主管道内的高速流体冲击,故采用哪些措施?

6. 如图为反应堆功率调节系统原理方框图,请指出各个模块的名称。

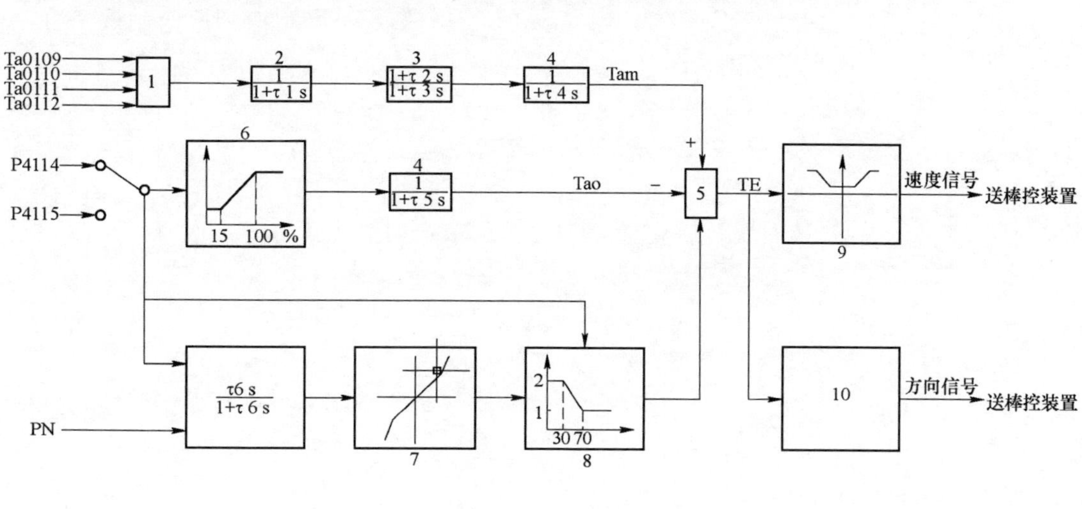

7. 安注动作信号会引发哪些安全动作?

(四) 绘图题

1. 画图说明重水堆机组通用的带有报警功能的工艺回路。

(五) 综合题

1. 描述重水堆机组二号停堆系统的设计要求。

2. 描述重水堆机组液体区域控制系统的控制设计准则。

五、参考答案

(一) 单项选择题

1. A;2. D;3. C;4. C;5. C;6. A;7. D;8. D;9. B;10. C;11. B;12. D。

(二) 多项选择题

1. ABDE ; 2. ABCDE ; 3. ABCDE ; 4. ABCDE ; 5. ABCDE ; 6. ABCE ; 7. ABD ; 8. ACD;9. AB;10. ABCDE;11. ABDE;12. ABCD;13. ABCDE。

(三) 简答题

1. 答:(1) 保持多重安全系统部件之间的独立性。(2) 保持安全系统部件与一个或多个假设始发事件间的独立性。(3) 保持安全系统部件与非安全系统部件之间的独立性。

2. 答:(1) 在 15%~100%额定功率范围内,使反应堆能承受±10%额定功率的阶跃变化或±5%额定功率/分的线性变化而不得引起反应堆停堆、蒸汽排放、稳压器释放阀驱动。(2) 在自动运行或运行瞬态时,恢复并保持反应堆冷却剂平均温度在规定的限制内。(3) 在 100%电网甩负荷时,能短时间带厂用电运行,在蒸汽排放系统的配合下,不得引起反应堆停堆,也不得引起稳压器安全阀及主蒸汽管道上的安全阀驱动。

3. 答:(1) 驱动机构线圈电流超过整定值;(2) 传递线圈电流和保持线圈电流同时为零;(3) 三相整流电路缺相;(4) 功能组件离线;(5) 直流电源故障;(6) PLC 设备故障。

4. 答:(1) 一次元件或变送器(2) 输入组件;(3) 信号分配组件;(4) 信号处理组件;(5) 报警组件;(6) 反应堆保护系统;(7) 电站计算机;(8) 报警系统或联锁系统。

5. 答:(1) 旁路测温方式,旁路流速控制在 4 m/s 左右,即 24 m^3/h,并有低流量报警;(2) 热段、冷段温度测量均有四个通道,平均温度和温差测量也有四个通道;(3) 窄量程测量方式,热段、冷段的测量范围为 260~320 ℃,平均温度测量范围为 260~310 ℃,温差测量范围为 0~40 ℃。(4) 选用快速响应的铂热电阻,其响应时间为 1.5 s。

6. 答:(1) 高选器;(2) 滤波器;(3) 超前/滞后;(4) 滤波器;(5) 加法器;(6) 函数定值器;(7) 非线性增益;(8) 可变增益;(9) 棒速程序;(10) 联锁环节。

7. 答:(1) 引发事故保护停堆;(2) 安全注射顺序带载;(3) 安全壳 A 阶段隔离;(4) 启动辅助给水系统;(5) 主给水系统隔离;(6) 启动应急柴油机;(7) 控制室进风道隔离;(8) 安全壳通风隔离。

(四) 绘图题

1. 答:见下图。

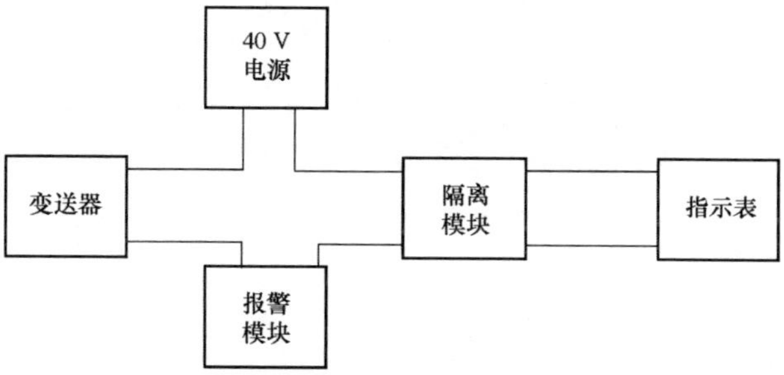

(五) 综合题

1. 答:(1) 分组和隔离:必须独立于一号停堆系统(SDS 1 号)、其他安全系统和工艺系统,使得发生在一个系统中的故障不会引起另一系统的故障。

(2) 冗余的停堆参数:对于每一个需要停堆系统动作的假想事件,至少有两种不同的停堆参数覆盖。

(3) 停堆参数与功率信号测量范围:用于提供信号给二号停堆系统(SDS 2 号)的中子仪表及过程仪表必须在整个正常工作范围内提供非饱和信号,并且这些信号停留在仪表的刻度范围内。

(4) 负反应性引入速率要求:从停堆触发信号超过设定值到注射阀开始打开的时间间隔小于 100 ms;液体毒物注入到停堆深度达−20 mk 的时间间隔小于 700 ms。

(5) 停堆深度要求:在考虑 LOCA 后最糟糕的空泡效应叠加最有效的毒物注射管失效基础上,所能达到的最低停堆深度不小于−40 mk。

(6) 可利用率和维护性:如果 SDS 2 号不能工作,反应堆就不能运行。如果持续一段时间停止使用 SDS 2 号,反应堆必须被置于保证停堆状态。系统必须有适当的冗余度并为维修作好准备,以便机组可利用率能得到满足。

(7) 可试验性要求:由于机组正常运行时所有专设安全系统均不工作,对它们必须进行定期试验以确保当需要时能立即投入。

(8) 可靠性:二号停堆系统总的不可利用率应小于许可极限 10^{-3}。

(9) 抗震评定:与 SDS 1 号的情况相同,SDS 2 号的抗震鉴定为 DBE B 级。经鉴定在一次地震中或地震后,设备仪表和它们的安装保持可运行。

(10) 环境鉴定:在反应堆厂房中的设备按 LOCA 工况或 LOCA 后条件进行环境鉴定。

2. 答:(1) 所有液体区域控制单元水位从 0 到 95%,可提供约 7 mk 反应性价值。

(2) 通过控制氦气平衡集管和延迟箱之间的压差,保障每个液体区域控制单元的排水流量稳定在约 0.45 L/s;进水流量控制在 0 到 0.9 L/s,对应整体反应性变化率在±0.14 mk/s 之间。

(3) 每个液体区域控制单元的水位控制在 0 到 95%之间,且每个液体区域控制单元均可独立或同时控制水位。

(4) 系统供水压力不足时,自动关闭 3481-PV98/PV106,防止因液体区域控制单元内的轻水排空,引起反应堆功率异常上升。另外,当供水压力低于 827 kPa(g),触发阶跃降功率(STEPBACK)。

第四单元　设备维修

一、学习目标

1. 了解核反应堆保护系统设计标准；
2. 掌握最终安全分析报告技术规格书中对核反应堆控制系统的相关要求；
3. 了解核反应堆中子测量系统设计标准；
4. 掌握重水堆燃料操作系统相关的系统知识、过程仪表、核测仪表知识。

二、考核要点

考核要点见表 3-5。

表 3-5　考核要点

考核类别	考核范围	考核点	重要程度
设备维修	核反应堆保护系统设计标准	核反应堆保护系统的性能指标	X
	最终安全分析报告技术规格书中对核反应堆控制系统的相关要求	相关术语定义	Y
		最终安全分析报告技术规格书中对核反应堆控制系统的相关要求	X
	核反应堆中子测量系统设计标准	堆外核测系统设计标准	X
		堆芯核测系统设计标准	X
	重水堆燃料操作系统相关的系统知识、过程仪表、核测仪表知识	装卸料油压系统知识	X
		装卸料机仪表压空系统知识	X
		重水供应及其压力控制系统知识	X
		装卸料机重水系统知识	X
		燃料传输知识	X
		装卸料机部件知识	X

三、考点导航

1. 核反应堆保护系统设计标准

(1) 核反应堆保护系统的性能指标

目前核电站反应堆保护系统的设计标准很多，中国国家标准的编制主要依据国际标准和美国标准，以下是部分保护系统设计相关的国家标准。

1）中国国家标准

部分保护系统设计相关的中国国家标准见表 3-6。

表 3-6　中国国家标准

EJ 529-90	用于核电厂安全重要系统数字计算机
EJ 530-90	核电厂安全级仪表和电气设备的设计和制造的质量保证大纲要求
EJ 534-91	核电厂安全级电路电缆系统的设计和安装 R.G.1.151
EJ/T 572-91	核电厂安全系统设备设计鉴定
EJ 574-91	核电厂安全级控制仪表盘(屏)和机架的设计与鉴定
EJ/T 590-91	核电厂安全级电路电缆通道系统设计安装和鉴定准则
EJ/T 609-91	核电厂保护系统电气插件型式检验准则
EJ 626-92	核电厂电气、仪表和控制设备的、检查和试验要求 R.G.1.30
EJ/T 649-92	核电厂电缆系统设计及安装准则
EJ 659-92	核电厂安全级电气设备零件更换要求
EJ/T 673-92	核电厂保护系统敏感元件和传感器型式检验准则
EJ 705-92	核电厂安全级电缆及现场电缆连接的型式检验 R.G.1.131
EJ 743-92	核工业计算机软件配置管理计划编制指南
EJ/T 759.1-759.2-1999	核电厂控制室控制器和屏幕显示的应用(代替 1993 版)
EJ/T 760-93	核电厂安全重要仪表和控制系统的供电要求 R.G.1.93
EJ/T 797-93	人因工程原则在核电厂系统、设备和设施中的应用
EJ/T 799-93	核电厂安全重要仪表整定值 R.G.1.105
EJ/T 800.1-93	反应堆用抗震、耐振机箱和机柜通用技术条件　地面固定型
EJ/T 970-95	核电厂安全级保护继电器及辅助器件的质量鉴定 GJB 1515-92 固体继电器总规范
EJ/T 1019-1996	核电厂安全重要仪表通道响应时间试验
EJ/T 1058-1998	核电厂安全系统计算机软件(代替 GB 12172-90)
EJ/T 1060-1998	数字计算机在核反应堆仪表和控制中的应用
EJ/T 1065-1998	核电厂仪表和控制设备的接地和屏蔽设计准则
GB/T 15474-1995	核电厂仪表和控制系统及其电气设备的安全分级
GB/T 93	标准型弹簧垫圈
GB 13286-91(=IEEE 384-1981)	核电厂安全级安全电气设备和电路独立性准则

续表

GB 13284-91 (=ANSI/ANS-4.1-1978)	核电站安全系统设计基准
GB 9225-88(=IEEE 352-1975)	核反应推保护系统可靠性分析一般原则
GB 9232-88(=IEC 643-1979)	数字计算机在核反应堆仪器和控制中的应用
GB 13624(=IEC 639-1979)	核电厂安全参数显示系统的功能设计准则
GB 13624-92	安全参数显示系统的功能设计原则
GB 8566	计算机软件开发规范
GB 9385	计算机软件需求说明编制指南
GB 8567	计算机软件产品开发文件编制指南
GB 5080.7	设备可靠性试验恒定失效率假设下的失效率与平均无故障时间的验证实验方案
HAF 0203	核电厂保护系统及有关设施
HAF 0208	核电厂有关仪表和控制系统
GB 4083-83	核反应堆保护系统安全准则
GB 5203-85	核反应堆安全逻辑装置特性和检验方法
GB 5204-85	核反应堆保护系统的定期试验与监测
GB/T 5963-1995	反应堆保护系统的隔离准则
GB 13284-1998	核电厂安全系统准则
GB 13286-91	核电厂安全级电气设备和电路独立性准则
GB 13626-92	单一故障准则应用于核电厂安全级电气系统
GB 13625-92	核电厂安全系统电气设备抗震鉴定
GB/T 15474-1995	核电厂仪表和控制系统及其供电设备的安全分级
GB/T 15475-1995	核电厂仪表和控制系统及其供电设备质量保证分级
EJ/T 529-90	用于核电厂安全重要系统数字计算机
EJ 568-91	核仪器仪表分类与代码
EJ 574-91	核电厂安全级控制仪表盘(屏)和机架的设计与鉴定
EJ/T 626-92	核电厂电气、仪表和控制设备的安装、检查和试验要求
EJ 627-92	保护动作的手动出触发
EJ/T 638-92	核电厂控制室综合体的设计准则
EJ/T 797-93	人因工程原则在核电厂系统、设备和设施中的应用

续表

EJ/T 852-94	压水堆核电厂贯穿安全壳的仪表管线
EJ/T 1019-1996	核电厂安全重要仪表通道响应时间试验
EJ/T 799-93	核电厂安全重要仪表整定值
EJ/T 1058-1998	核电厂安全系统计算机软件
EJ/T 1060-1998	数字计算机在核电厂仪表和控制中的应用
EJ/T 1065-1998	核电厂仪表和控制系统设备的接地和屏蔽设计准则
EJ/T 534-91	核电厂安全级电路电缆系统的设计和安装
EJ/T 820-94	核电厂安全系统电气物项质量鉴定加速老化试验程序的规定和选择
EJ/T 590-91	核电厂安全级电路电缆通道系统设计、安装和鉴定准则
EJ/T 659-92	核电厂安全级电气设备零件更换要求
EJ/T 760-93	核电厂安全重要仪表和控制系统的供电要求

2）国际标准

使用在核电站的 1E 级仪控系统的电子/电气元器件的适用性是通过型式试验和运行经验来验证的，而它们又是依据 IEEE603、KTA 3501 和 IAEA 安全导则 50-SG-D3。

型式试验的目的是验证用于 1E 级的仪控系统的电子/电气元器件即使暴露在电气干扰、恶劣的气候环境和机械环境等恶劣的环境条件下仍能满足它们的规范数据和功能描述的要求，主要用于核电站的情况下。

型式试验是由以下两个部分组成的：理论性的试验；在正常和极限负荷条件下的实际试验。

型式试验也验证在周期性地变化环境条件地情况下元器件的长期特性。以下的导则被使用在型式试验中，表 3-7 列出了相关的国际标准。

表 3-7 国际标准

IEC 61000-6-2,(02/96)	Electromagnetic compatibility (EMC);Generic immunity standard
IEC 68-2-1,(08/85)	Environmental testing,Part 2:Tests;Tests A:Cold
IEC 68-2-2,(03/80)	Environmental testing,Tests;Tests B:Dry heat
IEC 68-2-3,(12/86)	Environmental testing,Tests;Tests Ca:Damp heat,steady state
IEC 68-2-6,(02/84)	Environmental testing,Tests;Tests Fc and guidance:Vibration(sinusoidal)
IEC 68-2-27,(08/89)	Environmental testing,Part 2:Tests;Tests Ea and guidance:Shock
IEC 68-2-30,(09/86)	Environmental testing,Tests;Tests Db and guidance:Damp heat cyclic (12+12 hour)

续表

IEC 68-2-47	Environmental testing, Mounting of components, equipment and otherarticles for dynamic tests including shock (Ea), bump (Eb), vibration (Fc and Fd) and steady-state acceleration (Ga) and guidance
IEC 61000-4-2,(1995)	Electromagnetic compatibility (EMC) Part 4: Testing and measurement techniques, Section 2: Electrostatic discharge immunity tests
IEC 61000-4-3,(1995)	Electromagnetic compatibility (EMC) Part 4: Testing and measurement techniques, Section 3: Radiated, radio-frequency, electromagnetic field immunity test
IEC 61000-4-4,(1995)	Electromagnetic compatibility (EMC) Part 4: Testing and measurement techniques, Section 4: Electrical fast transient/burst immunity test
IEC 61000-4-5,(1995)	Electromagnetic compatibility (EMC) Part 4: Testing and measurement techniques, Section 5: surge immunity test
IEC 61000-4-6,(1995)	Electromagnetic compatibility (EMC) Part 4: Testing and measurement techniques, Section 6: Immunity to conducted disturbance, inducted by radio-frequency fields
IEC 68-2-14,(1984)	Environmental testing, part 14, Test N: Change of temperature
IEC 68-2-33,(05/96)	Environmental testing, Part 2, Guidance on change of temperature tests
EN 55011,(03/91)	Limits and methods of measurement of radio disturbance
	characteristics of industrial, scientific and medical (ISM) radio-frequency equipment
IAEA Safety Guide 50-SG-D3	Protection System and related Features in Nuclear Power Plants
IEC Publication 780,(1984)	Qualification of electrical Items of the safety system for nuclear power generating stations Supplement no. 1 to IEC publication 780, (1990); Recommended practices for accelerated aging test procedures
IEC 68-2-14,(1984)	Environmental testing, part 14, Test N: Change of temperature
IEC 68-2-33,(05/96)	Environmental testing, Part 2, Guidance on change of temperature tests
EN 55011,(03/91)	Limits and methods of measurement of radio disturbance
	characteristics of industrial, scientific and medical (ISM) radio-frequency equipment
IAEA Safety Guide 50-SG-D3	Protection System and related Features in Nuclear Power Plants
IEC Publication 780,(1984)	Qualification of electrical Items of the safety system for nuclear power generating stations Supplement no. 1 to IEC publication 780, (1990); Recommended practices for accelerated aging test procedures
IEC 60780-1998;(10/98)	Nuclear Power Plants- Electrical equipment of the safety system- Qualification
IEEE 323-1983	IEEE Standard for Qualifying Class1E Equipment for Nuclear power Generating Stations

续表

IEEE-Std 344-1987	IEEE Recommended Practice for Seismic Qualification of Class 1E Equipment for Nuclear Power Generating Stations
IEEE 379-2000	Application of the single failure criterion to nuclear power generating station safety systems
IEEE 384-1992	Criteria for independence of Class 1E equipment and circuits
IEEE 730-2002	Standard for software-quality assurance plans
IEEE 828-1990	IEEE Standard for Software Configuration Management Plants
IEEE 829-1983	IEEE Standard for software Test Documentation
IEEE 830-1993	IEEE Recommended Practice for Software Requirements Specifications
IEEE 1012-1998	IEEE Standard for Software Verification and Validation Plans
IEEE 1016-1987	IEEE Recommended Practice for Software Design Descriptions
IEEE 1028-1988	IEEE Standard for Software Review and Audits
IEEE 1042-1987	IEEE Guide to Software Configuration Management
IEEE 1074-1995	Standard for Developing Software Life Cycle Processes
IEC 60880 (1986)	Software for computers important to safety for nuclear power plants
IEC 60880-2 (2000)	Software for computers important to safety for nuclear power plants Part 2: Software aspects of defence against common cause failures, use of software tools and pre-developed software
IEEE 829	IEEE Standard for Software Test Documentation
IEEE 830	IEEE Recommended Practice for Software Requirements Specifications
IEEE 1008	IEEE Standard for Software Unit Testing
IEEE 1012	IEEE Standard for Software Verification and Validation
IEEE Std. 384-1992	Standard Criteria for Independence of Class 1E Equipment and circuits
IEEE Std. 603- 1998	IEEE Standard Criteria for Safety Systems for Nuclear Power Generating Stations
IEEE Std. 7-4.3.2 – 1993	IEEE Standard Criteria for Digital Computers in Safety Systems of Nuclear Power Generating Stations

2. 最终安全分析报告技术规格书中对核反应堆控制系统的相关要求

(1) 相关术语定义

运行模式：运行模式是堆芯反应性、功率水平和反应堆冷却剂平均温度等在很宽范围的组合给出的状态和工况。表 3-8 给出所规定的模式。

表 3-8　运行模式规定模式

模式	名称	反应性有效增殖系数(K_{eff})	反应堆功率 1) (额定热功率)	冷却剂平均温度/℃	冷却剂压力 MPa (kgf/cm^2) 4)
1	功率运行	～1.0	2%～100%	280～302 3)	15.2(～155)

续表

模式	名称	反应性有效增殖系数(K_{eff})	反应堆功率 1)(额定热功率)	冷却剂平均温度/℃	冷却剂压力 MPa(kgf/cm^2) 4)
2	热态零功率	～1.0	0～2%	280±2	15.2(～155)
3	热停堆	≤0.980	不适用	280±2	15.2(～155)
4A	中间停堆 A 阶段	≤0.980	不适用	280～180	15.2～2.94 (155～30) ±2
4B	中间停堆 B 阶段	≤0.980	不适用	180～93	2.94±0.20 (30±2)
5	冷停堆	≤0.980	不适用	≤93 5)	≤2.94±0.20(30±2)
6	停堆换料 2)	≤0.950	不适用	<50	0

注:1) 不包括衰变热;

2) 反应堆压力容器顶盖的螺栓已松开或顶盖已移走,燃料仍在压力容器内;

3) 运行初期为 280～297 ℃;

4) 这里取 1 kgf/cm^2=0.098 066 MPa,以下同。本文中凡未加说明的压力一律指表压。

5) 从运行安全角度,冷却剂平均温度降到<93 ℃时,反应堆已可认为处于冷停堆状态;如果需要打开冷却剂压力边界,使冷却剂与环境大气接触,而进行某些操作的话,应使冷却剂温度降至<60 ℃。

(2) 最终安全分析报告技术规格书中对核反应堆控制系统的相关要求

此部分内容参看最终安全分析报告技术规格书。

3.1　反应性控制系统

3.1.3　可移动控制组件(控制棒)

3.1.3.1　棒组高度

运行限制条件 3.1.3.1	所有插入堆芯的停堆棒和调节棒必须是可运行的,其实测棒位与要求棒位指示偏差,应控制在 14 步内;棒组内任意二束棒的实测棒位的指示偏差应控制在 14 步内。
适用范围:	运行模式 1*、2*和 3* 注:“*”见特殊试验例外 3.10.2 和 3.10.3。

措施

状态	需采取的措施		完成时间
A. 当一束或多束棒由于过大的摩擦阻力和机械方面的干扰,不能移动而处于不可运行状态或知道不能紧急下落。	A.1 与 A.2	核实停堆深度≥2.0%$\Delta k/k$。 进入模式 4 A。	1 h 6 h

续表

状态		需采取的措施		完成时间
B.	当一束以上的棒不可运行或发生失步而与要求棒位指示偏差超过 14 步或同一棒组内任意二束棒实测棒位指示偏差超过 14 步时。	B.1	进入模式 4 A。	6 h
C.	当一束棒不可运行或发生失步而与要求棒位指示偏差超过 14 步或与棒组内任意一束棒的实测棒位指示偏差超过 14 步时。	C.1	使失步的棒束回到棒失步限制范围内，棒恢复到可运行状态。	1 h
		或		
		C.2.1	核实停堆深度≥2.0%$\Delta k/k$。	立即与以后的每 12 h
		与		
		C.2.2	复核表 3.1.3.1-1 所列的每项事故分析，确认在这种情况下进行运行的话，以前这些事故分析的结果仍属有效。	5 d
		与		
		C.2.3	用可移动堆内探测器给出功率分布图，同时验证$FQ(Z)$的$F_{\Delta H}^{N}$在它们的限值范围内。	72 h
		与		
		C.2.4.1.1	将热功率水平降低至≤75%的额定热功率。	1 h
		与		
		C.2.4.1.2	把高中子通量停堆保护值减到≤85%的额定热功率值处。	5 h
		或		
		C.2.4.2	把不可运行棒所在棒组的其余棒拉到与此不可运行棒同样棒位，使棒的顺序和插入极限满足图 3.1.3.1-1；在这以后的运行中，热功率水平限制在运行限制条件 3.1.3.5 要求的范围。	1 h

监测要求

监测		频度
监测要求 3.1.3.1.1	·说明· 如果棒位偏差报警装置不可运行,则应每 4 h 验证一次棒位在限制范围内。 验证控制棒的棒位在限制范围内。	12 h
监测要求 3.1.3.1.2	每束未全插入堆芯的控制棒在任意一个方向运动一次,运动的距离至少 7 步,以确定该棒是可运行的。	31 d

注:以上内容摘录于技术规格书本,保留了其原来的章节号。

3. 核反应堆中子测量系统设计标准

(1) 堆外核测系统设计标准

1) 设计基准

核测仪表系统用于监测反应堆的中子注量率。它的监测范围可以从停堆状态直至百分之二百满功率水平,中子注量率范围从 10^{-1} nV 到 10^{10} nV。

核测仪表系统使用 3 个量程,覆盖 11 个数量级。

这三个量程分别是源量程、中间量程和功率量程。每相邻的两个量程都有重叠部分。

源量程由两个电气与实体分隔的相同通道组成。它们提供冗余的中子注量率信号,覆盖范围从 10^{-1} nV 到 10^{5} nV,对应的计数率量程范围是 1 cps～10^{6} cps。

中间量程由两个电气与实体分隔的相同通道组成。它们提供冗余的中子注量率信号,覆盖范围从 2.5×10^{2} nV 到 2.5×10^{10} nV,对应的电流量程范围是 10^{-12} A～10^{-4} A。

功率量程由四个电气与实体分隔的相同通道组成。它们提供冗余的中子注量率信号,覆盖范围从 1×10^{7} nV 到 2×10^{10} nV,对应的反应堆功率范围是 0.1%FP～200%FP。

每个量程提供必需的超功率反应堆停堆保护。源量程、中间量程和功率量程之间的量程重叠,保证了反应堆有连续的控制和保护功能。功率量程四个通道的中子注量率信号作个比较,在径向功率倾斜超过整定值时发出报警。

反应堆启动或提升功率时,需要高一级量程给出一个允许信号,而且在较低量程超功率保护之前能够由操作员手动闭锁高中子注量率停堆信号。当功率降低时停堆保护是自动恢复的。

2) 设计准则

系统按照或参考表 3-9 中的内容进行设计。

表 3-9　设计参照准则

1. 安全准则 1.1　参考电站 1.2　安全准则	HAD102/10-88　RG1.53-73 HAD102/14-88　RG1.75-78 IEEE323-83(R96)　RG1.89-84 IEEE344-87(R93)　RG1.97-83 IEEE379-00　IEEE338-87 IEEE384-92　IEEE603-98 IEC 61000-4-2-99　IEC 60709-81 IEC 61000-4-3-98　IEC 60231A-69 IEC 60231A-67
2. 安全分级:(按分级表写)	1E 级
3. 工程设计规则和标准 - 参考专门的工程设计规则和标准	
4. 功能准则	
4.1　系统完全丧失其功能时的安全准则条件	考虑
4.2　能动部件的冗余度	不考虑
4.3　应急电源冗余度	考虑
5. 环境和安装	
5.1　冗余设备的分隔(考虑或不考虑)	
- 能动部件	不考虑
- 非能动部件	考虑
5.2　系统要设防外部威胁(考虑或不考虑)	
- 一回路失水事故(LOCA)	考虑
- 蒸汽管道破裂	考虑
- 甩管	不考虑
- 汽轮机碎片	不考虑
- 高轨道	不考虑
- 低轨道	不考虑
- 其他飞射物	考虑
- 飞机坠毁	不考虑
- 安全停堆地震	不考虑
- 洪水	不考虑
- 受热蒸干	考虑
- 有害蒸汽或气体(不包括大火产生的气体)	考虑
- 水淹(因管道、容器破裂而溢出的)	不考虑
- 电离辐射	考虑
- 爆炸 (厂区内)	不考虑
- 特别防火措施	考虑
5.3　对其他系统的威胁(有或无)	
- 甩管	无
- 飞射物	无
- 有害蒸汽或气体(不包括大火产生的气体)	无
- 水淹(因管道、容器破裂而溢出)	无
- 电离辐射	无
- 爆炸	无
- 火灾	有

续表

6. 运行准则(需要或不需要)	
6.1 定期检查	需要
6.2 定期试验	需要
6.3 剂量分区	不需要
6.4 防止破坏	不需要

(2) 堆芯核测系统设计标准

1) 设计基准

堆芯核测系统与反应堆冷却剂压力边界有关的部分,应按照反应堆冷却剂系统要求来设计,并应符合 ANSI/ASNE BPVC-III-1-NB-01 的要求。

在反应堆正常运行期间,堆芯核测系统是间断性工作的,至少每30个满功率日要测绘一次堆芯中子通量分布图。本系统设备设计成能最多每周测绘一次全堆中子通量分布图。在物理启动期间,本系统设备会更加频繁地使用。

整个系统的可靠性设计目标能够在两次计划停堆换料之间完成上述功能而不需要操作人员进入到反应堆厂房内去进行就地操作。

系统设备能承受所在位置的正常环境条件。

安装在反应堆厂房堆芯仪表室设备的环境条件:

- 最高温度:49 ℃;
- 相对湿度:30%~80%;
- 最高吸收剂量率:0.15 mGy/h。

抗震(只适用与压力边界有关的设备和部件):

- SSE:垂直加速度 0.167 g(地面);水平加速度 0.25g(地面)。

安装在电气厂房仪表室设备的环境条件:

- 最高温度:40 ℃;
- 工作温度:≤30 ℃;
- 相对湿度:20%~70%。

系统设备设计应具有备用的支援能力。在一个测量组的主要部件(如探测器、选择器、驱动装置等)发生故障的情况下,仍能测量全堆的中子通量。

2) 设计准则

设计标准:

- HAF 102—91　　“核电厂设计安全规定”;
- HAD 102/03—86　　“用于沸水堆、压水堆和压力管式反应堆安全功能和部件分级”;
- HAD 102/14—88　　“核电厂安全有关的仪表和控制系统”;
- IEC-6-568—77　　“测量动力堆中子注量率的堆内仪表”。

4. 重水堆燃料操作系统相关的系统知识、过程仪表、核测仪表知识

(1) 装卸料油压系统知识

油压系统的功能是在装卸料过程中,使装卸料机和滑车的各驱动器动作,包括在反应堆燃料通道端部件上进行装载新燃料和接收乏燃料。

油压系统靠计算机DCCY控制。计算机DCCY处理来自油压系统上设备的指令和反馈信号。控制室也可以对各个装卸料驱动器进行遥控手动操作。但是,油压系统不能使所有装卸料机驱动器和控制回路动作,如C杆和分离器。

油压系统与电气控制共同配合完成整个操作循环,并且在装卸料过程中对装卸料机进行完全控制。

每台装卸料机是由单独油压系统供油的。A 侧和 C 侧的油压系统是相同的。通常,反应堆和两台装卸料机之间燃料更换是同步的。在一侧卸走乏燃料的同时,在另一侧装入新燃料。

每套油压系统有两台供应泵,用于驱动换卸机和滑车上的执行机构。另外并联两台泵作为备用泵,向执行机构供油。为了提高可靠性,通向滑车的压力供给悬链管及装卸料机接头板接头(快速接头)是双重的。这些悬链平行安装,且每根都能承受系统的正常的流量。所有的电磁阀都由交流供电并控制。装卸料机驱动器的油压系统分为下述部分:

1) 油泵;

2) 油阀站;

3) 装卸料机传动装置,包括B杆、锁杆、料仓和管嘴抱卡回路;

4) 推杆机械密封润滑回路;

5) MV 阀油压回路;

6) 滑车液压传动装置包括 Z 向运动,Y 向校准以及滑车防震抱卡回路。

(2) 装卸料机仪表压空系统知识

装卸料机仪表压空系统的压缩空气是由反应堆厂房仪表空气系统供给,压力为 800～860 kPa(g)。在压力控制失效情况下,最大空气压力能够达到 1 050 kPa(g),这是供给安全阀的整定压力。该系统的空气通过 6 个空气站分配。四个位于装卸料机重水压力控制系统阀站。二个位于装卸料机维修区。在重水压力控制系统的减压阀(压力定在 620 kPa)出口,有压力开关对压力进行监测,当空气压力小于 480 kPa 时,压力开关给出报警信号到主控盘台指示灯和计算机DCCY。

(3) 重水供应及其压力控制系统知识

装卸料机重水供应系统通过装卸料机重水阀站向装卸料机提供一定压力、流量和温度的重水,用于冷却装卸料机料仓中的乏燃料和驱动装卸料机的水压回路(C 杆和分离器)。重水供应系统主要的设备位于重水供给系统房间,并且两侧的各个装卸料机重水阀站相连接。由于重水供给系统房间在喷注系统误操作或 LOCA 事件中会浸水,可能的水深将达2.4 m。按照设计要求,在上述可能的事件发生后,装卸料机重水供应系统必须确保能够持续运行两个小时以上,向装卸料机供应正常流量的重水。为保证上述功能,所有的仪控系统部件都在房间标高 2.4 m 以上,所采用的气动控制阀和重水供应泵也应能在水淹后两个小时内正常工作。

根据上述要求,所采用的电动机是全封闭、防水的,泵和减速齿轮箱通过排气管通风。当房间浸水,泵和减速齿轮箱全部浸没的情况下,电动机允许连续运行至少两个小时。

泵润滑系统靠一个曲轴驱动的油泵提供压力。现场有一块压力表指示润滑油压。在重水泵驱动电机运行的情况下,如果压降低于最小容许值(68.9 kPa),一个润滑油压开关将触发,点亮控制屏台上的指示灯,并向控制计算机发送报警信号。根据维修手册,在正常运行工况下,重水泵的润滑油压不低于 35 psig。

重水泵驱动电机是靠一台 2.0 kW(1.5 HP)电机驱动风机冷却的。由于控制联锁的作用,风机电动机必须先运行,而后重水泵驱动电机才能运行。如果在泵运行后风机电动机停转,重水泵驱动电机的运行不受影响,但在控制盘台上的指示灯会点亮并同时向计算机发送信号,向操纵员指示风扇电动机停转但重水泵驱动电机仍然运行。

1) 压力调节与控制

压力控制系统有两个输出环路分别给两侧的重水阀站提供一定压力、流量和温度的重水。对两个输出环路的分别配置了一个单独的数字压力控制器。PC11 A 对应 A 侧环路,PC11 C 对应 C 侧环路。每个压力控制器对保持它各自环路的输出压力具有独立的功能。相应环路的压力由各自的压力变送器 PT11 A 和 PT11 C 来测量。每个压力控制器控制各自环路中的串行阀(PCV11#1A,PCV11#1C)的关度和并行阀(PCV11#2A,PCV11#2C)开度。每个压力控制器的设定点相互独立,压力控制器的压力选择方式有遥控和就地两种。在遥控设置方式中:可由控制开关手动控制或电站控制计算机数字量输出进行自动控制;在就地设置模式中,可以通过压力控制器上的按键设置和调节该环路的压力设定点。

另外,公共母管环路也配置了一个单独的数字式压力控制器来控制 A、C 两个输出环路的公共母管压力。公共母管压力由压力变送器 PT11 测量;由公共回流阀 PCV11 来调节。

压力控制系统有如下四个工况,对应重水阀站相应的工况见表 3-10:

表 3-10 相应工况

序号	供应压力	压力值	重水阀站	压力值
1	低压(Low)	4.0 MPa	低压(Atmosphere)	0 MPa
2	中压(Medium)	7.5 MPa	停车压力(Park)	3.1 MPa
3	高压(High)	15.5 MPa	中压(Intermediate) 高压(High)	10.48 MPa 11. 38 MPa
4	备用(Spare)	None	低压(Atmosphere)	0 MPa

以 A 侧输出环路为例,简要描述压力控制的过程如下。

压力选择开关有五个选择位置。

将压力选择开关置于四个开关选择位置之一(Spare/High/Medium/Low)时,相应的 24 VDC 的数字信号将输入到控制器(PC11A)。相对应的压力设定点将被选中参与控制;同时,与该设定压力对应的串行阀(PCV11#1A)开度也将被选中并经控制器输出信号将阀门开启到该开度。该环路的压力信号(PT11A)也输入到数字控制器(PC11A),并与设定点比较,与设定点之间的偏差经过 PID 模块运算后,计算结果从控制器输出,控制并行阀(PCV11#2A)开度,并通过并行阀开度的不断调整将环路压力稳定在设定点。

串行阀流过比负载(A 侧重水阀站)稍微多一些的流量。回流控制作用的并行阀把负载所不需要的的那部分流量排放回去;并在负荷流量正常波动时,确保输出压力不至于过分的波动。

将压力选择开关置于 AUTO 位置时，可以从盘台输入相应的助记符(CMSB/CMSM/CMSE，CMSUP)选择压力设定点，助记符输入后，由计算机控制闭合对应的计算机输出信号，相应的 24 VDC 的数字信号将输入到控制器(PC11A)。

公共母管环路压力控制器通过控制公共回流阀(PCV11)的开度来保持公共集管压力在预整定值(目前公共母管压力设定点为 16.3 MPa(g))不变。这个公共环路在 A、C 两侧输出环路之间作为吸收压力扰动的机械装置，确保在一个输出环路产生的主要的压力扰动不会严重影响另一个输出环路，同时也不会由于两个系统之间的相互影响严重减弱控制的稳定性。在系统中第二台泵的启动或停止时，它也帮助减弱附加于系统的扰动。

2) 温度控制

通过调节经过热交换器冷却水流量来控制旁路热交换器和回流热交换器返回系统的重水温度。此两个环路是相似的，所以只描述回流水温控制。

由安装在热交换器出口处套管内的电阻温度探测器(RTD)探测流出热交换器的重水温度。此探测器连接到安装在端子柜中的温度变送器，温度变送器输出一个 4～20 mA 的直流信号，4～20 mA 的电流信号对应 20～120 ℃的温度信号，该电流信号作为过程变量送入安装在控制盘台上的温度控制器。

盘台操作员可以在温度控制器上选择热交换器的出口水温的设定值。来自变送器的输入信号与此设定值比较，过程变量与设定点之间的偏差经过 PID 模块运算后，计算结果从控制器输出，控制温度控制阀的开度，并通过温度控制阀开度的不断调整将环路温度稳定在设定点。

(4) 装卸料机重水系统知识

装卸料机重水控制系统功能如下。

装卸料机重水控制系统对装卸料机的各重水回路进行回路的压力和流量调节，以完成如下几个主要功能：

a) 冷却料仓中的乏燃料；

b) 作为装卸料机 C 杆的动力供给，对 C 杆运动方向和力量进行控制；

c) 作为装卸料机分离器的动力供给，对分离器的动作进行控制；

d) 保持不同操作模式所需要的压力；

e) 提供 B 杆填充流量；

f) 在装卸料机与反应堆通道连通时，用以防止高温的主热传输系统(PHT)重水进入装卸料机料仓内；

g) 提供装卸料机料仓转动的密封冷却流量。

C 杆液压控制回路包括力量控制和方向控制两部分：

① 力量控制环路

料仓压力施加于 C 杆的前端，C 杆的作用压力参考料仓压力。因此，推杆力取决于施加在 C 杆活塞杆上的不同压力。提供五个压力设置点用于 C 杆的操作。

力量控制回路由隔膜式压力控制阀和缓冲罐组成，压力控制阀控制 C 杆的压力，缓冲罐减少 C 杆启动和停止时的瞬时压力波动。

C 杆执行机构的退回被持续地充压，这样退回失速力等于执行机构回退侧面积乘以 C 杆作用压力。前进失速力等于执行机构前进侧面积减去回退侧面积乘以 C 杆作用压力。差压变送器监测 C 杆的操作压力。

C 杆回路配置了一条位于压力控制阀下游端的旁路管线，它包括孔板 RO23 和针阀 V40，孔板和针阀的功能是提供下列两种用途的旁路。

首先，当推杆要求的流量很低或者为零时，它可以提供一个最小流量，保证压力控制阀维持在小开度，使 C 杆环路压力稳定的功能正常实现。

其次，旁通流量防止环路超压或在停止(Overhaul)时推杆的液压锁定。这种情况可能发生在 C 杆位于完全回撤位置，B 杆和/或锁杆正在回撤时，在 C 杆回退侧的管路内的容积减少，导致推杆停止不动，仅消耗泄漏流量，容积减少将增加压力导致压力控制阀关闭并液压锁定推杆。当 C 杆置于前进位置并停止，而 B 推杆正在前进时，同样会出现停止工况。当 C 杆置于前进位置，推杆头顶在燃料通道燃料串，在下游装卸料机的 B 推杆推回燃料串时，同样会出现停止工况。旁通环路有足够的流通能力，能通过任何停止工况下的最大流量。

② 方向控制环路

C 杆的方向控制通过二个气动开关阀 PV16 和 PV15 来实现。通过关闭 PV16 和打开 PV15 使 C 杆退回。C 杆回退侧通过管线连接到压力控制阀出口，C 杆的前进侧通过管线连接到压力控制阀出口处、通过公共回流管线连接到料仓。公共回流管线上的止回阀 NV3 的功能是在 C 杆失效时防止流量从料仓倒流到悬链软管。C 杆的前进是通过关闭 PV15 和打开 PV16 来实现的。这样 C 杆的回退侧和前进侧都与 PCV4 压力供应环路相连接。由于前进侧的面积是推杆回退侧面积的 5 倍左右，所以推杆能够前进。

③ 料仓供给与料仓回流环路

料仓供给环路的重水流量由孔板和常开阀调整。

料仓工作压力由位于料仓回流回路上的隔膜式压力调节阀来控制，它和位于该阀门上游的四只缓冲储罐及压力变送器构成料仓压力控制系统，它有四个压力设定点：高压、中压、停车(Park)和低压。

a. 料仓高压和中压

● 高压：在取下燃料通道密封塞之前，装卸料机与上游端部件相连时，选择料仓高压，高压设定值为 11.38±0.176 MPa。(一般上游端部装置处 PHT 系统 D2O 的最大压力为 11.1 MPa)。

● 中压：同样地在取下燃料通道密封塞前，装卸料机与下游端部件相连时，选择料仓中压。中压的设定值为 10.48±0.176 MPa(一般下游端部装置处 PHT 系统 D2O 的最大压力为 10.2 MPa)。

当燃料通道密封塞被取下时，料仓的压力降至与端部件的压力相同(处于上游和下游的装卸料机工况相似)。此时，料仓压力低于设定值，压力调节阀无法维持料仓背压，造成失控，压力调节阀向下关闭直至关死。从而关闭所有料仓回流管线的回流。所有进入装卸料机料仓的重水将流入燃料通道，从而防止了高温高压的热传输系统的重水从反应堆燃料通道流入装卸料机内。

以上两种工况下，当装卸料操作结束后，流入通道内的重水流量将被通道密封塞堵塞，此时，料仓压力会出现暂时的波动，直至压力调节阀打开，在料仓回流管线中重新建立回流。两个缓冲罐(设定点为 10.3 MPa(g))的作用是吸收料仓回流的流量来减小压力的波动和因压力调节阀开、关而引起的冲击。从而使燃料通道密封塞在密封通道前能使压力调节阀局部地打开，重水经回流管线返回供应系统。料仓回流管线有两根，这是为了回流管线悬链软管失效时提供冗余度。

注：在当前的设计中，安装密封塞前预先把 PCV1 开到预定开度（比高压正常开度小 5%～10%），从而进一步缓解压力的波动。

b. 料仓 Park 压力

当装卸料机从维修区的新燃料通道、乏燃料通道、辅助通道或演练通道到反应堆端面之间往返移动时（包括在乏燃料通道拆除管嘴前），选择 PARK 压力，压力设定值为 3.11±0.176 Mpa(g)。在这种工况下，重水经料仓回流管线和压力调节阀返回重水供应系统。料仓压力由压力控制阀控制，两个缓冲罐（设定点为 1.7 MPa(g)）提供 PARK 压力下对料仓压力波动的缓冲。

c. 料仓低压

当装卸料机机头与新燃料通道、乏燃料通道或在维修期间与辅助通道相送时，选择低压，低压设定点为大气压（0.0 MPa(g)）。在此工况下，主要用于装载新燃料、卸出乏燃料或进行维修操作。由于装卸料机拆除了管嘴塞后与大气相通，所以在这个操作过程中，要求料仓液位低于管嘴高度的堰坝的液位。在这种工况中，料仓回流管线中没有流量，所有进入装卸料机的重水从堰坝通过疏排站进入重水收集箱，然后经回流泵返回重水供应系统。

在卸料、装料操作完成后，关闭高压疏水阀 MV37，低压疏水阀 MV44，打开料仓通气阀 MV36。这样做是为了在料仓充水时将空气从料仓通过重水贮存箱箱吹出。料仓液位由 3 个的液位探针来探测指示。重水收集箱有 5 个液位探针，用来提供超高液位报警、高液位报警（用于回流泵的启动）、低液位报警（用于回流泵的停止）、超低液位报警。回流泵停止时重水收集箱中的重水体积是重水收集箱容积的 40%，从而使重水内的气泡溢出而不带入 PHT 系统。

(5) 燃料传输知识

1) 新燃料传输

① 料仓旋转

新燃料料仓有 7 根料仓管，其中 Z 管用于存放屏蔽塞，其余 6 根用于存放新燃料棒束。料仓由交流电机驱动，停止依靠制动器，位置间隔为 1111_8，为保证料仓的管与新燃料通道或装载槽对准正确，在标定时必须是料仓管的中间位置设置在“惰性区”的中央，经测量“惰性区”的宽度为 48 bit。

② 传输杆

传输杆取出、安装屏蔽塞，传输新燃料由新燃料机料仓到装卸料机料仓。传输杆由直流电机驱动，速度有两档，低速 13 mm/s、高速 71 mm/s，传输杆的终端行程限位由轴编码器输出给出信号，继电器动作控制前进和后撤。在输送屏蔽塞和输送新燃料和位置不同，都由计算机控制。

③ 空气闸阀

在重水蒸气回收系统工作正常，料仓内应为负压和装载槽盖关闭的情况下才能打开空气闸阀，用于将新燃料从装载槽中推入新燃料机料仓。

④ 装载杆

装载杆的动作的动力是压缩空气,中间介质是油,以保证推杆运动的平稳。

2) 乏燃料传输

重水堆核电站采用不停堆换料,由于乏燃料具有强放射性,因此乏燃料从反应堆卸出及传输必须保持反应堆热传输系统的完整性;乏燃料被传输到储存池过程中,在空气中暴露时间应受严格控制,受到合适的冷却,以免衰减热损坏乏燃料;在装卸料机连接到乏燃料通道卸乏燃料时应确保安全壳压力边界完整性,并限制放射性物质的泄漏。乏燃料传输系统仪表和控制装置正是为乏燃料卸出和传输设备提供手动、半自动和自动控制,确保整个系统安全可靠运行。除操作破损燃料外,通常乏燃料从换料机卸到卸料池,再运到接收池,都是采用电站计算机(DCCY)自动控制模式运行。

乏燃料可以分别从反应堆两侧利用各侧的装卸料机进行卸料。装卸料机抱卡在乏燃料孔道后,在满足卸料条件后,C 杆把料仓内的一对乏燃料推出,经过维修区与乏燃料卸料池隔墙上的乏燃料孔道,被卸到该侧的升降斗上。在每个乏燃料孔道中都安装有两个球阀(内球阀和外球阀),在传输乏燃料前该两个球阀必须打开,在不传输乏燃料时,两个球阀必须及时关闭。

乏燃料棒束被推入升降斗后,在满足升降斗下降条件后,通过其驱动机构使升降斗下降,把乏燃料棒束放置到传送带传输小车上托架的一个位置上。此托架可通过安装在卸料池底传送带的传输小车由计算机控制定位以使托架在升降斗下降时处于指定位置。只有传输小车向接受池方向移动一个位置。升降斗便可上升并返回至乏燃料孔道再接收另一对乏燃料棒束。重复此过程直至托架装满乏燃料棒束。

升降斗完成卸料任务后,传输小车会自动移至卸料池传送带末端,接着又被自动传送到接收池的传送带上,最后移至乏燃料接收池传送带终端。就地操作员利用手动工具及吊车将装满燃料的托架吊离传输小车,把空的托架放在传输小车上,采用就地手动控制将小车返回至卸料池传送带卸料端。

(6) 装卸料机部件知识

1) 装卸料机管嘴组件

装卸料机管嘴组件具有以下几种功能:

① 初步检查装卸料机与端部件的对中情况,从而避免对管嘴组件和端部件造成损害;

② 确信装卸料机已经与燃料通道端部件完全对中,满足抱卡条件;

③ 与燃料通道一起,构成压力边界;

④ 可以维持完整的压力边界;

⑤ 可以用来完成管嘴与端部件、密封塞与端部件泄漏试验。

管嘴组件位于装卸料机的前部,共有以下几部分组成:一个触盘机构,一个管嘴组件的抱卡机构,一个管嘴组件的安全锁紧机构。

2) 推杆组件

推杆组件位于装卸料机的后部,通过 Techlok clamp 直接与料仓的后端部相连。推杆组件主要有六根同心不锈钢管组成,外加一个推杆组件腔体。六根同心不锈钢管共同作用,相互配合,可以完成以下功能:

① 安装和卸出燃料通道的密封塞和屏蔽塞;

② 运行操作管嘴塞和导向筒；

③ 从上游把新燃料棒束推进燃料通道；从下游克服燃料通道两端压力差，把燃料串推回到燃料通道里。

为了便于识别六根同心不锈钢管，根据各管径的大小，从里到外依次为1号管、2号管、3号管、C杆、锁杆和B杆。其中锁杆和B杆是由液压驱动马达驱动，通过机械齿轮将运动传给滚珠丝杠，依靠滚珠螺母的平动而使推杆前后移动。C杆则是由液压（重水）直接作用于安装在C杆上的活塞，使C杆前后往复运动。1号管、2号管和3号管则为C杆提供一个液压通道。在正常情况下，锁杆和C杆完全跟随B推杆运动，而且它们还能独立运动。

B杆和锁杆的滚珠丝杠、滚珠螺母以及它们的前端支撑轴承都浸没在推杆组件腔体里的重水中，依靠重水对它们进行润滑。但是当装卸料机在乏燃料通道、新燃料接受通道和其他辅助通道运行时，推杆组件腔体里的重水液位将降低，以避免重水的泄漏。所以在推杆组件的前端由推杆支承轴承和推杆组件腔体共同组成一个溢流口，以保证推杆组件腔体中始终容纳有足够的重水来润滑推杆组件的驱动部件。

在B杆、锁杆和C杆的端部各安装一个推杆端头。它们互相配合，能够完成各种各样的操作：如各种管塞的操作，燃料通道的操作等。

3）料仓

装有十二根管子的料仓处于管嘴和分离器的后面，十二根管子直径不同，用于燃料临时储存和各种工具储存。

料仓组件全部包容在料仓外壳和端盖之中，由位于料仓后端的齿轮箱中的分度机构驱动。分度机构通过减速齿轮由液压马达和料仓侧边的应急驱动装置驱动。料仓外壳和端盖之间用一个直径为30″抱卡机构和密封环进行连接和密封。

4）分离器

每个装卸料机各有两个分离器，安装在料仓和管嘴之间的料仓端盖上。它们穿过压力边界，并处于同一平面上。分离器与中垂线的安装夹角为63.5°。两个分离器的功能完全相同，但分左右。

回推器和触杆的位置由线性电位器确定。电位器的线圈由推杆驱动，推杆通过电位器里的弹簧与活塞相连。电位器内部充油，并在底部由两个同心波纹管密封。

燃料挡块的“下插”和“提升”位置均由密封管上的两对干簧管开关确定。磁铁装在活塞的顶端，并在密封管内滑动。当燃料挡块处于“提升”位置，磁铁触发上部的一对开关；“下插”位置，触发下部一对开关。

燃料挡块可在“下插”或“提升”任一位置由安全锁机构锁定，安全锁锁杆采用电磁释放、弹簧推入的方式。安全锁锁杆可插入挡块活塞杆上的两个凹槽中，将挡块锁定。安全锁释放后，挡块方可在施加活塞的重水压力作用下作上下运动。锁头的位置可通过安装在密封还上的两对干簧管开关进行确定。开关由装在锁头顶部的磁铁触发，锁头及磁铁可在密封管中上下滑动。

当电磁失电，安全锁头在弹簧推动下插入活塞杆上的任一凹槽中，将挡块锁定。当电磁铁得电，电磁力量可将锁头撤回，从而释放挡块。锁头的释放也可通过安装在安全锁机构顶部的气功解锁装置进行。气源由重水压力控制阀站房间的气站供给，经减压阀和悬链输送到安全锁上。

四、仿真训练

(一) 单项选择题(请将正确选项的代号填入题内的括号中)

1. 下列哪个描述不是稳压器压力控制系统的控制准则(　　)。

(A) 反应堆冷却剂压力变化的限制　(B) 控制系统的稳定性

(C) 上充管道热冲击限制　(D) 开关式电加热器启动次数的限制

2. 重水堆机组通量测绘程序由数字控制计算机(DCC)程序,根据堆芯内设置的(　　)个钒监督器的测量值,并采用预期通量模式的线性组合自动生成。

(A) 102　(B) 106　(C) 86　(D) 28

3. 当 30 万千瓦机组运行热功率在(　　),轴向偏差达到±5%时,必须在 15 min 内完成使指示的轴向偏差恢复到限制的目标带范围内或把热功率降低到 90%的额定功率以下。

(A) 60%以上时　(B) 70%以上时　(C) 80%以上时　(D) 90%以上时

4. 当要求 30 万千瓦机组反应堆紧急停堆时,反应堆保护装置通过停堆断路器切断长棒控制装置至控制棒驱动机构的电源,失去电源后,所有棒束组件包括停堆棒和调节棒,不论处于何种状态,都应快速地在(　　)落入堆芯(靠重力),A1.3 和 A1.7 例外。

(A) 1 s 之内　(B) 2 s 之内　(C) 3 s 之内　(D) 4.5 s 之内

5. 功率运行和热备用工况下,多个棒组不可运行事件发生后,根据运行技术规范要求所采取的措施是(　　)。

(A) 无　(B) 降功率至 15%FP

(C) 1 h 后撤至热停堆状态　(D) 4 h 后撤至次临界

6. 重水堆机组反应堆调节系统中功率测量出现 Log N 和/或 Log N 变化率信号丧失冗余度的现象,那么将故障电离室恢复到可运行状态必须在(　　)天内完成。

(A) 1　(B) 7　(C) 31　(D) 28

7. 30 万千瓦机组功率量程探测器的通量范围为(　　)。

(A) $10^{-1}\sim2\times10^{5}$ n/cm^2 · s　(B) $2\times10^{-1}\sim2\times10^{5}$ n/cm^2 · s

(C) $2\times10^{2}\sim5\times10^{10}$ n/cm^2 · s　(D) $5\times10^{2}\sim5\times10^{10}$ n/cm^2 · s

8. 关于堆外核测系统设计基准说法错误的是(　　)。

(A) 源量程由两个电气与实体分隔的相同通道组成,提供冗余的中子注量率信号

(B) 中间量程由四电气与实体分隔的相同通道组成,提供冗余的中子注量率信号

(C) 功率量程由四电气与实体分隔的相同通道组成,提供冗余的中子注量率信号

(D) 堆外核测系统包括源量程、中间量程、功率量程,每相邻的两个量程都有重叠部分

9. 在反应堆正常运行期间,最长多少时间间隔应测绘一次中子通量图(　　)。

(A) 一周　(B) 一个月　(C) 六个月　(D) 一年

10. 30 万千瓦机组堆芯中子通量测量技术指标中,设计压力为(　　)。

(A) 1 MPa　(B) 10 MPa　(C) 17.2 MPa　(D) 20 MPa

11. 30 万千瓦机组堆芯中子通量测量技术指标中,设计温度为(　　)。

(A) 100 ℃　(B) 273 ℃　(C) 343 ℃　(D) 500 ℃

12. 关于堆芯核测系统设计基准说法正确的是(　　)。

(A) 在反应堆正常运行期间,堆芯核测系统是在线监测堆芯中子注量率

(B) 在反应堆正常运行期间,至少每个月要测绘一次堆芯注量率分布图

(C) 堆芯核测系统安全分级为 1E 级

(D) 堆芯核测系统设计应具备支援能力,如在一个中子探测器失效的情况下,支援通道可以支援测量堆芯注量率

13. 35240 液压油系统的油箱液位靠一个液位开关 LS11 监测,该液位开关分为两段;LS11(　　)液位,都装在一个枢轴上。

(A) 低、高　　(B) 高、低　　(C) 低、临界　　(D) 高和高报

14. 当仪表压空的压力小于(　　)时,压力开关给出报警信号到主控盘台指示灯和计算机 DCCY。

(A) 480 kPa　　(B) 620 kPa　　(C) 800 kPa　　(D) 1 050 kPa

15. 重水供应系统 35260 有(　　)个控制阀。

(A) 5 个　　(B) 6 个　　(C) 7 个　　(D) 8 个

16. 正常运行时,3523-TK3(　　)液位不会出现。

(A) 高液位　　(B) 超高液位　　(C) 超低液位　　(D) 以上都会出现

17. 装卸料机料仓驱动弗格森机构有(　　)的惰转区。

(A) 45°　　(B) 90°　　(C) 135°　　(D) 180°

18. 重水堆燃料操作设计标准描述错误的是(　　)。

(A) 新燃料棒束的贮存、接收、检查和传输。新燃料棒束的贮存空间必须满足 9 个月供应量

(B) 通过自动或者手动远程操作将新燃料棒束装入装卸料机

(C) 装卸料机在反应堆上换料必须通过远程自动或者手动操作,每个通道换料是从 2 根到 12 根,必须成对操作,正常情况下是每个通道 8 根棒束

(D) 通过装卸料机远程自动卸出乏燃料,无法实现手动卸料操作

19. 当装卸料机抱卡在乏燃料通道上时,若新燃料通道疏排站处于升起状态,乏燃料通道的内外球阀(　　)打开。

(A) 自动不可以,手动可以　　(B) 可以打开

(C) 不能打开　　(D) 两者之间没有关系

20. 装卸料机料仓内,(　　)设备可能存在高辐照风险。

(A) 管嘴塞　　(B) 密封塞　　(C) 屏蔽塞　　(D) FARE 工具

(二) 多项选择题(请将正确选项的代号填入题内的括号中)

1. 以下停堆参数属于重水堆机组 2 号停堆系统的有(　　)。

(A) 蒸发器液位　　(B) 反应堆厂房压力

(C) 主系统堆芯压差　　(D) 慢化剂温度

(E) 主系统稳压器液位

2. 根据反应堆的(　　)和校核反应性的手段以及主冷却剂的平均温度、压力等限值组合所确定的若干运行区,称之为标准运行状态。

(A) 反应性　　(B) 功率水平　　(C) 硼浓度　　(D) 水量

(E) 水位

3. M310 堆型百万机组反应堆运行时,必须遵守以下规定(　　)。

(A) 除了特定的运行瞬态外,温度调节棒组 R 必须在其低-低插入限值之上

(B) 功率补偿棒组 G1、G2、N2、N1 不得低于由有效标定曲线确定的棒位,在功率水平高于 $P\Delta I_{ref}$时,在任何情况下,都不得下插功率补偿棒组

(C) 当计划进行长期低功率运行时,必须在功率补偿棒组全部提出的前提下,通过硼化降功率

(D) 反应堆运行期间,停堆棒 SA、SB、SC、SD 必须全部抽出

(E) 控制棒组 R 被定位在正常调节带内,任何情况下不得超出调节带

4. 探测器的中子注量率信号被送往下列哪些系统(　　)。

(A) 主控制室　　(B) 主控制室报警处理系统

(C) 反应堆保护系统　　(D) 反应堆功率控制系统

(E) 电厂计算机系统

5. 如下由液压油驱动的负载主要包括(　　)。

(A) 料仓驱动　　(B) 锁紧推杆　　(C) 管嘴抱卡　　(D) C 推杆

(E) 精 Y 驱动机构

6. 在推杆运动过程中,重水是一个不可缺少的介质,如下重水所提供的作用包括(　　)。

(A) 为 C 推杆提供动力　　(B) 冷却乏燃料

(C) 提供 B 推杆填充流量　　(D) 为锁杆提供动力

(E) Z 向运动提供动力

7. 关于新燃料系统描述正确的是(　　)。

(A) 手动提取燃料棒束时应紧紧抓住两端,保持棒束水平并靠近身体

(B) 燃料棒束在使用时应该轻拿、轻放,避免碰撞

(C) 在检验桌上滚动检查燃料棒束的过程中,应该十分小心,避免意外地滚出桌面

(D) 将燃料棒束垂直摆放检查

(E) 将燃料棒束水平摆放检查

8. 如下(　　)设备属于安全壳压力边界。

(A) 乏燃料通道疏水阀　　(B) 乏燃料通道吹扫阀

(C) 乏燃料通道通道应急冷却阀　　(D) 乏燃料通道安全释放阀

(E) 乏燃料球阀

(三) 简答题

1. 如何确认重水堆机组 2 号停堆系统工作的有效性?

2. 简述 30 万千瓦机组反应堆紧急停堆系统响应时间。

3. 简述重水堆机组启动仪表系统构成。

4. 堆芯核测系统设计基准是什么?

5. 以重水控制系统为例,简述如何实现现场管道压力远程自动调节的功能。

6. 请简述重水压力调节系统过渡过程的四种基本类型。

7. 请简述重水泵电机为什么采用防水设计。

(四) 计算题

1. 重水堆机组 2 号停堆系统 ROP 指示第 10 回路中,指示表处所测电压为 3.7 V,计算该回路所测的功率。

（五）绘图题

1. 下图是控制棒提升一步的电流波形图，请结合振动信号，在下图中标出驱动机构动作的时间区间，具体需要标出：

T1：SG 钩爪释放时间；

T2：SG 钩爪啮合时间；

T4：MG 钩爪释放时间；

T6：SG 钩爪释放至承重转移至 MG 钩爪的时间；

T7：LC 钩爪释放时间；

示例：

T3：MG 钩爪啮合时间；

T5：LC 钩爪释放时间；

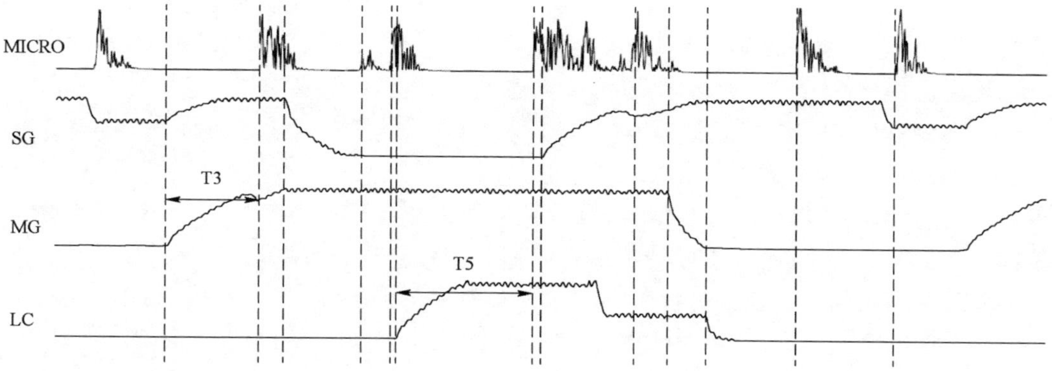

（六）综合题

1. 描述 30 万千瓦机组落棒时间的定义和验收标准并画图说明落棒时间 t 的测量。

2. 正请对重水压力调节系统的调节品质由哪些主要的表征参数？请逐项进行评价。

五、参考答案

（一）单项选择题

1. C；2. A；3. D；4. B；5. C；6. B；7. D；8. B；9. B；10. C；11. C；12. D；13. C；14. A；15. C；16. C；17. B；18. D；19. C；20. D。

（二）多项选择题

1. ABCE；2. AB；3. ABCD；4. ABCDE；5. ABCE；6. ABC；7. ABCD；8. ACDE。

（三）简答题

1. 答：(1) 确认至少 5 个毒物箱液位<0.5 m。(2) 确认至少 3 个通道中的 2 个通道功率指示小于 1%FP。

2. 答：反应堆紧急停堆系统响应时间是指从通道敏感元件监测的参数超过其保护定值的那个时刻开始到保持线圈失去电压的时间间隔。

3. 答：(1) 前置放大器用于放大由 BF3 送来的微弱脉冲信号。(2) 放大后的信号送往甄别器，在这里除去 γ 射线引起的干扰电信号脉冲，剩下的仅仅是由中子引起的经过整形的脉冲。(3) 对数积分器用来测定由甄别器来脉冲数对时间的比(即计数率)，并给出作为对数函数的稳定电流信号。(4) 该信号再经过电压放大器后,送往对数功率指示仪和报警模块。(5) 电压放大器输出给报警模块,报警模块比较后输出触点信号送给一号停堆系统。

4. 答:(1) 启堆时间的用途:

① 验证堆芯寿命初期时的功率分布是否符合设计要求;

② 和堆外核测系统的互校;

③ 探测可能的装料错误。

(2) 正常运行时的用途:

① 验证与燃耗相对应的功率分布是否符合要求;

② 监测各燃料组件的燃耗;

③ 验证堆外核仪表系统;

④ 探测堆芯发生异常情形时的反常情况。

5. 答:(1) 以重水控制系统为例,在主控,对压力控制器的控制参数进行设定,包括控制参数与报警参数,通过面板手动操作和计算机联机设定均可实现参数修改,其输出为 4～20 mA 的电流信号。

(2) 参数修改完毕后,发送到过程设备电气转换器。电气转换器接受 4～20 mA 的电流信号,经过信号转换后输出一定压力的气体信号,电气转换器的一次侧为 4～20 mA 的电流信号,二次侧为阀门动作控制的气信号,之后气信号通过阀门定位器的喷嘴调节实现阀门一次侧与二次侧的对应关系,最终实现主控电流信号与现场阀门开度的一一对应。

(3) 同时现场管道内流体介质的压力信号反馈到压力控制器,与设定点比较后压力控制器输出控制电流,最终达到对现场管道压力进行远程自动调节的目的。

6. 答:当压力调节阀受到阶跃信号干扰后,压力调节系统的过渡过程有四种基本类型:

(1) 增幅振荡。被调压力值越来越偏离给定值,使得系统不能稳定。这种情况系统无法实现调节,在自动调节系统中是不允许的。

(2) 等幅振荡。被调压力呈既不发散、也不衰减的等幅振荡。这也是不稳定过程,在双位调节中就呈现这样的过程。但在连续调节系统中是不允许的。

(3) 单调过程。被调压力偏离给定值后,逐渐地趋近给定值。这属于非周期调节,系统能够回到稳定。在自动调节系统中是允许的,但调节时间较长,并不理想。

(4) 衰减振荡。被调压力偏离给定值后,经过两、三个周期的振荡能够很快趋于设定值。这种过渡过程比较理想。在连续调节过程中希望得到它。

7. 答:(1) 由于房间 R-012 在喷注系统误操作或 LOCA 事件中会浸水,可能的水深将达 2.4 m。按照设计要求,在上述可能的事件发生后,装卸料机重水供应系统必须确保能够持续两个小时以上向装卸料机机头供应正常流量的重水。

(2) 为保证上述功能,所有的仪控系统部件都在房间标高 2.4 m 以上,所采用的气动控制阀和重水供应泵也应能在水淹后两个小时内正常工作。

(四) 计算题

1. 解:(1) 2 号停堆系统 ROP 指示表的电压量程是 0.2～5 V,功率量程是 0～150%。(2) 设计算功率为 X, $X=[(3.7-0.2)/(5-0.2)]\times 150\%=109.375\%$。

(五) 绘图题

1. 答:见下图。

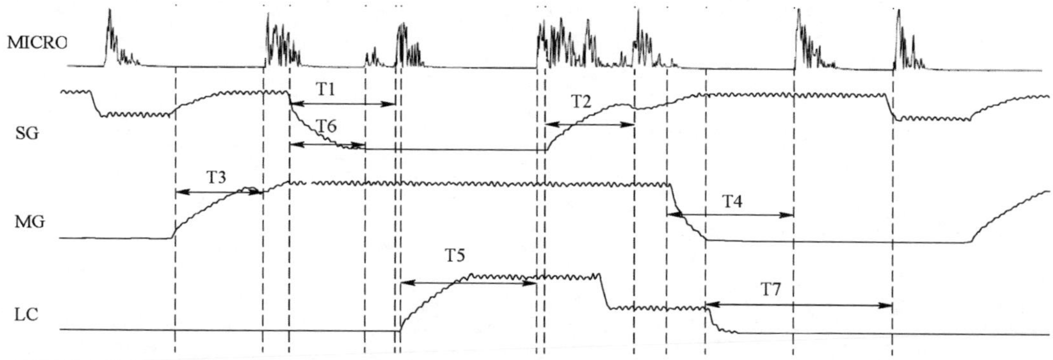

(六) 综合题

1. 答:(1) 所有反应堆冷却剂泵都在运行中时,单独一束棒(停堆组棒和调节组棒)在全提出位置的落棒时间,即从棒开始下落的时刻到落到缓冲段入口的时间。(2) 落棒时间应≤2.0 s(除 A1.3 和 A1.7 两束棒外)。(3) A1.3 和 A1.7 两束棒下落至缓冲段入口处的时间需<4.5 s。此两束棒分别位于压力容器两个主冷却剂出水口附近,受横向流量影响导致控制棒下落速度相对减缓。

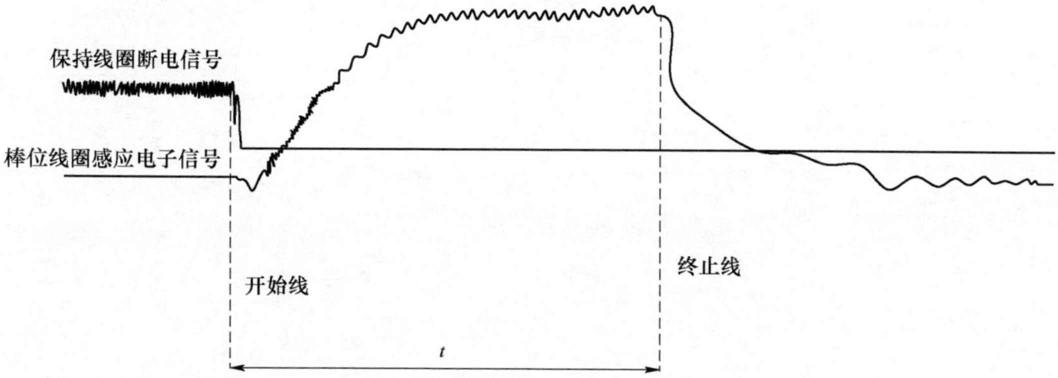

2. 答:重水压力调节的过程是衰减振荡的过渡过程,其调节品质如下。

(1) 衰减比。衰减比是反映被调参数振荡衰减程度的指标。它等于前后两个波峰之比,即用 n 判断振荡是否衰减和衰减程度。$n>1$ 时,系统稳定;$n=1$ 时,等幅振荡;$n<1$ 时,增幅振荡。通常希望 $n=4\sim10$ 为宜,表明调节作用能够很快克服干扰,将被调参数的波动恢复到允许的范围之内。

(2) 静差 C。过渡过程完成后,被调参数稳定在给定值附近,稳定值与给定值之差叫做静差,$|C|=0$ 时为无静差;$|C|\neq0$ 时为有静差。生产工艺要求静差限制在一个允许的范围内。对装卸料机重水供给系统的压力静差要求在 300 kPa 以内。

(3) 超调量(动差)M。过渡过程中,被调参数相对于新稳态值的最大波动量,要求在动态调节过程中,不出现压力超压报警。

(4) 最大偏差 $A=M+C$。它是被调参数相对于给定值的最大偏差。若 A 过大,且偏离时间过长,系统离开指定的工艺状态越远,调节品质越差。说明压力不能稳定在设定值附近,压力反馈到电站计算机 DCCY 的命令也会失效。

(5) 振荡周期 T_p 和振荡频率 f。相邻两个波峰所经历的时间为振曲周期 T_p;其倒数为振荡频率 f。

(6) 调节过程时间 t_s。它指调节系统受干扰后,从被调参数开始波动,至达到新稳态值所经历的时间间隔。可通过增大控制器设定值变化率和输出变化率来消除此问题,但会引起动态调节时压力波动过大。

第五单元　判断和排除故障

一、学习目标

1. 掌握核反应堆保护系统电气系统二次接线图知识,能根据图纸分析处理系统故障;
2. 掌握核反应堆控制系统电气系统二次接线图知识,能根据图纸分析处理系统故障;
3. 掌握核反应堆中子测量系统设备维修记录知识,能对维修记录进行分析评价;
4. 掌握控制系统接线图知识,能根据图纸分析处理系统故障。

二、考核要点

考核要点见表 3-11。

表 3-11　考核要点

考核类别	考核范围	考核点	重要程度
判断和排除故障	核反应堆保护系统电气系统二次接线图	核反应堆保护系统供电要求	X
		核反应堆保护系统电气系统二次接线图	X
	核反应堆控制系统电气系统二次接线图	棒控棒位系统供电要求	X
		反应堆功率调节系统供电要求	X
		棒控棒位系统电气系统二次接线图	X
		功率调节系统电气系统二次接线图	X
	核反应堆中子测量系统设备维修记录	堆外核测系统源量程维修记录分析评价	X
		堆外核测系统中间量程维修记录分析评价	X
		堆外核测系统功率量程维修记录分析评价	X
		堆芯核测系统维修记录分析	X
	控制系统接线图	控制系统接线图	X

三、考点导航

1. 核反应堆保护系统电气系统二次接线图

(1) 核反应堆保护系统供电要求

为了满足实体分隔和电气隔离的要求,反应堆保护系统的各冗余通道之间采用独立供电的方式,保证各冗余通道自身的故障(供电或软硬件故障)时,不会影响其他冗余通道的正常供电和功能。

核反应堆保护系统的供电电源一般要求由核电站重要仪表电源提供,通常的配置是每个冗余通道各由一路重要仪表电源(一般采用不间断电源 UPS)供电。

在每个冗余通道内部,为了提高供电的可靠性,可采用每个冗余通道双路供电的配置,即每路重要仪表电源提供2路供电线路,这两路供电线路进入核反应堆保护系统对应冗余通道的设备机柜后,使用双路电源模件进行处理,保证单一冗余通道在由于其中一路供电线路发生故障时仍能保持供电。

(2) 核反应堆保护系统电气系统二次接线图

图 3-1 即为一典型的核反应堆保护系统电气系统二次接线图。

图中所示的是一个典型的4通道冗余的核反应堆保护系统,每个冗余通道由各自独立的重要仪表电源(UPS)供电,每个重要仪表电源分别提供2路相对独立的线路送到对应的核反应堆保护系统通道中,每个核反应堆保护系统的冗余通道再分别对送来的两路核反应堆保护系统的每个通道均由单独一路重要仪表电源(220 VAC)供电,每个独立的核反应堆保护系统的冗余通道对这两路交流 220 V 电源进行 AC—DC 转换后,通过二极管耦合的方式将直流电源提供给对应冗余通道的设备。

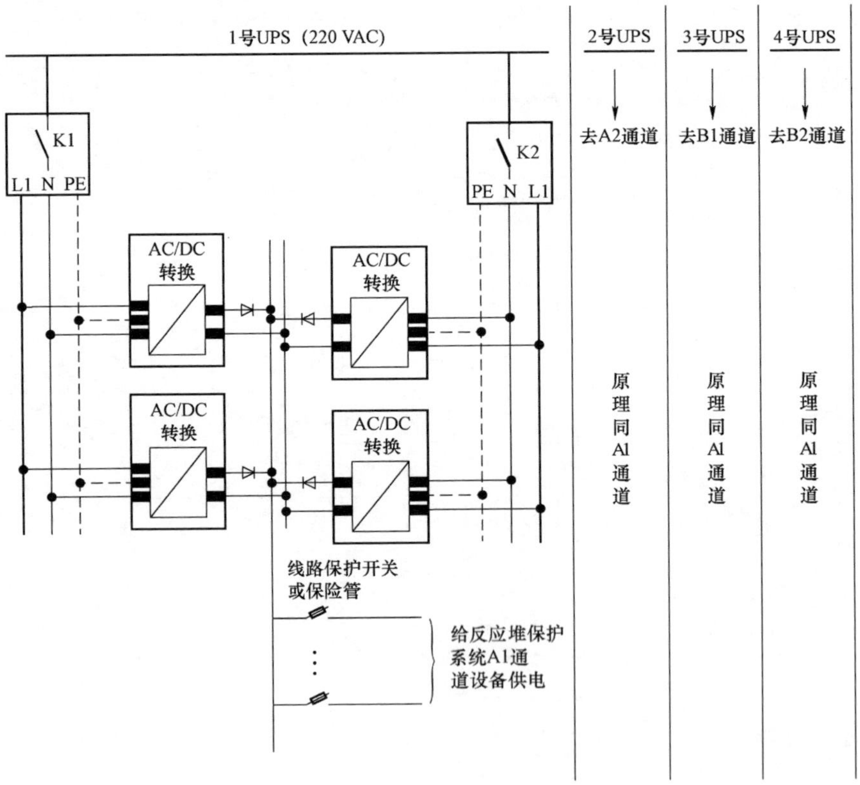

图 3-1 核反应堆保护系统电气系统二次接线图

2. 核反应堆控制系统电气系统二次接线图

(1) 棒控棒位系统供电要求

控制棒控制系统的控制电源通常由两个通道的厂用重要仪表电源(不间断电源 UPS)冗余供电,这两路供电线路进入控制棒控制系统的设备柜并经隔离后,使用双路电源模块进行处理,采用二极管并联导通的形式来保证其中一路供电线路发生故障时系统的控制电源仍能保持输出。

控制棒控制系统的驱动机构线圈驱动电源一般由并联运行的两个棒电源机组冗余供电，经反应堆保护系统控制的停堆断路器后送控制棒控制系统的电源柜。

（2）反应堆功率调节系统供电要求

反应堆功率调节系统控制电源通常由两个通道的厂用重要仪表电源（不间断电源UPS）冗余供电，这两路供电线路进入反应堆功率调节系统的设备柜后，使用双路电源模块进行处理，采用二极管并联导通的形式来保证其中一路供电线路发生故障时系统的控制电源仍能保持输出。其供系统内的指示灯用的交流 24 V 电源则不采用冗余供电的形式。

（3）棒控棒位系统电气系统二次接线图

1）控制棒控制系统控制电源的典型电气系统二次接线图

控制棒控制系统控制电源供电原理图范例见图 3-2。

2）控制棒控制系统驱动机构线圈驱动电源的典型电气系统二次接线图

驱动机构线圈供电原理图范例见图 3-3。

（4）功率调节系统电气系统二次接线图

反应堆功率调节系统典型电气系统二次接线图范例见图 3-4。

3. 核反应堆中子测量系统设备维修记录

（1）堆外核测系统源量程维修记录分析评价

1）源量程探测器绝缘电阻和分布电容记录（包括长电缆）；

2）源量程探测器坪特性；

3）源量程探测器甄别阈特性。

（2）堆外核测系统中间量程维修记录分析评价

1）中间量程探测器绝缘电阻和分布电容记录；

2）中间量程探测器坪特性；

3）中间量程探测器γ补偿特性。

（3）堆外核测系统功率量程维修记录分析评价

1）功率量程探测器绝缘电阻和分布电容记录；

2）功率量程探测器坪特性。

（4）堆芯核测系统维修记录分析

1）微型裂变室绝缘电阻和分布电容记录；

2）微型裂变室坪特性。

4. 控制系统接线图

（1）控制系统接线图

燃料操作系统的电路端子接线存在一定的规律，现将这些规律做出总结。电路接线由接线盘柜统一集中地与现场设备、主控盘台指示、电站计算机、电机控制室连接。由于燃料操作系统多数设备都分为 A、C 两侧的相同的两套，所以电路端子接线也随设备存在两套。一套从 PL801～PL807，另一套从 PL821～PL827，两套接线基本相同。通过对一套接线盘柜的端子接线进行讲解来理解燃料操作系统的接线原则。

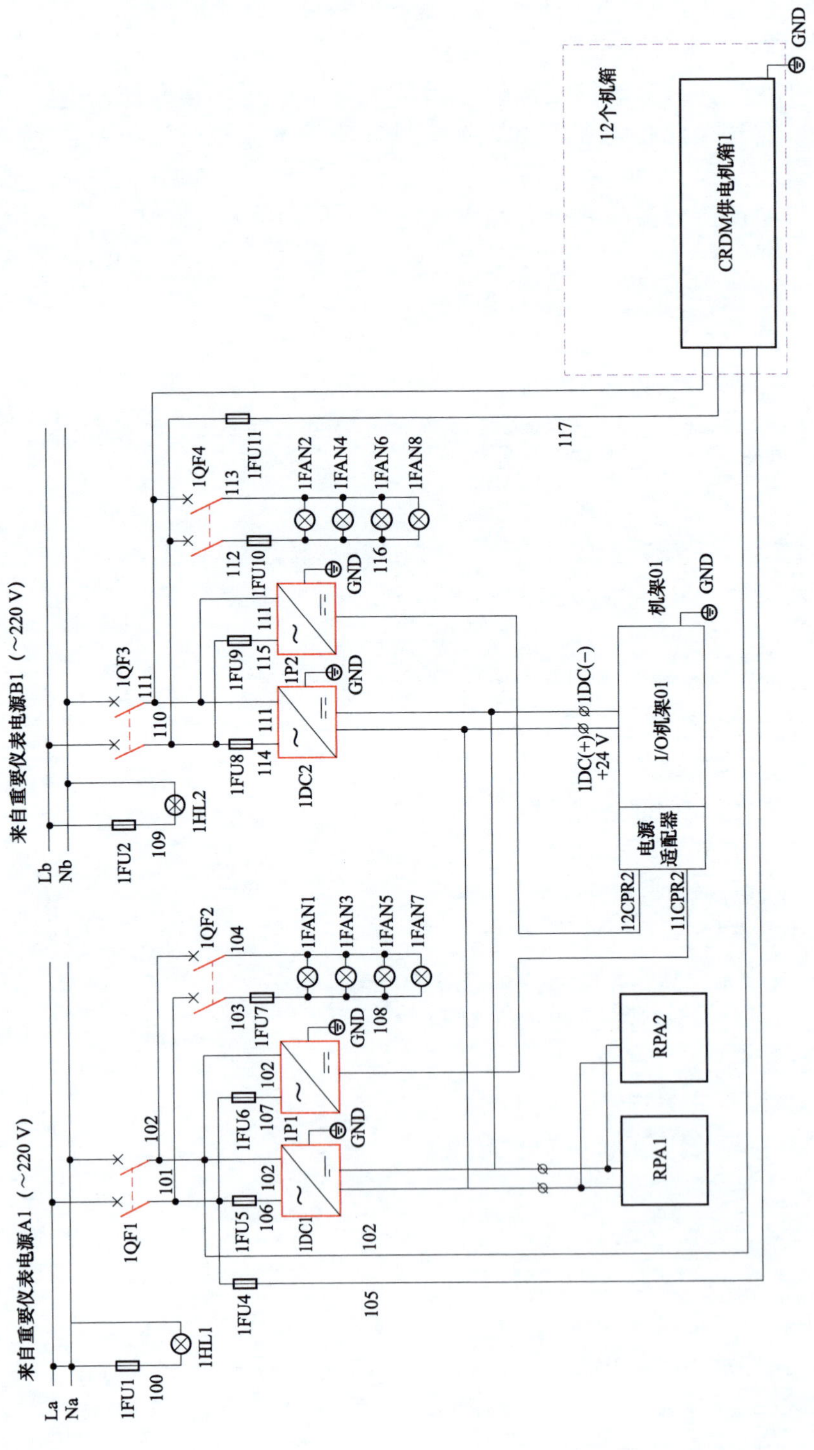

图 3-2 控制棒控制系统控制电源供电原理图

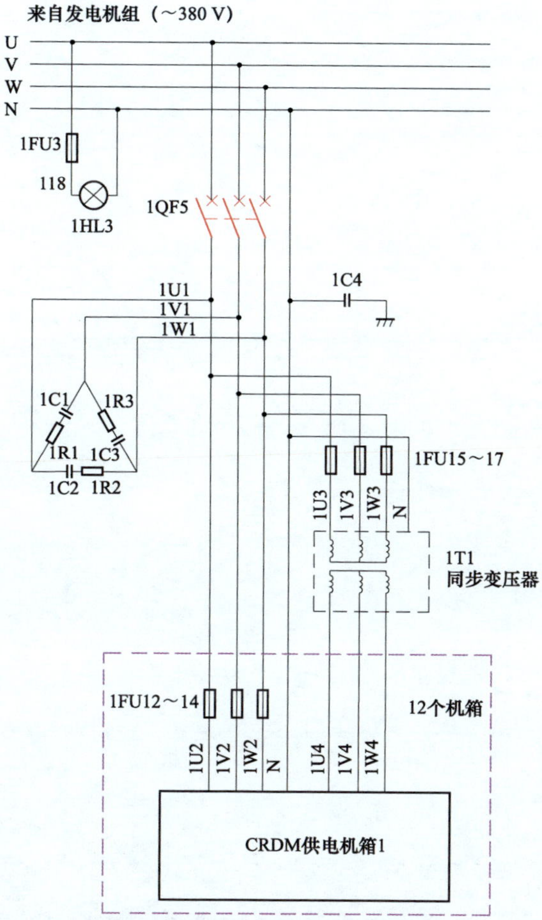

图 3-3 驱动机构线圈供电原理图

PL801 最上端 4 条横式端子排的接线是 24 VDC 保险的接线，保险的具体标牌号可查柜门上的标识；中间两排共 12 条纵式端子排的接线是现场设备接线，主要的设备有轴编码器（多色花线）、压力变送器、流量变送器、电气转换器、压力开关、位置开关和电磁阀线圈（120 VAC 接线为黑色）等现场的设备；再下端 2 条横式端子排的接线主要是到电机控制室，用于电机控制或联锁；最下端的横式接线柱为屏蔽信号地的集中连接终端；两侧接线柱为 120 VAC 的负极连接终端。

PL802 有三排共 18 条纵式端子排的接线，上面一排 6 条端子排与 DCC 连接，每 2 条分别连接到电站计算机的 D/O、D/I 和 A/I。中间 6 条端子排作为接线中的并联分路的转接，主要的分接到电站计算机和继电器。下面一排 6 条端子排与现场电位计连接，其中前 4 条为装卸料机的电位计连接线，后 2 条为疏排站电位计连接线，1 条为 NORMAL 电位计接线，另一条为 STANDBY 电位计。同样地，最下端的接线柱是信号的公共接地线终端；左侧有 24 VDC 的负极终端和 120 VAC 负极终端接线柱各 1 条。

PL803 也有三排共 18 条纵式端子排的接线。可分二部分，上面一部分一般接到继电器，参与逻辑连锁与设备控制；下面一部分连接到主控室的操作盘台的显示器、开关和灯等设备。最下端同样为屏蔽信号的接地终端；两侧的接线柱有 4.9 VDC 的母排、直流回路接地终端。

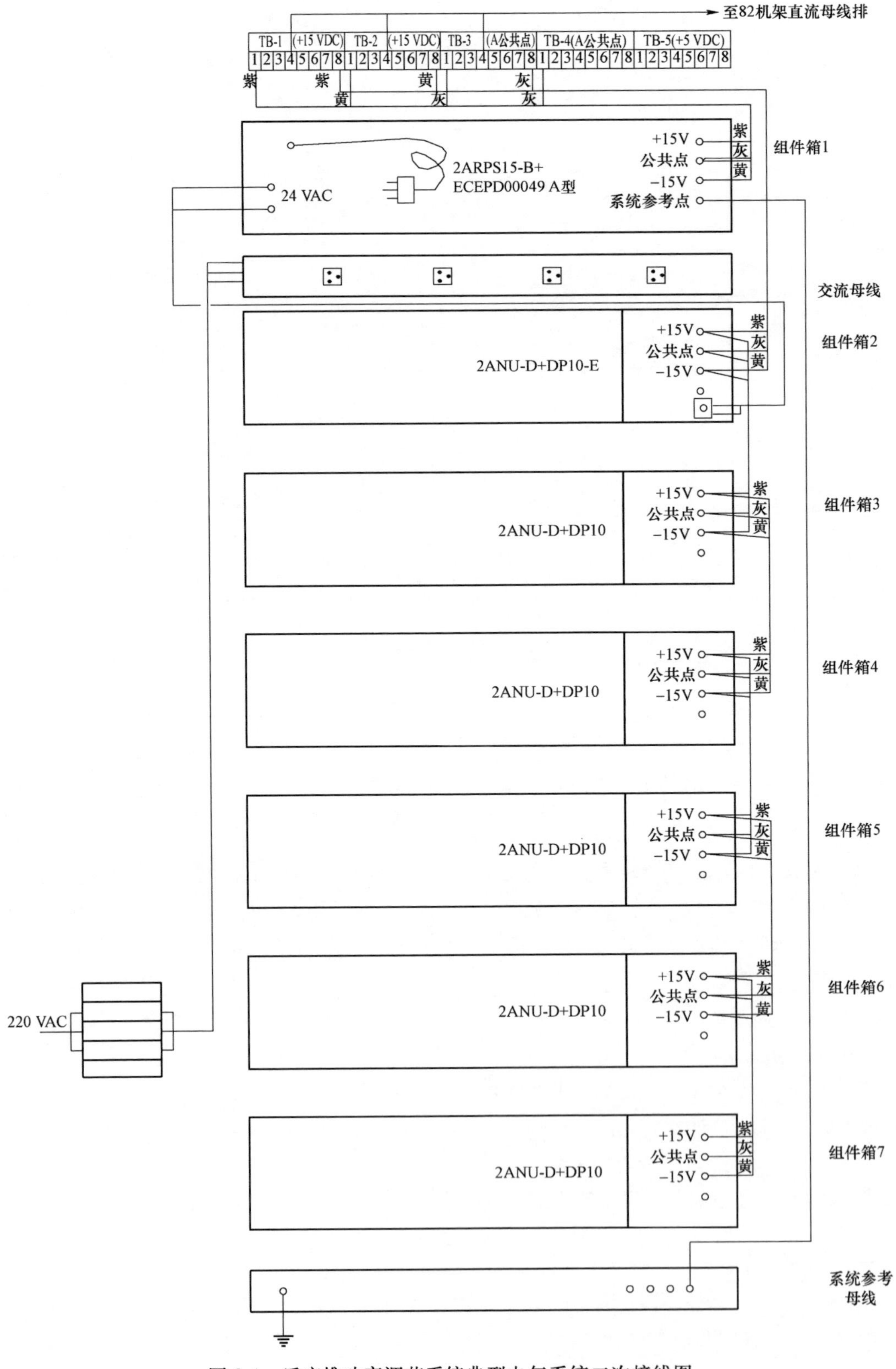

图 3-4 反应堆功率调节系统典型电气系统二次接线图

PL804为继电器安放柜,整个盘柜均是继电器。下端2条端子排是继电器到轴编码器比较器卡的连接线;两侧有+5 VDC母排、直流回路接地终端。

PL805、PL806和PL807为稳压源、变送器、比较器、断路器等电气设备和控制设备的安放机柜。其中的PL1、PL2和PL3装有保险和225 Ω标准电阻,送电到压力变送器或流量变送器,信号电流经过标准电阻产生A/I电压信号反馈到计算机;JT610到JT619为装卸料机系统直流稳压源的输出母排(包括4.9 V、12 V和±15 V)。

四、仿真训练

(一)单项选择题(请将正确选项的代号填入题内的括号中)

1. 重水堆机组SDS 1号停堆棒控制电机的供电是(   )。

(A) 95 VDC　(B) 92.5 VDC

(C) 208 VAC　(D) 220 VAC

2. 如果功率调节过程仪表柜的电源发生故障,会导致无(   )指令的发出。

(A) RCCA控制　(B) 棒速

(C) RCCA控制和棒速　(D) 禁止提升

3. 30万千瓦机组棒控系统的驱动机构线圈的供电来源是(   )。

(A) 来自重要仪表电源A1(~220 V)

(B) 来自重要仪表电源B1(~220 V)

(C) 来自棒电源发电机组(~380 V)

(D) 来自重要仪表电源A2(~220 V)

4. 30万千瓦机组功率调节系统组件箱2提供的电源电压有(   )。

(A) ±15 V　(B) ±5 V

(C) ±15 V、+24 V　(D) ±15 V、~24 V

5. 经过技术改造秦山二扩的功率调节系统所在的机柜是(   )不间断电源供电。

(A) 两路　(B) 三路

(C) 四路　(D) 五路

6. M310堆型百万机组功率调节系统TRICON机架电源采用(   )。

(A) 单路不间断电源供电

(B) 双路不间断电源供电

(C) 双路电源供电,一路为不间断电源,另一路为正常电源

(D) 单路正常电源供电

7. 如下图为源量程探测器甄别阈曲线图,可选择的最佳甄别阈值为(   )。

甄别阈		0.1	0.5	1	1.5	2	3	4	5	6	7	8	9	10
计数率(cps)	计数1	8 880	2 160	1 921	1 775	1 646	1 354	1 040	679	304	129	55	27	8
	计数2	8 883	2 103	1 902	1 862	1 600	1 326	1 042	723	329	115	56	30	8
	计数3	8 555	2 142	1 970	1 745	1 643	1 263	1 030	710	349	128	50	33	10
	平均计数	8 112	2 135	1 931	1 794	1 630	1 315	1 038	704	327	124	54	30	9

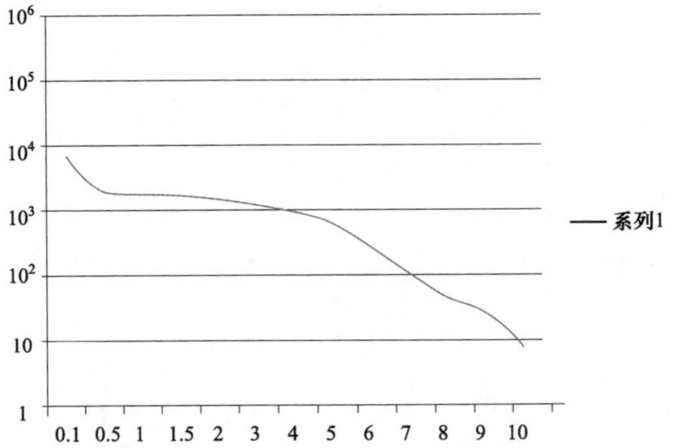

(A) 0.1～0.5　　(B) 0.1～4.0　　(C) 1.0～4.0　　(D) 1.0～6.0

8. 30 万千瓦机组源量程,中间量程,功率量程探测器绝缘电阻要求大于(　　)。

(A) 10^9 Ω　　(B) 10^{10} Ω　　(C) 10^{11} Ω　　(D) 10^{12} Ω

9. 30 万千瓦机组堆外核测系统源量程探测器工作电压一般选择在靠坪区下线(　　)处。

(A) 1/3　　(B) 1/4　　(C) 1/2　　(D) 2/3

10. 30 万千瓦机组中间量程探测器γ补偿电压的选择需要考虑的因素较多,一般选择探测器电流在(　　)时的电压值。

(A) 10^{-9} A　　(B) 10^{-10} A　　(C) 10^{-12} A　　(D) 10^{-13} A

11. 30 万千瓦机组功率量程电缆绝缘电阻要求大于(　　)。

(A) 10^9 Ω　　(B) 10^{10} Ω　　(C) 10^{11} Ω　　(D) 10^{12} Ω

12. M310 机组堆外核测系统功率量程探测器要求坪斜率满足(　　)。

(A) ≤1%/V　　(B) ≥1%/V　　(C) ≤1%/2 V　　(D) ≥1%/2 V

13. 30 万千瓦机组中子测量系统微型裂变室绝缘电阻要求大于(　　)。

(A) 10^9 Ω　　(B) 10^{10} Ω　　(C) 10^{11} Ω　　(D) 10^{12} Ω

14. 30 万千瓦机组中子测量系统微型裂变室配套仪表测量电流范围为(　　)。

(A) 皮安级　　(B) 微安级　　(C) 毫安级　　(D) 安级

15. M310 机组核反应堆保护系统输出柜信号电源一般为冗余的(　　)。

(A) 12 VDC　　(B) 24 VDC　　(C) 220 VAC　　(D) 110 VAC

16. 重水堆机组 SDS 1 号停堆棒离合器的供电是(　　)。

(A) Ⅱ级电源　　(B) Ⅲ级电源

(C) 120 V 电源　　(D) Ⅱ级和Ⅲ级电源并列供电

(二) 多项选择题(请将正确选项的代号填入题内的括号中)

1. 关于 30 万千瓦机组棒控棒位系统电源的故障分析,下列说法正确的是(　　)。

(A) 任何一个电源故障都会向主控制室发出报警信号

(B) 如果棒控系统逻辑柜两路电源故障,逻辑柜失去功能

(C) 如果棒控系统电源柜一路电源故障,将发出紧急报警信号

(D) 控制棒位置指示系统的 PLC 机柜和格雷码柜都配有两路电源,如果一路电源故障,不会影响系统工作

(E) 棒控系统如果一个电源柜的 380 VAC 电源故障,则相关的控制棒落入堆底,并通过棒位系统发出报警

2. M310 堆型百万千瓦机组，仅针对棒控棒位系统，以下哪些工况理论上不会造成控制棒意外落棒(　　)。

(A) LMA 电源失去　　(B) LNE 电源失去

(C) 一台棒电源失去　　(D) 260 V 三相交流电失去

(E) 逻辑柜失去外部电源

3. M310 堆型百万千瓦机组，功率调节系统供电包括(　　)。

(A) LMA220 V 交流正常电源和配电系统

(B) LNE220 V 交流不间断电源系统

(C) LNG220 V 交流不间断电源系统

(D) 260 V 三相交流电(RAM)

(E) LNH220 V 交流不间断电源系统

4. 重水堆机组功率调节系统调节棒控制电机的供电和电离室的供电分别是(　　)。

(A) 95 VDC　　(B) 92.5 VDC　　(C) 208 VAC　　(D) 120 VAC

(E) 220 VAC

5. M310 堆型百万千瓦机组，如果棒控系统机柜失去 260 V 三相交流电源，以下说法错误的是(　　)。

(A) 电源柜机箱电源卡件失去输入电源，停止工作

(B) 控制棒落棒

(C) 电源柜 PLC 失电

(D) 逻辑柜 PLC 失电

(E) 所有机柜由于失电，停止工作

6. 判断堆外核测系统源量程探测器的性能，需要测量以下那些指标(　　)。

(A) 探测器的绝缘电阻　　(B) 探测器的分布电容

(C) 探测器的平斜率　　(D) 探测器的甄别电压

(E) 探测器的电感

7. 可能造成重水堆机组启动仪表意外脱扣的原因是(　　)。

(A) 启动仪表探头故障　　(B) 现场干扰

(C) 高压模块故障　　(D) 报警模块故障

(E) 放大器故障

8. 30 万千瓦机组中间量程探测器γ补偿特性要求时间在(　　)小时之后。

(A) 3　　(B) 12　　(C) 24　　(D) 72

(E) 48

9. 判断堆外核测系统中间量程探测器的性能，需要测量以下那些指标(　　)。

(A) 探测器的绝缘电阻　　(B) 探测器的分布电容

(C) 探测器的平斜率　　(D) 探测器的补偿电压

(E) 探测器的甄别电压

10. 判断堆外核测系统功率量程探测器的性能，需要测量以下那些指标(　　)。

(A) 探测器的绝缘电阻　　(B) 探测器的分布电容

(C) 探测器的平斜率　　(D) 探测器的补偿电压

(E) 探测器的甄别电压

11. 下面关于重水堆机组调节系统铂探测器说法正确的是(　　)。

(A) 正常运行期间调节系统铂探测器的阻抗必须大于1 MΩ

(B) 调节系统铂探测器信号送到DCC中

(C) 调节系统铂探测器信号在0.5～4.5 V

(D) 停堆期间调节系统铂探测器信号在3.166 V左右

(E) 满功率时对铂探测器在线调整时必须断开WIBA端子

12. 判断堆芯核测系统中子探测器的性能,需要测量以下那些指标(　　)。

(A) 探测器的绝缘电阻　　(B) 探测器的分布电容

(C) 探测器的平斜率　　(D) 探测器的补偿电压

(E) 探测器的甄别电压

13. 失去四级电源后,(　　)等负载仍能运行。

(A) 3526-PM1　(B) 3522-M5　(C) 3531-M1　(D) 3524-M3

(E) 3526-PM2

(三) 简答题

1. 简述重水堆机组电离室寿命的影响因素。

2. 以A侧系统为例,简要介绍终端机架主要包括哪些装换料控制设备。

(四) 绘图题

1. 请画出棒位处理柜的供电原理图。

2. 请画出棒控系统三相半波整流调节回路原理框图。

3. 请画出三相电源、熔断器、接触器、滤波器、电抗器、变频器和电机组成的控制调节棒的简图。

4. 请画出重水堆机组停堆棒离合器95 V电源的简图。

5. 画图说明A列停堆系统逻辑柜和输出柜供电原理。

(五) 综合题

1. 棒控系统电源柜供电的具体设计要求是什么?

五、参考答案

(一) 单项选择题

1. C; 2. C; 3. C; 4. D; 5. A; 6. B; 7. C; 8. B; 9. A; 10. C; 11. B; 12. A; 13. A; 14. B; 15. B; 16. D。

(二) 多项选择题

1. ABDE; 2. ABCE; 3. BC; 4. CD; 5. ACDE; 6. ABCD; 7. ABCDE; 8. AD; 9. ABCD; 10. ABC; 11. ABCE; 12. ABC; 13. ACDE。

(三) 简答题

1. 答:(1) 电离室的工作离不开高压,为避免高压变化对电离室的冲击,应该缓慢改变高压供应。(2) 常规电气系统试验中,需要分阶段断开120 V仪表工作电源。(3) 接头的制作和拆装关系到漏电流的大小,切面处理不干净的导线的漏电流必然很大,因此,拆装接头时务必仔细。(4) 为了验证电离室和放大器的功能,需要定期执行试验。(5) 在功率运行时,需测绘电离室的坪特性,以便判断电离室的老化情况。

2. 答:(1) 现场控制和保护设备的终端(PL801)。

(2) 来自于电站控制计算机的接线(PL802)。

(3) 来自于装换料主控盘台的接线(PL803)。

(4) 直流电源和交流电源(PL805,PL806,PL807)。

(5) 仪表和控制设备(PL804,PL805,PL806)。

(6) 保护设备(回路断路器)(PL807)。

(四) 绘图题

1. 答:见下图。

来自重要仪表电源 A2 (～220 V)　　　　来自重要仪表电源 B2 (～220 V)

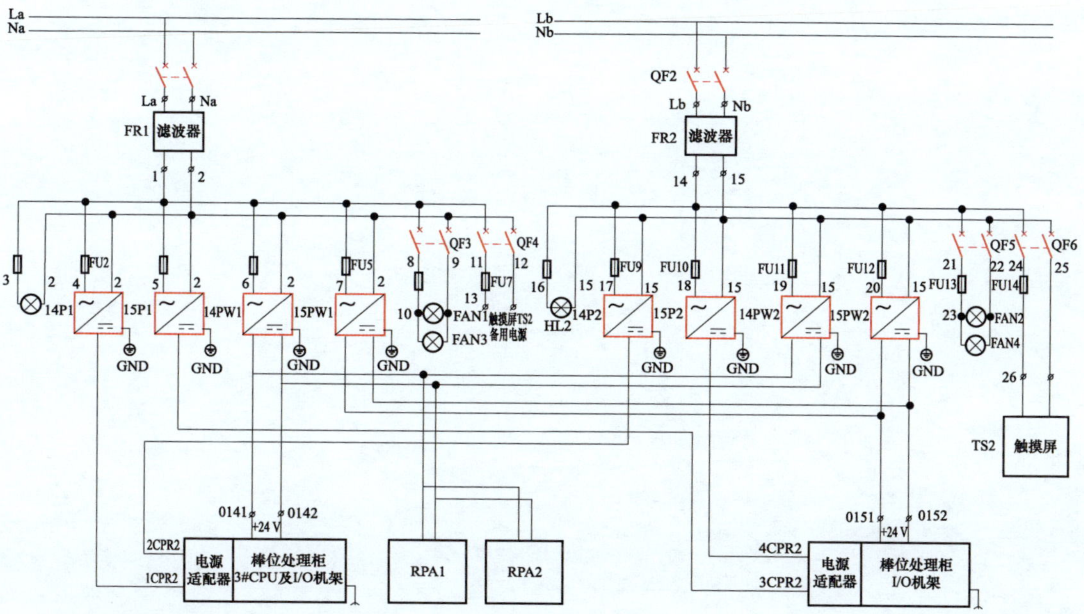

2. 答:见下图。

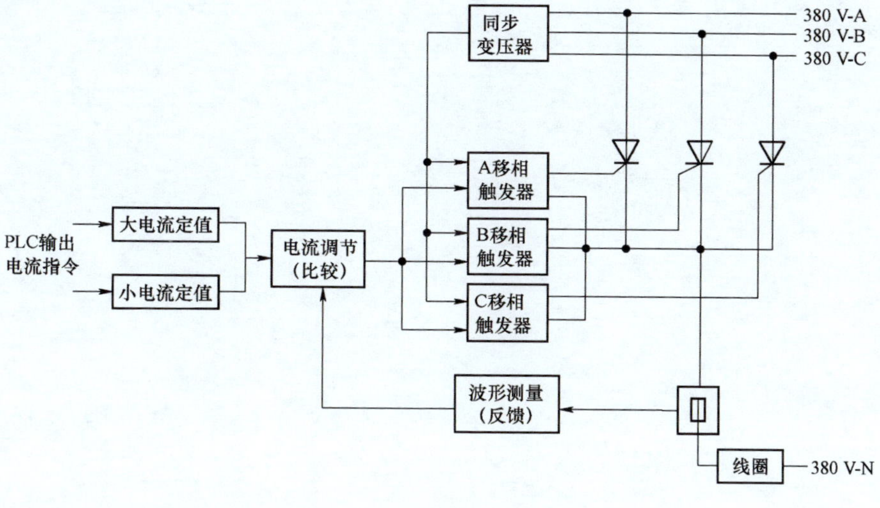

3. 答:见下图。熔断器、接触器、滤波器、电抗器、MICROMASTER/变频器。(备注:答案来自重水堆机组新变频器厂家手册)。

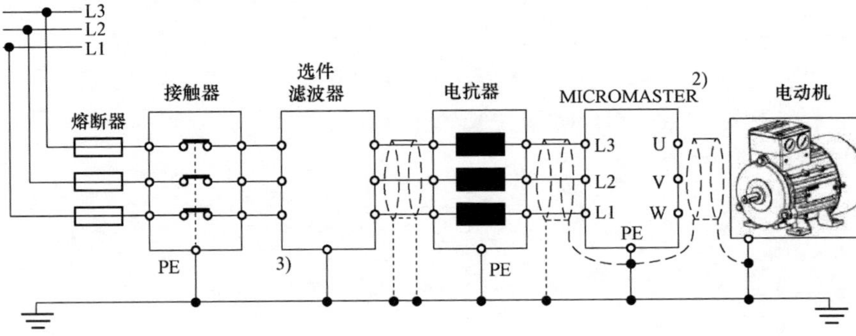

2) 不带滤波器
3) 利用接地点将滤波器接地

4. 答:见下图。

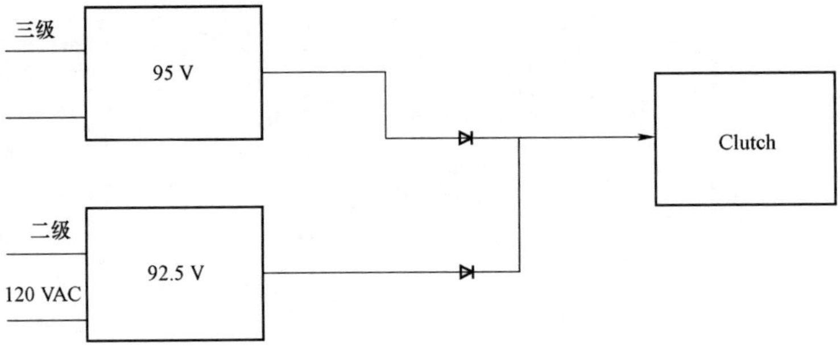

5. 答:见下图。

A列停堆系统逻辑柜和输出柜供电原理图

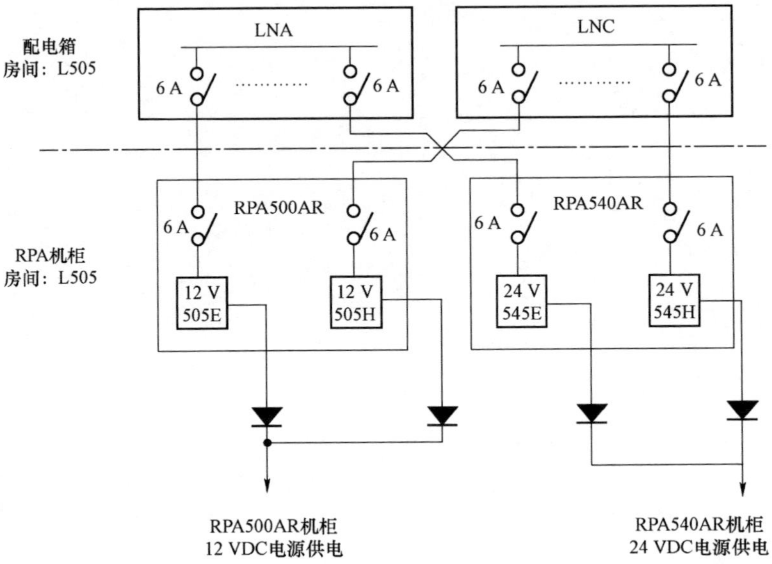

（五）综合题

1. 答:(1) 由电动–发电机装置(RAM)产生三相 260 V 电源,经停堆断路器,再通过三相开关柜分别送给各个电源柜。

(2) 电源变化如下:电压 260 V±5%;频率 50 Hz±2%。

(3) 在负荷变化瞬间,电压可在 260 V±10%瞬时变化,但必须在小于 0.7 s 返回到 260 V±5%的限制内。

(4) 在电动机电源故障最不利的情况下,故障后 1.2 s 电压可能降到 234 V,频率降到 44 Hz。

第六单元　培训与指导

一、学习目标

掌握培训教学方法,能应用教学方法实施核反应堆控制保护检修培训指导。

二、考核要点

考核要点见表3-12。

表3-12　考核要点

考核类别	考核范围	考核点	重要程度
培训与指导	培训教学方法	培训教学方法概述	X
		培训教学方法的分类	X
		培训教学方法的选择	X
		培训效果评估	X

三、考点导航

1. 培训教学方法

(1) 培训教学方法概述

培训是一种有组织的知识传递、技能传递、标准传递、信息传递、信念传递、管理训诫行为。是为了达到统一的科学技术规范、标准化作业,通过目标规划设定、知识和信息传递、技能熟练演练、作业达成评测、结果交流公告等现代信息化的流程,让员工通过一定的教育训练技术手段,达到预期的水平提高的目标。

随着知识更新速度的加快和市场竞争的加剧,使得培训工作在企业生产活动中的重要性进一步提升。高素质的企业队伍是企业最重要的竞争因素。通过培训,可以提高学员的知识水平,提高学员的首创精神和创新能力,增加其知识、判断力和解决困难的能力,从而使企业提高生产力。

企业培训的效果在很大程度上取决于培训所采用的教学方法,教学方法的选择成为培训能否达到预期目的的关键因素。

(2) 培训教学方法的分类

企业通常采用的教学方法分为以下三类。

1) 直接传授型培训法

直接传授型培训法适用于知识类培训,主要包括讲授法、专题讲座法和研讨法等。

① 讲授法

讲授法是指教员按照准备好的讲稿系统地向学员传授知识的方法。它是最基本的培训教学方法。它又分为：

a. 叙述性讲述方式

是指教员利用通俗易懂的语言，有条理地向学员表述科学事实和原理的讲述方式。

b. 描述性讲述方式

是指教员用形象的语言描绘事物的形态结构、功能、机理、发展变化过程及事物运动的规律。以唤起学员对事物形象的想象，从而帮助学员更好地感知教学内容的讲述方式。

c. 解释性讲述方式

是指教员对研究对象或学员认识中所存在的问题，通过举例、比喻、翻译（转换表达形式）等教学行为，对事物、问题进行说明的讲述方式。

d. 分析性讲述方式

是指教员把客观事物从整体中分解出各个部分、侧面、特征或各种属性，并揭示出存在与整体中各个部分的联系或关系。从而使学员能更准确、更深刻、更全面地认识事物的讲述方式。

e. 归纳推理讲述方式

是指教员从感性到理性，从特殊到一般，由现象深入到本质，使学员通过分析、综合概括、比较等思考过程，认识事物本质的讲述方式。

f. 演绎推理讲述方式

是指教员从一般到特殊，再到一般的论证性或验证性的讲述方式。

讲述法适用于各类学员对学科知识、前沿理论的系统了解。主要有灌输式讲授、启发式讲授、画龙点睛式讲授三种方式。讲课教员是讲授法成败的关键因素。

讲授法的优点：传授内容多，知识比较系统、全面，有利于大面积培养人才；对培训环境要求不高；有利于教员的发挥；学员可利用教室环境相互沟通；也能够向教员请教疑难问题；学员平均培训费用较低。

讲授法的局限性：传授内容多，学员难以完全消化、吸收；单向传授不利于教学双方互动；不能满足学员的个性需求；教员水平直接影响培训效果，容易导致理论与实践相脱节；传授方式较为枯燥单一。

② 问题法

问题法是教员和学员以提问并回答的方式进行教学的一种方法。

a. 设问：是指教员在教学过程中，伴随着讲解适时地提出问题，但并不要求学员做答，而是自问自答的提出问题的方式。

b. 提问：是指教员提出问题，引导学员通过思考回答的提问方式。

c. 追问：是指教员在学员回答问题后，针对答案中的问题或不足，从正面或反面再提出问题要求学员思考并回答的提出问题的方式。

d. 互问：是指学员提出问题，回答问题，相互交流、检查，从而促进教学的活动方式。

③ 演示法

演示法是运用一定的实物和教具，通过实地示范，使受训者明白某种事务是如何完成的。演示法要求：

a. 示范前准备好所有的用具，搁置整齐；

b. 让每个受训者都能看清示范物；

c. 示范完毕,让每个受训者试一试;

d. 对每个受训者的试做都给予立即的反馈。

演示法用于教学同样优点与缺点并存。其优点为:

a. 有助于激发受训者的学习兴趣;

b. 可利用多种感官,做到看、听、想、问相结合;

c. 有利于获得感性知识,加深对所学内容的印象。

演示法的缺点为:

a. 适用的范围有限,不是所有的内容都能演示;

b. 演示装置移动不方便,不利于教学场所的变更;

c. 演示前需要一定的费用和精力做准备。

④ 专题讲座法

专题讲座法形式上和课堂教学法基本相同,但在内容上有所差异。课堂教学一般是系统知识的传授,每节课涉及一个专题,接连多次授课;专题讲座是针对某一个专题知识,一般只安排一次培训。这种培训教学方法适合于技术人员了解专业技术发展方向或当前热点问题等。专题讲座法的优点:培训不占用大量的时间,形式比较灵活;可随时满足学员某一方面的培训需求;讲授内容集中于某一专题,培训对象易于加深理解。

专题讲座法的局限性:讲座中传授的知识相对集中,内容可能不具备较好的系统性。

⑤ 研讨法

研讨法是指在教员引导下,学员围绕某一个或几个主题进行交流,相互启发的培训教学方法。

a. 研讨法的类型

i. 以教员或学员为中心的研讨

以教员为中心的研讨从头至尾由教员组织,教员提出问题,引导学员作出回答。教员起着活跃气氛,使讨论不断深入的作用。讨论的问题除主题本身外,有时也包括由学员的回答引出的问题。讨论也可以采用这种形式,教员先指定阅读材料,然后围绕材料提出问题,并要求学员回答。研讨结束后,由教员进行总结。

以学员为中心的研讨常常采用分组讨论的形式。有两种方法:一是由教员提出问题或任务,学员独立提出解决办法;二是不规定研讨的任务,学员就某议题进行自由讨论,相互启发。

ii. 以任务或过程为取向的研讨

任务取向的研讨着眼于达到某种目标,这个目标是事先确定的。即通过讨论弄清某一个或几个问题,或者得出某个结论,组织这样的研讨需要设计能够引起讨论者兴趣、具有探索价值的题目。过程取向的研讨着眼于讨论过程中成员之间的相互影响,重点是相互启发,进行信息交换,并增进了解,加深感情。任务一过程取向的研讨。这种类型的研讨既能得出某个结论,又能达到相互影响的目的,这需要对讨论进行精心的组织。例如,先分成小组讨论,小组内进行充分的交流,意见达成一致;然后小组推举一人在全体学员的讨论会上发言。

b. 研讨法的优点

i. 多向式信息交流。在讨论过程中,教员与学员间,学员与学员间相互交流、启发和借鉴,及时反馈,有利于学员取长补短,开阔思路,促进能力的提高。

ii. 要求学员积极参与，有利于培养学员的综合能力。研讨法要求在调查准备的基础上，就研讨内容提出自己的观点，找出解决办法，因而学员必须独立思考，收集、查阅各种资料，分析问题，并用语言表达，同时还要能判断评价别人的观点并及时做出反应。

iii. 加深学员对知识的理解。通过对实际问题的研究、讨论，为学员提供了运用所学知识的机会，加深了学员对原理知识的理解，提高其运用能力，并激发进一步学习的动力。

iv. 形式多样，适应性强，可针对不同的培训目的选择适当的方法。

c. 研讨法的难点

i. 对研讨题目、内容的准备要求较高。

ii. 对指导教员的要求较高。

d. 选择研讨题目注意事项

i. 题目应具有代表性、启发性。

ii. 题目难度要适当。

iii. 研讨题目应事先提供给学员，以便做好研讨准备。

2）实践型培训法

实践型培训法简称实践法，主要适用于以掌握技能为目的的培训。实践法是通过让学员在实际工作岗位或真实的工作环境中，亲身操作、体验，掌握工作所需的知识、技能的培训教学方法，在学员培训中应用最为普遍。这种方法将培训内容和实际工作直接相结合，具有很强的实用性，是学员培训的有效手段。适用于从事具体岗位所应具备的能力、技能和管理实务类培训。

实践法有很多优点：经济，学员边干边学，一般无需特别准备教室及其他培训设施；实用、有效，学员通过实干来学习，使培训的内容与学员将要从事的工作紧密结合，而且学员在实践的过程中，能迅速得到关于他们行为的反馈和评价。

实践法的常用方式如下：

① 工作指导法

工作指导法又称教练法、实习法，是指由教员在工作岗位上对学员进行培训的方法。指导教练的任务是教学员如何做，提出如何做好的建议，并对学员进行激励。

工作指导法的优点是应用广泛，可用于基层生产培训，如让学员通过观察教练工作和实际操作，掌握机械操作的技能。也可用于各级管理人员培训，让学员与现任管理人员一起工作，后者负责对学员进行指导，一旦现任管理人员因退休、提升、调动等原因离开岗位时，训练有素的学员便可立即顶替，如设立助理职务培养和开发企业未来的高层管理人员。这种方法并不一定要有详细、完整的教学计划，但应注意培训的要点：

一是关键工作环节的要求；二是做好工作的原则和技巧；三是须避免、防止的问题和错误。

② 个别指导法

个别指导法和我国以前的“师傅带徒弟”或“学徒工制度”相类似。目前我国很多企业在实行这种“传帮带”式培训方式，主要是通过资历较深的学员的指导，使新学员能够迅速掌握岗位技能。

a. 个别指导法的优点

i. 新学员在教员指导下开始工作，可以避免盲目摸索。

ii. 有利于新学员尽快融入团队。

iii. 可以消除刚从高校毕业的学员开始工作时的紧张感。

iv. 有利于企业传统优良工作作风的传递。

v. 新学员可从指导人处获取丰富的经验。

b. 个别指导法的缺点

i. 为防止新学员对自己构成威胁,指导者可能会有意保留自己的经验、技术,从而使指导浮于形式。

ii. 指导者本身水平对新学员的学习效果有极大影响。

iii. 指导者不良的工作习惯会影响新学员。

iv. 不利于新学员的工作创新。

3) 参与型培训法

参与型培训法是调动培训对象积极性,让其在培训者与培训对象双方的互动中学习的方法。这类方法的主要特征是每个培训对象积极参与培训活动,从亲身参与中获得知识、技能,掌握正确的行为方式,开拓思维,转变观念。其主要形式有自学、案例研究法、模拟训练法、敏感性训练法和管理者训练法。

① 自学

自学适用于知识、技能、观念、思维、心态等多方面的学习。自学既适用于岗前培训,又适用于在岗培训,而且新学员和老学员都可以通过自学掌握必备的知识和技能。

自学的优点:

a. 费用低。自学只需要为自学者创造一定的学习条件或者对自学进行必要的组织,如购买书籍,而不需要聘请教员,购置大件教学设备,不需要解决学员的食宿问题,因此自学费用比课堂培训低得多。

b. 不影响工作。与集中培训不同,自学往往是在业余时间进行,学习和工作不会发生矛盾,对工作一般不会产生影响。

c. 学习者自主性强。自学者可根据自己的具体情况安排时间和进度,有重点地选择学习内容,学习者自主性强,可弹性安排学习计划。

d. 可体现学习的个别差异。自学者可以对学习内容进行选择,着重学习自己不熟悉的内容。同时,学习者可按照自己习惯的方法学习。

e. 有利于培养学员的自学能力。在信息时代,每个人都必须终身受教育,学会如何学习对于每个人都非常重要。自学的过程是学习者主动地掌握知识的过程,必然会提高学习能力。

② 案例研究法

案例研究法是一种信息双向性交流的培训方式,它将知识传授和能力提高两者融合到一起,是一种非常有特色的培训教学方法。可分为案例分析法和事件处理法两种。

a. 案例分析法

案例分析法又称个案分析法,它是围绕一定的培训目的,把实际中真实的场景加以典型化处理,形成供学员思考分析和决断的案例,通过独立研究和相互讨论的方式,来提高学员的分析及解决问题的能力的一种培训教学方法。用于教学的案例应满足以下要求:内容真实;案例中应包含一定的管理问题;分析案例必须有明确的目的。案例分析可分为两种类型:第一种是描述评价型。即描述解决某种问题的全过程,包括其实际后果(不论成功或失败)。这样,留给学员的分析任务只是对案例中的做法进行事后分析,以及提出“亡羊补牢”性的建议。第二种是分析决策型。即只介绍某一待解决的问题,由学员去分析并提出对策。本方法更能有效地培养学员分析决策、解决问题的能力。上述两种方法不是截然分开的,中间存在着一系列过渡状态。

b. 事件处理法

事件处理法是指让学员自待收集亲身经历的案例,将这些案例作为个案,利用案例研究法进行分析讨论,并用讨论结果来警戒日常工作中可能出现的问题。学员间通过彼此亲历事件的相互交流和讨论,可使企业内部信息得到充分利用和共享,同时有利于形成一个和谐、合作的工作环境。

事件处理法的适用范围:适宜各类学员了解解决问题时收集各种情报及分析具体情况的重要性;了解工作中相互倾听、相互商量、不断思考的重要性;通过自编案例及案例的交流分析,提高学员理论联系实际的能力、分析解决问题的能力,以及表达、交流能力。

事件处理法的优点:参与性强,变学员被动接受为主动参与;将学员解决问题能力的提高融入知识传授中;教学方式生动具体,直观易学;学员之间能够通过案例分析达到交流的目的。

事件处理法的缺点:案例准备的时间较长且要求高;案例法需要较多的培训时间,同时对学员能力有一定的要求;对培训顾问的能力要求高;无效的案例会浪费培训对象的时间和精力。

③ 模拟训练法

模拟训练法以工作中的实际情况为基础,将实际工作中可利用的资源、约束条件和工作过程模型化,学员在假定的工作情境中参与活动,学习从事特定工作的行为和技能,提高其处理问题的能力。其基本形式是:由人和机器共同参与模拟活动;人与计算机共同参与模拟活动。

模拟训练法的优点:学员在培训中工作技能将会获得提高;通过培训有利于加强学员的竞争意识;可以带动培训中的学习气氛。

模拟训练法的缺点:模拟情景准备时间长,而且质量要求高;对组织者要求高,要求其熟悉培训中的各项技能。这种方法与角色扮演类似,但并不完全相同。模拟训练法更侧重于对操作技能和反应敏捷的培训,它把参加者置于模拟的现实工作环境中,让参加者反复操作,解决实际工作中可能出现的各种问题,为进入实际工作岗位打下基础。这种方法比较适用于对操作技能要求较高的学员的培训。

④ 角色扮演法

角色扮演法是在一个模拟真实的工作情境中,让参加者身处模拟的日常工作环境之中,并按照他在实际工作中应有的权责来担当与实际工作类似的角色。模拟性地处理工作事务,从而提高处理各种问题的能力。这种方法的精髓在于“以动作和行为作为练习的内容来开发设想”。也就是说,学员们不是针对某问题相互对话,而是针对某问题采取实际行动,以提高个人及集体解决问题的能力。

行为模仿法是一种特殊的角色扮演法,它通过向学员展示特定行为的范本,由学员在模拟的环境中进行角色扮演,并由指导者对其行为提供反馈的训练方法,它适宜于基层管理人员和一般学员的培训。它能使学员的行为符合其职业、岗位的行为要求,提高学员的行为能力;使学员能更好地处理工作环境中的人际关系。这种培训教学方法根据培训的具体对象确定培训内容,如基层主管指导新雇员,纠正下属的不良工作习惯等。它的操作步骤:首先,建立示范模型;其次,角色扮演与体验;再次,社会行为强化;最后,培训成果的转化与应用。

a. 角色扮演法的优点

i. 学员参与性强,学员与教员之间的互动交流充分,可以提高学员培训的积极性;

ii. 角色扮演中特定的模拟环境和主题有利于增强培训效果;

iii. 在角色扮演过程中,学员之间需要进行交流、沟通与配合,因此可增加彼此之间的感情交流,培养他们的沟通、自我表达、相互认知等社会交往能力;

iv. 在角色扮演过程中,学员可以互相学习,及时认识到自身存在的问题并进行改正,明白本身的不足,使各方面能力得到提高;

v. 提高学员业务能力,同时加强了其反应能力和心理素质;

vi. 具有高度的灵活性,实施者可以根据培训的需要改变学员的角色,调整培训内容,同时,角色扮演对培训时间没有任何特定的限制,视要求而决定培训时间的长短。

b. 角色扮演法的缺点

i. 场景是人为设计的,如果设计者没有精湛的设计能力,设计出来的场景可能会过于简单,使学员得不到真正的角色锻炼、能力提高的机会;

ii. 实际工作环境复杂多变,而模拟环境却是静态的,不变的;

iii. 扮演中的问题分析限于个人,不具有普遍性;

iv. 有时学员由于自身原因,参与意识不强,角色表现漫不经心,影响培训效果。

角色扮演法既有优点,又有不足之处,是一种难度很高的培训和测评方法。要想达到理想的培训和测评效果就必须进行严格的情景模拟设计,同时,保证角色扮演全过程的有效控制,随时纠正可能产生的问题。

(3) 培训教学方法的选择

1) 确定培训活动的领域。

2) 分析培训教学方法的适用性。

3) 根据培训要求优选培训教学方法。

4) 培训方式方法要与企业的培训文化相适应。

5) 培训教学方法的选择还取决于培训的资源与可能性(设备、花销、场地、时间等)。

(4) 培训效果评估

为了提高培训效果,需要对学员的每一个培训项目进行评估,通过评估可以反馈信息、诊断问题、改进工作。评估可作为控制培训的手段,贯穿于培训的始终,使培训达到预期的目的。

培训评估主要包括以下几个部分:

- 培训过程中:评估培训项目包括那些内容?参训人员对此是否感兴趣?
- 培训后:评估参训人员学到了什么?
- 培训后:评估参训人员对经营管理是否有促进?
- 参训人员回到岗位后评估培训的内容是否在工作中有用?

培训效果的评估可采用问卷调查、访谈、对比分析等方式。

四、仿真训练

(一) 单项选择题(请将正确选项的代号填入题内的括号中)

1. 以下关于情景模拟培训法观点错误的是(　　)。

(A) 通过让学员在模拟事件发生发展的各个环节思考分析,让他们发现自己的创新潜能

(B) 不适用于让新手获得岗位工作技能的要领

(C) 其他成员提供的相关信息可能会激发学员重新思考

(D) 每种个性的决策风格更容易暴露在培训老师眼里,有利于对其进行进一步的辅导和培训

2. 企业培训的效果在很大程度上取决于培训所采用的教学方法,教学方法的选择成为培训能否达到预期目的的关键因素,下面属于实践型培训法的方法为(　　)。

(A) 讲授法　(B) 问题法　(C) 工作指导法　(D) 专题讲座法

3. 对于课堂培训,考核标准主要是(　　)。

(A) 考勤　(B) 笔试成绩　(C) 课堂表现　(D) 操作能力

4. 多用于巩固知识,训练学员分析、解决问题的能力与人际交往的能力,运用时对培训教师的要求较高的培训教学方法是(　　)。

(A) 比较法　(B) 讨论法　(C) 参与法　(D) 上位法

5. 培训效果评估的目的说法不正确的是(　　)。

(A) 培训效果评估目的是为了评价已经实施的培训是否达到当初的目标

(B) 培训效果评估目的是发现培训执行过程中的问题进行改善

(C) 培训效果评估目的是改善教学方法,提高教学质量

(D) 培训效果评估目的是留下文件存档便于查询培训资料

6. 在技能培训结束后,用(　　)的方法评价学员的实施能力是否已达到要求的标准。

(A) 考勤考核　(B) 笔试成绩

(C) 工作实施能力测评　(D) 工作能力

(二) 多项选择题(请将正确选项的代号填入题内的括号中)

1. 关于课堂讨论法的三种形式,以下选项错误的是(　　)。

(A) 集体讨论法、小组讨论法、对立讨论法

(B) 一对一讨论法、小组讨论法、对立讨论法

(C) 案例讨论法、小组讨论法、对立讨论法

(D) 一对一讨论法、案例讨论法、小组讨论法

(E) 一对一讨论法、案例讨论法、集体讨论法

2. 培训方法是一种(　　)行为。

(A) 知识传递　(B) 技能传递　(C) 标准传递　(D) 信息传递

(E) 信念传递

3. 企业培训的效果在很大程度上取决于培训所采用的教学方法,教学方法的选择成为培训能否达到预期目的的关键因素,企业通常采用的教学方法分为(　　)。

(A) 直接传授型培训法　(B) 间接传授型培训法
(C) 实践型培训法　(D) 参与型培训法
(E) 理论型培训法

4. 企业培训的效果在很大程度上取决于培训所采用的教学方法,教学方法的选择成为培训能否达到预期目的的关键因素,下面属于直接传授型培训法的方法为(　　)。
(A) 讲授法　(B) 问题法　(C) 演示法　(D) 专题讲座法
(E) 研讨法

5. 讲授法包括以下哪些方式(　　)。
(A) 叙述性讲述方式　(B) 描述性讲述方式
(C) 解释性讲述方式　(D) 分析性讲述方式
(E) 归纳推理讲述方式

6. 关于培训教学方法的选择,包括以下哪些方面(　　)。
(A) 确定培训活动的领域
(B) 分析培训教学方法的实用性
(C) 根据培训要求优选培训教学方法
(D) 培训方式方法要与企业的培训文化相适应
(E) 培训的资源和可能性

7. 培训教学方法是为了有效地实现培训目标而挑选出的手段和方法,从培训教学方法与培训内容、培训目标的相关关系出发,对培训中的培训教学方法可分为(　　)。
(A) 与基础理论知识教育培训相适应的培训教学方法
(B) 与解决问题能力培训相适应的培训教学方法
(C) 与创造性培训相适应的培训教学方法
(D) 与技能培训相适应的培训教学方法
(E) 基本能力的开发方法

8. 每一种培训教学方法都有它的长处与短处,有一定的适用领域。分析学员群体特征可使用的参数为(　　)。
(A) 学员构成
(B) 工作可离度
(C) 工作压力
(D) 培训方式方法要与企业的培训文化相适应
(E) 训教学方法的选择还取决于培训的资源与可能性

9. 为了提高培训效果,需要对学员的每一个培训项目进行评估,通过评估可以反馈信息、诊断问题、改进工作。评估可作为控制培训的手段,贯穿于培训的始终,使培训达到预期的目的,培训评估主要包括(　　)。
(A) 评估培训项目包括那些内容　(B) 参训人员对此是否感兴趣
(C) 评估参训人员学到了什么　(D) 评估参训人员对经营管理是否有促进
(E) 培训中学员是否和教师进行有效互动

10. 企业培训效果评估方法之一柯克帕特里克培训四级评估模型包括(　　)。
(A) 反应层　(B) 学习层　(C) 行为层　(D) 结果层

(E) 执行层

(三) 简答题

1. 简述培训教学方法的意义。

2. 简述直接传授型培训法之一的讲授法分类。

3. 优选培训教学方法应考虑哪些因素。

4. 什么是培训评估?

(四) 综合题

1. 试用培训教学的方法阐述电容式差压变送器原理及校验方法步骤。

五、参考答案

(一) 单项选择题

1. B; 2. C; 3. B; 4. B; 5. D; 6. C。

(二) 多项选择题

1. BCDE; 2. ABCDE; 3. ACD; 4. ABCDE; 5. ABCDE; 6. ABCDE; 7. ABCDE; 8. ABCDE; 9. ABCD; 10. ABCD。

(三) 简答题

1. 答:(1) 联系教师教与学的重要纽带。(2) 完成教学任务的必要条件。(3) 提高教学质量的重要保证。(4) 影响学生的身心发展。

2. 答:讲授法分为:(1) 叙述性讲述方式。(2) 描述性讲述方式。(3) 解释性讲述方式。(4) 分析性讲述方式。(5) 归纳推理讲述方式。(6) 演绎推理讲述方式。

3. 答:优选培训教学方法应考虑以下几点要求:(1) 保证培训教学方法的选择要有针对性,即针对具体的工作任务来选择。(2) 保证培训教学方法与培训目的、课程目标相适应。(3) 保证选用的培训教学方法与学员群体特征相适应。

4. 答:培训评估是一个运用科学的理论、方法和程序,从培训项目中收集数据,并将其与整个组织的需求和目标联系起来,以确定培训项目的价值和质量的过程。建立培训评估体系的目的,既是检验培训的最终效果,同时也是规范培训相关人员行为的重要途径。

(四) 综合题

1. 答:(1) 电容式差压变送器的工作原理简图如下图所示:

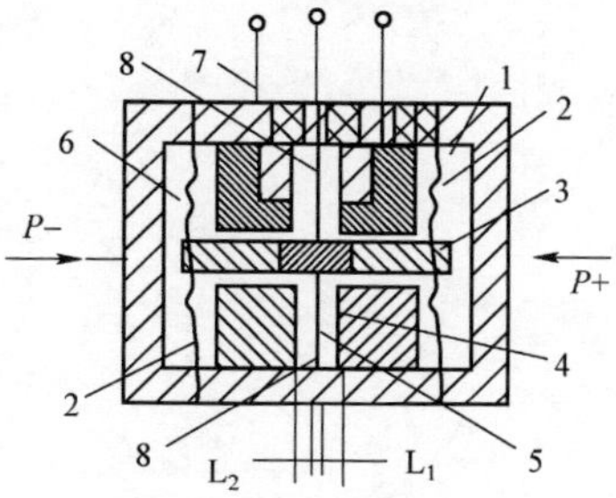

1—正压室;2—弹性测量膜片;3—连接轴;4—固定电极;
5—可动电极;6—负压室;7—电极引线;8—环形弹簧极

图中可动电极 5 固定在连接轴 3 中间,在可动电极两侧各装一固定电极 4,组成两差动电容。当差压为零时,可动电极与两固定电极间的间隙相等,$L_1=L_2=L_0$,两差动电容量相等,$C_1=C_2$。当差压 P_+-P_-分别加到正负压室弹性测量膜片上时,引起膜片位移,连接轴 3 带动其上的可动电极产生相应的微小位移,使可动电极与两固定电极的间隙 L_1 和 L_2 不相等,相应的电容 C_1 和 C_2 电容量也不相等。这样将两弹性测量膜片上检出的压差信号变为电容量的变化。通过电路的检测和转换放大,转变为二线制输出的 4～20 mA 直流信号。

(2) 电容式差压变送器校验步骤:

① 差压变送器连接校验仪。

② 加压检查压力量程对应的电流输出(包括调整压力量程、电流输出及线性度)。

③ 校核压力量程对应的输电流的准确度。

④ 填写差压变送器校验报告单。

第七单元　管　理

一、学习目标

1. 掌握质量分析与控制方法；
2. 了解质量保证大纲与质量手册内容；
3. 了解风险控制和风险管理知识内容，能进行维修项目风险分析及管理；
4. 掌握核应急管理相关知识。

二、考核要点

考核要点见表 3-13。

表 3-13　考核要点

考核类别	考核范围	考核点	重要程度
管理	质量分析与控制方法	质量分析	X
		质量控制方法	X
	质量保证大纲与质量手册	质量保证大纲	X
		质量手册	X
	风险控制和风险管理	维修项目风险分析	X
		维修项目风险管理	X
	核应急管理相关知识	核电厂纵深防御原则	X
		核事故应急管理法规	Y
		核事故应急管理机构	X
		核电厂应急计划区	X
		应急等级的划分	X
		核电厂场内应急实施程序	X
		核应急的干预原则	X
		核应急的干预水平	X
		核事故应急演习	X

三、考点导航

1. 质量分析与控制方法

(1) 质量分析

1) 质量定义：质量是一组固有特性满足要求的程度。质量可使用形容词如“差、好、优秀”等来修饰。固有的特性就是指本来就有的,尤其是那种永久的特性。质量分析就是对物项的质量特性及其要满足的要求进行分析。

2) 在全面质量管理的八条原则中,其中有一条是基于事实的决策方法。有效决策是建立在数据和信息分析的基础上,在活动之前必须有一个精心的策划和正确的决策。决策的依据是什么,就是要采用准确的数据和信息。质量分析就要对所收集到的各种信息和数据,通过统计技术进行科学分析。

3) 分析产品存在质量问题的原因可用因果图从五大因素分析质量问题的原因。其他还有排列图、直方图、故障树图等分析工具。

(2) 质量控制方法

1) 质量控制也是质量管理的一部分,它就是致力于满足质量要求,是对质量实现过程的控制。

2) 质量控制要对影响质量的各方面进行控制,一般包括人、机、料、法和环五个方面。

人:确定所要求的技能并明确职责,选择并培训出合适(合格)的人员。

机:使用适当的(适应且检定校准合格的)工装设备和工器具。

料:使用合格的物项(合格的设备、部件和材料)。

法:制定工作程序、规程(包括技术要求、质保要求、操作安全要求等)并按程序规程实施工作。

环:创造良好的工作环境。

3) 检查与质量计划是进行质量控制的一种很好的工具。在该计划中一般包括质量实现过程中重要的工序过程及适应文件。并根据各工序对质量的影响程度分别设置控制点(H、W、R 点)并进行控制。

停工待检点(H 点):应提前通知监督方并等待,未经监督方书面同意不得进行停工待检点以后的工作。

见证点(W 点):应提前通知监督方,若监督方未到现场见证可进行见证点及以后的工作,W 点自动转为 R 点。

记录审查点(R点):记录和报告及相关文件(实际工艺参数、检验数据等)的审查,以确定该工序是否处于受控状态。

2. 质量保证大纲与质量手册

(1) 质量保证大纲

1) 质量保证和质量保证大纲的定义

① “安全第一,质量第一”是我国核电发展的指导方针。要保证核设施的安全水平和经济指标,就必须采取一套科学的保证质量的措施,建立一套完善的质量保证管理体系,确保核设施的质量。我国现行的核设施质量保证法规是 1991 年国家核安全局颁布的《核电厂质量保证安全规定》(HAF003)。

② 《核电厂质量保证安全规定》及其导则中对质量保证作了如下定义:为使物项和服务与规定的质量要求相符合提供足够的置信度所必需的一系列有计划的、系统的活动。这个定义意味着质量保证包括以下两方面的工作:一是为使各有关物项或服务达到相应质量所必需的实际工作;二是为保证制定和有效地实施适当的质量保证大纲,为验证所有工作已正

确地履行,为验证已产生达到的质量的客观证据所必需的工作。

③《核电厂质量保证安全规定》及其导则中对质量保证大纲作了如下定义:为保证质量而规定的和要完成的全部工作综合在一起构成质量保证大纲。这些工作包括两种基本类型:管理性的和技术性的。管理性的工作包括大纲的制定以及在核电厂整个设计、采购、制造、建造、调试、运行和退役期间大纲的管理。技术性的工作包括设计、采购、制造、建造、检查、试验、调试、运行和退役。对于一个工程项目或其中的一部分,质量保证大纲是由上述两种类型工作的恰当组合所构成。

2）质量保证法规

① 我国现行的核设施质量保证法规是1991年国家核安全局颁布的《核电厂质量保证安全规定》(HAF003)。它是强制性执行的法规,核设施营运单位及各承(分)包单位都必须遵照执行。该法规提出了核电厂的质量保证必须满足的基本要求,对核电厂的厂址选择、设计、制造、建造、调试、运行和退役期间的质量保证大纲的制定和实施提出了原则和目标。这些原则和目标适用于对安全重要物项和服务的质量具有影响的各种工作,例如设计、采购、加工、制造、装卸、运输、贮存、清洗、土建施工、安装、试验、调试、运行、检查、维护、修理、换料、改进和退役。这些原则和目标适用于所有对核电厂负有责任的人员、核电厂设计人员、设备供应厂商、工程公司、建造人员、运行人员以及参与影响质量活动的其他组织。

② 按照《核电厂质量保证安全规定》(HAF003) 建立一套质量保证管理体系,它应包括以下 13 个要素:质量保证大纲概述;组织;文件控制;设计控制;采购控制;物项控制;工艺过程控制;检查和试验控制;不符合项控制;纠正措施;记录;监查等。

③ 为了更有效的理解和执行《核电厂质量保证安全规定》(HAF003) ,国家核安全局发布了10个导则,它们是对《核电厂质量保证安全规定》(HAF003) 的说明和补充。这10个导则是:《核电厂质量保证大纲的制定》(HAD003/01);《核电厂质量保证组织》(HAD003/02);《核电厂物项和服务采购中的质量保证》(HAD003/03);《核电厂质量保证记录制度》(HAD003/04);《核电厂质量保证监查》(HAD003/05);《核电厂设计中的质量保证》(HAD003/06);《核电厂建造期间中的质量保证》(HAD003/07);《核电厂物项制造中的质量保证》(HAD003/08);《核电厂调试和运行期间的质量保证》(HAD003/09);《核燃料组件采购、设计和制造中的质量保证》(HAD003/10)。

④ 我国的质量保证法规《核电厂质量保证安全规定》(HAF003) 是根据国际原子能机构(IAEA)1988 年制定的《核电厂安全法规:质量保证》(50-C-QA)翻译并修改而制定的。IAEA 又于 1996 年和 2006 年分别颁布了《核电厂和其他核设施安全的质量保证》(50-C-Q)和《设施和活动的管理体系》(GS-R-3)。我国现在有的核电厂为提高管理水平,已吸收了IAEA 新法规的部分内容应用在质量保证管理方面。

(2) 质量手册

1）ISO9001 质量管理标准介绍

① 质量手册是规定组织质量管理体系的文件。为适应组织的规模和复杂程度,质量手册根据组织的特性在详略程度及格式上有所不同。对于采用 ISO9000 族质量标准的组织应根据 ISO9001 标准《质量管理体系　要求》编制质量手册。

② ISO9001 标准与 HAF003 法规均属于质量管理的要求。HAF003 法规是仅适用于核电行业的《核电厂质量保证安全规定》,它是强制执行的标准。ISO9001 标准是国际标准化

组织颁布的适用于多种行业的《质量管理体系　要求》,它是推荐执行的标准。采用 ISO9001 标准的质量管理体系,必须根据 ISO9001 标准《质量管理体系　要求》编制质量手册。

③ 质量管理已经历四个阶段:质量检验管理阶段、统计质量管理阶段、全面质量管理阶段、标准质量管理阶段。在标准质量管理阶段,国际标准化组织 ISO 制定了 ISO9000 族质量管理标准。我国也紧跟国际标准化组织及时将 ISO9000 族的标准转化为我国国家标准 GB/T 19000 族。ISO9000 族标准有四个核心标准:《质量管理体系　基础和术语》(ISO9000:2005);《质量管理体系　要求》(ISO9001:2008);《可持续性管理的一种质量管理方法》(ISO9004:2009);《质量和(或)环境管理体系审核指南》(ISO19011:2002)。

2) GB/T 19000 族标准和质量管理的八项质量管理原则

① GB/T 19000 族标准是由 ISO9000 族的标准转化为我国国家标准。其中标准之一的《质量管理体系　要求》主要内容包括:质量管理总要求、文件要求、管理职责、资源管理、产品实现、测量分析改进等。它与《核电厂质量保证安全规定》(HAF003) 有许多相同的方面,也有一些不同的方面。

② 八项质量管理原则用高度概括、易于理解的语言表述质量管理基本、通用的一般性规律。为质量管理提供正确的理论,使之产生正确的方法。八项质量管理原则被确认为最高管理者用于领导组织进行业绩改进的指导原则。这八项质量管理原则是:以顾客为关注焦点、领导作用、全员参与、过程方法、管理的系统方法、持续改进、基于事实的决策方法、与供方互利的关系。

3. 风险控制和风险管理

(1) 维修项目风险分析

为了保证电厂功率运行期间的生产计划项目可知可控,将计划项目对电厂的安全、稳定、经济运行的影响降至最低,必须将对电厂安全、稳定运行构成威胁的计划项目进行风险评价,选择一个风险控制上的合理平衡点,特制定本管理制度。

在执行维修活动之前,必须评估活动相关的风险,并将评估结果用于风险管理。风险评估的 SSCs(Structures, Systems and Components)范围可通过风险依据(Risk-Informed)型评估过程来选定。风险管理通过确立行动水平(阈值)和采取风险管理行动来完成。这些行动具有针对特定维修活动的特殊性,并根据风险影响的量级及持续时间、活动的性质及其他因素而变化。

1) 高风险项目依据:经过修与不修论证,发现即使经过风险控制也无法将具有直接、潜在导致电站核安全降级或触发停机停堆的可能,即客观上具有不可控因素存在,并且必须由总经理部审核决策维修时机。具体表现为:

① 维修时限达到技术规格书后撤时间的 75%;

② 导致厂外电源、厂内应急电源中的任意一路停役;

③ 需要切除重要的保护(如反应堆保护、专设保护的切除);

④ 对电站的降负荷达到超出 20%的计划项目(为电站重要发电设备,将使电站的满功率运行受到严重影响,经济收益受到影响);

⑤ 计划项目涉及影响稳定发电并无法在运行中进行隔离。

2) 中风险项目依据:经过修与不修论证,发现经过风险控制将具有潜在电站核安全降级或停堆停机风险降至最低并可接受，并且由生产计划部审核维修时机。可以具备隔离条件或采取临时的纠正行动，具体表现为：

① 故障发展将导致设备可靠性下降的计划项目；

② 影响关键重要设备的某项功能参数的计划项目；

③ 影响到没有正常备用设备和系统的计划项目；

④ 需要改变设备运行方式的计划项目；

⑤ 正常运行期间，造成降负荷处理，并超过满负荷的20%以下的计划项目；

⑥ 与重要设备的操作平台很近的主控室监测仪表、连锁和报警系统的计划项目；

⑦ 反应堆保护和专设保护控制柜内卡件故障，需采取更换卡件等的计划项目（非第一次在线实施的项目）；

⑧ 无法隔离，但是采取了其他临时手段，可以将设备的故障发展得到抑制的计划项目；

⑨ 可以隔离，但是目前并没有导致设备不可用，必须采取定期跟踪的计划项目。

(2) 维修项目风险管理

1) 生产计划项目的风险识别和划分

风险识别是指对尚未发生的、潜在的以及客观存在的影响风险的各种因素进行系统地、连续地辨别、归纳、推断和预测，并分析产生事故原因的过程，主要鉴别风险的来源、范围、特性及与其行为或现象相关的不确定性，它是风险管理的起点，在很大程度上界定了风险的本质特征，要依赖于经验和类比。

凡是电站运行期间进入生产计划的项目（含缺陷处理、临时操作、临时试验、临时任务单、变更/临时变更、预维等）进行初步筛选，主要针对运行期间对核安全、停机、停堆或降功率威胁或潜在威胁的计划项目进行初步筛选，依据下面的分析内容进行计划项目风险初步识别。

其他如计划项目的工业安全分析、辐射防护、消防等类型的风险属于计划项目准备的一个必须的环节，不在计划风险识别之内，参照相关的管理制度实施。

由于计划项目风险分析程序需要一定的时间，在风险分析程序完成前如果项目已经电厂正式决策程序（例如日生产例会、电厂领导组织的讨论会）进行决策，则按照会议的正式决定实施，计划项目风险分析程序终止。

总则为潜在对关键重要设备功能有影响的计划项目，必须在筛选范围之内，以及需要遗留到待停机停堆缺陷项目。

风险项目初步筛选具备的特征：

① 对于涉及技术规格书要求的计划项目；

② 影响核安全的辅助设备的计划项目（含仪表、根阀等）；

③ 关键、重要设备失去主要电气保护的计划项目；

④ 正常运行中，需要降出力的计划项目；

⑤ 涉及反应堆保护和专设保护的报警、仪表、卡件等的计划项目；

⑥ 影响关键/重要设备的某项功能参数的计划项目（已威胁设备安全运行或机组热效率并涉及主设备安全和监测的计划项目；反应堆保护和专设保护控制柜内卡件故障，需采取更换卡件等的计划项目（非第一次在线实施的项目）；

⑦ 影响到没有备用设备和系统的计划项目；

⑧ 需要改变系统或设备正常运行方式的计划项目；

⑨ 与重要设备的工作平台很近的主控室监测仪表、连锁和报警系统的计划项目；

⑩ 需要遗留到待停机、停堆、待大修缺陷项目；

⑪ 关键/重要设备缺陷需要观察和确认超过一周以上的计划项目；

⑫ 独立设备/系统：不可用后立即产生后果，无回旋余地；

⑬ 多重设备/系统：一台设备/一列系统不可用时有回旋余地。一旦共因失效，多重性将丧失，立即变为独立设备/系统；

⑭ 有 WANO 或其他可靠性指标控制目标要求的项目；

⑮ 在重要厂房工作有电磁干扰的计划项目；

⑯ 对于安排在计划性降功率或停机停堆期间的维修项目，可能会导致额外电量损失的，必须进入风险分析决策页流程；

⑰ 厂区二道岗以内的可能影响到系统设备正常运行的重要土建作业。

2）风险项目决策和分析程序

一旦进入风险分析决策的计划项目，将通过填写计划项目风险决策页（见附录）的方式进行风险分析，从维修、运行、设备管理等角度来分析设备维修时具有的哪些风险（包括运行风险和安全风险），从设备、系统两个角度分析设备是否需要维修，何时维修等，在经过修与不修正反两个方面的风险比较，得出设备管理者的建议。经过计划分析，采取相应的措施将风险降至可接受的程度，对风险进行定位，确定是在哪一个领域存在风险，最终选择合适的时机处理。

经过风险分析决策后，以下结果必须按照以下流程进行审批：

① 风险定位高风险的项目：必须最终到主管生产的副总经理或授权的人员审批；

② 风险定位中风险的项目：必须由生产计划部经理批准，必要时可由维修、运行等部门会签。

计划项目风险分析页创建后，各负责科队需在10个工作日内完成编写、校对工作。生产计划科需要在运行、维修及设备管理页完成后 5 个工作日内完成计划页的填写，开始审批程序。各审批步骤需要在 3 个工作日内进行审批。

3）风险项目的处理响应

① 进入待停机停堆和换料维修期间处理的计划项目响应

一旦放入待停机停堆处理项目和换料维修项目：必须最终到主管生产的副总经理或授权的人员审批。同时根据生产计划管理相关规定执行准备工作。

决策结果为在等待电站工况下处理的高/中风险项目，执行部门必须根据采取的临时措施和监测要求，创建工单，并在决策后的第二天，安排执行相应的工作。

同时将待停机待停堆处理的计划项目，由维修部编写具体的维修方案等，完成准备工作，并在设备管理系统中将工单状态改为“准备”状态。

② 在功率运行期间执行的高/中风险项目的响应

功率运行期间执行的高风险项目具有直接影响核安全和可能触发停机停堆，且客观上具有不可控因素存在。运行期间执行的中风险项目具有潜在核安全影响或存在停堆停机风险，但只要做好风险分析，做好预防，风险仍可避免。要求相关专业必须对维修过程相应风险做好充分的准备，将风险降至最低。维修部门负责落实相应维修方案。

在开始实施维修方案前，维修人员必须与当班值长进行交流，作最后的接口审查。

维修人员请考虑以下维修方案中的风险(表 3-14)，并及时与计划/运行交流。

表 3-14 需考虑的维修方案中的风险

机械维修方案中的潜在风险	是否存在因使用禁用的工业材料或化学用品而导致的中毒风险
	是否存在有关健康(辐射防护、窒息)的风险
	是否存在无法隔离维修部位(如带压堵漏)可能造成维修人员伤害
	是否存在因使用化学物品或在易燃易爆设备上进行动火导致的火灾或爆炸风险
	是否存在维修空间狭小而容易误碰其他设备的风险
	执行工作时是否有对介质、压力、供电的要求
电气维修方案中的潜在风险	是否存在异物落入回路，造成短路使保护动作
	是否存在混淆机组、房间或设备间隔而导致的风险
	是否会影响其他设备、通道或供电的可用
	是否存在维修空间狭小而容易误碰其他设备的风险
	执行过程中可能的错误引发更严重的后果(如回路供电失去)
	是否存在切除保护等影响到其他设备在紧急停堆停机的启动
	是否存在维修空间狭小而容易误碰其他设备的风险
仪控维修方案中的潜在风险	影响到调节回路、测量监视回路、报警回路、保护回路、连锁启动回路、关联其他设备动作
	操作时易有异物落入回路隔离范围影响其他设备是否存在
	是否存在带电情况下操作时引发其他设备失效风险
	执行过程中可能的错误引发更严重的后果(如回路供电失去)
	热力仪表回路时的泄漏风险(只有一个阀门隔离)
	是否存在切除保护等影响到其他设备在紧急停堆停机的启动
	是否存在维修空间狭小而容易误碰其他设备的风险

运行人员考虑缺陷存在情况下，以及停复役过程中的风险。见表 3-15 中所附的内容：

表 3-15 需考虑的运行隔离及恢复中的风险

运行隔离过程的风险	隔离过程中是否存在不确定因素(如压力、水位、流量等系统参数控制困难)
	是否在隔离时，危及其他的正常工作或运行
	隔离程序是否清晰和正确
	操纵员对其隔离过程中参数的监控是否重视
	操纵员对隔离过程中的调控手段是否掌握
	是否存在因临时措施(跨接线、夹子、盲法兰、保护切除、)导致的运行风险

续表

运行恢复过程的风险	设备恢复运行时是否存在风险
	是否存在隔离到恢复的工作接口不清导致的风险
	是否有同样的维修活动在另一回路的同样设备上进行(共模)
	是否因隔离,可能带来其他的风险(如稀释风险、设备或房间遭受水淹的风险)
	是否存在隔离后,其他设备故障的加剧(如同一系列的设备也有缺陷,切换后出现故障几率加大)
运行隔离后果风险	隔离时间过长,一旦同一系列设备会出现故障率增大,造成事故扩大
	存在无法在技术规格书要求的时间内处理好设备故障
	将造成部分或全部系统(设备)丧失安全功能,导致进入技术规格书后撤时间要求
	降负荷大于满功率的 20%,带来运行工况不稳定(如给水调节困难等)

高风险项目及中风险项目必须在充分准备的前提下,检查计划项目有完整的图纸、维修技术方案、人员资质、质量计划、品质鉴定、备件、工作接口、运行隔离、临时停机停堆准备等,并完成相应的审批程序。在经过项目的计划风险分析后,决策出的风险项目,执行部门还需要考虑维修过程中可能带来的工业、电业、辐射、消防安全准备,运行部作好隔离方案。上述条件满足后,根据风险分析决策的结论,进入计划安排并释放。

③ 风险项目执行时的维修时限的要求

a. 属于涉及技术规格书的计划项目,依据技术规格书的后撤时间对维修工时做出强制性要求,计划工时控制在后撤时间的 25%,计划工时达到后撤时间的 50%必须由生产计划部经理和运行部经理审批,计划工时达到后撤时间的 75%必须由总经理部批准。同时计划工时超过 75%的计划项目必须由 PSA 作风险评估,尽可能不间断工作。涉及有可靠性指标控制目标要求的项目按照第 4 条执行。

b. 属于除技术规格书上时间规定以外的高风险项目,计划时间以合理可行尽可能少的维修时限作为安排计划时限,尽可能不间断工作,有异议的由日生产例会讨论决定。

c. 属于中风险项目,将隔离系统或设备的维修时限为合理可行尽可能的短,尽可能不间断工作,有异议的由日生产例会讨论决定。

d. 有可靠性指标控制目标要求的项目,计划工时使年度可靠性指标统计值超过控制目标值时,必须由生产计划部经理和运行部经理审批。

4. 核应急管理相关知识

(1) 核电厂纵深防御原则

纵深防御原则是核安全基本原则的重要组成部分,也是核安全技术的基础。其含义是使核设施和核活动处于多层次的重叠保护之下,从而使个别失效可以得到补偿或纠正,而不致危害工作人员、公众和环境。

对核电厂而言,纵深防御原则体现在为确保三种基本安全的功能。控制反应性、排出余热和包容放射性物质不致失效,一般设置了 5 层保护:

第一层保护:防止偏离和系统失效,为此要求有稳妥保守的设计、高质量的建造和运行。

第二层保护:监测和纠正对正常运行情况的偏离,以防止预计运行事件升级为事故工况。为此,要求设置由安全分析所确定的专用系统,制定运行规程以防止或尽量减少假设始发事件所造成的损坏。

第三层保护:在某些预计运行事件或初始始发事件的升级而可能发展为更严重的事件时,控制这些事件的后果,并使核电厂达到稳定的、可接受的状态。为此,必须提供固有安全特性、故障安全设计、附加设备和规程。

第四层保护:应付可能已超出设计基准的严重事故,并保证放射性释放的后果保持在可合理达到尽可能低的水平。为此,要求运用防止事故进一步发展的补充措施和规程以及选定的严重事故的缓解措施以保护核电厂反应堆的放射性包容功能。

第五层保护:减少事故工况下放射性物质向环境释放的辐射后果,保护工作人员、公众健康和环境安全。为此,要求有场外应急响应,采取保护公众的防护措施。

(2) 核事故应急管理法规

我国对核事故应急管理工作十分重视。国家核安全局成立后,在核安全法规建设方面投入了巨大人力、物力。目前关于核事故应急管理方面的核安全法规已基本形成体系。有关管理部门也根据工作需要制定了一些部门规章和国家标准。在法律、法规体系的各层次法规文件中都相应包括了对核事故应急方面的要求。

我国发布的与核事故应急工作直接相关的法律、条例及实施细则如下:

1) 中华人民共和国放射性污染防治法(2003 年 6 月 28 日国家主席令发布);

2) HAF001 中华人民共和国民用核设施安全监督管理条例(1986 年 10 月 29 日国务院发布);

3) HAF002 核电厂核事故应急管理条例(1993 年 8 月 4 日国务院令第 124 号发布);

4) HAF002/01 核电厂核事故应急管理条例实施细则之一 ——核电厂营运单位的应急准备和应急响应(1998 年 5 月 12 日国家核安全局批准发布)。

(3) 核事故应急管理机构

2003 年 6 月,我国颁布了《中华人民共和国放射性污染防治法》。该法第一章第八条是对放射性污染防治管理体制的规定:

“国务院环境保护行政主管部门对全国放射性污染防治工作依法实施统一监督管理。国务院卫生行政部门和其他有关部门依据国务院规定的职责,对有关的放射性污染防治工作依法实施监督管理。”

对有关的放射性污染防治工作依法实施监督管理,目前依据的国务院有关规定主要包括:《放射性同位素与射线装置放射防护条例》《中华人民共和国民用核设施安全监督管理条例》《核电厂核事故应急管理条例》《中华人民共和国核材料管制条例》等。国家环境保护总局(国家核安全局) 对全国核设施安全实施统一监督,独立行使核安全监督权,对核设施的安全以及场内应急计划进行审评,对其应急准备和应急响应进行监管。

(4) 核电厂应急计划区

1) 应急计划区的概念

应急计划区的定义:为在事故时能及时、有效地采取保护公众的防护行动,事先在核电厂周围建立的制定有应急计划并做好应急准备的区域。在实际发生事故时,对公众采取的防护行动很可能仅局限于计划区的一小部分。但在发生极为罕见的最严重的事故时,也可能需要在应急计划区外的部分地区采取防护措施。这就是说,要区分应急计划区和实际的应急响应区域。不能认为应急计划区内的区域是不安全的,也不能认为应急计划区外的区域是绝对安全的。应急计划区内、外的公众都是安全的,都满足国家规定的核安全标准和环境保护标准。也不能将应急计划区与污染区、环境评价区或监测区混淆起来。

按我国的条例规定,核电厂周围应建立烟羽应急计划区(针对烟羽照射途径)和食入应急计划区(针对食入照射途径),这是沿用在切尔诺贝利事故前 IAEA80 年代提出的 EPZ 概念(与美国的要求相同,现美国仍采取用这个概念)。

2) 我国核电厂应急计划区划分的准则

在我国标准《应急计划区的划分》(1999 年)中,提出了我国核电厂 EPZ 划分的准则,这主要参照美国的相关标准。

确定烟羽应急计划区大小范围时,应遵循如下准则:

① 在烟羽 EPZ 外,所考虑的后果最严重的事故序列使公众个人可能受到的最大预期剂量不应超过国家主管部门提出的发生严重确定性健康效应的剂量阈值。

② 在烟羽 EPZ 外,对于各种设计基准事故和大多数严重事故序列,相应与特定防护行动的可防止的剂量一般应小于国家主管部门提出的相应通用干预水平。即一般不需要采取隐蔽、撤离等紧急防护行动。

确定食入应急计划区大小范围时,应遵循的准则如下:在食入 EPZ 外,大多数严重事故序列所造成的食品或饮用水污染水平不应超过国家主管部门提出的食品和饮用水通用行动水平。

3) 我国核电厂 EPZ 的划分

国家核事故应急协调委员会在 2001 年修订的《国家核应急计划》中规定:

① 烟羽 EPZ:以核电厂为中心,半径 7～10 km,需做好撤离、隐蔽和碘预防护准备的区域;又分内、外两区,内区半径为 3～5 km(准备撤离)。这和国家标准提出的值是一致的。但要注意到,有一定的范围,这主要取决于反应堆的功率。

② 食入 EPZ:以核电厂为中心,半径 30～50 km,需做好事故情况下食品和饮水的控制。

(5) 应急等级的划分

应急等级是指按照国家有关安全法规,对核电厂偏离正常运行工况的事件或事故,按其所造成的放射性后果的严重程度以及所采取的相应的应急响应行动进行分类、分级的类别或级别。核电厂按照可能发生的事故和可能导致事故之事件的性质、特征、后果或可能的后果及其严重程度,可以将核电厂的应急状态分为应急待命、厂房应急、场区应急和场外应急四个级别。

1) 应急待命

应急待命是指出现可能导致危及核电厂核安全的某些特定情况或者外部事件,核电厂有关人员进入准备应急的状态。

应急待命的特征是一些事件正在进展或已经发生,核电厂安全水平可能下降,但还有时间采取预防性措施以防止向更高级别的应急状态演变。在这类事件中,预期不会出现需要采取场外响应行动(如进行辐射监测)的放射性物质释放。

2) 厂房应急

厂房应急是指这样的一种应急状态,该状态所造成的事故后果仅限于核电厂的局部区域,核电厂人员按照场内核事故应急计划的要求采取核事故应急响应行动,通知厂外有关核事故应急响应组织。

厂房应急的特征是一些事件正在进展或已经发生,核电厂安全水平实际上或可能发生大的下降。然而,如果有放射性物质释放的话,预计场外照射水平只是相当于采取紧急隐蔽防护行动的通用干预水平(可避免剂量 10 mSv)的很小部分。厂房应急时,事故的辐射后果或可能的辐射后果仅限于某些厂房内部或核电厂局部区域。

3) 场区应急

场区应急是指这样一种应急状态,该状态所造成的事故后果蔓延至整个场区,场区内的人员采取核事故应急响应行动,通知省级人民政府指定的部门,某些厂外核事故应急响应组织可能采取核事故应急响应行动。

场区应急的特征是事故正在进展或已经发生,核电厂的一些安全设施的功能已经丧失或可能丧失。在这种应急状态下,可能出现堆芯损坏的情况,可能从电站中释放出一些放射性物质。除在场区边界附近之外,预计场外其他区域的照射水平不会超过采取紧急隐蔽防护行动的通用干预水平(可避免剂量 10 mSv)。经后果评价确定场外区域的照射水平超过隐蔽干预水平后,应立即向场外应急组织建议宣布进入场外应急状态,并采取相应的防护行动。

4) 场外应急

场外应急是指这样的一种应急状态,该状态所造成的事故后果超越场区边界,此时应执行整个场内和场外的核事故应急计划。

场外应急的特征是事故正在进展或已经发生,堆芯即将或已经极大损坏,甚至熔化,同时安全壳完整性可能丧失。在这种应急状态下,极可能从电站释放出大量的放射性物质,事故的辐射后果或潜在的辐射后果可能使场区边界之外超过采取紧急隐蔽防护行动的通用干预水平(可避免剂量 10 mSv)。

(6) 核电厂场内应急实施程序

应急响应主要实施准则如下。

1) 值长的应急通知

① 初始应急响应通知

连续广播三遍,中间停顿 5 s。广播用语如下:

全体运行人员注意!全体运行人员注意!我是当班值长×××,由于电站发生(××异常事件),所有运行人员必须坚守岗位,做好本职工作。通知完毕。

② 应急广播

连续广播三遍,中间停顿 5 s。广播用语如下:

应急待命、厂房应急、场区应急状态:

全体人员注意!全体人员注意!我是当班值长×××,现在宣布电站进入“应急待命/厂房应急/场区应急”状态,所有运行和应急人员必须坚守岗位,其他人员在各自的岗位等候指示。通知完毕。

场外应急状态:

全体人员注意!全体人员注意!我是当班值长×××,现在宣布电站进入“场外应急”状态,所有运行和应急人员必须坚守岗位。通知完毕。

③ 通知应急通知员

当班值长应立即通知生活区电话总机当班话务员(应急通知员):

我是当班值长×××,请立即通过群呼所有应急响应人员,显示信息为“应急待命(或厂房应急/场区应急/场外应急)状态(1 期 1 号机组)”。现在时间××时××分。通知完毕。

2) 应急通知员的应急通知

应急通知员(生活区电话总机当班话务员)在接到当班值长的通知后,立即实施紧急通知。将显示信息“应急待命(或厂房应急/场区应急/场外应急)状态(1 期 1 号机组)”输入手机短信群呼终端机。过 30 s 再呼叫一遍。

3) 应急终止

① 应急终止流程;

② 终止条件。

终止条件见表 3-16。

表 3-16 应急终止条件

应急状态	终止条件
应急待命	使电站安全水平可能降级的异常事件已经结束,或者电站安全水平通过处理已恢复至正常
厂房应急	反应堆已处于稳定状态,一回路压力边界和安全壳没有显著失效,仅有少量放射性物质释放,对环境不构成实际意义的影响
场区应急	电站事故已得到有效地控制,放射性释放已降低到可以接受的水平,场区辐射水平已趋于稳定或呈下降趋势
场外应急	场内条件: 反应堆和其他有关设施已处于稳定状态,放射性物质已经停止释放或已降到正常运行时规定的限值以内,场区辐射水平已趋于稳定或呈下降趋势,不存在危及核设施和场内人员安全的大火或其他可能导致应急的条件,包括设备故障在内的其他事故隐患已经排除。 场外条件: 采取并继续采取一切必要的防护措施以保护公众免受污染,并使事故的长期后果可能引起的照射降至最低限度

4) 场内人员撤离

场内人员撤离执行流程如下。

① 值长发出撤离通知。

• 发出撤离警报信号,连续鸣响 60 s,不重复;

• 5 s 后使用广播通知。通知用语如下:

全体人员注意!全体人员注意!我是当班值长×××,现在宣布应急总指挥决定:凡暂时没有应急任务的场内人员,立即到预定地点集合。

共广播通知三遍,中间停 5 s。

② 在撤离集合点集合。

③ 按特定撤离路线撤离。

5）医学急救

医学急救批准流程。

6）稳定性碘片的分发和服用

① 稳定碘片分发和服用流程

② 稳定性碘片的服用

稳定性碘片服用时间与阻吸收效果见表 3-17。

表 3-17 稳定性碘片服用时间与阻吸收效果

服用时间	阻吸收效果
吸入放射性碘前 6 h 或稍短时间内服用	＞95%
吸入时服用	98%
吸入后 4 h 服用	70%
吸入后 6 h 服用	50%
吸入后 12 h 服用	＜5%

注：成人：100 mg。若需重复给药，每日一次，每次 100 mg，重复给药总量不超过 1 g。

儿童：50 mg。不宜重复给药。

孕妇：100 mg。不宜重复给药。

7）事故早期的场外公众防护措施建议

① 防护措施

事故早期，适用于保护公众的有效措施包括掩蔽、服用稳定碘、撤离和交通控制。

事故中、后期，防护措施由食物和饮水控制、搬迁以及影响区域的去污等。

② 防护措施建议提出流程

防护措施建议提出流程如图 3-5 所示。

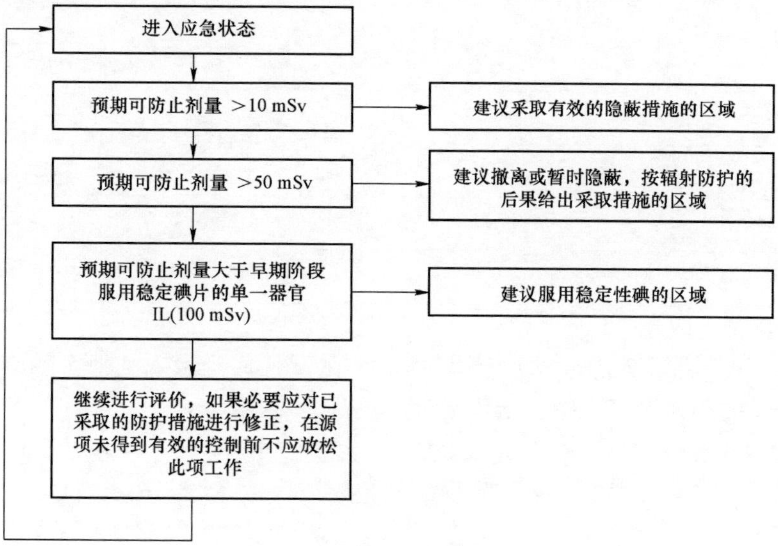

图 3-5 防护措施建议提出流程

(7) 核应急的干预原则

两类效应:“确定性”效应和“随机性”效应。

由辐射照射引起的健康效应有两大类:称作“确定性”效应和“随机性”效应。确定性效应的特点是在受照后很快出现,所受的剂量越高,其严重程度越大,并且有一个有效的剂量阈值,低于该阈值,确定性效应不会发生。

随机性效应一般包括各种癌症和遗传效应,这些效应要在初次受照之后许多年才可能发生。随机性效应不存在凡是低于它时就不会引起效应的剂量阈值,随机性效应不会发生于每一个受照者;但在受照者本人或其顺序几代子孙中发生这些效应的概率将随所受剂量的增加而增加。

实施防护措施的决策不应该轻率地作出,应为所有这样的措施限制了人们行动或选择的自由,把费用加给社会,并可能对某些人引起直接损害和人员分离。

适于保护公众成员的干预决策,基于以下三条基本原则:

1) 应尽所有可能的努力来防止严重的确定性健康效应。如果所有公众成员的剂量保持低于确定性效应的阈值以下,就可以防止严重的确定性效应。由于剂量预测会有某种不确定度,因此防止这些效应的行动将在低于阈值以下采取;

2) 干预应是正当的,在此意义上说,引入防护措施应使所获得的利益大于其有害方面。当采取行动,有纯利益时,干预便是正当的。由于对某些防护措施而言,干预的损失可能超过了避免照射所得到的利益,所以仔细考虑干预的利益和代价是重要的;

3) 应对引入干预和后来撤销干预所依据的水平进行最优化,以便使防护措施产生最大的净利益。当某一防护措施的净利益可达到最大时,干预便是优化的。可以选择某种防护行动的干预水平,如果高于干预水平,通常采取行动,而低于干预水平,通常不采取行动。于是各防护行动的干预水平值应该按能产生最大净利益的方法来选择。

(8) 核应急的干预水平

国际上推荐的,具有一定通用性的干预水平。

对紧急防护措施建议的通用干预水平如表 3-18 所示。

表 3-18 对紧急防护措施建议的通用干预水平

防护行动	通用干预水平(由防护行动避免的剂量)
隐蔽	10 mSv
撤离	50 mSv
碘防护	100 mSv

1) 这些水平是可避免剂量,即如果在考虑了由于任何延误或其他实际原因之后,由防护行动可以避免的剂量大于表中所给数字时,就应该采取行动。

2) 在所有情况下,这些水平是指对适当选择的人群样本的平均值,而不是指最大受照个人。但对于受到较高照射的个人组的预计剂量应该保持在低于确定性效应阈值以下。

3) 不推荐长于 2 天时间的隐蔽。主管部门可以推荐在较低干预水平下实施隐蔽,或为便利采取进一步的对策,如撤离。

4）不推荐长于一星期时间的撤离。主管部门可以在较低的干预水平下就开始撤离。

5）可避免剂量用于考虑要进行临时性避迁的某个平均人群。

6）此处一个月是指约 30 天的任何一个时期，而不是指一个历法月。

对临时避迁和永久性再定居建议的通用干预水平如表 3-19 所示。

表 3-19　对临时避迁和永久性再定居建议的通用干预水平

防护行动	通用干预水平(由防护行动避免的剂量)
临时性避迁	第一个月 30 Sv，随后的某一个月 10 mSv
永久性再定居	寿期内 1 Sv

(9) 核事故应急演习

1）目的

核事故发生概率虽然很低，但事故应急准备却必须常备不懈。应急演习就是检验应急准备状况的主要手段之一。核事故应急演习的具体目的是：

① 检验应急计划的各有关部分或整个应急计划是否可有效实施，即检验其可操作性及对各种紧急情况的适用性。

② 检验各级应急组织是否健全。应急人员对各自职责是否熟悉，在紧急情况下能否正确响应。检验各级应急组织的应急响应行动是否协调，验证应急指挥的有效性，各应急组织间的协调与配合。

③ 验证各应急设施、设备及仪表等的有效性和充分性。

通过演习，找出上述各方面的不足，经分析论证，明确原因加以改进。相应修改应急计划、应急执行程序有关的内容并同时完善应急准备状况。

2）分类

应急计划涉及营运单位、地方政府及中央政府诸多组织，核事故应急响应过程可能相当复杂，因此应急演习也必然是多种多样的。应急演习通常按演习涉及范围分为以下几类：

① 单项演习：为检验某些应急响应基本技巧或分系统检验应急组织响应能力、应急设施和设备状况而进行的较小范围的演习。例如应急通讯设施的使用、应急监测数据的收集和分析、应急指挥和通知系统的动作、消防系统演习等。

② 综合演习：指营运单位或地方政府应急组织要全面启动的应急演习，应急响应过程中会涉及启动营运单位或地方政府的绝大部分甚至全部应急组织、应急设施及设备。营运单位综合应急演习时，场外应急组织根据情景设计予以相应配合，但一般不要求投入应急响应行动。地方场外应急组织进行场外综合应急演习时，核设施营运单位应急组织要相应予以配合，但一般也不必投入很多响应行动，较多的是按情景设计适时提供事故发生、发展情况及对环境影响的预测，作为场外应急行动的“输入条件”。场外综合应急演习时，一般还会请求国家核事故应急组织给予必要的配合与指导。

③ 联合演习：指场内、外应急组织全面启动的应急演习。演习情景设计中的事故一般应达到“场外应急”状态。根据事故情景的需要陆续启动场内、外各级应急组织。联合演习主要是针对严重事故而进行的规模最大的应急演习。

综合演习和联合演习是对应急响应能力最全面的检查。联合演习需要较多人力、物力,情景设计也校为复杂。因此只有在各应急组织响应能力已经在单项演习中得到证实的基础上,才有条件进行综合演习和联合演习。

根据核安全法规,国家核安全局不仅要求营运单位编制并定期修改其应急计划,而且要定期进行各种规模的应急演习,以维持足够的应急能力。这种演习是检验性的。因此参演人员的响应方式至少应是“半自由响应”,而不能是规定响应。在规定响应的应急演习中往往参演人员事先已较明确地了解了情景设计,这种演习可以起到示范作用,但一般达不到检验效果。

3) 演习的准备

① 演习计划

根据核安全法规,国家核安全局对核设施营运单位各类应急演习的频率要求见表 3-20。

表 3-20 应急演习频率要求

	单项演习	综合演习	联合演习
核电厂	每年至少一次,通信及数据传输演习则要更多些	每两年一次	• 首次装料前 • 运行阶段每五年一次

② 演习方案

a. 人员安排

无论是单项演习还是综合演习和联合演习,在制定演习方案时都要考虑到参演人员的安排。演习是对应急工作人员的非常好的培训机会,因此安排参演人员时应有计划。各应急岗位都事先要有明确的递补名单,特别是应急指挥人员及主控室运行人员,要合理轮流参加演习。不能总是由一批对演习已较熟悉的人员参演,以取得当次演习的良好成绩。

没有发现任何问题、没出现任何“意外情况”的演习,未必是成功的。实际上很可能是事先已“彩排”过,其培训及检验目标反而要大打折扣了。

b. 预防风险

在演习方案中要认真防止演习可能带来的风险。包括几个方面:

i. 演习过程中因参演人员的误操作可能造成的风险;

ii. 因进行演习而忽视或耽搁了对演习过程中真实发生了的事故的应急响应;

iii. 在应急响应活动中(如撤离、抢修、救护等)发生的交通事故或其他意外伤害;

iv. 因使用某些应急演习用品(如放射性样品、烟幕发生器,火焰发生器等)不当而带来的风险;

v. 因此在演习方案中,要针对各种可能的风险,做好相应预防安排。特别是在核设施运行期间举行演习时,要对演习和运行可能产生的相互影响做特别认真的分析和周密安排。

c. 应急设施、设备、器材和物资的保障

应急准备本应常备不懈。进行应急演习也是对各种应急设施、设备、器材的可用性和各种应急物资保障情况的检查。因此原则上没有必要为了演习而在事先对所需设施、设备、器材及应急物资做特殊安排。

对于事先不通知的单项演习，不应要求参演者事先做任何人力、物力方面的准备。但对于规模较大的综合演习和联合演习来讲，通常还是要做些必要的物力方面的准备的。包括通信系统、运输工具、评价系统及一些根据情景设计演习时临时需用的物品（例如放射性样品、烟雾发生器等），以保障演习的顺利进行。

③ 演习的实施

演习的实施阶段，即从演习正式开始至终止应急状态、宣布应急演习结束的过程。

a. 应急指挥部的统一指挥

全厂的应急响应行动由应急指挥部统一指挥。因此在整个演习过程中对应急指挥部的启动和运行要予以特别重视。事故初期，通常都是由当值的运行值长行使应急指挥职责的。当确认进入应急状态后才启动应急指挥部。运行值长在初期代行应急指挥职责时，必须及时组织相应响应行动而不能消极等待，以免贻误时机。在应急指挥部启动、应急总指挥（总经理或其替代人）到位后，要顺利实现指挥职能的转移。应急指挥要按相应应急执行程序收集相关信息、统一调动各应急组织。应急期间应急指挥的快速、有效、正确是确保全场应急响应行动成功的最关键因素。因此应急指挥部成员、特别是应急总指挥必须对各应急组织的职责、事故诊断、应急监测、环境后果评价及各种应急补救行动的可能投入方式有充分的了解。

应急总指挥还要对应急行动水平有深入的了解。在演习过程中，正确应用应急行动水平判断应进入的应急状态等级。

应急指挥部还要根据事故的进展情况适时与场外应急组织协调，包括：

i. 及时、准确的向地方政府报告事故情况，并提出必要的建议；

ii. 向场外应急组织要求必要的支援；

iii. 执行向国家核安全监督部门及其地方监督站的报告制度。

b. 关键环节的控制

单项演习情节较为简单，演习过程控制也较为单纯，而综合演习和联合演习就复杂多了。因此在演习过程中总会出现一些这样那样的超出情景设计的“意外”，但只要根据演习的进展情况掌握对演习关键环节的控制，演习就不会出现很大的波折。

i. 应急运行组、技术支援组、应急指挥间的协调；

ii. 通信及信息传输系统；

iii. 人员的清点、隐蔽和撤离；

iv. 正确执行应急报告制度。

④ 演习的评价

对应急演习进行评价的目的是为了确认演习是否达到预期目标，是否真实地检验了应急准备状况和应急响应能力。

对核设施营运单位的综合应急演习和场内、外联合演习国家核安全局一般都要派出评价组，事后并发出评价报告。单项演习则一般由地区监督站派监督员参加演习的评价工作。

对重大演习活动，核电厂上级主管部门、国家核事故应急协调部门一般也会派员观察、指导，并给出评价意见。

a. 情景设计的评价

评价演习是否证明了其演习情景设计的合理性，主要包括以下几点：

i. 事故发生、发展过程是否符合机组实际情况;

ii. 所要求的启动范围(应急组织、设施、设备等)是否能满足演习目标要求;

iii. 应急状态的转变及设计中应用的“应急行动水平”是否妥当;

iv. 应急状态降级或终止条件是否合适;

v. 要求采用的应急执行程序是否合理;

vi. 各应急行动组织间的衔接和配合要求是否明确合理。

在演习过程中,评价组成员在各岗位监督演习过程时,对参演人员的响应方式要特别仔细地观察,根据参演人员接收的信息、判断过程及响应方式,不难判断参演人员事先是否已对情景设计有较多了解,而这对最后给出对应急演习的总评价是十分重要的。

b. 演习过程的评价

单项演习较为简单,评价组工作也较从容,而综合演习及联合演习则较复杂。一般地评价组也分成若干小组,分别跟踪各主要应急响应岗位的活动。各岗位职责及工作方式特点不同,因此评价时也要各有特点,评价人员的实际经验是十分重要的。以对核电厂应急中心演习过程的评价为例,至少要评价以下几点环节:

i. 成员到位是否及时;

ii. 成员对职责是否熟悉;

iii. 信息收集是否充分;

iv. 决策是否准确、及时,决策依据是否正确;

v. 和场内应急组织联络是否畅通;

vi. 和场外应急组织联络是否畅通;

vii. 是否正确执行了应急报告制度;

viii. 响应过程中有无发生应急设备故障;

ix. 应急中心所配备资料是否能满足要求。

四、仿真训练

(一) 单项选择题(请将正确选项的代号填入题内的括号中)

1. 检查与试验计划(质量计划)是进行质量控制的一种很好的工具,对质量的影响程度分别设置控制点(H、W、R 点)并进行控制,其中停工待检点(H 点)的要求是(　　)。

(A) 应提前通知监督方,若监督方未到现场见证可进行见证点及以后的工作

(B) 应提前通知监督方并等待,未经监督方书面同意不得进行停工待检点以后的工作

(C) 记录和报告及相关文件

(D) 不需通知监督方,可进行见证点及以后的工作

2. 在全面质量管理的八条原则中,其中有一条是基于事实的决策方法。有效决策是建立在(　　)分析的基础上,在活动之前必须有一个精心的策划和正确的决策。

(A) 数据和信息　　(B) 目标和信息

(C) 数据和目标　　(D) 目标和统计

3. 质量是一组(　　)满足要求的程度。

(A) 性能参数　　(B) 功能指标　　(C) 固有特性　　(D) 数据参数

4. 对设备管理的管理要求,下面说法正确的是(　　)。

(A) 必须制定管理措施,以保证规定的检查和试验得到实施,并保证每一个系统或部件的目前合格与否的状态总能识别并迅速确定

(B) 必须制定质保监督程序,由质保人员对电厂运行和维修质量有影响的活动实施QA 监督,包括监督计划(或随机监督)的准备、实施、报告和对所提问题整改情况进行跟踪验证

(C) 必须按书面程序建立并实施有关质量保证记录的编写、标识、收集和分类、签收、检索和借阅、贮存、保管及处理的制度,以提供充分可信度,证明与核电厂运行安全和质量有关的各项活动已按规定的要求完成,并达到和保持所要求的质量

(D) 对设备进行分级管理,通过对关键设备(包括核安全设备)的识别和重点管理,防止出现关键设备的非预期故障,系统设备能实现核安全功能

5. 检查与试验计划(质量计划)是进行质量控制的一种很好的工具,对质量的影响程度分别设置控制点(H、W、R 点)并进行控制,其中见证点(W 点)的要求是(　　)。

(A) 应提前通知监督方,若监督方未到现场见证可进行见证点及以后的工作

(B) 应提前通知监督方并等待,未经监督方书面同意不得进行停工待检点以后的工作

(C) 记录和报告及相关文件

(D) 不需通知监督方,可进行见证点及以后的工作

6. 检查与试验计划(质量计划)是进行质量控制的一种很好的工具,对质量的影响程度分别设置控制点(H、W、R 点)并进行控制,其中记录审查点(R 点)的要求是(　　)。

(A) 应提前通知监督方,若监督方未到现场见证可进行见证点及以后的工作

(B) 应提前通知监督方并等待,未经监督方书面同意不得进行停工待检点以后的工作

(C) 记录和报告及相关文件

(D) 不需通知监督方,可进行见证点及以后的工作

7. 质量计划中的 H 点是指(　　)。

(A) 停工待检点　　(B) 现场见证点

(C) 赋予特性文件审查点　　(D) 质量评审点

8. 我国现行的核设施质量保证法规是 1991 年国家核安全局颁布的(　　)。

(A)《核电厂设计中的质量保证》

(B)《核电厂质量保证组织》

(C)《核电厂质量保证安全规定》(HAF003)

(D)《核电厂调试和运行期间的质量保证》

9. 质量保证是指为物项和服务与规定的质量要求相符合提供足够的(　　)所必需的一系列有计划的、系统的活动。

(A) 满意　　(B) 合格　　(C) 置信度　　(D) 符合

10. 我国核电发展的指导方针是(　　)。

(A) 安全第一,质量第一　　(B) 安全第一,质量优先

(C) 保证质量,安全第一　　(D) 保证第一,保证安全

11. 质量手册是规定组织质量管理体系的文件。(　　)标准是国际标准化组织颁布的适用于多种行业的《质量管理体系要求》,它是推荐执行的标准。

(A) ISO9001 标准《质量管理体系要求》

(B)《核电厂质量保证组织》

(C)《核电厂质量保证安全规定》(HAF003)

(D)《核电厂调试和运行期间的质量保证》

12. 质量手册是规定组织质量管理体系的文件。(　　)法规是仅适用于核电行业的《核电厂质量保证安全规定》,它是强制执行的标准。

(A) ISO9001 标准《质量管理体系要求》

(B)《核电厂质量保证组织》

(C)《核电厂质量保证安全规定》(HAF003)

(D)《核电厂调试和运行期间的质量保证》

13. ISO9001 将质量管理体系活动分为四大过程,即管理职责、资源管理、(　　)、测量分析和改进。

(A) 产品实现　　(B) 质量控制　　(C) 计划管理　　(D) 成本控制

14. 关于质量控制的说法不正确的是(　　)。

(A) 质量控制活动不转移或减轻实施单位或人员对其工作质量的直接责任

(B) 负责质量控制的人员是相对独立的,不能直接参与实施被检查活动

(C) 负责质量控制的人员必须是充分了解被检查活动的人员,但不一定要经过必要的培训,并得到相应的授权

(D) 应明确质量控制人员在现场活动开展的各阶段应验证的内容,以及发现问题的跟踪验证方式

15. 规定组织质量管理体系的文件是(　　)。

(A) 核电厂质量保证安全规定　　(B) 质量计划

(C) 质量管理体系要求　　(D) 质量手册

16. 维修过程中通过(　　),工作准备人员让工作负责人充分了解到,完成该项工作时可能产生的对系统、设备和人身的核安全及工业安全的风险和后果,是否已经采取了措施。

(A) 工作指令　　(B) 风险分析单　　(C) 维修规程　　(D) 质量计划

17. 下列选项中哪项不是重水堆机组停堆系统 ROPT 标定过程中存在的风险(　　)。

(A) 影响关键/重要设备的某项功能参数

(B) 涉及反应堆保护和专设保护的报警、仪表、卡件等

(C) 误碰非工作相关的设备、端子、接线和保护

(D) 影响 WANO 或其他可靠性指标控制目标

18. 分析缺陷在功能故障情况下对设备、系统及电厂的功能影响属于(　　)职责。

(A) 维修处　　(B) 运行处　　(C) 技术处　　(D) 设备管理处

19. 计划项目风险分析页创建后,各负责科队需在(　　)工作日内完成编写、校对工作。

(A) 5 个　　(B) 8 个　　(C) 10 个　　(D) 15 个

20. 经过风险分析决策后,风险定位中风险的项目必须由(　　)审批。

(A) 生产计划部经理　　(B) 维修处经理

(C) 运行处经理　　(D) 主管生产的副总经理

21. 下列选项中哪一项不属于风险管理的个人屏障(　　)。

(A) 培训　　(B) 个人防护用品
(C) 工具　　(D) 工前会

22. 对核电厂而言，纵深防御原则体现在为确保三种基本安全的功能。控制反应性、排出余热和包容放射性物质不致失效，一般设置了(　　)层保护。

(A) 4　　(B) 5　　(C) 6　　(D) 7

23.《中华人民共和国放射性污染防治法》是什么时间颁布的(　　)。

(A) 2009 年 6 月 28 日　　(B) 2003 年 6 月 28 日
(C) 2005 年 6 月 28 日　　(D) 2001 年 6 月 28 日

24. 中核运行的核事故应急管理机构是(　　)。

(A) 保健物理处　　(B) 安全质量处
(C) 环境应急处　　(D) 保卫处

25. (　　)对全国核设施安全实施统一监督，独立行使核安全监督权，对核设施的安全以及场内应急计划进行审评，对其应急准备和应急响应进行监管。

(A) 国家核安全局　　(B) 国防部
(C) 国家安全生产监督管理总局　　(D) 国家电力监管委员会

26. 按我国的条例规定，核电厂周围应建立烟羽应急计划区(针对烟羽照射途径)和食入应急计划区(针对食入照射途径)，其中食入应急计划区的范围为(　　)。

(A) 以核电厂为中心，半径 20～30 km　　(B) 以核电厂为中心，半径 7～10 km
(C) 以核电厂为中心，半径 30～40 km　　(D) 以核电厂为中心，半径 30～50 km

27. 按我国的条例规定，核电厂周围应建立烟羽应急计划区(针对烟羽照射途径)和食入应急计划区(针对食入照射途径)，其中烟羽应急计划区的范围为(　　)。

(A) 以核电厂为中心，半径 20～30 km　　(B) 以核电厂为中心，半径 7～10 km
(C) 以核电厂为中心，半径 30～40 km　　(D) 以核电厂为中心，半径 30～50 km

28. 核电厂按照可能发生的事故和可能导致事故之事件的性质、特征、后果或可能的后果及其严重程度，可以将核电厂的应急状态分为(　　)级。

(A) 1　　(B) 2　　(C) 3　　(D) 4

29. 稳定性碘片的服用，效果最好的是(　　)。

(A) 吸入放射性碘前 6 h　　(B) 吸入放射性碘后 4 h
(C) 吸入放射性碘后 12 h　　(D) 吸入放射性碘后 6 h

30. 非应急响应人员在场区应急状态下错误的行动是(　　)。

(A) 到就近的应急集合点集合清点　　(B) 服用碘片
(C) 按指定路线撤离　　(D) 照常工作

31. 突发事件应急响应行动按(　　)和各专项应急预案规定启动响应程序。

(A)《应对突发事件综合应急预案》　　(B)《核电厂核事故应急管理条例》
(C)《突发事件应急预案管理办法》　　(D)《电力企业应急预案管理办法》

32. 核电厂大修过程中，老王正在燃料厂房工作，忽然听到电厂进入应急待命的广播通知，此时他应(　　)。

(A) 继续工作，并留意广播　　(B) 立即隐蔽
(C) 立即撤离到就近应急集合点　　(D) 打电话询问主控室

33. 应急广播应该(　　)。

(A) 连续广播三遍,中间停顿 5 s　　(B) 连续广播两遍,中间停顿 5 s

(C) 连续广播三遍,中间停顿 10 s　　(D) 连续广播两遍,中间停顿 10 s

34. 关于核应急干预原则,下列说法正确的是(　　)。

(A) 应尽可能的努力来防止严重的随机效应

(B) 确定性效应一般包括各种癌症和遗传效应,这些效应要在初次受照射之后许多年才可能发生

(C) 随机性效应的特点是在受照射后很快出现,所受的剂量越高,其严重程度越大,并且有一个有效的剂量阈值,低于该阈值,随机性效应不会发生

(D) 应尽可能的努力来防止严重的确定性健康效应

35. 在应急干预过程中,既要考虑(　　)的降低,也要考虑实施防护措施的困难和代价。

(A) 辐射剂量　　(B) 辐射污染物

(C) 不良影响　　(D) 人员伤害

36. 当某地环境剂量第一个月累计为 30 mSV,其后每个月为 10 mSV,那么合适的防护行动是(　　)。

(A) 应对临时避迁小于 1 年　　(B) 应对临时避迁大于 1 年

(C) 应永久再定居　　(D) 应对临时避迁大于 2 年

37. 紧急防护措施建议的通用干预水平中 100 mSv 对应的防护行动是(　　)。

(A) 隐蔽　　(B) 撤离　　(C) 碘防护　　(D) 医学救治

38. 国际上对紧急防护措施建议的通用干预水平中,隐蔽可以避免的剂量为(　　)。

(A) 5 mSv　　(B) 10 mSv　　(C) 50 mSv　　(D) 100 mSv

39. 场外应急组织的综合演习频度为(　　)。

(A) 1～2 年 1 次　　(B) 2～3 年 1 次

(C) 2～4 年 1 次　　(D) 3～4 年 1 次

40. 当紧急防护措施建议的通用干预水平达到 10 mSv,防护行动应为(　　)。

(A) 隐蔽　　(B) 待命　　(C) 撤离　　(D) 碘防护

41. 当紧急防护措施建议的通用干预水平达到 50 mSv,防护行动应为(　　)。

(A) 隐蔽　　(B) 待命　　(C) 撤离　　(D) 碘防护

(二) 多项选择题(请将正确选项的代号填入题内的括号中)

1. 指由不直接参与被检查的具体维修或作业活动的独立验证人员,对维修质量是否达到(　　)的验收准则所进行的独立质量检查活动。

(A) 培训教材　　(B) 技术文件　　(C) 实际经验　　(D) 标准所规定

(E) 技术人员确定

2. 关于人、机、料、法、环说法正确的是(　　)。

(A) 人:确定所要求的技能并明确职责,选择并培训出合适(合格)的人员

(B) 机:使用适当的(适应且校准合格的)工装设备和器具

(C) 料:使用合格的物项(合格的设备、部件和材料)

(D) 法:制定工作程序、规程(包括技术要求、质保要求、操作安全要求等)并按照程序规

程实施工作

(E) 环:创造良好的工作环境

3. 核电厂质量保证的“四个凡事”包括( )。

(A) 凡事有章可循 (B) 凡事有人验证

(C) 凡事有据可查 (D) 凡事有人监督

(E) 凡事有人负责

4. 根据质量保证活动发现问题或缺陷的影响程度,将问题或缺陷分为( )两级。

(A) 质量不符合项(NCR) (B) 质量缺陷(QDR)

(C) 纠正行动(CAR) (D) 观察意见(OBN)

(E) 质量事故

5. 为了更有效地理解和执行《核电厂质量保证安全规定》(HAF003),国家核安全局发布了10个导则,它们是对《核电厂质量保证安全规定》(HAF003)的说明和补充,其中属于这10个导则的有( )。

(A)《核电厂质量保证记录制度》

(B)《核电厂物项和服务采购中的质量保证》

(C)《核电厂物项制造中的质量保证》

(D)《核电厂质量保证大纲的制定》

(E)《核电厂质量保证组织》

6. 通过对质量活动的( ),采取纠正措施、预防措施和经验反馈,使质量管理得到持续改进和提高。

(A) 审查 (B) 检查 (C) 分析 (D) 指导

(E) 观察

7. 高风险项目依据:经过修与不修论证,发现即使经过风险控制也无法将具有直接、潜在导致电站核安全降级或触发停机停堆的可能,即客观上具有不可控因素存在,并且必须由总经理部审核决策维修时机。具体表现为( )。

(A) 维修时限达到技术规格书后撤时间的75%

(B) 导致厂外电源、厂内应急电源中的任意一路停役

(C) 需要切除重要的保护(如反应堆保护、专设保护的切除)

(D) 对电站的降负荷达到超出20%的计划项目

(E) 计划项目涉及影响稳定发电并无法在运行中进行隔离

8. 为了保证电厂功率运行期间的生产计划项目可知可控,将计划项目对电厂的安全、稳定、经济运行的影响降至最低,必须将对电厂安全、稳定运行构成威胁的计划项目进行风险评价,其中检修部门的责任是( )。

(A) 参与分析引起故障的原因及故障性质的确定(潜在故障或功能故障)

(B) 分析缺陷在功能故障情况下对于设备、系统及电厂的功能影响,缺陷存在的风险

(C) 功能故障情况下所对应的后果(对于设备的影响)

(D) 对于设备管理者和计划安排的建议

(E) 根据需要准备彻底的维修方案或临时缓解方案-对于设备管理者和计划安排的建议

9. 以下属于高风险项目范畴的是(　　)。

(A) 需要切除重要的保护(如反应堆保护、专设保护的切除)

(B) 计划项目影响稳定发电并无法在运行中进行隔离

(C) 导致厂外电源、厂内应急电源中的任意一路停役

(D) 维修时限达到技术规格书后撤时间的 75%

(E) 对电厂降负荷达到超出 20%的计划项目(为电厂重要发电设备,将使电厂的满功率运行受到严重影响,经济效益受到影响)

10. 为了保护环境、保护公众与工作人员的健康与安全,制定应急计划,做好应急准备,应急计划一般应包括(　　)。

(A) 应急组织　　(B) 应急设施、设备

(C) 应急响应　　(D) 应急响应能力的维持

(E) 应急组织间协调

11. 核安全三大基本功能包括(　　)。

(A) 反应性控制　　(B) 反应堆启动

(C) 余热排出　　(D) 放射性物质包容

(E) 安全壳的密封性

12. 当反应堆运行时,三道屏障包括(　　)。

(A) 一回路压力边界　　(B) 二氧化铀燃料芯块

(C) 燃料元件包壳　　(D) 主蒸汽管道壁

(E) 安全壳

13. 纵深防御概念应用于核动力厂的设计,提供一系列多层次的防御,多层防御包括(　　)。

(A) 第一层次防御的目的是防止偏离正常运行及防止系统失效

(B) 第二层次防御的目的是检测和纠正偏离正常运行状态,以防止预计运行事件升级为事故工况

(C) 设置第三层次防御是基于以下假定:尽管极少可能,某些预计运行事件或假设始发事件的升级仍有可能未被前一层次防御所制止,而演变成一种较严重的事件

(D) 第四层次防御的目的是针对设计基准可能已被超过的严重事故的,并保证放射性释放保持在尽实际可能的低

(E) 第五层次,即最后层次防御的目的是减轻可能由事故工况引起潜在的放射性物质释放造成的放射性后果

14. 我国对核事故应急管理工作十分重视。国家核安全局成立后,在核安全法规建设方面投入了巨大人力、物力,我国发布的与核事故应急工作直接相关的法律、条例及实施细则为(　　)。

(A)《中华人民共和国放射性污染防治法》

(B)《中华人民共和国民用核设施安全监督管理条例》(HAF001)

(C)《核电厂核事故应急管理条例》(HAF002)

(D)《质量管理体系要求》(ISO9001 标准)

(E)《核电厂质量保证安全规定》(HAF003)

15. 以下(　　)是我国发布的与核事故应急工作直接相关的法律、条例及实施细则。

(A)《中华人民共和国放射性污染防治法》

(B)《中华人民共和国民用核设施安全监督管理条例》

(C)《核电厂核事故应急管理条例》

(D)《核电厂核事故应急管理条例实施细则之一——核电厂运行单位的应急准备和应急响应》

(E)《电离辐射防护与辐射源安全基本标准》

16. 我国核事故应急管理的方针是(　　)。

(A) 常备不懈,积极兼容　　(B) 统一指挥,大力协同

(C) 齐抓共管,控制事态　　(D) 保护环境,保护公众

(E) 预防为主,安全第一

17. 对有关的放射性污染防治工作依法实施监督管理,目前依据的国务院有关规定主要包括(　　)。

(A)《放射性同位素与射线装置放射防护条例》

(B)《中华人民共和国民用核设施安全监督管理条例》

(C)《核电厂核事故应急管理条例》

(D)《中华人民共和国核材料管制条例》

(E)《中华人民共和国放射性污染防治法》

18. 核电厂的核事故应急机构的主要职责是(　　)。

(A) 执行国家核事故应急工作的法规和政策

(B) 制定场内核事故应急计划,做好核事故应急准备工作

(C) 确定核事故应急状态等级,统一指挥本单位的核事故应急响应行动

(D) 及时向上级主管部门、国务院核安全部门和省级人民政府指定的部门报告事故情况,提出进入场外应急状态和采取应急防护措施的建议

(E) 协助和配合省级人民政府指定的部门做好核事故应急管理工作

19. 环境应急处的职责是(　　)。

(A) 负责中核运行应急预案体系的建立,归口管理应急总预案,监督应急准备各项工作

(B) 是核事故应急预案组长单位,承担核应急专项预案组长单位的职责,负责公司核事故应急准备归口管理

(C) 受总经理委托全面负责中核运行应急管理工作,向总经理报告应急管理工作情况,提出应急管理工作的改进建议,会同总经理部确定应急管理的重大事宜

(D) 应根据各应急预案的要求,参加应急培训和演练演习,增强自我保护意识,提高应急响应能力,保证在应急状态下,有效执行应急防护行动

(E) 负责消防安全政策的宣贯,消防演习的组织、策划

20. 核电厂烟羽应急计划区的潜在照射包括(　　)。

(A) 放射性烟羽外照射　　(B) 饮用污染的水内照射

(C) 沉降地面放射性外照射　　(D) 吸入放射性物质内照射

(E) 食用污染的新鲜蔬菜、牛奶内照射

21. 根据我国法律,在核设施周围建立的应急计划区包括(　　)。

(A) 烟羽应急计划区　　(B) 食入应急计划化
(C) 厂区应急计划区　　(D) 厂外应急计划区
(E) 辐射应急计划区

22. 核电厂按照可能发生的事故和可能导致事故之事件的性质、特征、后果或可能的后果及其严重程度,可以将核电厂的应急状态分为(　　)。

(A) 应急待命　　(B) 厂房应急　　(C) 场区应急　　(D) 场外应急
(E) 紧急应急

23. 核电厂"厂房应急"状态下,以下哪些是不正确的响应行动(　　)。

(A) 照常工作　　(B) 到就近应急集合地点集合清点人员
(C) 服用碘片　　(D) 按指定路线乘公司班车撤离
(E) 乘私家车撤离

24. 事故早期的场外公众防护措施有(　　)。

(A) 掩蔽　　(B) 服用稳定碘
(C) 撤离和交通控制　　(D) 食物和饮水控制
(E) 影响区域的去污

25. 各预案要针对各种可能发生的突发事件,完善预测预警机制,建立预测预警系统,开展风险分析,做到(　　)。

(A) 早发现　　(B) 早报告　　(C) 早处置　　(D) 早准备
(E) 早预防

26. 实施防护措施的决策不应该轻率地作出,应为所有这样的措施限制了人们行动或选择的自由,把费用加给社会,并可能对某些人引起直接损害和人员分离,适于保护公众成员的干预决策,基于的基本原则是(　　)。

(A) 应尽所有可能的努力来防止严重的确定性健康效应

(B) 干预应是正当的,在此意义上说,引入防护措施应使所获得的利益大于其有害方面

(C) 应对引入干预和后来撤销干预所依据的水平进行最优化

(D) 为保证利益最大化,直接采取行动

(E) 仔细考虑干预的利益和代价

27. 关于两类效应,以下哪些描述正确(　　)。

(A) 只要不超过剂量限值,确定性效应就不可能发生

(B) 只要不超过剂量限值,随机性效应就不可能发生

(C) 辐射防护的目的在于防止确定性效应,并把随机性效应限制到被认为是可接受的水平

(D) 辐射防护的目的在于防止随机性效应,并把确定性效应限制到被认为是可接受的水平

(E) 辐射防护的目的就是要防止确定性效应和随机性效应的发生

28. 应急干预原则包括(　　)。

(A) 干预及时性原则　　(B) 干预正当性原则

(C) 干预最优化原则　　　　　　　　(D) 干预合理性原则

(E) 应对尽可能防止公众因辐射照射产生确定性健康效应

29. 核电厂应急演习按演习涉及范围一般分为(　　)。

(A) 单项演习　　(B) 单组演习　　(C) 综合演习　　(D) 联合演习

(E) 整体演习

(三) 简答题

1. 质量控制人员的责任是什么?

2. 从人、机、料、法、环五个方面简述质量控制。

3. 简述高风险项目依据及具体表现。

4. 简述核电厂纵深防御原则及包括哪三种基本安全功能。

5. 对核电厂而言,纵深防御原则体现在为确保三种基本安全的功能,控制反应性、排出余热和包容放射性物质不致失效,一般设置了几层保护?

6. 核事故应急演习的具体目的是什么?

7. 实施防护措施的决策不应该轻率地作出,应为所有这样的措施限制了人们行动或选择的自由,把费用加给社会,并可能对某些人引起直接损害和人员分离。适于保护公众成员的干预决策,基于哪些原则?

(四) 综合题

1. 分析与评价重水堆机组一号停堆系统停堆棒棒位异常缺陷的可能原因、处理方法、处理过程中的风险及应对措施。

五、参考答案

(一) 单项选择题

1. B;2. A;3. C;4. D;5. A;6. C;7. A;8. C;9. C;10. A;11. A;12. C;13. A;14. C;15. D;16. B;17. D;18. B;19. C;20. A;21. D;22. B;23. B;24. C;25. A;26. D;27. B;28. D;29. A;30. D;31. A;32. A;33. A;34. D;35. A;36. A;37. C;38. B; 39. C;40. A;41. C。

(二) 多项选择题

1. BD;2. ABCDE;3. ABCE;4. CD;5. ABCDE;6. BC;7. ABCDE;8. ACE;9. ABCDE;10. ABCDE;11. ACD;12. ACE;13. ABCDE;14. ABC;15. ABCD;16. ABD;17. ABCD;18. ABCDE;19. AB;20. ACD;21. AB;22. ABCD;23. BCDE;24. ABC;25. ABC;26. ABCE;27. AC;28. BCE;29. ACD。

(三) 简答题

1. 答:(1) 工作项目开始前检查质量计划和工作文件包,熟悉工作内容及工作计划。(2) 进行质量控制工作时,发现质量缺陷时督促工作项目负责人填写“质量缺陷报告”(QDR);必要时发出“大修 QC 整改通知”(CAN);出现停工条件时,向大修 QC 组长提出发“QC 停工令”(SWO)建议。(3) 解设备维修进程,通过见证点对设备维修、试验、役检和改造等活动是否符合技术要求执行 QC 工作,签字放行质量计划中的质量控制点;此外还负责对大修中所发现的质量缺陷进行跟踪并验证关闭质量缺陷报告。(4) 除了完成现场见证工作外,还需要加强对其他没有质量计划或未设控制的工作进行监督和检查,发现存在的点、线、面上的问题,通过由点到线、由线到面的监督和检查,提高大修的质量水平。(5) 大修结束后,向大修 QC 组长提交个人质量控制总结报告,对于大修管理、工作过程、工作状况做出反馈。

2. 答:(1) 人:确定所要求的技能并明确职责,选择并培训出合适(合格)的人员。(2) 机:使用适当的(适应且检定校准合格的)工装设备和工具。(3) 料:使用合格的物项(合格的设备、部件、材料)。(4) 法:制定工作程序、规程(包括技术要求、质保要求、操作安全要求等)并按照程序规程实施工作。(5) 环:创造良好的工作环境。

3. 答:高风险项目依据:经过修与不修论证,发现即使经过风险控制也无法将具有直接、潜在导致电站核安全降级或触发停机停堆的可能,即客观上具有不可控因素存在,并且必须由总经理部审核决策维修时机。具体表现为:(1) 维修时限达到技术规格书后撤时间的 75%。(2) 导致厂外电源、厂内应急电源中的任意一路停役。(3) 需要切除重要的保护(如反应堆保护、专设保护的切除)。(4) 对电站的降负荷达到超出 20%的计划项目(为电站重要发电设备,将使电站的满功率运行受到严重影响,经济收益受到影响)。(5) 计划项目涉及影响稳定发电并无法在运行中进行隔离。

4. 答:(1) 纵深防御原则是核安全基本原则的重要组成部分,也是核安全技术的基础。其含义是使核设施和核活动处于多层次的重叠保护之下,从而使个别失效可以得到补偿和纠正,而不致危害工作人员、公众和环境。(2) 纵深防御的三项基本功能是控制反应性、余热排出、包容放射性物质不致失效。

5. 答:(1) 第一层保护:防止偏离和系统失效,为此要求有稳妥保守的设计、高质量的建造和运行;(2) 第二层保护:监测和纠正对正常运行情况的偏离,以防止预计运行事件升级为事故工况。为此,要求设置由安全分析所确定的专用系统,制定运行规程以防止或尽量减少假设始发事件所造成的损坏;(3) 第三层保护:在某些预计运行事件或初始始发事件的升级而可能发展为更严重的事件时,控制这些事件的后果,并使核电厂达到稳定的、可接受的状态。为此,必须提供固有安全特性、故障安全设计、附加设备和规程;(4) 第四层保护:应付可能已超出设计基准的严重事故,并保证放射性释放的后果保持在可合理达到尽可能低的水平。为此,要求运用防止事故进一步发展的补充措施和规程以及选定的严重事故的缓解措施以保护核电厂反应堆的放射性包容功能;(5) 第五层保护:减少事故工况下放射性物质向环境释放的辐射后果,保护工作人员、公众健康和环境安全。为此,要求有场外应急响应,采取保护公众的防护措施。

6. 答:(1) 检验应急计划的各有关部分或整个应急计划是否可有效实施,即检验其可操作性及对各种紧急情况的适用性。(2) 检验各级应急组织是否健全。应急人员对各自职责是否熟悉,在紧急情况下能否正确响应。检验各级应急组织的应急响应行动是否协调,验证应急指挥的有效性,各应急组织间的协调与配合。(3) 验证各应急设施、设备及仪表等的有效性和充分性。

7. 答:(1) 应尽所有可能的努力来防止严重的确定性健康效应。如果所有公众成员的剂量保持低于确定性效应的阈值以下,就可以防止严重的确定性效应。由于剂量预测会有某种不确定度,因此防止这些效应的行动将在低于阈值以下采取。(2) 干预应是正当的,在此意义上说,引入防护措施应使所获得的利益大于其有害方面。当采取行动,有纯利益时,干预便是正当的。由于对某些防护措施而言,干预的损失可能超过了避免照射所得到的利益，所以仔细考虑干预的利益和代价是重要的。(3) 应对引入干预和后来撤销干预所依据的水平进行最优化，以便使防护措施产生最大的净利益。当某一防护措施的净利益可达到最大时，干预便是优化的。可以选择某种防护行动的干预水平，如果高于干预水平，通常采取行动，而低于干预水平，通常不采取行动。于是各防护行动的干预水平值应该按能产生最大净利益的方法来选择。

(四) 综合题

1. 答：

(1) 缺陷分析：① 现场 R501 平台上的中间连接航空插头内的插针接触不良(历史经验)，导致阻抗数值不稳定。② 现场 R501 平台上的棒位电位计上的焊点接触不良，导致阻抗数值不稳定。

(2) 解决方法：① 更换停堆棒棒位插头。② 重新焊接停堆棒棒位电位计上的焊点。

(3) 工作中的风险：由于更换棒位电位计及更换棒位航空插头时，不可避免要拆除棒位插头，在拆装棒位插头时，可能触动到旁边的停堆棒的离合器电源插头，可能导致该插头的松动或振动，从而导致停堆棒的离合器失电，造成停堆棒下落，最终停堆的结果。

(4) 应对措施：做好工前准备，工作人员提高警惕，在工作期间首先是找到正确的插头，其次是工作时集中注意力，尽量避免或减轻触碰停堆棒离合器电源插头。

第四章　模拟试卷

职业技能鉴定国家题库

核反应堆控制保护检修工
国家职业资格一级理论知识试卷

注意事项

1. 考试时间:120 分钟。
2. 请首先按要求在试卷的标封处填写您的姓名、准考证号和所在单位的名称。
3. 请仔细阅读各种题目的回答要求,在规定的位置填写您的答案。
4. 不要在试卷上乱写乱画,不要在标封区填写无关的内容。

	一	二	三	四	五	总　分
得　分						

得　分	
评分人	

一、单项选择题(第 1 题～第 30 题。选择一个正确的答案,将相应的字母填入题内的括号中。每题 1 分,满分 30 分。)

1. 良好的职业道德创造良好的社会秩序,提高人们的思想境界,为树立社会良好的道德风尚奠定了坚实的基础,促进了(　　)。

A. 经济建设　　B. 社会主义精神文明建设
C. 基础建设　　D. 城市建设

2. 公司的规章制度是职工必须遵守的(　　)。

A. 行为准则　　B. 重要要求　　C. 法律　　D. 条件

3. 反应堆控制保护检修工职业道德是指从事反应堆控制保护检修职业的人员在完成与反应堆控制保护检修及有关的各项劳动过程中,从思想到工作行为所必须遵守的(　　)。

A. 道德规范和行为准则　　B. 制度
C. 法规　　D. 纪律

4. 开环控制的特点是:控制装置与受控对象之间只有(　　),而无反向联系。

A. 顺向联系　　B. 逆向联系　　C. 双向联系　　D. 循环联系

5. (　　)操作是电气运行人员的重要工作。

A. 安全　　B. 规范　　C. 倒闸　　D. 合理

6. 事故现场的急救步骤有判断情况、确保安全、提供急救和(　　)。

A. 撤离　　B. 求助　　C. 输送　　D. 疏散

7. 核电厂从反应堆启停到满功率运行都离不开(　　)系统。

A. 蒸汽　　B. 仪控　　C. 回路　　D. 通道

8. 核测量系统分为(　　)和堆外核测系统。

A. 稳压器压力　　B. 稳压器液位

C. 反应堆补给水　　D. 堆芯核测系统

9. 核电厂每项维修活动都必须按相应的(　　)进行。

A. 维修规程　　B. 维修计划　　C. 技术要求　　D. 技术方案

10. 核安全的方针是(　　)。

A. 安全第一,质量第一　　B. 安全生产

C. 安全保密　　D. 安全研发

11. 核反应堆保护系统制造必须满足的安全等级为(　　)。

A. 1E 级　　B. N1 级　　C. N2 级　　D. N3 级

12. 在 30 万核电机组 15%～100%负荷范围内,使反应堆能承受(　　)而不得引起反应堆停堆、蒸汽排放、稳压器释放阀驱动(可能要受氙毒的限制)。

A. ±10%的阶跃变化或±10%/min 的线性变化

B. ±10%的阶跃变化或±5%/min 的线性变化

C. ±5%的阶跃变化或±5%/min 的线性变化

D. ±5%的阶跃变化或±10%/min 的线性变化

13. 下列关于反应堆功率调节系统说法错误的是(　　)。

A. 反应堆功率调节系统能够使反应堆功率自动跟随负荷变化

B. 反应堆功率调节系统是安全系统

C. 反应堆功率调节系统失效不会对核电厂的安全产生危害

D. 反应堆功率调节系统包括两个通道:平均温度通道和功率失配通道

14. 如下不属于安全相关系统的是(　　)。

A. 装卸料机系统　　B. 新燃料系统

C. 乏燃料系统　　D. 仪表压空系统

15. 关于堆芯核测系统设计基准说法正确的是(　　)。

A. 在反应堆正常运行期间,堆芯核测系统是在线监测堆芯中子注量率

B. 在反应堆正常运行期间,至少每个月要测绘一次堆芯注量率分布图

C. 堆芯核测系统安全分级为 1E 级

D. 堆芯核测系统设计应具备支援能力,如在一个中子探测器失效的情况下,支援通道可以支援测量堆芯注量率

16. 当仪表压空的压力小于(　　)时,压力开关给出报警信号到主控盘台指示灯和计

算机 DCCY。

A. 480 kPa　　B. 620 kPa　　C. 800 kPa　　D. 1 050 kPa

17. 棒控电源柜所需的三相交流电源由棒电源系统的发电机供电,棒电源系统的参数是(　　)。

A. 380 V±5%(L—L),50±1 Hz　　B. 380 V±10%(L—L),50±1 Hz

C. 220 V±5%(L—L),50±1 Hz　　D. 220 V±10%(L—L),50±1 Hz

18. 30 万千瓦机组棒控系统触摸屏的电源来自重要仪表电源的(　　)。

A. A1　　B. B1　　C. A2　　D. B2

19. 经过技术改造秦山二扩的功率调节系统所在的机柜是(　　)不间断电源供电。

A. 两路　　B. 三路　　C. 四路　　D. 五路

20. 30 万千瓦机组堆外核测系统源量程探测器工作电压一般选择在靠坪区下线(　　)处。

A. 1/3　　B. 1/4　　C. 1/2　　D. 2/3

21. M310 机组堆外核测系统中间量程探测器要求坪斜率满足(　　)。

A. ≤1%/100 V　　B. ≥1%/100 V

C. ≤1%/200 V　　D. ≥1%/200 V

22. 设备验收中的文件验收不包括(　　)。

A. 产品制造质保文件　　B. 产品制造技术文件

C. 试验报告　　D. 产品设计手册

23. 以下关于情景模拟培训法观点错误的是(　　)。

A. 通过让学员在模拟事件发生发展的各个环节思考分析,让他们发现自己的创新潜能

B. 不适用于让新手获得岗位工作技能的要领

C. 其他成员提供的相关信息可能会激发学员重新思考

D. 每种个性的决策风格更容易暴露在培训老师眼里,有利于对其进行进一步的辅导和培训

24. 对于课堂培训,考核标准主要是(　　)。

A. 考勤　　B. 笔试成绩　　C. 课堂表现　　D. 操作能力

25. 多用于巩固知识,训练学员分析、解决问题的能力与人际交往的能力,运用时对培训教师的要求较高的培训教学方法是(　　)。

A. 比较法　　B. 讨论法　　C. 参与法　　D. 上位法

26. 质量是一组(　　)满足要求的程度。

A. 性能参数　　B. 功能指标　　C. 固有特性　　D. 数据参数

27. 质量计划中的 H 点是指(　　)。

A. 停工待检点　　B. 现场见证点

C. 赋予特性文件审查点　　D. 质量评审点

28. 我国核电发展的指导方针是(　　)。

A. 安全第一、质量第一　　B. 安全第一、质量优先

C. 保证质量、安全第一　　D. 保证第一、保证安全

29. 质量手册是规定组织质量管理体系的文件。(　　)标准是国际标准化组织颁布的

适用于多种行业的《质量管理体系要求》，它是推荐执行的标准。

A. ISO9001 标准《质量管理体系要求》

B.《核电厂质量保证组织》

C.《核电厂质量保证安全规定》(HAF003)

D.《核电厂调试和运行期间的质量保证》

30. 计划项目风险分析页创建后，各负责科队需在(　　)工作日内完成编写、校对工作。

A. 5 个　　B. 8 个　　C. 10 个　　D. 15 个

得　分	
评分人	

二、多项选择题(第 31 题～第 45 题，请选择两个或以上正确答案，将相应字母填入括号内。错选或多选、少选均不得分，也不倒扣分。每题 2 分，满分 30 分。)

31. 劳动的含义有(　　)。

A. 为个人谋生　　B. 为社会服务

C. 有利于行业、企业建设和发展　　D. 有利于推动城市建设

E. 有利于个人的提高和发展

32. 电路在工作时的工作状态有(　　)。

A. 通路　　B. 短路　　C. 断路　　D. 回路

E. 环路

33. 我国劳动安全卫生标准分为(　　)。

A. 国际标准　　B. 国家标准　　C. 行业标准　　D. 地方标准

E. 企业标准

34. 核安全文化是所有从事与核安全相关工作的人员参与的结果，他包括(　　)。

A. 核设施员工　　B. 核设施管理人员

C. 政府决策层　　D. 行人

E. 其他人

35. 质量对企业的意义(　　)。

A. 质量是企业的生命　　B. 质量是企业的信誉的标志

C. 质量是企业开拓市场的武器　　D. 质量是提高企业经济效益的最佳途径

E. 质量的好坏对企业没有影响

36. 企业包括(　　)等。

A. 国有企业　　B. 集体所有制　　C. 中外合资企业　　D. 中外合作企业

E. 乡镇企业

37. 劳动法的基本内容有(　　)等。

A. 适用范围　　B. 基本权利和义务

C. 促进劳动就业　　D. 工资

E. 劳动安全卫生

38. 关于棒控棒位系统的设计标准,下列说法正确的是(　　)。

A. 控制棒控制系统接受来自反应堆功率调节装置的信号进行自动调节或者通过手动控制方式来调节反应堆功率,以满足汽轮机的需求功率

B. 控制棒控制系统具有手动操作停堆棒的功能

C. 控制棒控制系统可以手动和自动操作调节棒

D. 控制棒控制系统要求控制棒到达的位置,简称"给定棒位"

E. 通过安装在驱动机构上部的棒位探测器测量控制棒在堆芯中的位置,简称"实测棒位"

39. 对系统设备进行定性和定量的可靠性分析,主要应关注(　　)等信息。

A. 设备故障模式及产生的后果

B. 分析故障原因

C. 系统设计缺陷或设备选型

D. 监查当前运行状况,掌握重要参数、限值以及变化趋势

E. 设备状态及制定标准

40. 关于堆外核测系统设计基准说法正确的是(　　)。

A. 源量程由两个电气与实体分隔的相同通道组成,提供冗余的中子注量率信号

B. 中间量程由两个电气与实体分隔的相同通道组成,提供冗余的中子注量率信号

C. 功率量程由四个电气与实体分隔的相同通道组成,提供冗余的中子注量率信号

D. 堆外核测系统包括源量程、中间量程、功率量程,每相邻的两个量程都有重叠部分

E. 堆外核测系统用于监测反应堆的中子注量率,它的检测范围可以从停堆状态直至200%满功率水平

41. 重水堆机组功率调节系统调节棒控制电机的供电和电离室的供电分别是(　　)。

A. 95 VDC　　B. 92.5 VDC　　C. 208 VAC　　D. 120 VAC

E. 220 VAC

42. 判断堆外核测系统功率量程探测器的性能,需要测量以下那些指标(　　)。

A. 探测器的绝缘电阻　　B. 探测器的分布电容

C. 探测器的坪斜率　　D. 探测器的补偿电压

E. 探测器的甄别电压

43. 判断堆芯核测系统中子探测器的性能,需要测量以下那些指标(　　)。

A. 探测器的绝缘电阻　　B. 探测器的分布电容

C. 探测器的坪斜率　　D. 探测器的补偿电压

E. 探测器的甄别电压

44. 企业培训效果评估方法之一柯克帕特里克培训四级评估模型包括(　　)。

A. 反应层　　B. 学习层　　C. 行为层　　D. 结果层

E. 执行层

45. 核电厂应急演习按演习涉及范围一般分为(　　)。

A. 单项演习　　B. 单组演习　　C. 综合演习　　D. 联合演习

E. 整体演习

得 分	
评分人	

三、简答题(第46题～第49题,每题5分,满分20分。)

46. 简述核安全文化的起源?

47. 30万千瓦机组根据保护系统的要求,反应堆冷却剂温度测量必须:精度高;可靠性高;动态响应快。而且由于受温度计本身的限制,不能承受主管道内的高速流体冲击,故采用哪些措施?

48. 使用在核电站的1E级仪控系统的电子/电气元器件的适用性是通过型式试验和运行经验来验证的,其中型式试验的目的和内容是什么?

49. 核反应堆保护系统的供电要求是什么?

得 分	
评分人	

四、制图题(第50题～第50题,每题10分,满分10分。)

50. 下图是控制棒提升一步的电流波形图,请结合振动信号,在下图中标出驱动机构动作的时间区间,具体需要标出:

T1:SG钩爪释放时间;

T2:SG钩爪啮合时间;

T4:MG钩爪释放时间;

T6:SG钩爪释放至承重转移至MG钩爪的时间;

T7:LC钩爪释放时间;

示例:

T3:MG钩爪啮合时间;

T5:LC 钩爪释放时间;

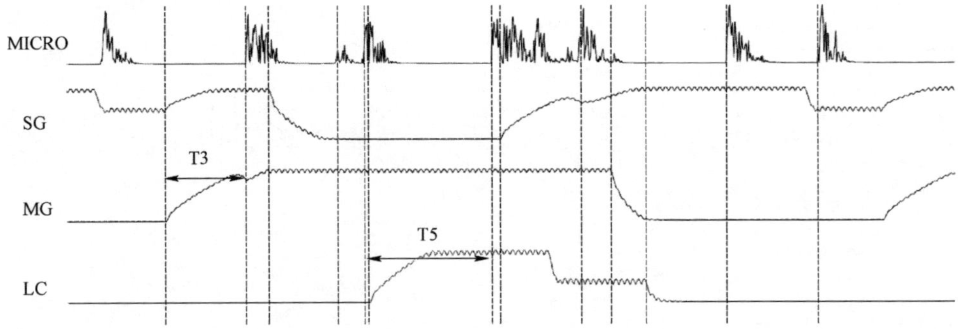

得　分	
评分人	

五、综合题(第 51 题～第 51 题,每题 10 分,满分 10 分。)

51. 正请对重水压力调节系统的调节品质由哪些主要的表征参数?请逐项进行评价。

职业技能鉴定国家题库

核反应堆控制保护检修工
国家职业资格一级
理论知识试卷答案

一、单项选择题(第 1 题～第 30 题。选择一个正确的答案,将相应的字母填入题内的括号中。每题 1 分,满分 30 分。)

1. B	2. A	3. A	4. A	5. C
6. B	7. B	8. D	9. A	10. A
11. A	12. B	13. B	14. D	15. D
16. A	17. A	18. A	19. A	20. A
21. A	22. D	23. B	24. B	25. B
26. C	27. A	28. A	29. A	30. C

二、多项选择题(第 31 题～第 45 题,请选择两个或以上正确答案,将相应字母填入括号内。错选或多选、少选均不得分,也不倒扣分。每题 2 分,满分 30 分。)

31. AB	32. ABC	33. BCDE	34. ABC
35. ABCD	36. ABCDE	37. ABCDE	38. ABCDE
39. ABCDE	40. ABCDE	41. CD	42. ABC
43. ABC	44. ABCD	45. ACD	

三、简答题(第 46 题～第 49 题,每题 5 分,满分 20 分。)

46. 答:70 年代——设备与程序:70 年代重点考虑的是设计的、设备的以及程序的质量。(3/10)

80 年代——人因(三哩岛事故):有效的管理可以减少人为失误;(3/10)

90 年代——核安全文化(切尔诺贝利核事故):核安全文化。(4/10)

47. 答:(1) 旁路测温方式,旁路流速控制在 4 m/s 左右,即 24 m^3/h,并有低流量报警;(2.5/10)

(2) 热段、冷段温度测量均有四个通道,平均温度和温差测量也有四个通道;(2.5/10)

(3) 窄量程测量方式,热段、冷段的测量范围为 260～320 ℃,平均温度测量范围为 260～310 ℃,温差测量范围为 0～40 ℃。(2.5/10)

(4) 选用快速响应的铂热电阻,其响应时间为 1.5 s。(2.5/10)

48. 答:(1) 型式试验的目的是验证用于1E级的仪控系统的电子/电气元器件即使暴露

在电气干扰、恶劣的气候环境和机械环境等恶劣的环境条件下仍能满足它们的规范数据和功能描述的要求。(5/10) (2) 型式试验的组成是由理论性的试验和在正常和极限负荷条件下的实际试验两部分组成。(5/10)

49. 答:(1) 为了满足实体分隔和电气隔离的要求,反应堆保护系统的各冗余通道之间采用独立供电的方式。(4/10) (2) 核反应堆保护系统的供电电源一般要求由核电站重要仪表电源提供(3/10)。(3) 在每个冗余通道内部,为了提高供电的可靠性,可采用每个冗余通道双路供电的配置。(3/10)

四、制图题(第 50 题~第 50 题,每题 10 分,满分 10 分。)

50. 答:见下图。T1(2/10)、T2(2/10)、T4(2/10)、T5(2/10)、T6(2/10),标示错误不得分。

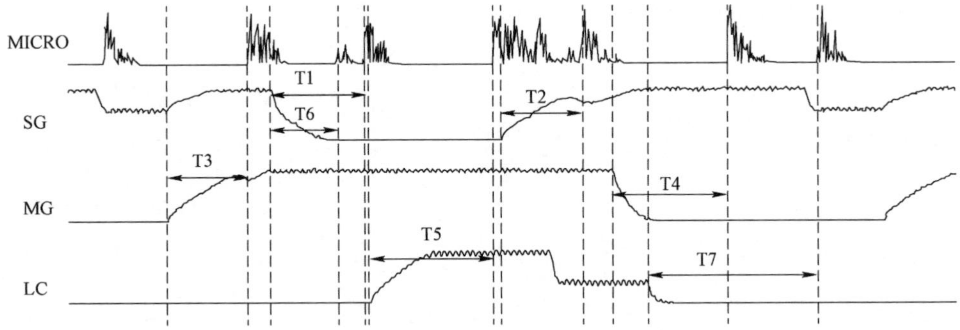

五、综合题(第 51 题~第 51 题,每题 10 分,满分 10 分。)

51. 答:重水压力调节的过程是衰减振荡的过渡过程,其调节品质如下:

(1) 衰减比。衰减比是反映被调参数振荡衰减程度的指标。它等于前后两个波峰之比,即用 n 判断振荡是否衰减和衰减程度。$n>1$ 时,系统稳定;$n=1$ 时,等幅振荡;$n<1$ 时,增幅振荡。通常希望 $n=4\sim10$ 为宜,表明调节作用能够很快克服干扰,将被调参数的波动恢复到允许的范围之内。(2/10)

(2) 静差 C。过渡过程完成后,被调参数稳定在给定值附近,稳定值与给定值之差叫做静差,$|C|=0$ 时为无静差;$|C|\neq0$ 时为有静差。生产工艺要求静差限制在一个允许的范围内。对装卸料机重水供给系统的压力静差要求在 300 kPa 以内。(2/10)

(3) 超调量(动差)M。过渡过程中,被调参数相对于新稳态值的最大波动量,要求在动态调节过程中,不出现压力超压报警。(2/10)

(4) 最大偏差 $A=M+C$。它是被调参数相对于给定值的最大偏差。若 A 过大,且偏离时间过长,系统离开指定的工艺状态越远,调节品质越差。说明压力不能稳定在设定值附近,压力反馈到电站计算机 DCCY 的命令也会失效。(2/10)

(5) 振荡周期 T_p 和振荡频率 f。相邻两个波峰所经历的时间为振曲周期 T_p;其倒数为振荡频率 f。(1/10)

(6) 调节过程时间 t_s,它指调节系统受干扰后,从被调参数开始波动,至达到新稳态值所经历的时间间隔。可通过增大控制器设定值变化率和输出变化率来消除此问题,但会引起动态调节时压力波动过大。(1/10)

第二部分　操作技能

第五章　考情观察

一、考核思路

根据《国家职业标准——核反应堆控制保护检修工》的要求，核反应堆控制保护检修工高级技师的操作技能具体需要了解以下的考核要求和考核范围：

1. 核反应堆保护系统维修模块

考核要求：能编写核反应堆保护系统设备局部改造项目实施方案；能评价核反应堆保护系统故障处理的风险；能编写预防性维修大纲；能评价核反应堆保护系统运行状况；能对核反应堆保护系统设备局部改造结果进行评价；能检查、排除核反应堆保护系统设备干扰信号；能排除核反应堆保护系统的拒动故障和误动故障；能诊断核反应堆保护系统设备接地故障；能进行新技术、新知识、新工艺的专题讲座；能对中、高级人员、技师进行培训；能指导中、高级人员、技师进行现场实际操作；能在本职工作中认真贯彻质量标准；能应用质量管理知识，实现操作过程的质量分析控制；能进行现场核安全管理；能控制现场工作中的风险。

考核范围：根据以上具体考核要求，本职业核反应堆保护系统维修模块高级技师操作技能考核包括维修准备、设备维修、判断和排除故障、培训与指导、管理 5 个方面。

2. 核反应堆控制系统维修模块

考核要求：能编写核反应堆控制系统设备局部改造项目实施方案；能编写预防性维修大纲；能评价核反应堆控制系统故障处理的风险；能优化系统的调节品质；能评价核反应堆控制系统设备局部改造方案；能评价核反应堆控制系统设备中的参数；能对核反应堆控制棒驱动机构电流波形进行评价；能对核反应堆控制棒落棒时间测量波形进行评价；能检查、排除核反应堆控制系统设备干扰信号；能诊断核反应堆控制系统设备接地故障；能诊断系统异常并采取相应措施；能对系统存在的缺陷提出改进方案；能进行新技术、新知识、新工艺的专题讲座；能对中、高级人员、技师进行培训；能指导中、高级人员、技师进行现场实际操作；能在本职工作中认真贯彻质量标准；能应用质量管理知识，实现操作过程的质量分析控制；能进行现场核安全管理；能控制现场工作中的风险。

考核范围：根据以上具体考核要求，本职业核反应堆保护系统维修模块高级技师操作技能考核包括维修准备、设备维修、判断和排除故障、培训与指导、管理 5 个方面。

3. 核反应堆中子测量系统维修模块

考核要求:能读懂核反应堆中子测量系统的设计准则;能读懂核反应堆中子测量系统的工艺设计要求;能编写核反应堆中子测量系统设备局部改造项目实施方案;能评价核反应堆中子测量系统故障处理的风险;能编写预防性维修大纲;能组织实施探测器更换;能实施核反应堆中子测量系统技术改造;能诊断和排除探测器卡涩、高压电源故障、放大器故障;能分析、处理通量图测量过程中出现的故障;能进行新技术、新知识、新工艺的专题讲座能对中、高级人员、技师进行培训;能指导中、高级人员、技师进行现场实际操作;能在本职工作中认真贯彻质量标准;能应用质量管理知识,实现操作过程的质量分析控制;能进行现场核安全管理;能控制现场工作中的风险。

考核范围:根据以上具体考核要求,本职业核反应堆保护系统维修模块高级技师操作技能考核包括维修准备、设备维修、判断和排除故障、培训与指导、管理5个方面。

4. 重水堆燃料操作系统仪控维修模块

考核要求:能优化重水堆燃料操作仪控系统的调节品质;能编写重水堆燃料操作仪控系设备局部改造项目实施方案;能评价重水堆燃料操作仪控系统故障处理的风险;能编写预防性维修大纲;能评价重水堆燃料操作仪控系统的调节品质;能对重水堆燃料操作仪控系统设备局部改造结果进行评价;能定位疑难故障并能处理系统异常状态;能检查、排除重水堆燃料操作仪控系统设备干扰信号;能进行新技术、新知识、新工艺的专题讲座能对中、高级人员、技师进行培训;能指导中、高级人员、技师进行现场实际操作;能在本职工作中认真贯彻质量标准;能应用质量管理知识,实现操作过程的质量分析控制;能进行现场核安全管理;能控制现场工作中的风险。

考核范围:根据以上具体考核要求,本职业核反应堆保护系统维修模块高级技师操作技能考核包括维修准备、设备维修、判断和排除故障、培训与指导、管理5个方面。

二、组卷方式

核反应堆控制保护检修工(高级技师)操作技能考核试卷采用计算机自动组卷,即计算机按照本职业高级技师《操作技能考核内容结构表》的结构特征,使用统一的组卷模型,从题库中按具体要求随机抽取相应试题,组成试卷。试卷组成后,应经专家审核,更换不适用的试题。

核反应堆控制保护检修工(高级技师)操作技能考核试卷按照模块分别组卷:核反应堆保护系统维修模块、核反应堆控制系统维修模块、核反应堆中子测量系统维修模块、重水堆燃料操作系统仪控维修模块。

三、试卷结构

职业技能鉴定国家题库核反应堆控制保护检修工(高级技师)操作技能考核试卷一般由以下三部分内容组成:

1. 操作技能考核准备通知单。分为考场准备通知单和考生准备通知单,在考核前分别发给考核现场和考生。内容为考核所需场地、设备、材料、工具及其他准备要求。

2. 操作技能考核试卷正文。内容为操作技能考核试题,包括试题名称、试题分值、考核时间、考核形式、具体考核要求等。

3. 操作技能考核评分记录表。内容为操作技能考核试题配分与评分标准，用于考评员评分记录。主要包括各项考核内容、考核要点、配分与评分标准、否定项及说明、考核分数加权汇总方法等。

四、考核时间与要求

1. 考核时间

按照《核反应堆控制保护检修工国家职业标准》的要求，本职业高级技师操作技能考核时间为210 min，其中维修准备50 min、设备维修70 min、判断和排除故障60 min，培训与指导15 min，管理15 min。

2. 考核要求

考生应根据试卷具体要求进行操作；考生在操作技能考核过程中要遵守考场纪律，执行操作规程，防止出现人身和设备安全事故；考试施行百分制，采用闭卷考试，成绩达到60分及以上为合格。

第六章　考核结构与鉴定要素表

一、考核内容结构表

考核内容结构表是操作技能题库的主体基本框架，它是在深入分析了职业特点的基础上，按照技能题库理论模型，结合职业技能鉴定工作的要求开发设计的，它充分体现了试题库的总体结构和设计思路。

考核内容结构表采取模块化的结构形式，既可以保证考核内容的完整性、统一性，又能够满足各技术等级之间在考核内容和考核形式上的不同要求，同时它又是组成试卷的重要依据。操作技能考核的鉴定范围、鉴定比重、考核时间和考核形式在考核内容结构表中都作了明确的规定。

核反应堆控制保护检修工（高级技师）操作技能考核内容结构见表 6-1。根据《核反应堆控制保护检修工国家职业标准》的要求，将核反应堆控制保护检修工（高级技师）的全部考核内容划分为“维修准备”“设备维修”“判断和排除故障”“培训与指导”“管理”五个部分，并在每一部分下标有选考方式、鉴定比重、考核时间和考核形式，考核时根据结构表组成考核试卷。

表 6-1　核反应堆控制保护检修工（高级技师）操作技能考核内容结构表

鉴定范围 鉴定要求	维修准备	设备维修	判断和排除故障	培训与指导	管理	合计
选考方式	必考	必考	必考	必考	必考	5 项
鉴定比重	15%	45%	30%	5%	5%	100%
考试时间/min	50	70	60	15	15	210
考核形式	实操/模拟操作	实操/模拟操作	实操/模拟操作	实操/模拟操作	笔试/模拟操作	—

二、鉴定要素细目表

鉴定要素细目表是试题库总体结构和考核内容结构表的具体表现形式，该表按照技术等级和模块分别列出，共分为两级鉴定范围。二级鉴定范围细分的“鉴定点”即为操作技能考核试题的考核内容。

国家题库核反应堆控制保护检修工（高级技师）操作技能考核按照模块的不同分别组卷。核反应堆保护系统维修模块（高级技师）操作技能鉴定要素细目见表 6-2，核反应堆控制系统维修模块（高级技师）操作技能鉴定要素细目见表 6-3，核反应堆中子测量系统维修模块（高级技师）操作技能鉴定要素细目见表 6-4，重水堆燃料操作系统仪控维修模块（高级技师）

操作技能鉴定要素细目见表 6-5。

表 6-2　核反应堆保护系统维修（高级技师）操作技能鉴定要素细目表

鉴定范围				鉴定点		
一级		二级		代码	名称	重要程度
名称	鉴定比重	名称	鉴定比重			
核反应堆保护系统维修	100%	维修准备	15%	001	编写核反应堆保护系统设备局部改造项目实施方案	X
				002	评价核反应堆保护系统故障处理的风险	X
				003	编写预防性维修大纲	X
		设备维修	45%	001	评价核反应堆保护系统运行状况	X
				002	对核反应堆保护系统设备局部改造结果进行评价	X
		判断和排除故障	30%	001	检查、排除核反应堆保护系统设备干扰信号	X
				002	排除核反应堆保护系统的拒动故障和误动故障	X
				003	诊断核反应堆保护系统设备接地故障	X
		培训与指导	5%	001	进行新技术、新知识、新工艺的专题讲座	Y
				002	对中、高级人员、技师进行培训	X
				003	指导中、高级人员、技师进行现场实际操作	X
		管理	5%	001	在本职工作中认真贯彻质量标准	X
				002	应用质量管理知识，实现操作过程的质量分析控制	X
				003	进行现场核安全管理	X
				004	控制现场工作中的风险	X

表 6-3　核反应堆控制系统维修（高级技师）操作技能鉴定要素细目表

鉴定范围				鉴定点		
一级		二级		代码	名称	重要程度
名称	鉴定比重	名称	鉴定比重			
核反应堆保护系统维修	100%	维修准备	15%	001	编写核反应堆控制系统设备局部改造项目实施方案	X
				002	编写预防性维修大纲	X
				003	评价核反应堆控制系统故障处理的风险	X
				004	优化系统的调节品质	X
				005	评价核反应堆控制系统设备局部改造方案	X

续表

鉴定范围				鉴定点		
一级		二级		代码	名称	重要程度
名称	鉴定比重	名称	鉴定比重			
核反应堆保护系统维修	100%	设备维修	45%	001	评价核反应堆控制系统设备中的参数	X
				002	对核反应堆控制棒驱动机构电流波形进行评价	X
				003	对核反应堆控制棒落棒时间测量波形进行评价	X
		判断和排除故障	30%	001	检查、排除核反应堆控制系统设备干扰信号	X
				002	诊断核反应堆控制系统设备接地故障	X
				003	诊断系统异常并采取相应措施	X
				004	对系统存在的缺陷提出改进方案	X
		培训与指导	5%	001	进行新技术、新知识、新工艺的专题讲座	Y
				002	对中、高级人员、技师进行培训	X
				003	指导中、高级人员、技师进行现场实际操作	X
		管理	5%	001	在本职工作中认真贯彻质量标准	X
				002	应用质量管理知识,实现操作过程的质量分析控制	X
				003	进行现场核安全管理	X
				004	控制现场工作中的风险	X

表 6-4 核反应堆中子测量系统维修(高级技师)操作技能鉴定要素细目表

鉴定范围				鉴定点		
一级		二级		代码	名称	重要程度
名称	鉴定比重	名称	鉴定比重			
核反应堆保护系统维修	100%	维修准备	15%	001	识读核反应堆中子测量系统的设计准则	X
				002	识读核反应堆中子测量系统的工艺设计要求	X
				003	编写核反应堆中子测量系统设备局部改造项目实施方案	X
				004	评价核反应堆中子测量系统故障处理的风险	X
				005	编写预防性维修大纲	X
		设备维修	45%	001	组织实施探测器更换	X
				002	实施核反应堆中子测量系统技术改造	X
		判断和排除故障	30%	001	诊断和排除探测器卡涩、高压电源故障、放大器故障	X
				002	分析、处理通量图测量过程中出现的故障	X

续表

鉴定范围				鉴定点		
一级		二级		代码	名称	重要程度
名称	鉴定比重	名称	鉴定比重			
核反应堆保护系统维修	100%	培训与指导	5%	001	进行新技术、新知识、新工艺的专题讲座	Y
				002	对中、高级人员、技师进行培训	X
				003	指导中、高级人员、技师进行现场实际操作	X
		管理	5%	001	在本职工作中认真贯彻质量标准	X
				002	应用质量管理知识，实现操作过程的质量分析控制	X
				003	进行现场核安全管理	X
				004	控制现场工作中的风险	X

表 6-5　重水堆燃料操作系统仪控维修（高级技师）操作技能鉴定要素细目表

鉴定范围				鉴定点		
一级		二级		代码	名称	重要程度
名称	鉴定比重	名称	鉴定比重			
核反应堆保护系统维修	100%	维修准备	15%	001	优化重水堆燃料操作仪控系统的调节品质	X
				002	编写重水堆燃料操作仪控系设备局部改造项目实施方案	X
				003	评价重水堆燃料操作仪控系统故障处理的风险	X
				004	编写预防性维修大纲	X
		设备维修	45%	001	评价重水堆燃料操作仪控系统的调节品质	X
				002	对重水堆燃料操作仪控系统设备局部改造结果进行评价	X
				003	解体检修分离器电位计	X
				004	解体 B 推杆电位计	X
				005	解体 L 推杆电位计	Y
		判断和排除故障	30%	001	能定位疑难故障并能处理系统异常状态	X
				002	能检查、排除重水堆燃料操作仪控系统设备干扰信号	X
				003	电缆插头母针更换	X
				004	电缆热缩套管更换	X
		培训与指导	5%	001	进行新技术、新知识、新工艺的专题讲座	Y
				002	对中、高级人员、技师进行培训	X
				003	指导中、高级人员、技师进行现场实际操作	X

续表

鉴定范围				鉴定点		
一级		二级		代码	名称	重要程度
名称	鉴定比重	名称	鉴定比重			
核反应堆保护系统维修	100%	管理	5%	001	在本职工作中认真贯彻质量标准	X
				002	应用质量管理知识,实现操作过程的质量分析控制	X
				003	进行现场核安全管理	X
				004	控制现场工作中的风险	X

三、考点导航

1. 核反应堆保护系统维修模块

考核内容由以下五个部分组成:

(1) 维修准备

主要考核能编写核反应堆保护系统设备局部改造项目实施方案;能评价核反应堆保护系统故障处理的风险;能编写预防性维修大纲。

例题题目及相关考核内容或要点:

1) 题目1:核反应堆保护系统318CC开关改造施工方案编制(M310机组)

考核内容或要点为:根据要求在规定时间内编制出变更改造施工方案1份并进行理论答辩。

考场提供《核反应堆保护系统318CC开关变更改造申请表》1份,内容包含:

变更原因:保护系统318CC开关一方面用于T3试验时闭锁旁通断路器跳闸,另一方面318CC的触点25-025与触点4-41(462CC置于P3位置后,禁止继电器带电激励,触点4-41接通)组成闭锁回路,用于T3试验时保证另外一列的主断路器失励线圈不会因为462CC开关的动作导致主断路器跳闸。触点25-025接触电阻加大又无相应监测手段,导致T3试验时停堆闭锁失效,有误停堆风险。

初步设想:318CC的触点25-025与本开关的备用触点27-027并联。

提供施工方案空白模板1份,保护系统图册1套。提供复印机1台(复印图纸用)。

2) 题目2:分析与评价重水堆机组一号停堆系统停堆棒棒位异常缺陷的处理(重水堆机组)

考核内容或要点为:分析重水堆机组一号停堆系统停堆棒棒位异常,在设备间“已明确测量棒位电位计阻抗数值不稳定”情况下的处理,并评价现场工作中的风险。要求在前述信息的基础上,分析可能的缺陷点,处理方法,风险及应对措施。

考场提供ED图纸2张:63733-1-6-ED-D/63733-1-2-ED-D。

3) 题目3:编写预防性维修大纲(30万千瓦机组)

考核内容或要点为:参照核电厂的预防性大纲编写导则,对应每项的要点。关注内容的完整性和合理性。

(2) 设备维修

主要考核能评价核反应堆保护系统运行状况;能对核反应堆保护系统设备局部改造结果进行评价。

例题题目及相关考核内容或要点:

1) 题目1:根据G通道铂探阻抗数据评价铂探测器运行状况(重水堆机组)

考核内容或要点为:根据G通道最新一次的探测器阻抗检查数据,评价测量数据是否满足要求,并对照历史数据分析其变化趋势。① 确认G通道最新一次的探测器阻抗检查数据是否满足要求(阻值应不小于 1 MΩ);② 针对阻值小于 1 MΩ的探测器,分析铂探是否存在即将失效的可能性;③ 本次阻抗值与历史数据比较,评价设备运行趋势(阻抗是否逐年下降)和工作状况;④ 针对阻抗值不满足要求的铂探测器如何进行进一步的数据收集和比对及因对措施。

考场提供《G通道最新一次的探测器阻抗检查数据单》1份。提供《G通道探测器阻抗检查历史数据单》1份。提供万用表1台。

2) 题目2:对核反应堆保护系统设备局部改造结果进行评价(30万千瓦机组)

考核内容或要点为:列举反应堆保护系统的一项改造,请考生对此次改造的结果进行评价。关注可行性、供货合同、施工合同。

考场提供《保护系统局部设备改造的变更工作包》1份。

(3) 判断和排除故障

主要考核能检查、排除核反应堆保护系统设备干扰信号;能排除核反应堆保护系统的拒动故障和误动故障;能诊断核反应堆保护系统设备接地故障。

例题题目及相关考核内容或要点:

1) 题目1:检查、排除核反应堆保护系统设备干扰信号(30万千瓦机组)

考核内容或要点为:列举检查、排除核反应堆保护系统设备干扰信号的步骤和方法。关注干扰信号的种类、干扰信号的检查、干扰信号检查的常用仪器、干扰信号的排除方法。

2) 题目2:检查、排除铂探测器设备回路干扰信号(重水堆机组)

考核内容或要点为:铂探测器回路出现干扰,分析各回路设备情况,确认设备回路干扰原因,按照维修步骤要求进行。关注工作准备;检查、排除铂探测器设备回路干扰信号;安全文明生产。

考场提供铂探测器放大器卡件测试机箱1台。提供数字万用表1块。提供一字、十字螺丝刀各1把。提供KEITHLEY 485 1套。提供KEITHLEY 6517B 1份。提供AlTEK934 1台。

3) 题目3:排除反应堆保护系统T3试验过程中的拒动故障和误动故障(M310机组)

考核内容或要点为:陈述M310机组反应堆保护系统T3定期试验的目的、内容以及方法,在此基础上分析T3试验过程中输出设备拒动和误动的故障原因。关注T3试验的目的、内容;串电阻检查电压法的试验步骤;串电阻检查电压法出现误动故障的原因;串电阻检查电压法出现拒动故障的原因;并电阻检查电流法出现误动故障的原因;并电阻检查电流法出现拒动故障的原因。

4) 题目4:排除反应堆保护系统T3试验过程中的拒动故障和误动故障(M310机组)

考核内容或要点为:一环热段旁路温度(RCP030MT)故障接地,分析回路可能引发本故障原因,逐段检查回路信号接地情况,按照维修步骤要求进行。关注工作准备;检查、排除一环热段旁路温度(RCP030MT)波动故障;安全文明生产。

考场提供 KRG 机柜(带卡件)1 个。提供数字万用表 1 块。提供一字、十字螺丝刀各 1 把。提供 F744 信号发生器(带插线接头)1 台。提供引线 4 根。提供 I2V 卡件备件 1 块。提供绝缘表 1 台。提供 KRG 小机箱 1 个。

(4) 培训与指导

主要考核能进行新技术、新知识、新工艺的专题讲座;能对中、高级人员、技师进行培训;能指导中、高级人员、技师进行现场实际操作。

例题题目及相关考核内容或要点:

1) 题目 1:进行新技术、新知识、新工艺的专题讲座(30 万千瓦机组)

考核内容或要点为:考生根据设计的题目准备一堂专题讲座的素材和课件,由考官给出指导和点评。关注讲座材料;讲解。

考场提供电脑及投影等多媒体设备 1 套,考生提前准备好课件。

2) 题目 2:核反应堆保护系统培训讲解(M310 机组)

考核内容或要点为:提前通知考生编制核反应堆保护系统培训 PPT,考试时由考生作简单讲解,由考官对培训教材进行点评、提问答辩。关注知识讲授;综合素质。

考场提供提供电脑及投影等多媒体设备 1 套,考生提前准备核反应堆保护系统培训 PPT。

3) 题目 3:指导中、高级人员、技师进行现场实际操作(30 万千瓦机组)

考核内容或要点为:考生选择一次现场实际操作的题目,由考生根据题目准备现场实际操作的指导教案,并现场实施针对中、高级人员和技师的操作指导,由考官对指导的方法和过程进行点评。关注指导中、高级人员、技师进行现场实际操作。

(5) 管理

主要考核能在本职工作中认真贯彻质量标准;能应用质量管理知识,实现操作过程的质量分析控制;能进行现场核安全管理;能控制现场工作中的风险。

例题题目及相关考核内容或要点:

1) 题目 1:核反应堆定期试验质量控制(M310 万机组)

考核内容或要点为:提前通知考生提供一份执行过的定期试验工作包,考官针对本定期试验内容执行过程及质量计划进行提问答辩。关注定期试验执行过程;定期试验质量控制。

2) 题目 2:应用质量管理知识,实现操作过程的质量分析控制(30 万千瓦机组)

考核内容或要点为:考官准备几个典型的实际操作(如故障处理),请考生根据实际操作的情况进行质量分析,并准备质量控制的具体步骤。关注应用质量管理知识,实现操作过程的质量分析控制。

3) 题目 3:3RPB530AR 电源卡件更换时的核安全管理 (M310 机组)

考核内容或要点为:考生陈述“3RPB530AR 电源卡件更换”过程中,关键步骤所面临的核安全风险,要求陈述清晰。关注 3RPB530AR 电源卡件更换时的安措核风险。

4) 题目 4:进行 SDS 1 号停堆棒离合器电源模块(1-68211-PS1/PS2) 互换及功能检查

时的核安全管理（重水堆机组）

考核内容或要点为：考生陈述“重水堆机组 SDS 1 号停堆棒离合器电源模块(1-68211-PS1/PS2)互换及功能检查”过程中，关键步骤所面临的核安全风险，要求陈述清晰。关注大修期间对核安全相关系统的要求；互换及功能检查工作的安措和风险；互换及功能检查工作的主要步骤；互换及功能检查时允许两个停堆系统多少小时内不可用；互换及功能检查工作后需要进行什么试验。

2. 核反应堆控制系统维修模块

考核内容由以下五个部分组成：

(1) 维修准备

主要考核能编写核反应堆控制系统设备局部改造项目实施方案；能编写预防性维修大纲；能评价核反应堆控制系统故障处理的风险；能优化系统的调节品质；能评价核反应堆控制系统设备局部改造方案。

例题题目及相关考核内容或要点：

1) 题目 1：编写反应堆功率调节系统平均温度通道高选改为次高选项目实施方案(30万千瓦机组)

考核内容或要点：项目实施方案应在工作准备(文件、人员、工器具、卡件、材料等)、对工艺系统的要求、现场条件、施工步骤、工业安全等方面作比较详细的描述。

考场提供核反应堆功率调节系统高选改为次高选变更申请表、反应堆功率调节系统高选该为次高选变更设计图、反应堆功率调节器 SAMA 图、记录纸、记录笔。

2) 题目 2：按照给定模版编写棒位测量系统的预防性维修及试验项目清单(M310 机组)

考核内容或要点：按照预防性维修项目大纲编写要求完成棒位测量系统的项目清单。考场会事先提供预防性维修数据库增加减少模版(CMS Excel 表格)电子表格模版，考生编写完成后考试时提交。关注项目内容齐全、工作类型及其他表格项的正确性、触发条件及间隔值合适。

考场提供预防性维修数据库增加减少模版(CMS Excel 表格)。

3) 题目 3：评估处理重水堆机组液体区域控制系统因液位控制阀异常导致的液位控制异常缺陷的风险(重水堆机组)

考核内容或要点：能够详细叙述在处理液体区域控制系统因液位控制阀异常导致的液位控制异常缺陷的风险，针对风险能够提出具体的应对措施。(当时机组在满功率运行状态，故障前阀门开度是 50%左右的开度，单区液位从 30%降到了 0，单区功率从 100%上升最高到 109%左右)。

考场提供异常时的数据曲线；厂家维修手册(Installation, Operation and Maintenance Manual(Volume 1 & 2))(编号：98-30835-9024-1-MM-A)；阀门结构图(Valve Control 1" Class 3150 SS BW SCH 40 BS)(编号：98-30835-9016-1-DD-D、98-30835-9016-2-DD-D、98-30835-9016-3-DD-D)。

4) 题目 4：调整棒控系统参数，使得电流输出恢复标准值(30 万千瓦机组)

考核内容或要点：通过事先设置提升机箱定值卡件的参数将提升大电流设置为 10 A 左右，要求按照维修规程中定值组件调节步骤恢复电流标准值 11 A，对应电流反馈 3.30 V 左右。关注工作准备(劳动保护、接线图核实接线位置、仪表有效性检查)、调整 30 万千瓦机组反应堆棒控系统参数步骤(钳形表的接入和置 0、紧急报警的持续复位、提升大电流的给定、钳型表电流的读取、提升电流反馈电压的测量和定值调整、故障复位的恢复)。

考场提供棒控系统试验柜、数字万用表、钳形电流表、钟表螺丝刀、试验柜外部接线图、棒控系统电源柜组件内部参数检查和调整规程。

5) 题目 5:评价 1、2 RGL 系统增加 CRDM 在线监测设备设计方案(M310 机组)

考核内容或要点:对提供的《RGL 系统增加 CRDM 在线监测设备设计方案》进行全面客观评价,关注改造的必要性、可行性和设计方案的完整性。

考场提供《ENG2007-004　RGL 系统增加 CRDM 在线监测设备设计方案》。

(2) 设备维修

主要考核能评价核反应堆控制系统设备中的参数;能对核反应堆控制棒驱动机构电流波形进行评价;能对核反应堆控制棒落棒时间测量波形进行评价。

例题题目及相关考核内容或要点:

1) 题目 1:对核反应堆控制棒驱动机构电流波形进行评价(M310 机组)

考核内容或要点:根据给出的核反应堆控制棒驱动机构电流波形(动作一步),对其进行评价(可在图上进行标注),并回答考官提问。注:SG 是固定钩爪,MG 是移动钩爪,LC 是提升钩爪。关注驱动机构动作波形中吸合点是否明显、动作时间是否超标及超标的结果、判断波形是上升还是下降波形等。

考场提供驱动机构电流波形(附下方)、记录纸、记录笔。

T1/ms(≤150)	T2/ms(≤150)	T3/ms	T4/ms	T5/ms	T6/ms	T7/ms
152	109	102	187	138	113	241

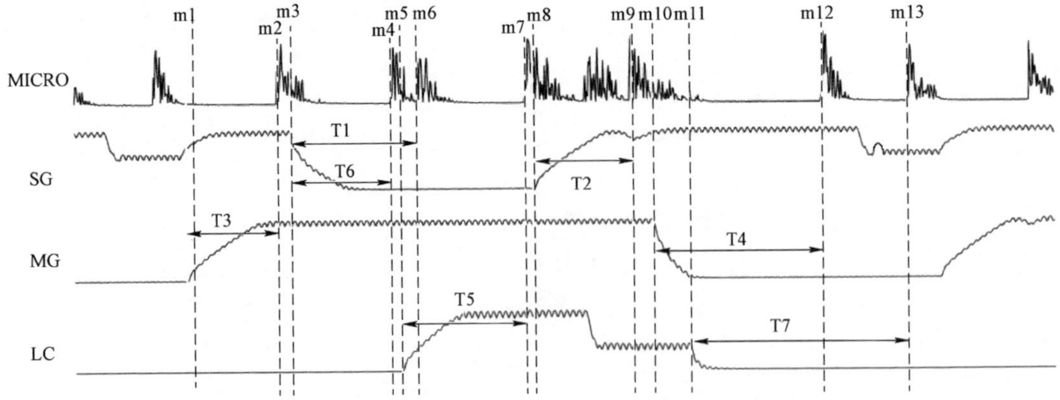

2) 题目 2:对核反应堆控制棒落棒时间测量波形进行评价(30 万千瓦机组)

考核内容或要点:能够正确解释波形各个阶段代表的棒束状态,系统状态,能够解答相关问题。

考场提供落棒时间测量波形图(附下方)。

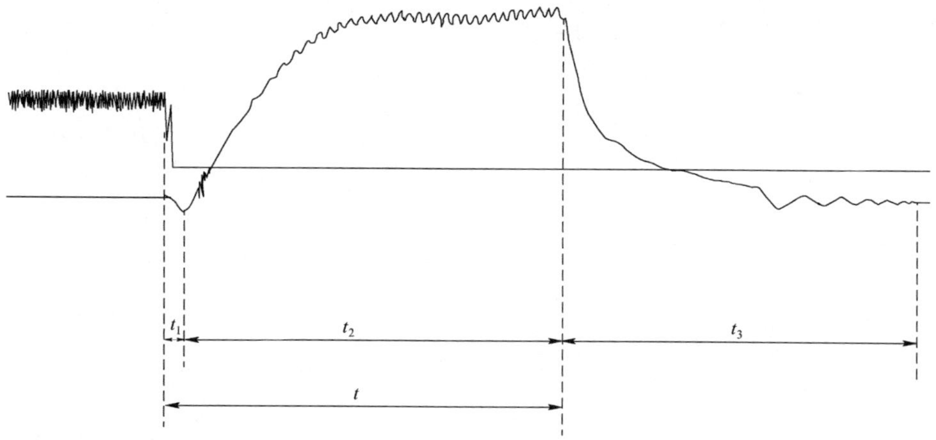

（3）判断和排除故障

主要考核能检查、排除核反应堆控制系统设备干扰信号；能诊断核反应堆控制系统设备接地故障；能诊断系统异常并采取相应措施；能对系统存在的缺陷提出改进方案。

例题题目及相关考核内容或要点：

1）题目1：检查、排除电离室放大器系统设备干扰信号（重水堆机组）

考核内容或要点：电离室输出异常/失去信号，检查电离室信号输出，电离室放大器输出状况，判断缺陷产生原因，按照维修步骤要求进行。关注工作准备（劳动保护、准备连接线、确认设备和设备状态、仪器有效性检查）、检查、排除电离室放大器系统设备干扰信号步骤（电离室放大器输出检查、电离室输出检查、高压反馈模块检查）。

考场提供铂探测器放大器卡件测试机箱、数字万用表、螺丝刀、KEITHLEY 485、KEITHLEY 6517 B。

2）题目2：诊断棒位系统设备接地故障（M310机组）

考核内容或要点：运行期间，某束停堆棒的实测棒位显示为“0”，正常应为224步，对应格雷码为“ABCDE：11001”，假设是由设备接地原因导致（机柜卡件性能正常），请根据给出的棒位设备框图，分析可能导致此故障现象的故障点（仅考虑单一故障的情况）。分析时关注恒流源通道、次级线圈通道、测量柜至处理柜通道。

考场提供棒位设备框图（附下方）。

3）题目3：针对ECC系统工艺管线对防雷要求的不足，对ECC系统工艺管线进行防雷改造（重水堆机组）

考核内容或要点：重水堆机组 ECC（应急堆芯冷却）系统部分引压管（又叫脉冲管）设计不合理，抗雷击性能不足，请考生主持改造方案，在变送器管线上加装绝缘管接头；请考生阐述主要步骤及关注事项。关注工作准备（工器具、设备定位、工前会）、在变送器管线上加装绝缘接头的步骤（需要考虑变送器的隔离与恢复）。

考场提供变送器台架、绝缘管接头、割刀、倒角器、英制开口扳手。

（4）培训与指导

主要考核能进行新技术、新知识、新工艺的专题讲座；能对中、高级人员、技师进行培训；能指导中、高级人员、技师进行现场实际操作。

例题题目及相关考核内容或要点：

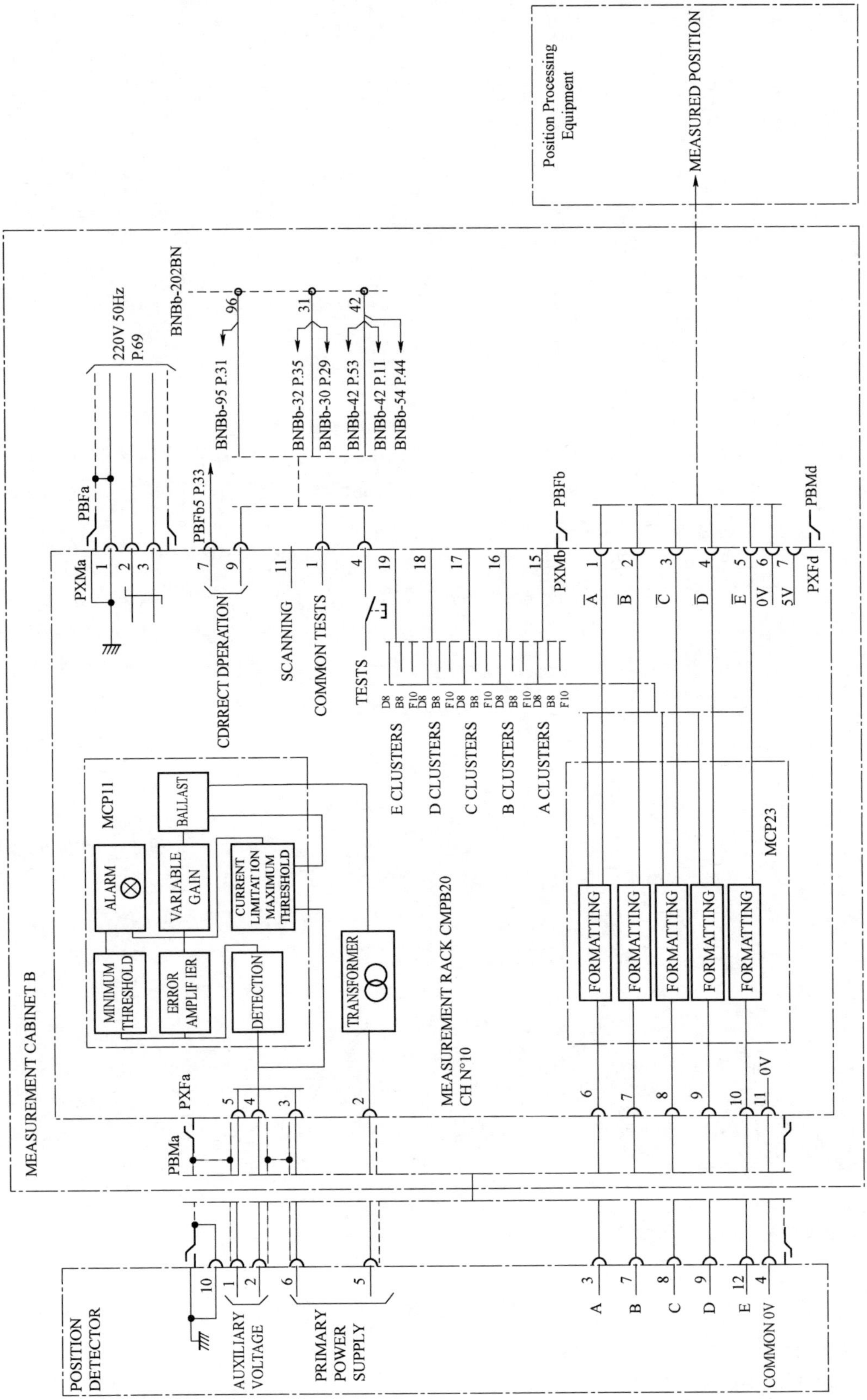
Position Processing Equipment
MEASURED POSITION
MEASUREMENT CABINET B
BNBb-202BN
220V 50Hz P.69
BNBb-95 P.31
BNBb-32 P.35
BNBb-30 P.29
BNBb-42 P.53
BNBb-42 P.11
BNBb-54 P.44
PBFa
PXMa
PBFb5 P.33
CDRRECT DPERATION
SCANNING
COMMON TESTS
TESTS
PBFb
PXMb
PBMd
PXFd
E CLUSTERS
D CLUSTERS
C CLUSTERS
B CLUSTERS
A CLUSTERS
MCP11
BALLAST
ALARM
VARIABLE GAIN
CURRENT LIMITAT ION MAXIMUM THRESHOLD
MINIMUM THRESHOLD
ERROR AMPLIF IER
DETECTION
TRANSFORMER
MEASUREMENT RACK CMPB20 CH N°10
MCP23
FORMATTING
FORMATTING
FORMATTING
FORMATTING
FORMATTING
PXFa
PBMa
POSITION DETECTOR
AUXILIARY VOLTAGE
PRIMARY POWER SUPPLY
A
B
C
D
E
COMMON 0V

1）题目 1:以 AP1000 机组的棒控系统技术为题作专题讲座

考核内容或要点:考生提前准备好 AP1000 机组的棒控系统技术讲座所用 PPT、个人考试用品。带到考试现场进行模拟讲解。关注材料编排、技术正确性、讲解的熟练度和条理性、时间掌控。

考场提供电脑及投影等多媒体设备。

2）题目 2:对中、高级人员、技师进行重水堆机组一号停堆系统重要缺陷分析的培训(重水堆机组)

考核内容或要点:提前 3～5 天让学员准备“重水堆机组一号停堆系统重要缺陷分析的培训教材”,考试时进行模拟培训讲课有条理,培训思路清晰,使学员明白讲课的内容,知道缺陷原因,处理方法。关注课件制作、知识内容、表达能力、时间掌控、讲授效果、经验传授。

备选培训项目如下:二号机组一号停堆系统 F 通道因高对数功率变化率意外脱扣缺陷分析;二号机组主控室瞬间出现 68231-RI11E1 VFD22-RE3 TRIP HI C 729 报警缺陷分析;二号机组一号停堆系统 4 号停堆棒掉入堆芯故障原因分析;二号机组执行 E 通道 LOG RATE 试验时试验不成功故障分析;二号机组 1 号停堆系统 E 通道因 4 号蒸汽发生器低液位脱扣故障原因分析。

考场提供“一号停堆系统重要缺陷分析培训教学计划”、电脑及投影等多媒体设备。

3）题目 3:编写执行功率运行期间 CRDM 线圈电流测量定期试验的实际操作指导教案(M310 机组)

考核内容或要点:考生提前编写好“执行功率运行期间 CRDM 线圈电流测量定期试验的实际操作指导教案。带到考试现场进行模拟操作指导。关注教案编写的条理性、可操作性,关注讲解的熟练度、条理性、清晰性、时间掌控。

考场提供电脑及投影等多媒体设备。

(5) 管理

主要考核能在本职工作中认真贯彻质量标准;能应用质量管理知识,实现操作过程的质量分析控制;能进行现场核安全管理;能控制现场工作中的风险。

例题题目及相关考核内容或要点:

1）题目 1:编写更换棒位探测器维修工作质量计划(M310 机组)

考核内容或要点:根据事先提供的质量计划模板提前编制“更换棒位探测器维修工作质量计划”,能正确分析工作过程中质量控制要点。关注步序的正确性、质量控制点选择的合理性,关注质量计划讲解的熟练度、条理性、清晰性、时间掌控。

考场提供质量计划模版(事先提供)、电脑及投影等多媒体设备。

2）题目 2:编写核反应堆控制系统相关设备的 QDR(30 万千瓦机组)

考核内容或要点:考生自行假定某个预防性维修工单出现了需要填写 QDR 的状况,按模板要求进行 QDR 的填写。并在模板上注明该 QDR 后续审批步骤的审批人。关注信息填写的完整性、QDR 建议纠正措施的合理性、QDR 审批步骤的确定。

考场提供质量缺陷报告模板、电脑(用于提供考生查询工单、设备信息)、记录笔。

3) 题目3:陈述更换RRS A通道电离室放大器工作中的风险(重水堆机组)

考核内容或要点:按照操作票的步骤进行RRS A通道电离室放大器更换工作,分析、陈述工作中各个步骤的风险。

考场提供调节系统A通道电离室放大器1-63740-AF-1A的预防性检修规程(9801-63740-MOO-002)、RRS电离室放大器机箱、电离室放大器机柜(盘柜带有模拟现场信号线,上锁)、J1接头短接线。

3. 核反应堆中子测量系统维修模块

考核内容由以下五个部分组成:

(1) 维修准备

主要考核能读懂核反应堆中子测量系统的设计准则;能读懂核反应堆中子测量系统的工艺设计要求;能编写核反应堆中子测量系统设备局部改造项目实施方案;能评价核反应堆中子测量系统故障处理的风险;能编写预防性维修大纲。

例题题目及相关考核内容或要点:

1) 题目1:描述堆外核测系统功率量程的框图和逻辑设计(30万千瓦机组)

考核内容或要点为:考生现场绘制堆外核测系统功率量程的框图和逻辑部分;考评员提问,考生回答问题。关注功率量程的探测器、放大器,模拟量输出,开关量输出等主要组成部分;功率通道故障,象限功率倾斜报警。考场提供A4纸张若干。

2) 题目2:陈述重水堆机组一号停堆系统中子局部超功率回路的设计(重水堆机组)

考核内容或要点为:考生现场绘制重水堆机组一号停堆系统中子局部超功率回路框图和逻辑部分;考评员提问,考生回答问题。关注探测器、放大器,模拟量输出,开关量输出等主要组成部分。考场提供A4纸张若干。

3) 题目3:简述堆芯核测系统的用途和测量方法(30万千瓦机组)

考核内容或要点为:考生就堆芯核测系统的用途和测量方法(30万千瓦机组)现场书面答卷;考评员提问,考生回答问题。关注堆芯核测系统探测器、模拟量处理,开关量处理,选择器,驱动机构,电动阀,密封段,控制柜等主要组成部分。考场提供A4纸张若干。

4) 题目4:识读堆外核测系统的工艺设计要求(M310机组)

考核内容或要点为:考生就堆外核测系统(M310机组)的测量信号和输出信号现场书面答卷;考评员提问,考生回答问题。关注堆外核测系统三个量程探测器、模拟量处理,开关量处理,源量程信号,中间量程信号,功率量程信号显示和参与连锁停堆等。考场提供A4纸张若干。

5) 题目5:编制堆芯核测系统数据采集柜变更实施计划(30万千瓦机组)

考核内容或要点为:考生现场编写堆芯核测系统数据采集柜变更实施计划(30万千瓦机组);考评员提问,考生回答问题。关注变更申请,初步设计,详细设计,施工方案,相关文件修改,设备信息修改等。考场提供A4纸张若干。

6) 题目6:评价功率运行期间进行堆外核测系统功率量程探测器坪特性试验风险(30万千瓦机组)

考核内容或要点为:考生现场编写功率运行期间进行堆外核测系统功率量程探测器坪

特性试验风险评估报告(30 万千瓦机组);考评员提问,考生回答问题。关注功率量程探测器坪特性试验窗口,安措执行,报警信息等。考场提供风险评估模板一份。

7) 题目 7:重水堆机组 RRS Pt 探测器精确校正的风险分析(重水堆机组)

考核内容或要点为:考生现场编写重水堆机组 RRS Pt 探测器精确校正风险评估报告(30 万千瓦机组);考评员提问,考生回答问题。关注重水堆机组 RRS Pt 探测器精确校正窗口,安措执行,报警信息等。考场提供风险评估模板一份。

8) 题目 8:编写堆外核测系统预防性维修大纲(30 万千瓦机组)

考核内容或要点为:考生现场编写堆外核测系统预防性维修大纲(30 万千瓦机组);考评员提问,考生回答问题。关注堆外核测系统 PM 项目,频度,开始时间等。考场提供电脑一台(可上厂内网)。

(2) 设备维修

主要考核能组织实施探测器更换;能实施核反应堆中子测量系统技术改造。

例题题目及相关考核内容或要点:

1) 题目 1:更换堆芯核测探测器(M310 机组)

考核内容或要点为:考生现场阅读堆芯核测系统维修规程后,进行更换过程讲解,由考评员提问,考生答复。

关注项目:更换探测器的原因,更换的窗口,人力资源需求,工器具使用,辐射防护情况,安全文明生产。

考场提供堆芯核测系统维修规程 1 份。

2) 题目 2:钒探测器更换(重水堆机组)

核内容或要点为:考生现场阅读钒探测器更换(新工具)维修规程后,进行更换过程讲解,由考评员提问,考生答复。

关注项目:更换探测器的原因,更换的窗口,人力资源需求,工器具使用,辐射防护情况,安全文明生产。

考场提供钒探测器更换(新工具)维修规程 1 份,通量探测器组件,英制扳手,钒探安装工具

(3) 判断和排除故障

主要考核能诊断和排除探测器卡涩、高压电源故障、放大器故障;能分析、处理通量图测量过程中出现的故障。

例题题目及相关考核内容或要点:

1) 题目 1:诊断和排除堆芯核测系统探测器卡涩故障(M310 机组)

考核内容或要点为:考生现场编写堆芯核测系统探测器卡涩故障(M310 机组)检修方案,由考评员提问,考生答复。

关注项目:堆芯核测系统探测器测量原理,卡涩的可能原因分析,故障排除后验证措施,工器具使用,安全文明生产。

考场提供检修方案模板一份。

2) 题目 2:诊断和排除铂探测器故障(重水堆机组)

考核内容或要点为:考生现场编写铂探测器故障(重水堆机组)检修方案并实施,由考评员提问,考生答复。

关注项目:铂探测器测量原理,故障可能原因分析,故障排除后验证措施,工器具使用,安全文明生产。

考场提供检修方案模板一份,铂探测器放大器卡件测试机箱,数字万用表一字、十字螺丝刀一套,KEITHLEY 485 一套,KEITHLEY 6517B 一套。

3) 题目 3:通量测量过程中 B 通道探测器位置显示突跳分析(30 万千瓦机组)

考核内容或要点为:考生现场编写通量测量过程中 B 通道探测器位置显示突跳检修方案,由考评员提问,考生答复。

关注项目:探测器测量原理,故障可能原因分析,故障排除后验证措施,工器具使用,安全文明生产。

考场提供检修方案模板一份。

(4) 培训与指导

主要考核能能进行新技术、知识、新工艺的专题讲座;能对中、高级人员、技师进行培训;能指导中、高级人员、技师进行现场实际操作。

例题题目及相关考核内容或要点:

1) 题目 1:进行钒探测器的专题讲座 (重水堆机组)

考核内容或要点为:提前通知考生准备钒探测器相关知识授课件 PPT,结合自行准备的课件,实施模拟教学讲授。关注课件内容;知识内容;表达能力;时间掌控;讲授效果;经验传授。

考场提供多媒体设施 1 套,国产钒探测器堆芯试运行试验方案一份。

2) 题目 2:编写堆外核测系统培训课件(M310 机组)

考核内容或要点为:提前通知考生准备堆外核测系统相关知识授课件 PPT,结合自行准备的课件,实施模拟教学讲授。关注课件内容;知识内容;表达能力;时间掌控;讲授效果;经验传授。

考场提供多媒体设施 1 套。

3) 题目 3:堆外核测系统 A 通道γ补偿电压试验指导(30 万千瓦机组)

考核内容或要点为:考生根据现场提供的探测器性能试验规程,编写对应的指导计划。考评员对考生提供的指导计划进行审查、提问。关注探测器绝缘电阻和分布电容测试难点;专用工器具使用;工业安全。

现场提供:探测器性能试验规程一份,A4 纸张若干。

(5) 管理

主要考核能在本职工作中认真贯彻质量标准;能应用质量管理知识,实现操作过程的质量分析控制;能进行现场核安全管理;能控制现场工作中的风险。

例题题目及相关考核内容或要点:

1) 题目 1:堆外核测系统探测器绝缘电阻和分布电容测试(30 万千瓦机组)

考核内容或要点为:考生现场按照要求进行堆外核测系统探测器绝缘电阻和分布电容测试的工单准备和现场执行,进行模拟。关注质量计划,文件准备,通知 QC 见证,严格按照规程操作,工前会和工后会,专用工器具使用;工业安全。

现场提供:探测器维修规程一份,A4 纸张若干。

2）题目 2:堆芯核测系统探测器绝缘电阻和分布电容测量(30 万千瓦机组)

考核内容或要点为:考生现场按照要求进行堆芯核测系统探测器绝缘电阻和分布电容测试的工单准备和现场执行,进行模拟。关注质量计划,文件准备,通知 QC 见证,严格按照规程操作,工前会和工后会,专用工器具使用;工业安全。

现场提供:探测器维修规程一份,A4 纸张若干。

3）题目 3:进行 D 通道核测仪表检查和标定时的核安全管理（重水堆机组）

考核内容或要点为:考生现场按照要求进行 D 通道核测仪表检查和标定工单准备和现场执行,进行模拟。关注大修期间和安全相关系统要求,质量计划,文件准备,通知 QC 见证,严格按照规程操作,工前会和工后会,专用工器具使用;工业安全。

现场提供 D 通道核测仪表检查和标定相关规程一份,A4 纸张若干。

4）题目 4:功率量程 B2 通道高压电源更换风险控制(30 万千瓦机组)

考核内容或要点为:考生现场按照要求进行功率量程 B2 通道高压电源更换工单准备和现场执行,进行模拟。关注更换过程中对核功率 B2 通道用户的风险分析,人身和设备风险分析,质量计划,文件准备,通知 QC 见证,严格按照规程操作,工前会和工后会,专用工器具使用;工业安全。

4. 重水堆燃料操作系统仪控维修模块

考核内容由以下五个部分组成:

(1) 维修准备

主要考核能优化重水堆燃料操作仪控系统的调节品质;编写重水堆燃料操作仪控系设备局部改造项目实施方案;评价重水堆燃料操作仪控系统故障处理的风险;编写预防性维修大纲。

例题题目及相关考核内容或要点:

1）题目 1:重水堆燃料操作压力调节品质的优化

考核内容或要点对重水在高压/中压/低压等不同压力工况下的波动状况、阀门开度状况进行确认,并能够对异常进行参数优化。

2）题目 2:编写重水堆燃料操作仪控系设备局部改造项目实施方案

考核内容或要点为设备局部改造项目实施方案的审批流程;各审批环节文件的类型及编写摘要。

3）题目 3:编写 63521 系统所有直流稳压电源的预防性维修大纲

考核内容或要点为预防性维修及预防性维修大纲的定义;检修周期制定的原则。

(2) 设备维修

主要考核能评价重水堆燃料操作仪控系统的调节品质;对重水堆燃料操作仪控系统设备局部改造结果进行评价;解体检修分离器电位计;解体 B 推杆电位计;解体 L 推杆电位计。

例题题目及相关考核内容或要点:

1）题目 1:重水堆燃料操作仪控系统压力调节品质的评价

考核内容或要点为对重水系统高/中/低压下重水压力波动状况、各子系统流量分配状况、阀门开度状况进行评价;各模式压力切换过程中,系统压力波动状况、切换时间进行评价。

2) 题目 2:解体检修分离器电位计

考核内容或要点为能够对分离器电位计进行解体检修和清洁处理,并对检修完成后的相关参数及电位计各关键部件的性能进行正确的测试和评价。

3) 题目 3:解体 B 推杆电位计

考核内容或要点为解体 B 推杆电位计的各关键部件的检查,包括电位计、机械计数器、减速器;解体检修后的电位计位置设定。

(3) 判断和排除故障

主要考核能能定位疑难故障并能处理系统异常状态;能检查、排除重水堆燃料操作仪控系统设备干扰信号;电缆插头母针更换;电缆热缩套管更换。

例题题目及相关考核内容或要点:

1) 题目 1:检查处理分离器回推器 STOPA 提前点亮故障

考核内容或要点为检查处理分离器回推器 STOPA 提前点亮故障,对可能的原因进行分析,并能够根据检查方案现场定位排查故障点;故障处理及功能验证。

2) 题目 2:检查、排除重水堆燃料操作仪控系统设备干扰信号

考核内容或要点为熟悉燃料操作仪控系统可能存在的哪几种干扰信号类型,对应的处理方式;对故障原因进行查找分析和确认。

(4) 培训与指导

主要考核能进行新技术、新知识、新工艺的专题讲座;对中、高级人员、技师进行培训;指导中、高级人员、技师进行现场实际操作。

例题题目及相关考核内容或要点:

1) 题目 1:装卸料机系统航空插头、插座专题讲座

考核内容或要点为熟悉航空插头、插座内部结构原理;航空插头、插座的拆解和组装;航空插头、插座维修后测试方法。

2) 题目 2:对中、高级人员、技师进行燃料操作系统新增 24 VDC 备用电源相关知识培训

考核内容或要点为能够根据提供的材料识别关键内容;熟悉控制回路的工作原理;传授相关设备的操作、判断经验。

(5) 管理

主要考核能在本职工作中认真贯彻质量标准;应用质量管理知识,实现操作过程的质量分析控制;进行现场核安全管理;控制现场工作中的风险。

例题题目及相关考核内容或要点:

1) 题目 1:A 侧滑车精 Y 电位计导线定期更换

考核内容或要点为能够识别导线更换的目的、验收要求及关键步骤和风险控制识别等。

2) 题目 2:进行现场核安全管理

考核内容或要点为熟悉现场核安全管理的目的、要求及主要内容,并能够与自己的工作实践相结合。

第七章　模拟试卷

第一单元　核反应堆保护系统维修

职业技能鉴定国家题库

核反应堆控制保护检修工（核反应堆保护系统维修）
国家职业资格一级
操作技能考核准备通知单（考场）

试题 1

考场准备

（1）试题名称：分析与评价重水堆机组一号停堆系统停堆棒棒位异常缺陷的处理（重水堆机组）

（2）本题分值：15

（3）考核时间：50 min

（4）考核形式：陈述

（5）设备设施准备：

序号	名称	规格	单位	数量	备注
1	ED 图	N/A	份	1	63733-1-6-ED-D、 63733-1-2-ED-D

试题 2

考场准备

（1）试题名称：根据 G 通道铂探阻抗数据评价铂探测器运行状况（重水堆机组）

（2）本题分值：45

（3）考核时间：70 min

（4）考核形式：模拟或陈述

（5）设备设施准备：

序号	名称	规格	单位	数量	备注
1	G 通道最新一次的探测器阻抗检查数据单		份	1	
2	G 通道探测器阻抗检查历史数据单		份	1	
3	万用表		台	1	

试题 3

考场准备

(1) 试题名称:检查、排除核反应堆保护系统设备干扰信号(30 万千瓦机组)

(2) 本题分值:30

(3) 考核时间:60 min

(4) 考核形式:口述

(5) 设备设施准备:无

试题 4

考场准备

(1) 试题名称:进行新技术、新知识、新工艺的专题讲座(30 万千瓦机组)

(2) 本题分值:5

(3) 考核时间:15 min

(4) 考核形式:口述

(5) 设备设施准备:

序号	名称	规格	单位	数量	备注
1	电脑及投影等多媒体设备		套	1	用于考生考试进行讲座

试题 5

考场准备

(1) 试题名称:核反应堆定期试验质量控制(M310 万机组)

(2) 本题分值:5

(3) 考核时间:15 min

(4) 考核形式:陈述

(5) 设备设施准备:无

职业技能鉴定国家题库

核反应堆控制保护检修工（核反应堆保护系统维修）国家职业资格一级操作技能考核准备通知单（考生）

试题 1

考生准备

（1）试题名称:分析与评价重水堆机组一号停堆系统停堆棒棒位异常缺陷的处理(重水堆机组)

（2）本题分值:15

（3）考核时间:50 min

（4）考核形式:陈述

（5）工具及其他准备:无

试题 2

考生准备

（1）试题名称:根据 G 通道铂探阻抗数据评价铂探测器运行状况(重水堆机组)

（2）本题分值:45

（3）考核时间:70 min

（4）考核形式:模拟或陈述

（5）工具及其他准备:无

试题 3

考生准备

（1）试题名称:检查、排除核反应堆保护系统设备干扰信号(30 万千瓦机组)

（2）本题分值:30

（3）考核时间:60 min

（4）考核形式:口述

（5）工具及其他准备:无

试题 4

考生准备

（1）试题名称:进行新技术、新知识、新工艺的专题讲座(30 万千瓦机组)

（2）本题分值:5

(3) 考核时间:15 min
(4) 考核形式:口述
(5) 工具及其他准备:考生提前准备好课件。

试题 5

考生准备

(1) 试题名称:核反应堆定期试验质量控制(M310 万机组)
(2) 本题分值:5
(3) 考核时间:15 min
(4) 考核形式:陈述
(5) 工具及其他准备:一份执行过的定期试验工作包。

职业技能鉴定国家题库

核反应堆控制保护检修工（核反应堆保护系统维修）国家职业资格一级操作技能考核试卷

注意事项

1. 本试卷依据2001年颁布的《核反应堆控制保护检修工》国家职业标准命制。
2. 请根据试题考核要求,完成考试内容。
3. 请服从考评人员指挥,保证考核安全顺利进行。

试题1 分析与评价重水堆机组一号停堆系统停堆棒棒位异常缺陷的处理(重水堆机组)

考核要求

(1) 本题分值:15

(2) 考核时间:50 min

(3) 考核形式:陈述

(4) 具体考核要求:分析重水堆机组一号停堆系统停堆棒棒位异常,在设备间“已明确测量棒位电位计阻抗数值不稳定”情况下的处理,并评价现场工作中的风险。要求在前述信息的基础上,分析可能的缺陷点,处理方法,风险及应对措施。

(5) 否定项说明:无

试题2 根据G通道铂探阻抗数据评价铂探测器运行状况(重水堆机组)

考核要求

(1) 本题分值:45

(2) 考核时间:70 min

(3) 考核形式:模拟或陈述

(4) 具体考核要求:根据G通道最新一次的探测器阻抗检查数据,评价测量数据是否满足要求,并对照历史数据分析其变化趋势。

(5) 否定项说明:发生安全、质量、设备事故。

试题3 检查、排除核反应堆保护系统设备干扰信号(30万千瓦机组)

考核要求

(1) 本题分值:30

(2) 考核时间:60 min

(3) 考核形式:口述

(4) 具体考核要求:列举检查、排除核反应堆保护系统设备干扰信号的步骤和方法。

(5) 否定项说明:无

试题 4 进行新技术、新知识、新工艺的专题讲座(30 万千瓦机组)

考核要求

(1) 本题分值:5

(2) 考核时间:15 min

(3) 考核形式:口述

(4) 具体考核要求:提前通知考生根据设计的题目准备一堂专题讲座的素材和课件,由考官给出指导和点评。

(5) 否定项说明:无

试题 5 核反应堆定期试验质量控制(M310 万机组)

考核要求

(1) 本题分值:5

(2) 考核时间:15 min

(3) 考核形式:陈述

(4) 具体考核要求:提前通知考生提供一份执行过的定期试验工作包,考官针对本定期试验内容执行过程及质量计划进行提问答辩。

(5) 否定项说明:无

职业技能鉴定国家题库
核反应堆控制保护检修工（核反应堆保护系统维修）
国家职业资格一级
操作技能考核评分记录表

总成绩表

序号	试题名称	配分	得分	权重	最后得分	备注
1	分析与评价重水堆机组一号停堆系统停堆棒棒位异常缺陷的处理(重水堆机组)	15				
2	根据 G 通道铂探阻抗数据评价铂探测器运行状况(重水堆机组)	45				
3	检查、排除核反应堆保护系统设备干扰信号(30 万千瓦机组)	30				
4	进行新技术、新知识、新工艺的专题讲座(30 万千瓦机组)	5				
5	核反应堆定期试验质量控制(M310 万机组)	5				
合　计		100				

统分人：　　　　　　　　　　　　年　月　日

试题 1　分析与评价重水堆机组一号停堆系统停堆棒棒位异常缺陷的处理(重水堆机组)

配分与评分标准：

序号	考核内容	考核要点	配分	评分标准	扣分	得分
1	缺陷分析	(1) 现场 R501 平台上的中间连接航空插头内的插针接触不良(历史经验)，导致阻抗数值不稳定； (2) 现场 R501 平台上的棒位电位计上的焊点接触不良，导致阻抗数值不稳定	4	(1) 根据答题情况，酌情扣分，最多扣 2 分； (2) 根据答题情况，酌情扣分，最多扣 2 分		
2	解决方法	(1) 更换停堆棒棒位插头； (2) 重新焊接停堆棒棒位电位计上的焊点	4	(1) 根据答题情况，酌情扣分，最多扣 2 分； (2) 根据答题情况，酌情扣分，最多扣 2 分		

续表

序号	考核内容	考核要点	配分	评分标准	扣分	得分
3	工作中的风险	由于更换棒位电位计及更换棒位航空插头时,不可避免要拆除棒位插头,在拆装棒位插头时,可能触动到旁边的停堆棒的离合器电源插头,可能导致该插头的松动或振动,从而导致停堆棒的离合器失电,造成停堆棒下落,最终停堆的结果	4	根据答题情况,酌情扣分,最多扣 4 分		
4	应对措施	做好工前准备,工作人员提高警惕,在工作期间首先是找到正确的插头,其次是工作时集中注意力,尽量避免或减轻触碰停堆棒离合器电源插头	3	根据答题情况,酌情扣分,最多扣 3 分		
合计			15			

否定项:无

评分人:　　　　年　　月　　日　　　　　　　　　　　　核分人:　　　　年　　月　　日

试题 2　根据 G 通道铂探阻抗数据评价铂探测器运行状况(重水堆机组)

配分与评分标准:

序号	考核内容	考核要点	配分	评分标准	扣分	得分
1	根据 G 通道铂探阻抗数据评价铂探测器运行状况	(1) 确认 G 通道最新一次的探测器阻抗检查数据是否满足要求(阻值应不小于 1 MΩ); (2) 针对阻值小于 1 M 欧的探测器,分析铂探是否存在即将失效的可能性; (3) 本次阻抗值与历史数据比较,评价设备运行趋势(阻抗是否逐年下降)和工作状况; (4) 针对阻抗值不满足要求的铂探测器如何进行进一步的数据收集和比对及因对措施	45	(1) 根据陈述情况,酌情扣分,最多扣 10 分; (2) 根据陈述情况,酌情扣分,最多扣 12 分; (3) 根据陈述情况,酌情扣分,最多扣 10 分; (4) 根据陈述情况,酌情扣分,最多扣 13 分		
合计			45			

否定项:发生安全、质量、设备事故

评分人:　　　　年　　月　　日　　　　　　　　　　　　核分人:　　　　年　　月　　日

试题 3 检查、排除核反应堆保护系统设备干扰信号(30 万千瓦机组)

配分与评分标准:

序号	考核内容	考核要点	配分	评分标准	扣分	得分
1	干扰信号的种类	(1) 来自系统外部的电气干扰信号(如核电站设备启动、停闭过程中产生的电磁干扰); (2) 系统内部信号传输过程中的互扰	10	考评员现场提问,操作者口述: (1) 针对内容的完整性给出得分,最多扣 5 分; (2) 针对内容的完整性给出得分,最多扣 5 分		
2	干扰信号的检查	干扰信号的检查一般是伴随着系统出现故障的情况,根据故障表现现象,对故障可能的原因进行分析后,通过在线测量的方式确定信号干扰可能的原因	5	考评员现场提问,操作者口述: 针对内容的完整性给出得分。每一项的得分为 5 分		
3	干扰信号检查的常用仪器	(1) 万用表; (2) 示波器; (3) 数字存储记录仪	3	考评员现场提问,操作者口述: (1) 针对内容的完整性给出得分,最多扣 1 分; (2) 针对内容的完整性给出得分,最多扣 1 分; (3) 针对内容的完整性给出得分,最多扣 1 分		
4	干扰信号的排除方法	(1) 如果是外部干扰,干扰源如果可以去除最好,如果干扰源无法去除,那么只能加强保护系统自身的抗干扰能力,常用方法是更换抗干扰能力更强的屏蔽电缆; (2) 处理好核反应堆保护系统的系统接地情况; (3) 如果是内部干扰,则需要根据系统结构的特点找到干扰传输的媒体进行针对性的处理	12	考评员现场提问,操作者口述: (1) 针对内容的完整性给出得分,最多扣 4 分; (2) 针对内容的完整性给出得分,最多扣 4 分; (3) 针对内容的完整性给出得分,最多扣 4 分		
合计			30			

否定项:无

评分人: 年 月 日 核分人: 年 月 日

试题 4 进行新技术、新知识、新工艺的专题讲座(30 万千瓦机组)

配分与评分标准:

序号	考核内容	考核要点	配分	评分标准	扣分	得分
1	讲座材料	(1) 材料编排; (2) 技术正确	2	(1) 材料编排混乱扣 0.5 分,最多扣 1 分; (2) 技术不正确扣 1 分,最多扣 1 分		

续表

序号	考核内容	考核要点	配分	评分标准	扣分	得分
2	讲解	(1) 熟练、清晰、有条理; (2) 时间	3	(1) 不熟练、不清晰每处扣 0.5 分,最多扣 2 分; (2) 超时大于 5 分钟扣 1 分,最多扣 1 分		
合计			5			

否定项:无

评分人:　　　年　月　日　　　　　　　　　　核分人:　　　年　月　日

试题 5　核反应堆定期试验质量控制(M310 万机组)

配分与评分标准:

序号	考核内容	考核要点	配分	评分标准	扣分	得分
1	(1) 考生陈述本试验执行过程; (2) 核反应堆定期试验质量控制答辩	(1) 试验过程是否符合工作组织过程及工作包步骤内容; (2) 质量计划执行过程提问及试验执行过程质量、风险控制提问	5	(1) 陈述清晰、正确占 2 分; (2) 答辩正确,质量控制贯彻占 3 分		
合计			5			

否定项:无

评分人:　　　年　月　日　　　　　　　　　　核分人:　　　年　月　日

第二单元 核反应堆控制系统维修

职业技能鉴定国家题库
核反应堆控制保护检修工（核反应堆控制系统维修）
国家职业资格一级
操作技能考核准备通知单（考场）

试题 1

考场准备

(1) 试题名称:以功率运行期间在线更换 D 棒的保持机箱为例分析其风险(M310 机组)
(2) 本题分值:15
(3) 考核时间:50 min
(4) 考核形式:实操或模拟
(5) 设备设施准备:

序号	名称	规格	单位	数量	备注
1	棒控棒位模拟机柜		套	1	
2	草稿纸		张	若干	
3	记录笔		支	1	

试题 2

考场准备

(1) 试题名称:评价 30 万千瓦机组反应堆功率调节系统设备中的参数
(2) 本题分值:45
(3) 考核时间:70 min
(4) 考核形式:模拟
(5) 设备设施准备:

序号	名称	规格	单位	数量	备注
1	反应堆功率调节器 SAMA 图		张	1	
2	反应堆功率调节系统组件校准及测试维修规程		份	1	

续表

序号	名称	规格	单位	数量	备注
3	反应堆功率调节系统静态功能测试维修规程		份	1	
4	草稿纸		张	若干	
5	计算器		个	1	

试题 3

考场准备

(1) 试题名称:检查、排除电离室放大器系统设备干扰信号(重水堆机组)

(2) 本题分值:30

(3) 考核时间:60 min

(4) 考核形式:实操或模拟

(5) 设备设施准备:

序号	名称	规格	单位	数量	备注
1	铂探测器放大器卡件测试机箱		台	1	
3	数字万用表		块	1	
4	一字、十字螺丝刀		把	2	
5	KEITHLEY 485		套	1	
6	KEITHLEY 6517B		份	1	

试题 4

考场准备

(1) 试题名称:以 AP1000 机组的棒控系统技术为题作专题讲座

(2) 本题分值:5

(3) 考核时间:15 min

(4) 考核形式:实操或模拟

(5) 设备设施准备:

序号	名称	规格	单位	数量	备注
1	电脑及投影等多媒体设备		套	1	用于考生考试进行讲座

试题 5

考场准备

(1) 试题名称:陈述更换 RRS A 通道电离室放大器工作中的风险(重水堆机组)

(2) 本题分值:5

(3) 考核时间:15 min

(4) 考核形式:实操或模拟

(5) 设备设施准备:

序号	名称	规格	单位	数量	备注
1	RRS 电离室放大器机箱		台	1	
2	电离室放大器机柜		块	1	(盘柜带有模拟现场信号线,上锁)
3	调节系统 A 通道电离室放大器 1-63740-AF-1A 的预防性检修		份	1	9801-63740-MOO-002
4	J1 接头短接线		根	1	

职业技能鉴定国家题库

核反应堆控制保护检修工(核反应堆控制系统维修)
国家职业资格一级
操作技能考核准备通知单(考生)

试题 1

考生准备

(1) 试题名称:以功率运行期间在线更换 D 棒的保持机箱为例分析其风险(M310 机组)

(2) 本题分值:15

(3) 考核时间:50 min

(4) 考核形式:实操或模拟

(5) 工具及其他准备:个人考试用品

试题 2

考生准备

(1) 试题名称:评价 30 万千瓦机组反应堆功率调节系统设备中的参数

(2) 本题分值:45

(3) 考核时间:70 min

(4) 考核形式:模拟

(5) 工具及其他准备:无

试题 3

考生准备

(1) 试题名称:检查、排除电离室放大器系统设备干扰信号(重水堆机组)

(2) 本题分值:30

(3) 考核时间:60 min

(4) 考核形式:实操或模拟

(5) 工具及其他准备:劳保用品

试题 4

考生准备

(1) 试题名称:以 AP1000 机组的棒控系统技术为题作专题讲座

(2) 本题分值:5

(3) 考核时间:15 min

(4) 考核形式:实操或模拟

(5) 工具及其他准备:考生提前准备好 AP1000 机组的棒控系统技术讲座所用 PPT、个人考试用品。

试题 5

考生准备

(1) 试题名称:陈述更换 RRS A 通道电离室放大器工作中的风险(重水堆机组)

(2) 本题分值:5

(3) 考核时间:15 min

(4) 考核形式:实操或模拟

(5) 工具及其他准备:劳保用品

职业技能鉴定国家题库
核反应堆控制保护检修工(核反应堆控制系统维修)
国家职业资格一级
操作技能考核试卷

注意事项

1. 本试卷依据2001年颁布的《核反应堆控制保护检修工》国家职业标准命制。
2. 请根据试题考核要求,完成考试内容。
3. 请服从考评人员指挥,保证考核安全顺利进行。

试题1　以功率运行期间在线更换D棒的保持机箱为例分析其风险(M310机组)

考核要求

(1) 本题分值:15

(2) 考核时间:50 min

(3) 考核形式:实操或模拟

(4) 具体考核要求:全面分析功率运行期间在线更换D棒的保持机箱的风险(65万机组)。

(5) 否定项说明:无

试题2　评价30万千瓦机组反应堆功率调节系统设备中的参数

考核要求

(1) 本题分值:45

(2) 考核时间:70 min

(3) 考核形式:模拟

(4) 具体考核要求:按照所给的信号(3R05-1号输入 7.50 V,RRE01-1号输入8.00 V,RRE02-1号输入7.00 V,准确判断控制棒的方向是升棒、降棒,还是不动棒。

(5) 否定项说明:无

试题3　检查、排除电离室放大器系统设备干扰信号(重水堆机组)

考核要求

(1) 本题分值:30

(2) 考核时间:60 min

(3) 考核形式:实操或模拟

（4）具体考核要求：电离室输出异常/失去信号，检查电离室信号输出，电离室放大器输出状况，判断缺陷产生原因，按照维修步骤要求进行。

（5）否定项说明：发生安全、质量、设备事故。

试题 4　以 AP1000 机组的棒控系统技术为题作专题讲座

考核要求

（1）本题分值：5

（2）考核时间：15 min

（3）考核形式：实操或模拟

（4）具体考核要求：能全面介绍 AP1000 的新技术，讲解熟练。

（5）否定项说明：无

试题 5　陈述更换 RRS A 通道电离室放大器工作中的风险（重水堆机组）

考核要求

（1）本题分值：5

（2）考核时间：15 min

（3）考核形式：实操或模拟

（4）具体考核要求：按照操作票的步骤进行 RRS A 通道电离室放大器更换工作，分析、陈述工作中的风险。

（5）否定项说明：无

职业技能鉴定国家题库
核反应堆控制保护检修工(核反应堆控制系统维修)
国家职业资格一级
操作技能考核评分记录表

总成绩表

序号	试题名称	配分	得分	权重	最后得分	备注
1	以功率运行期间在线更换 D 棒的保持机箱为例分析其风险(M310 机组)	15				
2	评价 30 万千瓦机组反应堆功率调节系统设备中的参数	45				
3	检查、排除电离室放大器系统设备干扰信号(重水堆机组)	30				
4	以 AP1000 机组的棒控系统技术为题作专题讲座	5				
5	陈述更换 RRS A 通道电离室放大器工作中的风险(重水堆机组)	5				
合计		100				

统分人: 年 月 日

试题 1 以功率运行期间在线更换 D 棒的保持机箱为例分析其风险(M310 机组)

配分与评分标准:

序号	考核内容	考核要点	配分	评分标准	扣分	得分
1	能识别出对反应堆的风险	(1) D 棒可能产生的滑步、掉棒影响功率波动; (2) 导致停堆风险	5	(1) 每错、漏一项扣 1 分,最多扣 2 分; (2) 每错、漏一项扣 1 分,最多扣 3 分		
2	带电操作的风险及引发更严重失电风险	(1) 触电风险; (2) 导致其他机柜失电或故障	5	(1) 每错、漏一项扣 1 分,最多扣 2 分; (2) 每错、漏一项扣 1 分,最多扣 3 分		
3	狭小空间及人因失误风险	(1) 作业空间及高度原因产生的风险; (2) 人员操作不当导致后果	5	(1) 每错、漏一项扣 1 分,最多扣 2 分; (2) 每错、漏一项扣 1 分,最多扣 3 分		
合计			15			

否定项:无

评分人: 年 月 日 核分人: 年 月 日

试题 2 评价 30 万千瓦机组反应堆功率调节系统设备中的参数

配分与评分标准:

序号	考核内容	考核要点	配分	评分标准	扣分	得分
1	工作准备	确认文件的有效性	5	每错一项扣 3 分,最多扣 3 分		
2	评价 30 万千瓦机组反应堆功率调节系统设备中的参数	(1) 在图纸上能准确找到输入信号的卡件及端子; (2) 能在维修规程中找出平均温度通道中的每块卡件的输入输出关系; (3) 根据所给的信号以及关系式计算出 RRE27 卡件的输出信号; (4) 根据规程中的动棒参数标准判断控制棒的状态	35	(1) 不符合要求,每处酌情扣 1~3 分,最多扣 9 分; (2) 不符合要求,每处酌情扣 1~2 分,最多扣 9 分; (3) 不符合要求,每处酌情扣 3~5 分,最多扣 12 分; (4) 不符合要求,每处酌情扣 4~5 分,最多扣 5 分		
3	安全文明生产	(1) 态度; (2) 职业素养; (3) 现场 6S; (4) 安全意识	5	(1) 态度端正得 1 分; (2) 符合职业守则和职业道德基本规范得 1 分; (3) 符合 6S 要求得 1 分; (4) 有安全意识,注意安全防护得 2 分		
合计			45			

否定项:无

评分人: 年 月 日 核分人: 年 月 日

试题 3 检查、排除电离室放大器系统设备干扰信号(重水堆机组)

配分与评分标准:

序号	考核内容	考核要点	配分	评分标准	扣分	得分
1	工作准备	(1) 劳动保护; (2) 准备输入输出信号需要的连接线; (3) 确认工作设备,确认设备状况; (4) 仪器仪表鉴定有效期检查	5	(1) 每错一项扣 1 分,最多扣 1 分; (2) 每错一项扣 1 分,最多扣 1 分; (3) 每漏检查一项扣 1 分,最多扣 1 分; (4) 每漏检查一项扣 1 分,最多扣 2 分		
2	检查、排除电离室放大器系统设备干扰信号	(1) 检查电离室放大器的输出是否正常; (2) 检查电离室输出是否正常; (3) 检查高压反馈模块是否正常; (4) 仪器仪表的使用是否熟练	20	(1) 操作有误,每次酌情扣 1~2 分,最多扣 5 分; (2) 操作有误,每次酌情扣 1~2 分,最多扣 5 分; (3) 操作有误,每处酌情扣 1~2 分,最多扣 5 分; (4) 不熟练,每处酌情扣 1~2 分,最多扣 5 分		

续表

序号	考核内容	考核要点	配分	评分标准	扣分	得分
3	安全文明生产	(1) 态度; (2) 职业素养; (3) 现场 6S; (4) 安全意识	5	(1) 态度端正得 1 分; (2) 符合职业守则和职业道德基本规范得 1 分; (3) 符合 6S 要求得 1 分; (4) 有安全意识,注意安全防护得 2 分		
合计			30			

否定项:发生安全、质量、设备事故

评分人:　　年　月　日　　　　核分人:　　年　月　日

试题 4　以 AP1000 机组的棒控系统技术为题作专题讲座

配分与评分标准:

序号	考核内容	考核要点	配分	评分标准	扣分	得分
1	讲座材料	(1) 材料编排; (2) 技术正确	2	(1) 材料编排混乱扣 0.5 分,最多扣 1 分; (2) 技术不正确扣 1 分,最多扣 1 分		
2	讲解	(1) 熟练、清晰、有条理; (2) 时间	3	(1) 不熟练、不清晰每处扣 0.5 分,最多扣 2 分; (2) 超时大于 5 分钟扣 1 分,最多扣 1 分		
合计			5			

否定项:无

评分人:　　年　月　日　　　　核分人:　　年　月　日

试题 5　陈述更换 RRS A 通道电离室放大器工作中的风险(重水堆机组)

配分与评分标准:

序号	考核内容	考核要点	配分	评分标准	扣分	得分
1	更换 RRS A 通道电离室放大器	(1) 借取 A 通道电离室放大器盘柜钥匙; (2) 断开 A 通道电离室的 WIBA 端子; (3) 将电离室放大器上的高压降至 100 V; (4) 断开放大器的 120 V 电源,用万用表确认失电; (5) 将电离室的 J1 信号线的微电流引入大地(安装好 J1 接头短接线)	5	(1) 设备是被锁在盘柜内,借取相应盘柜钥匙(PL117),避免走错间隔风险,最多扣 1 分; (2) 配合运行已经执行好安措,没执行好安措风险,扣 1 分; (3) 降高压是保护电离室,避免电压突变过大导致电离室故障,每处酌情扣分,最多扣 1 分; (4) 保护人员和设备安全,酌情扣分,最多扣 1 分; (5) 保护好电离室,防止累积电流过大,损毁电离室。此处酌情扣分,最多扣 1 分		
合计			5			

否定项:发生安全、质量、设备事故

评分人:　　年　月　日　　　　核分人:　　年　月　日

第三单元　核反应堆中子测量系统维修

职业技能鉴定国家题库
核反应堆控制保护检修工（核反应堆中子测量系统维修）
国家职业资格一级
操作技能考核准备通知单（考场）

试题 1

考场准备

(1) 试题名称:陈述重水堆机组一号停堆系统中子局部超功率回路的设计(重水堆机组)

(2) 本题分值:15

(3) 考核时间:50 min

(4) 考核形式:实操或模拟

(5) 设备设施准备:

序号	名称	规格	单位	数量	备注
1	ED 图		张	3	98-68231-1-2-ED-D/98-68231-1-3-ED-D/98-68231-1-8-ED-D
2	脱扣比较器		台	1	
3	堆芯放大器		台	1	
4	动态补偿器		台	1	

试题 2

考场准备

(1) 试题名称:更换堆芯核测探测器(M310 机组)

(2) 本题分值:45

(3) 考核时间:70 min

(4) 考核形式:实操或模拟

(5) 设备设施准备:无

试题 3

考场准备

(1) 试题名称:诊断运行期间 C 探测器探测器卡涩(30 万千瓦机组)

(2) 本题分值:30
(3) 考核时间:60 min
(4) 考核形式:实操或模拟
(5) 设备设施准备:无

试题 4

考场准备

(1) 试题名称:举行堆外核测系统探测器的讲座(30 万千瓦机组)
(2) 本题分值:5
(3) 考核时间:15 min
(4) 考核形式:陈述或模拟
(5) 设备设施准备:无

试题 5

考场准备

(1) 试题名称:堆芯核测系统探测器绝缘电阻和分布电容测量(30 万千瓦机组)
(2) 本题分值:5
(3) 考核时间:15 min
(4) 考核形式:口述或模拟
(5) 设备设施准备:

序号	名称	规格	单位	数量	备注
1	堆芯核测系统探测器维修规程		本	1	

职业技能鉴定国家题库

核反应堆控制保护检修工（核反应堆中子测量系统维修）国家职业资格一级操作技能考核准备通知单（考生）

试题 1

考生准备

(1) 试题名称:陈述重水堆机组一号停堆系统中子局部超功率回路的设计(重水堆机组)

(2) 本题分值:15

(3) 考核时间:50 min

(4) 考核形式:实操或模拟

(5) 工具及其他准备:无

试题 2

考生准备

(1) 试题名称:更换堆芯核测探测器(M310 机组)

(2) 本题分值:45

(3) 考核时间:70 min

(4) 考核形式:实操或模拟

(5) 工具及其他准备:无

试题 3

考生准备

(1) 试题名称:诊断运行期间 C 探测器探测器卡涩(30 万千瓦机组)

(2) 本题分值:30

(3) 考核时间:60 min

(4) 考核形式:实操或模拟

(5) 工具及其他准备:无

试题 4

考生准备

(1) 试题名称:举行堆外核测系统探测器的讲座(30 万千瓦机组)

(2) 本题分值:5

(3) 考核时间:15 min

(4) 考核形式:陈述或模拟

(5) 工具及其他准备:无

试题 5

考生准备

(1) 试题名称:堆芯核测系统探测器绝缘电阻和分布电容测量(30 万千瓦机组)

(2) 本题分值:5

(3) 考核时间:15 min

(4) 考核形式:口述或模拟

(5) 工具及其他准备:无

职业技能鉴定国家题库

核反应堆控制保护检修工（核反应堆中子测量系统维修）
国家职业资格一级
操作技能考核试卷

注意事项

1. 本试卷依据2001年颁布的《核反应堆控制保护检修工》国家职业标准命制。
2. 请根据试题考核要求，完成考试内容。
3. 请服从考评人员指挥，保证考核安全顺利进行。

试题1　陈述重水堆机组一号停堆系统中子局部超功率回路的设计（重水堆机组）

考核要求

(1) 本题分值：15

(2) 考核时间：50 min

(3) 考核形式：实操或模拟

(4) 具体考核要求：考生按照考场准备的实物和图纸进行陈述，陈述内容需要涵盖这套测量回路的设计目的、系统结构、各部件的功能，设备的一些重点知识；考官针对系统设计及实现方式等相关内容提问，考核考生的相关专业知识。

(5) 否定项说明：无

试题2　更换堆芯核测探测器（M310机组）

考核要求

(1) 本题分值：45

(2) 考核时间：70 min

(3) 考核形式：实操或模拟

(4) 具体考核要求：正确描述更换堆芯核测探测器；考官提问，考生回答。

(5) 否定项说明：无

试题3　诊断运行期间C探测器探测器卡涩（30万千瓦机组）

考核要求

(1) 本题分值：30

(2) 考核时间：60 min

(3) 考核形式：实操或模拟

(4) 具体考核要求:诊断运行期间C探测器探测器卡涩。

(5) 否定项说明:无

试题4 举行堆外核测系统探测器的讲座(30万千瓦机组)

(1) 本题分值:5

(2) 考核时间:15 min

(3) 考核形式:陈述或模拟

(4) 具体考核要求:举行堆外核测系统探测器的讲座。

(5) 否定项说明:无

试题5 堆芯核测系统探测器绝缘电阻和分布电容测量(30万千瓦机组)

考核要求

(1) 本题分值:5

(2) 考核时间:15 min

(3) 考核形式:口述或模拟

(4) 具体考核要求:正确描述堆芯核测系统探测器绝缘电阻和分布电容测量。

(5) 否定项说明:无

职业技能鉴定国家题库
核反应堆控制保护检修工（核反应堆中子测量系统维修）
国家职业资格一级
操作技能考核评分记录表

总成绩表

序号	试题名称	配分	得分	权重	最后得分	备注
1	陈述重水堆机组一号停堆系统中子局部超功率回路的设计(重水堆机组)	15				
2	更换堆芯核测探测器(M310机组)	45				
3	诊断运行期间C探测器探测器卡涩(30万千瓦机组)	30				
4	举行堆外核测系统探测器的讲座(30万千瓦机组)	5				
5	堆芯核测系统探测绝缘电阻和分布电容测量(30万千瓦机组)	5				
合　　计		100				

统分人：　　　　　　　　　　　　　　　　　　　年　　月　　日

试题 1　陈述重水堆机组一号停堆系统中子局部超功率回路的设计(重水堆机组)

配分与评分标准：

序号	考核内容	考核要点	配分	评分标准	扣分	得分
1	陈述重水堆机组一号停堆系统中子局部超功率回路的设计	(1) 陈述中子局部超功率的作用； (2) 陈述中子局部超功率回路的设备构成； (3) 陈述堆芯放大器的作用及各接口的作用； (4) 陈述堆芯动态补偿器的作用及各接口的作用； (5) 陈述脱扣比较的作用及各接口的作用； (6) 陈述铂探测器的作用及100%FP下的电流； (7) 本题相关知识	15	(1) 根据陈述情况，每处酌情扣1～2分，最多扣2分； (2) 根据陈述情况，每处酌情扣1～2分，最多扣2分； (3) 根据陈述情况，每处酌情扣1～2分，最多扣2分； (4) 根据陈述情况，每处酌情扣1～2分，最多扣2分； (5) 根据陈述情况，每处酌情扣1～3分，最多扣3分； (6) 根据陈述情况，每处酌情扣1～2分，最多扣2分； (7) 考评员现场提问，操作者口述，根据回答情况扣分，最多扣2分		
合计			15			

否定项：无

评分人：　　　　年　　月　　日　　　　　　　　　　　核分人：　　　　年　　月　　日

试题 2 更换堆芯核测探测器(M310 机组)

配分与评分标准:

序号	考核内容	考核要点	配分	评分标准	扣分	得分
1	更换堆芯核测探测器前的准备	(1) 在读出控制柜确认需要更换的探测器位于保存通道,读出控制机柜断电; (2) 探测器备件测量绝缘电阻和分布电容; (3) 探测器备件涂抹润滑剂(NexLube); (4) 工具准备:电筒、内六角扳手、斜口钳、呆扳手、绝缘表等; (5) 辐射防护准备:纸衣、口罩、鞋套、乳胶手套等	10	(1) 每错一项扣 1~2 分,最多扣 2 分; (2) 每错一项扣 1~2 分,最多扣 2 分; (3) 每错一项扣 1~2 分,最多扣 2 分; (4) 每错一项扣 1~2 分,最多扣 2 分; (5) 每错一项扣 1~2 分,最多扣 2 分		
2	拆除旧的堆芯核测探测器	(1) 在驱动单元中解开探测器的螺旋电缆接头; (2) 在保存通道仪表管与墙体贯穿件的连接处,抽出驱动单元中的探测器螺旋电缆; (3) 旧探测器保留在原来的保存通道中,等一个循环剂量率降低后,再处理; (4) 保存通道仪表管连接到备用通道位置	10	(1) 每错一项扣 1~2 分,最多扣 2.5 分; (2) 每错一项扣 1~2 分,最多扣 2.5 分; (3) 每错一项扣 1~2 分,最多扣 2.5 分; (4) 每错一项扣 1~2 分,最多扣 2.5 分		
3	安装新的探测器	(1) 在驱动单元中安装好新探测器的电缆接头一端; (2) 用手转动卷轮把探测器螺旋电缆大部分收到卷轮盘中; (3) 探测器的头部插入到驱动单元出口的仪表管中; (4) 转动齿轮盘,把探测器送入到备用保存通道; (5) 回复驱动单元; (6) 分配柜中对应的选择开关达到备用位置	15	(1) 每错一项扣 1~2 分,最多扣 2.5 分; (2) 每错一项扣 1~2 分,最多扣 2.5 分; (3) 每错一项扣 1~2 分,最多扣 2.5 分; (4) 每错一项扣 1~2 分,最多扣 2.5 分; (5) 每错一项扣 1~2 分,最多扣 2.5 分; (6) 每错一项扣 1~2 分,最多扣 2.5 分		
4	系统上电检查	(1) 在读出控制柜检查探测器绝缘电阻及分布式电容; (2) 读出控制柜上电; (3) 检查并设置探测器的初始位置; (4) 探测器返回备用保存通道	10	(1) 每错一项扣 1~2 分,最多扣 2.5 分; (2) 每错一项扣 1~2 分,最多扣 2.5 分; (3) 每错一项扣 1~2 分,最多扣 2.5 分; (4) 每错一项扣 1~2 分,最多扣 2.5 分		
合计			45			

否定项:无

评分人: 年 月 日 核分人: 年 月 日

试题 3 诊断运行期间 C 探测器探测器卡涩(30 万千瓦机组)

配分与评分标准：

序号	考核内容	考核要点	配分	评分标准	扣分	得分
1	探测器测量通道和执行通道	(1) 探测器测量通道； (2) 探测器测量执行通道	10	(1) 该项描述不准确扣 2 分,最多扣 5 分； (2) 该项描述不准确扣 2 分,最多扣 5 分		
2	运行期间 C 探测器探测器卡涩故障原因分析	(1) 主选择器出口连接管接口卡涩； (2) 电动阀两端接口卡涩； (3) 密封段入口接口卡涩； (4) 力矩限制器相关张紧力不合适； (5) 各位置反馈微动开关故障	20	(1) 该项描述不准确扣 1 分,最多扣 4 分； (2) 该项描述不准确扣 1 分,最多扣 4 分； (3) 该项描述不准确扣 1 分,最多扣 4 分； (4) 该项描述不准确扣 1 分,最多扣 4 分； (5) 该项描述不准确扣 1 分,最多扣 4 分		
合计			30			

否定项:无

评分人： 年 月 日 核分人： 年 月 日

试题 4 举行堆外核测系统探测器的讲座(30 万千瓦机组)

配分与评分标准：

序号	考核内容	考核要点	配分	评分标准	扣分	得分
1	堆外核测系统探测器的讲座	(1) 陈述 30 万千瓦机组探测器类型； (2) 陈述源量程探测器的型号和特性； (3) 陈述中间量程探测器的型号和特性； (4) 陈述功率量程探测器的型号和特性	5	(1) 该项不准确扣 1 分,最多扣 1 分； (2) 该项不准确扣 1 分,最多扣 1 分； (3) 该项不准确扣 1 分,最多扣 1 分； (4) 该项不准确扣 1 分,最多扣 2 分		
合计			5			

否定项:无

评分人： 年 月 日 核分人： 年 月 日

试题5 堆芯核测系统探测器绝缘电阻和分布电容测量(30万千瓦机组)

配分与评分标准:

序号	考核内容	考核要点	配分	评分标准	扣分	得分
1	堆芯核测系统探测器绝缘电阻和分布电容测量	(1) 确认探测器性能试验规程有效; (2) 确认工单流程有效; (3) 按照质量计划要求执行见证程序; (4) 确认工器具在有效期内; (5) QDR处理; (6) 工前工后会	5	(1) 未进行规程确认扣0.5分,最多扣0.5分; (2) 未进行工单准备扣0.5分,最多扣0.5分; (3) 未召开工前会扣0.5分,最多扣1分; (4) 未进行规程确认扣0.5分,最多扣1分; (5) 未进行工单准备扣0.5分,最多扣1分; (6) 未进行工单准备扣0.5分,最多扣1分		
合计			5			

否定项:无

评分人: 年 月 日 核分人: 年 月 日

第四单元 重水堆燃料操作系统仪控维修

职业技能鉴定国家题库
核反应堆控制保护检修工（重水堆燃料操作系统仪控维修）
国家职业资格一级
操作技能考核准备通知单（考场）

试题 1

考场准备

（1）试题名称:编写重水堆燃料操作仪控系设备局部改造项目实施方案

（2）本题分值:15

（3）考核时间:50 min

（4）考核形式:实操

（5）设备设施准备:

序号	名称	规格	单位	数量	备注
1	电脑		1	台	可以使用 EAM 软件

试题 2

考场准备

（1）试题名称:对重水堆燃料操作仪控系统设备局部改造结果进行评价

（2）本题分值:45

（3）考核时间:70 min

（4）考核形式:实操

（5）设备设施准备:

序号	名称	规格	单位	数量	备注
1	电脑		1	台	可以使用 EAM 软件

试题 3

考场准备

（1）试题名称:检查处理分离器回推器 STOPA 提前点亮故障

(2) 本题分值:30

(3) 考核时间:60 min

(4) 考核形式:实操

(5) 设备设施准备:无

试题 4

考场准备

(1) 试题名称:对中、高级人员、技师进行燃料操作系统新增 24 VDC 备用电源相关知识培训

(2) 本题分值:5

(3) 考核时间:15 min

(4) 考核形式:模拟

(5) 设备设施准备:ED 图(9802-63500-2-2-ED-C、9802-63500-2-17-ED-C)各 1 份、TCM 型 4 路电流采集保护控制器说明书 1 份

序号	名称	规格	单位	数量	备注
1	ED 图		份	1	9802-63500-2-2-ED-C
2	ED 图		份	1	9802-63500-2-17-ED-C
3	TCM 型 4 路电流采集保护控制器说明书		份	1	

试题 5

考场准备

(1) 试题名称:A 侧滑车精 Y 电位计导线定期更换

(2) 本题分值:5

(3) 考核时间:15 min

(4) 考核形式:模拟

(5) 设备设施准备:提供工单 1 份

职业技能鉴定国家题库

核反应堆控制保护检修工（重水堆燃料操作系统仪控维修）国家职业资格一级操作技能考核准备通知单（考生）

试题 1

考生准备

(1) 试题名称:编写重水堆燃料操作仪控系设备局部改造项目实施方案

(2) 本题分值:15

(3) 考核时间:50 min

(4) 考核形式:实操

(5) 工具及其他准备:无

试题 2

考生准备

(1) 试题名称:对重水堆燃料操作仪控系统设备局部改造结果进行评价

(2) 本题分值:45

(3) 考核时间:70 min

(4) 考核形式:实操

(5) 工具及其他准备:无

试题 3

考生准备

(1) 试题名称:检查处理分离器回推器 STOPA 提前点亮故障

(2) 本题分值:30

(3) 考核时间:60 min

(4) 考核形式:模拟或实操

(5) 工具及其他准备:无

试题 4

考生准备

(1) 试题名称:对中、高级人员、技师进行燃料操作系统新增 24 VDC 备用电源相关知识培训

(2) 本题分值:5

(3) 考核时间:15 min

(4) 考核形式:模拟

(5) 工具及其他准备:无

试题 5

考生准备

(1) 试题名称:A 侧滑车精 Y 电位计导线定期更换

(2) 本题分值:5

(3) 考核时间:15 min

(4) 考核形式:模拟

(5) 工具及其他准备:无

职业技能鉴定国家题库
核反应堆控制保护检修工（重水堆燃料操作系统仪控维修）
国家职业资格一级
操作技能考核试卷

注意事项

1. 本试卷依据 2001 年颁布的《核反应堆控制保护检修工》国家职业标准命制。
2. 请根据试题考核要求，完成考试内容。
3. 请服从考评人员指挥，保证考核安全顺利进行。

试题 1 编写重水堆燃料操作仪控系设备局部改造项目实施方案

考核要求

（1）本题分值：15

（2）考核时间：50 min

（3）考核形式：实操，考试前考评员模拟选取一个局部改造项目，提前一个星期告之考生，之后考生根据项目，查阅相关资料后，在 EAM 系统填写设备局部改造项目实施方案。

（4）具体考核要求：正确填写设备局部改造项目实施方案

（5）否定项说明：无

试题 2 对重水堆燃料操作仪控系统设备局部改造结果进行评价

考核要求

（1）本题分值：45

（2）考核时间：70 min

（3）考核形式：实操，考试前一星期，考评员给考生一个已实施的设备局部改造项目工作包，里面包括该项目实施过程所有的文件，之后考生根据实施结果、现场观察以及后续情况，对改造项目进行评价，评价范围参考“考核要求”，最后考生提交一份评价报告，考评员根据评价报告进行评分。

（4）具体考核要求：全面评价设备局部改造项目结果

（5）否定项说明：无

试题 3 检查处理分离器回推器 STOPA 提前点亮故障

考核要求

（1）本题分值：30

（2）考核时间：60 min

(3) 考核形式:实操,考试前,考评员找一个之前出现过 STOPA 提前点亮的机组,之后对回推器 STOPA 的 DCC 设定点和比较器卡设定值进行微调,或者恢复到之前故障状态再多一点,然后模拟动作,确认可以出现 STOPA 提前点亮的故障。最后让考生来检查排除故障。

(4) 具体考核要求:正确排查解决故障

(5) 否定项说明:故障没有解决

试题 4 对中、高级人员、技师进行燃料操作系统新增 24 VDC 备用电源相关知识培训

考核要求

(1) 本题分值:5

(2) 考核时间:15 min

(3) 考核形式:模拟

(4) 具体考核要求:提供 2 份 ED 图和 1 份产品说明书,要求参评人员依据材料列出培训提纲和培训目标;识别关键内容;能够传授相关设备的操作、判断经验。

(5) 否定项说明:无

试题 5 A 侧滑车精 Y 电位计导线定期更换

考核要求

(1) 本题分值:5

(2) 考核时间:15 min

(3) 考核形式:模拟

(4) 具体考核要求:提供 1 份检修工单,要求参评人员依据工单内容模拟分析;能识别工作中关键步骤和验收要求,能使用有效的防人因失误工具;提出程序中的不足之处。

(5) 否定项说明:无

职业技能鉴定国家题库
核反应堆控制保护检修工（重水堆燃料操作系统仪控维修）
国家职业资格一级
操作技能考核评分记录表

总成绩表

序号	试题名称	配分	得分	权重	最后得分	备注
1	编写重水堆燃料操作仪控系设备局部改造项目实施方案	15				
2	对重水堆燃料操作仪控系统设备局部改造结果进行评价	45				
3	检查处理分离器回推器 STOPA 提前点亮故障	30				
4	对中、高级人员、技师进行燃料操作系统新增 24 VDC 备用电源相关知识培训	5				
5	A 侧滑车精 Y 电位计导线定期更换	5				
合　　计		100				

统分人：　　　　　　　　　　　　　　　　　　　　年　　月　　日

试题 1　编写重水堆燃料操作仪控系设备局部改造项目实施方案

配分与评分标准：

序号	考核内容	考核要点	配分	评分标准	扣分	得分
1	编写重水堆燃料操作仪控系设备局部改造项目实施方案	(1) 回答设备局部改造项目实施方案的审批流程是什么； (2) 回答设备局部改造项目实施方案需要准备编写哪些文件； (3) 进入 EAM 系统，在 DMR 系统填写设备局部改造项目实施方案，填写“概要”栏； (4) 填写“初步设计”栏； (5) 填写“变更实施”栏； (6) 本题相关知识	15	考评员根据考核要点提出要求，考生进行回答或操作： (1) 回答结果错误，扣 2 分； (2) 回答结果错误，扣 2 分； (3) 填写结果不满足要求，每处酌情扣 0.5 分，最多扣 2 分； (4) 填写结果不满足要求，每处酌情扣 0.5 分，最多扣 5 分； (5) 填写结果不满足要求，每处酌情扣 0.5 分，最多扣 3 分； (6) 考评员现场提问，操作者口述，根据回答情况扣分，最多扣 1 分		
合计			15			

否定项：无

评分人：　　　　年　　月　　日　　　　　　　　　　核分人：　　　　年　　月　　日

试题 2　对重水堆燃料操作仪控系统设备局部改造结果进行评价

配分与评分标准：

序号	考核内容	考核要点	配分	评分标准	扣分	得分
1	对重水堆燃料操作仪控系统设备局部改造结果进行评价	(1) 根据改造项目的依据和必要性,参考验收标准,对改造项目的施工质量和设备运行性能进行验改,填写验收报告; (2) 根据改造后的系统监督报告,评估改造是否达到预期目标,判断改造的合理性; (3) 根据改造后的系统监督报告,给出未来采取改进方面的建议; (4) 评价改造设备的可靠性,是否对其他系统、设计基准和环境产生不利影响,如果增加了安全风险概率,采取的防护措施是否合理; (5) 本题相关知识	45	考评员根据考核要点提出要求,考生进行回答或操作: (1) 验收报告不全面或错误,每项酌情扣 0.5 分,最多扣 15 分; (2) 评估结果和判断结果不全面或错误,每项酌情扣 0.5 分,最多扣 10 分; (3) 改进建议的内容不全面或错误,每项酌情扣 0.5 分,最多扣 5 分; (4) 可靠性评估不全面或错误,每项酌情扣 0.5 分,最多扣 10 分; (5) 考评员现场提问,操作者口述,根据回答情况扣分,最多扣 5 分		
合计			45			

否定项:无

评分人：　　　年　　月　　日　　　　　　　　　　核分人：　　　年　　月　　日

试题 3　检查处理分离器回推器 STOPA 提前点亮故障

配分与评分标准：

序号	考核内容	考核要点	配分	评分标准	扣分	得分
1	检查处理分离器回推器 STOPA 提前点亮故障	(1) 根据故障现象准备工器具材料; (2) 根据故障现象准备相关文件资料; (3) 对故障现象进行分析,简述可能的原因; (4) 对故障现象进行排查定位,确认故障原因; (5) 对故障进行处理; (6) 对设备进行功能试验,确认设定功能正常; (7) 本题相关知识	30	考评员根据考核要点提出要求,考生进行回答或操作: (1) 工器具材料准备不到位,每项酌情扣 0.5 分,最多扣 2 分; (2) 相关文件资料准备不到位,每项酌情扣 0.5 分,最多扣 2 分; (3) 故障现象分析不到位,最多扣 3 分; (4) 故障排查及原因定位错误,扣 15 分; (5) 故障处理不当,扣 3 分; (6) 设备功能试验没做,或试验不成功,扣 3 分; (7) 考评员现场提问,操作者口述,根据回答情况扣分,最多扣 2 分		
合计			30			

否定项:无

评分人：　　　年　　月　　日　　　　　　　　　　核分人：　　　年　　月　　日

试题 4　对中、高级人员、技师进行燃料操作系统新增 24 VDC 备用电源相关知识培训

配分与评分标准：

序号	考核内容	考核要点	配分	评分标准	扣分	得分
1	对中、高级人员、技师进行燃料操作系统新增 24 VDC 备用电源相关知识培训	(1) 制定出培训目标； (2) 依据所提供材料列出培训提纲； (3) 依据所提供材料识别关键内容； (4) 依据所提供材料，能够陈述控制回路的工作原理； (5) 依据所提供材料，能够传授相关设备的操作、判断经验； (6) 本题相关知识	5	考评员根据考核要点的要求进行培训： (1) 回答不完整，每处酌情扣 0.1 分，最多扣 0.5 分； (2) 列举不完整，每处酌情扣 0.2 分，最多扣 1 分； (3) 识别不完整，每处酌情扣 0.5 分，最多扣 1 分； (4) 表达不清晰、逻辑关系紊乱，每处酌情扣 0.5 分，最多扣 1 分； (5) 逻辑关系紊乱，每处酌情扣 0.5 分，最多扣 1 分； (6) 考评员现场提问，操作者口述，根据回答情况扣分，最多扣 0.5 分		
合计			5			

否定项：无

评分人：　　　年　　月　　日　　　　　　　　　　　　核分人：　　　年　　月　　日

试题 5　A 侧滑车精 Y 电位计导线定期更换

配分与评分标准：

序号	考核内容	考核要点	配分	评分标准	扣分	得分
1	A 侧滑车精 Y 电位计导线定期更换	(1) 滑车精 Y 电位计导线定期更换的目的； (2) 滑车精 Y 电位计导线更换后验收要求； (3) 滑车精 Y 电位计导线更换关键步骤识别； (4) 滑车精 Y 电位计导线更换过程风险控制； (5) 防人因失误工具使用； (6) 提出程序中的不足之处； (7) 本题相关知识	5	考评员根据考核要点提出要求，考生进行回答： (1) 回答不完整，每处酌情扣 0.1 分，最多扣 0.5 分； (2) 回答不完整，每处酌情扣 0.2 分，最多扣 1 分； (3) 识别不完整，每处酌情扣 0.5 分，最多扣 1 分； (4) 风险分析不到位或应对措施不准确，每处酌情扣 0.1 分，最多扣 0.5 分； (5) 使用防人因失误工具使用不准确，每处酌情扣 0.1 分，最多扣 0.5 分； (6) 程序中的不足之处未提出，每处酌情扣 0.1 分，最多扣 0.5 分； (7) 考评员现场提问，操作者口述，根据回答情况扣分，最多扣 1 分		
合计			5			

否定项：无

评分人：　　　年　　月　　日　　　　　　　　　　　　核分人：　　　年　　月　　日

参考文献

[1] 卢才华,王浩钧. 国家职业资格培训教程　核反应堆控制保护检修工(基础知识)[M]. 北京:中国原子能出版社,2014.

[2] 卢才华,王浩钧. 国家职业资格培训教程　核反应堆控制保护检修工(初级技能　中级技能　高级技能)[M]. 北京:中国原子能出版社,2014.

[3] 卢才华,王浩钧. 国家职业资格培训教程　核反应堆控制保护检修工(技师技能　高级技师技能)[M]. 北京:中国原子能出版社,2014.

[4] 陈春丽,黄萍儿. 国家职业标准　核反应堆控制保护检修工[M]. 北京:中国原子能出版社,2009.

专用于国家职业技能鉴定

国家职业技能鉴定考核指导

核反应堆控制保护检修工

（中　级）

中核核电运行管理有限公司　组织编写

中国原子能出版社

图书在版编目（CIP）数据

核反应堆控制保护检修工：中级 / 中核核电运行管理有限公司组织编写. —北京：中国原子能出版社，2020.10

国家职业技能鉴定考核指导

ISBN 978-7-5221-0883-4

Ⅰ. ①核… Ⅱ. ①中… Ⅲ. ①反应堆–控制系统–检修–职业技能–鉴定–教材 Ⅳ. ①TL36

中国版本图书馆 CIP 数据核字（2020）第 176991 号

核反应堆控制保护检修工（中级）

出版发行 中国原子能出版社（北京市海淀区阜成路 43 号 100048）
责任编辑 白皎玮
装帧设计 赵 杰
责任校对 冯莲凤
责任印制 潘玉玲
印　　刷 北京九州迅驰传媒文化有限公司
经　　销 全国新华书店
开　　本 787 mm×1092 mm 1/16
印　　张 9.25
字　　数 231 千字
版　　次 2020 年 10 月第 1 版 2020 年 10 月第 1 次印刷
书　　号 ISBN 978-7-5221-0883-4　　**定　价** **351.00 元（全套四册）**

网址：http://www.aep.com.cn　　**E-mail：atomep123@126.com**
发行电话：010-68452845

国家职业技能鉴定考核指导

核反应堆控制保护检修工
（中　级）

编审委员会

（以姓氏笔画排名）

前　　言

为推动核反应堆控制保护检修工职业培训和职业技能鉴定工作的开展，在核反应堆控制保护检修工从业人员中推行国家职业资格证书制度，在国家人力资源和社会保障部的指导下，中国核工业集团有限公司职业技能鉴定指导中心在完成《国家职业标准——核反应堆控制保护检修工》和《职业培训计划 职业培训大纲——核反应堆控制保护检修工》编制工作的基础上，完成了《国家职业资格培训教程——核反应堆控制保护检修工》的编制工作，并完成了核反应堆控制保护检修工国家题库的开发。

为了规范指导和提高核反应堆控制保护检修工对岗位理论和操作技能要求的认识和理解，中国核工业集团有限公司职业技能鉴定指导中心组织实施《核反应堆控制保护检修工国家职业技能鉴定考核指导》（以下简称《考核指导》）的编写工作。《考核指导》依据核反应堆控制保护检修工国家职业标准和国家题库，主要介绍国家题库的命题思路，展现国家职业技能鉴定的考核形式和题型题量，帮助考生熟悉鉴定命题基本内容和考核要求，提高培训辅导、学员学习复习的针对性。

《指导手册》是针对核反应堆控制保护检修工职业活动的领域，内容涉及压水堆 30 万千瓦机组、M310 机组、重水堆机组核电站相关知识和技能。《指导手册》分为四册：《考核指导》（中级工）、《考核指导》（高级工）、《考核指导》（技师）、《考核指导》（高级技师）。每份《考核指导》分为两个部分编写：第一部分理论知识，按职业统一编写；第二部分操作技能，分四个模块（核反应堆保护系统维修、核反应堆控制系统维修、核反应堆中子测量系统维修、重水堆燃料操作系统仪控维修）进行编写。其中中级工由汪兆强统编、高级工由胡劲统编、技师由廖明军统编、高级技师由楼贤根统编。每份《考核指导》的第二部分操作技能分为四个模块编写，其中核反应堆保护系统维修由楼贤根负责编写，核反应堆控制系统维修由汪兆强负责编写，核反应堆中子测量系统维修由胡劲负责编写，重水堆燃料操作系统仪控维修由滕喜峰负责编写。

本书当中涉及规章制度、管理流程等内容的知识点，以最新生效的规章制度为准，本书内容仅作参考。

目　录

第一部分　理论知识

第二部分　操作技能

第一部分　理论知识

第一章　考情观察

一、考核思路

根据《国家职业标准——核反应堆控制保护检修工》的要求，中级核反应堆控制保护检修工理论知识考核范围包括：职业道德的基本知识；专业基础知识，安全文明生产与环境保护，质量管理知识，相关法律、法规知识；电子元器件、电气符号，核反应堆保护系统基础，核反应堆保护系统逻辑功能，电子元器件的功能和技术参数，核反应堆运行物理、热工基础，核反应堆控制系统工作原理，自动控制原理，电子线路的基本测试技术，高阻仪的原理和使用，定标器的使用及标定，燃料操作系统工作原理；万用表的使用说明书，印刷电路板焊接工具使用说明书，接线工具使用说明书，热风枪使用说明书，过程测量仪表基础知识，核反应堆控制系统端子接线图，核反应堆控制系统调节原理，过程测量仪表基础知识，核反应堆中子测量基础知识，探测器的工作原理，探测器的技术指标，重水堆燃料操作系统端子接线图，专用仪器的使用说明书；核反应堆保护系统部件工作原理及校验方法，核反应堆保护参数定值表，核反应堆控制系统的工作原理框图，核反应堆控制系统部件工作原理及校验方法，功率放大器电路分析方法，对数放大器工作原理及性能指标，直流稳压电源原理及技术指标，重水堆燃料操作系统基础知识，重水堆燃料操作系统设备使用维修说明书。

考核深度要求掌握职业道德基础知识、基本规范和核反应堆控制保护检修工之职业守则；掌握电子技术相关的基础知识，具备分析电子线路相关参数的基本能力；掌握控制方面的基础知识，具备分析系统控制原理的基本能力；掌握控制系统逻辑功能图和电子线路图的基本读图能力；掌握辐射防护基本知识、辐射防护的目的、要求和剂量限值，了解辐射危害及其防护、辐射工作场所的管理、放射性废物与放射源的管理；掌握计算机应用方面的基础知识；掌握电工基础知识；掌握国家安全生产相关法律、法规的基本知识，掌握安全劳保用品的穿戴方法，了解高处作业、电气作业、起重作业、安全标志等工业安全方面相关管理要求，掌握基本的事故紧急救护、处理方法；了解原子核物理基础知识，核反应堆物理的原理知识，了解核反应堆运行的物理知识；了解机械电气设备的基础知识；掌握控制设备常用电器的种类及用途；掌握核反应堆仪控设备的基础知识；掌握核反应堆仪控设备常用工具的使用和维护；了解核安全文化的内涵以及核安全文化建设对核反应堆安全运行的重要意义；了解现场文明生产的重要性，培养良好的维修操作习惯；掌握安全技术相关知识，能够正确使用安全劳动保护用品；了解环境保护的重要意义,核电与环境保护的相关知识,“三废”排放管理制度;了解火灾的基本知识,相关的消防管理规定,掌握正确的防火、灭火方法;了解质量保证的重要性、质量保证制度等基础知识;了解质量控制的重要性、质量控制的规定等基础知识;了解《中华人民共和国劳动法》适用范围、立法的目的,以及具体包括的基本内容;了解《中华人民共和国安全生产法》适用范围、立法的目的,以及具体包括的基本内容;了解《中华人民共和国环境保护法》适用范围、立法的目的,以及相关内容;了解《中华人民共和国放射性污染防治法》适用范围、立法的目的,以及相关内容;了解核安全相关法规的重要性、法规的体系构成;掌握核反应堆保护系统维修工艺方面的理论知识,及常用仪表、工器具的使用;了解核反应堆控制系统维修知识;了解核反应堆中子测量系统维修知识;了解重水堆燃料操作系统仪控维修相关知识。

二、组卷方式

核反应堆控制保护检修工(中级)理论知识国家题库采用计算机自动生成试卷,即计算机按照本职业中级《理论知识鉴定要素细目表》的结构特征,使用统一的组卷模型,从题库中随机抽取相应试题,组成试卷。有的地方还有地方特色题库,可以按规定比例和国家题库一起组卷。试卷组成后,应经专家审核,更换不适用的试题。

三、试卷结构

核反应堆控制保护检修工(中级)理论考试实行百分制,采用闭卷笔试方式,成绩达到 60 分及以上为合格。试卷结构以《国家职业标准——核反应堆控制保护检修工》和《中华人民共和国职业技能鉴定规范》为依据。

基本结构:理论知识考试满分为 100 分;题型有单选题、判断题和多项选择题;具体的题型、题量与分配方案见表 1-1;内容包括“职业道德”“基础知识”“维修准备”等多个部分,各部分所占鉴定比重和鉴定点配置情况见表 1-2。

表 1-1 理论知识试卷题型、题量与分配方案

题型	题量(分值)	分数
单项选择题	40 题(1 分/题)	40
判断题	30 题(1 分/题)	30
多项选择题	15 题(2 分/题)	30
总分	100 分(85 题)	

表 1-2 理论知识各部分所占鉴定比重和鉴定点配置情况

鉴定范围(一级)	鉴定范围(二级)	鉴定范围(三级)	鉴定比重	鉴定点数量
基本要求	职业道德	职业道德的基本知识	5%	5
	基础知识	专业基础知识	13%	49

续表

鉴定范围（一级）	鉴定范围（二级）	鉴定范围（三级）	鉴定比重	鉴定点数量
基本要求	基础知识	安全文明生产与环境保护	6%	18
		质量管理知识	3%	6
		相关法律、法规知识	3%	17
相关知识	维修准备	电子元器件、电气符号	2%	5
		核反应堆保护系统基础	2%	2
		核反应堆保护系统逻辑功能	2%	3
		电子元器件的功能和技术参数	2%	6
		核反应堆运行物理、热工基础	2%	2
		核反应堆控制系统工作原理	2%	3
		自动控制原理	2%	4
		电子线路的基本测试技术	2%	4
		高阻仪的原理和使用	1%	2
		定标器的使用及标定	1%	2
		燃料操作系统工作原理	2%	4
	设备维修	万用表的使用说明书	3%	2
		印刷电路板焊接工具使用说明书	3%	3
		接线工具使用说明书	3%	3
		热风枪使用说明书	3%	2
		过程测量仪表基础知识	3%	4
		核反应堆控制系统端子接线图	3%	1
		核反应堆控制系统调节原理	3%	4
		过程测量仪表基础知识	3%	5
		核反应堆中子测量基础知识	3%	1
		探测器的工作原理	4%	6

续表

鉴定范围(一级)	鉴定范围(二级)	鉴定范围(三级)	鉴定比重	鉴定点数量
相关知识	判断和排除故障	探测器的技术指标	3%	1
		重水堆燃料操作系统端子接线图	3%	1
		专用仪器的使用说明书	3%	3
		核反应堆保护系统部件工作原理及校验方法	1%	3
		核反应堆保护参数定值表	1%	2
		核反应堆控制系统的工作原理框图	1%	1
		核反应堆控制系统部件工作原理及校验方法	2%	6
		功率放大器电路分析方法	1%	1
		对数放大器工作原理及性能指标	1%	4
		直流稳压电源原理及技术指标	1%	4
		重水堆燃料操作系统基础知识	1%	5
		重水堆燃料操作系统设备使用维修说明书	1%	1
合计			100%	195

四、考核时间与要求

1. 考核时间。按照《国家职业标准——核反应堆控制保护检修工》的要求,本职业中级理论知识考试时间为120分钟。

2. 考核要求。核反应堆控制保护检修工(中级)理论知识考试采用标准化试卷,考生应根据试卷要求具体作答,考试实行百分制,采用闭卷笔试方式,成绩达到 60 分及以上为合格。

五、应试技巧及复习方法

考生要想取得理想的成绩,通过认真的学习和复习来掌握考试要求的知识是必要条件,但是掌握适当的应试技巧和复习方法也是必不可少的。下面介绍的应试技巧,如命题视角、答题要求和答题技巧等,考生在复习、考试时应高度重视。

1. 命题视角。在答题时首先要审题,判断该题所属的知识单元,判断题目考核哪一个知识点,回忆知识点,然后做出判断。

2. 答题要求。理论考试采取的是标准化、客观考题,即答案唯一,在回答时要按照试卷题型后的答题说明,把正确的答案填写在规定的地方,做到书写工整、清晰,切忌反复涂改,造成无法判断答案正确与否的情形。

3. 答题技巧。答题时应先易后难，对没有复习到的知识点、模棱两可的题目可以暂时放一放，在回答把握不准的题目时，可采取排除法、对比法、访问法等思考方式判断和确定正确的答案。

考生在考前要认真复习。系统掌握职业标准和本书所列出的鉴定范围，掌握鉴定点和考试内容。要注重理解，加强记忆，提高效率，按照命题的视角与答题要求，有针对性地掌握考试内容，安排好全面复习、重点复习和模拟训练三个阶段，进一步掌握好考核内容。

第二章　知识架构

根据《国家职业标准——核反应堆控制保护检修工》和核反应堆控制保护检修工(中级)《理论知识鉴定要素细目表》,从便于学习和掌握的角度出发,特将中级核反应堆控制保护检修工所应掌握的理论知识点划分为5个单元,根据各模块中各单元理论知识点搭建的知识架构如表 2-1 所示:

表 2-1　理论知识点搭建的知识架构

核反应堆控制保护检修工(中级)	职业道德	职业道德的基本知识
	基础知识	专业基础知识
		安全文明生产与环境保护
		质量管理知识
		相关法律、法规知识
	维修准备	电子元器件、电气符号
		核反应堆保护系统基础
		核反应堆保护系统逻辑功能
		电子元器件的功能和技术参数
		核反应堆运行物理、热工基础
		核反应堆控制系统工作原理
		自动控制原理
		电子线路的基本测试技术
		高阻仪的原理和使用
		定标器的使用及标定
		燃料操作系统工作原理
	设备维修	万用表的使用说明书
		印刷电路板焊接工具使用说明书
		接线工具使用说明书
		热风枪使用说明书

续表

核反应堆控制保护检修工（中级）	设备维修	过程测量仪表基础知识
		核反应堆控制系统端子接线图
		核反应堆控制系统调节原理
		过程测量仪表基础知识
		核反应堆中子测量基础知识
		探测器的工作原理
		探测器的技术指标
		重水堆燃料操作系统端子接线图
		专用仪器的使用说明书
	判断和排除故障	核反应堆保护系统部件工作原理及校验方法
		核反应堆保护参数定值表
		核反应堆控制系统的工作原理框图
		核反应堆控制系统部件工作原理及校验方法
		功率放大器电路分析方法
		对数放大器工作原理及性能指标
		直流稳压电源原理及技术指标
		重水堆燃料操作系统基础知识
		重水堆燃料操作系统设备使用维修说明书

第三章　考核解析

第一单元　职业道德

一、学习目标

1. 掌握职业道德基础知识；
2. 掌握职业道德基本规范；
3. 掌握核反应堆控制保护检修工之职业守则；
4. 树立良好的职业道德观念。

二、考核要点

考核要点见表 3-1。

表 3-1　考核要点

考核类别	考核范围	考核点	重要程度
职业道德	职业道德的基本知识	职业道德基本概念	X
		职业道德的意义	Z
		职业道德的特点	X
		职业道德基本规范	X
		反应堆控制保护检修工职业守则	Y

注:X 表示核心要素、Y 表示一般要素、Z 表示辅助要素。后续同类表格也适用。

三、考点导航

职业道德的基本知识如下。

(1) 职业道德基本概念

职业道德是社会道德要求在职业行为和职业关系中的具体表现,是整个社会道德生活的重要组成部分。职业道德就是从事一定职业的人们在工作或劳动过程中所应该遵守的、与其职业活动紧密联系的道德规范和原则的总和。

(2) 职业道德的意义

有利于推动社会主义物质文明和精神文明建设;有利于行业、企业建设和发展;有利于个人的提高和发展。

(3) 职业道德的特点

职业道德是社会主义道德体系的重要组成部分;职业道德的重要内容是树立全新的社会主义劳动态度。

(4) 职业道德基本规范

爱岗敬业,忠于职守;诚实守信,办事公道;服务群众,奉献社会;遵纪守法,廉洁奉公。

(5) 反应堆控制保护检修工职业守则

遵守国家法律、法规与政策和企业的有关规章制度;爱岗敬业,忠于职守,认真、自觉地履行各项职责;工作认真负责,严于律己,吃苦耐劳;刻苦钻研业务,重视岗位技能训练,认真学习专业知识,努力提高劳动者素质;谦虚谨慎,团结合作,主动配合工作;严格执行核设施清洁维护人员岗位规程,重视安全生产,保证产品质量;坚持文明生产,创造一个清洁、文明、适宜的工作环境,塑造良好的企业形象。

四、仿真训练

(一) 单项选择题(请将正确选项的代号填入题内的括号中)

1. 职业道德就是从事一定职业的人们在工作或劳动过程中所应该遵守的、与其职业活动紧密联系的(　　)和原则的总和。

(A) 行为规范　(B) 道德规范　(C) 职业规范　(D) 意识规范

2. 从业人员应该树立良好的职业道德,遵守职业守则,安心本职工作,勤奋钻研本职业务,才能提高自身的(　　)。

(A) 收入　(B) 职业能力和素质

(C) 地位　(D) 职务

3. 职业道德的本质就是在社会主义市场经济条件下,鼓励每个劳动者通过(　　),在改善自己生活的同时,为增进社会主义共同利益而劳动,为建设国家而劳动。

(A) 欺骗他人　(B) 诚实的劳动　(C) 剥削劳动者　(D) 压榨剩余价值

4. 爱岗敬业就是提倡(　　)的精神。

(A) 得过且过　(B) 干一行,爱一行

(C) 做一天和尚撞一天钟　(D) 无所谓

5. 工作中强化保守决策、经验反馈的应用,坚持(　　)的工作态度,谨慎的工作方法,清晰的交流沟通。

(A) 质疑　(B) 积极　(C) 革新　(D) 认真

(二) 判断题(对的画"√",错的画"×")

1. (　　)反应堆控制保护检修工职业道德是指从事反应堆控制保护检修职业的人员在完成与反应堆控制保护检修及有关的各项劳动过程中,从思想到工作行为所必须遵守的道德规范和行为准则。

2. (　　)良好的职业道德创造良好的社会秩序,提高人们的思想境界,为树立社会良好的道德风尚奠定了坚实的基础,促进了城市建设。

3. (　　)职业道德是社会主义道德体系的重要组成部分。

4. (　　)效益是企业在市场经济中赖以生存的重要依据。

5. (　　)所有的决策和行动都要考虑核技术的特殊性。

(三) 多项选择题(请将正确选项的代号填入题内的括号中)

1. 职业道德的基本规范(　　)。

(A) 爱岗敬业,忠于职守　　(B) 诚实守信,办事公道

(C) 服务群众,奉献社会　　(D) 遵纪守法,廉洁奉公

(E) 安全第一,质量第一

五、参考答案

(一) 单项选择题

1. B;2. B;3. B;4. B;5. A。

(二) 判断题

1. √;2. ×;3. √;4. ×;5. √。

(三) 多项选择题

1. ABCD。

第二单元　基础知识

一、学习目标

1. 掌握电子技术相关的基础知识,以便具备分析电子线路相关参数的基本能力;
2. 掌握控制方面的基础知识,以便具备分析系统控制原理的基本能力;
3. 掌握控制系统逻辑功能图和电子线路图的基本读图能力;
4. 掌握辐射防护基本知识、辐射防护的目的、要求和剂量限值,了解辐射危害及其防护、辐射工作场所的管理、放射性废物与放射源的管理;
5. 掌握计算机应用方面的基础知识;
6. 掌握电工基础知识;
7. 掌握国家安全生产相关法律、法规的基本知识,掌握安全劳保用品的穿戴方法,了解高处作业、电气作业、起重作业、安全标志等工业安全方面相关管理要求,掌握基本的事故紧急救护、处理方法;
8. 了解原子核物理基础知识,核反应堆物理的原理知识,了解核反应堆运行的物理知识;
9. 了解机械电气设备的基础知识;
10. 掌握控制设备常用电器的种类及用途;
11. 掌握核反应堆仪控设备的基础知识;
12. 掌握核反应堆仪控设备常用工具的使用和维护;
13. 了解核安全文化的内涵以及核安全文化建设对核反应堆安全运行的重要意义;
14. 了解现场文明生产的重要性,培养良好的维修操作习惯;
15. 掌握安全技术相关知识,能够正确使用安全劳动保护用品;
16. 了解环境保护的重要意义,核电与环境保护的相关知识,“三废”排放管理制度;
17. 了解火灾的基本知识,相关的消防管理规定,掌握正确的防火、灭火方法;
18. 了解质量保证的重要性、质量保证制度等基础知识;
19. 了解质量控制的重要性、质量控制的规定等基础知识;
20. 了解《中华人民共和国劳动法》适用范围、立法的目的,以及具体包括的基本内容;
21. 了解《中华人民共和国安全生产法》适用范围、立法的目的,以及具体包括的基本内容;
22. 了解《中华人民共和国核安全法》适用范围、立法的目的,以及具体包括的基本内容;
23. 了解《中华人民共和国环境保护法》适用范围、立法的目的,以及具体包括的基本内容;
24. 了解《中华人民共和国放射性污染防治法》适用范围、立法的目的,以及相关内容;
25. 了解核安全相关法规的重要性、法规的体系构成。

二、考核要点

考核要点见表 3-2。

表 3-2 考核要点

考核类别	考核范围	考核点	重要程度
基础知识	专业基础知识	模拟电路基础知识	X
		数字电路基础知识	X
		大规模集成电路基础知识	Y
		稳压电源基础知识	X
		控制理论基础概论	X
		开环控制	X
		闭环控制	X
		复合控制系统	Y
		常见图例和符号	X
		控制系统逻辑功能图的读图方法	X
		电子线路图的读图方法	X
		辐射防护基础知识	X
		辐射防护的目的	X
		辐射防护的要求	X
		辐射防护的剂量限值	X
		辐射危害及防护	X
		辐射工作场所的管理	X
		放射性废物与放射源的管理	X
		高辐射风险作业的辐射防护	X
		计算机基础知识	X
		微软 Office 软件基础	X
		AutoCAD 制图软件的基本应用	Y
		电的基础知识	X
		电磁理论基础知识	X
		直流电路	X
		交流电路	X
		电气作业注意事项	X

续表

考核类别	考核范围	考核点	重要程度
基础知识	专业基础知识	安全管理的法规和标准	X
		工业安全知识	X
		职业健康安全管理知识	X
		现场急救	Y
		原子核物理基础	Y
		核反应堆物理基础	Y
		核反应堆运行的物理知识	X
		机械设备基础知识	Y
		电气设备基础知识	X
		控制设备常用电器的种类	X
		控制设备常用电器的用途	X
		核反应堆仪控系统设备的作用	X
		过程仪表简介	X
		核测量仪表简介	X
		辐射测量仪表简介	Y
		化学分析仪表简介	Z
		主要控制系统简介	X
		电厂计算机系统简介	X
		万用表的使用和维护	X
		信号发生器的使用和维护	X
		记录仪的使用和维护	X
		兆欧表的使用和维护	X
	安全文明生产与环境保护	核安全文化的背景	X
		核安全文化的起源	X
		核安全文化的定义	X
		核安全文化的特征	X
		核设施相关核安全文化的管理	X

续表

考核类别	考核范围	考核点	重要程度
基础知识	安全文明生产与环境保护	核安全文化的理解和应用	X
		良好职业素养要求	X
		物料放置管理要求	X
		安全意识培养	X
		现场清洁要求	Y
		安全管理简介	X
		使用安全知识和劳动保护用品	X
		环境保护的重要意义	Z
		“三废”排放管理制度	X
		火灾的基本知识	Y
		火灾的危害	X
		防火知识	X
		灭火知识	X
	质量管理知识	质量管理简介	X
		质量管理八项原则	Y
		质量保证的重要性	X
		质量保证要求	X
		质量控制的重要性	X
		质量控制的规定	X
	相关法律、法规知识	《中华人民共和国劳动法》适用范围	Y
		《中华人民共和国劳动法》立法目的	X
		《中华人民共和国劳动法》基本内容	X
		《中华人民共和国安全生产法》适用范围	Y
		《中华人民共和国安全生产法》立法目的	X
		《中华人民共和国安全生产法》基本内容	X
		《中华人民共和国核安全法》适用范围	Y
		《中华人民共和国核安全法》立法目的	X

续表

考核类别	考核范围	考核点	重要程度
基础知识	相关法律、法规知识	《中华人民共和国核安全法》基本内容	X
		《中华人民共和国环境保护法》适用范围	Y
		《中华人民共和国环境保护法》立法目的	X
		《中华人民共和国环境保护法》基本内容	X
		《中华人民共和国放射性污染防治法》适用范围	X
		《中华人民共和国放射性污染防治法》立法目的	Y
		《中华人民共和国放射性污染防治法》基本内容	Z
		核安全相关法规的重要性	X
		核安全相关法规的体系构成	X

三、考点导航

1. 专业基础知识

(1) 模拟电路基础知识

模拟电路基础知识主要包含半导体器件基础、基本放大电路、负反馈放大电路基础知识。其中半导体器件基础主要介绍了半导体的导电特性、晶体二极管、晶体三极管；基本放大电路主要介绍了基本放大电路的组成、直流通路与静态工作点、交流通路与放大原理；负反馈放大电路基础知识主要介绍了反馈的基本概念、反馈的极性、反馈放大电路的方框图及一般表达式。

(2) 数字电路基础知识

数字信号是时间上和数值上均离散的一种信号，对该种信号进行传递、处理、运算和存储的电路称为数字电路。这里的运算不仅有普通的算术运算而且有逻辑运算。数字电路的基础知识主要包括：数制、编码以及逻辑代数。

数制是人们对数量计算的一种统计规律。在日常生活中，我们最熟悉的是十进制，而在数字系统中广泛使用的是二进制、八进制和十六进制；用二进制数码表示十进制数或其他特殊信息如字母、符号等的过程称为编码；逻辑代数是研究因果关系的一种代数，逻辑函数只有三种基本运算，它们是与运算、或运算和非运算。能实现逻辑运算的电路称为门电路，用基本的门电路可以构成复杂的逻辑电路，完成任何逻辑运算功能，这些逻辑电路是构成计算机及其他数字系统的重要基础。

(3) 大规模集成电路基础知识

大规模集成电路基础知识主要包含数字集成电路的分类与特点、数字集成电路的应用要点。其中数字集成电路的分类与特点主要介绍了 TTL 数字集成电路、CMOS 集成电路；数字集成电路的应用要点主要介绍了数字集成电路封装、数字电路测试及故障查找和排除、数字集成电路使用中注意事项。

(4) 稳压电源基础知识

稳压电源基础知识主要包含:串联型稳压电源、集成稳压电源、串联开关式稳压电源。分别对一些常用的稳压电源进行了工作原理介绍。

(5) 控制理论基础概论

自动控制是研究各类控制系统共性的一门基础科学。控制系统的种类繁多,复杂程度亦各异。但就控制系统的外部结构而言,它们的共同特点是:若把系统视为一个整体,则它们都有输入量和输出量。输入量是外界对系统作用的信号;输出量是系统向外界传送的信号,它们通常也是系统的被控量(或被调量)。所谓自动控制,是指在没有人的直接参与下,利用控制装置使受控对象的被控量自动地按预先规定的规律变化。就基本的控制方式而言,主要有三种类型:开环控制系统、闭环控制系统和复合控制系统。

(6) 开环控制

若系统的输出量不回送到系统的输入端,这类系统则叫做开环控制系统。开环控制系统结构简单、调整方便,因此在扰动量影响不大或其作用可加以补偿的场合,得到广泛的应用。

(7) 闭环控制

在实际控制系统中,扰动量的影响总是不可避免的,而且往往是无法预计的。为了在随机扰动作用下,提高系统的精度,通常引入反馈,构成闭环控制系统。在反馈控制系统中,输入端与输出端之间的信号传递构成一闭合环路,故反馈控制系统又叫闭环控制系统。

(8) 复合控制系统

将开环的补偿控制和闭环的按偏差控制结合起来,构成一种新的控制方式—复合控制。复合控制系统是在反馈控制系统的基础上,添加一个扰动或按参考输入信号补偿的顺馈通道,以提高系统的控制精度。因此它是构成高精度控制系统的一种有效控制方式。根据补偿对象的不同,复合控制系统有两种类型:按扰动信号补偿的复合控制系统、按输入信号补偿的复合控制系统。

(9) 常见图例和符号

主要介绍了逻辑控制图常见逻辑符号功能表、SAMA 原理图图例说明、各种电子元件符号及图示。

(10) 控制系统逻辑功能图的读图方法

控制系统逻辑功能图是表示理论的或者理想的逻辑功能电路而不涉及实现方法的一种图,其用途是提供绘制逻辑功能电路图或其他有关图纸的依据。控制系统逻辑功能图有很多种形式,主要有系统方框图、逻辑图等。

(11) 电子线路图的读图方法

电子线路图是电子技术的工程语言。常用的电子线路图有两种,一种用来说明模拟电子电路的工作原理,它用各种图形符号表示电阻器、电容器、开关、晶体管等实物,用线条把元器件和单元电路按工作原理连接起来。另一种用来说明数字电路的工作原理,它是把各种二进制逻辑单元的图形符号用线条按逻辑关系连接起来的逻辑图,可以说明各个逻辑单元之间的逻辑关系和整机的逻辑功能。除此之外,常用的还有方框图,它简洁明了地说明电路各部分的关系和整机的工作原理。该考核点主要介绍了模拟电子线路图的识读方法以及集成电路应用电路识图方法和注意事项。

(12) 辐射防护基础知识

辐射防护基础知识主要内容包含:原子、原子核和放射性,辐射的种类与特性,电离辐射的生物效应,辐射量和单位。

(13) 辐射防护的目的

辐射防护的目的在于使人类受其照射的必要活动建立和维持适当的安全条件,避免发生非随机效应,并使随机效应的发生率减至实际可能的最低水平。

(14) 辐射防护的要求

核电厂在生产营运过程中涉及辐射防护问题,必须遵循以下要求:实践的正当性、剂量限制、防护与安全的最优化。

(15) 辐射防护的剂量限值

辐射防护剂量限值是受控实践使个人所受到的有效剂量或当量剂量不得超过的值。辐射防护剂量限值体系一般分为基本限值、次级限值、导出限值、管理限值和参考水平五个级别。

(16) 辐射危害及防护

辐射危害及防护主要分为内照射危害及防护、外照射危害及防护、表面污染的概念及其防护。

(17) 辐射工作场所的管理

辐射工作场所的管理主要包括厂区分区管理、人员出入控制管理、辐射控制区物品进出管理。

(18) 放射性废物与放射源的管理

放射性废物的管理主要包括废物的收集、转移、减容、贮存等活动。放射性废物管理的目标:采取一切可行的措施管理放射性废物,确保人类健康及环境不论现在或将来都得到足够的保护,并不给后代增加不适当的负担。放射性废物管理的要求:采取有效的控制措施,确保放射性废物及其管理活动所应引起的对工作人员和公众的辐射照射不超过国家有关法规和标准的规定,并保持在可合理达到的尽量低的水平。

核电站的放射源是指用于测量、仪表标定等人工制造的具有放射性的物质。它的来源不是本电站的反应堆,而是外部带入或购买的。对放射源的订购、入库、保管、使用、报废等全过程必须进行严格的管理,避免发生意外照射和放射源丢失事故。

(19) 高辐射风险作业的辐射防护

高辐射风险作业的辐射防护主要分为外照射的防护和内照射的防护。

(20) 计算机基础知识

计算机基础知识主要内容包括计算机的基本概念、计算机系统、微型计算机的硬件配置、微型计算机的主要性能指标、鼠标和键盘的常用操作、计算机病毒。

(21) 微软 Office 软件基础

美国微软公司的办公自动化(Office)软件套装是针对办公处理工作开发的一套软件,包括文字处理软件 Word、统计计算软件 Excel、幻灯片演示软件 PowerPoint、数据库管理软件 Access 等,主要以 Office 为例,简要介绍 Word、Excel 和 PowerPoint 这三套常用办公软件。

(22) AutoCAD 制图软件的基本应用

AutoCAD 是美国 Autodesk 公司开发的通用计算机辅助设计(Computer Aided Design, CAD)软件,具有易于掌握、使用方便、体系结构开放等优点,能够绘制二维图形与三维图形、标注尺寸、渲染图形以及打印输出图纸。主要内容包括基本知识、主要功能。

(23) 电的基础知识

电的构成元素:电被定义为“在某个力的作用下,通过某个导体的电子流”。同性电荷相斥,异性电荷相吸。一个电子以能够保持其轨道的速度围绕原子核做旋转运动。如果有一个良好的通路或导体,电子就能够从一个原子流到另一个原子,这样就产生了电流。根据物质的导电性能的差异分成导体、绝缘体及半导体。

(24) 电磁理论基础知识

电磁理论就是研究电场与磁场相互关系的。电磁学中,右手定则判断的主要是与力无关的方向。如果是和力有关的则全依靠左手定则。即:关于力的用左手定则,其他的(一般用于判断感应电流方向)用右手定则。

(25) 直流电路

直流电路主要介绍了电路的基本物理量、电路的连接、电路的几种状态、欧姆定律。

(26) 交流电路

交流电路主要介绍了交流电概述、描述简谐交流电的特征量、交流电路中的元件。

(27) 电气作业注意事项

倒闸操作是电气运行人员的重要工作。为了确保操作过程的安全,在倒闸操作过程中必须严格遵守运行规程和安全规程,特别是一些易被忽视的细节更要注意。

(28) 安全管理的法规和标准

安全生产是我国的一项重要政策,也是企业管理的一项基本原则。安全生产法规包括两类法律关系:一类是公民和单位之间关于保护公民人身安全和生产安全的法律关系;一类是有关国家或社会团体与公民或单位之间因监督、检查安全生产的法规执行情况而发生的法律关系。安全生产立法除制定法律和行政法规、条例外,还必须制定与这些法律、法规、条例相适应的技术法规和标准。安全生产的国家法律、行政法规是技术法规和技术标准的依据,技术法规和标准是实现国家法律和行政法规的具体保证。

(29) 工业安全知识

工业安全知识主要内容包括电气安全、使用危险品、核设施的安全风险。其中电气安全主要介绍了电流对人体的作用、电气事故、安全用电基本要素、检修作业安全距离、操作安全距离、用电安全措施;使用危险品主要介绍了危险品的定义、危险品的分类、使用危险品的风险;核设施的安全风险主要介绍了核设施常用的危险品、核设施常见的作业安全。

(30) 职业健康安全管理知识

职业健康安全管理知识主要内容包括职业健康安全基本知识、职业健康安全管理要求、核设施职业健康安全管理主要方式。

(31) 现场急救

现场急救主要介绍了现场急救的定义、进行现场急救的必要性、事故现场的处理(包括事故现场的急救步骤和正确拨打应急电话)、常用急救术。

(32) 原子核物理基础

原子核物理基础主要内容包括原子结构、核素与同位素。

(33) 核反应堆物理基础

核反应堆物理基础主要内容包括核能的释放、核反应。

(34) 核反应堆运行的物理知识

核反应堆运行的物理知识主要内容包括反应堆周期与启动率、控制棒或硼浓度改变与计数率关系、临界前系统和设备的必要条件。

(35) 机械设备基础知识

核电站用机械设备较多,只对阀门、泵和风机做简单介绍。

(36) 电气设备基础知识

电厂用电气设备种类较多,只对电动机、自动断路器、不间断电源做简单的介绍。

(37) 控制设备常用电器的种类

电器是接通和断开电路或调节、控制和保护电路及电气设备用的电工器具。完成由控制电器组成的自动控制系统,称为继电器-接触器控制系统,简称电器控制系统。常用电器可按工作电压等级分类、按动作原理分类、按用途分类、按工作原理分类。

(38) 控制设备常用电器的用途

低压电器能够依据操作信号或外界现场信号的要求,自动或手动地改变电路的状态、参数,实现对电路或被控对象的控制、保护、测量、指示、调节。低压电器的作用有:控制作用、保护作用、测量作用、调节作用、指示作用、转换作用。

(39) 核反应堆仪控系统设备的作用

核反应堆仪控系统主要包括:一回路控制和仪表、二回路仪表和控制、辐射防护和火灾报警系统、棒控棒位系统、反应堆功率调节系统、反应堆保护系统、堆内外核测系统、信号报警系统、电站计算机系统、DEH 及其他系统。核电站的所有热工相关的变量和相关的过程控制都是由一、二回路的过程仪表来完成相关的测量和控制,由堆内外核测系统和棒控棒位及功率调节系统完成对反应堆功率的测量和控制,由反应堆保护系统、专设安全设施系统、ATWS(Anticipated Transient without Scram,未能紧急停堆的预期瞬态)系统等维持反应堆的安全,电站计算机系统实现整个核电站的信息化显示和管理,汽轮机的转速和功率控制是由 DEH(Digital Electro-Hydraulic Control System)系统完成的。

(40) 过程仪表简介

一回路仪表能对反应堆主辅各系统的热工参数进行测量并实现稳压器压力控制、稳压器液位控制、反应堆补给水控制、化学与容积控制、下泄背压控制、下泄流温度控制、辅助给水流量调节、硼回收及蒸发器“三废”控制等。

二回路仪表能对主蒸汽系统、主给水系统、凝结水系统、疏水系统、抽汽系统、发电机水冷系统、润滑油及闭式工业水系统等热工参数进行测量和控制,并实现蒸发器水位调节、汽机本体监测等。

(41) 核测量仪表简介

核测量系统分为堆芯核测系统和堆外核测系统。堆芯核测系统由堆芯核仪表系统和堆芯温度仪表系统组成;堆外核测仪表系统用于监测反应堆的中子注量率。

(42) 辐射测量仪表简介

辐射监测系统用于监测安全壳内空气、主回路压力边界的泄漏、辅助厂房通风空气中碘浓度、乏燃料池排气、一回路的高放无氧废气、辅助系统的低放有氧废气、烟囱排放气体、冷凝器排气、除氧器排气、燃料元件包壳总破损、蒸汽发生器排污水、设备冷却水(简称设冷水)、蒸汽发生器取样水、凝结水、废树脂暂存间、一回路循环水硼浓度、主控室进风、T2 排放水、T3 排放水、区域γ辐射、化容和硼回系统树脂床、主蒸汽管道 ^{16}N、堆顶气溶胶等的放射性水平进行测量和相关的联锁控制。

(43) 化学分析仪表简介

在线分析仪表主要分布在水处理系统和水汽循环系统中。水处理系统中的仪表主要有 pH 表、Na 表、Si(硅)表、电导率表等。水汽循环系统主要有 pH 表、Si(硅)表、电导率表、溶氧表等。

(44) 主要控制系统简介

反应堆控制系统主要包括棒控棒位系统、功率调节系统等,通过对控制棒的提升或下插实现反应性及核功率控制,棒位系统能及时正确的指示控制棒在堆芯中的位置,功率调节系统接收汽机功率信号,并依此对反应堆的功率进行调节。

反应堆保护系统直接关系到核电厂的安全性和可用性,是确保核电厂安全运行的安全系统。反应堆保护系统的功用,是在大多数情况下,通过停堆和汽轮机停机(采用校正措施后使电厂恢复运行)来限制一般事故(例如给水流量丧失)的后果。

DEH 控制系统主要实现两大功能,汽轮机组的转速控制和负荷控制。

(45) 电厂计算机系统简介

电站计算机系统对电站一回路、二回路的主要参数、设备及阀门的状态进行采集,并对采集的数据进行处理和计算,然后通过 CRT 或打印机将处理和计算得到的结果进行显示和打印。

(46) 万用表的使用和维护

万用表可以用来测量交直流电压、交直流电流、电阻、电容、二极管、三极管等参数,有的万用表甚至可以测量温度和频率信号。万用表的维护主要包括定期清理万用表的外壳、更换电池、更换保险丝。

(47) 信号发生器的使用和维护

信号发生器是一种能产生标准信号的电子仪器。信号发生器种类较多,性能各有差异,但它们都可以产生不同频率的正弦波、调幅波、调频波信号,以及各种频率的方波、三角波、锯齿波和正负脉冲波信号等。信号发生器在电子测量中,应用可以分成三种基本类型:检验、检定和极限/余量测试。

信号发生器在广义上分成混合信号发生器(任意波形发生器和任意/函数发生器)和逻辑信号源(脉冲或码型发生器),满足了全系列信号生成需求。

示波器的使用和维护主要介绍了示波器的组成、示波器使用方法、使用注意事项。

(48) 记录仪的使用和维护

记录仪作为一种信号存储跟踪的常用仪控设备被广泛应用于设备状态跟踪、故障缺陷分析等方面。记录仪根据打印种类,分为纸质记录仪和数字记录仪。

(49) 兆欧表的使用和维护

兆欧表是用来测量被测设备的绝缘电阻和高值电阻的仪表。兆欧表一般分为高压数字式兆欧表、电子兆欧表、绝缘电阻测试仪、大功率高压兆欧表、数显式绝缘电阻测试仪等。数字兆欧表的使用维护测量前要先切断被测设备的电源,并将设备的导电部分与大地接通,进行充分放电,以保证安全。测量前要先检查兆欧表是否完好。接线柱与被测设备间连接的导线不能用双股绝缘线或绞线,应该用单股线分开单独连接,避免因绞线绝缘不良而引起误差。

2．安全文明生产与环境保护

(1) 核安全文化的背景

目前，全世界所消耗的能源主要来自石油、煤、天然气等化石燃料的使用，但地球上的化石燃料是有限的，同时造成了酸雨、温室效应、臭氧层破坏等一系列严重的环境问题，由此，人类正面临着能源的需求及其所引发的各种问题的巨大挑战。随着经济的发展，电力工业的发展依然成为制约经济发展的重要瓶颈之一，发展核电，是一种现实的、非常经济的选择。2005 年，中国政府制订了“积极发展核电”的战略方针，作为应对解决日益增长的电力需求与环境保护之间矛盾的重要手段之一，核电呈现出发展较快的形态，核安全的问题相应也就成了重中之重，必须引起所有相关从业人员的高度重视，必须建立、学习、领会和实践核安全文化。

(2) 核安全文化的起源

核安全思想的发展大致可以分为如下三个阶段：20 世纪 70 年代，这 10 年核安全思想集中在技术上的可靠性，设备与程序的质量，即优先考虑的是初始设计工作；80 年代，这 10 年以人为失误为主要对象，寻找通过组织管理减少人为失误，增加作为程序的使用者的可靠性的方法；90 年代，这 10 年将集中于核安全文化的发展，以使核安全水平得到改善。核电历史上的两大事故对核安全思想的发展有着重大的影响，即：1979 年 3 月 28 日发生在美国的三哩岛事故；1986 年 4 月 28 日发生在乌克兰的切尔诺贝利事故。

(3) 核安全文化的定义

核安全文化是存在于单位和个人中的种种特性和态度的总和，它建立一种超出一切之上的观念，即核设施安全问题由于它的重要性要保证得到应有的重视。

(4) 核安全文化的特征

核安全文化是所有从事与核安全相关工作的人员参与的结果，它包括核设施员工，核设施管理人员及政府决策层。与核安全相比，核安全文化是一种意识形态。核安全文化作用于或表现在核设施领导阶层和国家政策方面、个体的行为两个领域。

(5) 核设施相关核安全文化的管理

决策层的责任首先是发布相应的核安全政策，从而阐明核安全文化所应包含的任务和目标。决策层的责任同样也通过实施质量政策而表现出来。质量控制与质量保证过程的目的是在核安全要求的遵守方面获得充分的信心。核设施管理层有着其相应的职责。

(6) 核安全文化的理解和应用

核设施的每个员工通过其本身的责任、对核安全的主动性、严谨的工作态度以及他本身的专业能力，对核设施运行安全起着非常重要的作用。每个员工均在其日常工作中对核安全发挥其影响。

纵深防御原理以及质量控制基本原则，均体现着核安全文化的直接作用。核设施采用了纵深防御的原理，这一防御原理不仅仅只适用于核设施的设计，同时也适用于核设施的运行、维修活动，尤其是某些非常规的机组状态以及突发性的维修活动等，工作的质量与质量控制都属纵深防御的范畴，所有运行和维修活动也属于纵深防御的范畴，员工对于这些活动的思考和实施都显现出核安全文化的具体影响。

(7) 良好职业素养要求

具备良好的职业素养要求工作人员有责任心，采用保守的工作方法，工作中实行自我检查，并依照文明行为标准规范自己的行为。

(8) 物料放置管理要求

现场物料应放置整齐、管理有序。做好物料出入管理,物品从非控制区搬入控制区前,事先办理登记和批准手续,同时要注意降低放射性废物产生量和避免污染扩散或转移,物品搬出控制区时必须在出口处进行检查,经检查符合搬出标准时方可搬出,防止放射性物质带出控制或监督管理区。现场物料还要做好防异物管理。

(9) 安全意识培养

工作人员应该知道安全是压倒一切的,每个人都有权利、责任和义务去维护安全。在所有的安全中,人员的安全是最重要的。工作人员对会影响到核安全的所有活动能够采取保守的态度和方法,维持核设施的纵深防御。工作人员通过运用辐射防护方法和遵守辐射防护程序,使辐射剂量维持在合理可行尽可能低的水平,同时尽量减少污染的扩散。无论任何时候,只要系统或设备一经打开,都应采取措施防止灰尘、溶剂、工具、焊渣、切屑等杂物进入到系统设备中,使用覆盖物和围栏等保护用具,对进出系统的工具、材料和人员要有程序来控制,防止异物进入系统设备。工作中可能会产生各种对环境有害的物质,应对这些废物进行控制,以减少对环境的危害。为了高效和有序地进行交接班,当班工作人员在交班前规定时间内开始准备整理交班内容,具体详细内容记录在相应文件内。工作人员应养成良好安全行为习惯。

(10) 现场清洁要求

随时整理清扫工位现场,作好自己所在工作区和所用工具、设备及其他用品的保洁工作。生产过程中保持洁净的工作环境,不随手随地乱丢工作垃圾。不随意乱摆放物品,严格要求自己养成良好习惯。工作区域应该保持干净、整洁、有序。工作完成后,要将工作场所打扫干净,产生的废物要放到指定的废物存放地点。

(11) 安全管理简介

核设施的安全管理是为实现生产过程中的人员和财产的安全而组织和使用人力、物力、财力等各种资源的过程。安全管理是在一定条件下,用科学的仪器和手段,通过经验的积累和分析,可以找出发生事故的近似的规律,即从外部和表面的联系,找到内部的决定性的主要关系。一个企业必须要贯彻、执行国家的安全生产的有关法律、法规,还必须根据本企业的性质、工艺、特点制定自己的安全管理制度,并认真执行。

由于危害及风险的客观存在以及事故的偶然性,要完全预防事故是不可能的,但大部分不安全现象和不安全行为是可以预防的。就预防方法而言,分为事后追查型预防方法和事前预测型预防方法。预防事故必须采取措施,从根本上解决安全工作中存在的问题。

(12) 使用安全知识和劳动保护用品

精神状态对安全有着重大的影响,采取措施保持良好精神状态很重要。

劳动保护用品是保护劳动者在劳动过程中的安全与健康的一种防御性装备。劳动防护用品又称劳动保护用品,一般指个人防护用品,国际上统称个人防护装备。个人防护用品是指能够保护个人,防止伤害,限制事故后果的个人穿戴的所有衣物或器具。个人劳动保护是在所有集体保护措施之后,防范措施的最后屏障,是保证个人安全的最后手段。个人防护设备包括头部的保护、听觉保护、眼部及面部保护、呼吸保护、手和脚的保护、身体的保护、高空作业的保护等等。

安全规章制度来源于前人的经验总结,违章犯纪就是走可能发生事故的危险道路。遵守安全规章制度不能由个人的好恶而取舍,而必须人人遵守,强制执行。规章制度的执行是相对稳定的,但在企业的生产发展过程中,规章制度需要不断补充和完善。

(13) 环境保护的重要意义

核电生产和其他能源一样,也存在环境问题,除热污染、占用土地、普通污染物的排放等问题外,放射性流出物排放对环境可能造成的影响是公众最为关注的问题。具体来说,它包括核设施在正常运行和事故情况下放射性核素的排放以及放射性废物最终处置的潜在环境污染问题。核工业与其他工业最大的不同点在于它从创建开始就十分重视核安全和环境问题。核设施从设计、建造到运行每一环节都制订了严格的控制标准,力求将危害降低至可合理达到的尽可能低的水平,并由各级核安全及辐射环境管理审管机构实行监督。

(14) “三废”排放管理制度

核设施流出物排放相关的系统包括放射性废气排放系统、放射性废液排放系统、放射性固体废物处理系统、非放射性排放系统。不同形态的流出物有不同的辐射影响和对应的监测要求。《核动力厂环境辐射防护规定》(GB 6249—2011)中规定了在正常运行工况下的剂量限值和排放量控制值要求,为了落实国家环保部门批准排放值的实现,核设施必须建立环境保护管理目标和相应排放管理流程,通过性能指标管理核设施环境保护工作,确保了核设施环境保护及“三废”减排工作的有效性。

(15) 火灾的基本知识

燃烧的基本知识主要包括燃烧的定义、燃烧的种类、燃烧的形式、燃烧的必要条件。“火灾”是指在时间和空间上失去控制的燃烧所造成的灾害。防火的主要措施就是:控制可燃物、隔绝助燃物、消除着火源。火灾等级分为特别重大火灾、重大火灾、较大火灾和一般火灾四个等级。

(16) 火灾的危害

火灾的危害主要有以下几个方面:毁坏物质财富、残害人类生命、破坏生态平衡、造成的间接经济损失、造成不良的社会影响。

(17) 防火知识

核设施主要的火灾危害在于各厂房设施中,防火主要以厂房防火为主。防火屏障包括防火门、电缆贯穿口、穿墙管道、墙体孔洞、贯穿区,防火屏障保持完整有效是防止火势蔓延扩大的有效屏障和措施,若检修或施工改造工作需要打开防火屏障的,必须办理防火屏障打开许可证。为降低发生火灾时的影响,消防设施需要得到有效管理。

(18) 灭火知识

灭火的基本方法包括冷却灭火法、隔离灭火法、窒息灭火法、抑制灭火法。灭火的基本原则:先控制后灭火、救人重于灭火、先重点后一般。

根据核设施的消防设计,专设了消防水系统、固定式灭火系统和移动式灭火器等灭火手段,为在灭火时有效使用这些手段,必须先掌握和熟悉有关系统和设备、器材的结构和操作要点。

灭火器喷射的时间很短,适用扑救初起火灾。平时要把灭火器放在使用方便的地方。使用时把灭火器拿到离着火点尽可能近的地方再启动,防止迟缓动作和过早启动,影响灭火效果。

灭火剂主要有水、泡沫、二氧化碳、干粉、卤代烷。其中二氧化碳和干粉两种灭火剂较为常用。

3. 质量管理知识

(1) 质量管理简介

质量管理研究对象是产品或服务的质量。就一个企业、工厂或事业单位而言,质量是经营管理的一个重要组成部分。质量管理活动包括:质量方针与质量目标的建立、质量策划、质量控制、质量保证、质量改进。

(2) 质量管理八项原则

质量管理八项原则:以顾客为关注焦点;领导作用;全员参与;过程方法;管理的系统方法;持续改进;基于事实的决策方法;与供方互利的关系。

(3) 质量保证的重要性

主要内容包括质量的重要性、质量管理的重要性、质量保证的重要性。

(4) 质量保证要求

与核电厂大修质量保证/质量控制直接相关的法规是《核电厂质量保证安全规定》(HAF003),由国务院有关部门——国家核安全局根据法律和国务院行政法规在本部门权限范围内制定并发布,是具有法律约束力的文件。该法规共分13章:引言、质量保证大纲、组织、文件控制、设计控制、采购控制、物项控制、工艺过程的控制、检查和试验控制、对不符合项的控制、纠正措施、记录、监查。

质量保证大纲必须对所有影响质量的活动提出要求及控制措施,包括验证需要验证的每一活动是否已正确地进行,是否采取了必要的纠正措施或预防措施,因而具有减少、消除、预防不符合机制,还具有持续改进质量的功能。

核电厂涉及的物项数量巨大,但并非所有物项对核电厂的安全和可靠运行具有同等的重要性。所以,应当根据各种物项对安全和运行所具有的不同重要性,将其分为不同的安全等级。然后按物项所属的安全等级来制订该物项设计、制造、检查等各种活动应遵守的各项规则。

(5) 质量控制的重要性

质量控制的工作内容包括了作业技术和活动,即包括专业技术和管理技术两方面。控制质量就是制订以及达到预定质量要求的过程。质量控制的重要性体现在对企业的意义就是质量控制是实现质量保证的基础和消除不满意结果的原因,取得经济效益,对员工的意义就是员工的技能是质量控制的重要内容和员工是实现质量控制的重要因素。

(6) 质量控制的规定

核电厂对所维修设备的系统状态和环境有严格的要求,其中包括:设备系统隔离要求、辐射防护和工业安全要求;每项维修活动都必须按相应的维修规程进行;采用“维修质量计划”来控制维修活动的方法;使用“缺陷报告”“设备(质量) 缺陷报告”和“不符合项报告”记录、评审与处理设备的异常和缺陷;填写记录和编制维修报告。

质量计划的质量控制点为维修和变更改造活动中要求由独立的验证人员进行验证维修和施工工作质量的工序点,质量控制点分停工待检点(H 点)、见证点(W 点)和审查点(R 点)三类,其中 H 点的级别最高,R 点的级别最低。

维修质量控制是一个保证维修后的设备能按设计意图和假设保持其可靠性和有效性的过程。

4. 相关法律、法规知识

(1)《中华人民共和国劳动法》适用范围

在中华人民共和国境内的企业、个体经济组织和与之形成劳动关系的劳动者适用劳动法；国家机关、事业组织、社会团体实行劳动制度的以及按规定应实行劳动合同制度的工勤人员；其他通过劳动合同与国家机关、事业组织、社会团体建立劳动关系的劳动者，适用劳动法；实行企业化管理的事业组织的人员适用劳动法。

(2)《中华人民共和国劳动法》立法目的

为了保护劳动者的合法权益，调整劳动关系，建立和维护适应社会主义市场经济的劳动制度，促进经济发展和社会进步，制定《中华人民共和国劳动法》。

(3)《中华人民共和国劳动法》基本内容

《中华人民共和国劳动法》有以下基本内容：劳动法的适用范围；劳动者的基本权利和义务；促进劳动就业；劳动合同以及集体合同制度；工资；劳动安全卫生；对特殊劳动群体(女工和未成年工等)的特殊保护；职业培训；社会保险和福利；劳动争议、监督检查；违反劳动法应承担的法律责任。

(4)《中华人民共和国安全生产法》适用范围

《中华人民共和国安全生产法》是专门调整涉及安全生产的相关关系的法律，因此，其适用的范围只限定在生产经营领域。

适用的主体范围，包括一切从事生产经营活动的国有企业事业单位、集体所有制的企业事业单位、股份制企业、中外合资经营企业、中外合作经营企业、外资企业、合伙企业、个人独资企业等，不论其经济性质如何、规模大小，只要从事生产经营活动的，都应遵守本法的各项规定，违反本法规定的行为将受到法律的追究。

当然，按照依法治国、依法行政的要求，各级人民政府及政府有关部门对安全生产的监督管理，也必须遵守本法规定。

有关法律、行政法规对消防安全和道路交通安全、铁路交通安全、水上交通安全和民用航空安全另有规定的，分别适用有关法律、行政法规的规定。

(5)《中华人民共和国安全生产法》立法目的

为了加强安全生产监督管理，防止和减少生产安全事故，保障人民群众生命和财产安全，促进经济发展，制定《中华人民共和国安全生产法》。

(6)《中华人民共和国安全生产法》基本内容

政府的职权：各级政府应当加强对安全生产工作的领导；各级政府应当支持、督促各有关部门依法履行安全生产监督管理职责；县级以上政府对安全生产监督管理中存在的重大问题，应当及时予以协调、解决。

生产经营单位的义务：生产经营单位必须遵守安全生产法和其他有关安全生产的法律、法规；生产经营单位必须加强安全生产管理；生产经营单位必须建立、健全安全产生责任制度；生产经营单位必须完善安全生产条件。

生产经营单位的从业人员有依法获得安全生产保障的权利。从业人员享有的安全生产保障权利主要包括：有关安全生产的知情权；有获得符合国家标准的劳动防护用品的权利；有对安全生产问题提出批评、建议的权利；有对违章指挥的拒绝权；有采取紧急避险措施的权利；在发生生产安全事故后,有获得及时抢救和医疗救治并获得工伤保险赔付的权利等。

从业人员在享有获得安全生产保障权利的同时,也负有以自己的行为保证安全生产的义务,主要包括:在作业过程中必须遵守本单位的安全生产规章制度和操作规程,服从管理,不得违章作业;接受安全生产教育和培训,掌握本职工作所需要的安全生产知识;发现事故隐患应当及时向本单位安全生产管理人员或主要负责人报告;正确使用和佩戴劳动防护用品。

(7)《中华人民共和国核安全法》适用范围

《中华人民共和国核安全法》第二条指出了这一法律的适用范围:“在中华人民共和国领域及管辖的其他海域内,对核设施、核材料及相关放射性废物采取充分的预防、保护、缓解和监管等安全措施,防止由于技术原因、人为原因或者自然灾害造成核事故,最大限度减轻核事故情况下的放射性后果的活动,适用本法。”

(8)《中华人民共和国核安全法》立法目的

为了保障核安全,预防与应对核事故,安全利用核能,保护公众和从业人员的安全与健康,保护生态环境,促进经济社会可持续发展,制定《中华人民共和国核安全法》。

(9)《中华人民共和国核安全法》基本内容

《中华人民共和国核安全法》基本内容包括核设施安全,核材料和放射性废物安全,核事故应急,信息公开和公众参与,监督检查,法律责任以及附则等内容。

(10)《中华人民共和国环境保护法》适用范围

《中华人民共和国环境保护法》适用于中华人民共和国领域和中华人民共和国管辖的其他海域。“中华人民共和国领域”包括我国的领陆、领水及领空。“中华人民共和国管辖的其他海域”是指我国管辖的领海以外的,依国际法仍享有管辖权的海域,如大陆架、专属经济区、毗连区等。

(11)《中华人民共和国环境保护法》立法目的

为了保护和改善生活环境与生态环境,防治污染和其他公害,保障人体健康,促进社会主义现代化建设的发展,制定《中华人民共和国环境保护法》。

(12)《中华人民共和国环境保护法》基本内容

《中华人民共和国环境保护法》确立了“预防为主,防治结合,综合治理”的原则。《中华人民共和国环境保护法》规定,环境保护的任务主要有两个方面:一是“防”,即防止和减少新环境污染和环境破坏;二是“治”,即治理和控制已经产生的环境污染和环境破坏。环境保护的手段主要有经济手段、行政手段、法律手段、宣传教育手段、科学技术手段、行政管理手段、工程手段等。

(13)《中华人民共和国放射性污染防治法》适用范围

《中华人民共和国放射性污染防治法》适用于中华人民共和国领域和管辖的其他海域在核设施选址、建造、运行、退役和核技术、铀(钍)矿、伴生放射性矿开发利用过程中发生的放射性污染的防治活动。

(14)《中华人民共和国放射性污染防治法》立法目的

为了防治放射性污染,保护环境,保障人体健康,促进核能、核技术的开发与和平利用,制定《中华人民共和国放射性污染防治法》。

(15)《中华人民共和国放射性污染防治法》基本内容

《中华人民共和国放射性污染防治法》的基本内容包括放射性污染防治的监督管理,核设施的放射性污染防治，核技术利用的放射性污染防治，铀(钍)矿和伴生放射性矿开发利用的放射性污染防治，放射性废物管理，法律责任以及附则等内容。

(16) 核安全相关法规的重要性

核安全相关的法律法规是政府安全监管部门依法行政的基础，是设计、建造、运行核设施的依据。法规规范了核设施营运单位、设计和建造单位，以及设备制造单位的行为准则，明确了设计标准和核安全目标，规定了核设施选址、设计、制造、土建、安装、调试、运行和定期试验及维修等的要求，这些要求纳入相关的安全许可证制度当中，对核设施的安全运行、保护工作人员和公众不会遭受过量放射性危害、保护环境等起到了重要作用。

(17) 核安全相关法规的体系构成

我国的核安全法律法规体系除了纵向的法律法规直至技术文件的各层次文件，横向由通用系列、核动力系列、研究堆系列、核燃料循环设施系列、放射性废物管理系列、核材料管制系列、民用核安全设备系列、放射性物质运输系列、核技术应用系列等多系列组成的核与辐射安全法规体系。核安全部门编制的部门规章主要分强制性和指导性两大类。

四、仿真训练

(一) 单项选择题(请将正确选项的代号填入题内的括号中)

1. 二极管的主要特性是(　　)。

(A) 导电　(B) 单向导电　(C) 双向导电　(D) 不导电

2. 数字信号是时间上和数值上均离散的一种信号，对该信号进行传递、处理、运算和(　　)的电路称为数字电路。

(A) 导电　(B) 存储　(C) 改变　(D) 反馈

3. CMOS 数字集成电路是利用 NMOS 管和 PMOS 管巧妙组合成的电路，属于一种微功耗的(　　)。

(A) 导电电路　(B) 数字集成电路　(C) 模拟电路　(D) 智能电路

4. 稳压电源的技术指标分为两种：一种是特性指标；另一种是(　　)。

(A) 质量指标　(B) 重量指标　(C) 外形指标　(D) 体积指标

5. 所谓自动控制，是指在没有人的直接参与下，利用(　　)使受控对象的被控量自动地按预先规定的规律变化。

(A) 开关　(B) 导线　(C) 控制装置　(D) 电脑

6. 开环控制的特点是：控制装置与受控对象之间只有(　　)，而无反向联系。

(A) 顺向联系　(B) 逆向联系　(C) 双向联系　(D) 循环联系

7. 通常把输出量反送回输入端称为(　　)。

(A) 扰动　(B) 反馈　(C) 反应　(D) 回馈

8. 将开环的补偿控制和闭环的按偏差控制结合起来，构成(　　)。

(A) 双环控制　(B) 复合控制　(C) 单控制　(D) 组合控制

9. 电子线路图的识读一般按“逐级分解、抓住关键、(　　)、全面综合”的原则进行。

(A) 简单理解　(B) 大致了解　(C) 细致分析　(D) 简单概括

10. 辐射防护的目的在于使人类受其照射的必要活动建立和维持适当的安全条件，避免发生非随机效应，并使随机效应的发生率减至实际可能的(　　)水平。

(A) 正常 (B) 一般 (C) 大概 (D) 最低

11. 剂量限值是受控实践使个人所受到的有效剂量或当量剂量不得( )的值。

(A) 接近 (B) 超过 (C) 低于 (D) 少于

12. ( )是指未被确定为控制区、通常必须要采取专门防护手段和安全措施但要不断检查其职业照射条件的任何区域。

(A) 监督区 (B) 控制区 (C) 行政区 (D) 工作区

13. 放射性废物的管理主要包括废物的收集、转移、( )、贮存等活动。

(A) 再加工 (B) 再利用 (C) 减容 (D) 改造

14. 运行时一般不会有放射性的水漏出,表面污染的防护( )特别考虑。

(A) 必须 (B) 需要 (C) 不需要 (D) 一定

15. 计算机系统由硬件系统和( )两大部分组成。

(A) 软件系统 (B) 运算器 (C) 控制器 (D) 存储器

16. 电被定义为“在某个力的作用下,通过某个( )的电子流。

(A) 通道 (B) 导体 (C) 半导体 (D) 容器

17. 电磁学中,右手定则判断的主要是与( )无关的方向。

(A) 原子 (B) 力 (C) 电子 (D) 中子

18. ( )是衡量单位电荷在静电场中由于电势不同所产生的能量差的物理量。

(A) 电压 (B) 电流 (C) 电阻 (D) 电感

19. 电流的大小方向均不变,称为( )。

(A) 交流电 (B) 脉冲电流 (C) 稳恒电流 (D) 直流

20. ( )操作是电气运行人员的重要工作。

(A) 安全 (B) 规范 (C) 倒闸 (D) 合理

21. 安全是生产活动的( )。

(A) 基础 (B) 核心 (C) 方针 (D) 指导

22. 工作人员正常活动范围与 6 kV 以下带电设备的安全距离是( )米。

(A) 0.35 (B) 0.60 (C) 0.90 (D) 1.50

23. 事故是指造成死亡、疾病、伤害、损坏或其他损失的( )情况。

(A) 意外 (B) 必然 (C) 可能 (D) 其他

24. 事故现场的急救步骤有判断情况、确保安全、提供急救和( )。

(A) 撤离 (B) 求助 (C) 输送 (D) 疏散

25. 原子核由质子和中子这两种基本粒子组成,质子和中子通称为( )。

(A) 原子 (B) 核子 (C) 电子 (D) 离子

26. 放射性衰变,自发裂变的核反应叫做( )核反应。

(A) 自发 (B) 诱发 (C) 他发 (D) 引发

27. 阀门是流体管路的( )装置。

(A) 一般 (B) 二级 (C) 控制 (D) 辅助

28. 直流电动机最大优点是具有很好的启动特性和( )特性。

(A) 控制 (B) 调速 (C) 开关 (D) 停止

29. 核电厂从反应堆启停到满功率运行都离不开( )系统。

(A) 蒸汽　(B) 仪控　(C) 回路　(D) 通道

30. 万用表的COM孔也称为公共端是专门插入(　　)表笔的插孔。

(A) 红色　(B) 黑色　(C) 蓝色　(D) 绿色

31. 能源是人类社会的(　　)。

(A) 部分　(B) 生命线　(C) 残次品　(D) 奢侈品

32. 核安全思想的发展在90年代集中于(　　)的发展。

(A) 设备　(B) 核安全文化　(C) 程序　(D) 人因

33. 核安全文化是存在于单位和(　　)中的种种特性和态度的总和。

(A) 国际　(B) 个人　(C) 他人　(D) 国家

34. 核安全就是核设施在其设计、制造、运行及停役期间为保护公众及环境受可能的放射性危害所采取的所有措施的(　　)。

(A) 分组　(B) 总和　(C) 三级　(D) 方法

35. 质量控制与质量保证过程的目的是在核安全要求的遵守方面获得充分的(　　)。

(A) 信心　(B) 信息　(C) 肯定　(D) 可能

36. 纵深防御原理以及质量控制基本原则,均体现着核安全文化的(　　)作用。

(A) 积极　(B) 直接　(C) 间接　(D) 相关

37. 职业素养包括责任心、保守的工作方法、(　　)、文明行为标准。

(A) 技能学习　(B) 自我检查　(C) 自我能力　(D) 自我表扬

38. 中途暂停工作,(　　)整理、清扫其工作区,物品归类后方可离开。

(A) 不用　(B) 应该　(C) 随便　(D) 能够

39. 工作人员应该牢记并遵循(　　)的准则。

(A) 安全第一　(B) 利益第一　(C) 质量第一　(D) 生产第一

40. (　　)整理清扫工位现场。

(A) 最后　(B) 随时　(C) 定时　(D) 定期

41. 从本质上讲,发生事故是一种随机事件,是有(　　)的。这样就不可能存在有确切的规律。但是在一定条件下,用科学的仪器和手段,通过经验的积累和分析,可以找出发生事故的近似的规律,即从外部和表面的联系,找到内部的决定性的主要关系。也就是从偶然性中找出必然性。

(A) 偶然性　(B) 必然性　(C) 可能性　(D) 合理性

42. 劳动保护用品是保护劳动者在劳动过程中的安全与健康的一种(　　)措施。

(A) 必要　(B) 防御性　(C) 合理　(D) 普通

43. 环境是指以(　　)为主体的外部世界。

(A) 人类　(B) 地球　(C) 宇宙　(D) 天空

44. “三废”处理遵循(　　)的原则。

(A) 低排　(B) 可合理达到尽量低

(C) 合理　(D) 不排

45. 燃烧三要素包括可燃物、助燃物、(　　)。

(A) 温度　(B) 湿度　(C) 材料　(D) 地区

46. (　　)是经营管理的一个重要组成部分。

(A) 企业 (B) 质量 (C) 数量 (D) 效益

47. 组织依存于(　　)。

(A) 国家 (B) 社会 (C) 顾客 (D) 员工

48. 质量是企业的(　　)。

(A) 生命 (B) 前途 (C) 发展 (D) 方向

49. 质保大纲对所有影响质量的活动提出要求和(　　)。

(A) 规范 (B) 规则 (C) 前提 (D) 结构

50. 质量控制的工作内容包括了专业技术和(　　)两方面。

(A) 管理技术 (B) 操作技术 (C) 材料技术 (D) 设计技术

51. 核电厂每项维修活动都必须按相应的(　　)进行。

(A) 维修规程 (B) 维修计划 (C) 技术要求 (D) 技术方案

52. 劳动法首先是对(　　)最基本利益的保护。

(A) 老板 (B) 客户 (C) 劳动者 (D) 所有人

53. 安全生产法的适用范围只限定在(　　)领域。

(A) 生产经营 (B) 工作 (C) 营销 (D) 销售

54. (　　)是指在生产经营活动中发生的意外的突发事件的总称。

(A) 安全生产事故 (B) 交通事故 (C) 突发事故 (D) 意外事故

55. 各级(　　)应当加强对安全生产工作的领导。

(A) 政府 (B) 机关 (C) 领导 (D) 企业

56. 环境保护法适用于中华人民共和国领域和中华人民共和国管辖的其他(　　)。

(A) 流域 (B) 领域 (C) 海域 (D) 太空

57. 环境保护法确立了“(　　)为主,防治结合,综合治理”的原则。

(A) 预防 (B) 学习 (C) 干预 (D) 生产

(二) 判断题(对的画“√”,错的画“×”)

1. (　　)当反向电压增加到一定数值 U_{BR} 时,反向电流剧减,这种现象称为二极管的击穿。

2. (　　)数字信号是时间上和数值上均离散的一种信号,对该信号进行传递、处理、运算和存储的电路称为数字电路。

3. (　　)数字电路测试大体上分为静态测试和动态测试两部分。

4. (　　)稳压电源的质量指标是用来衡量输出直流电压的稳定程度等的。

5. (　　)所谓自动控制,是指在没有人的直接参与下,利用控制装置使受控对象的被控量自动地按预先规定的规律变化。

6. (　　)开环控制的特点是:控制装置与受控对象之间只有逆向联系,而无反向联系。

7. (　　)$\boxed{\Sigma}$是乘法运算器。

8. (　　)从同一信号线上引出的信号,其性质、大小完全一样。

9. (　　)电感器是一个线性元件。

10. (　　)辐射防护的基本要求有:实践的正当性、剂量限制、防护与安全的最优化。

11. (　　)剂量限值是不允许接受的剂量范围的下限。

12. (　　)核电厂的放射源是指反应堆。

13. (　　)计算机的特点是运算速度快、计算精度高、超强的记忆能力、具有逻辑判断能力、具有实时通迅能力和自动化能力强等。

14. (　　)壳层外拥有 4 个以上电子的任何物质都是绝缘体。

15. (　　)电流的大小方向均在变,称为交流电。

16. (　　)安全操作是电气运行人员的重要工作。

17. (　　)汽轮机的转速和功率控制是由 DEH 系统完成的。

18. (　　)测量液位的变送器主要是电容式差压或流量变送器。

19. (　　)核测量系统分为堆芯核测系统和堆外核测系统。

20. (　　)辐射监测系统用于监测安全壳内空气、堆顶气溶胶等的放射性水平进行测量和相关的联锁控制。

21. (　　)二氧化硅的测量是根据光的吸收定律来进行的。

22. (　　)棒控棒位系统由控制棒控制系统和控制棒棒位指示系统组成。

23. (　　)电厂计算机系统的工作方式为在线、开环、不参与系统控制。

24. (　　)信号发生器的应用可以分成 3 种基本类型:检验、检定和极限/余量测试。

25. (　　)记录仪作为一种信号存储跟踪的常用仪控设备被广泛应用于设备状态跟踪、故障缺陷分析等方面。

26. (　　)兆欧表是用来测量被测设备的绝缘电阻和高值电阻的仪表。

27. (　　)核安全思想的发展大致分为 3 个阶段。

28. (　　)纵深防御原理以及质量控制基本原则,均体现着核安全文化的间接作用。

29. (　　)自我检查是一种好的工作方法。

30. (　　)防火门必须保持关闭状态,防止人为损坏。

31. (　　)质量管理研究的对象是产品或服务的利益。

32. (　　)领导者应确立组织的目的与方向的交错。

33. (　　)制定质保大纲是核电厂工程不可分割的一部分。

34. (　　)只要形成劳动关系,不论是否订立劳动合同都适用劳动法。

35. (　　)订立劳动合同是一种法律行为。

36. (　　)劳动法首先是对劳动者最基本利益的保护。

37. (　　)安全生产法的适用范围只限定在工作领域。

38. (　　)保护和改善生活环境与生态环境,防治污染和其他公害是环境保护法的直接目的。

39. (　　)《中华人民共和国放射性污染防治法》适用于中华人民共和国领域和管辖的其他海域在核设施选址、建造、运行、退役和核技术、铀(钍)矿、伴生放射性矿开发利用过程中发生的放射性污染的防治活动。

40. (　　)《中华人民共和国放射性污染防治法》的立法目的是:防治放射性污染,保护环境,保障人体健康。

41. (　　)《中华人民共和国放射性污染防治法》的颁布结束了多年来我国开展放射性污染防治工作无法可依的局面,进入法治化管理的轨道。

42. (　　)核安全的方针是“安全第一,质量第一”。

43. (　　)核安全部门编制的部门规章主要分强制性和指导性两大类。

(三) 多项选择题(请将正确选项的代号填入题内的括号中)

1. 二极管按照用途分有(　　)。

(A) 普通二极管　(B) 整流二极管　(C) 开关二极管　(D) 稳压二极管

(E) 变容二极管

2. 数字集成电路使用中的注意事项(　　)。

(A) 仔细认真阅读使用器件型号的资料

(B) 注意电源电压的稳定性　(C) 采用合适的方法焊接集成电路

(D) 注意设计工艺,增强抗干扰措施　(E) 与模拟电路使用中的注意事项一致

3. 自动控制就基本的控制方式而言有(　　)。

(A) 开环控制系统　(B) 闭环控制系统

(C) 复合控制系统　(D) 全自动系统

(E) 半自动系统

4. 根据补偿对象的不同,复合控制系统的类型(　　)。

(A) 按扰动信号补偿的　(B) 按输入信号补偿的

(C) 按输出信号补偿的　(D) 按脉冲信号补偿的

(E) 按模拟信号补偿的

5. 常用的元器件有(　　)。

(A) 电阻器　(B) 电容器　(C) 电感器　(D) 二极管

(E) 三极管

6. 降低外照射的方法有(　　)。

(A) 减少在放射源附近工作的时间

(B) 增大你自身和放射源之间的距离

(C) 在你和放射源之间添置屏蔽,以减少辐射

(D) 当放射源衰变到一定的程度后再接近它

(E) 减小你自身和放射源之间的距离

7. 核电厂的放射源按物体状态分类有(　　)。

(A) 固体源　(B) 液体源　(C) 气体源　(D) 中子源

(E) 其他

8. 计算机的主要性能指标(　　)。

(A) 主频　(B) 字长　(C) 内存容量　(D) 运算速度

(E) 屏幕大小

9. 电路在工作时的工作状态有(　　)。

(A) 通路　(B) 短路　(C) 断路　(D) 回路

(E) 环路

10. 核安全思想的发展大致分为(　　)。

(A) 设备与程序　(B) 人因　(C) 核安全文化　(D) 安全教育

(E) 人员教育

11. 核设施管理层的职责(　　)。

(A) 跟踪与监督　(B) 营造良好的工作环境

(C) 建立质量系统　　(D) 后勤

(E) 其他

12. 职业素养包括(　　)。

(A) 责任心　　(B) 自我检查

(C) 保守的工作方法　　(D) 文明行为标准

(E) 其他

13. 劳动保护用品有(　　)。

(A) 头部防护用品　(B) 眼部防护用品　(C) 手部防护用品　(D) 足部防护用品

(E) 躯干防护用品

14. 灭火的基本方法有(　　)。

(A) 冷却灭火法　(B) 隔离灭火法　(C) 窒息灭火法　(D) 抑制灭火法

(E) 吹风灭火法

15. 质量管理活动包括(　　)。

(A) 质量方针与质量目标的建立　　(B) 质量策划

(C) 质量控制　　(D) 质量保证

(E) 质量改进

16. 质量管理的八项原则包括(　　)。

(A) 领导作用　(B) 全员参与　(C) 过程方法　(D) 持续改进

(E) 基于事实的决策方法

17. 企业包括(　　)等。

(A) 国有企业　(B) 集体所有制　(C) 中外合资企业　(D) 中外合作企业

(E) 乡镇企业

18. 劳动法的基本内容有(　　)等。

(A) 适用范围　　(B) 基本权利和义务

(C) 促进劳动就业　　(D) 工资

(E) 劳动安全卫生

五、参考答案

(一) 单项选择题

1. B；2. B；3. B；4. A；5. C；6. A；7. B；8. B；9. C；10. D；11. B；12. A；13. C；14. C；15. A；16. B；17. B；18. A；19. C；20. C；21. A；22. A；23. A；24. B；25. B；26. A；27. C；28. B；29. B；30. B；31. B；32. B；33. B；34. B；35. A；36. B；37. B；38. B；39. A；40. B；41. A；42. B；43. A；44. B；45. A；46. B；47. C；48. A；49. A；50. A；51. A；52. C；53. A；54. A；55. A；56. C；57. A。

(二) 判断题

1. ×；2. √；3. √；4. √；5. √；6. ×；7. ×；8. √；9. ×；10. √；11. √；12. ×；13. √；14. √；15. √；16. ×；17. √；18. ×；19. √；20. √；21. √；22. √；23. √；24. √；25. √；26. √；27. √；28. ×；29. √；30. √；31. ×；32. ×；33. √；34. √；35. √；36. √；37. ×；38. √；39. √；40. √；41. √；42. √；43. √。

(三)多项选择题

1. ABCDE；2. ABCD；3. ABC；4. AB；5. ABCDE；6. ABCD；7. ABC；8. ABCD；9. ABC；10. ABC；11. ABC；12. ABCD；13. ABCDE；14. ABCD；15. ABCDE；16. ABCDE；17. ABCDE；18. ABCDE。

第三单元　维修准备

一、学习目标

1. 了解电子元器件的命名、电气图形符号；
2. 了解核反应堆控制系统基础知识；
3. 掌握核反应堆保护系统逻辑功能；
4. 了解电子元器件的功能和技术参数；
5. 了解核反应堆运行物理、热工基础；
6. 了解核反应堆控制系统工作原理；
7. 了解自动控制原理；
8. 了解电子线路的基本测试技术；
9. 了解高阻仪的原理和使用；
10. 了解定标器的使用及标定；
11. 了解燃料操作系统工作原理。

二、考核要点

考核要点见表 3-3。

表 3-3　考核要点

考核类别	考核范围	考核点	重要程度
维修准备	电子元器件、电气符号	电阻器符号及命名	X
		电容器符号及命名	X
		电感器符号及命名	X
		半导体管符号及命名	X
		其他电器图形符号	Y
	核反应堆保护系统基础	反应堆保护系统的定义	Y
		反应堆保护系统的组成	X
	核反应堆保护系统逻辑功能	核反应堆保护系统逻辑功能	X
		停堆保护功能	X
		专设安全设施驱动系统的功能	X
	电子元器件的功能和技术参数	电阻的功能和技术参数	X
		电感的功能和技术参数	X

续表

考核类别	考核范围	考核点	重要程度
维修准备	电子元器件的功能和技术参数	电容的功能和技术参数	X
		二极管的功能和技术参数	X
		三极管的功能和技术参数	X
		其他常见电子元器件的功能和技术参数	Y
	核反应堆运行物理、热工基础	核反应堆运行物理	Z
		核反应堆运行热工基础	Y
	核反应堆控制系统工作原理	反应堆控制的定义	X
		棒控系统工作原理	X
		棒位测量系统工作原理	X
	自动控制原理	自动控制原理概论	X
		自动控制系统常用术语	X
		自动控制系统中的基本元件	X
		开环控制系统与闭环控制系统	X
	电子线路的基本测试技术	电压测量	X
		电流测量	X
		电阻测量	X
		其他测量	Y
	高阻仪的原理和使用	高阻仪的原理	X
		高阻仪的使用	X
	定标器的使用及标定	定标器的使用	X
		定标器的标定	X
	燃料操作系统工作原理	装卸料机管嘴组件	X
		推杆组件	X
		料仓	X
		装卸料机分离器	X

三、考点导航

1. 电子元器件、电气符号

(1) 电阻器符号及命名

主要分为电阻器(符号 R)和电位器(符号 W)两类,可根据材料和特征进行细化分类和命名。电阻器的标注方法有文字符号直标法、色标法。

(2) 电容器符号及命名

电容器符号为 C,可根据材料和特征进行细化分类和命名。电容的标志方法有直标法、数码表示法、色码表示法。

(3) 电感器符号及命名

电感器符号为 L 或 T,常用的电感器有固定电感器、微调电感器等。电感器的标志方法有直标法、数码表示法、色码表示法。

(4) 半导体管符号及命名

中国半导体器件的命名法分成五部分,第一部分用数字表示器件电极的数目,第二部分用汉语拼音字母表示器件的材料和极性,第三部分用汉语拼音字母表示器件的类型,第四部分用数字表示器件序号,第五部分用汉语拼音表示规格的区别代号。国际电子联合会半导体器件命名法则分成四部分。

(5) 其他电器图形符号

列举了其他一些常用的电器图形符号与名称对照情况,如熔断器、指示灯及信号灯、扬声器等。

2. 核反应堆保护系统基础

(1) 反应堆保护系统的定义

反应堆保护系统用于监督反应堆的运行状态。本系统实时监测反应堆安全相关参数,当某个或某几个运行参数偏离可接受状态或设备故障、误操作等状态下,反应堆保护系统触发停堆安全驱动器动作,触发停堆,以防止反应堆状态超过规定的安全极限,或减轻安全极限引起的后果。

(2) 反应堆保护系统的组成

反应堆保护系统主要由如下部分组成:保护参数相关的传感器,监测仪表,安全逻辑装置,为保护动作提供输出到驱动器的信号转换装置,手动触发停堆的信息显示器,隔离装置,旁通控制及显示装置,手动触发停堆单元,安全联锁装置,装有保护系统设备的控制盘、机箱、机柜,电缆及电缆管道,电气及仪表电缆的安全壳电气贯穿件,保护系统设备的状态监视器等。

3. 核反应堆保护系统逻辑功能

(1) 核反应堆保护系统逻辑功能

核电厂启动和运行过程中,保护系统的目的是保证反应堆的三道安全屏障(燃料元件包壳、一回路压力边界、安全壳)完好,限制反应堆在允许范围内运行或是缓解事故后果,保护反应堆、环境、人员的安全。

(2) 停堆保护功能

对功率、流量、轴向功率分布、一回路冷却剂温度和压力等确定一个允许的运行区间,以便当运行接近这一区间限值时,实现事故保护停堆。

(3) 专设安全设施驱动系统的功能

当核电厂万一发生设计基准事故,例如高能管道断裂事故时,专设安全设施驱动系统就自动触发相应专设安全设施动作,同时自动触发停堆动作,防止事故扩大,避免堆芯烧毁,防止放射性物质向外释放。

4. 电子元器件的功能和技术参数

(1) 电阻的功能和技术参数

电阻,英文名 resistance,通常缩写为 R,它是导体的一种基本性质,与导体的尺寸、材料、温度有关。电阻的主要职能就是阻碍电流流过。电阻器技术参数有标称电阻、允许偏差、标称功率、最高工作电压、稳定性、温度特性等,其中主要参数有标称电阻、允许偏差和标称功率等。

(2) 电感的功能和技术参数

电感器是一种储能元件,它能把电能转变为磁场能,并在磁场中储存能量。它经常和电容器一起工作,构成 LC 滤波器、LC 振荡器等。电感器的技术参数主要有电感量和品质因数。

(3) 电容的功能和技术参数

电容器就是“储存电荷的容器”。在电子线路中,电容用来通过交流而阻隔直流,也用来存储和释放电荷以充当滤波器,平滑输出脉动信号。电容器的技术指标主要有电容量、电容量偏差、额定直流工作电压。

(4) 二极管的功能和技术参数

二极管最明显的性质就是它的单向导电特性,就是说电流只能从一边过去,却不能从另一边过来(从正极流向负极)。利用二极管单向导电的特性,常用二极管作整流器,把交流电变为直流电,即只让交流电的正半周(或负半周)通过,再用电容器滤波形成平滑的直流。二极管的技术参数是指用来反映管子性能和适用范围的一些物理量,其主要参数有最大整流电流、最大反向工作电压、最大反向电流。

(5) 三极管的功能和技术参数

三极管主要的功能是电流放大和开关作用。三极管的主要技术参数有电流放大系数、极间反向电流、极限参数。

(6) 其他常见电子元器件的功能和技术参数

其他常见电子元器件的功能和技术参数,如压敏电阻、铂电阻等。

5. 核反应堆运行物理、热工基础

(1) 核反应堆运行物理

核反应堆是一种综合的技术装置,用来实现重元素裂变的可控链式反应。要将反应堆由次临界状态启动到临界,提升到一定的功率水平,并自动保持在给定的功率水平上运行;或对反应堆实行事故保护、停止链式反应并使反应堆进入次临界状态,都必须调节反应堆堆芯内中子通量密度和能量释放的水平和分布。可以用增殖系数和反应性来描述系统的物理特性。

(2) 核反应堆运行热工基础

为了保证安全,要求反应堆在整个寿期内能长期稳定地运行,不仅要适应反应堆启动、功率调节和停堆等工况的变化,而且要求反应堆在一般事故工况下,堆芯不会遭到破坏,甚至在严重事故工况下，也要保证堆芯中的放射性物质不扩散到周围环境中去；为了提高经济性，就要设法缩小堆芯的体积，减少燃料的装裁量，降低造价，提高循环热效率、减少厂用电的消耗等；为达到上述要求，在进行反应堆设计时，需要热工、物理、材料、结构、控制、化工等诸方面设计相互协调、共同完成，其中热工分析及设计在整个反应堆设计过程中，起到了主导作用和桥梁作用。

6. 核反应堆控制系统工作原理

（1）反应堆控制的定义

反应堆控制，狭义上说就是棒控棒位系统的功调部分，主要功能就是调节反应堆功率在一定的限度内跟随汽机功率而变化；在广义上说反应堆控制包括功调部分和棒控系统、棒位系统。这里讨论的反应堆控制就是棒控系统、棒位系统。

（2）棒控系统工作原理

棒控系统的目的是通过调节堆芯的反应性来保持反应堆冷却剂系统内的平均温度。控制棒控制系统可用于补偿快速的反应性变化，对较缓慢的反应性变化一般通过调节冷却剂的含硼量来补偿。

（3）棒位测量系统工作原理

棒位测量系统用来获得棒束的实际位置、监视棒控系统的运行状况、完成控制棒束的精确定位。棒位探测器是利用电磁感应原理工作的。它主要包括初级线圈、测量（次级）线圈、补偿线圈、线圈骨架、密封壳及外套管等。初级线圈和补偿线圈都是原边线圈，且与测量（次级）线圈共轴，原边线圈用于产生交变磁场，测量（次级）线圈用于形成棒位编码，补偿线圈用于初级线圈两端的电流补偿。

7. 自动控制原理

（1）自动控制原理概论

所谓自动控制就是在没有人直接干预的情况下，通过控制器使被控制对象或过程自动地按照预定的规律运行。自动控制理论是研究自动控制技术的基础理论，目前一般地将自动控制理论分为古典控制理论和现代控制理论两大部分。古典控制理论主要以传递函数为基础，适用于单输入和单输出的线性定常系统。现代控制理论主要以状态空间法为基础，适用于多输入多输出和非线性、时变系统。现代控制理论频域法和时域法兼用，而古典控制理论主要是频域的方法。

（2）自动控制系统常用术语

自动控制系统常用术语：控制对象、被控制量、给定值、控制量、扰动、控制器、控制系统。

（3）自动控制系统中的基本元件

自动控制系统中必须采用以下几种基本元件以代替工作人员在人工控制中的作用：测量元件、比较元件、执行元件、定值元件、放大元件。

（4）开环控制系统与闭环控制系统

若系统的输出量对系统的控制作用不发生影响，则称为开环控制系统。在开环系统中，既不需要对输出量进行测量，也不需要将输出量反馈到系统输入端与输入量进行比较。

凡是系统输出量对系统的控制作用能产生直接影响的控制系统称为闭环控制系统，闭环控制系统也就是反馈控制系统。

8. 电子线路的基本测试技术

(1) 电压测量

电压是最基本的被测量,电压测量是电子测量的基础,基本的电压测量仪器是电压表,示波器也是电压测量的常用仪器。电压测量,电压表与被测电路并联连接。

(2) 电流测量

一般选用电流表或万用表来测量电流,测量时,仪表不能并接于被测电路两端,而应将仪表串接入被测电路中。另外,还应注意选用合适的量程进行测量,不知被测电流范围时,可从最大量程量起,逐渐变小量程,直至量程合适为止。

(3) 电阻测量

一般应用中选用电阻计或万用表来测量元件电阻。测量时,仪表并接于被测元件两端,被测元件至少保证一只腿独立于电路板,否则测量结果会受影响。

(4) 其他测量

还有一些其他的测量技术,如频率测量、电容电感测量、时域反射等。

9. 高阻仪的原理和使用

(1) 高阻仪的原理

根据欧姆定律,被测电阻 R_x 等于施加电压 V 除以通过的电流 I。传统的高阻计的工作原理是测量电压 V 固定,通过测量流过取样电阻的电流 I 来得到电阻值。

(2) 高阻仪的使用

高阻仪在使用中,会使用到高压,需注意人身安全,防止电击。常用的高阻仪有 Keithley 公司(6517A)、FLUKE(1507B)公司和国内厂家生产的仪器(ZC36)。

10. 定标器的使用及标定

(1) 定标器的使用

定标器主要应用在堆外核测系统源量程,用来对源量程中子脉冲进行定时计数。

(2) 定标器的标定

定标器标定可用更高精度脉冲发生器进行标定。由于定标器在日常应用中主要用于脉冲计数,标定主要标定脉冲计数。

11. 燃料操作系统工作原理

(1) 装卸料机管嘴组件

装卸料机管嘴组件位于装卸料机的前部,由一个触盘机构和一个管嘴机构组成,装卸料机管嘴组件具有五大功能。

(2) 推杆组件

推杆组件位于装卸料机的后部,通过 Graylock clamp 直接与料仓的后端部相连。推杆组件主要有六根同心不锈钢管组成,外加一个推杆组件腔体。

(3) 料仓

装有十二根管子的料仓处于管嘴和分离器的后面,十二根管子直径不同,用于燃料临时储存和各种工具储存。料仓组件全部包容在料仓外壳和端盖之中,由位于料仓后端的齿轮箱中的分度机构驱动。分度机构通过减数齿轮由液压马达和料仓侧边的应急驱动装置驱动。料仓外壳和端盖之间用一个直径为 762 mm 两片抱卡和密封环进行连接和密封。

(4) 装卸料机分离器

每个装卸料机有两个分离器,安装在料仓和管嘴之间的料仓端盖上。它们穿过压力边界,并处于同一平面上。分离器与中垂线的安装夹角为 63.5°。两个分离器的功能完全相同,但分左右。

四、仿真训练

(一) 单项选择题(请将正确选项的代号填入题内的括号中)

1. 电阻 RJ71-0.125-5k1-Ⅱ的标称电阻值(　　)。

(A) 0.125 Ω　　(B) 5.1 kΩ　　(C) 71 Ω　　(D) 5 001 Ω

2. 标示了 4n7 的电容器其标称电容值是(　　)。

(A) 4.7 pF　　(B) 4.7 nF　　(C) 4 700 μF　　(D) 47 nF

3. 以下哪个是电感的符号(　　)。

(A) 　　(B) 

(C) 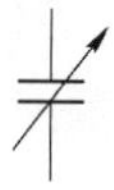　　(D) 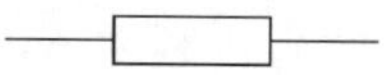

4. 4.7 mH=(　　)μH。

(A) 47　　(B) 470　　(C) 4 700　　(D) 47 000

5. 关于二极管的特性说法不正确的是(　　)。

(A) 二极管的伏安特性是指流过二极管的电流 i_D 与加于二极管两端的电压 u_D 之间的关系或曲线

(B) 二极管具有单向导电性

(C) 二极管的伏安特性具有非线性

(D) 二极管的伏安特性与温度无关

6. 下列电气元器件符号代表 PNP 型晶体三极管的是(　　)。

(A) 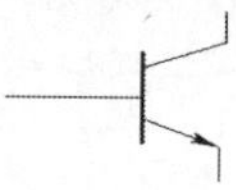　　(B) 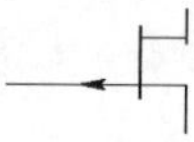　　(C) 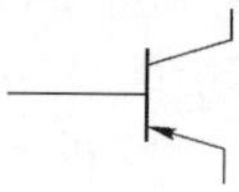　　(D) 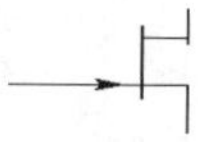

7. 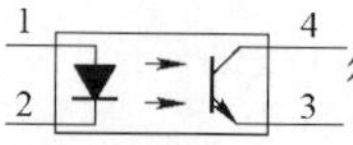

符号代表哪种元器件(　　)。

(A) 变压器　　(B) 三极管　　(C) 二极管　　(D) 光耦

8. 下列电气图形符号代表与门的是(　　)。

(A) 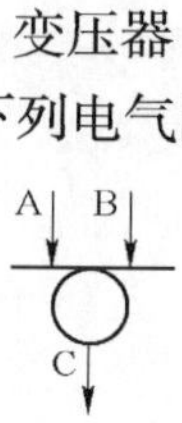

(B) 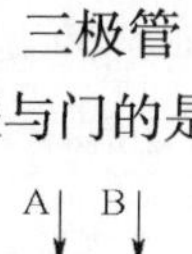

(C) 　　(D) 

9. 以下关于重水堆一号停堆系统说法正确的是(　　)。

(A) PDC-1 或 PDC-2 的 WATCHDOG TIMER TRIP 或 PDC 给出的设定值漂移不会导致 SDS 1 号单信道脱扣

(B) 正常满功率运行工况下,包括手动停堆,SDS 1 号共有 11 个停堆参数

(C) 一号停堆系统稳压器液位工艺停堆参数有固定脱扣设定值

(D) 一号停堆系统停堆逻辑采用的是四取二逻辑

10. 采用全数字化 TELEPERM XS 系统的反应堆保护系统,其中用于保护系统逻辑处理的机柜主要实现以下功能(　　)。

(A) 信号处理和分配　　(B) 服务器单元和网关计算机之间的通信

(C) 触发参数进行紧急停堆　　(D) 执行顺序带载命令

11. 以下关于重水堆喷淋系统喷淋阀 3431-PV6 的说法正确的是(　　)。

(A) P 通道,位于喷淋主管道下游,气动阀驱动

(B) Q 通道,位于喷淋主管道下游,电磁阀驱动

(C) P 通道,位于喷淋主管道上游,气动阀驱动

(D) Q 通道,位于喷淋主管道上游,电磁阀驱动

12. 关于反应堆保护系统逻辑功能说法不正确的是(　　)。

(A) 反应堆保护系统具有停堆保护功能和专设安全设施驱动系统的功能

(B) 反应堆保护系统逻辑功能的目的是保证反应堆的三道安全屏障完好

(C) 当反应堆保护系统检测到核电厂运行出现瞬态或事件时,立即自动触发停堆,把异常瞬态或事件的影响减到最小

(D) 反应堆保护系统能够自动控制反应堆控制棒的提升或下插,以保证反应堆的功率稳定

13. 反应堆保护系统接收到了接近非安全运行工况的指示信号,那么该系统就触发报警装置,防止提升控制棒,触发减负荷装置,断开(　　)。

(A) 保护机柜电源　　(B) 停堆断路器

(C) 发电机进线开关　　(D) 6 kV 母线开关

14. 重水堆二号停堆系统的快开阀(INJECTION VALVES)的打开时间从阀门接到电信号到阀门全开)最大限值为(　　)。

(A) 160 ms　　(B) 180 ms　　(C) 200 ms　　(D) 220 ms

15. 专设安全设施驱动系统能自动触发相应专设安全设施动作,同时自动触发(　　)动作,防止事故扩大,避免堆芯烧毁,防止放射性物质向外释放。

(A) 断电　　(B) 停堆　　(C) 安注　　(D) 喷淋

16. 电阻是导体的一种基本性质,与导体的尺寸、材料、(　　)有关。

(A) 环境湿度　　(B) 温度　　(C) 两端的电压　　(D) 电流

17. 电路中,电容器常被用作耦合、旁路、滤波等,都是利用它(　　)的特性。

(A) 储存电荷　　(B) 通交、直流　　(C) 通交流,隔直流　　(D) 通直流,隔交流

18. 常用二极管作整流器,把交流电变为直流电,即只让交流电的正半周(或负半周)通过,再用电容器滤波形成平滑的直流。利用的是二极管的(　　)特性。

(A) 单向导电　　(B) 导电　　(C) 整流　　(D) 稳压

19. 核素可以分为稳定核素和(　　)核素。

(A) 同位　　(B) 衰变　　(C) 原子　　(D) 放射性

20. 当燃料棒的热流密度增加时,达到某种工况,这时燃料包壳与冷却剂之间的温差随热流密度降低而迅速升高。这些变化表明(　　)。

(A) 已经开始整体沸腾　　(B) 已经开始偏离泡核沸腾点
(C) 临界热流密度开始增大　　(D) 泡核沸腾已经开始

21. 如果过冷的反应堆冷却剂进入燃料通道,在出口处变为过热蒸汽,那么从燃料棒底部到顶部,对流传热系数的变化趋势是(　　)。

(A) 不断增大　　(B) 先增大,然后减小
(C) 不断减小　　(D) 先减小,然后增大

22. 为什么要将重水堆液体区域控制系统覆盖气体与延迟箱间的压差调节恒定为 300 kPa(　　)。

(A) 为了保持各液位区域控制单元入口水流量恒定
(B) 为了保持各液位区域控制单元出口水流量恒定
(C) 为了保持各液位区域控制单元液位恒定
(D) 为了保持各液位区域控制单元氦气出口流量恒定

23. 以下选项哪个属于棒控系统的安全功能(　　)。

(A) 禁止自动升棒　　(B) 快速降功率
(C) 保持控制棒位置不变　　(D) 紧急停堆

24. 棒位探测器是利用电磁感应原理工作的。它主要包括初级线圈、测量(次级)线圈、补偿线圈、线圈骨架、密封壳及外套管等。其中,原边线圈是指(　　)。

(A) 初级线圈　　(B) 补偿线圈
(C) 初级线圈和补偿线圈　　(D) 初级线圈和线圈骨架

25. 控制棒位置指示系统的精确度是由棒位探测器的(　　)确定的。

(A) 线圈间距　　(B) 线圈初级电流
(C) 补偿线圈圈数　　(D) 线圈次级输出信号

26. 自动控制理论分为古典控制理论和(　　)两大部分。

(A) 现代控制理论　(B) 控制理论　(C) 过程控制理论　(D) 集散控制理论

27. 由控制作用加以改变,使被控制量跟踪给定值的物理量称为(　　)。

(A) 给定值　(B) 控制对象　(C) 被控制量　(D) 控制量

28. 在自动控制理论中,表征生产过程是否符合规定工况的物理量(如温度、电压、转速等)称为(　　)。

(A) 给定值　(B) 控制对象　(C) 被控制量　(D) 控制量

29. 按照误差信号的性质产生控制作用,改变控制量。指的是自动控制系统中的哪个基本元件(　　)。

(A) 比较元件　(B) 放大元件　(C) 执行元件　(D) 定值元件

30. (　　)测量是电子测量的基础。

(A) 电阻　(B) 电压　(C) 电容　(D) 电流

31. 关于电流测量以下说法正确的是(　　)。

(A) 用万用表的电压档来测量电流
(B) 用万用表的电流档来测量电流
(C) 把万用表两表笔并联在两测点进行测量电流
(D) 当电路电流未知,先用万用表的最小电流档来测量电流

32. 电流源 Keithley220 可以精确到的最小电流等级为(　　)。

(A) 微安　(B) 皮安　(C) 毫安　(D) 纳安

33. 关于电阻测量以下说法正确的是(　　)。

(A) 测量两点之间电阻时两测点之间电势差越小测量越准确

(B) 测量两点之间电阻时两测点之间是否有电势差对测量结果无影响

(C) 一电阻并联一电阻后阻值后阻值无变化

(D) 一电阻并联一电阻后阻值后阻值变大

34. 根据欧姆定律可以看出,电阻元件是一个(　　)。

(A) 记忆元件　(B) 耗能元件　(C) 储能元件　(D) 非线性元件

35. 关于电子线路测量以下说法不正确的是(　　)。

(A) 晶体二极管具有正向导通的特性

(B) 对于同一频率的交流电来说电容值越大容抗越大

(C) 对于同一频率的交流电来说电感值越大感抗越小

(D) 电感特性为阻直流通交流

36. 测量电缆的连续性,应使用下列哪一种工具(　　)。

(A) 反射性仪　(B) 高阻计　(C) 绝缘表　(D) 万用表

37. 关于高阻仪的测量原理以下说法不正确的是(　　)。

(A) 在被测元件可接受范围内提高高阻仪的测试电压可提高高阻测量的测量精度

(B) 提高高阻仪的测试电压可提高高阻仪的测量上限

(C) 提高高阻仪的输入电阻可提高高阻仪的测量上限

(D) 提高高阻仪的测试电压对高阻仪的测量上限无影响

38. 高阻仪一般用于测量电阻的范围是(　　)。

(A) 0～1 MΩ　(B) 0～100 MΩ　(C) 0～1 000 MΩ　(D) 1 000 MΩ及以上

39. 高阻仪(Keithley 6517A)为了保证测量精度,需确保一直有效的选项是(　　)。

(A) ZeroCheck　(B) V-Source　(C) Operate　(D) 以上都不是

40. 在检查 Keithley 6517A 静电计/高阻表时,设置信号电压到 1 000 VDC,测试开路阻值,应该大于(　　)。

(A) 2×10^{13} Ω　(B) 1×10^{15} Ω　(C) 0.5×10^{15} Ω　(D) 1.5×10^{14} Ω

41. 针对 FH463A 智能定标器的使用以下说法不正确的是(　　)。

(A) 拨字轮的 K=3,n=0,按下“启动”键和“计数”键应显示 55040

(B) 拨字轮的 K=8,n=0,按下“启动”键和“计数”键应显示 146944

(C) 拨字轮的 K=7,n=0,按下“启动”键和“计数”键应显示 128512

(D) 要用高压时,按下高压按键,无需预热即可使用,高压极性可通过前面板进行切换,可以带电切换高压电源极性

42. 针对 FH463A 智能定标器的标定以下说法不正确的是(　　)。

(A) 在核测量运用中该定标器主要用来测量脉冲

(B) 该定标器提供外供高压所以高压也需要标定

(C) 可使用恒流源对该定标器进行标定

(D) 在该定标器标定时,需提前热机 30 min,否则可能会影响标定结果

43. FH463A 智能定标器标定时,设定 K=7,n=0,按下“启动”键和“计数”键应显示( )。

(A) 128512 (B) 146944 (C) 55040 (D) 18432

44. 管嘴空腔泄漏检查试验发生在装卸料机抱卡在燃料通道端部件上并且管嘴腔加压之后,泄漏率的验收标准是( )。

(A) ≤12.5 mL/min (B) ≤18.5 mL/min

(C) ≤25 mL/min (D) ≤11.8 mL/min

45. 重水堆燃料操作系统中,在推杆运动过程中,重水是一个不可缺少的介质。请列注说出那一条不是重水所提供的作用( )。

(A) 提供 B 推杆填充流量 (B) 为 C 推杆提供动力

(C) 为锁杆提供动力 (D) 冷却乏燃料

46. 装卸料机锁杆的控制位置有( )。

(A) 5 个 (B) 4 个 (C) 3 个 (D) 6 个

47. 重水堆燃料操作系统中,料仓重水温度计 TA-46A 和 TA-46B 分别对 DCCY 提供数字输入,它们用来表示“料仓重水温度高”的报警条件,设定点为( )。

(A) 45 ℃ (B) 57 ℃ (C) 68 ℃ (D) 80 ℃

48. 装卸料机分离器回推器为了确保一对燃料棒束完全进入料仓管,回推器需要将燃料棒束串再推进的距离是( )。

(A) 12.7 mm (B) 25.4 mm (C) 5 mm (D) 10 mm

(二) 判断题(对的画“√”,错的画“×”)

1. ( )色标电阻器可分为三环、四环、五环 3 种标法。

2. ( )在电路原理图中,电感常用符号“L”或“T”表示,电感量的基本单位是亨利(H),简称亨。

3. ( )该符号 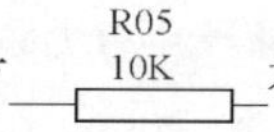

是电感的符号。

4. ( )图形符号 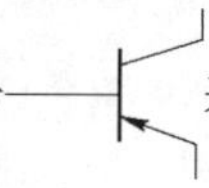 表示 NPN 型晶体三极管。

5. ( )该符号 

是二极管的符号。

6. ( )该符号 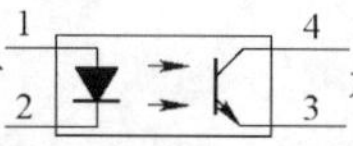

是光耦的符号。

7. ( )核电厂的设备按其对核电厂的安全所起的作用可分为安全重要系统和非安全重要系统,反应堆保护系统属于非安全系统的一部分。

8. ( )重水堆 SDS 1 号用了 24 个铂通量探测器。

9. ( )重水堆 SDS 2 号用了 34 个铂通量探测器。

10. ( )反应堆保护系统的原理是,对功率、流量、轴向功率分布、一回路冷却剂温度和压力等确定一个允许的运行区间,以便当运行接近这一区间限值时,实现事故保护停堆。

11. ( )专设安全设施驱动系统是反应堆保护系统的组成部分,属于安全系统,它与重要仪表电源系统以及驱动专设安全动作的其他支持系统一起,确保万一出现设计基准事故时,减轻事故后果。

12. (   )当核电厂万一发生设计基准事故,例如高能管道断裂事故时,专设安全设施驱动系统就自动触发相应专设安全设施动作,同时自动触发停堆动作,防止事故扩大,避免堆芯烧毁,防止放射性物质向外释放。

13. (   )电感 L 的大小与线圈的形状、尺寸、材料及其周围的介质等有关。

14. (   )电容器型号命名法中第二位字母代表的含义为特征分类。

15. (   )二极管是由一个 PN 结构成的,而三极管由两个 PN 结构成,共用的一个电极成为三极管的基极(用字母 b 表示),其他的两个电极成为集电极(用字母 c 表示)和发射极(用字母 e 表示)。

16. (   )为了使三极管具有正常的电流放大作用,必须外加大小和极性适当的电压。

17. (   )压敏电阻是一种具有非线性伏安特性的电阻器件,主要用于在电路承受过压时进行电压钳位,吸收多余的电流以保护敏感器件。

18. (   )PT100 铂热电阻表示它在 0 ℃时的阻值为 101 Ω。

19. (   )在降功率的瞬态过程中,缓发中子的平均寿命增加,衰变常数减小。

20. (   )反应堆在启动、停堆和功率调节过程中,反应堆内核燃料、冷却剂和慢化剂的温度会发生相应的变化,引起反应堆的反应性发生变化,这种现象通常称为反应堆的温度效应。

21. (   )在正常运行和稳定传热工况下,冷却剂从燃料包壳表面带走的热量等于通过芯块与包壳之间的气隙层所传递的热量。

22. (   )在正常运行和稳定传热工况下:燃料芯块径向温度分布的情形是在芯块中心最高,因此该点处的热中子通量密度也最高。

23. (   )棒控系统的目的是通过调节堆芯的反应性来保持反应堆冷却剂系统内的平均温度,一般通过其补偿缓慢的反应性变化。

24. (   )30 万千瓦机组棒位指示系统中的给定棒位由棒位处理柜通过通信从棒控逻辑柜得到当前给定棒位信息,在触摸屏进行显示,同时通过棒位处理柜 PLC 将给定棒位信息转换成 BCD 码形式送到主控 CB-503 盘的给定棒位数码显示器进行显示。

25. (   )重水堆调节棒棒位漂移时,可能的故障原因是棒位卡件漂移,棒位电位计故障,棒位电位计接头故障等。

26. (   )现代控制理论主要以传递函数为基础,适用于单输入和单输出的线性定常系统。

27. (   )自动控制系统中定值元件是用来设定扰动量的定值。

28. (   )在反应堆和核电站中,广泛应用闭环控制方法,如通过控制器对电动或气动阀门的直接控制等。

29. (   )交流电压的大小通常是指它的有效值,有效值又称为均方根值。

30. (   )用万用表测量电路中的电流时,应把万用表并联在电路的两端进行测量。

31. (   )电阻测量时,被测元件可以带电,测量结果不会受到影响。

32. (   )晶体二极管具有正向导通的特性。

33. (   )提高高阻仪的测试电压对高阻仪的测量上限无影响。

34. (   )高阻计的使用必须是有经验的操作人员,操作过程中电压不高,基本不会造成人身伤害。

（三）多项选择题（请将正确选项的代号填入题内的括号中）

1. 电容器的常用标志方法有（　　）。

（A）直标法　（B）数码表示法　（C）色码表示法　（D）色环表示法

（E）颜色表示法

2. 重水堆系统中，如下哪些属于保护系统（　　）。

（A）应急堆芯冷却系统　（B）一号停堆系统

（C）二号停堆系统　（D）液体区域系统

（E）机械控制吸收棒系统

3. M310 堆型 60 万千瓦机组反应堆保护系统在实体上包括（　　）。

（A）ATWT 柜　（B）隔离柜　（C）逻辑柜　（D）信号柜

（E）输出柜

4. 采用全数字化 TELEPERM XS 系统的反应堆保护系统，其中用于信号处理和扩展功能的机柜，主要实现以下功能（　　）。

（A）信号处理和分配　（B）服务器单元和网关计算机之间的通信

（C）输出触发信号　（D）执行顺序带载命令

（E）实现保护系统与其他系统之间的电气隔离

5. 重水堆启动仪表向 SDS 1 号提供哪几种绝对脱扣信号（　　）。

（A）高计数脱扣　（B）低计数脱扣　（C）高压故障脱扣　（D）低压故障脱扣

（E）对数变化率高

6. 下列（　　）系统属于核电厂的专设安全设施系统。

（A）安全注入系统　（B）安全壳隔离系统

（C）控制棒调节系统　（D）安全壳喷淋系统

（E）蒸汽管道隔离装置

7. 关于反应堆保护系统的停堆保护功能说法正确的是（　　）。

（A）冷却剂流量低和核通量高事故保护停堆，将保护堆芯不会发生 ΔT 信号不能做出足够快相应的事故

（B）反应堆保护系统通过切断棒束控制组件电源，实现事故保护停堆

（C）反应堆保护系统能够利用允许电路闭锁某些行动而允许另一些行动

（D）反应堆保护系统没有停棒连锁信号，在控制系统发生故障或操纵员违反程序时，只能人工干预来控制异常情况

（E）反应堆保护系统的原理是：对功率、流量、轴向功率分布、一回路冷却剂温度和压力等确定一个允许的运行区间，以便当运行超出这一区间限制时，实现事故保护停堆

8. 专设安全设施的作用是（　　）。

（A）使核电厂处于安全停闭状态（包括采取事故保护停堆和注硼）

（B）提供足够大流量的浓硼水，以便防止由于失水事故造成的堆芯总体损害

（C）将安全壳隔离，使其里边不与外界环境相通，以限制放射性流出物的排放

（D）以辅助给水形式提供热阱，以便排出堆芯余热

（E）万一失去厂外电源，能提供可靠的应急电源（柴油发电机）

9. 以下关于电感的描述正确的是（　　）。

(A) 线圈的电感与线圈的匝数的平方成正比

(B) 线圈芯越长,电感越大

(C) 线圈芯的截面积越大,电感越大

(D) 同样的铁芯线圈的电感比空芯线圈的电感小

(E) 线圈有无铁芯对其电感无影响

10. 属于晶体二极管具有特性是(　　)。

(A) 伏安特性　(B) 正向特性　(C) 反向特性　(D) 反向击穿特性

(E) 温度特性

11. 堆芯需要有足够的过剩反应性的理由,以下正确的是(　　)。

(A) 为了补偿功率变化过程中 135Xe 和 149Sm 的燃耗

(B) 为了保证负的慢化剂温度系数,反应堆冷却剂硼浓度不能过高

(C) 为了补偿升功率引起的功率亏损

(D) 停堆后更容易在氙浓度足够大时使反应堆临界

(E) 为了控制氙振荡

12. 反应堆运行时,从燃料到冷却剂包含的传热过程有(　　)。

(A) 包壳外壁和冷却剂之间的对流换热　(B) 包壳内的热传导

(C) 燃料芯块与包壳间的间隙传热　(D) 辐射传热

(E) 燃料芯块中的热传导

13. 重水堆反应堆控制系统包括哪几个程序(　　)。

(A) RRS　(B) RRF　(C) STP　(D) FLX

(E) SGP

14. 30 万千瓦机组实测棒位系统的主要部件有(　　)。

(A) 恒流源　(B) 棒位探测器　(C) 记录仪　(D) 光点显示器

(E) 格雷码整形器

15. 自动控制系统就是要用机械或电气控制来代替人工控制,自动控制系统的基本元件包括:测量元件、比较元件和(　　)。

(A) 反馈元件　(B) 执行元件　(C) 输出元件　(D) 定值元件

(E) 放大元件

16. 以下说法有误的是(　　)。

(A) 在闭环控制系统中,由于采用了负反馈,因而被控制量对外干扰和系统内部参数变化都不很敏感

(B) 若系统的输出量对系统的控制作用不发生影响,则称为闭环控制系统

(C) 闭环控制系统也就是反馈控制系统

(D) 在开环系统中,需要对输出量进行测量,但不需要将输出量反馈到系统输入端与输入量进行比较

(E) 反馈控制系统的主要优点在于不论何种原因引起被控制量偏离其给定值而发生偏差时,就一定有相应的控制作用产生,使偏差得以消除

17. 交流电压的表征量包括(　　)。

(A) 平均值　(B) 峰值　(C) 有效值　(D) 波形因数

(E) 波峰因数

18. 装卸料机推杆组件是由(　　)等同心管组成的。

(A) B 杆管　　(B) L 杆管　　(C) C 杆 3 号管　　(D) C 杆 2 号管

(E) C 杆 1 号管

19. 装卸料机料仓管用于储存燃料棒束的是(　　)。

(A) A 管　　(B) B 管　　(C) D 管　　(D) L 管

(E) N 管

20. 分离器探块的作用包括(　　)。

(A) 探知两个燃料棒束串之间的间隙

(B) 探知燃料棒束与推杆适配器之间的间隙

(C) 探知燃料棒束与屏蔽塞之间的间隙

(D) 探知屏蔽塞与推杆适配器之间的间隙

(E) 分离燃料棒束

五、参考答案

(一) 单项选择题

1. B;2. B;3. B;4. C;5. D;6. C;7. D;8. B;9. B;10. C;11. B;12. D;13. B;14. A;15. B;16. B;17. C;18. A;19. D;20. B;21. B;22. B;23. D;24. C;25. A;26. A;27. D;28. C;29. C;30. B;31. B;32. D;33. A;34. B;35. D;36. A;37. D;38. D;39. A;40. B;41. D;42. C;43. A;44. A;45. C;46. B;47. C;48. A。

(二) 判断题

1. √;2. √;3. ×;4. ×;5. √;6. √;7. ×;8. ×;9. ×;10. √;11. √;12. √;13. ×;14. ×;15. √;16. √;17. √;18. ×;19. √;20. √;21. √;22. ×;23. ×;24. √;25. √;26. ×;27. ×;28. ×;29. √;30. ×;31. ×;32. √;33. ×;34. ×。

(三) 多项选择题

1. ABC;2. ABC;3. ABCDE;4. AE;5. ABC;6. ABDE;7. ABC;8. ABCDE;9. AC;10. ABCDE;11. CD;12. ABCE;13. ABCD;14. ABDE;15. BDE;16. BD;17. ABCDE;18. ABCDE;19. BCDE;20. ABC。

第四单元 设备维修

一、学习目标

1. 掌握万用表的的使用;
2. 掌握印刷线路板焊接工具的使用;
3. 掌握接线工具的使用;
4. 掌握热风枪的使用;
5. 了解反应堆保护过程测量仪表基础知识;
6. 掌握核反应堆控制系统端子接线图;
7. 掌握核反应堆控制系统调节原理;
8. 了解过程反应堆控制测量仪表基础知识;
9. 了解核反应堆中子测量基础知识;
10. 掌握中子测量探测器的工作原理;
11. 了解中子测量探测器的技术指标;
12. 掌握重水堆燃料操作系统端子接线图;
13. 掌握重水堆燃料操作系统专用仪器的使用。

二、考核要点

考核要点见表 3-4。

表 3-4 考核要点

考核类别	考核范围	考核点	重要程度
设备维修	万用表的使用说明书	数字万用表的基本信息	X
		万用表的测量方法	X
	印刷电路板焊接工具使用说明书	印刷电路板焊接工具	Y
		印刷电路板焊前处理	X
		印刷电路板焊接技术	X
	接线工具使用说明书	螺丝刀的使用	X
		压线钳的使用	X
		电动绕线枪的使用	Z
	热风枪使用说明书	热风枪简介	X
		热风枪安全注意事项	X

续表

考核类别	考核范围	考核点	重要程度
设备维修	过程测量仪表基础知识（反应堆保护）	过程仪表系统特点	Y
		过程仪表系统构成	X
		过程仪表系统技术指标	X
		过程仪表其他基础知识	X
	核反应堆控制系统端子接线图	核反应堆控制系统端子接线图	X
	核反应堆控制系统调节原理	反应堆控制的目的	X
		反应堆控制方案的选择	X
		反应堆功率调节系统的调节原理	X
		轴向功率分布报警系统的功能和原理	X
	过程测量仪表基础知识（反应堆控制）	测量仪表基础知识	Y
		温度测量仪表	X
		压力测量仪表	X
		流量测量仪表	X
		液位测量仪表	X
	核反应堆中子测量基础知识	核反应堆中子测量基础知识	X
	探测器的工作原理	中子与物质的相互作用	X
		气体电离的 $V-A$ 特性曲线	X
		气体电离探测器的分类	X
		中子电离室的γ补偿原理	X
		裂变电离室的工作原理	X
		硼正比计数管得工作原理	X
	探测器的技术指标	常见型号的探测器技术指标	Y
	重水堆燃料操作系统端子接线图	燃料操作系统端子接线图	X
	专用仪器的使用说明书	分离器电位计抽真空充油装置使用说明	X
		分离器电位计测试装置使用说明	X
		其他专用仪器使用说明	X

三、考点导航

1. 万用表的使用说明书

(1) 数字万用表的基本信息

数字万用表的基本信息主要包括数字万用表采用的国际符号、数字万用表显示屏幕信息功能说明、万用表旋钮开关对应功能、插孔说明等。

(2) 万用表的测量方法

使用万用表进行测量电压、测量电阻、通断(连续)性测试、用电导进行高阻测试、测试电容、测试二极管、测量温度、测量电流、测量频率、测量占空系数比、测量脉冲宽度。

2. 印刷电路板焊接工具使用说明书

(1) 印刷电路板焊接工具

电烙铁是最常用的印刷线路板焊接工具,除了关注其使用的注意事项外,焊接时还需要焊锡和助焊剂及一些辅助工具。

(2) 印刷电路板焊前处理

焊接前,应对元件引脚或电路板的焊接部位进行焊前处理,清除焊接部位氧化层,并进行元件镀锡。

(3) 印刷电路板焊接技术

焊接要使用正确的焊接方法,还要保证每个焊点牢固、接触良好,保证焊接质量。

3. 接线工具使用说明书

(1) 螺丝刀的使用

螺丝刀也称为螺钉旋具、改锥、起子或解刀,用来紧固或拆卸螺钉。它的种类很多,按照头部的形状的不同,常见的螺丝刀可分为一字和十字两种;按照手柄的材料和结构的不同,常见的螺丝刀可分为木柄、塑料柄、夹柄和金属柄四种;按照操作形式的不同,常见的螺丝刀可分为自动、电动和风动等形式。

(2) 压线钳的使用

压线钳的主要用途是在把现场电缆端接到接线端子上时,需要在接线部位压接压线片(压线片根据形状不同,分为针式、环式、插片式等)。

(3) 电动绕线枪的使用

电动绕线枪主要使用在对接线连接性和可靠度较高的场合(如反应堆保护系统),电动绕线枪的使用有其步骤和方法。

4. 热风枪使用说明书

(1) 热风枪简介

热风枪主要是利用发热电阻丝的枪芯吹出的热风来对元件进行焊接与摘取元件的工具。根据热风枪的工作原理,热风枪控制电路的主体部分应包括温度信号放大电路、比较电路、可控硅控制电路、传感器、风控电路等。另外,为了提高电路的整体性能,还应设置一些辅助电路,如温度显示电路、关机延时电路和过零检测电路。

(2) 热风枪安全注意事项

为了避免引起火灾、爆炸、人身伤害等风险,使用热风枪之前,必须严格遵守相应的注意事项。

5. 过程测量仪表基础知识(反应堆保护)

(1) 过程仪表系统特点

方便使用的信号;构成本质安全防爆系统;丰富的控制功能;简化了系统工程;维护使用方便;构成高可靠性系统。

(2) 过程仪表系统构成

在系统结构上可分为两大部分:架装仪表和盘装仪表。

(3) 过程仪表系统技术指标

包括内部信号、信号负载能力、正常工作温度、运输和贮存温度范围、环境湿度范围、系统内部电源。

(4) 过程仪表其他基础知识

过程仪表其他基础知识。

6. 核反应堆控制系统端子接线图

(1) 核反应堆控制系统端子接线图

端子接线应用于各种各样的系统接线中,通过端子这种接线方式,可以方便施工、检修、维护。如果不用端子连接,一旦出现问题,查找、检修起来将非常困难。不同系统的端子接线图画法各不相同,但表示方法都大同小异,一般须包括的要素有:本侧端子牌号和标号、另外一侧的端子号以及必要的注释。

7. 核反应堆控制系统调节原理

(1) 反应堆控制的目的

反应堆控制的基本目的是使一回路所产生的功率与二回路所吸收的功率相等,同时保证一、二回路的温度与压力等热工参数及堆芯功率分布等参数能满足各方面要求。

(2) 反应堆控制方案的选择

对于具有不同的固有稳定性(即对象内部控制特性)的核动力装置,其控制系统的结构型式也不同。通过平均温度(T_{avg})恒定和蒸汽压力 P_s 恒定方案的比较,某核电站采用折衷方案即介于 T_{avg} 恒定和 P_s 恒定方案之间。

(3) 反应堆功率调节系统的调节原理

反应堆功率调节系统主要包括两个通道:平均温度调节回路和功率偏差失配补偿回路,这两个通道的输出经过棒速程序单元送控制棒控制系统,以驱动控制棒。

(4) 轴向功率分布报警系统的功能和原理

轴向功率分布报警系统是用于监测堆芯轴向功率分布的系统。当主控监测的轴向功率偏移信号ΔI偏离了预定的目标带时,将会发出报警信号,由主控室操作人员手动控制调硼,改变硼的浓度,而自动改变控制棒的棒位,因而改变堆芯轴向功率分布,使轴向偏移回到目标带内。

8. 过程测量仪表基础知识(反应堆控制)

(1) 测量仪表基础知识

测量仪表的结构和功能各不相同,但基本上由三部分组成:检测部分(又称一次仪表)、转换传送部分、显示部分(又称二次仪表)。测量仪表的分类可以根据被测量的种类分、根据用途分、根据敏感元件与被测介质是否接触分、按使用的动力分、按结构分、按被测参数分等。

(2) 温度测量仪表

利用某些物质与温度有关的物理特性将被测温度信号转换为电信号,用以监测、报警、控制及显示等。温度测量仪表主要分两类:热电偶温度计和热电阻温度计。

(3) 压力测量仪表

压力的表现方式有大气压力、绝对压力、表压力、负压或真空度等。测压仪表根据原理的不同,压力计大致可分为四种:液柱式压力计、弹性式压力计、电气式压力计、活塞式压力计。了解压力变送器的定义、分类及分级。

(4) 流量测量仪表

流量的概念有瞬间流量、累积流量;流量检测仪表可分为两大类:体积流量仪表和质量流量仪表。差压流量计以及转子流量计的介绍。

(5) 液位测量仪表

工业生产过程中,常常需要测量容器内的液体液位,测量液位的仪表称液位计。在液位测量仪表中重点介绍静压式液位仪表和超声波水位计。

9. 核反应堆中子测量基础知识

反应堆核测量系统是用来了解反应堆运行工况的装置,即了解堆内裂变状况的装置。核反应堆中子测量是测量的基础。反应堆核测量系统,主要测量堆功率及堆周期,并将测量结果用仪器显示出来。

10. 探测器的工作原理

(1) 中子与物质的相互作用

中子不带电荷,也不能直接引起物质原子的“电离”与“激发”。因此,探测中子都是间接地利用它与物质原子的核作用产生的次级带电粒子而实现的。中子与物质的相互作用主要有散射和俘获两种类型。

(2) 气体电离的 $V-A$ 特性曲线

在外加电场作用下,在探测器气体空间中形成的电子和正离子分别向正、负电极漂移而产生输出信号,该信号与外加电压的关系,可以用气体伏安($V-A$)特性曲线来表示。

(3) 气体电离探测器的分类

按 $V-A$ 曲线分类分为电离室、正比计数管、盖革计数管;按被测射线分类分为α、β、γ、n、p及X射线探测器;还有其他很多不同的分类方法。

(4) 中子电离室的γ补偿原理

众所周知,在核反应堆中,中子与γ射线总是共生的。电离室对γ射线也有一定的响应,这样会影响对中子注量率测量的准确度,特别是在核反应堆停堆后不久再启动时,由于堆内中子减弱极快,而γ射线的强度衰减是缓慢的,有可能γ射线引发的信号淹没了中子所产生的信号,造成反应堆启动的盲区。这对反应堆的安全是不允许的。因此,必须采取γ补偿的结构。

(5) 裂变电离室的工作原理

裂变电离室的电离主要是由中子和裂变物质进行核反应产生的裂变碎片引起的。裂变反应将慢中子转换成为该电离产物而被测量。

(6) 硼正比计数管得工作原理

一种在阴极表面涂复固态硼膜的正比计数管。它利用 $^{10}B(n, \alpha)^{7}Li$ 核反应进行中子探测,反应的生成物α粒子和 ^{7}Li 核，进入计数管空间导致电离发生。

11. 探测器的技术指标

常见型号的探测器技术指标：列举了硼沉积计数管 ZJ524 及 ZJ1520、部分电离室、长中子电离室 CBL41、微型裂变室 CFUF43P、BF3 正比计数器、钒自给能探测器、铂自给能探测器的性能指标。

12. 重水堆燃料操作系统端子接线图

燃料操作系统端子接线图：电路接线由接线盘柜统一集中地与现场设备、主控盘台指示、电站数字控制计算机(DCC)、MCC 连接。由于燃料操作系统多数设备都分为 A、C 两侧的相同的两套，所以电路端子接线也随设备存在两套。一套从 PL801～PL807，另一套从 PL821～PL827，两套接线基本相同。

13. 专用仪器的使用说明书

(1) 分离器电位计抽真空充油装置使用说明

分离器电位计抽真空充油装置是实现分离器电位计解体检修后，对电位计抽真空和充油的装置。通过装置示意图和操作步骤进行说明。

(2) 分离器电位计测试装置使用说明

通过分离器电位计测量装置示意图进行说明。

(3) 其他专用仪器使用说明

其他专用仪器使用参见相关仪器使用说明书。

四、仿真训练

(一) 单项选择题(请将正确选项的代号填入题内的括号中)

1. 万用表的保持显示模式应(　　)。

(A) 按 HOLD 键　　(B) 按 LOG 键

(C) 按 RANGE 键　　(D) 按 MIN MAX 键

2. 关于示波器、信号发生器、记录仪等工具说法不正确的是(　　)。

(A) 信号发生器可以记录现场的波形

(B) 信号发生器一般可以发生正弦波、方波、锯齿波等波形

(C) 记录仪可以把记录到的波形数据存储下来

(D) 示波器可以测量电压波形、测量波形起始及持续时间、测量波形频率、测量频率倍数等

3. 用 FLUKE189 万用表测量电阻时，表笔会造成的误差是(　　)。

(A) 没有误差　　(B) 0.01～0.02 Ω

(C) 0.1～0.2 Ω　　(D) 1～2 Ω

4. 以下关于数字用万表 FLUKE189 测量电阻错误的描述是(　　)。

(A) 由于仪表所输出的测试电流通过表笔之间所有可能的通道，在电路上所测量到的电阻值通常会和电阻的额定值有所不同

(B) 电阻测量时，表笔会造成 0.1 Ω到 0.2 Ω的误差

(C) 如果要测试导线的电阻，可以把表笔的尖部碰在一起，然后读出导线的电阻

(D) 数字万用表无法自动减去导线电阻

5. 以下哪个不是焊接印刷电路板使用的工具(　　)。

(A) 电烙铁

(B) 小扳手

(C) 焊锡核助焊剂(松香或松香水、焊锡膏)

(D) 尖嘴钳、偏口钳、镊子和小刀

6. 关于焊接前准备,以下说法不正确的是(　　)。

(A) 电烙铁要充分预热

(B) 清除焊接部位的氧化层

(C) 烙铁头如严重氧化而发黑,可用钢锉锉去表层氧化物

(D) 焊点要有足够的机械强度,保证被焊件在受震动或冲击时不致脱落、松动

7. 松香助焊剂的溶剂是(　　)。

(A) 香蕉水　　(B) 酒精　　(C) 汽油　　(D) 丙酮

8. 虚焊是指焊料与被焊件表面没有形成(　　)。

(A) 焊锡　　(B) 实体焊点　　(C) 合金结构　　(D) 接触点

9. 关于印刷电路板焊接,错误的说法是(　　)。

(A) 将烙铁头刃面紧贴在焊点处,电烙铁与水平面大约成60°角,以便于熔化的锡从烙铁头上流到焊点上

(B) 烙铁头在焊点处停留的时间控制在 2～3 s

(C) 焊点要有足够的机械强度,保证被焊件在受振动或冲击时不致脱落、松动,因此使用焊锡越多越好些

(D) 虚焊是指焊料与被焊件表面没有形成合金结构,只是简单地依附在被焊金属表面上

10. 对保护系统机柜端子排(型号:SAK 2.5/EN)进行紧固,力矩螺丝刀力矩设置一般在哪个范围(　　)。

(A) 0.05～0.25 N/m　　(B) 0.5～2.5 N/m

(C) 5～25 N/m　　(D) 50～250 N/m

11. 在使用电动力矩螺丝刀时,错误的使用方法为(　　)。

(A) 螺丝刀头不必与螺钉完全啮合

(B) 启动后需施加一定的轴向压力

(C) 应根据螺丝的具体型号来选择适当的力矩

(D) 在拧之前,可以先用测力螺丝刀来测定被拧螺钉的扭矩值

12. 关于压线钳的使用错误的是(　　)。

(A) 将导线进行剥线处理时,裸线长度约 1.5 mm,与压线片的压线部位大致相等

(B) 将压线片的开口方向向着压线槽放入,并使压线片尾部的金属带与压线钳平齐

(C) 将导线插入压线片,对齐后压紧

(D) 用压线钳剥离导线的绝缘层,裸线留出适当的长度

13. 关于电动绕线枪的使用错误的是(　　)。

(A) 使用时将绕线枪直接插入 220 V 电源即可,然后扣动扳机,使绕线枪空转,试转,如果无异声即可使用

(B) 如果绕成的接点其中有一项不合格都应该重绕,用退线器退下来,退下来的导线可以再用

(C) 如果绕成螺旋状相邻两圈间隔超过导线的半径值,说明推力不够

(D) 如果绕成螺旋状相邻两圈重叠,则说明推力过大

14. 关于电动绕线枪的使用以下哪个有误(　　)。

(A) 使用时将绕线枪直接插入 220 VAC 电源即可,然后扣动扳机,使绕线枪空转,试转。如果无异声即可使用

(B) 松开枪上的夹头帽,装上绕接器所需要的绕头,绕套,检查绕头,绕套与所绕径及接线柱尺寸。接点类型是否符合尺寸要求

(C) 拧紧夹头帽后扣动扳机,观察绕头上的导线槽停止的位置,然后松开,夹头帽,旋转绕套,使绕套上的漏斗与导线槽相对应

(D) 绕抗震型接点与绕常规的接点一样将导线剥去皮的部分插入绕头导线槽中即可

15. 使用热风枪时焊铁部件在元器件上方均匀加热的最佳距离是(　　)。

(A) 1～2 cm　　(B) 2～3 cm　　(C) 3～4 cm　　(D) 4～5 cm

16. 关于热风枪的说明错误的是(　　)。

(A) 热风枪是利用发热电阻的枪芯吹出的热风来对元件进行焊接或摘取元件的工具

(B) 热风枪的的设置温度显示电路是为了便于调节温度

(C) 热风枪加入关机延时电路是为了提高电路的安全性

(D) 目前市场上的热风枪未加过零电路,可以正常工作,从技术上讲是完美的

17. 使用热缩套管时,选择热缩套管的直径一般是连接导线或电缆外径的(　　)。

(A) 1～2 倍　　(B) 2～3 倍　　(C) 3～4 倍　　(D) 4～5 倍

18. 重水堆停堆系统电离室更换过程中使用的 WCSF–500–38/13–N 型热缩套管参数中,38/13 表征的参数是(　　)。

(A) 可耐受的极限剂量和推荐剂量

(B) 可耐受的极限温度和推荐温度(×100 ℃)

(C) 收缩前后的尺寸

(D) 道材料代码

19. 过程测量仪表系统(例如 SPEC200 系列)内部统一信号是(　　)。

(A) 1～5 VDC　　(B) 0～220 VAC　　(C) 0～10 VDC　　(D) 0～24 VDC

20. 美国 Foxboro 公司的组装式电子调节仪表 SPEC200,在系统结构上可分为两大部分:架装仪表和盘装仪表,其中盘装仪表包括(　　)。

(A) 输入组件　　(B) 处理组件　　(C) 调节组件　　(D) 显示操作器

21. 关于 SPEC200 系列过程测量仪表信号负载能力:可驱动输入为 0～10 VDC 的组件数量是(　　)。

(A) 20 个　　(B) 30 个　　(C) 40 个　　(D) 60 个

22. 下面对于 SPEC200 系统的技术指标描述正确的是(　　)。

(A) 内部信号:0～5 VDC

(B) 信号负载能力:可驱动输入为 0～10 VDC 的 SPEC200 组件 10 个

(C) 正常工作温度范围:5～75 ℃

(D) 记录仪走纸机构及报警灯:24 VAC

23. 下面对于 SPEC200 系统的技术指标描述正确的是(　　)。

(A) 内部信号:0～5 VDC

(B) 信号负载能力:可驱动输入为 0～10 VDC 的 SPEC200 组件 10 个

(C) 正常工作温度范围:5～50 ℃

(D) 记录仪走纸机构及报警灯:48 VAC

24. 过程测量仪表系统(例如 SPEC200 系列)模拟图中的 RG 代表的组件是(　　)。

(A) 调节组件　(B) 输入组件　(C) 输出组件　(D) 加法组件

25. 过程测量仪表主要是将电站现场的工艺系统测量变量转化为(　　)信号,送给控制系统、反应堆保护系统进行计算和逻辑处理,最终完成信号显示和报警的功能。

(A) 流量　(B) 电量　(C) 温度　(D) 压力

26. 端子接线图画法各不相同,但表示方法都大同小异,一般须包括的要素有:本侧(　　)和标号、另外一侧的端子号、以及必要的注释。

(A) 贯穿件铭牌　(B) 端子牌号　(C) 机柜尺寸　(D) 电缆容量

27. 30 万千瓦机组反应堆功率调节系统仅对(　　)进行自动控制。

(A) T1 组　(B) T2 组　(C) T3 组　(D) T4 组

28. 下列那一项不是 30 万千瓦机组堆功率投入自动的必要条件(　　)。

(A) 电功率大于 15%　(B) 核功率大于 15%

(C) 保护系统工作正常　(D) 核测系统工作正常

29. 30 万千瓦机组汽轮机在低功率时,冲动室压力是非线性的,所以在电功率低于(　　)以下时,功率调节系统是不投入自动的,只有手动操作。

(A) 5%　(B) 10%　(C) 15%　(D) 20%

30. 30 万千瓦机组功率调节系统采用的控制方案是(　　)。

(A) 平均温度恒定方案

(B) 压力恒定方案

(C) 折衷方案即介于平均温度恒定方案和压力恒定方案之间

(D) 以上都不对

31. 以下哪个特点不属于反应堆控制中平均温度恒定方案的优点(　　)。

(A) 借助负温度系统

(B) 反应性不变

(C) 冷却剂体积及稳压器体积较小

(D) 二回路蒸汽压力从零到满功率变化范围大

32. 30 万千瓦机组反应堆功率调节系统中,功率失配通道的输入是(　　)信号。

(A) 核功率信号　(B) 汽轮机功率信号

(C) 核功率信号和汽轮机功率信号　(D) 堆外核测信号

33. 30 万千瓦机组反应堆功率调节系统有两条回路,共有(　　)个平均温度信号送入次高选卡。

(A) 2　(B) 3　(C) 4　(D) 5

34. 反应堆功率调节系统中,参考平均温度 T_{ref} 信号取自(　　)。

(A) 一回路热段温度　　(B) 一回路平均温度 T_{avg}
(C) 汽轮机第一级冲动级压力　　(D) 汽轮机功率参考值

35. 30 万千瓦机组反应堆轴向功率偏差ΔI 超出目标带外(　　)小时(24 h 之内),发降功率信号。

(A) 0.5　　(B) 1　　(C) 1.5　　(D) 2

36. 当实际目标值ΔI偏离理想目标值ΔI_{ref}+3.4%时，30 万千瓦机组轴向功率偏差报警系统将会发出(　　)信号。

(A) 硼化　　(B) 稀释　　(C) 降功率　　(D) 升功率

37. 30 万千瓦机组反应堆轴向功率偏差报警系统接收中长中子电离室输出的 8 路信号,即反应堆上部 4 个信号,下部 4 个信号,经隔离后将信号送到(　　)个加法器。

(A) 1　　(B) 2　　(C) 3　　(D) 4

38. 测量仪表按被测量的种类分为:热工量测量仪表、机械量测量仪表、成分分析仪表和(　　)。

(A) 电工量测量仪表　　(B) 接触式检测仪表
(C) 电动仪表　　(D) 压力测量仪表

39. 利用导体或半导体的电阻随温度变化的性质来测量温度的是(　　)。

(A) 热电偶　　(B) 红外测温仪　　(C) 电子温度计　　(D) 热电阻

40. 差压流量计中的(　　)将被测流量值转换成差压值。

(A) 节流装置　　(B) 导压管　　(C) 差压变送器　　(D) 导压管阀门

41. 超声波液位计从发射到接收超声波脉冲所需时间间隔与换能器到被测介质表面的距离成(　　)。

(A) 反比　　(B) 正比　　(C) 对数关系　　(D) 非线性关系

42. 利用连通器原理进行工作,如玻璃管式液位计、玻璃板式液位计,此类液位计属于(　　)。

(A) 浮力式液位仪表　　(B) 静压式液位仪表
(C) 直读式液位仪表　　(D) 电气式物位仪表

43. 以下关于反应堆功率测量不正确的是(　　)。

(A) 反应堆功率是指堆内裂变过程中释放能量的速度
(B) 反应堆核测量系统,主要测量堆功率及堆周期
(C) 核测系统测量反应堆的功率和周期即测量反应堆的中子通量和中子通量的变化率
(D) 反应堆周期越小表明反应堆功率变化越慢

44. 堆外核测系统(RPN)测量反应堆的功率和周期,归根结底是测量反应堆的(　　)。

(A) 中子注量率和中子注量率的变化率
(B) 中子数量和中子数量的变化
(C) 中子密度和中子密度的变化
(D) 中子速度和中子速度的变化

45. 重水堆机组 RRS 系统共有多少个铂探测器(　　)。

(A) 24　　(B) 14　　(C) 28　　(D) 12

46. 以下关于中子说法正确的是(　　)。

(A) 中子带正电荷
(B) 中子不带电荷,也不能直接引起物质原子的“电离”与“激发”
(C) 中子带负电荷
(D) 反应堆周期越小表明反应堆功率变化越慢

47. 中子与物质的作用主要有(　　)两种类型。
(A) 激发和电离　(B) 电离和散射　(C) 散射和激发　(D) 散射和捕获

48. 以下关于探测器 $V-A$ 曲线说法不正确的是(　　)。
(A) 在复合区电极上收集到的离子对数小于初始总电离数
(B) 盖革计数管器工作在饱和区
(C) 长中子电离室工作在饱和区
(D) 正比计数管工作在正比区

49. 正比计数管工作在以下哪一个区间内(　　)。
(A) 复合区　(B) 饱和区　(C) 正比区　(D) 连续放电区

50. 堆外核测系统使用了三种探测器,其中用于功率量程的探测器是(　　)。
(A) 长中子电离室　(B) 自给能探测器
(C) 微型裂变器　(D) γ补偿电离室

51. M310 核电机组的堆外核测系统(RPN)源量程使用的探测器属于(　　)。
(A) 正比计数管　(B) 电离室　(C) 盖革计数管　(D) 裂变电离室

52. 以下关于中子电离室的γ补偿原理不正确的是(　　)。
(A) 电离室对γ射线也有一定的响应
(B) 通常γ补偿电离室都设计成过补偿
(C) 通常γ补偿电离室都设计成欠补偿
(D) 在核反应堆中中子与γ射线总是共生的

53. 关于中子电离室进行γ补偿后,收集极的电流说法正确的是(　　)。
(A) 收集极电流大于中子电流　(B) 收集极电流小于中子电流
(C) 收集极电流约等于中子电流　(D) 无法确定。

54. 以下关于裂变电离室说法不正确的是(　　)。
(A) 裂变电离室γ干扰能力很差
(B) 裂变反应的最大特点是反应能很大,达 200 MeV 左右
(C) 裂变电离室的电离主要是由中子和裂变物质进行核反应产生的裂变碎片引起的
(D) 裂变电离室也可在脉冲状态下工作

55. M310 核电机组的堆芯中子通量测量系统(RIC)使用的中子探测器属于(　　)。
(A) 正比计数管　(B) 电离室
(C) 盖革计数管　(D) 微型裂变室

56. 以下关于硼正比计数说法不正确的是(　　)。
(A) 硼正比计数管是一种在阴极表面涂复固态硼膜的正比计数管
(B) 硼正比计数管利用 $^{10}B(n,\alpha)^{7}Li$ 核反应进行中子探测
(C) 硼正比计数管的电离主要是由中子和裂变物质进行核反应产生的裂变碎片引起的
(D) 硼正比计数管幅度谱中不存在“波谷”,因此它不具有计数率—高压的坪特性

57. 关于硼正比计数管的说法正确的是(　　)。
(A) 硼正比计数管的阳极表面涂覆固态棚膜
(B) 硼正比计数管不具有高压的坪特性
(C) 硼正比计数管一般用于堆外中子测量系统的中间量程
(D) 硼正比计数管一般用于堆外中子测量系统的功率量程

58. 以下关于气体电离探测器技术指标说法不正确的是(　　)。
(A) 所有气体电离探测器都必须外供高压才能正常工作
(B) CBL41 的中子灵敏材料是硼(^{10}B)
(C) 硼正比计数管的电离主要是由中子和裂变物质进行核反应产生的裂变碎片引起的
(D) 硼正比计数管幅度谱中不存在“波谷”,因此它不具有计数率—高压的坪特性

59. 在重水堆机组,机组正常运行期间,RRS 电离室的工作电压是(　　)。
(A) 300 VDC　　(B) 400 VDC　　(C) 500 VDC　　(D) 600 VDC

60. CANDU–6 堆芯共有多少个钒探测器(　　)。
(A) 108　　(B) 102　　(C) 112　　(D) 84

61. 装卸料机控制盘柜中安装有继电器的盘柜是(　　)。
(A) PL804　　(B) PL805　　(C) PL806　　(D) PL807

62. 判定现场电位计输入信号 A 和输入信号 B 失去同步的条件是(　　)。
(A) $A-B>SP$　　(B) $A-B<SP$　　(C) $|A-B|>SP$　　(D) $|A-B|<SP$

63. 分离器电位计抽真空装置,理论上真空泵抽真空直至水银柱的高度达到(　　),才认为满足检修合格验收标准。
(A) 760 cm　　(B) 76 cm　　(C) 750 cm　　(D) 75 cm

64. 分离器电位计抽真空装置选用的油为(　　)。
(A) 润滑油　　(B) 矿物油　　(C) 电气绝缘油　　(D) 液压油

(二) 判断题(对的画“√”,错的画“×”)

1. (　　)对于数字万用表 FLUKE189,如果测试线插在 mA/μA 或 A 插孔,但旋钮开关并没有转到电流测量档上,输入警告(Input Alert^{TM})蜂鸣器会发出警告声并且主显示会出现“LEAdS”。

2. (　　)一个良好的锗半导体结构的电压降应该是 0.5～0.8 V。

3. (　　)在使用示波器时,需要根据实际情况对示波器进行设定,如通道的选择、触发源的选择、触发类型的选择、触发方式的选择、释抑时间的调整、耦合方式的选择、斜率和电平的设定和定位等。

4. (　　)电烙铁是最常用的焊接工具,使用前应认真检查电源插头、电源线有无损坏,使用结束后应及时切断电源,拔下电源插头。

5. (　　)导线焊接前用电烙铁将绝缘外皮烫掉后即可直接进行正式印刷电路板焊接。

6. (　　)虚焊是指焊料与被焊件表面没有形成合金结构,只是简单地依附在被焊金属表面上。

7. (　　)焊接质量要求应包括机械结合牢固、电气接触导电性良好和焊点表面光滑、清洁、美观三个方面。

8. (　　) 压线钳的主要用途是把现场电缆端接到接线端子上,需根据接线端子和线径选

择合适的压线片，因此为简化操作，现场也可用老虎钳将端子与电缆压紧。

9.（　　）电动绕线枪使用后检查所绕接点是否合格，如绕成螺旋状相邻两圈间隔超过导线的半径值，说明推力不够，如导线两圈重叠，则说明推力过大。

10.（　　）在使用电动绕线枪前，需将绕线枪接入 220 V 电源，然后扣动扳机，使绕线枪空转，试转。如果无异声即可使用。

11.（　　）热风枪使用前应确信已可靠接地，防止工具上的静电损坏元器件。

12.（　　）可以在在线运行的制氢设备控制柜内使用热风枪，只要掌握好热风枪的温度设置。

13.（　　）美国 Foxboro 公司的组装式电子调节仪表 SPEC200，该系统采用组装仪表，用户只需提供控制回路方块图，由制造厂提供用户系统工程接线图，减少了用户的设计工作，在现场系统的更改、扩展十分方便。

14.（　　）过程测量仪表系统的处理组件有比例、比例–微分、比例–积分–微分等基本组件构成。

15.（　　）重水堆一号停堆系统中用的继电器的电源电压是 48 VDC。

16.（　　）在校验重水堆一号停堆系统蒸汽发生器液位变送器时不需要把变送器腔室内的水吹干。

17.（　　）正常运行期间重水堆应急堆芯冷却系统中反应堆厂房压力参数的指示值大概为 2 kPa。

18.（　　）30 万千瓦机组棒控系统反应堆厂房贯穿件端子接线图中“3X:8”标注的是该端子对应的对方端子号。

19.（　　）不同系统的端子接线图画法各不相同，但表示方法都大同小异，一般须包括的要素有：本侧端子牌号和标号、另外一侧的端子号、以及必要的注释。

20.（　　）反应堆功率瞬时反应性变化及负荷变化是依靠调节冷却剂中的硼浓度。

21.（　　）维持一回路平均温度 T_{avg} 不变，降低蒸汽发生器出口的蒸汽温度 T_s 可以满足二回路的功率增加的需求。

22.（　　）30 万千瓦机组功率调节系统采用的控制方案兼顾了一、二回路的特点，使电站获得最佳运行特性。

23.（　　）正常运行期间检查重水堆机械吸收棒的棒位时，可以将机械吸收棒插入到堆芯。

24.（　　）30 万千瓦机组功率失配通道能对负荷的变化提供快速稳定的响应，实质上，这种电路在负荷变化引起平均温度 T_{avg} 变化前就动作了，并在平均温度 T_{avg} 变化以前就使棒开始向适当方向运动。

25.（　　）当 30 万千瓦机组蒸汽旁路排放系统投入时允许电网脱扣(带厂用电)，由 100% 甩负荷到厂用电 3%～4%PN，60%由蒸汽旁路排放系统承担，13%由两个蒸汽释放阀承担，功率调节系统承担 20%，余下 3%由一回路提高运行参数承担，而不停堆。

26.（　　）轴向功率分布报警系统是用于监测堆芯轴向功率分布的系统。当主控监测的轴向功率偏移信号 ΔI 偏离了预定的目标带时，将会发出报警信号。

27.（　　）30 万千瓦机组轴向功率分布报警系统如果 12 小时内 ΔI 超出目标带累积 1 000 个计数，则计数器发出报警，要求降功率运行。

28.( )热电阻测量温度必须有参考端且要求温度恒定或采取温度补偿措施。

29.( )绝对压力,即以大气压力为基准的压力值。

30.( )在单位时间(或一段时间内)直接测得通过仪表的流体体积量,根据这个原则制成的流量仪表称为速度式体积流量仪表。

31.( ) M310 核电机组的堆芯中子通量测量系统(RIC)的中子通量探测器最低可以测量到微安培级别的电流信号。

32.( )铂自给能探测器参数检查工单完成后,工作报告中应该注明其工作高压是否在合格范围内。

33.( )重水堆通量探测器的作用是测量 1 号停堆系统以及调节系统的中子通量。

34.( )中子不带电荷,但能直接引起物质原子的“电离”与“激发”。

35.( )基于裂变反应法的中子探测器的最大特点是输出脉冲幅度小,不容易通过幅度甄别而将其他干扰反应或本地信号除去。

36.( )电离室工作电压应该缓慢的增加至工作电压。

37.( ) M310 核电机组的堆外中子测量系统(RPN)的中间量程使用的是γ补偿电离室。

38.( )通常γ补偿电离室都设计成欠补偿( )。

39.( )对于γ补偿电离室,如果不进行γ补偿,则实际测量电流比理论中子电流要低。

40.( )裂变电离室γ干扰能力很强( )。

41.( ) M310 核电机组的堆芯核测系统(RIC)使用的中子通量探测器属于硼正比计数管。

42.( )硼正比计数管幅度谱中存在“波谷”,因此它具有高压坪特性。

43.( )硼正比计数管幅度谱中不存在“波谷”,但它具有计数率—高压的坪特性。

44.( ) M310 核电机组的堆外中子测量系统(RPN)的功率量程使用的是长中子电离室。

45.( )通量探测器组件内正常的氦气压力一般为 100±5 kPa。

46.( )重水堆机组反应堆共有 28 个垂直通量探测器组件。

47.( )典型的直流暖灯回路是由 24 VDC 和 11 VDC 两路电源并联供电的。

48.( )典型的 120 VAC 交流暖灯回路中并联了 3.3 kΩ和 2.7 kΩ的两个电阻进行控制。

49.( )燃料操作系统压力变送器,利用 24 VDC 电源串联 225 Ω 的标准电阻将压力信号反馈到 PLC。

50.( )安捷伦直流稳压电源中的 OCP 是过电压保护;OVP 是过电流保护。

51.( )轴编码器测试装置具备在离线的条件下对轴编码器卡件进行检查和功能测试。

(三) 多项选择题(请将正确选项的代号填入题内的括号中)

1. 使用 220 V 交流电供电的电烙铁应认真做到的各个方面,以下描述正确的有( )。

(A) 电源插头最好使用三极插头,使外壳妥善接地

(B) 使用前,应认真检查电源插头、电源线有无损坏,并检查烙铁头是否松动

(C) 电烙铁使用过程中可以用力敲击

(D) 焊接过程中,烙铁不能到处乱放,不焊时应放在烙铁架上

(E) 使用结束后,应及时切断电源,拔下电源插头,并马上将电烙铁收回工具箱

2. 以下哪些属于热风枪的应用( )。

(A) 对焊接套管进行热缩

(B) 丙烯酸、PVC、聚乙烯等材料的成型

(C) 在测绝缘或密封前,干燥电缆接头

(D) 热缩电绝缘、延展性好和机械保护的热缩套管

(E) 干燥成型部件

3. 美国 Foxboro 公司的组装式电子调节仪表 SPEC200,它的系统特点是( )。

(A) 该系统采用 0~10 V 直流电压信号作为系统内部的统一信号

(B) 丰富的控制功能

(C) 维护使用方便,采用组装仪表

(D) 机柜内部的模块为全数字化

(E) 机柜内部采用光纤通信

4. 以下哪些是架装仪表的构成( )。

(A) 电源 (B) 显示操作器 (C) 处理组件 (D) 输出组件

(E) 输入组件

5. 以下哪些是过程测量仪表系统技术指标项( )。

(A) 正常工作温度范围 (B) 系统内部电源

(C) 环境湿度范围 (D) 运输和贮存温度范围

(E) 内部信号

6. 来自现场变送器的信号在保护机柜中变换成哪些信号( )。

(A) 电源信号用于各组件及内部仪表的供电

(B) 送往事故后监测系统(PAMS)的模拟信号,用于指示、记录

(C) 送往各个控制系统的模拟信号,信号通过隔离组件送往控制组

(D) 24 VDC 专设安全设施系统逻辑信号,送往相关的继电器机架,以驱动继电器

(E) 24 VDC 保护逻辑信号送往反应堆保护系统

7. 关于 T_{avg} 恒定的反应堆控制方案,以下哪些是其优点( )。

(A) 它可以直接借助负温度系数,反应堆的输出功率将稳定地随蒸汽调节阀的开度变化而变化,同时,由于温度恒定不变,所以一回路冷却剂体积变化小,稳压器体积可以做得小一些

(B) 由于温度不变,所以反应性不变。外部控制系统的任务在于补偿燃耗,毒物等对反应性的影响

(C) 二回路蒸汽压力 P_s 从零到满功率变化范围大

(D) T_{avg} 变化大,所以要求有比较大的反应性变化,则要求控制棒移动范围较大,以补偿负温度系数的作用

(E) 由于冷却剂体积及稳压器体积较小,所以屏蔽体积减少

8. 重水堆反应堆功率控制程序的控制对象有哪些( )。

(A) 14 个液体区域控制吸收体(LZC)的液位 (B) 21 根调节棒(ADJ)

(C) 4 根机械吸收棒(MCA) (D) 28 根停堆棒(SOR)

(E) 6 个毒物罐

9. 30万千瓦机组反应堆功率调节系统允许投自动的条件是(　　)。

(A) 汽机功率大于15%　　(B) 反应堆保护系统工作正常
(C) 反应堆核测系统工作正常　　(D) 一回路平均温度正常
(E) 二回路冲动机压力正常

10. 影响反应堆轴向功率分布的因素有(　　)。

(A) 控制棒位置　(B) 功率水平　(C) 一回路温度　(D) 氙中毒和燃耗
(E) 一回路压力

11. 反应堆冷却剂系统的热工参数主要有(　　)。

(A) 温度　(B) 压力　(C) 流量　(D) 液位
(E) 放射性

12. 测量过程中,产生误差的原因(　　)。

(A) 测量装置误差　　(B) 环境误差
(C) 人员技能误差　　(D) 方法误差
(E) 粗大误差

13. 根据原理的不同,压力计大致可分为(　　)。

(A) 液柱式压力计　　(B) 弹性式压力计
(C) 电气式压力计　　(D) 活塞式压力计
(E) 分体式压力计

14. 重水堆功率测量中子探测仪表的种类(　　)

(A) 三氟化硼(BF3)正比计数管　　(B) 硼电离室
(C) 裂变电离室　　(D) 自给能探测器
(E) 碘化钠晶体探测器

15. 什么原因需要调整铂通量探测器放大器,以补偿探测器响应变化(　　)

(A) 燃耗引起通量形状变化　　(B) n/γ 比率的变化
(C) 探测器灵敏度衰减　　(D) 放大器漂移
(E) 探测器失效

16. 气体电离探测器的 $V-A$ 曲线包括以下那几个区间(　　)。

(A) 复合区　　(B) 饱和区
(C) 正比区　　(D) 有限正比区
(E) 盖革-米勒区

17. 气体中子探测器按照 $V-A$ 曲线分类,包括(　　)。

(A) 电离室　　(B) 正比计数管
(C) 盖革计数管　　(D) 半导体探测器
(E) 热释光探测器

18. M310 核电机组用于堆外中子测量的探测器类型包括(　　)。

(A) 硼正比计数管　　(B) γ 补偿电离室
(C) 长中子电离室　　(D) 钒自给能探测器
(E) 铂自给能探测器

五、参考答案

(一) 单项选择题

1. A;2. A;3. C;4. D;5. B;6. D;7. B;8. C;9. C;10. B;11. B;12. D;13. B;14. D;15. A;16. D;17. B;18. C;19. C;20. D;21. C;22. D;23. C;24. A;25. B;26. B;27. D;28. B;29. C;30. C;31. D;32. C;33. C;34. C;35. B;36. B;37. B;38. A;39. D;40. A;41. B;42. C;43. D;44. A;45. C;46. B;47. D;48. B;49. C;50. A;51. A;52. C;53. C;54. A;55. D;56. C;57. B;58. A;59. D;60. B;61. A;62. C;63. B;64. C。

(二) 判断题

1. √;2. ×;3. √;4. √;5. ×;6. √;7. √;8. ×;9. √;10. √;11. √;12. ×;13. √;14. ×;15. √;16. ×;17. ×;18. √;19. √;20. ×;21. √;22. √;23. ×;24. √;25. ×;26. √;27. ×;28. ×;29. ×;30. ×;31. ×;32. ×;33. ×;34. ×;35. ×;36. √;37. √;38. ×;39. ×;40. √;41. ×;42. ×;43. ×;44. √;45. √;46. ×;47. √;48. √;49. ×;50. ×;51. √。

(三) 多项选择题

1. ABD;2. ABCDE;3. ABC;4. ACDE;5. ABCDE;6. BCDE;7. ABE;8. ABCD;9. ABC;10. ABD;11. ABCD;12. ABCD;13. ABCD;14. ABCD;15. ABCD;16. ABCDE;17. ABC;18. ABC。

第五单元 判断和排除故障

一、学习目标

1. 掌握核反应堆保护系统部件工作原理及校验方法；
2. 掌握核反应堆保护参数定值表；
3. 掌握核反应堆控制系统的工作原理框图；
4. 掌握核反应堆控制系统部件工作原理及校验方法；
5. 了解功率放大器电路分析方法；
6. 了解对数放大器工作原理及性能指标；
7. 了解直流稳压电源原理及技术指标；
8. 了解重水堆燃料操作系统基础知识；
9. 了解重水堆燃料操作系统设备使用维修说明书。

二、考核要点

考核要点见表 3-5。

表 3-5 考核要点

考核类别	考核范围	考核点	重要程度
判断和排除故障	核反应堆保护系统部件工作原理及校验方法	核反应堆保护系统结构	X
		核反应堆保护系统机柜、机架	X
		核反应堆保护系统典型硬件模件	X
	核反应堆保护参数定值表	反应堆紧急停堆系统整定值	X
		专设安全设施驱动系统整定值	X
	核反应堆控制系统的工作原理框图	核反应堆控制系统的工作原理框图	X
	核反应堆控制系统部件工作原理及校验方法	棒控系统部件工作原理	X
		棒控系统部件校验方法	X
		棒位系统部件工作原理	X
		棒位系统部件校验方法	X
		功率调节系统部件工作原理	X
		功率调节系统部件校验方法	X
	功率放大器电路分析方法	功率放大器电路分析方法	Y
	对数放大器工作原理及性能指标	对数放大器概述	X
		对数放大器工作原理	X

续表

考核类别	考核范围	考核点	重要程度
判断和排除故障	对数放大器工作原理及性能指标	对数放大器的技术指标	X
		对数放大器的典型应用	X
	直流稳压电源原理及技术指标	直流稳压电源的原理	X
		直流稳压电源的使用	X
		直流稳压电源的检修	X
		低压电源技术指标	X
	重水堆燃料操作系统基础知识	重水堆燃料操作系统概述	X
		桥架、滑车和悬链	X
		新燃料系统	X
		乏燃料操作	X
		装卸料机液压系统	X
	重水堆燃料操作系统设备使用维修说明书	重水堆燃料操作系统设备使用维修说明书	X

三、考点导航

1. 核反应堆保护系统部件工作原理及校验方法

(1) 核反应堆保护系统结构

TXS系统机柜内的每个机架都有3类主要模件组成，它们分别是在线软件处理单元计算机模件、通信处理器模件和系统信号输入输出(I/O)模件，每个机箱的电源是从机柜内的电源单元而来，每个机架都有自己的控制模块，机柜内设有集中的硬件监控单元，现场的工艺过程信号通过I/O模件被采集到系统中，通过在线软件处理单元计算后，控制信号通过I/O模件输出到目标控制系统，大量的系统状态和信息数据通过通信处理器传输给其他的 TXS 计算机，系统与电站计算机系统的联系通过网管计算机来实现。

(2) 核反应堆保护系统机柜、机架

TXS系统整个机柜被分成几个区域，从上往下分别是主处理机架1. 主处理机架2. 模拟信号处理机架、通信模块安装区域、机柜监控单元机架和机柜电源供应单元，机柜内部两侧是标准的信号输入输出线端接模块，针对某核电站的反应堆保护系统的数字化机柜都是采用这样的标准结构，当然根据I/O点的实际数量，机柜的模件会有略微调整。

标准的机架由两种类型，一种是配备了22个模件插槽的机架类型1，一种是配备了2组(每组10个插槽)的机架类型2，每种机架都配有散热通风模块，内有散热风扇。一般来讲每个机架的最左端安装处理器模件和通信处理模件，紧接着才是I/O模件，I/O模件的数量根据需要处理的模拟量和开关量的点数不同而不同。

(3) 核反应堆保护系统典型硬件模件

典型硬件模块包括处理器模件和通信模件、输入输出(I/O)模件、模拟量信号隔离和扩展模件、电源相关模件。

2. 核反应堆保护参数定值表

(1) 反应堆紧急停堆系统整定值

核电站反应堆紧急停堆系统整定值参数表。

(2) 专设安全设施驱动系统整定值

核电站专设安全设施驱动系统的整定值参数表。

3. 核反应堆控制系统的工作原理框图

核电站棒控制系统框图列举。

4. 核反应堆控制系统部件工作原理及校验方法

(1) 棒控系统部件工作原理

某核电站长棒控制系统框图说明:棒控系统逻辑柜按照主控操纵员手动发出的或功率调节系统自动发出的升/降棒操作命令,在保护系统允许的状态下,产生相应的控制信号(如方向信号以及启动步进脉冲)给电源柜。电源柜接受控制信号,并按一定的时序发出驱动信号给驱动机构线圈,实现控制棒的提升或插入。

(2) 棒控系统部件校验方法

棒控磁轭线圈的检查:目视检查、棒控磁轭线圈的测量、棒控磁轭线圈内部检查。

(3) 棒位系统部件工作原理

棒位探测器用于探测控制棒在堆芯中的实际位置。某核电站棒位测量使用一种电感型线圈编码式探测器,本探测器采用“差动变压器型”传感器,离散的各个独立线圈编组成六位格雷码(Gray code)。它主要由原边线圈、次级线圈、线圈骨架、密封壳及外套管组成。

初级线圈通电时,次级线圈的感应电动势就随着导磁体棒的移动而改变。

(4) 棒位系统部件校验方法

棒位系统部件的校验方法,如格雷码整形器的工作原理及其校验方法。

(5) 功率调节系统部件工作原理

积分滤波功能组件、微分组件、超前滞后组件、函数组件等的工作原理。

(6) 功率调节系统部件校验方法

功率调节系统部件校验方法,依据不同组件的功能要求进行校验。

5. 功率放大器电路分析方法

功率放大电路都是由 V_{CC}、V_{BB} 直流馈电电路和输入、输出匹配网络组成的。

6. 对数放大器工作原理及性能指标

(1) 对数放大器概述

对数放大器是输入输出信号成对数关系的器件,其增益与信号的大小成反比,在通信、雷达、电子对抗、电子测量中有着广泛的应用。目前根据市场上现有的对数放大器结构和应用领域的不同,可将对数放大器分为三类:基本对数放大器、基带对数放大器和解调对数放大器。

(2) 对数放大器工作原理

包括基本对数放大器的工作原理;基带对数放大器与解调对数放大器的工作原理。

(3) 对数放大器的技术指标

对数放大器的技术指标包括噪声、交调失真、动态范围、对数斜率和截距、对数一致性误差。

(4) 对数放大器的典型应用

对数放大器的特点是在提供大动态范围同时能突出成本优势,对数放大器输入输出呈对数关系,输入信号的动态范围可以很大,这个特点非常适用数据压缩。

7. 直流稳压电源原理及技术指标

(1) 直流稳压电源的原理

晶体管串联型直流稳压电源的典型电路由整流滤波电路、串联型稳压电路、辅助电源和保护电路等部分组成。

整流滤波电路包括电源变压器、整流电路和滤波电路。稳压电路可以保持输出直流电压的稳定,使之不随电网电压、负载或温度的变化而变化。直流稳压电源除了主电源,一般都有两组辅助电源。第一辅助电源由整流器和稳压器组成,其输出电压也相当稳定;第二辅助电源与主电源电路相似,也由整流滤波电路和串联型稳压电路组成,其输出电压很稳定。在串联型稳压电路中,当过载时,特别是在输出端短路的情况下,输入直流电压几乎全部落在调整管的两端,这种过载现象即使时间很短,也会使调整管和整流二极管立即烧毁。因此,必须采用快速动作的过流自动保护电路。当过载或短路时,通过保护电路使调整管截止。这时,输出电压和电流基本都下降为零,起到保护作用。这种保护电路称为截止式保护电路。

(2) 直流稳压电源的使用

直流稳压电源使用时,应注意所需直流电压的极性。如果需要输出正电压,则应将直流稳压电源的输出端了“-”接用电设备的“地”端,将端子“+”接所需正电压端。如果需要输出负电压,则需把上述接线方法反一下即可。通电前,应用万用表测量一下,检查输出电压是否符合使用要求,以免电压过高损坏用电设备。使用前,最好将它简单地测试一下。测试的主要内容有:输出电压的调节范围、稳定程度、纹波电压和过流保护等。

(3) 直流稳压电源的检修

直流稳压电源的检修程序如下:表面初步检查、测量整流输出电压、测试电子器件、检查电路的工作点、分析电路原理。稳压电源常见故障检修实例有“有调压而无稳压作用”“输出电压过高,无调压、稳压作用”“各档电压输出都很小并无调压作用”等。

(4) 低压电源技术指标

常见低压电源技术指标主要如下:电源负载率、电网调整率、纹波、过流保护、过压保护。

8. 重水堆燃料操作系统基础知识

(1) 重水堆燃料操作系统概述

重水堆的一大优点是不停堆换料,燃料操作系统就是专门用于实现这一特点的。燃料操作系统的工作就是给反应堆装载新燃料,排卸乏燃料及为实现这一目的而采取的一切行为。它分为三部分:运行日常工作,维修日常工作和技术支持工作。

燃料操作系统和设备主要包括装卸料机、滑车、桥架、悬链、油供给系统、重水供给和控制系统、新燃料机、乏燃料的传输和储存。

(2) 桥架、滑车和悬链

桥架位于反应堆的两侧。桥架由两个支撑柱支撑。靠维修房间一侧的支撑柱悬空固定在墙壁上。另一侧则着地。桥架可以在支撑柱间上下移动。当它完全下降后，桥架与维修房间的轨道互相啮合。此时，携带装卸料机的滑车就可从维修房间移至反应堆房间。

装卸料机滑车是在反应堆房间和维修房间用于携带装卸料机移动的专用设备。它可以在维修房间轨道或装卸料机桥架上作水平方向的运动（X 轴运动），也可以在装卸料机桥架位于最低高度时将装卸料机从一个房间传送至另一个房间。

悬链回路是由一系列软金属（对重水管路）和橡皮软管（对油管路）以及电缆组成，靠悬链支撑和保护。整个组件约 11.32 m 长，1.22 m 宽，重约 1 166 kg。悬链是由两块平的侧板通过一对横杆连接而成的。侧板是铰接在一起，同时能在各个方向上转动，为了限制在回路内的软管和电缆的最小弯曲半径为 368 mm，侧板活动范围是受限制的。回路与地板接触区域内，链的两侧装有轮子，以避免地板和悬链回路损坏。

（3）新燃料系统

两个新燃料运输机构位于反应堆厂房内的新燃料传输房间，在反应堆拱顶墙外侧和两侧装卸料机维修区之间。每个系统机构由一完全封闭的料仓、一根输送推杆和驱动器、一根燃料加载推杆和槽、一新燃料通道和一个将料仓和新燃料通道连接起来的配适器接头组成。

（4）乏燃料操作

乏燃料可以分别从反应堆两侧利用各侧的装卸料机进行卸料。装卸料机抱卡在乏燃料通道后，在满足卸料条件时，C 推杆把其料仓内的两个乏燃料推出，经过装卸料机维修区与乏燃料卸料池隔墙上的乏燃料通道，卸到该侧的升降斗上。两个乏燃料棒束被推入升降斗后，在满足升降斗下降条件时，通过其驱动机构使升降斗下降，把乏燃料棒束放置到传送带传输小车上托架的一个位置上。此托架可通过安装在卸料池底传送带的传输小车由计算机控制换位以使托架在升降斗下按规定位置定位。此时传输小车向接收池方向移动一个位置。升降斗便可上升并返回至乏燃料通道再接收下两个乏燃料棒束。重复此过程直至托架装满棒束，使换料机卸下从一个燃料通道中接收的的全部乏燃料棒束。升降斗完成卸料任务后，传输小车会自动移至卸料池传送带末端，接着又被自动传送到接收池的传送带上，最后移至乏燃料接收池传送带终端。就地操作员利用手动工具及吊车将装满燃料的托架吊离传输小车，把空的托架放在传输小车上，采用就地手动控制将小车返回至卸料池传送带卸料端。

（5）装卸料机液压系统

装卸料机液压系统主要包括如下几个系统：装卸料机重水供给系统、装卸料机重水控制系统、装卸料机液压油供给系统、装卸料液压油控制系统。

装卸料机重水供应系统通过装卸料机重水阀站向装卸料机机头提供一定压力、流量和温度的重水，用于冷却装卸料机机头中的乏燃料和驱动装卸料机机头的水压环路。装卸料机重水供给系统可以分成以下三个子系统：重水供给系统、重水回流系统、重水泄漏和疏水收集系统。其中重水供给系统将从主热传输系统重水贮存箱和重水回流子系统中取水，并向位于两个装卸料机重水阀站提供经过加压和过滤的重水；重水回流系统接收从装卸料机机头回流的重水，在重水返回到供给子系统以前对其进行冷却和净化，然后重水通过供给子系统重新回到装卸料机机头和/或主热传输系统重水贮存箱；重水泄漏和疏水收集系统将系统中所有疏水点、排气点和可能的泄漏点排出的重水收集到两个重水收集水箱中，这两个收集水箱可远距离遥控将重水排放到电厂重水收集系统。

重水控制系统实现对流入和流出装卸料机的重水压力和流量控制，并且还要防止主热传输系统的高温重水进入到装卸料机中。

装卸料机液压油控制系统是在换料过程中驱动装卸料机机头和滑车传动机构的各个传动装置。每个装卸料机油压控制系统有两个油泵以驱动机头和滑车上的传动机构。并联两台油泵用作备用泵,将油供给执行机构。

9. 重水堆燃料操作系统设备使用维修说明书

重水堆燃料操作系统设备使用维修说明书以电压比较器卡来做示例,分成电压比较器卡件的工作原理、电压比较器卡件触发条件、电压比较器卡的说明书、电压比较器卡件的基本构成、电压比较器卡件现场接线、电压比较器卡件的设定几个部分。

四、仿真训练

(一) 单项选择题(请将正确选项的代号填入题内的括号中)

1. 秦山核电二期紧急停堆系统逻辑控制总体结构采用了哪种逻辑系列模式( )。

(A) 单重 (B) 双重 (C) 多重 (D) 多样性

2. 重水堆二号停堆系统停堆参数中未采用的测量组件有哪个( )。

(A) 电离室 (B) 堆内自给能中子探测器

(C) RTD 温度探头 (D) 压力或压差变送器

3. RPR系统有A、B两个独立的基本相同的系列,满足系统设计的冗余性要求,A系列有个机柜( )。

(A) 17 (B) 18 (C) 19 (D) 20

4. 采用数字化安全仪控平台 TXS 的反应堆保护系统,机柜内的每个机架内位于最下层的为( )。

(A) 主处理机架 (B) 机柜电源供应单元

(C) 通信模块 (D) 机柜监控单元

5. 采用数字化安全仪控平台 TXS 的反应堆保护系统,每个机柜内由( )种类型的机架组成。

(A) 一 (B) 二 (C) 三 (D) 四

6. 采用数字化安全仪控平台TXS的反应堆保护系统,机柜内按照功能被分为多个区域,其中位于机柜最上层区域的机架是( )。

(A) 主处理机架 (B) 模拟信号处理机架

(C) 机柜监控单元机架 (D) 机柜电源供应单元

7. 采用数字化安全仪控平台TXS的反应堆保护系统,其中用于逻辑运算的模件为( )。

(A) SCP3 (B) SVE2 (C) SAO1 (D) SAI

8. 采用数字化安全仪控平台TXS的反应堆保护系统,其中用于通信处理的模件为( )。

(A) SCP3 (B) SVE2 (C) SAO1 (D) SAI

9. 采用数字化安全仪控平台 TXS 的反应堆保护系统,其中用于将现场的流量、压力、水位变送器的 4～20 mA 信号转换成电压信号的模件为( )。

(A) SCP3 (B) SAA1 (C) SAO1 (D) SAI

10. 采用数字化安全仪控平台 TXS 的反应堆保护系统,其中用于将现场来自主冷却剂系统环路温度的PT100温度计的电阻信号转换成4～20 mA电流信号的模件为(　　)。

(A) SCP3　(B) SAA1　(C) STT1　(D) SAI

11. 中间量程中子注量率超过定值产生P6信号,其触发定值为(　　)。

(A) 10%FP　(B) 7×10^{-4}%FP　(C) 284 ℃　(D) 0.9 m

12. 重水堆一号停堆系统设定值中安全壳压力高的设定值是(　　)。

(A) 3.45 kPa　(B) 3.45 MPa　(C) 5.45 kPa　(D) 5.45 MPa

13. 在检查、校验重水堆一号停堆系统的停堆棒离合器直流电源时,下面说法正确的是(　　)。

(A) 正常运行期间主停堆棒离合器直流电源输出电压为92.5 VDC

(B) 正常运行期间备用的停堆棒离合器直流电源输出电压为92.5 VDC

(C) 正常运行期间主停堆棒离合器直流电源输出电流为30 A左右

(D) 正常运行期间备用的停堆棒离合器直流电源输出电流为9 A左右

14. 30万千瓦机组源量程高中子通量事故保护停堆的源量程定值为(　　)。

(A) 10^3cps　(B) 10^4cps　(C) 10^5cps　(D) 10^6cps

15. 30万千瓦机组中间量程高中子通量事故保护停堆的中间量程定值为(　　)。

(A) 20%　(B) 25%　(C) 30%　(D) 35%

16. 冷却剂平均温度低于定值产生P12信号,其触发定值为(　　)。

(A) 10%FP　(B) 284 ℃　(C) 7×10^{-4}%FP　(D) 0.9 m

17. 30万千瓦机组反应堆功调系统送到棒控装置的棒速信号的范围是(　　)。

(A) 6～56步/分　(B) 6～60步/分　(C) 6～65步/分　(D) 6～70步/分

18. 30万千瓦机组反应堆功率调节系统中的棒速程序曲线共(　　)有个可调整区。

(A) 3　(B) 4　(C) 5　(D) 6

19. 下面的系统原理框图是(　　)。

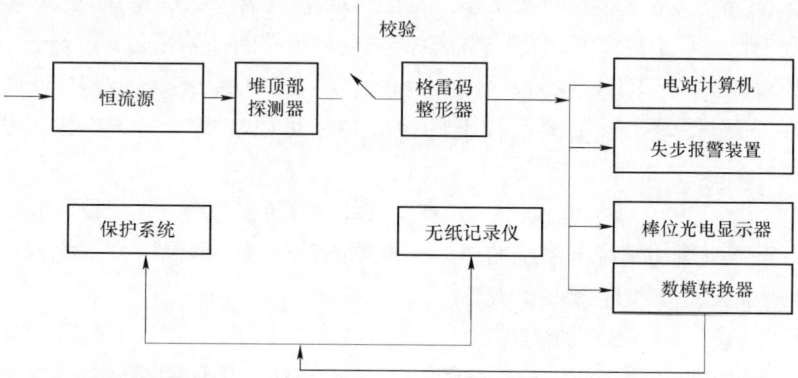

(A) 实测棒位系统原理框图　(B) 棒控系统原理框图

(C) 功率调节系统原理框图　(D) 电厂计算机系统原理框图

20. 棒控磁轭线圈又叫CRDM线圈,它分为提升线圈、保持线圈和(　　)。

(A) 传递线圈　(B) 钩爪线圈　(C) 移动线圈　(D) 补偿线圈

21. 棒控磁轭线圈又叫CRDM线圈,它是由(　　)绕制的。

(A) 特殊材料导线　(B) 不锈钢导线　(C) 镍镉导线　(D) 耐高温漆包铜线

22. 控制棒驱动机构(CRDM)是棒控系统的执行机构,棒控系统向 CRDM 传送一定时序的电信号,控制控制棒的(　　)。

(A) 落棒　　(B) 提升和保持

(C) 提升、保持或下插　　(D) 下插

23. 关于重水堆核反应堆控制系统中,下面说法正确的是(　　)。

(A) 正常运行期间重水堆核反应堆控制系统的调节棒在底部

(B) 正常运行期间重水堆核反应堆控制系统的机械吸收棒在底部

(C) 正常运行期间重水堆核反应堆控制系统的停堆棒在底部

(D) 正常运行期间重水堆核反应堆控制系统的电离室对数功率的电压值在 3 V 左右

24. 棒控磁轭线圈的测量,主要是测量线圈的(　　)。

(A) 电感和绝缘　　(B) 电阻和电感　　(C) 电感和电容　　(D) 电阻和绝缘

25. 30 万千瓦机组棒位指示系统的格雷码整形器输出 6 位格雷码为 001111,对应的实测棒位步数为(　　)步。

(A) 70　　(B) 140　　(C) 210　　(D) 280

26. 30 万千瓦机组棒位指示系统中的恒流源输出的电流为(　　)。

(A) 600 mA　　(B) 650 mA　　(C) 700 mA　　(D) 750 mA

27. 30 万千瓦机组棒位指示系统中的校验信号源送出(　　)种校验信号。

(A) 2　　(B) 3　　(C) 4　　(D) 5

28. 棒位探测器所输出的信号是随棒的移动而幅值变化的(　　)信号。

(A) 50 Hz 直流　　(B) 50 Hz 交流　　(C) 60 Hz 直流　　(D) 60 Hz 交流

29. 30 万千瓦机组中,如果主控室 CB522 盘的某一束棒的光点在 140 步,格雷码整形器卡件面板的 6 个指示灯的工作状态是(　　)。

(A) A 灭,B 亮,C 亮,D 亮,E 亮,F 灭　　(B) A 亮,B 亮,C 亮,D 亮,E 亮,F 灭

(C) A 亮,B 亮,C 亮,D 亮,E 灭,F 灭　　(D) A 灭,B 灭,C 亮,D 亮,E 亮,F 亮

30. 30 万千瓦机组主控室 CB522 盘的棒位光点显示器的信号由(　　)送出。

(A) 恒流源　　(B) 校验信号源　　(C) 格雷码整形器　　(D) 低压电源

31. M310 机组格雷码整形器面板上的校验按钮可以实现对实测棒位系统进行(　　)校验。

(A) 手动　　(B) 自动　　(C) 手动和自动　　(D) 手动和半自动

32. 30 万千瓦机组功率调节系统的(　　)的输入信号是一回路次高平均温度信号、参考平均温度信号和功率失配信号共三种信号。

(A) 函数定值器　　(B) 加法器　　(C) 滤波器　　(D) 次高选卡

33. 30 万千瓦机组功率调节系统中提供 T_{avg} 比例与速度信号的单元是(　　)。

(A) 函数定制器单元　　(B) 滤波单元

(C) 加法单元　　(D) 超前滞后单元

34. 30 万千瓦机组功率调节系统非线性增益单元中的温度与负荷变化的对应关系是负荷在±1%的范围内,平均温度变化范围为(　　)。

(A) 0.1 ℃　　(B) 0.2 ℃　　(C) 0.6 ℃　　(D) 0.8 ℃

35. 电功率低于 15%以下时,功率调节系统是不投入自动的,只有手动操作的原因

是(　　)。

(A) 核功率太低　　(B) 汽轮机转速不稳定

(C) 反应堆平均温度波动　　(D) 冲动室压力为非线性

36. IST 生产的 NY—10710 型重水堆电离室所使用的 0.001 英寸厚的镉套筒,可以起到(　　)的屏蔽效果。

(A) 5%左右　　(B) 80%左右　　(C) 25%左右　　(D) 70%左右

37. 30 万千瓦机组反应堆功率调节系统参考平均温度通道中的 RRE24 的时间常数为(　　)。

(A) $\tau_5=4$ s　　(B) $\tau_5=7$ s　　(C) $\tau_5=30$ s　　(D) $\tau_5=35$ s

38. 30 万千瓦机组反应堆功率调节系统功率失配度通道中的 RRE17 的时间常数为(　　)。

(A) $\tau_6=4$ s　　(B) $\tau_6=7$ s　　(C) $\tau_6=30$ s　　(D) $\tau_6=35$ s

39. 下面关于重水堆调节系统电离室更换的注意事项说法不正确的是(　　)。

(A) 电离室在存放时应该注意密封保持干净、干燥,搬运、测量、安装时都要小心注意避免撞击损坏

(B) 电离室电缆的弯曲、取直的过程应该注意保证连接处不要受力,不能使用扳手、钳子等工具强制用力,而应该自然弯曲

(C) 在进行电缆接头的拆装过程中应该注意动作轻,保证连接良好

(D) 在长时间的工作之后不需要对三根电缆进行对地放电

40. 根据直流电源连接方式的不同,集电极馈电电路又分为哪两种电路(　　)。

(A) 串联馈电电路和并联馈电电路　　(B) 串联馈电电路和分流馈电电路

(C) 并联馈电电路和分流馈电电路　　(D) 分流馈电电路和分压馈电电路

41. 功率放大器中的直流馈电电路包括(　　)。

(A) 集电极馈电电路和发射极馈电电路　　(B) 串联馈电电路和并联馈电电路

(C) 集电极馈电电路和基极馈电电路　　(D) 发射极馈电电路和基极馈电电路

42. 根据市场上现有的对数放大器结构和应用领域的不同一般分为哪三类(　　)。

(A) 二极管对数放大器、基带对数放大器和解调对数放大器

(B) 基本对数放大器、基带对数放大器和解调对数放大器

(C) 三极管对数放大器、基带对数放大器和解调对数放大器

(D) 真对数放大器、基带对数放大器和解调对数放大器

43. 下列选项中,(　　)也称跨导线性对数放大器,它基于双极性三极管的对数特性来实现信号的对数变换。

(A) 基本对数放大器　　(B) 基带对数放大器

(C) 解调对数放大器　　(D) 检波对数放大器

44. 以下关于对数放大器的说法错误的是(　　)。

(A) 基本对数放大器在 IC 设计中使用了跨导线性电路

(B) 基本对数放大器也称做跨导线性(Translinear)对数放大器

(C) 对于高频应用,常常选择基带对数放大器或解调对数放大器

(D) 基带对数放大器电路是电流模电路的主要组成部分,是许多线性和非线性模拟集成

电路的理论基础

45. 对于高频应用,常常选择(　　)。

(A) 解调对数放大器或基带对数放大器

(B) 跨导线性对数放大器或解调对数放大器

(C) 解调对数放大器或基本对数放大器

(D) 基带对数放大器或基本对数放大器

46. A 通道电离室的当前 Log 信号为−6.25 decades。如果功率增加 10 倍,则 A 通道电离室的信号应当为(　　)。

(A) −5.25 decades　　(B) −6.15 decades

(C) −4.25 decades　　(D) −3.25 decades

47. 一般关于对数放大器的指标不包括下面哪一条(　　)。

(A) 噪声　　(B) 线性失真　　(C) 动态范围　　(D) 对数一致性误差

48. 车间标定电离室放大器所使用的 120 VAC 电源所允许的电压误差为(　　)。

(A) ±5 VAC　　(B) ±20 VAC　　(C) ±10 VAC　　(D) ±12 VAC

49. 一般关于对数放大器的指标不包括下面哪一条(　　)。

(A) 噪声　　(B) 线性失真　　(C) 动态范围　　(D) 对数一致性误差

50. 对数放大器的输入输出呈(　　)关系。

(A) 对数　　(B) 线性　　(C) 指数　　(D) 倒数

51. 关于晶体管串联型直流稳压电源以下说法错误的是(　　)。

(A) 直流稳压电源由流滤波电路、串联型稳压电路、辅助电源和保护电路等部分组成

(B) 整流滤波电路包括电源变压器、整流电路和滤波电路

(C) 直流稳压电源使用的是正反馈电路

(D) 串联型稳压电路由调整环节、比较放大电路、取样电路、基准电压等部分组成

52. 下列关于直流稳压电源的使用,说法正确的是(　　)。

(A) 使用时,应注意所需直流电压的极性

(B) 通电前,应用万用表测量一下,检查输出电压是否符合使用要求

(C) 使用前,对输出电压的调节范围、稳定程度、纹波电压和过流保护等进行测试

(D) 以上全是

53. 为了使用电设备能正常工作,直流稳压电源使用前需要测试一下,测试的主要内容不包括(　　)。

(A) 电源的额定功率　　(B) 稳定程度

(C) 纹波电压　　(D) 过流保护

54. 以下哪一项不属于直流稳压电源检修(　　)。

(A) 直流稳压电源外观检查　　(B) 直流稳压电源输出电压测量

(C) 直流稳压电源关键电子器件测试　　(D) 直流稳压电源 EMC 测试

55. 以下哪一项不属于直流稳压电源的技术指标(　　)。

(A) 电源负载率　　(B) EMC 试验　　(C) 纹波　　(D) 电网调整率

56. 重水堆燃料操作系统中,对装卸料机料仓重水温度控制的目标之一,“on reactor”和“off reactor”模式:料仓正常供水流量 0.68 L/s,水温控制在(　　)。

(A) 30～35 ℃ (B) 40～45 ℃ (C) 45～50 ℃ (D) 50～55 ℃

57. 重水堆燃料操作系统中，装卸料机机头内下列哪些设备可能存在高辐照风险( )。

(A) FARE 工具 (B) 管嘴塞 (C) 新燃料棒束 (D) 密封塞

58. 每次新燃料系统装载燃料棒束( )。

(A) 6 根 (B) 8 根 (C) 10 根 (D) 12 根

59. 乏燃料棒束通常在燃料储存池存储( )后，才具备干式储存的条件。

(A) 4 年 (B) 6 年 (C) 8 年 (D) 10 年

60. 重水堆燃料操作系统中，装卸料机管接嘴在下列哪种情况下的可以与乏燃料通道端部件自动抱卡( )。

(A) 任何两个探针同时受压 (B) 两个对角探针同时受压

(C) 三个探针同时受压 (D) 四个探针同时受压

61. 燃料通道差压测量是利用上游和下游侧的装卸料机的差压变送器进行检测，其差压范围通常在( )。

(A) −100～+100 kPa (B) −150～+150 kPa

(C) −200～+200 kPa (D) −150～+200 kPa

62. 重水堆装换料系统由于重水中，由于重水供给系统中没有设置加热器，因此在系统启动过程中重水温度的提高是在“Park”压力设置下重水循环靠泵的加热来实现的，并要求在重水温度升高到( )以上，储仓的压力才可以升至“高”压。

(A) 20 ℃ (B) 25 ℃ (C) 30 ℃ (D) 40 ℃

63. 重水堆燃料操作系统中，料仓重水温度计 TA−46A 和 TA−46B 分别对 DCCY 提供数字输入，它们用来表示“料仓重水温度高”的报警条件，设定点为( )。

(A) 45 ℃ (B) 57 ℃ (C) 68 ℃ (D) 80 ℃

(二) 判断题(对的画“√”，错的画“×”)

1. ( )断开重水堆二号停堆系统中 G 通道的 PDC 时电源时会导致 G 通道的 LOG RATE 参数脱扣。

2. ( )为了减少拒动和误动的可能性，秦山核电二期紧急停堆系统逻辑控制总体结构采用了双重逻辑系列模式。

3. ( )采用数字化安全仪控平台 TXS 的反应堆保护系统，其中输入输出 I/O 模件的主要作用是将现场的工艺过程信号通过 I/O 模件被采集到系统中，通过在线软件处理单元计算后，控制信号通过 I/O 模件输出到目标控制系统。

4. ( )逻辑柜接受的输入信号在插件面板上有灯光指示，插件拔出后在主控室有报警。

5. ( )在开始进行重水堆 SDS 1 号低功率下 LOG RATE 试验配合时，需要首先将电离室的高压开关缓慢打到 100 V。

6. ( )重水堆满功率例行 ROPT 标定过程中，万用表负端接入放大器 COM 端，正端接入 OUTPUT 端，此时万用表读数为一个 3～4 V 的正电压。

7. ( )稳压器压力低于 139 bar，允许手动关闭安注箱隔离阀。

8. ( )正常运行期间更换重水堆一号停堆系统的 ROP 放大器后需要对其进行在线标定。

9. ( )发生失水事故或蒸汽管道破裂事故后，触发安全壳喷淋用以降低安全壳压力、温度及空气中的碘的积存量。触发喷淋的信号是三取二的安全壳高—高压力信号。

10. (　　)功率失配通道中的可变增益单元可使功率失配电路在低功率水平情况下提供足够的控制,而在高功率情况下保证稳定运行。

11. (　　)30 万千瓦机组反应堆功率控制系统控制的反应堆冷却剂平均温度死区为 0.675 ℃

12. (　　)在线标定重水堆液体区域铂通量探测器时,应先短接并断开 DCCY 测的 WIBA 端子。

13. (　　)对棒控磁轭线圈的测量只测量阻值即可。

14. (　　)30 万千瓦机组棒位指示系统的 PLC 配有两路电源,如果一路电源故障,不会影响系统工作。

15. (　　)30 万千瓦机组棒位探测器次级线圈分 A、B、C、D、E、F 六个绕组,每个绕组对应的槽位个数分别为 20、10、5、3、1、1,共 40 个线槽。

16. (　　)重水堆停堆棒,调节棒,机械吸收棒位于 R501 的棒位接头必须安装热缩套管。

17. (　　)30 万千瓦机组棒位系统的低压电源组件提供+24 V、+15 V、−15 V 以及+5 V 电源信号。

18. (　　)30 万千瓦机组棒位指示系统中,同一棒组内任意两束棒的实际棒位之间偏差超过 14 步时,系统会发出棒失步报警信号。

19. (　　)棒位格雷码整定值的调整需要根据实际运行进行调整,不同位置的棒束可能对应不同的参数。

20. (　　)30 万千瓦机组反应堆功率调节系统功率失配通道的 RRE17 卡件正常工况时没有输出,当负载发生变化或反应堆反应性发生扰动时,该卡件提供快速的信号变化(微分信号)。

21. (　　)30 万千瓦机组反应堆功率调节系统非线性增益单元温度与负荷变化的对应关系是:根据设计要求,负荷变化在±1%的范围内时,平均温度变化为 0.8 ℃/%,而负荷变化在大于 1%或小于−1%时,平均温度的变化为 0.2 ℃/%。

22. (　　)M310 堆型 100 万千瓦机组功率调节系统硬件平台采用的是福克斯波罗公司的 SPEC200。

23. (　　)30 万千瓦机组功率调节系统的 SPEC200 卡件在专用调试机架上调试卡件参数时,不需要看卡件的型号随意插入机架即可开始调试参数。

24. (　　)功率调节系统中处理汽轮机冲动室压力的微分卡件需要调试微分时间常数和放大倍数。

25. (　　)在进行重水堆 RRS 电离室坪特性测量时,信号接头从放大器拆下后,必须尽快接到皮安计上,以防止电荷的积累。

26. (　　)对于中间级而言,最主要的是应该保证它的效率,其次保证电压输出稳定,以供给下级功放稳定的激励电压。

27. (　　)功率放大电路都是由直流馈电电路和输入、输出匹配网络组成。

28. (　　)在线标定铂通量探测器时,应缓慢调节放大器前面板的增益调节电阻(GAIN ADJUST),使万用表的读数满足目标电压值。

29. (　　)在满功率时,电离室放大器线性输出电压为 8 V 左右。

30. (　　)对数放大器可以处理宽动态范围的信号。

31. (　　)基带对数放大器可以响应快速变化的输入信号。

32.( )基本对数放大器也称跨导线性对数放大器，它基于双极性三极管的对数特性来实现信号的对数变换。

33.( )对于高频应用，常常选择基带对数放大器或解调对数放大器，尽管这两种放大器在细节上不同，但原理是相同的。

34.( )对数一致性误差与器件的动态范围、频率特性和温度密切相关。

35.( )对数放大器输入输出呈对数关系，输入信号的动态范围可以很大，这个特点适用于数据压缩。

36.( )限流式保护电路是当输出电流超过一定数值时，则保护电路开始工作，使调整管处于完全截止状态，输出电流和输出电压都相应下降，达到保护电源的目的。

37.( )对稳压源，取样电阻是与负载串联；而对稳流源，取样电阻则是与负载并联。

38.( )晶体管串联型直流稳压电源的主要由整流滤波电路、串联型稳压电路、辅助电源和保护电路组成。

39.( )直流稳压电源使用前，应用万用表测量输出电压是否符合要求，以免电压过高损坏用电设备。

40.( )如果发现某个晶体管的工作电压不正常，有两种可能：一是该晶体管损坏；二是电路中的其他元件损坏所致。

41.( )对于直流稳压电源，当输出电压由于故障异常降低到一定值时，低压电源输出电压会降至 0 V 左右，以保护该低压电源，此功能为过压保护。

42.( )轴编码器是把转速转换成电信号的一种装置。

43.( )重水堆燃料操作系统的控制系统动力分成 1 个 120 V 交流母线和 2 个 24 V 直流母线。所需的其他的直流电由位于终端柜内的一系列直流供电装置提供。

44.( )新燃料系统的空气闸阀与装置槽之间一直保持负压状态，防止污染物扩散到新燃料室。

45.( )每个乏燃料通道都安装有一个球阀，用于完成乏燃料棒束的卸除操作。

46.( )乏燃料通道乏燃料棒束的卸料操作是通过装卸料机的 B 推杆推动卸出的。

47.( )料仓压力高于 2.4 MPa 时，高压疏水阀 MV37 将由于机械联锁保护作用而无法打开。

48.( )装卸料机料仓中有温度传感器(TE46A、TE46B)来监视料仓中重水的温度。

49.( )每个油箱内的液压油温度由热交换器 HX1 控制，由温度开关 TS10 接通和断开电子加热器 HR1 或 HR2 控制，温度开关设定在 40～45 ℃ 。

50.( )安全报警是黄色，必须立即采取行动阻止燃料棒束破损、高压重水释放或放射性污染。

(三) 多项选择题(请将正确选项的代号填入题内的括号中)

1. 紧急停堆整定值的确定是依据安全分析在预期最严重的异常工况下，能够触发自动停堆动作，以防止发生超过安全极限的情况。在确定整定值时，还考虑了影响安全性的各种不利因素，例如( )等。

(A) 运行参数的瞬态超调量　　(B) 运行参数的计算
(C) 运行参数的误差　　(D) 运行参数的测量
(E) 运行参数的选择

2. 重水堆 SDS 1 号和 SDS 2 号中的铂探测器信号一般要经过哪几个环节的处理才能转变为可用信号(　　)。

(A) 前置放大环节　(B) ROP 放大环节

(C) 脱扣比较环节　(D) 动态补偿环节

(E) 滤波环节

3. 采用数字化安全仪控平台 TXS 的反应堆保护系统,机柜内的每个机架都有 3 类主要模件组成,它们分别是(　　)。

(A) 在线软件处理单元计算机模件　(B) 网关模件

(C) 通信处理器模件　(D) 系统信号输入输出 I/O 模件

(E) 显示模件

4. 反应堆保护系统 A 系列机柜按功能划分为哪些机柜(　　)。

(A) 隔离柜　(B) 逻辑柜　(C) 信号柜　(D) 输出柜

(E) T3 试验柜(A 系列还包括 ATWT 柜)

5. 停堆系统和专设安全设施驱动系统各有一个 T3 试验柜,完成有关输出功能的试验,机柜内装有(　　)。

(A) 电子线路板　(B) 选择开关　(C) 试验开关　(D) 指示仪器

(E) 逻辑卡件

6. 重水堆 SDS 2 号电离室放大器产生哪几个信号(　　)

(A) 线性信号(ϕ LIN)

(B) 对数信号(ϕ LOG)

(C) 高功率脱扣汽轮机(ϕ LIN Hi Trip Turbine)

(D) 对数变化率信号(ϕ LOG N Rate)

(E) 失去高压(TT FAIL)脱扣信号

7. 采用数字化安全仪控平台 TXS 的反应堆保护系统,其中用于信号输入输出的模件为(　　)。

(A) SCP3　(B) SVE2　(C) SAO　(D) SAI

(E) SDI

8. 功率量程中子注量率低于 10%FP,允许或闭锁或以下哪些保护功能(　　)。

(A) 允许功率量程(低定值)停堆功能恢复

(B) 允许中间量程停堆功能恢复

(C) 允许手动恢复源量程停堆功能

(D) 闭锁中子注量率变化率高校正

(E) 允许校正中子注量率变化率高通道

9. 冷却剂平均温度低于 284 ℃,产生 P12,允许或闭锁或以下哪些保护功能(　　)。

(A) 与蒸汽管道流量高符合启动安注、蒸汽管道隔离

(B) 允许手动闭锁由蒸汽管道流量高与平均温度低低或蒸汽管道压力低符合驱动的安注

(C) 允许手动闭锁由蒸汽管道压力低低驱动的安注和蒸汽管道隔离

(D) 到冷凝器的所有蒸汽排放阀闭锁在关的位置

(E) 允许手动旁通到冷凝器的蒸汽排放阀闭锁(仅用于冷却阀)

10. 触发安注动作的信号为(　　)。

(A) 安全壳高压　　(B) 稳压器低压力

(C) 蒸汽管道低压力　　(D) 核功率正变化率

(E) 蒸发器低低水位

11. 30万千瓦机组棒位指示系统控制棒某一束棒实测棒位显示异常有以下原因(　　)。

(A) 恒流源的输入信号异常　　(B) 恒流源的输出信号异常

(C) 格雷码整形器卡件工作异常　　(D) 数据采集系统工作异常

(E) 格雷码整形器输入信号异常

12. 30万千瓦机组功率调节系统中动态卡件包括(　　)。

(A) RRE17、RRE20　　(B) RRE22、RRE24

(C) RRE25　　(D) RRE21

(E) RRE18

13. M310堆型100万千瓦机组功率调节系统主要接收来自汽机调节系统GRE、反应堆冷却剂系统RCP、反应堆保护系统RPR和核测系统RPN的信号，在通道校验时，需要对哪些卡件进行检查(　　)。

(A) 数字量输入卡件　　(B) 数字量输出卡件

(C) 模拟量输入卡件　　(D) 模拟量输出卡件

(E) 电源卡件

14. 目前根据市场上现有的对数放大器结构和应用领域的不同，可将对数放大器分为哪几类(　　)。

(A) 基本对数放大器　　(B) 基带对数放大器

(C) 级联对数放大器　　(D) 解调对数放大器

(E) 增量对数放大器

15. 电离室检查更换需要所需要的仪表有哪些(　　)。

(A) 高阻仪　　(B) RLC测试仪　　(C) 皮安计　　(D) 电流源

(E) 万用表

16. 若输入信号含两种频率，则输出会产生哪些失真情况(　　)。

(A) 谐波失真　　(B) 交调失真　　(C) 瞬态失真　　(D) 接口失真

(E) 半波失真

17. IST公司NY—10710型电离室输出信号出现毛刺的可能原因(　　)。

(A) 工作高压偏低　　(B) 接头脏污

(C) 高压电缆连接不良　　(D) 热缩套管过紧

(E) 腔室内高压放电

18. 电离室回路包括哪些设备(　　)

(A) 电离室本体　　(B) 电离室放大器

(C) 屏蔽塞　　(D) 指示表

(E) 压力表

19. 晶体管串联型直流稳压电源由哪几部分组成(　　)。

(A) 整流滤波电路　　(B) 串联型稳压电路

(C) 辅助电源　　(D) 保护电路

(E) 电流恒定电路

20. 经过滤波电路后所得到的直流电压,虽然脉动小了,但是电压的数值仍是不稳定的,其主要原因有(　　)。

(A) 电路中的电容电感产生谐振

(B) 交流电网的电压一般有±10%左右的波动

(C) 整流滤波电路存在内阻,当负载电流变化时,在内阻上的电压降落也会变化

(D) 半导体器件特性随环境温度而变化

(E) 负载不稳定

21. 晶体管直流稳压电源在空载情况下,输出电压大超过规定值,并且无调压和稳压作用,故障可能发生在(　　)。

(A) 复合调整管之一的集电极与发射极击穿短路

(B) 取样放大管的集电极与发射极击穿短路

(C) 取样放大管的集电极开断

(D) 取样放大管的发射极开断

(E) 供给电源电压过低

22. 直流稳压电源的检修程序一般包括(　　)。

(A) 表面初步检查　　(B) 测量整流输出电压

(C) 测试电子器件　　(D) 检查电路的工作点

(E) 分析电路原理

23. 常见低压电源技术指标有哪些(　　)。

(A) 电源负载率　　(B) 电网调整率

(C) 纹波　　(D) 过流保护

(E) 过压保护

24. 滑车系统提供的运动方向有(　　)。

(A) 精 X 运动　　(B) 精 Y 运动　　(C) 粗 X 运动　　(D) 粗 Y 运动

(E) Z 向运动

25. 如下(　　)属于滑车系统的机械部件。

(A) X 向对中机构　　(B) Y 向对中机构

(C) 粗 Y 驱动电机　　(D) Z 向驱动油缸

(E) 精 Y 千斤顶

26. 电位计故障的主要表现现象包括(　　)。

(A) 盘台失去同步报警　　(B) A/I 值漂移

(C) A/I 值无指示　　(D) 机械部件动作而 A/I 值不变

(E) A/I 信号在小范围内波动

五、参考答案

(一) 单项选择题

1. B;2. C;3. B;4. B;5. B;6. A;7. B;8. A;9. B;10. C;11. B;12. A;13. B;14. C;

15. B;16. B;17. B;18. C;19. A;20. A;21. D;22. C;23. A;24. D;25. D;26. C;27. A;28. B;29. A;30. C;31. C;32. B;33. D;34. B;35. D;36. C;37. C;38. B;39. D;40. A;41. C;42. B;43. A;44. D;45. A;46. A;47. B;48. D;49. B;50. A;51. C;52. D;53. A;54. D;55. B;56. B;57. A;58. B;59. B;60. D;61. D;62. D;63. C。

(二)判断题

1. ×;2. √;3. √;4. √;5. √;6. ×;7. √;8. √;9. ×;10. √;11. ×;12. ×;13. ×;14. √;15. √;16. √;17. ×;18. √;19. √;20. √;21. ×;22. ×;23. ×;24. √;25. √;26. ×;27. √;28. √;29. ×;30. √;31. √;32. √;33. √;34. √;35. √;36. ×;37. ×;38. √;39. √;40. √;41. ×;42. √;43. ×;44. √;45. ×;46. ×;47. ×;48. √;49. ×;50. ×。

(三)多项选择题

1. ABC;2. BCD;3. ACD;4. ABCDE;5. ABCD;6. ABD;7. CDE;8. ABCD;9. ABCDE;10. ABC;11. ABCE;12. ABC;13. ABCD;14. ABD;15. ABCDE;16. AB;17. BCE;18. ABD;19. ABCD;20. BCD;21. ACD;22. ABCDE;23. ABCDE;24. ABCE;25. ABDE;26. ABCD。

第四章　模拟试卷

职业技能鉴定国家题库

核反应堆控制保护检修工
国家职业资格四级理论知识试卷

注意事项

1. 考试时间:120 min。
2. 请首先按要求在试卷的标封处填写您的姓名、准考证号和所在单位的名称。
3. 请仔细阅读各种题目的回答要求,在规定的位置填写您的答案。
4. 不要在试卷上乱写乱画,不要在标封区填写无关的内容。

题目	一	二	三	总　分
得　分				

得　分	
评分人	

一、判断题(第 1 题～第 30 题。将判断结果填入括号中。正确的填"√",错误的填"×"。每题 1 分,满分 30 分。)

1. (　　)职业道德是社会主义道德体系的重要组成部分。
2. (　　)数字电路测试大体上分为静态测试和动态测试两部分。
3. (　　)Σ是乘法运算器。
4. (　　)世界上任何物质都是由原子组成的。
5. (　　)计算机系统由硬件系统和软件系统两大部分组成。
6. (　　)辐射监测系统用于监测安全壳内空气、堆顶气溶胶等的放射性水平进行测量和相关的联锁控制。
7. (　　)棒控棒位系统由控制棒控制系统和控制棒棒位指示系统组成。
8. (　　)电厂计算机系统的工作方式为在线、开环、不参与系统控制。
9. (　　)兆欧表是用来测量被测设备的绝缘电阻和高值电阻的仪表。

10.（　　）能源是人类社会的生命线。

11.（　　）自我检查是一种好的工作方法。

12.（　　）质量是企业的生命。

13.（　　）一般四色环和五色环电阻器表示允许误差的色环的特点是该环离其他环的距离较近。

14.（　　）30 万千瓦机组棒位指示系统中的给定棒位由棒位处理柜通过通信从棒控逻辑柜得到当前给定棒位信息，在触摸屏进行显示，同时通过棒位处理柜 PLC 将给定棒位信息转换成 BCD 码形式送到主控 CB-503 盘的给定棒位数码显示器进行显示。

15.（　　）在反应堆和核电站中，广泛应用闭环控制方法，如通过控制器对电动或气动阀门的直接控制等。

16.（　　）高阻计的使用必须是有经验的操作人员，操作过程中电压不高，基本不会造成人身伤害。

17.（　　）导线焊接前用电烙铁将绝缘外皮烫掉后即可直接进行正式印刷电路板焊接。

18.（　　）电动绕线枪使用后检查所绕接点是否合格，如绕成螺旋状相邻两圈间隔超过导线的半径值，说明推力不够，如导线两圈重叠，则说明推力过大。

19.（　　）热风枪主要是利用发热电阻丝的枪芯吹出的热风来对元件进行焊接与摘取元件的工具。

20.（　　）正常运行期间检查重水堆机械吸收棒的棒位时，可以将机械吸收棒插入到堆芯。

21.（　　）30 万千瓦机组轴向功率分布报警系统如果 12 h 内ΔI超出目标带累积 1 000 个计数，则计数器发出报警，要求降功率运行。

22.（　　）重水堆通量探测器的作用是测量 1 号停堆系统以及调节系统的中子通量。

23.（　　）中子不带电荷，但能直接引起物质原子的“电离”与“激发。

24.（　　）M310 核电机组的堆芯核测系统（RIC）使用的中子通量探测器属于硼正比计数管。

25.（　　）硼正比计数管幅度谱中存在“波谷”，因此它具有高压坪特性。

26.（　　）安捷伦直流稳压电源中的 OCP 是过电压保护；OVP 是过电流保护。

27.（　　）在线标定重水堆液体区域铂通量探测器时，应先短接并断开 DCCY 测的 WIBA 端子。

28.（　　）对于高频应用，常常选择基带对数放大器或解调对数放大器，尽管这两种放大器在细节上不同，但原理是相同的。

29.（　　）如果发现某个晶体管的工作电压不正常，有两种可能：一是该晶体管损坏；二是电路中的其他元件损坏所致。

30.（　　）维修规程中的 A 代表遵守程序的严格程度；U 表示使用程序的熟悉程度。

得　分	
评分人	

二、单项选择题(第 31 题～第 70 题。选择一个正确的答案，将相应的字母填入题内的括号中。每题 1 分，满分 40 分。)

31. 职业道德就是从事一定职业的人们在工作或劳动过程中所应该遵守的、与其职业活动紧密联系的(　　)和原则的总和。

A. 行为规范　　B. 道德规范　　C. 职业规范　　D. 意识规范

32. 爱岗敬业就是提倡(　　)的精神。

A. 得过且过　　B. 干一行，爱一行

C. 做一天和尚撞一天钟　　D. 无所谓

33. 数字信号是时间上和数值上均离散的一种信号，对该信号进行传递、处理、运算和(　　)的电路称为数字电路。

A. 导电　　B. 存储　　C. 改变　　D. 反馈

34. 将开环的补偿控制和闭环的按偏差控制结合起来，构成(　　)。

A. 双环控制　　B. 复合控制　　C. 单控制　　D. 组合控制

35. 电磁学中，右手定则判断的主要是与(　　)无关的方向。

A. 原子　　B. 力　　C. 电子　　D. 中子

36. 万用表的 COM 孔也称为公共端是专门插入(　　)表笔的插孔。

A. 红色　　B. 黑色　　C. 蓝色　　D. 绿色

37. 质量控制与质量保证过程的目的是在核安全要求的遵守方面获得充分的(　　)。

A. 信心　　B. 信息　　C. 肯定　　D. 可能

38. 环境是指以(　　)为主体的外部世界。

A. 人类　　B. 地球　　C. 宇宙　　D. 天空

39. 核电厂每项维修活动都必须按相应的(　　)进行。

A. 维修规程　　B. 维修计划　　C. 技术要求　　D. 技术方案

40. 个体经济组织是指雇工在(　　)人以下的个体工商户。

A. 7　　B. 6　　C. 5　　D. 8

41. 关于反应堆保护系统逻辑功能说法不正确的是(　　)。

A. 反应堆保护系统具有停堆保护功能和专设安全设施驱动系统的功能

B. 反应堆保护系统逻辑功能的目的是保证反应堆的三道安全屏障完好

C. 当反应堆保护系统检测到核电厂运行出现瞬态或事件时，立即自动触发停堆，把异常瞬态或事件的影响减到最小

D. 反应堆保护系统能够自动控制反应堆控制棒的提升或下插，以保证反应堆的功率稳定

42. 在重水堆的停堆系统中，信道仪表是如何实施“故障—安全”准则的(　　)。

A. 在失去动力(电、气)源的情况下，继电器得电，触点断开，信道脱扣

B. 在失去动力(电、气)源的情况下，继电器失电，触点闭合，信道不脱扣

C. 在失去动力(电、气)源的情况下,继电器得电,触点闭合,信道不脱扣

D. 在失去动力(电、气)源的情况下,继电器失电,触点断开,信道脱扣

43. 电路中,电容器常被用作耦合、旁路、滤波等,都是利用它(　　)的特性。

A. 储存电荷　　B. 通交、直流

C. 通交流,隔直流　　D. 通直流,隔交流

44. 为什么要将重水堆液体区域控制系统覆盖气体与延迟箱间的压差调节恒定为 300 kPa(　　)。

A. 为了保持各液位区域控制单元入口水流量恒定

B. 为了保持各液位区域控制单元出口水流量恒定

C. 为了保持各液位区域控制单元液位恒定

D. 为了保持各液位区域控制单元氦气出口流量恒定

45. 在自动控制理论中,表征生产过程是否符合规定工况的物理量(如温度、电压、转速等)称为(　　)。

A. 给定值　　B. 控制对象　　C. 被控制量　　D. 控制量

46. 针对 FH463A 智能定标器的标定以下说法不正确的是(　　)。

A. 在核测量运用中该定标器主要用来测量脉冲

B. 该定标器提供外供高压所以高压也需要标定

C. 可使用恒流源对该定标器进行标定

D. 在该定标器标定时需提前热机 30 分钟否则可能会影响标定结果

47. 装卸料机锁杆的控制位置有(　　)。

A. 5 个　　B. 4 个　　C. 3 个　　D. 6 个

48. 装卸料机分离器回推器为了确保一对燃料棒束完全进入料仓管,回推器需要将燃料棒束串再推进的距离是(　　)。

A. 12.7 mm　　B. 25.4 mm　　C. 5 mm　　D. 10 mm

49. 万用表的保持显示模式应(　　)。

A. 按 HOLD 键　　B. 按 LOG 键

C. 按 RANGE 键　　D. 按 MIN MAX 键

50. 万用表不能测量的信号是(　　)。

A. 电压信号　　B. 电流信号　　C. 频率信号　　D. 压力信号

51. 关于印刷电路板焊接,错误的说法是(　　)。

A. 将烙铁头刃面紧贴在焊点处,电烙铁与水平面大约成 60°角,以便于熔化的锡从烙铁头上流到焊点上

B. 烙铁头在焊点处停留的时间控制在 2～3 s

C. 焊点要有足够的机械强度,保证被焊件在受振动或冲击时不致脱落、松动,因此使用焊锡越多越好些

D. 虚焊是指焊料与被焊件表面没有形成合金结构,只是简单地依附在被焊金属表面上

52. 关于使用力矩螺丝刀紧固接线端子说法不正确的是(　　)。

A. 确认导体的长度合适,保证螺丝与导体良好接触而不是与导线的绝缘皮接触,确保导体部分完全进入端子,没有裸露在外面的部分,造成不必要的短接等故障

B. 主控使用最多的为 WDU2.5N 型端子建议力矩为 0.75 N·m

C. 拧紧时不要晃动螺丝刀,均匀用力,顺时针旋紧螺丝,使螺丝在压线框中平稳向下运行,切忌螺丝倾斜向下进入压线框

D. 拧紧接线后用手试拉导线,确认导线端接良好

53. 关于压线钳的使用错误的是(　　)。

A. 将导线进行剥线处理时,裸线长度约 1.5 mm,与压线片的压线部位大致相等

B. 将压线片的开口方向向着压线槽放入,并使压线片尾部的金属带与压线钳平齐

C. 将导线插入压线片,对齐后压紧

D. 用压线钳剥离导线的绝缘层,裸线留出适当的长度

54. 过程测量仪表系统(例如 SPEC200 系列)内部统一信号是(　　)。

A. 1~5 VDC　　B. 0~220 VAC

C. 0~10 VDC　　D. 0~24 VDC

55. 端子接线图画法各不相同,但表示方法都大同小异,一般须包括的要素有:本侧(　　)和标号、另外一侧的端子号、以及必要的注释。

A. 贯穿件铭牌　　B. 端子牌号

C. 机柜尺寸　　D. 电缆容量

56. 反应堆控制的基本目的是(　　)。

A. 使一回路平均温度变化不能过大,以免一回路冷却剂容积变化过大,需要比较大的稳压器来补偿容积变化

B. 使一回路所产生的功率与二回路所吸收的功率相等,同时保证一、二回路的温度、压力等热工参数及堆芯功率分布等参数能满足各方面要求

C. 使反应堆功率变化的速率必须满足一定的跟踪电网负荷变化的要求

D. 使蒸汽发生器出口压力不能过低

57. 30 万千瓦机组反应堆功率调节系统主要包括(　　)个通道。

A. 2　　B. 3　　C. 4　　D. 5

58. 超声波液位计从发射到接收超声波脉冲所需时间间隔与换能器到被测介质表面的距离成(　　)。

A. 反比　　B. 正比　　C. 对数关系　　D. 非线性关系

59. M310 核电机组的堆外核测系统(RPN)源量程使用的探测器属于(　　)。

A. 正比计数管　　B. 电离室

C. 盖革计数管　　D. 裂变电离室

60. CANDU-6 堆芯共有多少个钒探测器(　　)。

A. 108　　B. 102　　C. 112　　D. 84

61. 装卸料机控制盘柜中安装有继电器的盘柜是(　　)。

A. PL804　　B. PL805　　C. PL806　　D. PL807

62. 分离器电位计抽真空装置,理论上真空泵抽真空直至水银柱的高度达到(　　),才认为满足检修合格验收标准。

A. 760 cm　　B. 76 cm　　C. 750 cm　　D. 75 cm

63. 分离器电位计抽真空装置选用的油为(　　)。

A. 润滑油　　B. 矿物油　　C. 电气绝缘油　　D. 液压油

64. 采用数字化安全仪控平台 TXS 的反应堆保护系统,机柜内按照功能被分为多个区域,其中位于机柜最上层区域的机架是(　　)。

A. 主处理机架　　B. 模拟信号处理机架

C. 机柜监控单元机架　　D. 机柜电源供应单元

65. 冷却剂平均温度低于定值产生 P12 信号,其触发定值为(　　)。

A. 10%FP　　B. 284 ℃　　C. 7×10^{-4}%FP　　D. 0.9 m

66. 下面的系统原理框图是(　　)。

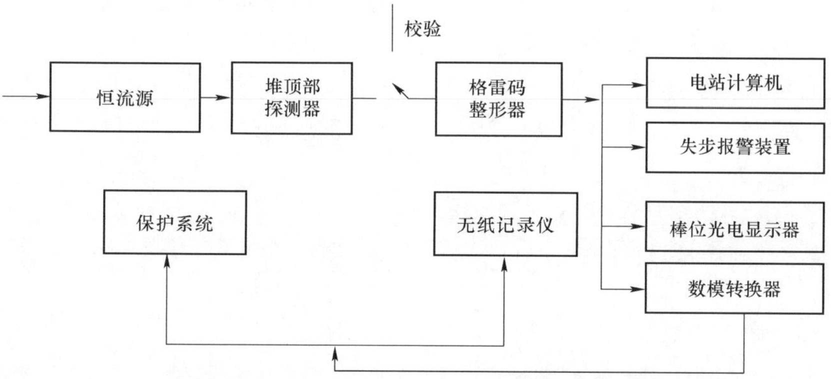

A. 实测棒位系统原理框图　　B. 棒控系统原理框图

C. 功率调节系统原理框图　　D. 电厂计算机系统原理框图

67. 棒位探测器所输出的信号是随棒的移动而幅值变化的(　　)信号。

A. 50 Hz 直流　　B. 50 Hz 交流　　C. 60 Hz 直流　　D. 60 Hz 交流

68. 功率放大器中的直流馈电电路包括(　　)。

A. 集电极馈电电路和发射极馈电电路　　B. 串联馈电电路和并联馈电电路

C. 集电极馈电电路和基极馈电电路　　D. 发射极馈电电路和基极馈电电路

69. 对数放大器的输入输出呈(　　)关系。

A. 对数　　B. 线性　　C. 指数　　D. 倒数

70. 重水堆燃料操作系统中,装卸料机机头内下列哪些设备可能存在高辐照风险(　　)。

A. FARE 工具　　B. 管嘴塞

C. 新燃料棒束　　D. 密封塞

得　分	
评分人	

三、多项选择题(第 71 题～第 85 题,请选择两个或以上正确答案,将相应字母填入括号内。错选或多选、少选均不得分,也不倒扣分。每题 2 分,满分 30 分。)

71. 职业道德的意义(　　)。

A. 有利于推动物质文明建设
B. 有利于推动社会主义精神文明建设
C. 有利于行业、企业建设和发展
D. 有利于推动城市建设
E. 有利于个人的提高和发展

72. 电流可以分为(　　)。
A. 交流电
B. 脉冲电流
C. 稳恒电流
D. 直流
E. 分流

73. 员工对核安全文化的应用(　　)。
A. 工作前的考虑
B. 工作期间的保证
C. 工作后的纠正与检查
D. 质量保证的理解和运用
E. 碰到问题不汇报,完全自行解决

74. 灭火的基本方法有(　　)。
A. 冷却灭火法
B. 隔离灭火法
C. 窒息灭火法
D. 抑制灭火法
E. 吹风灭火法

75. 质量管理活动包括(　　)。
A. 质量方针与质量目标的建立
B. 质量策划
C. 质量控制
D. 质量保证
E. 质量改进

76. 安全生产法的适用主体范围包括(　　)等。
A. 股份制公司
B. 外资企业
C. 合伙企业
D. 个人独资企业
E. 中外合资经营企业

77. 电容器的常用标志方法有(　　)。
A. 直标法
B. 数码表示法
C. 色码表示法
D. 色环表示法
E. 颜色表示法

78. 采用全数字化 TELEPERM XS 系统的反应堆保护系统,其中用于信号处理和扩展功能的机柜,主要实现以下功能(　　)。
A. 信号处理和分配
B. 服务器单元和网关计算机之间的通信
C. 输出触发信号
D. 执行顺序带载命令
E. 实现保护系统与其他系统之间的电气隔离

79. 反应堆内热量的传输过程包含(　　)。
A. 燃料元件的导热
B. 控制棒传热
C. 包壳外表面与冷却剂之间的传热
D. 冷却剂的输热
E. 堆内构件传热

80. 交流电压的表征量包括(　　)。
A. 平均值
B. 峰值
C. 有效值
D. 波形因数
E. 波峰因数

81. 使用 220 V 交流电供电的电烙铁应认真做到的各个方面,以下描述正确的有(　　)。
A. 电源插头最好使用三极插头,使外壳妥善接地
B. 使用前,应认真检查电源插头、电源线有无损坏,并检查烙铁头是否松动
C. 电烙铁使用过程中可以用力敲击

D. 焊接过程中,烙铁不能到处乱放,不焊时应放在烙铁架上

E. 使用结束后,应及时切断电源,拔下电源插头,并马上将电烙铁收回工具箱

82. 以下哪些属于热风枪的应用(　　)。

A. 对焊接套管进行热缩

B. 丙烯酸、PVC、聚乙烯等材料的成型

C. 在测绝缘或密封前,干燥电缆接头

D. 热缩电绝缘、延展性好和机械保护的热缩套管

E. 干燥成型部件

83. 来自现场变送器的信号在保护机柜中变换成哪些信号(　　)。

A. 电源信号用于各组件及内部仪表的供电

B. 送往事故后监测系统(PAMS)的模拟信号,用于指示、记录

C. 送往各个控制系统的模拟信号,信号通过隔离组件送往控制组

D. 24 VDC 专设安全设施系统逻辑信号,送往相关的继电器机架,以驱动继电器

E. 24 VDC 保护逻辑信号送往反应堆保护系统

84. 根据原理的不同,压力计大致可分为(　　)。

A. 液柱式压力计　　B. 弹性式压力计

C. 电气式压力计　　D. 活塞式压力计

E. 分体式压力计

85. 气体电离探测器的 *V-A* 曲线包括以下那几个区间(　　)。

A. 复合区　　B. 饱和区　　C. 正比区　　D. 有限正比区

E. 盖革-米勒区

职业技能鉴定国家题库

核反应堆控制保护检修工国家职业资格四级
理论知识试卷答案

一、判断题(第 1 题～第 30 题。将判断结果填入括号中。正确的填"√",错误的填"×"。每题 1 分,满分 30 分。)

1. √	2. √	3. ×	4. √	5. √
6. √	7. √	8. √	9. √	10. √
11. √	12. √	13. ×	14. √	15. ×
16. ×	17. ×	18. √	19. √	20. ×
21. ×	22. ×	23. ×	24. ×	25. ×
26. ×	27. ×	28. √	29. √	30. √

二、单项选择题(第 31 题～第 70 题。选择一个正确的答案,将相应的字母填入题内的括号中。每题 1 分,满分 40 分。)

31. B	32. B	33. B	34. B	35. B
36. B	37. A	38. A	39. A	40. A
41. D	42. D	43. C	44. B	45. C
46. C	47. B	48. A	49. A	50. D
51. C	52. B	53. D	54. C	55. B
56. B	57. A	58. B	59. A	60. B
61. A	62. B	63. C	64. A	65. B
66. A	67. B	68. C	69. A	70. A

三、多项选择题(第 71 题～第 85 题,请选择两个或以上正确答案,将相应字母填入括号内。错选或多选、少选均不得分,也不倒扣分。每题 2 分,满分 30 分。)

71. ABCE	72. ABCD	73. ABCD	74. ABCD	75. ABCDE
76. ABCDE	77. ABC	78. AE	79. ACD	80. ABCDE
81. ABD	82. ABCDE	83. BCDE	84. ABCD	85. ABCDE

第二部分　操作技能

第五章　考情观察

一、考核思路

根据《国家职业标准——核反应堆控制保护检修工》的要求，中级核反应堆控制保护检修工的操作技能具体需要了解以下的考核要求和考核范围：

1．核反应堆保护系统维修模块

考核要求：能读懂核反应堆保护系统功能图；能读懂核反应堆保护系统图；能读懂接线图；能读懂核反应堆保护系统设备维修规程；能识别核反应堆保护系统设备指示信号；能检查示波器、信号发生器、记录仪等工具状况；能测量电阻、电流、电压值；能焊接电阻、电容、二极管；能使用力矩螺丝刀紧固接线端子；能更换记录仪的存储介质；能校验核反应堆保护参数定值；能校验核反应堆保护参数测量部件；能检查、校验继电器；能检查逻辑部件；能校验直流稳压电源；能编写维修报告；能识别核反应堆保护系统设备报警信息；能按照维修操作票更换部件；能判断核反应堆保护参数异常。

考核范围：根据以上具体考核要求，本职业核反应堆保护系统维修模块中级操作技能考核包括维修准备、设备维修、判断和排除故障 3 个方面。

2．核反应堆控制系统维修模块

考核要求：能读懂核反应堆控制系统原理框图；能读懂核反应堆控制系统的调试细则；能读懂核反应堆控制系统的维修规程；能读懂核反应堆控制系统的定期试验规程；能检查示波器、信号发生器、记录仪等工具状况；能焊接电阻、电容、二极管；能测量电阻、电流、电压值；能测量绝缘参数；能使用力矩螺丝刀紧固接线端子；能更换记录仪的存储介质；能巡检和记录系统的参数；能安装热缩套管；能更换系统构成部件；能测量核反应堆控制系统设备参数；能检查贯穿件端子的绝缘和连接状况；能编写维修报告；能校验核反应堆控制系统参数测量仪表；能识别核反应堆控制系统设备报警信息；能按照维修操作票更换部件；能诊断核反应堆控制系统部件故障。

考核范围：根据以上具体考核要求，本职业核反应堆控制系统维修模块中级操作技能考核包括维修准备、设备维修、判断和排除故障 3 个方面。

3．核反应堆中子测量系统维修模块

考核要求：能读懂核反应堆中子测量系统的结构框图；能读懂核反应堆中子测量系统原理

图;能读出核反应堆中子测量系统量程指示值;能读懂核反应堆中子测量系统报警信号;能读懂核反应堆中子测量系统接线图;能检查微安电流源、高阻仪、定标器等仪器状况;能测量电阻、电流、电压值;能巡检并记录系统的参数;能拆装电动阀;能抽拔指套管;能清洗指套管;能更换记录仪的存储介质;能安装热缩套管;能测试探测器坪特性;能设定探测器工作电压;能校验低压电源;能更换功率量程测量通道部件;能调整功率量程测量通道参数;能检查贯穿件端子的绝缘和连接状况;能实施核反应堆堆内外中子测量系统试验;能编写维修报告;能识别核反应堆中子测量系统设备的故障报警;能诊断、更换核反应堆中子测量系统中子测量部件;能诊断、更换直流低压电源。

考核范围:根据以上具体考核要求,本职业核反应堆中子测量系统维修模块中级操作技能考核包括维修准备、设备维修、判断和排除故障3个方面。

4. 重水堆燃料操作系统仪控维修模块

考核要求:能读懂重水堆燃料操作仪控系统的工作原理;能读懂重水堆燃料操作仪控系统的逻辑控制图;能读懂重水堆燃料操作仪控系统维修规程;能检查示波器、信号发生器、记录仪等工具状况;能测量电阻、电流、电压值;能焊接电阻、电容、二极管;能使用力矩螺丝刀紧固接线端子;能安装热缩套管;能更换记录仪的存储介质;能测量重水堆燃料操作系统仪控设备参数;能更换重水堆燃料操作系统控制部件;能校验直流稳压电源;能编写维修报告;能识别重水堆燃料操作系统仪控设备的故障报警;能排除重水堆燃料操作系统仪控部件故障;能按照维修操作票更换部件。

考核范围:根据以上具体考核要求,本职业重水堆燃料操作系统仪控维修模块中级操作技能考核包括维修准备、设备维修、判断和排除故障3个方面。

二、组卷方式

核反应堆控制保护检修工(中级)操作技能考核试卷采用计算机自动组卷,即计算机按照本职业中级《操作技能考核内容结构表》的结构特征,使用统一的组卷模型,从题库中按具体要求随机抽取相应试题,组成试卷。试卷组成后,应经专家审核,更换不适用的试题。

核反应堆控制保护检修工(中级)操作技能考核试卷按照模块分别组卷:核反应堆保护系统维修模块、核反应堆控制系统维修模块、核反应堆中子测量系统维修模块、重水堆燃料操作系统仪控维修模块。

三、试卷结构

职业技能鉴定国家题库核反应堆控制保护检修工(中级)操作技能考核试卷一般由以下三部分内容组成:

1. 操作技能考核准备通知单。分为考场准备通知单和考生准备通知单,在考核前分别发给考核现场和考生。内容为考核所需场地、设备、材料、工具及其他准备要求。

2. 操作技能考核试卷正文。内容为操作技能考核试题,包括试题名称、试题分值、考核时间、考核形式、具体考核要求等。

3. 操作技能考核评分记录表。内容为操作技能考核试题配分与评分标准,用于考评员评分记录。主要包括各项考核内容、考核要点、配分与评分标准、否定项及说明、考核分数加权汇总方法等。

四、考核时间与要求

1. 考核时间

按照《国家职业标准——核反应堆控制保护检修工》的要求，本职业中级操作技能考核时间为125 min，其中维修准备40 min、设备维修45 min、判断和排除故障40 min。

2. 考核要求

考生应根据试卷具体要求进行操作；考生在操作技能考核过程中要遵守考场纪律，执行操作规程，防止出现人身和设备安全事故；考试施行百分制，采用闭卷考试，成绩达到60分及以上为合格。

第六章　考核结构与鉴定要素表

一、考核内容结构表

考核内容结构表是操作技能题库的主体基本框架，它是在深入分析了职业特点的基础上，按照技能题库理论模型，结合职业技能鉴定工作的要求开发设计的，它充分体现了试题库的总体结构和设计思路。

考核内容结构表采取模块化的结构形式，既可以保证考核内容的完整性、统一性，又能够满足各技术等级之间在考核内容和考核形式上的不同要求，同时它又是组成试卷的重要依据。操作技能考核的鉴定范围、鉴定比重、考核时间和考核形式在考核内容结构表中都作了明确的规定。

核反应堆控制保护检修工(中级)操作技能考核内容结构表见表 6-1。根据《核反应堆控制保护检修工国家职业标准》的要求，将核反应堆控制保护检修工(中级)的全部考核内容划分为“维修准备”“设备维修”“判断和排除故障”三个部分，并在每一部分下标有选考方式、鉴定比重、考核时间和考核形式，考核时根据结构表组成考核试卷。

表 6-1　操作技能考核内容结构表

鉴定范围 / 鉴定要求	维修准备	设备维修	判断和排除故障	合计
选考方式	必考	必考	必考	3 项
鉴定比重	25%	65%	10%	100%
考试时间	40 min	45 min	40 min	125 min
考核形式	实操/模拟操作	实操/模拟操作	实操/模拟操作	—

二、鉴定要素细目表

鉴定要素细目表是试题库总体结构和考核内容结构表的具体表现形式，该表按照技术等级和模块分别列出，共分为两级鉴定范围。二级鉴定范围细分的“鉴定点”即为操作技能考核试题的考核内容。

国家题库核反应堆控制保护检修工(中级)操作技能考核按照模块的不同分别组卷。核反应堆保护系统维修模块(中级)操作技能鉴定要素细目表见表 6-2，核反应堆控制系统维修模块(中级)操作技能鉴定要素细目表见表 6-3，核反应堆中子测量系统维修模块(中级)操作技能鉴定要素细目表见表 6-4，重水堆燃料操作系统仪控维修模块(中级)操作技能鉴定要素细目表见表 6-5。

表 6-2 核反应堆保护系统维修模块（中级）操作技能鉴定要素细目表

鉴定范围				鉴定点		
一级		二级		代码	名称	重要程度
名称	鉴定比重	名称	鉴定比重			
核反应堆保护系统维修	100%	维修准备	25%	001	识读核反应堆保护系统功能图	X
				002	识读核反应堆保护系统图	X
				003	识读核反应堆保护系统接线图	X
				004	识读核反应堆保护系统设备维修规程	X
				005	核反应堆保护系统设备指示信号识别	X
				006	示波器、信号发生器、记录仪等工具状况的检查	Y
		设备维修	65%	001	测量电阻、电流、电压值	X
				002	焊接电阻、电容、二极管	Y
				003	使用力矩螺丝刀紧固接线端子	Y
				004	更换记录仪的存储介质	Z
				005	校验核反应堆保护参数定值	X
				006	校验核反应堆保护参数测量部件	X
				007	检查、校验继电器	X
				008	检查逻辑部件	X
				009	校验直流稳压电源	X
				010	编写核反应堆保护系统维修报告	X
		判断和排除故障	10%	001	识别核反应堆保护系统设备报警信息	X
				002	按照维修操作票更换核反应堆保护系统部件	X
				003	判断核反应堆保护参数异常	Y

表 6-3 核反应堆控制系统维修模块（中级）操作技能鉴定要素细目表

鉴定范围				鉴定点		
一级		二级		代码	名称	重要程度
名称	鉴定比重	名称	鉴定比重			
核反应堆控制系统维修	100%	维修准备	25%	001	识读核反应堆控制系统原理框图	X
				002	识读核反应堆控制系统的调试细则	X
				003	识读核反应堆控制系统的维修规程	X
				004	识读核反应堆控制系统的定期试验规程	X
				005	示波器、信号发生器、记录仪等工具状况的检查	Y

续表

鉴定范围				鉴定点		
一级		二级		代码	名称	重要程度
名称	鉴定比重	名称	鉴定比重			
核反应堆控制系统维修	100%	设备维修	65%	001	焊接电阻、电容、二极管	Y
				002	测量电阻、电流、电压值	X
				003	测量绝缘参数	X
				004	使用力矩螺丝刀紧固接线端子	Y
				005	更换记录仪的存储介质	Z
				006	巡检和记录系统的参数	Y
				007	安装热缩套管	X
				008	更换核反应堆控制系统构成部件	X
				009	测量核反应堆控制系统设备参数	X
				010	检查贯穿件端子的绝缘和连接状况	X
				011	编写核反应堆控制系统维修报告	X
				012	校验核反应堆控制系统参数测量仪表	X
		判断和排除故障	10%	001	识别核反应堆控制系统设备报警信息	X
				002	按照维修操作票更换核反应堆控制系统部件	X
				003	诊断核反应堆控制系统部件故障	X

表 6-4　核反应堆中子测量系统维修模块（中级）操作技能鉴定要素细目表

鉴定范围				鉴定点		
一级		二级		代码	名称	重要程度
名称	鉴定比重	名称	鉴定比重			
核反应堆中子测量系统维修	100%	维修准备	25%	001	识读核反应堆中子测量系统的结构框图	X
				002	识读核反应堆中子测量系统原理图	X
				003	识读核反应堆中子测量系统量程指示值	Y
				004	识读核反应堆中子测量系统报警信号	X
				005	识读核反应堆中子测量系统接线图	X
				006	微安电流源、高阻仪、定标器等仪器状况的检查	Z
		设备维修	65%	001	测量电阻、电流、电压值	X
				002	巡检并记录系统的参数	Y
				003	拆装电动阀	X

续表

鉴定范围				鉴定点		
一级		二级		代码	名称	重要程度
名称	鉴定比重	名称	鉴定比重			
核反应堆中子测量系统维修	100%	设备维修	65%	004	抽拔指套管	X
				005	清洗指套管	X
				006	更换记录仪的存储介质	Z
				007	安装热缩套管	X
				008	测试探测器坪特性	X
				009	设定探测器工作电压	X
				010	校验低压电源	X
				011	更换功率量程测量通道部件	X
				012	调整功率量程测量通道参数	X
				013	检查贯穿件端子的绝缘和连接状况	X
				014	实施核反应堆堆内外中子测量系统试验	X
				015	编写核反应堆中子测量系统维修报告	X
		判断和排除故障	10%	001	识别核反应堆中子测量系统设备的故障报警	X
				002	诊断、更换核反应堆中子测量系统中子测量部件	X
				003	诊断、更换直流低压电源	X

表 6-5　重水堆燃料操作系统仪控维修模块（中级）操作技能鉴定要素细目表

鉴定范围				鉴定点		
一级		二级		代码	名称	重要程度
名称	鉴定比重	名称	鉴定比重			
重水堆燃料操作系统仪控维修	100%	维修准备	25%	001	识读重水堆燃料操作仪控系统的工作原理	X
				002	识读重水堆燃料操作仪控系统的逻辑控制图	X
				003	识读重水堆燃料操作仪控系统维修规程	X
				004	检查示波器、信号发生器、记录仪等工具状况	X
				005	工作开始前的状态确认及维修设备隔离	X
				006	识别燃料操作系统主控室控制盘台指示灯、指示器、控制开关	X
		设备维修	65%	001	测量电阻、电流、电压值	X
				002	焊接电阻、电容、二极管	X

续表

鉴定范围				鉴定点		
一级		二级		代码	名称	重要程度
名称	鉴定比重	名称	鉴定比重			
重水堆燃料操作系统仪控维修	100%	设备维修	65%	003	使用力矩螺丝刀紧固接线端子	X
				004	安装热缩套管	X
				005	测量重水堆燃料操作系统仪控设备参数	X
				006	更换重水堆燃料操作系统控制部件	X
				007	校验直流稳压电源	X
				008	编写维修报告	X
				009	配合进行系统例行试验	X
				010	信号指示类仪控设备标定	X
				011	电流报警器标定	X
				012	压力开关标定	X
		判断和排除故障	10%	001	识别重水堆燃料操作系统仪控设备的故障报警	X
				002	排除重水堆燃料操作系统仪控部件故障	X
				003	按照维修操作票更换部件	X

三、考点导航

1. 核反应堆保护系统维修模块

考核内容由以下三个部分组成:

(1) 维修准备

主要考核能读懂核反应堆保护系统功能图;能读懂核反应堆保护系统图;能读懂接线图;能读懂核反应堆保护系统设备维修规程;能识别核反应堆保护系统设备指示信号;能检查示波器、信号发生器、记录仪等工具状况。

例题题目及相关考核内容或要点:

1) 题目 1:核反应堆保护系统逻辑图准备及功能符号设别(M310 机组)

考核内容或要点:根据图纸考评员提问考核。关注核反应堆保护系统逻辑图准备及功能符号设别(反应堆保护系统逻辑图图纸号:3RPR LG 005)。

考场提供反应堆保护系统逻辑图(图纸号:3RPR LG 005)4 张。

2) 题目 2:识读核反应堆保护系统功能图(Level 3)(30 万千瓦机组)

考核内容或要点:正确描述反应堆保护系统功能图。关注反应堆保护系统功能图的组成;原理图中的各个模块的功能。

考场提供核反应堆保护系统原理框图(Level 3)4 份。

3）题目 3:核反应堆保护系统流程图准备及识读(M310 机组)

考核内容或要点:按图纸考评员提问考核。关注核反应堆保护系统流程图准备及识读(核反应堆保护系统流程图图纸号:3RPR LC 001)。

考场提供核反应堆保护系统流程图(图号:3RPR LC 001)4 张。

4）题目 4:核反应堆保护系统接线图准备及识读(M310 机组)

考核内容或要点:按图纸考评员提问考核。关注核反应堆保护系统接线图准备及识读(核反应堆保护系统接线图图纸号:3RPR JG 500-1)。

考场提供核反应堆保护系统接线图(图号:3RPA JG 500-1)4 张。

5）题目 5:识读核反应堆保护系统接线图(30 万千瓦机组)

考核内容或要点:正确描述反应堆保护系统接线图。

考场提供核反应堆保护系统接线图 4 张。

6）题目 6:核反应堆保护系统设备维修规程准备及识读(M310 机组)

考核内容或要点:按规程考评员提问考核。关注核反应堆保护系统设备维修规程准备及识读(规程:3 号、4 号机组反应堆保护 ATWT 柜双月试验 PT/MI/Y/RPR/XXX/020)。

考场提供规程(3 号、4 号机组反应堆保护 ATWT 柜双月试验 PT/MI/Y/RPR/XXX/020) 4 份。

7）题目 7:识读更换重水堆机组一号停堆系统的脱扣比较器的维修操作票(重水堆机组)

考核内容或要点:识别设备组成及正确描述重水堆机组一号停堆系统的脱扣比较器更换的关键步骤。关注一号停堆局部超功率保护回路的组成部分;更换脱扣比较器的注意事项。

考场提供操作票各 4 份:98-68231-1-2-ED-D/98-68231-1-3-ED-D/9801-68231-MOO-048。

8）题目 8:核反应堆保护系统控制室设备指示信号识别(M310 机组)

考核内容或要点:模拟机房模拟现场主控现场工作准备流程,现场考评员提问考核。关注工作准备;核反应堆保护系统控制室设备指示信号识别保护系统 A 列安注信号指示灯、保护系统 A 列安喷信号指示灯、保护系统 A 列主断路器闭合信号指示灯、保护系统 B 列手动安注报警窗、保护系统 A 列闭锁手动停堆报警窗。

考场在各机组模拟机室进行。提供核反应堆保护系统状态盘盘面图纸 4 份。

9）题目 9:核反应堆保护系统设备指示信号识别(30 万千瓦机组)

考核内容或要点:正确描述核反应堆保护系统设备指示信号。关注核反应堆保护系统设备指示信号代表的含义。

考场提供核反应堆保护系统报警信号清单 4 份。

10）题目 10:检查 F744 信号发生器、8841 记录仪工具状况(M310 机组)

考核内容或要点:按照工作组织过程、及工器具操作规程进行,要求检查 F744 信号发生器、8841 记录仪工具的可用性:其中用信号发生器模拟峰峰值 5 V,频率 50 Hz 正弦波,接入 8841 记录仪操作,记录仪采用“MEMORY”模式,记录时长不小于 20 min,能自动打印,滚屏显示;用信号发生器模拟 12 mA 电流信号接入外用表操作检查。关注工作准备;F744 信号发生器、8841 记录仪工具的使用。

考场提供F744信号发生器1台。提供8841记录仪1台。提供万用表1块。提供引线若干。提供拖线盘1个。

(2) 设备维修

主要考核能测量电阻、电流、电压值;能焊接电阻、电容、二极管;能使用力矩螺丝刀紧固接线端子;能更换记录仪的存储介质;能校验核反应堆保护参数定值;能校验核反应堆保护参数测量部件;能检查、校验继电器;能检查逻辑部件;能校验直流稳压电源;能编写维修报告。

例题题目及相关考核内容或要点:

1) 题目1:核反应堆保护系统输入卡件电阻、电流、电压测量(M310机组)

考核内容或要点:按照工作组织过程流程进行,要求测量考评员指定的一输入卡件通道1卡件的内部电阻、输入电流、输入端电压值。关注工作准备;核反应堆保护系统输入卡件电阻、电流、电压测量步骤;安全文明生产。

考场提供保护系统机柜(包含输入、输出卡件)1个。提供万用表1台。提供卡件引线若干。提供一字、十字螺丝刀各1把。同绝缘胶带1卷。

2) 题目2:焊接电阻和电容(30万千瓦机组)

考核内容或要点:在印刷电路板上焊接2个电阻和2个电容。关注焊前准备;焊接过程;综合素质。

考场提供电烙铁1个。提供焊锡丝1份。提供印刷电路板1块。提供电阻1个。提供电容1个。提供尖嘴钳1个。提供镊子1个。提供刀片1个。提供斜口钳1把。

3) 题目3:使用力矩螺丝刀紧固接线端子(30万千瓦机组)

考核内容或要点:用力矩螺丝刀紧固指定端子,要求力矩:1 N·m。关注紧固前准备;紧固端子过程;综合素质。

考场提供端子排1套。提供力矩螺丝刀1个。提供螺丝刀头组套1套。

4) 题目4:重水堆SDS 1号盘柜端子紧固(重水堆机组)

考核内容或要点:正确使用力矩螺丝刀拆、接线。关注工作准备;SDS 1号盘柜端子紧固(重水堆)过程;安全文明生产。

考场提供端子排1套。提供力矩螺丝刀1个。提供螺丝刀头组套1套。

5) 题目5:更换控制室记录仪的CF卡(M310机组)

考核内容或要点:按照工作组织过程流程进行,要求更换考评员指定的记录仪上的CF卡。关注工作准备;更换控制室记录仪的CF卡过程;安全文明生产。

考场提供记录仪1台。提供万用表1块。提供记录仪CF卡1张。

6) 题目6:校验核反应堆保护参数定值(30万千瓦机组)

考核内容或要点:口述校验核反应堆保护参数定值的基本步骤。关注校验核反应堆保护参数定值的步骤:标准仪器使用、通道断电、高定值校验、低定值校验、浮动定值校验、校验记录、回差计算。

考场提供核反应堆保护参数定值表4份。

7) 题目7:模拟机柜信号输入卡校准(M310机组)

考核内容或要点:按照工作组织过程流程进行,要求校准考评员指定的输入卡通道1通道,其中用信号发生器模拟4 mA、8 mA、12 mA、16 mA、20 mA信号进行五点校准。关注工作准备;模拟机柜信号输入卡校准过程;安全文明生产。

考场提供模拟机柜(包含输入卡)1个。提供万用表1块。提供F744信号发生器1台。提供输入卡说明书1份。提供卡件引线若干。提供一字、十字螺丝刀各1把。同绝缘胶带1卷。

8）题目 8:车间校验重水堆机组一号停堆系统 ROP 动态补偿器(重水堆机组)

考核内容或要点:在车间正确校验一号停堆系统 ROP 动态补偿器(重水堆机组)。关注校验准备;动态补偿器输出电压调整;动态补偿器动态特性测试;工作结束恢复。

考场提供维修规程 98-68231-MP-1144A 1 份。提供电压源 ALTEK934 1 个。提供仪表螺丝刀 1 套。提供万用表 1 块。提供带 LEMO 接头专用测试线 1 套。提供秒表 1 个。提供电源机柜 MIN BIN 1 个。

9）题目 9:检查、校验继电器(30 万千瓦机组)

考核内容或要点:口述检查、校验继电器的方法。关注检查、校验继电器的方法。

10）题目 10:反应堆保护系统 T2 手动试验(M310 机组)

考核内容或要点:按照 T2 实验要求,逐项口述或笔答或者实际操作。整个答题范围包括利用 T2 实验装置查逻辑电路及信号电路的元件和功能、报警及计算机传输通道。中间穿插回答发现异常问题,以保证全面掌握实验操作。关注工作准备;试验过程:T2 试验柜连接系统、测试测量、针对停堆逻辑柜对逻辑电路中的延时单元进行试验、试验结束拷贝记录;安全文明生产。

考场提供核反应堆保护系统图纸(逻辑图、电路图、配电图)3 份。提供维修规程《PT/MI/Y/RPR/XXX/003 3、4 号机组反应堆保护系统 T2 手动+自动试验(A 系列)》1 份。提供 T2 试验台 1 个。

11）题目 11:检查逻辑部件(30 万千瓦机组)

考核内容或要点:口述检查逻辑部件的方法。

12）题目 12:校验直流稳压电源(30 万千瓦机组)

考核内容或要点:校验直流稳压电源并记录。关注校验直流稳压电源过程:外观检查、输出电压偏离、电源负载效应、过流过压保护、绝缘。

考场提供直流稳压电源 1 台。提供万用表 1 块。提供调压器 1 台。提供滑线变阻器 1 台。提供绝缘摇表 1 台。提供记录笔 1 支。提供 A4 纸 1 张。

13）题目 13:反应堆保护系统电源检查维修报告的编写(M310 机组)

考核内容或要点:以保护系统 24 V 电源检修规程为实施对象,对实施完毕的操作进行维修报告的编写。关注工作准备;核反应堆保护系统电源检查维修报告编写完整性。

考场提供维修规程《RPR 24 V 电源检修》1 份。

(3) 判断和排除故障

主要考核能识别核反应堆保护系统设备报警信息;能按照维修操作票更换部件;能判断核反应堆保护参数异常。

例题题目及相关考核内容或要点:

1）题目 1:识别核反应堆保护系统设备报警信息(30 万千瓦机组)

考核内容或要点:识别核反应堆保护系统设备报警信息。关注核反应堆保护系统设备的各种报警信息及其含义。

考场提供核反应堆保护系统报警信号状态盘信号表 1 张。

2）题目 2:更换核反应堆保护系统信号卡件(M310 机组)

考核内容或要点:按照工作组织过程流程进行,要求对考评员指定的机柜内信号卡件进行更换操作。关注工作准备;更换核反应堆保护系统信号卡件步骤。

考场提供保护系统机柜(包含信号卡件,可在模拟机培训室内进行,不考核系统功能风险)1

个。提供数字万用表 1 块。提供一字、十字螺丝刀各 1 把。提供信号卡件 XH05 1 块。提供机柜门钥匙 1 把。

3）题目 3:核反应堆保护系统 A 列继电线路 48 VDC 故障处理(M310 机组)

考核内容或要点:按照工作组织过程流程进行,要求对考评员提前模拟的报警“核反应堆保护系统 A 列继电线路 48 VDC 故障报警”进行报警确认并说出处理方法步骤。关注工作准备;核反应堆保护系统 A 列继电线路 48 VDC 故障处理过程。

考场提供模拟机控制室(针对各机组考核人员去各自的模拟机房控制室考核,提前模拟报警信号:核反应堆保护系统 A 列继电线路 48 VDC 故障报警)。

2. 核反应堆控制系统维修模块

考核内容由以下三个部分组成:

(1) 维修准备

主要考核能读懂核反应堆控制系统原理框图;能读懂核反应堆控制系统的调试细则;能读懂核反应堆控制系统的维修规程;能读懂核反应堆控制系统的定期试验规程;能检查示波器、信号发生器、记录仪等工具状况。

例题题目及相关考核内容或要点:

1）题目 1:识读核反应堆控制棒控制系统原理框图(M310 机组)

考核内容或要点:根据图纸考评员提问考核,要求正确描述M310反应堆控制棒控制系统原理框图,关注组成部分、输入输出接口等。

考场提供核反应堆控制棒控制系统原理框图 4 张。

2）题目 2:识读棒位指示系统低压电源的调试细则(30 万千瓦机组)

考核内容或要点:根据考评员的要求进行调试细则识读描述,关注准备工作和细则的主要内容。

考场提供 30 万千瓦机组棒位指示系统低压电源调试细则 4 份。

3）题目 3:M310 机组 CRDM 线圈绝缘检查与电阻测量(规程识读)

考核内容或要点:正确理解与描述 CRDM 线圈绝缘检查与电阻测量的方法、步骤、先决条件以及工器具等。

考场提供规程(M/MI/Y/RGL/XXX/001)4 份。

4）题目 4:识读《控制棒位置指示装置功能试验》试验细则(30 万千瓦机组)

考核内容或要点:根据考评员的要求进行试验细则识读描述,关注工作准备及试验的主要内容。

考场提供《控制棒位置指示装置功能试验》试验细则 4 份。

5）题目 5:识读棒位测量通道定期试验规程(M310 机组)

考核内容或要点:正确理解与描述棒位测量通道定期试验目的、步骤、先决条件以及工器具等。

考场提供试验规程(PT/MI/Y/RGL/XXX/010)4 份。

6）题目 6:8841 记录仪的状态检查及设置

考核内容或要点:检查工具状态,并根据被测量进行相应的设置准备。被测量:正弦波(指定峰峰值、频率)。设置要求:采用“MEMORY”模式,记录时长不小于规定时间,能自动打印,滚屏显示。

考场提供 HIOKI 8841 记录仪、信号发生器、电源接线板、测试线。

(2) 设备维修

主要考核能焊接电阻、电容、二极管;能测量电阻、电流、电压值;能测量绝缘参数;能使用力矩螺丝刀紧固接线端子;能更换记录仪的存储介质;能巡检和记录系统的参数;能安装热缩套管;能更换系统构成部件;能测量核反应堆控制系统设备参数;能检查贯穿件端子的绝缘和连接状况;能编写维修报告;能校验核反应堆控制系统参数测量仪表。

例题题目及相关考核内容或要点:

1) 题目 1:焊接电阻和电容

考核内容或要点:在印刷电路板上焊接 2 个电阻和 2 个电容,关注焊前准备及过程。

考场提供电烙铁、焊锡丝、印刷电路板、电阻、电容、尖嘴钳、镊子、刀片、斜口钳。

2) 题目 2:测量滑线变阻器电阻

考核内容或要点:测量滑线变阻器指定引脚间电阻并记录,精确到 0.01 Ω,关注测量前的准备及测量过程。

考场提供滑线变阻器、数字万用表、记录笔和纸张。

3) 题目 3:测量棒控磁轭线圈绝缘参数(30 万千瓦机组)

考核内容或要点:在试验柜上(带模拟线圈负载)测量指定棒控磁轭线圈负载的绝缘参数,并记录。关注测量前的准备及测量过程。

考场提供棒控棒位试验柜(带模拟线圈负载)、兆欧表、螺丝刀、试验柜接线图、导线、记录笔和纸张。

4) 题目 4:反应度调节系统电离室放大器的绝缘电阻和电容测量(重水堆)

考核内容或要点:按照提供的维修规程进行反应度调节系统电离室放大器的绝缘电阻和电容测量(条件不具备的话可能采用模拟进行的形式),关注工作流程,包括工作准备、测量过程及安全文明生产。

考场提供维修规程(98-60491-MP-1093A)、万用表、高阻表、电容表、干湿温度计、短接线。

5) 题目 5:使用力矩螺丝刀紧固 Tricon 端子板(M310 机组)

考核内容或要点:用力矩螺丝刀紧固指定端子,要求力矩:0.5 N · m。关注工作准备及紧固过程。

考场提供端子板、力矩螺丝刀、螺丝刀头组套。

6) 题目 6:更换无纸记录仪的存储卡

考核内容或要点:用新的存储卡对无纸记录仪的存储卡进行更换,关注更换前的检查、更换过程的规范操作和更换后的确认。

考场提供无纸记录仪、存储卡、配存储卡读卡器的电脑。

7) 题目 7:巡检方家山 1 号机组棒控棒位系统并填写巡检记录表

考核内容或要点:根据巡检记录表中相应内容,巡检方家山 1 号机组棒控棒位系统,并填写巡检记录表。关注巡检前的准备工作及巡检过程和记录规范性。

考场提供空白的巡检记录表和记录笔。

8) 题目 8:热缩套管的安装和热缩

考核内容或要点:对断线电缆的芯线进行对接,用准备好的热缩套管对对接处的芯线和外皮进行热缩保护。关注工作前的准备工作以及热缩过程的操作规范性和材料工具的选择合理性。

考场提供电缆、热缩套管、对接管、压线钳、热风枪、斜口钳、剥线钳。

9) 题目 9:更换棒位指示系统格雷码整形插件(30 万千瓦机组)

考核内容或要点:在试验柜上电状态下上完成格雷码整形器更换操作。关注工作前的准备、工作过程的规范性、安全文明生产。

考场提供棒控棒位试验柜、格雷码整形器插件、一字和十字螺丝刀。

10) 题目 10:M310 机组更换电源柜提升机箱定值卡件

考核内容或要点:按照提供的规程,正确完成电源柜提升机箱定值卡件的更换。关注更换前准备工作、更换步骤、更换过程的规范性、更换后的恢复工作。

考场提供 RGL 电源柜模拟机柜、M310 RGL 提升机箱定值卡件更换规程、定值卡件、万用表、螺丝刀套件等。

11) 题目 11:M310 机组单个棒组 CRDM 线圈电流值测量

考核内容或要点:按照提供的规程,正确完成单个棒组 CRDM 线圈电流值测量。关注测量前的准备工作、测量过程的规范性、测量后的恢复。

考场提供 RGL 电源柜模拟机柜、功率运行期间 CRDM 线圈电流测量规程(PT/MI/Y/RGL/XXX/030 部分内容)、万用表。

12) 题目 12:通过棒控磁轭CRDM线圈参数测量判断贯穿件端子的绝缘盒连接状况(30 万千瓦机组)

考核内容或要点:按照规程,正确完成试验柜棒控磁轭 CRDM 线圈绝缘及电阻参数测量并判断贯穿件绝缘和连接性的好坏。关注测量前的准备、电阻及绝缘参数的测量及评价、测量后的恢复。

考场提供棒控棒位试验柜、试验柜相关图纸、棒控棒位试验柜棒控磁轭 CRDM 线圈绝缘及电阻参数测量维修规程、兆欧表、数字万用表、通过中转端子连接好的驱动机构线圈、常用螺丝刀、记录笔。

13) 题目 13:M310 机组单个棒组 CRDM 线圈电流值测量维修报告编写

考核内容或要点:按照维修报告的要求,完成单个棒组 CRDM 线圈电流值测量维修报告页的编写。关注维修记录的检查、支持文件的检查确认、补充工前确认和工后会总结表、问题和建议、维修结论。

考场提供功率运行期间 CRDM 线圈电流测量已完工工作包部分内容(PT/MI/Y/RGL/XXX/030 部分内容)。

14) 题目 13:RRS 铂探测器放大器在线标定(重水堆机组)

考核内容或要点:通过考评员现场提问,操作者口述形式开展。简述重水堆机组 RRS 铂探测器放大器在线标定的工作过程。关注工作准备、工作过程和安全文明生产。

考场提供 RRS 波探测器工作间校验规程(98-63750-MP-1110A)、操作票(9801-63750-MOO-131)、数字万用表、WIBA 短接线、放静电设备、标定螺丝刀、尖嘴钳。

(3) 判断和排除故障

主要考核能识别核反应堆控制系统设备报警信息;能按照维修操作票更换部件;能诊断核反应堆控制系统部件故障。

例题题目及相关考核内容或要点：

1）题目 1：棒控系统试验柜报警故障定位（30 万千瓦机组）

考核内容或要点：对事先在棒控棒位试验柜上设置的 1～2 个故障进行故障名称和报警类型确认，并定位产生报警故障的源头卡件。

考场提供棒控棒位试验柜、通过中转端子排连接到试验柜的驱动机构线圈。

2）题目 2：M310 机组棒控系统紧急报警故障定位

考核内容或要点：针对事先在培训机柜上设置的紧急故障，确定紧急故障并准确定位产生紧急报警故障卡件。

考场提供棒控棒位培训机柜。

3）题目 3：M310 机组棒控系统传递机箱的更换

考核内容或要点：按照维修操作票在模拟机柜上更换棒控系统传递机箱棒控系统传递机箱。关注更换前的准备工作、更换步骤和规范性。

考场提供模拟机柜、传递机箱、更换维修操作票。

4）题目 4：棒控系统机箱电源组件故障查找（30 万千瓦机组）

考核内容或要点：根据机箱电源组件的原理图，通过测量查找定位电源组件的故障点。关注诊断前的准备、通过测量查找故障的过程。

考场提供棒控系统机箱电源组件故障卡件、棒控系统机箱电源组件原理图、测试工作台及椅子、组件延长线、万用表、螺丝刀。

3. 核反应堆中子测量系统维修模块

考核内容由以下三个部分组成：

（1）维修准备

主要考核能读懂核反应堆中子测量系统的结构框图；能读懂核反应堆中子测量系统原理图；能读出核反应堆中子测量系统量程指示值；能读懂核反应堆中子测量系统报警信号；能读懂核反应堆中子测量系统接线图；能检查微安电流源、高阻仪、定标器等仪器状况。

例题题目及相关考核内容或要点：

1）题目 1：识读核反应堆中子测量系统的结构框图（30 万千瓦机组）

考核内容或要点：识读 30 万千瓦机组反应堆中子测量系统的结构框图；考评员提问，考生回答问题。重点关注反应堆中子测量系统的系统组成和各部分功能。

考场提供反应堆中子测量系统的结构框图（30 万千瓦机组）1 张。

2）题目 2：识读核反应堆中子测量系统原理图（M310 机组）

考核内容或要点：识读核反应堆中子测量系统原理图（M310 机组）；考评员提问，考生回答问题。重点关注反应堆中子测量系统的系统组成和各部分功能。

考场提供核反应堆中子测量系统原理图（M310 机组）4 张。

3）题目 3：识读核反应堆中子测量系统原理图（重水堆机组）

考核内容或要点：识读核反应堆中子测量系统原理图（重水堆机组）；考评员提问，考生回答问题。重点关注反应堆中子测量系统的系统（重水堆机组）组成和各部分功能。

考场提供核重水堆机机组 ED 图（98-63750-4-2-ED-D 和 98-63740-1-2-ED-D）各 4 份。

4) 题目4:识读核反应堆中子测量系统量程指示值(30万千瓦机组)

考核内容或要点:识读反应堆中子测量系统量程指示值(30万千瓦机组);考评员提问,考生回答问题。重点关注反应堆中子测量系统的系统各指示值的具体含义以及反应堆各阶段指示值的大概范围。

考场提供堆外核测系统指示图片(仪表盘台指示图片或者电站计算机)4份。

5) 题目5:识读核反应堆中子测量系统量程指示值(M310机组)

考核内容或要点:识读反应堆中子测量系统量程指示值(M310 机组);考评员提问,考生回答问题。重点关注反应堆中子测量系统的系统各指示值的具体含义以及反应堆各阶段指示值的大概范围。

考场提供堆外核测系统各量程及测量范围示意图4份。

6) 题目6:识读核反应堆中子测量系统报警信号(30万千瓦机组)

考核内容或要点:识读反应堆中子测量系统报警信号(30万千瓦机组);考评员提问,考生回答问题。重点关注反应堆中子测量系统的系统各报警信号的具体含义以及可能的故障情况。

考场提供核反应堆中子测量系统报警信号表(30万千瓦机组)4份。

7) 题目7:识读核反应堆中子测量系统接线图(30万千瓦机组)

考核内容或要点:识读读核反应堆中子测量系统接线图(30万千瓦机组);考评员提问,考生回答问题。重点关注反应堆中子测量系统的接线以及相关接口系统的含义。

考场提供核反应堆中子测量系统接线图(30万千瓦机组)4份。

8) 题目8:识读核反应堆中子测量系统接线图(M310机组)

考核内容或要点:识读读核反应堆中子测量系统接线图(M310 机组);考评员提问,考生回答问题。重点关注反应堆中子测量系统的接线以及相关接口系统的含义。

考场提供核反应堆中子测量系统接线图(M310机组)4份。

9) 题目9:检查高阻仪状况(M310机组)

考核内容或要点:检查高阻仪的状态并判断是否可用;考生先自行检查高阻仪,然后考评员提问,考生回答问题。重点关注高阻仪是否在有效期内,外观检查是否破损,上电后状态是否正常。

考场提供高阻仪一台(ZC36高阻仪或等同型号)和适用手册一份。

(2) 设备维修

主要考核能测量电阻、电流、电压值;能巡检并记录系统的参数;能拆装电动阀;能抽拔指套管;能清洗指套管;能更换记录仪的存储介质;能安装热缩套管;能测试探测器坪特性;能设定探测器工作电压;能校验低压电源;能更换功率量程测量通道部件;能调整功率量程测量通道参数;能检查贯穿件端子的绝缘和连接状况;能实施核反应堆堆内外中子测量系统试验;能编写维修报告。

例题题目及相关考核内容或要点:

1) 题目1:测量电阻、电流、电压值

考核内容或要点:用相关仪器测量电阻、电流、电压值;考生挑选可用仪器进行测量、自行制作表格并填写测量值,然后考评员提问,考生回答问题。重点关注所用仪器是否在有效期内,测量方法是否正确,数据记录是否规范。

考场提供万用表一台,电阻4支,低压直流稳压电源一台,测试线若干,A4白纸一张。

2）题目 2:巡检并记录系统的参数

考核内容或要点:现场巡检和记录参数。考生自行制作巡检表格并填写电站运行期间班组巡检的内容,然后考评员提问,考生回答问题。重点关注各参数的意义,数据记录是否规范。

考场提供现场巡检程序,A4 白纸一张。

3）题目 3:拆装电动阀(30 万千瓦机组)

考核内容或要点:使用现场提供工具进行电动阀的拆装,然后考评员提问,考生回答问题。重点关注拆装过程中工具使用是否规范,仪器是否在有效期内等。

考场提供电动阀一台,支架一台,呆扳手一套。

4）题目 4:抽拔指套管(30 万千瓦机组)

考核内容或要点:考生进行指套管抽拔过程的口头介绍或者书面作答,然后考评员提问,考生回答问题。重点关注指套管抽拔的前提条件,指套管抽拔方式,指套管的保护措施,控制柜设置等。

考场提供 A4 白纸一张。

5）题目 5:清洗指套管(30 万千瓦机组)

考核内容或要点:考生进行指套管清洗过程的口头介绍或者书面作答,然后考评员提问,考生回答问题。重点关注指套管清洗的目的,指套管清洗的前提条件,指套管清洗的方式,指套管清洗的工具,指套管清洗的整个工序等。

考场提供 A4 白纸一张。

6）题目 6:更换记录仪的存储介质

考核内容或要点:考生进行记录仪的存储介质的更换,然后考评员提问,考生回答问题。重点关注存储介质是否合适的判断,更换过程是否符合规范等。

考场提供记录仪(带存储介质)1 台,存储介质 2 个。

7）题目 7:安装热缩套管

考核内容或要点:考生进行电缆对接以及热缩套管的安装工作,然后考评员提问,考生回答问题。重点关注电缆剥接、对接和热缩套管安装过程,特别是安装过程中各种工器具和仪器的使用是否符合规范等。

考场提供电吹风、万用表、电缆、剥线钳、清洁电缆用的布、斜口钳、热缩套管、对接管。

8）题目 8:RRS 电离室坪特性的测量(重水堆机组)

考核内容或要点:考生进行 RRS 电离室坪特性的测量(重水堆机组)的口头描述或者书面答卷,然后考评员提问,考生回答问题。重点关注:RRS 电离室坪特性的测量(重水堆机组)的意义,:RRS 电离室坪特性的测量(重水堆机组)的时机,电离室坪特性合格标准,特别关注测量时相应安措的安排。

考场提供 RRS 电离室坪特性测量(文件编号:98-60491-MP-1093B)1 份。

9）题目 9:设定探测器工作电压(30 万千瓦机组)

考核内容或要点:考生进行探测器工作电压设定的口头描述或者书面答卷,然后考评员提问,考生回答问题。重点关注探测器工作电压设定的根据,探测器坪特性作为输入数据怎么理解。

考场提供操作规程 4 份。

10）题目 10:校验低压电源(M310 机组)

考核内容或要点:考生进行低压电源(M310 机组)工作,然后考评员提问,考生回答问题。

重点关注校验电路搭建、测试数据判断等,特别是校验过程中各种工器具和仪器的使用是否符合规范等。

考场提供低压电源、万用表、螺丝刀。

11) 题目 11:更换功率量程测量通道部件(30 万千瓦机组)

考核内容或要点:考生进行功率量程测量通道部件(30 万千瓦机组)的口头描述或者书面答卷,然后考评员提问,考生回答问题。重点关注:更换功率量程测量通道部件(30 万千瓦机组)对运行机组的影响,更换该部件时的安措。特别关注更换过程中的行为规范和安全文明生产方面。

考场提供堆外核测系统功率量程参数调整规程 1 份。

12) 题目 12:调整功率量程测量通道参数(30 万千瓦机组)

考核内容或要点:考生进行功率量程测量通道参数(30 万千瓦机组)的口头描述或者书面答卷,然后考评员提问,考生回答问题。重点关注:调整功率量程测量通道参数(30 万千瓦机组)对运行机组的影响,更换该部件时的安措。特别关注调整过程中的行为规范和安全文明生产方面。

考场提供堆外核测系统功率量程参数调整规程 1 份。

13) 题目 13:检查核反应堆中子测量系统贯穿件端子的绝缘和连接状况(30 万千瓦机组)

考核内容或要点:考生进行核反应堆中子测量系统贯穿件端子的绝缘和连接状况(30 万千瓦机组)检查的口头描述或者书面答卷,然后考评员提问,考生回答问题。重点关注:检查核反应堆中子测量系统贯穿件端子的绝缘和连接状况(30 万千瓦机组)的时机,检查该项的意义。检查工作涉及高压,需特别关注检查过程中的行为规范和安全文明生产方面。

考场提供 A4 白纸若干张。

14) 题目 14:实施核反应堆堆内中子测量系统试验(M310 机组)

考核内容或要点:考生进行核反应堆堆内中子测量系统试验(M310 机组)的口头描述或者书面答卷,然后考评员提问,考生回答问题。重点关注:进行核反应堆堆内中子测量系统试验(M310 机组)的意义,试验前控制柜状态检查,试验后结果判断。检查工作涉及高压,需特别关注检查过程中的行为规范和安全文明生产方面。

考场提供 A4 白纸若干张。

15) 题目 15:编写堆芯核测系统维修报告(M310 机组)

考核内容或要点:考生根据现场提供材料编写堆芯核测系统维修报告(M310 机组)的口头描述或者书面答卷,然后考评员提问,考生回答问题。重点关注:检查工作包的完整性,测试数据判断等。

考场提供《电动阀的响应时间及工作电流的测试》工作包和 2 组电动阀测试数据。

(3) 判断和排除故障

主要考核能识别核反应堆中子测量系统设备的故障报警;能诊断、更换核反应堆中子测量系统中子测量部件;能诊断、更换直流低压电源。

例题题目及相关考核内容或要点:

1) 题目 1:识别核反应堆中子测量系统设备的故障报警(30 万千瓦机组)

考核内容或要点:识别核反应堆中子测量系统设备的故障报警(30 万千瓦机组)。关注核反应堆中子测量系统各种报警信息及其含义。

考场提供核核反应堆中子测量系统(30万千瓦机组)堆芯核测系统功能图册1张。

2）题目2:诊断、更换堆芯核测系统故障电动阀(M310机组)

考核内容或要点:诊断电动阀是否故障,如故障则进行更换。该项工作可口头进行或书面答卷。关注电动阀故障的判断依据和电动阀更换的整个过程。

考场提供堆芯和测系统功能图1张,各两份。

3）题目3:诊断、更换直流低压电源

考核内容或要点:诊断直流低压电源是否故障,如故障则进行更换。该项工作可口头进行或书面答卷。关注直流低压电源故障的判断依据和更换的整个过程。

考场提供A4纸若干张。

4. 重水堆燃料操作系统仪控维修模块

(1) 维修准备

主要考核能识读重水堆燃料操作仪控系统的工作原理;识读重水堆燃料操作仪控系统的逻辑控制图;识读重水堆燃料操作仪控系统维修规程;检查示波器、信号发生器、记录仪等工具状况;工作开始前的状态确认及维修设备隔离;识别燃料操作系统主控室控制盘台指示灯、指示器、控制开关。

例题题目及相关考核内容或要点:

1）题目1:识读重水供给系统运行流程图 9801-35260-1-1-OF-A1

考核内容或要点:能够正确打印和识读重水供给系统运行流程图。能够识读重水供给系统的关键设备的具体位置及重水供给的主要流程。

2）题目2:识读新燃料机装载回路逻辑控制图 98-63500-4-5-ED-C

考核内容或要点:能够正确打印和识读新燃料机装载回路逻辑控制图。能够识图逻辑图的设备编码/符号所代表的具体含义。能够简要描述新燃料系统装载回路中的主要设备的逻辑控制功能是如何实现的。

3）题目3:识读维修规程桥架丝杆顶起限位开关标定规程 98-63522-MP-0197A

考核内容或要点:正确打印和识读维修规程桥架丝杆顶起限位开关标定规程。熟悉了解维修规程中的各种符号的含义。能够简单表述维修规程的各组成部分及各自的用途。

4）题目4:使用过程校验仪 FLUKE744

考核内容或要点:正确使用过程校验仪FLUKE744,工具使用前的检查项目,并能够正确表述和实现FLUKE744的主要功能。

(2) 设备维修

主要考核能测量电阻、电流、电压值;焊接电阻、电容、二极管;使用力矩螺丝刀紧固接线端子;安装热缩套管;测量重水堆燃料操作系统仪控设备参数;更换重水堆燃料操作系统控制部件;校验直流稳压电源;编写维修报告;配合进行系统例行试验;信号指示类仪控设备标定;电流报警器标定;压力开关标定。

例题题目及相关考核内容或要点:

1）题目1:在电路板上焊接电阻、电容、二极管

考核内容或要点:完整并准确在电路板上焊接电阻、电容、二极管。焊接前的工具、材料准备;焊接前的元件检测及焊接后的功能验证等。

2）题目2:使用力矩螺丝刀紧固接线端子 63596-TB110(A

考核内容或要点:设定正确的力矩值紧固端子排。工作准备、开工前的三项交流、隔离安措要求及相关注意事项等。

3）题目3:装卸料机电磁阀线圈 3524-SV37 电缆接线焊接、安装热塑套管

考核内容或要点:正确焊接电缆线和正确安装热缩套管,包括工作准备、正确的使用维修规程、工器具及材料。

4）题目4:更换控制盘柜 63596-PL801(A 内保险丝 63521-FU36(A

考核内容或要点:工作准备中的保险丝备件参数及性能检查、工作中与运行人员配合的三项交流、防人因工具的使用及设备定位、预期的响应等。

5）题目5:更换1号机组A侧滑车X向轴编码器 1-63522-ZT51(A

考核内容或要点:按照工单进行更换、标定和功能验证,包括工作准备中的例行功能检查、更换过程中的拆装及插头防松处理等。

6）题目6:标定装卸料机料仓轴位置指示表 1-35240-ZI3#1(A

考核内容或要点:按照按照工艺规程、操作规程进行ZI标定,重点是过程校验仪的使用及工作模式的选择和设定等。

7）题目7:设定 35260 系统压力开关 63526-PS8

考核内容或要点:按照工艺规程、操作规程进行PS开关的设定。重点是注意选择合适的工器具、正确设定压力开关触发的报警值及开关的动作方向。

(3）判断和排除故障

识别重水堆燃料操作系统仪控设备的故障报警;排除重水堆燃料操作系统仪控部件故障;按照维修操作票更换部件。

例题题目及相关考核内容或要点:

1）题目1:识别燃料操作系统仪控设备的故障报警

考核内容或要点:能够识别燃料操作系统仪控设备的故障报警,以及能够识别主控盘台有哪几种报警指示灯,分别属于什么类型的报警。

2）题目2:判断电压比较器卡故障状态及更换和标定电压比较器卡

考核内容或要点:判断电压比较器卡故障状态及更换和标定电压比较器卡。

第七章　模拟试卷

第一单元　核反应堆保护系统维修

职业技能鉴定国家题库

核反应堆控制保护检修工（核反应堆保护系统维修）
国家职业资格四级
操作技能考核准备通知单（考场）

试题 1

考场准备

（1）试题名称:识读更换重水堆机组一号停堆系统的脱扣比较器的维修操作票(重水堆机组)

（2）本题分值:25

（3）考核时间:40 min

（4）考核形式:实操或模拟

（5）设备设施准备:

序号	名称	规格	单位	数量	备注
1	98-68231-1-2-ED-D、 98-68231-1-3-ED-D、 9801-68231-MOO-048		份	4	每个文件各 4 份

试题 2

考场准备

（1）试题名称:车间校验重水堆机组一号停堆系统 ROP 动态补偿器(重水堆机组)

（2）本题分值:65

（3）考核时间:45 min

（4）考核形式:实操或模拟

（5）设备设施准备:

序号	名称	规格	单位	数量	备注
1	维修规程 98-68231-MP-1144A		本	1	
2	数字万用表	FLUKE287	个	2	
3	电压源	ALTEK934	个	1	
4	仪表螺丝刀	仪用	套	1	
5	测试线	带 LEMO 接头专用测试线	套	1	
6	秒表	J9-2	个	1	
7	电源机柜	MIN BIN	个	1	

试题 3

考场准备

(1) 试题名称:更换核反应堆保护系统信号卡件(M310 机组)

(2) 本题分值:10

(3) 考核时间:40 min

(4) 考核形式:实操或模拟

(5) 设备设施准备:

序号	名称	规格	单位	数量	备注
1	保护系统机柜 (包含信号卡件)	信号卡型号: XH05	台	1	可在模拟机培训室内进行,不考核系统功能风险
2	螺丝刀	一字	把	1	大小适合拧卡件锁紧螺母及端子
3	螺丝刀	十字	把	1	大小适合拧卡件锁紧螺母及端子
4	信号卡件	XH05	块	1	作为备件
5	机柜门钥匙		把	1	用于打开机柜柜门

职业技能鉴定国家题库

核反应堆控制保护检修工（核反应堆保护系统维修）
国家职业资格四级
操作技能考核准备通知单（考生）

试题 1

考生准备

（1）试题名称:识读更换重水堆机组一号停堆系统的脱扣比较器的维修操作票(重水堆机组)

（2）本题分值:25

（3）考核时间:40 min

（4）考核形式:实操或模拟

（5）工具及其他准备:无

试题 2

考生准备

（1）试题名称:车间校验一号停堆系统 ROP 动态补偿器(重水堆机组)

（2）本题分值:65

（3）考核时间:45 min

（4）考核形式:实操或模拟

（5）工具及其他准备:无

试题 3

考生准备

（1）试题名称:更换核反应堆保护系统信号卡件(M310 机组)

（2）本题分值:10

（3）考核时间:40 min

（4）考核形式:实操或模拟

（5）工具及其他准备:个人工具及劳保用品

职业技能鉴定国家题库

核反应堆控制保护检修工(核反应堆保护系统维修)
国家职业资格四级
操作技能考核试卷

注意事项

1. 本试卷依据2001年颁布的《国家职业标准——核反应堆控制保护检修工》命制。
2. 请根据试题考核要求,完成考试内容。
3. 请服从考评人员指挥,保证考核安全顺利进行。

试题1 识读更换重水堆机组一号停堆系统的脱扣比较器的维修操作票(重水堆机组)

考核要求

(1) 本题分值:25
(2) 考核时间:40 min
(3) 考核形式:实操或模拟
(4) 具体考核要求:识别设备组成及正确描述重水堆机组一号停堆系统的脱扣比较器更换的关键步骤。
(5) 否定项说明:无

试题2 车间校验重水堆机组一号停堆系统ROP动态补偿器(重水堆机组)

考核要求

(1) 本题分值:65
(2) 考核时间:45 min
(3) 考核形式:实操或模拟
(4) 具体考核要求:在车间正确校验一号停堆系统ROP动态补偿器(重水堆机组)
(5) 否定项说明:无

试题3 更换核反应堆保护系统信号卡件(M310机组)

考核要求

(1) 本题分值:10
(2) 考核时间:40 min
(3) 考核形式:实操或模拟
(4) 具体考核要求:按照工作组织过程流程进行,要求对考评员指定的机柜内信号卡件进行更换操作。
(5) 否定项说明:发生安全、质量、设备事故

职业技能鉴定国家题库
核反应堆控制保护检修工（核反应堆保护系统维修）
国家职业资格四级
操作技能考核评分记录表

总成绩表

序号	试题名称	配分	得分	权重	最后得分	备注
1	识读更换重水堆机组一号停堆系统的脱扣比较器的维修操作票(重水堆机组)	25				
2	车间校验重水堆机组一号停堆系统ROP动态补偿器(重水堆机组)	65				
3	更换核反应堆保护系统信号卡件(M310机组)	10				
合　计		100				

统分人：　　　　　　　　　　年　月　日

试题1　识读更换重水堆机组一号停堆系统的脱扣比较器的维修操作票(重水堆机组)

配分与评分标准：

序号	考核内容	考核要点	配分	评分标准	扣分	得分
1	一号停堆局部超功率保护回路的组成部分	(1) 铂探测器； (2) ROP放大器； (3) 动态补偿器； (4) 脱扣比较器	16	考评员现场提问，操作者口述： (1) 每错一项扣4分，最多扣4分； (2) 每错一项扣4分，最多扣4分； (3) 每错一项扣4分，最多扣4分； (4) 每错一项扣4分，最多扣4分		
2	更换脱扣比较器的注意事项	(1) 确认备件脱扣比较器标定合格(标定日期在一个月之内)； (2) 拆下脱扣比较器的接头J203，并用专用ROP短接头(内含225欧姆电阻的LEMO接头)短接现场接头； (3) 断开放大器、脱扣比较器的电源跨接片时，是断开一个机框的电源，所以会同时断开了另两个回路的工作电源，导致这两个回路的指示为零。工作前，应事先跟运行人员解释清楚	9	考评员现场提问，操作者口述： (1) 每错一项扣3分，最多扣3分； (2) 每错一项扣3分，最多扣3分； (3) 每错一项扣3分，最多扣3分		
合计			25			

否定项：无

评分人：　　　年　月　日　　　　　　　　核分人：　　　年　月　日

试题2 车间校验重水堆机组一号停堆系统ROP动态补偿器(重水堆机组)

配分与评分标准:

序号	考核内容	考核要点	配分	评分标准	扣分	得分
1	校验准备	(1) 确认仪表在有效期内; (2) 将动态补偿器插入到校验机柜; (3) 正确连接带LEMO接头的测试线; (4) 给校验机柜同上120 VAC电源; (5) 打开电压源,并设置输出4.5 VDC,然后给动态补偿器J1的输入测试线上	15	(1) 每错、漏一项错扣1～2分,最多扣3分; (2) 每错、漏一项错扣1～2分,最多扣3分; (3) 每错、漏一项错扣1～2分,最多扣3分; (4) 每错、漏一项错扣1～2分,最多扣3分; (5) 每错、漏一项错扣1～2分,最多扣3分		
2	动态补偿器输出电压调整	(1) 将万用表打开,并打到电压档; (2) 根据维修规程的步骤调整K2、K3、K1,并记录数据; (3) 确认数据满足要求; (4) 断开输入到动态补偿器J1的电压源	30	(1) 每错、漏一项错扣3～5分,最多扣5分; (2) 每错、漏一项错扣3～5分,最多扣15分; (3) 每错、漏一项错扣1～2分,最多扣5分; (4) 每错、漏一项错扣3～5分,最多扣5分		
3	动态补偿器动态特性测试	(1) 根据维修规程的步骤进行动态特性测试,并记录数据; (2) 确认数据满足要求	10	(1) 每错、漏一项错扣2～3分,最多扣8分; (2) 每错、漏一项错扣1～2分,最多扣2分		
4	工作结束	(1) 测试完成后,机柜断电,拆除测试线; (2) 仪器摆放整齐	10	(1) 每错、漏一项错扣2～3分,最多扣5分; (2) 每错、漏一项错扣2～3分,最多扣5分		
合计			65			

否定项:无

评分人:　　年　月　日　　　　　　核分人:　　年　月　日

试题3 更换核反应堆保护系统信号卡件(M310机组)

配分与评分标准:

序号	考核内容	考核要点	配分	评分标准	扣分	得分
1	工作准备	(1) 劳动保护用品穿戴; (2) 现场检修场地创建; (3) 操作机柜及卡件确认	3	(1) 缺少一项扣1分,最多扣1分; (2) 未创建直接扣1分; (3) 未确认扣1分		

续表

序号	考核内容	考核要点	配分	评分标准	扣分	得分
2	更换核反应堆保护系统信号卡件	(1) 用一字螺丝刀旋松卡件上的锁紧螺母,拔下卡件; (2) 确认备件型号与原卡件的一致性; (3) 将备件插入机柜,注意卡件右侧的定位槽,用手旋紧锁紧螺母,用一字螺丝刀紧固; (4) 现场清理、恢复	7	(1) 不符合规程,每处酌情扣1～2分,最多扣2分; (2) 不确认直接扣2分; (3) 不符合规程,每处酌情扣1～2分,最多扣2分; (4) 不清理直接扣1分		
合计			10			

否定项:发生安全、质量、设备事故

评分人：　　年　月　日　　　　　　　　　　核分人：　　年　月　日

第二单元　核反应堆控制系统维修

职业技能鉴定国家题库
核反应堆控制保护检修工(核反应堆控制系统维修)
国家职业资格四级
操作技能考核准备通知单(考场)

试题 1

考场准备

(1) 试题名称:识读反应堆功率调节系统静态功能测试维修规程(30 万千瓦机组)

(2) 本题分值:25

(3) 考核时间:40 min

(4) 考核形式:实操或模拟

(5) 设备设施准备:

序号	名称	规格	单位	数量	备注
1	反应堆功率调节系统静态功能测试维修规程		份	4	考官与考生各一份

试题 2

考场准备

(1) 试题名称:M310 机组单个棒组 CRDM 线圈电流值测量

(2) 本题分值:65

(3) 考核时间:45 min

(4) 考核形式:实操或模拟

(5) 设备设施准备:

序号	名称	规格	单位	数量	备注
1	功率运行期间 CRDM 线圈电流测量规程		份	4	PT/MI/Y/RGL/XXX/030 部分内容。考官、考生个一份(M310 堆型 60 万千瓦机组)
2	万用表	FLUKE179	块	1	
3	RGL 电源柜模拟机柜				

试题 3

考场准备

（1）试题名称：棒控系统保持机箱电源更换（30 万千瓦机组）

（2）本题分值：10

（3）考核时间：40 min

（4）考核形式：实操或模拟

（5）设备设施准备：

序号	名称	规格	单位	数量	备注
1	棒控棒位试验柜保持机箱更换维修操作票		份	1	参考检修方案的格式
2	备用保持机箱		台	1	参数已调整好
3	螺丝刀	一字	个	1	固定和拆卸机箱用

职业技能鉴定国家题库

核反应堆控制保护检修工（核反应堆控制系统维修）
国家职业资格四级
操作技能考核准备通知单（考生）

试题 1

考生准备

(1) 试题名称:识读反应堆功率调节系统静态功能测试维修规程(30 万千瓦机组)

(2) 本题分值:25

(3) 考核时间:40 min

(4) 考核形式:实操或模拟

(5) 工具及其他准备:无

试题 2

考生准备

(1) 试题名称:M310 机组单个棒组 CRDM 线圈电流值测量

(2) 本题分值:65

(3) 考核时间:45 min

(4) 考核形式:实操或模拟

(5) 工具及其他准备:个人考试用品

试题 3

考生准备

(1) 试题名称:棒控系统提升机箱更换(30 万千瓦机组)

(2) 本题分值:10

(3) 考核时间:40 min

(4) 考核形式:实操或模拟

(5) 工具及其他准备:无

职业技能鉴定国家题库

核反应堆控制保护检修工（核反应堆控制系统维修）国家职业资格四级操作技能考核试卷

注意事项

1. 本试卷依据2001年颁布的《国家职业标准——核反应堆控制保护检修工》命制。
2. 请根据试题考核要求，完成考试内容。
3. 请服从考评人员指挥，保证考核安全顺利进行。

试题1　识读反应堆功率调节系统静态功能测试维修规程(30万千瓦机组)

考核要求

(1) 本题分值:25

(2) 考核时间:40 min

(3) 考核形式:实操或模拟

(4) 具体考核要求:根据考评员的要求进行维修规程识读描述。

(5) 否定项说明:无

试题2　M310机组单个棒组CRDM线圈电流值测量

考核要求

(1) 本题分值:65

(2) 考核时间:45 min

(3) 考核形式:实操或模拟

(4) 具体考核要求:按照规程,正确完成单个棒组CRDM线圈电流值测量。

(5) 否定项说明:无

试题3　棒控系统保持机箱更换(30万千瓦机组)

考核要求

(1) 本题分值:10

(2) 考核时间:40 min

(3) 考核形式:实操或模拟

(4) 具体考核要求:在试验柜上按照维修操作票更换棒控系统保持机箱。

(5) 否定项说明:无

职业技能鉴定国家题库

核反应堆控制保护检修工(核反应堆控制系统维修)国家职业资格四级操作技能考核评分记录表

总成绩表

序号	试题名称	配分	得分	权重	最后得分	备注
1	识读反应堆功率调节系统静态功能测试维修规程(30万千瓦机组)	25				
2	M310机组 单个棒组CRDM线圈电流值测量	65				
3	棒控系统保持机箱更换(30万千瓦机组)	10				
合　计		100				

统分人：　　　　　　　　　　　　　　年　月　日

试题1　识读反应堆功率调节系统静态功能测试维修规程(30万千瓦机组)

配分与评分标准：

序号	考核内容	考核要点	配分	评分标准	扣分	得分
1	工作准备	文件有效性检查	2	未检查确认文件有效性扣2分		
2	维修规程中的主要内容	(1) 描述静态功能测试维修规程的目的和适用范围； (2) 描述需使用的测量器具； (3) 描述系统功能检查中的主要步骤和注意事项； (4) 描述停工待检点	18	考评员现场提问,操作者口述： (1) 每错一项扣2分,最多扣4分； (2) 每错一项扣2分,最多扣6分； (3) 每错一项扣1分,最多扣6分； (4) 每错一项扣2分,最多扣2分		
3	综合素质	(1) 态度； (2) 熟练程度	5	(1) 态度端正酌情得1～2分； (2) 思路清晰,语言规范酌情得1～3分		
合计			25			

否定项:无

评分人：　　年　月　日　　　　　　核分人：　　年　月　日

试题 2　M310 机组 单个棒组 CRDM 线圈电流值测量

配分与评分标准：

序号	考核内容	考核要点	配分	评分标准	扣分	得分
1	测量前准备	(1) 检查万用表的有效性； (2) 检查机柜是否正常，无报警； (3) 将万用表调至“直流电压档”	15	(1) 每错、漏一项扣 3 分，最多扣 5 分； (2) 每错、漏一项扣 3 分，最多扣 5 分； (3) 每错、漏一项扣 3 分，最多扣 5 分		
2	单个棒组 CRDM 线圈电流值测量	(1) 测量保持机箱； (2) 测量传递机箱； (3) 测量提升机箱	40	(1) 不符合规程，每处酌情扣除 3～4 分，最多扣 10 分； (2) 不符合规程，每处酌情扣除 3～4 分，最多扣 15 分； (3) 不符合规程，每处酌情扣除 3～4 分，最多扣 15 分		
3	测量后的恢复	(1) 检查机柜是否正常，无报警；检查所有定值插件的“定值”开关置于“工作”位置； (2) 检查机柜是否正常，无报警； (3) 清理现场	10	(1) 不符合规程，每处酌情扣除 2～3 分，最多扣 4 分； (2) 不符合规程，每处酌情扣除 2～3 分，最多扣 4 分； (3) 不符合规程，每处酌情扣除 1～2 分，最多扣 2 分		
合计			65			

否定项：无

评分人：　　　年　　月　　日　　　　　　　　　　　　　　核分人：　　　年　　月　　日

试题 3　棒控系统保持机箱更换(30 万千瓦机组)

配分与评分标准：

序号	考核内容	考核要点	配分	评分标准	扣分	得分
1	更换前准备	(1) 文件有效性检查； (2) 备件及工器具检查	4	(1) 未检查文件有效性扣 1 分； (2) 未检查确认，每处酌情扣除 1～2 分，最多扣 3 分		
2	保持机箱的更换	按照规程执行	6	错漏一项，每处酌情扣除 1～2 分，最多扣 6 分		
合计			10			

否定项：无

评分人：　　　年　　月　　日　　　　　　　　　　　　　　核分人：　　　年　　月　　日

第三单元　核反应堆中子测量系统维修

职业技能鉴定国家题库

核反应堆控制保护检修工（核反应堆中子测量系统维修）国家职业资格四级操作技能考核准备通知单（考场）

试题 1

考场准备

(1) 试题名称:识读核反应堆中子测量系统接线图(30万千瓦机组)

(2) 本题分值:25

(3) 考核时间:40 min

(4) 考核形式:实操或模拟

(5) 设备设施准备:

序号	名称	规格	单位	数量	备注
1	核反应堆中子测量系统接线图(30万千瓦机组)		份	4	考生、考官每人各持一份

试题 2

考场准备

(1) 试题名称:测量电阻、电流、电压值

(2) 本题分值:65

(3) 考核时间:45 min

(4) 考核形式:实操或模拟

(5) 设备设施准备:

序号	名称	规格	单位	数量	备注
1	万用表		台	1	
2	电阻		个	4	
3	低压直流稳压电源		台	1	
4	测试线		根	若干	

试题 3

考场准备

(1) 试题名称:诊断、更换堆芯核测系统故障电动阀(M310 机组)

(2) 本题分值:10

(3) 考核时间:40 min

(4) 考核形式:实操或模拟

(5) 设备设施准备:

序号	名称	规格	单位	数量	备注
1	堆芯和测系统功能图		套	4	考生、考官每人一份

职业技能鉴定国家题库

核反应堆控制保护检修工（核反应堆中子测量系统维修）国家职业资格四级操作技能考核准备通知单（考生）

试题 1

考生准备

(1) 试题名称:识读核反应堆中子测量系统接线图(30 万千瓦机组)
(2) 本题分值:25
(3) 考核时间:40 min
(4) 考核形式:实操或模拟
(5) 工具及其他准备:无

试题 2

考生准备

(1) 试题名称:测量电阻、电流、电压值
(2) 本题分值:65
(3) 考核时间:40 min
(4) 考核形式:实操或模拟
(5) 工具及其他准备:无

试题 3

考生准备

(1) 试题名称:诊断、更换堆芯核测系统故障电动阀(M310 机组)
(2) 本题分值:10
(3) 考核时间:40 min
(4) 考核形式:实操或模拟
(5) 工具及其他准备:无

职业技能鉴定国家题库

核反应堆控制保护检修工（核反应堆中子测量系统维修）国家职业资格四级操作技能考核试卷

注意事项

1. 本试卷依据2001年颁布的《国家职业标准——核反应堆控制保护检修工》命制。
2. 请根据试题考核要求,完成考试内容。
3. 请服从考评人员指挥,保证考核安全顺利进行。

试题1 识读核反应堆中子测量系统接线图(30万千瓦机组)

考核要求

本题分值:25

(1) 考核时间:40 min

(2) 考核形式:实操或模拟

(3) 具体考核要求:正确描述30万千瓦机组堆外核测系统接线图。

(4) 否定项说明:无

试题2 测量电阻、电流、电压值

考核要求

(1) 本题分值:65

(2) 考核时间:40 min

(3) 考核形式:实操或模拟

(4) 具体考核要求:使用万用表正确测量电阻、电流、电压

(5) 否定项说明:无

试题3 诊断、更换堆芯核测系统故障电动阀(M310机组)

考核要求

(1) 本题分值:10

(2) 考核时间:40 min

(3) 考核形式:实操或模拟

(4) 具体考核要求:正确诊断、更换堆芯核测系统故障电动阀(M310 机组);考评员现场提问,操作者口述;在读出控制柜上出现电动阀未关闭超时报警,考生需根据报警信息通过分析确认故障可能原因并给出处理措施。

(5) 否定项说明:无

职业技能鉴定国家题库
核反应堆控制保护检修工(核反应堆中子测量系统维修)
国家职业资格四级
操作技能考核评分记录表

总成绩表

序号	试题名称	配分	得分	权重	最后得分	备注
1	识读核反应堆中子测量系统接线图(30万千瓦机组)	25				
2	测量电阻、电流、电压值	65				
3	诊断、更换堆芯核测系统故障电动阀(M310机组)	10				
合　计		100				

统分人:　　　　　　　　　　　　　　　　　　　　年　月　日

试题1　识读核反应堆中子测量系统接线图(30万千瓦机组)

配分与评分标准:

序号	考核内容	考核要点	配分	评分标准	扣分	得分
1	堆外核测系统接线	(1) 信号名称; (2) 信号类型; (3) 信号原始物理量程; (4) 信号处理后的量程; (5) 信号输入输出类型 (6) 信号所在通道; (7) 信号物理位置; (8) 信号所在物理位置详细编号; (9) 信号标注; (10) 接线表的版本号	25	考评员现场提问,操作者口述: (1) 第1项错扣2.5分,最多扣2.5分; (2) 第2项错扣2.5分,最多扣2.5分; (3) 第3项错扣2.5分,最多扣2.5分; (4) 第4项错扣2.5分,最多扣2.5分; (5) 第5项错扣2.5分,最多扣2.5分; (6) 第6项错扣2.5分,最多扣2.5分; (7) 第7项错扣2.5分,最多扣2.5分; (8) 第8项错扣2.5分,最多扣2.5分; (9) 第9项错扣2.5分,最多扣2.5分; (10) 第10项错扣2.5分,最多扣2.5分		
合计			25			

否定项:无

评分人:　　　年　月　日　　　　　　　　　　核分人:　　　年　月　日

试题 2　测量电阻、电流、电压值

配分与评分标准：

序号	考核内容	考核要点	配分	评分标准	扣分	得分
1	万用表检查及使用	(1) 检查万用表有效期； (2) 电阻测量； (3) 电流测量； (4) 电压测量	65	(1) 未检查万用表有效期扣 5 分； (2) 测量方法有误酌情扣 5～20 分； (3) 测量方法有误酌情扣 5～20 分； (4) 测量方法有误酌情扣 5～20 分		
合计			65			

否定项：万用表发生损坏

评分人：　　年　月　日　　　　　　核分人：　　年　月　日

试题 3　诊断、更换堆芯核测系统故障电动阀(M310 机组)

配分与评分标准：

序号	考核内容	考核要点	配分	评分标准	扣分	得分
1	描述诊断、更换堆芯核测系统故障电动阀	(1) 确认电动阀故障信息； (2) 查找图纸； (3) 在机柜确认具体报警信息； (4) 分析故障可能原因； (5) 电动头故障可能； (6) 阀体故障可能； (7) 辐射防护安全； (8) 工业安全； (9) 系统上电验证	10	(1) 第 1 项不符要求，每处酌情扣除 0～1 分，最多扣 1 分； (2) 第 2 项不符要求，每处酌情扣除 0～1 分，最多扣 1 分； (3) 第 3 项不符要求，每处酌情扣除 0～1 分，最多扣 1 分； (4) 第 4 项不符要求，每处酌情扣除 1～2 分，最多扣 2 分； (5) 第 5 项不符要求，每处酌情扣除 0～1 分，最多扣 1 分； (6) 第 6 项不符要求，每处酌情扣除 0～1 分，最多扣 1 分； (7) 第 7 项不符要求，每处酌情扣除 0～1 分，最多扣 1 分； (8) 第 8 项不符要求，每处酌情扣除 0～1 分，最多扣 1 分； (9) 第 9 项不符要求，每处酌情扣除 0～1 分，最多扣 1 分		
合计			10			

否定项：无

评分人：　　年　月　日　　　　　　核分人：　　年　月　日

第四单元 重水堆燃料操作系统仪控维修

职业技能鉴定国家题库

核反应堆控制保护检修工(重水堆燃料操作系统仪控维修)
国家职业资格四级
操作技能考核准备通知单(考场)

试题 1

考场准备

(1) 试题名称:识读维修规程桥架丝杆顶起限位开关标定规程 98-63522-MP-0197 A

(2) 本题分值:25

(3) 考核时间:40 min

(4) 考核形式:实操或模拟

(5) 设备设施准备:

序号	名称	规格	单位	数量	备注
1	电脑		台	1	可以登入专用网站或专用软件
2	打印机		台	1	配置的电脑可以进行打印

试题 2

考场准备

(1) 试题名称:更换 1 号机组 A 侧滑车 *X* 向轴编码器 1-63522-ZT51(A

(2) 本题分值:65

(3) 考核时间:45 min

(4) 考核形式:实操或模拟

(5) 设备设施准备:

序号	名称	规格	单位	数量	备注
1	轴编码器		个	1	(新备件一个)
2	内六角扳手	3/32	把	1	
3	内六角扳手	5/64	把	1	
4	防松钢丝	2	米		
5	拉丝器		把		
6	固定螺丝	2 号内六角	个		

试题 3

考场准备

(1) 试题名称:判断电压比较器卡故障状态及更换和标定电压比较器卡

(2) 本题分值:10

(3) 考核时间:40 min

(4) 考核形式:实操或模拟

(5) 设备设施准备:

序号	名称	规格	单位	数量	备注
1	换料仪控多功能校验仪		台	1	
2	万用表		块	1	FLUKE187,带夹子的表笔一副

职业技能鉴定国家题库

核反应堆控制保护检修工（重水堆燃料操作系统仪控维修）
国家职业资格四级
操作技能考核准备通知单（考生）

试题 1

考生准备

(1) 试题名称:识读维修规程桥架丝杆顶起限位开关标定规程 98-63522-MP-0197A

(2) 本题分值:25

(3) 考核时间:40 min

(4) 考核形式:实操或模拟

(5) 工具及其他准备:无

试题 2

考生准备

(1) 试题名称:更换 1 号机组 A 侧滑车 X 向轴编码器 1-63522-ZT51(A

(2) 本题分值:65

(3) 考核时间:45 min

(4) 考核形式:实操或模拟

(5) 工具及其他准备:无

试题 3

考生准备

(1) 试题名称:判断电压比较器卡故障状态及更换和标定电压比较器卡

(2) 本题分值:10

(3) 考核时间:40 min

(4) 考核形式:实操或模拟

(5) 工具及其他准备:无

职业技能鉴定国家题库

核反应堆控制保护检修工（重水堆燃料操作系统仪控维修）
国家职业资格四级
操作技能考核试卷

注意事项

1. 本试卷依据2001年颁布的《国家职业标准——核反应堆控制保护检修工》命制。
2. 请根据试题考核要求,完成考试内容。
3. 请服从考评人员指挥,保证考核安全顺利进行。

试题1　识读维修规程桥架丝杆顶起限位开关标定规程98-63522-MP-0197 A

考核要求

(1) 本题分值:25

(2) 考核时间:40 min

(3) 考核形式:实操或模拟

(4) 具体考核要求:正确打印和识读维修规程桥架丝杆顶起限位开关标定规程。

(5) 否定项说明:设备检修的“验收标准”识读错误

试题2　更换1号机组A侧滑车*X*向轴编码器1-63522-ZT51(A

考核要求

(1) 本题分值:65

(2) 考核时间:45 min

(3) 考核形式:实操或模拟

(4) 具体考核要求:按照工单进行更换、标定和功能验证。

(5) 否定项说明:轴编码器损坏

试题3　判断电压比较器卡故障状态及更换和标定电压比较器卡

考核要求

(1) 本题分值:10

(2) 考核时间:40 min

(3) 考核形式:实操或模拟

(4) 具体考核要求:正确判断卡件故障并完成新卡件的更换标定。

(5) 否定项说明:比较器卡标定错误

职业技能鉴定国家题库
核反应堆控制保护检修工（重水堆燃料操作系统仪控维修）
国家职业资格四级
操作技能考核评分记录表

总成绩表

序号	试题名称	配分	得分	权重	最后得分	备注
1	识读维修规程桥架丝杆顶起限位开关标定规程 98-63522-MP-0197A	25				
2	更换 1 号机组 A 侧滑车 X 向轴编码器 1-63522-ZT51(A	65				
3	判断电压比较器卡故障状态及更换和标定电压比较器卡	10				
合　计		100				

统分人：　　　　　　　　　　　　　　　　　　　年　月　日

试题 1　识读维修规程桥架丝杆顶起限位开关标定规程 98-63522-MP-0197A

配分与评分标准：

序号	考核内容	考核要点	配分	评分标准	扣分	得分
1	工作准备	(1) 登入专用网站或专用软件查找维修规程《桥架丝杆顶起限位开关标定规程》； (2) 打印维修规程《桥架丝杆顶起限位开关标定规程》	5	考评员根据考核要点提出要求，考生进行操作： (1) 找不到查找维修规程的网站或软件扣 1 分，上了网站或软件之后不会查找正确的维修规程，扣 1 分； (2) 打印的图纸不是桥架丝杆顶起限位开关标定规程扣 1 分，规程版本不是最新版扣 2 分		
2	识读维修规程 98-63522-MP-0197A 桥架丝杆顶起限位开关标定规程	(1) 维修规程执行级别上的数字的含义； (2) 识读此规程的“目的”“适用范围”； (3) 识读此规程的“先决条件”“验收标准”； (4) 维修规程由哪些部分组成；	20	考评员根据考核要点提出要求，考生进行回答： (1) 不符合规程描述，每处酌情扣 1 分，最多扣 2 分； (2) 不符合规程描述，每处酌情扣 1 分，最多扣 2 分；		